Switching Equipment

| CIGRE Green Books |

International Council on Large
Electric Systems (CIGRE)
Study Committee A3:
High Voltage Equipment

전력용 개폐장치

이토 히로키 편저
시그레 한국위원회 전력용개폐장치연구회 역저

cigre

도서출판 홍릉

번역 및 감수 참여회원 명단 (가나다순)

김경회	이봉희
김홍규	이수익
민길식	이주현
박경엽	오승열
배채윤	장용무
송원표	정진교
송태헌	한병준
심명섭	한영민
이동철	

전력용 개폐장치

Switching Equipment

인　쇄: 2024년 8월 10일 초판 1쇄
발　행: 2024년 8월 16일 초판 1쇄

역　자: 시그레 한국위원회 전력용개폐장치연구회
발행인: 송 준
발행처: 도서출판 홍릉
주　소: 01093 서울시 강북구 인수봉로 50길 10
등　록: 1976년 10월 21일 제5-66호

전　화: 02-999-2274~5, 903-7037
팩　스: 02-905-6729
e-mail: hongpub@hongpub.co.kr
http://www.hongpub.co.kr
ISBN: 979-11-5600-216-1(93560)

정　가: 180,000원

낙장 및 파본은 구입처나 본사에서 교환하여 드립니다.

Switching Equipment

[CIGRE Green Books]

ISBN 978-3-319-72537-6
ISBN 978-3-319-72538-3(전자 도서)
ISBN 978-3-319-72539-0(인쇄 및 전자식 묶음(bundle))
https://doi.org/10.1007/978-3-319-72538-3

CIGRE는 전력네트워크에 대해, 독보적인 기술 참고서적들(reference books)의 발간을 통하여 탁월한 전문지식을 제공하고 있다. 이 참고용 기술서적들은 전력공학 분야의 해당 주제들에 대한 전체지식을 포함하는 자족적인 핸드북이다. 이 책들은 해당 연구위원회 내 CIGRE 전문가들이 작성하였으며 엔지니어링 커뮤니티에서 해당분야 최고의 참고도서로 인정받고 있다. 이 시리즈에 대한 보다 자세한 정보는 http://www.springer.com/series/15209를 참조한다.

역자 서문

CIGRE 한국위원회 '전력용 개폐장치연구회' 창립 25주년을 맞이하여, 국내 전문가들과 관련 산업의 기술발전에 핵심이 될 수 있는 기술서적 CIGRE Study Committee A3의 Green Book "Switching Equipment"의 번역본 발간하게 되었습니다. 본문 번역과 감수에 아낌없이 값진 시간을 나누어주신 모든 회원분들께 본 연구회가 진심으로 감사드립니다.

CIGRE 회장 메시지

CIGRE는 전력시스템을 위한 글로벌 전문가 커뮤니티이다. 파리에 본부를 둔 비영리 단체이다. 58개 국가위원회(National Committee)와 90개국에서 참여하는 회원들로 구성되어 있다. 전력공급 산업이 직면한 문제를 다루는 워킹그룹(Working Group)을 구성한다. 현재 확인된 문제를 해결하기 위해 협력하는 3,000명의 전문가로 구성된 약 230개의 워킹그룹이 있다. 워킹그룹의 결과물은 기술서적이다. 현재 700개가 넘는 이 기술서적들은 모든 대륙의 엔지니어링 전문가들의 지식과 실무를 결합한 것으로 구성되어 있다. 기술서적은 본질적으로 실용적이므로 엔지니어가 필요한 전력공급 솔루션을 계획, 설계, 구성, 운영 및 유지 관리할 수 있다. CIGRE에는 기술서적을 지원하고 기타 기술 문제를 다루는 10,000개 이상의 참고문헌 및 기타 문서가 있다.

SC(Study Committee) A3에서 편집한 이 스위치기어에 관한 책은 스위치기어 설계, 동작, 기술선정 및 자산관리에 대한 최신 생각을 나타낸다. 이 책은 이제까지 출판된 기술서적들로부터 확보한 내용과 해당 분야 전문가들의 기여로 만들어졌다. CIGRE는 공정한 기술 정보의 훌륭한 제공자이다. 엔지니어들은 특정한 공급업체나 국가에 편향되는 것을 두려워하지 않고 이 책을 참조할 수 있다. 이 책은 개폐장치 설계에 있어 편견이 없는 객관적인 교과서를 제공하는 많은 국제 전문가들의 전문성을 결합한 모음집이다.

이 책은 한두 명뿐 아니라 많은 전문가들의 의견으로 구성되어 있다는 점에서 독특하다. 이 전문가들은 전 세계 모든 대륙에서 왔으며 독자가 어디에 있든 기술 솔루션을 제공한다. 표현된 견해와 제안은 공정한 객관적 진술이다. 이것은 엔지니어들이 조직 내에서 표준 및 지침을 개발하기 위한 참고자료로 사용할 수 있다. 이 책은 학계, 개폐장치 설계 엔지니어, 기술자문 및 사용자를 위한 참고서이다. 이 책을 편집한 SC A3 관련자들에게 축하의 말을 전한다. 많은 분들이 이 작업을 완료하기 위해 여가시간의 상당한 부분을 할애하여 일 했으며, 자원 봉사자로 일했다. 현재와 미래의 개폐장치 활동의 기초를 형성하는데 이 책을 추천한다.

2018년 3월 Dr. Rob Stephen

Rob Stephen 박사는 남아프리카의 요하네스 버그에서 태어났다. 그는 1979년 Witwatersrand 대학교의 전기공학 B.Sc. 학사로 졸업했다. 그는 1980년 Eskom 전력 회사에 합류했다. 그는 M.Sc. M.B.A. 뿐만 아니라 가공선로 설계에서 박사를 가지고 있다. 그는 현재 Eskom의 기술그룹의 마스터 전문가이며, AC와 DC의 모든 전압을 포함하는 배전 및 송변전 기술의 책임자이며, 그리고 Eskom의 스마트그리드 전략을 담당한다. 그는 가공송전로에서 CIGRE SC B2에서 전임 회장이었고, CIGRE에서 특별 리포터로 직책을 역임했으며, 실무 그룹의 의장이고, 기술 문서 100개 이상의 저자이다. 그는 2016년 CIGRE에서 국제 의장으로 선출되었다. 그리고 2005년 남아프리카 전기 기술자 협회(SAIEE)에서 명예 부사장으로 선출되었다. 그는 2016년 SAIEE 회장 상을 수상하였다.

기술 이사회 위원장의 메시지

전기 에너지의 효율적인 사용은 우리 모두에게 지속 가능한 미래의 핵심이며, 거의 100년 동안 CIGRE는 이러한 야심찬 목표를 달성하기 위한 세계적인 플랫폼을 제공했다.

처음에 통합된 고전압 전력시스템이 개발되어 세계 여러 지역에 구축되면서 CIGRE는 전기 에너지 송전의 기술적 측면에 매우 중점을 두었다. 전력 산업이 발전함에 따라 CIGRE도 진화하는 것이 중요했다. 시간이 지남에 따라 시장, 규제, 시스템 계획, 지속 가능성 및 정보 시스템과 같은 측면에 더 많은 초점이 맞춰졌지만 더 근본적인 기술적 측면을 희생하지는 않았다.

오늘날 송전과 배전, 최종 사용자와 전기 공급 업체 간의 차이가 약화되고 전체 전력시스템이 더욱 상호작용하고 지능형 시스템에 의존하게 되면서, CIGRE의 초점은 당연히 전체 전력시스템을 다루기 위해 확대되었다. 전기 에너지의 발전, 송전, 배전 및 최종 사용은 AC 또는 DC를 사용하는 1,200kV 송전 그리드에서 로컬 마이크로 그리드에 이르기까지 전체 스펙트럼에 걸쳐 이루어진다.

CIGRE의 현재 활동은 "미래의 전력시스템 개발", "기존 전력시스템을 최대한 활용", "환경과 지속 가능성"의 세 가지 핵심 주제로 나눌 수 있다. 이 프레임워크 내에서 CIGRE는 전 세계에서 가능한 한 가장 광범위하게 전문가들을 한데 모아 지식을 공유하고 교환하고, 이 결합된 지식과 경험을 사용하여 탁월한 기술정보와 최신지침을 개발 및 발표하기 위해 노력한다.

우리의 목표는 명확하고 쉽게 액세스할 수 있으며, 모호하지 않으며, 의도된 청중에게 적합하며, 기술, 정치, 비즈니스 및 학술 분야에서 전기공학 및 전력산업의 가치와 중요성을 홍보하는 문서 및 커뮤니케이션을 준비하는 것이다. 이는 수년에 걸쳐 매우 성공적으로 달성되었으며, CIGRE의 기술서적, 컨퍼런스 논문, 강의자료 및 소논문들로 구성된 라이브러리는 전력산업에서 독특하고 비교할 수 없는 훌륭한 자원이다. 그럼에도 불구하고 고품질의 편향되지 않은 정보의 보급이 CIGRE의 유일한 초점인 것을 인식하고 우리의 작업을 가시화할 수 있는 새로운 방법을 찾는 것이 항상 우선 순위이며, 이것은 우리를 CIGRE 그린북 이니셔티브로 인도한다.

CIGRE 그린북은 특정 분야에서 CIGRE의 축적된 지식을 통합, 강화 및 전파하는 방법이다. 세계적으로 인정받는 전문가들이 준비하고 편집한 CIGRE 핵심 주제의 모든 측면을 다루고 CIGRE의 세계적 수준의 출판물 라이브러리를 기반으로 구축된 그린북은 특정 응용 분야 내에서 귀중한 단일 참조 소스를 제공한다. 그린북은 스스로를 발전시키고자 하는 사람들, 그리고 미래의 전력시스템과 안정적이고 저렴하며 지속가능한 전기에너지에 대한 접근의 비전에 기여하고자 하는 사람들에게 독특한 자원을 제공한다.

기술위원회는 전력산업에서 CIGRE의 기술리더십을 지속적으로 개발하기 위해 노력하고 있으며, 그린북 시리즈의 향후 확장은 이 약속의 핵심 부분이다.

2018년 3월 Mark Waldron

Mark Waldron은 1988년에 전기공학을 전공하고 중앙전력 발전위원회의 연구 부서에 합류한 후 민영화 후 영국의 National Grid에서 여전히 근무하고 있다. 그는 연구개발, 사양, 평가, 유지보수 및 모니터링, 상태평가 및 수명종료 관리를 포함하여 스위치기어 및 변전소 장치의 수명관리의 모든 측면에 참여했다. 그는 현재 CIGRE의 기술위원회 회장으로서의 역할 외에도 스위치기어 기술 리더의 직책을 맡고 있다. CIGRE에 대한 그의 참여는 20년 이상에 걸쳐 여러 워킹그룹, 워킹그룹 컨비너 및 연구위원회 A3의 연구위원회 위원장으로 활동했으며 초고압 송전에 관한 기술위원회 프로젝트를 이끌었다.

사무 총장(Secretary General)의 메시지

4년 전, 저는 가공 송전선로에 있는 첫 번째 CIGRE 그린북에 대한 소개 메시지에서 새로운 CIGRE 출판물 컬렉션의 출시에 대해 언급하게 되어 기뻤다. 특정 분야의 모든 기술브로셔를 한 권의 책에 모아 20년 이상 축적된 연구위원회의 공동작업을 평가하려는 아이디어는 Konstantin Papailiou 박사가 2011년에 기술위원회(현 위원회)에 처음 제안했다.

1년 후인 2015년 Springer와의 협력을 통해 CIGRE는 이 유명한 국제 출판사의 방대한 네트워크를 통해 배포되는 "주요 참조 연구결과물"로 다시 출판할 수 있었다. 2년 전인 2016년에 이 컬렉션은 더 짧고 간결한 책을 출판하고자 할 때 연구위원회의 요구를 충족시키기 위해 새로운 범주의 그린북인 CIGRE "Compact Series"로 보강되었다. 첫 번째 CIGRE Compact Book은 Utility Communication Networks and Services라는 제목으로 Study Committee D2에서 작성했다.

그 이후로 CIGRE 그린북 시리즈의 개념은 계속 발전해 왔으며 최근에는 시리즈의 세 번째 하위 범주인 "CIGRE 그린북 Technical Brochures(GBTB)"를 도입했다. CIGRE는 1969년부터 720개 이상의 기술서적을 발행했으며, 원격보호에 관한 첫 번째 참고자료는 1963년 Springer 간행물이었다.

특정 참조 약관에 따라 CIGRE 워킹그룹에서 제작한 CIGRE 기술서적은 CIGRE 중앙 사무소에서 발행하며 CIGRE 온라인 라이브러리인 e-cigre에서 사용할 수 있다. 이는 관련 전력공학에서 기술문헌의 가장 포괄적이고 접근 가능한 데이터베이스 중 하나이다. 매년 40~50개의 새로운 기술서적이 발행되며, 이 기술서적은 CIGRE의 격월(bimonthly) 저널인 Electra에 발표되며 e-cigre에서 다운로드할 수 있다.

이제부터 CIGRE 기술위원회는 기존의 CIGRE 기술서적에 추가하여 기술서적을 그린북으로 출판을 결정할 수 있다. 이러한 결정을 내리기 위한 기술위원회의 동기는 Springer 네트워크를 통해 CIGRE 커뮤니티를 넘어 관련 정보를 전파하는 것이다.

CIGRE 그린북 시리즈의 다른 출판물과 마찬가지로 GBTB는 CIGRE 회원에게 무료로 전자 형식으로 e-cigre에서 제공된다. CIGRE는 여러 연구위원회에서 편집한 새로운 그린북을 공동 출판할 계획이며, 시리즈는 매년 약 1~2권의 속도로 점진적으로 성장할 것이다. 스위칭 장치에 대한 연구위원회 A3에서 준비한 주요 참조 연구결과물인 이 새로운 그린북은 이 하위 범주의 네 번째이다.

독자들에게 변전소의 과거, 최근 및 미래 개발에 대한 명확하고 포괄적인 비전을 제공하는 이 책의 모든 저자, 기고가 및 리뷰어에게 축하를 드린다.

사무 총장(Secretary General) Philippe Adam

Ecole Centrale de Paris를 졸업한 **Philippe Adam**은 1980년 HVDC 분야의 연구 엔지니어로 EDF에서 경력을 시작했으며 Cross Channel 2000MW 링크 및 사르데냐, 코르시카, 이탈리아 사이의 최초의 다중 터미널 DC 링크와 같은 뛰어난 프로젝트의 연구 및 테스트에 참여했다. 이 선구적 기간 이후 그는 EDF의 R&D 부서의 HVDC 및 FACTS 연구를 담당하는 엔지니어 팀을 관리했다. 이 기간 동안 그의 CIGRE 멤버십은 실무 그룹 전문가로 그리고 나서 Study Committee 14의 실무 그룹 소집자로서 그의 전문 활동에 대한 진정한 지원이었다. 그 후 2000년까지 변전소 엔지니어링, 네트워크 계획, 송전 자산 관리 및 국제 컨설팅 분야에서 EDF 발전 및 송전 부서에서 여러 관리 직책을 맡았다. 2000년 프랑스 TSO인 RTE가 창설되었을 때, 이 기업 기능과 필요한 도구를 설치하기 위해 그는 재무 및 관리 제어 부서의 관리자로 임명되었다. 2004년에는 먼저 프로젝트 디렉터로 RTE 국제 활동을 창안한 후, 국제 관계 부서 부국장으로 활동했다. 2011년부터 2014년까지 그는 Medgrid 산업 이니셔티브의 인프라 및 기술 전략 이사였다. 그 동안 그는 2002년부터 2012년까지 CIGRE를 기술위원회 비서로, 2009년부터 2014년까지 프랑스 국가위원회의 비서 겸 재무로 근무했다. 그는 2014년 3월에 CIGRE 사무총장으로 임명되었다.

머리말

전세계 전력시스템의 환경은 다양한 기술 요구 사항으로 인해 변화하고 있다. 예를 들어 장거리, 대용량 EHV 및 UHV, DC 및 AC 송전, 재생 가능 에너지 도입, 능동 배전 네트워크, 대규모 정보 교환, 전력 전자 장치와 HVDC 네트워크 통합, 에너지 저장 장치의 대규모 설치 및 환경 지속 가능성에 대한 인식은 다양한 활동에서 정의되고 조사되고 있다. 또한 특히 전력계통에 노후화된 장치가 많은 경우에는 경쟁시장 상황에 따라 비용 효율이 높은 변전소 장치의 개발과 장치 수명관리 조사가 더욱 중요해지고 있다. 이러한 기술적 문제는 정보통신 기술을 지원하는 다양한 신기술 개발을 촉진하고 장려할 수 있다.

CIGRE의 목표는 여러 국가의 발전, 송전 및 배전 분야에서 기술지식과 현장경험의 교류를 전파하고 촉진하는 것이다. 전력시스템 분야에서 가장 큰 글로벌 협회인 CIGRE는 대학, 실험실, 제조업체 및 유틸리티의 전문성을 결합할 수 있는 고유한 플랫폼을 제공한다. 수많은 국제 워킹그룹들이 국제적 맥락에서 새로운 문제에 대한 솔루션을 개발하는데, 이는 종종 다른 CIGRE 연구위원회의 범위와 관련이 있다.

CIGRE 내에서, 연구위원회(Study Committee) A3는 DC 및 AC 송전 및 배전 장치를 다루는 다소 넓은 범위를 가지고 있다. 배전전압에서 송전전압까지 개폐장치에 대한 현장 경험을 수집하고 전력시스템에서 DC 및 AC 개폐 장치의 과학적 동작을 탐구하는 데 상당한 노력이 집중되었다. 특히, 차단기는 오늘날의 AC 송배전 네트워크를 가능하게 하는 20세기 초의 위대한 발명품 중 하나이다. 많은 개발자들은 한 세기에 걸쳐 서로 다른 절연 및 소호 매질을 사용하는 고압차단기를 개발하기 위해 전력을 다했다. 유입차단기는 최대 420kV로 설계되었다. 공기차단기는 800kV 송전시스템을 실현하는 데 중요했다. 가스차단기는 1,100kV 송전을 실현했다. 선구자들은 근본적인 차단원리를 설명하고, 지금은 현대적인 전력시스템을 지원하는 대용량차단기의 개발을 가속화하는 데 기여했다.

미래의 전력시스템과 장치를 유지하기 위한 인적 자원을 유지하기 위해, CIGRE SC A3는 학생들과 연구, 개발, 설계, 생산, 배치, 운영 및 수명종료 분야에서 이제 막 경력을 시작하는 젊은 엔지니어들을 대상으로 하여, 스위치기어에 관한 그린북을 새롭게 작성했다. 이 그린북은 개폐 장치에 관한 필수적인 용어를 명확하고 이해하기 쉽게 정의하고, 전력 시스템에 사용되는 개폐 장치에 관한 기본적인 주제들을 다루고 있다. 이 주제들은 다양한 다른 기술을 사용하는 차단기들의 소호원리, 전력시스템에서 관찰되는 개폐현상, 그리고 유입차단기, 공기차단기, 진공차단기, 가스차단기 등을 포함하는 다양한 차단기들의 역사를 설명하고 있다. 이 책은 또한 전문가들을 대상으로 하는, 떠오르는 새로운 주제들에 대한 최첨단 정보가 포함되어 있는 기술서적와 같은 CIGRE 출판물들을 보다 잘 이용할 수 있는 유용한 안내서이다. 그리고 이 그린북은 미래의 스위칭 기술에 대한 전망을 다루고 있다.

저자와 편집자는 개폐 장치에 대한 이 그린북이 자신을 발전시키고 자 하는 젊은 엔지니어들에게 고유한 리소스를 제공하고, 미래의 전력시스템에 필요한 기술개발을 돕는 귀중한 영감을 얻기를 바란다.

2018년 3월 Hiroki Ito

연구위원회 A3 회장, 고전압 장치

Hiroki Ito는 미에현(Mie Prefecture) 욧카이치 시(Yokkaichi City)에서 태어났다. 1982년, 1984년에 일본 동경공업대학에서 학사와 석사 학위를 각각 받았다. 1984년에 그는 Mitsubishi Electric Corporation의 송변전과 배전, 수송시스템 센터에 합류했다. 1989년부터 1991년까지 그는 미국 일리노이 대학의 Coordinated Science Laboratory에서 플라즈마 물리학 및 방전 현상에 대한 연구원으로 일했다.

Mitsubishi Electric Corporation으로 돌아온 후 그는 High Power Laboratory에서 고전압 DC 및 AC 가스차단기에 대한 연구개발에 참여했다. 또한 그는 고전압 DC 및 AC 가스차단기의 아크 소호현상에 대한 연구에 참여했다. 1994년에 그는 동경공업대학에서 박사 학위를 받았다. 1998년부터 2005년까지 고전압 가스차단기 설계 부문의 일원으로서, 제어스위칭을 포함한 고압 가스차단기의 설계 및 개발, 특히 변압기 제어스위칭 장치의 개발 및 현장 시연에 참여했다. 그는 2005년에 연구개발 부서로 옮겨져 부서의 관리자이자 Mitsubishi Electric Corporation의 공인(accredited) 고전압 및 대전력 연구소의 대리 이사(acting director)를 역임했다. 그는 Current Zero Club의 회원이다.

CIGRE 활동과 관련하여 그는 2004년부터 CIGRE SC A3의 정회원이자 SC A3 자문 위원이다. 1998년 CIGRE WG 13.07 및 A3.07 "Controlled Switching"에 처음 가입했으며 다양한 제어스위칭 시스템의 현장 경험에 대한 국제 조사에 참여했다. 그는 또한 CIGRE 조사를 기반으로 한 테스트 요구사항을 발표한 IEC PT62271-301의 회원이었다. 그는 2004년에 CIGRE TF A3.01 "전기 내구성 시험"과 또한 IEC MT-40에 참여하였으며, IEC MT-40은 고압차단기의 실제 현장 응력에 대해 재검토한 후에, IEC TR 62271-310의 시험 프로그램을 제안하였으며, 이 결과는 현재 IEC SC 17A/WG 61에 의해 표준화가 논의되고 있다.

중국과 인도와 같이 경제가 빠르게 성장하는 국가에서 전기 에너지에 대한 수요가 증가함에 따라 CIGRE는 UHV 송전의 현재 상태를 조사하기로 결정했다. 그는 2006년에 CIGRE WG A3.22 "UHV 변전소 장치에 대한 기술 요구 사항"의 의장으로 임명되었다. UHV 네트워크에서 독특한 스위칭 현상 결과와 권장 사항은 기술브로셔 362 및 467에 게재되었다. 그는 또한 후속 조치인 CIGRE WG A3.28 "UHV 및 EHV 장치에 대한 스위칭 현상 및 테스트 요구 사항"을 이끌었으며, 기술 서적 570 "EHV 및 UHV 장치의 개폐 현상"을 발표했다. 2012년부터 그는 CIGRE 연구위원회 A3: 고전압 장치의 의장직을 맡고 있다.

감사의 말

CIGRE 그린북은 엄청난 협력과 헌신적인 노력으로 완성되었다. 20세기 초기에 첫 번째 차단기가 만들어진 이후, 차단기의 설계, 제조, 테스트 및 현장 적용기술은 큰 발전을 해왔다. 개발의 역사를 통해, 전력시스템에 적용되는 차단기는 아크를 소호하는 매질에 의하여 다양하게 분류된다. H.H. Schramm을 포함해서, Lou van der Sluis, Denis Dufournet, David Peelo, Hubert Mercure 및 Russ Yeckley 등의 많은 숙련된 전문가들은 대부분 이미 조직에서 퇴직했지만, 다행스럽게도, 서로 다른 소호매질을 사용하는 다양한 차단기의 개발에 참여한 귀중한 경험을 가지고 그린북 팀에 참여할 수 있었으며, 많은 귀중한 제안을 하였고, 또한 SC A3 현재 회원: Anton Janssen, Rene Smeets, Robert LeRoux, Nenad Uzelac, Martin Krigel, Magne Runde, Andre Mercier, Mark Waldron 등과 협력하여 그린북의 원고작성에 크게 기여하였다. 연속성을 고려함으로써, 일부 젊은 세대들도 또한 팀에 참가하였다. 국제적이고 자발적인 모든 노력의 결과로 개폐 장치에 대한 CIGRE 그린북이 만들어졌으며, 여기에는 포괄적이고 새로운 내용이 담긴 원고를 충분히 반영하였다. 중요한 기여를 한 저자들은 노력에 대한 존중의 표시로 아래에 표시된다.

CIGRE 그린북은 원래 전 SC B2 회장인 Konstantin Papailiou 박사가 제안했다. 그리고 전 CIGRE 회장, 기술위원회 Chairman과 SC A3 회장이었던 Klaus Frohlich 교수에 의하여 승인되었다. 책을 준비하는 동안 그들은 계속해서 많은 격려를 우리에게 하였다.

편집자는 모든 초안을 검토하고 설명의 질을 향상시키기 위해 오랜 시간 동안 헌신적인 도움을 준 Harley Wilson에게 깊은 감사를 표하고 싶다. 또한 편집자는 미국, 네덜란드, 캐나다, 아일랜드, 스페인, 독일, 중국 및 일본의 유틸리티 및 ABB, Siemens, GE(이전 Alstom), Schneider와 같은 제조업체에 대한 깊은 감사를 표하고 싶다. Meidensha 및 G&W는 구식 및 신식 변전소 장치를 보여주는 귀중한 사진을 많이 제공하고 책에서의 사용을 허가했다. 편집자는 또한 저작권 문제의 승인 절차에 도움을 준 미나가와 타다오와 오래된 하드 카피로 남아있는 일부 오래된 그림의 재현을 도와준 다니구치 마리코에게도 감사를 표한다. 편집자는 Christoph Baumann 박사, Daniela Graf 및 Springer 동료들의 친절한 도움과 조언에 감사드린다.

마지막으로 C1GR.E SC A3 위원장으로서 지원 가족과 지원 회사의 친절한 협조와 이해를 바탕으로 '편견없는' 정보를 전달하여 중요한 가치를 유지하는 국제 비영리 협회 C1GRE의 자원 봉사 활동을 지원해 주신 모든 단체에 감사드린다.

2018년 3월 28일 Hiroki Ito

차례

1 CIGRE 연구위원회 A3 활동

2 전력시스템 장치

3 고압차단기의 차단현상

4 전력시스템의 개폐 현상

5 회로 차단기의 역사

6 가스 차단기

7 진공 회로 차단기

8 발전기 차단기

9 단로기 및 접지 스위치

10 절연성능 시험(Dielectric Withstand Performance Tests)

11 단락-회로 성능 시험

12 설계 검증 도구로서의 모의해석 및 개폐기기의 성능 평가

13 고장 전류 제한(FCL) 기기 그리고 기술

14 제어 개폐(Controlled Switching)

15 피뢰기

16 HVDC 개폐 장치

17 전력기기 수명관리

18 미래 동향 및 개발

편집자에 대하여

Heinz-H. Schramm은 1961년부터 2001년까지 그의 모든 직업 생활 동안 Siemens AG에서 중전압 및 고전압 스위치기어 개발에 적극적으로 참여했다. 1985년부터 2004년까지 그는 IEC TC 17 "Switchgear and Controlgear" 및 IEC SC 17A "High Voltage Switchgear and Controlgear"의 회장으로 활동했다. 1990년에 그는 CIGRE SC 13 "Switching Equipment"의 회장으로 임명되어 1996년까지 재직했다. 1986년부터는 베를린 공과대학에서 스위칭 프로세스에 대해 강의하고 있으며 그곳에서 명예 교수라는 직함을 받았다. 그는 오늘날까지 그곳과 다른 여러 대학에서 강의를 계속하고 있으며 또한 학사, 석사, 박사 논문을 지도하고 있다. 2001년에는 체코 플젠에 있는 플젠 대학교에서 명예박사 학위를 받았다. Schramm 박사는 CIGRE의 명예 회원이며 CIGRE의 최고 권위인 CIGRE 메달을 수상했다. 그는 IEEE-PES, VDE 및 독일 물리학회(DPG)의 회원이다. 그는 많은 출판물의 저자이며, 일부 책을 공동 집필했으며 "Switching in High Votage Systems"을 저술했다.

Denis Dufournet은 1975년 프랑스 낭시에 있는 ENSEM (Ecole nationale superieure d' electricite et de mecanique)을 졸업했다. 그는 연구 엔지니어이자 나중에 Alstom Grid의 Interrupting Principle 연구그룹의 관리자였다. 그는 1983년부터 2014년까지 CIGRE 워킹그룹에 지속적으로 합류했다. 그는 CIGRE WG A3.28 "UHV 및 EHV 장치에 대한 스위칭 현상 및 테스트 요구 사항"의 의장이었다. 그는 2002년 CIGRE: Distinguished Member 및 2001년 Technical Committee Award 등을 수상했다. 2004년

부터 2016년까지 IEC Technical Committee 17(HV Switchgear) 의장 및 IEC Subcommittee 17A (Switching Devices) 의장을 역임했다. 그는 2005년에 IEEE의 펠로우로 선출되었다. 그는 IEEE Switchgear Main Committee 및 High Voltage Circuit-Breaker Subcommittee의 회원 외에도 여러 IEEE 워킹그룹의 회원으로도 활동하고 있다. 2002년부터 그는 IEEE WG C37.011(Application Guide for TRVs for HV circuit breakers)의 의장이다. 그는 2005년 "I.E. Standard Association International Award"를 수상했다.

Mark Waldron은 1988년에 전기공학과를 졸업하고 중앙 전력 발전위원회의 연구부서에 합류한 후, 민영화 후 영국의 National Grid에서 여전히 근무하고 있다. 그는 연구개발, 사양, 평가, 유지보수 및 모니터링, 상태평가 및 수명종료 관리를 포함하여 개폐 장치 및 변전소 장치의 수명관리의 모든 측면에 참여했다. 그는 현재 CIGRE의 기술위원회 회장으로서의 역할 외에도 개폐장 치 기술 리더의 직책을 맡고 있다. CIGRE에 대한 그의 참여는 20년 이상에 걸쳐 여러 워킹그룹, 워킹그룹 컨비너 및 SC A3의 연구위원회 위원장으로 활동했으며 초고압 송전에 관한 기술위원회 프로젝트를 이끌었다.

Anton Janssen은 송전분야에서 경력을 시작하여 400/150/50 kV-Transmission의 관리자가 되었으며 이후 네덜란드 남부에 있는 전력회사의 송전, 열/증기 시스템 및 열병합 발전소 프로젝트 관리자가 되었다. 1993년에 그는 KEMA에 입사하여 KEMA 대전력 연구소의 관리자가 되었다. 2002년에 그는 네덜란드의 3분의 1을 담당하는 전력회사인 Liander에 자산관리자로 합류했다. 매니저로서 그는 주로 전력과 가스의 송전, 하위 송전 및 배전 분야의 전략적(및 국가적인) 주제에 관여한다. 그

는 CIGRE(SC 13/A3, Special Reporter 역할도 함) 및 IEEE-PES의 회원이며 여러 IEC SC17A WG의 회원이었다. CIGRE 내에서 그는 고압차단기의 신뢰성, 차단기의 수명관리, 네트워크 상태 및 시스템 요구사항 변경, 선로 고장 현상, 자산관리, UHV 변전소 장치 등 여러 WG의 컨비너로 활동했다. 현재 그는 Out-of-Phase Phenomena를 다루는 JWG A3/B5/C4.37의 컨비너로 활동하고 있다. 그는 주로 CIGRE가 발간한 많은 출판물의 저자이다.

Lou van der Sluis는 1950년 7월 10일에 네덜란드의 Geervliet에서 태어났다. 그는 1974년에 델프트 기술대학에서 전기공학으로 자신의 석사 학위를 취득했다. 그는 KEMA 대전력 실험실에 시험 엔지니어로 1977년 합류했다. 그리고 대전력 실험실에서 데이터 수집 시스템 개발, 시험회로의 컴퓨터 계산, 디지털 컴퓨터에 의한 시험데이터 분석에 관여했다. 그는 1990년에 Delft 공과대학교의 전력시스템 학과의 시간제 교수가 되었으며, 1992년부터 전임교수로 근무하였다. 그는 IEEE의 종신 시니어회원이며, 중전압 및 고전압 네트워크에서 발생하는 과도회복전압 연구를 위한 CIGRE CC03 WG 및 CIRED의 컨비너였다. 그는 내부 아크 테스트를 위한 CIGRE WG A3.24, 고전압 가공선 및 지중케이블 사이의 상호관계 연구를 위한 CIGRE WG C4.502의 회원이다. 그는 CIGRE의 SC-A3 자문위원회 회원이며, 출판사 Wiley에서 발행한 "Power Systems in Transients"의 저자이며, "Electrical Power System Essentials and Switching in electrical Transmission and Distribution Systems"의 공동저자이다.

Frank Richter는 전기공학 학위를 받았다. 그는 프랑스 회사에서 중전압 장치 및 진공차단기의 개발에서 경력을 시작했다. 2008년에 그는 독일에서 고압차단기 개발과 제작에 합류했다. 2014년부터, 그는 독일 TSO에서 고전압 장치용 자산관리자로 일했다. 그는 CIGRE SC A3 회원이며, 2014년부터 연구위원회 A3 사무국장(secretary), SC A3 도메인의 CIGRE KMS 웹사이트 관리자이다. 그는 WG A3.27(송전전압에서의 진공차단기), WG A3.33(직렬보상 장치), WG A3.39 (MOSA 현장경험)를 포함한 다양한 WG 조사연구에 참여했다. 그는 CIGRE 내에서 여러 출판물의 저자이다.

Rene Peter Paul Smeets는 1987년 개폐장치 연구로 박사 학위를 받았다. 1995년까지 그는 아인트호벤 대학의 조교수였다. 1991년 일본의 Toshiba Corporation에서 근무했다. 1995년에 그는 네덜란드의 KEMA에 합류했다. 현재 그는 서비스 분야 리더로서 DNV GL의 KEMA 연구소에서 근무하고 있다. 2001년에는 네덜란드의 아인트호벤 대학에서 대전력 스위칭 분야의 시간제 교수로 임명되었다. 그는 6개의 국제 상을 받았다. 2013년에는 중국 Xi'an Jiaotong University의 겸임 교수가 되었다. Smeets 박사는 CIGRE의 다양한 워킹그룹과, 고전압 진공 및 HVDC 스위치기어와 같은 새로운 고전압 장치 분야를 다루는 연구/자문위원회의 컨비너 또는 회원이다. 그는 고압 스위치기어에 대한 IEC의 두개의 유지보수팀의 컨비너이다. 그는 세권의 책을 출판 및 편집했으며 전력시스템의 테스트 및 스위칭에 관한 250개 이상의 국제적인 논문을 발표했다. 2008년에는 IEEE의 펠로우로 선출되었으며 2008년부터 현재 차단에 대한 과학 연구위원회인 "Current Zero Club"의 회장을 맡고 있다.

David Peelo는 BC Hydro의 컨설턴트이자 전직 개폐장치 전문가이다. 그는 University College Dublin (B.E. 전기공학)과 Eindhoven University of Technology (Ph.D.)를 졸업했다. 그는 스웨덴 Ludvika에 있는 ASEA 송전제품 사업부에서 일한 후 28년간 BC Hydro에서 전문 엔지니어로 일했다. 컨설턴트로서 그는 전 세계에 고객을 보유하고 있으며, 특히 현재 전류차단시의 과도현상 및 피뢰기 응용 분야에 대한 지속적인 전문 개발과정을 가르치고 있다. 그는 활동적인 CIGRE 회원이며 IEC MT32(유도 부하 스위칭)의 과거 컨비너, IEC PT42(기중단로기의 전류차단 능력)의 컨비너 및 IEC MT57(IEC 62271-100 및 기타 차단기 관련 표준에 대한 애플리케이션 가이드)의 회원이다. 그는 IEC 1906 Award 수상자이자 CIGRE의 저명한 회원이다. 그는 차단기 및 피뢰기 응용 프로그램에 대한 70개 이상의 논문을 발표했거나 공동 발표했으며 현재 전류차단시의 과도전압 계산에 관한 교과서를 저술했으며 송배전 네트워크 개폐에 관한 교과서를 공동 저술했다.

Dirk Makareinis는 1956년 7월 16일 독일의 Cuxhaven에서 태어났다. Cuxhaven의 Technical Secondary School을 졸업하고 Lubeck 대학에서 공부했다. 그는 고압차단기 분야에서 38년 이상의 경험을 쌓았으며 독일 베를린에 있는 Siemens AG에서 일했다. 그는 Schaltwerk Berlin의 기계 테스트 분야에서 개발 엔지니어로 시작했다. GIS 변전소의 프로젝트 엔지니어로 일한 후, GIS 개발 및 기계적인 루틴테스트를 위한 기계 테스트 분야의 책임자가 되었다. 2017년 11월까지 그는 고압차단기의 판매, 제안 및 주문 처리 부서장으로 활동했다. 현재 그는 은퇴했지만 여전히 고전압 장치 분야에서 활동하고 있다. 그는 WG 13.08 "차단기의 수명관리"에서 CIGRE 활동을 시작했으며 WG A3.06 "고전압 장치의 신뢰성"

및 WG A3.29 "노후된 고전압 장치 및 가능한 완화 기술 관리"의 회원이었다. 2014년에 그는 독일 CIGRE SC A3의 국가대표로 선출되었으며 현재까지 CIGRE 연구위원회 A3: 고전압 장치의 회원이다.

Martin Kriegel은 독일 RWTH-Aachen의 고전압 기술 연구소에서 전기공학 박사 학위를 받았다. 1998년부터 ABB Switzerland에서 근무했으며 현재 고압차단기의 차단부 개발 부서장이다. 그는 고전압 장치의 시뮬레이션을 다루는 CIGRE WG A3.20 "시뮬레이션 및 계산검증 도구", A3.24 "내부 시뮬레이션 도구 아크 및 전류 내성 시험" 및 A3.36 "다중물리 시뮬레이션의 적용 및 벤치마크 온도상승을 위한 엔지니어링 툴 계산"의 그룹에서 활동하고 있다.

Robert le Roux는 다양한 엔지니어링 기술과 국제적으로 얻은 실무경험을 가진 전기 엔지니어이다. 그는 2010년에 ESB International에 상주 엔지니어로 입사했으며 현재 ESB International 고전압 발전소 팀의 전기 엔지니어이자 컨설턴트이다. 그는 대규모 HVDC, 발전소 및 토목 공학 프로젝트에 참여한 실적이 있다. 그는 아일랜드와 바레인의 ESB International 프로젝트에 참여했다. 그의 역할은 1차 플랜트 장치에 대한 사양 작성, 기술 입찰 평가 및 HVDC 및 HV 장치 관련 문제에 대한 문제 해결을 위해 ESB 네트워크를 지원하는 것이다. 그는 "CIGRE WG A3.39: 금속 산화물 피뢰기에 대한 애플리케이션 및 현장경험"의 컨비너이자 "JWG C4/B5.41: 선로 과잉 보상시 전력시스템의 직렬보상 문제"의 회원이다. 그는 또한 CIGRE A3 및 A2 내의 다양한 다른 WG의 회원이었다. 그는 CIGRE에서 발간한 많은 출판물의 저자이다.

Kevin Kleinhans는 1996년 케이프 타운 대학교(RSA)에서 공학 학사 학위를, 2003년에는 스텔렌 보스 대학교(RSA)에서 석사 학위를 받았다. 그는 남아프리카 엔지니어링위원회(ECSA)의 등록된 전문 엔지니어이자 남아프리카 전기 엔지니어 협회(SA1EE)의 선임회원이다. Eskom에 입사한 이후 22년 동안 운영, 자본 프로젝트 및 기술 분야에 종사했다. 현재 그는 Eskom의 절연협조 기술사양과 정상상태/과도상태/일시적 과전압과 관련된 연구를 담당하고 있다. 그는 CIGRE WG A3.39 및 WG C4.39의 회원이며 남아프리카의 IEC TC28 및 TC37의 미러(mirror) 위원회 위원장이다.

Ankur Maheshwari는 전력 엔지니어링 분야에서 설계, 엔지니어링, 프로젝트의 다양한 역할과 발전 및 송전에서 배전에 이르기까지 전력시스템 장치의 자산관리에 있어 다양한 역할을 수행한 다년간의 경험을 보유하고 있다. 그는 주요 송전 및 배전 유틸리티에 대한 ISO 55001의 프레임 워크에 따라 자산관리에 대한 구조화된 접근방식의 개발 및 적용에 대한 실무경험이 있다. 여기에는 최첨단 위험관리 기술의 정의 및 구현이 포함되며, 유틸리티의 송・배전 장치 자산을 보다 개선되고, 안전하며, 신뢰할 수 있으며, 비용 효율적인 성능을 제공할 수 있는 신뢰성 중심의 유지보수 관리기술의 평가 및 적용도 역시 포함된다. 그는 CIGRE 보호 및 자동화 및 고전압 장치 그룹의 활동적인 회원이며 CIGRE WG A3.29: 노후된 고전압 변전소 장치 관리의 컨비너이다.

Tadao Minagawa는 1963년 7월 3일에 일본 오사카 현에서 태어났다. 그는 1986년 Mitsubishi Electric Corporation 송배전 시스템 센터에 입사했다. 그는 가스차단기, 가스 절연 배전반 및 전력용 변압기와 같은 산업기계 및 고전압 전력기기 분야에서 일하고 있다. 특히, 그는 절연매질, 열화현상, 모니터링, 고전압 장치의 진단기술의 연구와 개발에 종사하였다. 추가하여 그는 현재 Mitsubishi Electric 고전압 및 대전력 테스트 실험실의 운영을 담당하고 있다. 그의 관심분야는 HVDC 차단기와 같은 진보된 T&D 장치, 고전압 장치의 전략적 자산관리이다. 그는 CIGRE, IEEE−DEI, IEE Japan의 회원이다. CIGRE SC A3에서 그는 WG A3.21(고전압 전력기기의 복합 절연체), A3.29(고전압 변전소 장치 노화)에 참여하고 있다.

Marta Lacorte는 전기공학 석사 학위를 받았다. 그녀는 1984년부터 1991년까지 Cepel(브라질 전기에너지 연구센터)에서 개폐 장치를 다루었다. 그녀는 1992년 ABB 스위스로 편입되어 2001년까지 SF_6 가스 절연 변전소(GIS) 부서에서 기술 보조원으로 근무했으며, 2002년 라틴 아메리카의 ABB 스위스 발전기용 차단기 대표로 브라질로 돌아왔으며 나중에 ABB Brazil에서 2015년까지 고전압 장치 엔지니어링을 수행했다. 그녀는 현재 전기 연구(기본 주파수 및 전자기 과도), 기술 및 변전소 배열을 정의하기 위한 분석, 고전압 장치 사양의 정교화를 수행한 경험이 있는 전문가로 구성된 회사인 Ativa Engenharia의 파트너이다. 그녀는 CIGRE SC A3 및 SC B3의 회원이다. 그녀는 CIGRE에서 발간한 여러 출판물의 저자이다.

Antonio C. Carvalho는 1956년 리우 데 자네이로에서 태어나 전기 엔지니어로 졸업하고 리우 데 자네이로 연방 대학교(UFRJ)에서 전력시스템 공학 석사 학위를 받았다. 그는 1984년부터 CIGRE의 정회원이며 연구위원회 A3: HV equipment에서 여러 실무 그룹의 회원으로 활동했다. 현재 그는 SC A3의 브라질 회원이자 WG A3.30: HV 장치 과부하 관리의 컨비너이다. 그는 브라질 전력산업 연구센터(CEPEL)에서 13년, ABB 스위스에서 스위치기어 개발 분야에서 12년 동안 근무했으며, 2004년에는 브라질 시스템 운영자(ONS)에 합류하여 2017년까지 시스템 엔지니어링 부서를 관리했다. 현재 그는 ONS의 유틸리티 및 규제 업무 담당 선임 관리자이다.

Magne Runde는 각각 1984년과 1987년에 노르웨이 트론하임에 있는 노르웨이 과학기술 대학(NTNU)에서 물리학 석사 학위와 전력공학 박사 학위를 받았다. 1988년부터 노르웨이 트론하임에 있는 SINTEF Energy Research에서 근무했다. 1996년부터 2013년까지 NTNU에서 고전압 기술의 겸임 교수로 재직했다. 그의 관심분야는 고전압 스위치기어, 전기접점, 전력케이블, 전력장치의 진단 테스트 및 초전도체의 전력응용 분야이다. 그는 여러 CIGRE 워킹그룹의 컨비너이자 회원이었으며, 동료심사를 거친 국제 저널에서 50개 이상의 논문을, 그리고 각종 컨퍼런스에서 60개 이상의 논문을 저술하거나 공동 저술했다.

Carsten Protze는 2001년부터 2009년까지 독일 Siemens Corporation의 엔지니어였다. 그곳에서 처음 4년 동안은 고압차단기의 R&D 부서에 있었으며 지난 4년 동안에는 Siemens 자회사인 Ruhrtal Company에서 다른 직책을 맡았다. 영업 엔지니어로 시작하여 그는 고압차단기 및 접지 스위치의 생산 책임자이자 R&D 책임자가 되었다. 2003년에는 독일 드레스덴 공과대학에서 박사

학위를 받았다. 2009년부터 그는 독일의 전력 공급업체인 ENSO NETZ 회사에서 변전소 및 고전압 가공선의 설계 및 건설 책임자이다. CIGRE에서 그는 WG A3.06: 고전압 장치의 신뢰성 내에서 단로기 및 접지스위치의 TF 책임자였다. IEC에서 그는 IEC 62271-102: 고압차단기 및 접지스위치의 회원이었다. 그는 CIGRE SC A3의 독일위원회의 전문가이다.

Hubert Mercure는 2008년부터 2014년까지 캐나다에 있는 IREQ-Hydro-Quebec 연구소의 기술 비즈니스 개발 및 개방형 혁신 관리자였다. 그 전에, Mercure 박사는 전력장치 분야와 회전기계, 전력기기 및 케이블시스템의 첨단 진단기술 연구팀을 관리하였다. 그는 또한 연구 과학자로서 20년 이상의 경력을 쌓았다. 그는 리뷰된 많은 과학 출판물의 저자이자 공동 저자이다. 그는 IEEE 및 CIGRE의 기술 작업에 참여했다. 2008년부터 2016년까지 그는 CIGRE SC A3의 기술 전문가(정회원)로 캐나다를 대표했다. 그는 몬트리올 대학교에서 물리학 학사 학위를 받았으며, 토론토 대학교에서 항공우주공학 석사 학위와 공학박사 학위를 받았다.

Andre Mercier는 1977년 Laval University(Quebec City)에서 전기공학 학사 학위를 받았으며 1979년 마이크로컴퓨터 석사 학위를 취득했다.

그의 초기 전문 분야는 다양한 산업을 위한 제어 및 데이터수집 시스템의 하드웨어 및 소프트웨어 설계였다. 1990년에 그는 차단기 프로젝트의 연구 과학자로 IREQ (Hydro-Quebec 연구소)에 합류하여 모니터링 및 제어스위칭 측면에 중점을 둔다. 그는 변압기 애플리케이션을 위한 혁신적인 제어스위칭 장치의 설계자이며 시운전에 깊이 관여하고 있다. CIGRE의 오랜 개인 멤버인 그는 많은 워킹그룹에 참여했다. 그는 이제 CIGRE WG

A3.35: 제어 스위칭의 컨비너이다.

Sebastien Poirier는 2009년 1월부터 IREQ(Hydro-Quebec의 연구소)에서 연구원으로 근무하고 있다. 현재 고압차단기 상태평가 방법과 관련된 R&D 프로젝트에 참여하고 있다. 그는 고전압 장치 유지보수 방법 및 자산관리 전략을 개선하기 위한 새로운 진단도구 개발에 기여하고 있다. 그는 CIGRE 워킹그룹 A3.28(UHV 및 EHV 장치에 대한 개폐 현상 및 테스트 요구사항)의 전 멤버이자 CIGRE 워킹그룹 A3.32(T&D 개폐 장치의 상태평가를 위한 비간섭 방법)의 멤버이기도 하다. 그는 10개 이상의 저널 기사와 컨퍼런스 논문의 저자이자 공동 저자이다.

Nenad Uzelac은 1995년 세르비아 베오그라드에 있는 전기공학 학교에서 전력공학을 전공하고, 2004년 미국 에반스턴에 있는 노스 웨스턴 대학에서 제품개발 석사 과정을 마쳤다. 1999년에 G&W Electric에 합류하여 R&D 엔지니어로 근무한 후, 2005년에는 리클로저 및 차단기를 포함한 새로운 MV 개폐 장치를 개발하는 R&D 관리자가 되었다. 2015년부터는 신기술 개발을 담당하는 G&W 글로벌 리서치 책임자가 되었다. 그의 연구 관심분야는 AC 및 DC 스위칭, 재료 및 절연 기술, 상태 모니터링 및 진단, 센서, 아크 고장현상 연구이다. 그는 IEEE 개폐 장치 위원회의 정회원이며 2007년부터 CIGRE A3 워킹그룹들에 회원 또는 컨비너로 참여하고 있다.

Jay Prigmore는 Lamar University에서 전기공학 학사 학위를 받았으며, Arizona State University에서 전기공학 석사 및 박사 학위를 받았다. 그의 Ph.D 연구활동은 레거시 및 미래의 전력전자 기반 배전시스템 모두에서 사용하기 위한 고장전류 제한장치의 새로운 개념에 초점을 맞추었다. 현재는 Exponent Inc.에서 관리 엔지니어로 근무하고 있다. 그는 미국 내 8개 주에서 등록된 전문 엔지니어이다. 그는 전기 안전 부문에서 "올해의 제품"을 수상한 아크 플래시 완화장치를 개발했다. 그는 NFPA 78 및 1078의 창립멤버로서 각각 전기검사 수행에 대한 지침과 전기검사원의 자격을 제시한다. 그는 일반적으로 전력시스템 장치에 대한 고장분석을 수행하고 전문가 증언을 제공한다. 그는 IEEE의 선임회원이자 전력 및 에너지 학회, 전력전자 학회, 산업응용 학회 및 자기학 학회의 회원이다. 그는 IAS ESW 조기 경력개발 집행 소위원회의 의장이다.

Daisuke Yoshida는 1994년에 Mitsubishi Electric Corporation, 송배전과 배전, 수송 시스템 센터에 입사했다. 그는 가스차단기의 설계 부문에서 일하면서 가스차단기 개발 및 아크 소멸 현상에 대한 연구에 참여했다. 그는 현재 Mitsubishi Electric Corporation의 스위치기어 부서 총괄 관리자이다. 2002년 SC A3의 CIGRE 일본 전국 패널에 참여한 후 그는 CIGRE WG A3.18, WG A3.20, WG A3.24 및 JWG A3/B4.34의 멤버로 활동했으며 현재 자문 그룹 A3.01 및 A3.03의 회원이자 SC A3의 일본 국가패널 비서로 활동하고 있다.

Harley Wilson은 B.S. Bucknell University(미국)에서 전기공학을 전공했으며 Carnegie Mellon University에서 원자력 과학 및 공학분야에서 석사 및 박사 학위를 받았다. 그는 처음에 Babcock과 Wilcox, Westinghouse Commercial Nuclear Fuel과 함께 27년 동안 원자력 연료사업에서 일했다. 그의 경험은 핵연료 설계, 성능 및 제조 분야였다. 그 후 Harley는 펜실베이니아주 Warrendale에 있는 Mitsubishi Electric Power Products, Inc.(MEPPI)의 가스차단기 사업부에서 16년 동안 근무했으며, 그곳에서 전력용 차단기 엔지니어링 부서의 관리자를 역임했다. 그의 경험은 가스차단기 설계, 제조 및 성능평가였다. 이 직책에서 참여한 일부 특정 영역은 800kV까지의 여러 가스차단기들의 설계를 가지고 수행한 실제 차단기의 개발 및 상용화, 현장에서 적용 가능한 제어 스위칭 기술 구현, 극저온용 차단기 설계 개발, 차단기의 제조 및 성능관련 문제 해결, 고객과의 상호교류였다. MEPPI에 있는 동안 그는 두 개의 CIGRE 워킹그룹에 참여했다. 하나는 컨비너로 참여했던 WG A3.12이고, 나머지 하나는 연구위원회 A3의 자문그룹이었다. Harley는 2014년 MEPPI에서 은퇴했다.

Russ Yeckley는 미시간 대학교에서 기계공학 학위를 받았으며 나중에 피츠버그 대학교에서 석사 학위를 받았다. 그는 Westinghouse Electric에서 36년 동안 근무했으며 초기 작업은 유입차단기 개발이었다. 그의 첫 번째 주요 프로그램은 362kV 유입차단기를 개발하는 기계 엔지니어였다. 그는 최초의 상용 SF_6 차단기의 개발 및 테스트에 참여했으며 자기압력 생성, 이중압력 및 파퍼기술을 사용하여 46kV에서 800kV까지 SF_6 차단기 설계에 참여했다. 컨설턴트로서 그는 Siemens, ABB 및 EPR1에서 근무했다. 그는 최근 Mitsubishi Electric

Power Products, Inc.에서 은퇴하였으며, SF_6 차단기의 설계 및 제조 분야에서 25년 동안 일했다.

Hiroki Ito는 1984년 Mitsubishi Electric Corporation에 입사하여 고전압 DC 및 AC 가스차단기의 연구개발에 참여했다. 1989년부터 1991년까지 일리노이 대학의 Coordinated Science Laboratory에서 근무했다. 1994년에는 일본 동경공업대학에서 박사 학위를 받았다. 그는 2005년부터 2012년까지 Mitsubishi Electric 고전압 및 대전력 시험연구소의 기술 이사였다. 그는 현재 Mitsubishi Electric의 에너지 및 산업시스템 센터의 수석 엔지니어이다. CIGRE에서 그는 UHV 변전소 장치의 사양을 조사한 CIGRE WG A3.22 및 28의 컨비너였다. 그는 또한 IEC 62271-310 MT40: 차단기의 전기적인 내구성 시험 및 IEC 62271-302: 제어 스위칭의 회원이기도 하다. 2012년부터 2018년까지 CIGRE 연구위원회 A3: 고전압 장치의 의장을 역임했다.

공헌자(Contributors)

Antonio C. Carvalho Utilities and Regulatory Affairs, ONS, Rio de Janeiro, RJ, Brazil

Denis Dufournet Sathonay–Camp, France

Hiroki Ito Energy and Industrial Systems Group, Mitsubishi Electric Corporation, Tokyo, Japan

Anton Janssen Asset Management, Liander, Duiven, The Netherlands Kevin Kleinhans Technology Division, Eskom, Johannesburg, South Africa

Martin Kriegel Interrupter and Technology Development Department, ABB Switzerland Ltd., Baden, Switzerland

Marta Lacorte System Studies and Equipment, ATIVA Engineering, Rio de Janeiro, Brazil

Ankur Maheshwari Strategic Asset Performance, Western Power, Perth, WA, Australia

Dirk Makareinis EM HP AIS S 01, Siemens AG, Berlin, Germany

Andre Mercier Systemes Numeriques, IREQ (Institut de Recherche en Electricite du Quebec), Hydro Quebec, Varennes, Canada

Hubert Mercure ITEC–Hub, Beloeil, Canada

Tadao Minagawa R&D Department, T&D Systems Center, Mitsubishi Electric Corporation, Amagasaki, Japan

David Peelo DF Peelo & Associates Ltd., Surrey, BC, Canada

Sebastian Poirier Research Institute, IREQ (Institut de Recherche en Electricite du Quebec), Hydro Quebec, Varennes, Canada

Jay Prigmore Electrical Engineering and Computer Science, Exponent Inc., Aurora/Warrenville, IL, USA

Carsten Protze Design and Construction of Substations and High Voltage Overhead Lines, ENSO NETZ GmbH, Dresden, Germany

Frank Rene Richter Asset Managment TA–S, 50 Hertz Transmission GmbH, Berlin, Germany

Robert Le Roux Primary Plant, ESB International, Dublin, Ireland

Magne Runde SINTEF Energy Research, Trondheim, Norway

Heinz Helmut Schramm Technical University of Berlin, Berlin, Germany

Rene Smeets KEMA Laboratories, DNV GL, Arnhem, The Netherlands

Nenad Uzelac Switchgear R&D, G&W Electric Company, Bolingbrook, IL, USA

Lou van der Sluis Electrical Power Systems, Electrical Sustainable Energy Department, Delft University of Technology, Delft, The Netherlands

Mark Waldron Engineering and Asset Management, National Grid Electricity Transmission, Warwick, UK

Harley Wilson High Voltage Switchgear Division, Mitsubishi Electric Power Products, Inc., Warrendale, PA, USA

Russ Yeckley High Voltage Switchgear Division, Mitsubishi Electric Power Products, Inc., Warrendale, PA, USA

Daisuke Yoshida Switchgear Department, T&D Systems Center, Mitsubishi Electric Coiporation, Amagasaki, Japan

1

CIGRE 연구위원회 A3 활동

Hiroki Ito, Frank Rene Richter, and Heinz Helmut Schramm

Keywords

- CIGRE 연구위원회
- CIGRE 기술서적
- 송변전 및 배전 설비
- 수명관리
- CIGRE 워킹그룹
- 개폐장치
- 시험기술
- 전원시스템

Hiroki Ito
일본 도쿄 미쓰비시 전기(주) 에너지 및 산업 시스템 그룹
전자우편 : Ito.Hiroki@aj.MitsubishiElcctric.co.jp

F. R. Richter
자산관리 TA-S, 50 Hertz 송전 GmbH, 베를린, 독일
전자우편 : Frank.Richter@50hertz.com

H. H. Schramm
독일 베를린 공과 대학
전자우편 : heinzh.schramm@berlin.de

1.1 서론, 주요 임무 및 범위

CIGRE의 SC(Study Committee) A3는 배전부터 송변전분야에 걸쳐 정보의 수집, 전력시스템 연구의 기술적 평가, 그리고 AC 및 DC 변전소/변환소 장치의 기술적 분석을 책임지고 있으며, 다른 SC들에게 명시적으로 포함되지 않는 전압범위를 다루고 있다.

SC A3는 AC와 DC의 스위칭 디바이스, 피뢰기, 계기용 변성기, 절연물, 부싱, 커패시터, 한류기, 병렬/직렬 커패시터 뱅크, 수명관리 및 진단 감시기술을 포함하고 있다.

CIGRE는 1921년에 설립되었으며 절연재료, 케이블 및 스위치기어(우리의 원래 SC는 SC 3이었음)와 관련된 3개의 연구위원회가 1927년에 도입되었다. 이후 가공선, 전화 인터페이스 및 철탑, AC HV 및 DC에 대한 SC가 추가되었다. SC의 수는 1930년에 9개, 1963년에 19개였고 1966년에는15개, 1968년에는 14개로 줄었다. 이러한 전환기간 동안 A3의 전신인 SC 13은 "개폐장치"를 다루었다(The History of CIGRE 2011).

SC 13은 2002년에 실행된 CIGRE 구조조정을 통해 SC A3로 이전되었다. 그림 1.1은 CIGRE의 현재 SC를 보여준다. SC A3은 가장 시사적이고 중요한 문제를 다루기 위해 신중한 선택과 집중적인 노력을 기울였으며 확장 된 SC A3 범위의 다양한 주제와 모든 장치에 대해 제한된 수의 WG(Working Group)을 만들었다. 그 이후 SC A3는 전 세계적으로 다양한 설문조사를 수행하고 새로운 문제에 대한 솔루션을 제공하고 차단기, 단로기, 금속 산화물 피뢰기 및 UHV 장치와 같은 품목에 대한 국제표준화에 대한 지원을 촉진함으로써 괄목할만한 진전을 가져 왔다.

CIGRE는 현재 송변전 외에 배전 적용을 다루고 있다. 더욱 확장된 작업이 필요하기 때문에 CIGRE는 MV 배경을 가진 정규 회원을 추가하여 배전분야 활동을 강화하기로 결정했다. "MV 장치"로의 범위 확장에 따라 SC A3의 기존 "송변전 및 배전 장치" 이름은 DC 및 AC 송변전 및 배전 장치를 포함하는 새 명칭으로 바뀔 수 있다.

CIGRE 전략계획에 따라 SC A3는 전력시스템의 과학적 탐구와 장치의 현장경험을 바탕으로 편향되지 않은 정보를 제공함으로써 기술적 가치를 유지한다.

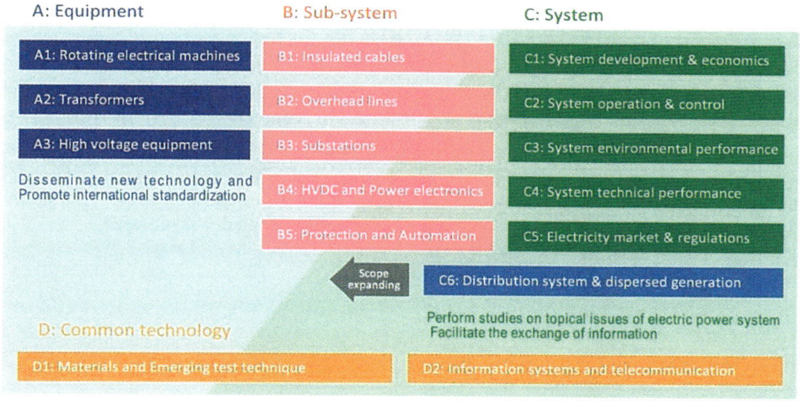

Fig. 1.1 Sixteen CIGRE Study Committees since 2002

SC A3는 변전소 장치와 관련된 새로운 문제에 대한 기술 및 경제적인 솔루션을 제공하고 최첨단 기술과 관행을 종합하여 산업정보 및 지식에 가치를 추가하기 위해 지속적으로 과학적 탐구를 발전시킨다. 조사는 정상적 또는 비정상적 조건에서 장치로 인한, 혹은 네트워크와 기타 장치와의 상호 작용으로 인한 세부 동작에 중점을 둔다. SC A3는 또한 IEC에서 요청한 주제에 대한 표준개발 및 기존 표준의 기술적 배경을 탐구한다.

CIGRE SC A3는 배전부터 송변전에 걸쳐서 AC와 DC 변전소 장치를 모두 다루며, 전력연구의 기술적 평가, 기술적 분석의 현장경험을 수집하기 위해 끊임없이 노력한다. 이러한 활동은 주로 아래의 주제에 집중하고 있다.

1. 혁신적인 기술(예 : DC 차단기)
2. 요구사항에 대한 기술적 배경 탐색을 포함하여 변화하는 네트워크 조건에서 장치에 대한 요구사항(IEC의 표준화 작업 지원)
3. HV 장치에 지능 통합(예 : 제어 스위칭)
4. 송변전 및 배전 설비의 모니터링 및 진단
5. 새롭고 개선된 시험기술
6. 신뢰성 평가, 노후화된 장치의 수명종료 관리
7. 과부하 및 과부하에 대한 완화방법

1.2 워킹그룹(Working Group)

표 1.2는 차단기, 전류제한 장치, 피뢰기, 커패시터, 절연체 및 계기용 변성기를 포함하여 송배전 장치와 관련된 다양한 주제를 조사한 SC 13 및 SC A3에 설립된 WG/JWG의 제목과 의장의 이름을 나타낸다. 표 1.3은 SC 13 및 SC A3에서 발행한 CIGRE TB(기술서적, Technical Brochure) 목록을 보여준다.

1.3 차단기의 간략한 역사

차단기는 20세기 초의 위대한 발명품 중 하나로 오늘날의 AC 송변전 및 배전 네트워크를 가능하게 하였다. 새로운 절연 매질 및 차단매질을 적용한 차단기가 개발되어 사용되고 있다.

첫 번째 유입식 차단기는 1900년대 초에 Kelman(1907)에 의해 개발되었으며, 별도의 나무통에서 직렬로 연결되어 동시에 작동하는 스위치들의 투박한 배열로 구성되었다. 이 탱크형 유입식 차단기는 이후 30년 동안 진화했다. 주요 개발은 미국의 Slepian of Westinghouse(Slepian 1929)사와 Prince and Skeats of General Electric(Prince and Skeats 1931)사에 의해 수행되었다.

Table 1.1 Study Committees 3, 13, and A3 Chairpersons

Period	Name	Country
1921–1934	P. Perrochet	Switzerland
1934–1950	E. Juillhard	Switzerland
1950–1963	H. Schiller	Switzerland
1963–1971	H. Meyer	Switzerland
1971–1978	G. Catenacci	Italy
1978–1984	E. Slamecka	Germany
1984–1990	E. Ruoss	Switzerland
1990–1996	H.H. Schramm	Germany
1996–2002	J. H. Brunke	United States
2002–2006	K. Fröhlich	Austria
2006–2012	M. Waldron	United Kingdom
2012–2018	H. Ito	Japan
2018–202x	N. Uzelac	United States

Table 1.2 List of Working Groups and the Conveners

WG CC 03	TRV stresses in MV systems	L. van der Sluis
TF1	Out-of-phase stresses and testing	H-H. Schramm
TF 13.01	Electrical endurance testing	R. Smeets
TF 13.00.2	Revision of IEC standards relevant to switching devises	J.F. Reid
WG 13.01	Arc physics in circuit breaker	W. Hermann
WG 13.02	Small inductive current switching	S. Berneryd
WG 13.04	Switching test methods	I. Bonfanti
WG 13.06	First international inquiry on HV CB	R. Michaca
WG 13.06	Second international inquiry on HV CB	J. Maaskola/A. Janssen
WG A3.06	Reliability of high-voltage equipment	C. Solver/M. Runde
WG 13.07/WG A3.07	Controlled switching	K. Froehlich/M. Waldron
WG 13.08	Life management of circuit breakers	A. Janssen
WG 13.09	Monitoring and diagnostic techniques	C. Jones
WG A3.10	Specifications for short-circuit current limiters	H. Schmitt
WG A3.11	Application guide for IEC 60056 and 60,694	H.H. Schramm
WG A3.12	Circuit breaker controls	H. Wilson
WG A3.13	Changing network conditions	A. Janssen
WG A3.15	Nonconventional instrument transformers	P. Tantin
WG A3.16	Fault current limiters – Impact on existing and new protection schemes	H. Schmitt
WG A3.17	Surge arrester	B. Richter
WG A3.18	Grading capacitors	M. Runde
WG A3.19	Phase line fault TRVs on CB standards	R. Alexander/A. Janssen
WG A3.20	Simulations as verification tools	M. Kriegel
WG A3.21	HV apparatus with composite insulators	M. de Nigris
WG A3.22	Requirements for UHV equipment	H. Ito
WG A3.23	Guidelines of fault current limiters	H. Schmitt
WG A3.24	Simulating internal arc testing	N. Uzelac
WG A3.25	MOSA for emerging system conditions	B. Richter
WG A3.26	Influence of shunt capacitor banks on circuit breaker fault interruption duties	A. Bosma
WG A3.27	The impact of the application of vacuum switchgear at transmission voltages	R. Smeets
WG A3.28	Switching phenomena and testing requirements for UHV and EHV equipment	H. Ito/D. Dufournet
WG A3.29	Aging of HV equipment	A. Maheshwari
WG A3.30	Overstressing of HV equipment	A. Carvalho
WG A3.31	Nonconventional instrument transformers	F. Rahmatian
JWG A3.32/ CIRED	Nonintrusive conditioning assessment	N. Uzelac
WG A3.33	Equipment with shunt and series compensation	G. Li
JWG A3/B4.34	DC switchgears	C. Franck
WG A3.35	Controlled switching	A. Mercier
WG A3.36	Simulation for temperature rise test	M. Kriegel

JWG A3/B5/ C4.37	Out-of-phase phenomena	A. Janssen
WG A3.38	Shunt capacitor switching in distribution and transmission systems	E. Dullni
WG A3.39	MOSA field experience	R. le roux
WG A3.40	Technical requirements and field experiences with MV DC switching equipment	C. Heinrich
WG A3.41	Interrupting and switching performance with SF6 free switching equipment	R. Smeets
WG A3.42	Failure analysis of recent AIS instrument transformer incidents	H. Martins

Table 1.3 (continued)

Number of TB	Title	WG output
TB 624	Influence of shunt capacitor bank on CB fault interruption duties	WG A3.26
TB 602	Tools for simulation of the internal arc effects in HV and MV switchgear	WG A3.24
TB 589	Vacuum switchgears at transmission voltages	WG A3.27
TB 570	Switching phenomena for EHV and UHV equipment	WG A3.28
TB 544	Metal oxide (MO) surge arresters – Stresses and test procedures	WG A3.17
TB 514	Reliability of high-voltage equipment – Part 6: GIS practices	WG A3.06
TB 513	Reliability of high-voltage equipment – Part 5: Gas-insulated switchgear	WG A3.06
TB 512	Reliability of high-voltage equipment – Part 4: Instrument transformers	WG A3.06
TB 511	Reliability of high-voltage equipment – Part 3: DS and earthing switches	WG A3.06
TB 510	Reliability of high-voltage equipment – Part 2: SF_6 circuit breakers	WG A3.06
TB 509	Reliability of high-voltage equipment – Part 1: General matters	WG A3.06
TB 497	Applications and feasibility of fault current limiters in power systems	WG A3.23
TB 456	Background of technical specifications for UHV substation equipment	WG A3.22
TB 455	Application of composite insulators to high-voltage apparatus	WG A3.21
TB 408	Line fault phenomena and their implications for three-phase SLF clearing	WG A3.19
TB 394	State of the art of instrument transformer	WG 12.16/ SC A3
TB 368	Operating environment of voltage grading capacitors applied to HV CB	WG A3.18
TB 362	Technical requirements for substation equipment exceeding 800 kV	WG A3.22
TB 339	Guideline on the impact of FCL devices on protection system	WG A3.16
TB 336	Changing network conditions and system requirements part 2	WG A3.13
TB 335	Changing network conditions and system requirements part 1	WG A3.13
TB 319	Failure survey on circuit breaker control systems	WG A3.12
TB 305	Guide for application of IEC 62271-100 and IEC 60694 part 2	WG A3.11
TB 304	Guide for application of IEC 62271-100 and IEC 60694 part 1	WG A3.11

TB 264	Controlled switching, planning, specifications, and testing	WG A3.07
TB 263	Controlled switching, unloaded transformer switching	WG A3.07
TB 262	Controlled switching, benefits, and economic aspects	WG A3.07
TB 259	Failure survey on circuit breaker control systems	WG A3.12
TB 239	Fault current limiters in electrical system	WG A3.10
TB 167	Monitoring and diagnostic techniques	WG 13.09
TB 165	Lifetime management of circuit breakers	WG 13.08
TB 135	Circuit breaker modelling	WG 13.01
TB 134	MV transient recovery voltage	WG 13. CC.03
TB 083	International inquiry on HV circuit breakers	WG 13.06
TB 050	Small inductive current interruption	WG 13.02
TB 047	Line-charging current switching	WG 13.04

유럽에서는 탱크형 유입[1)]차단기가 1950년대 초까지 위세를 떨치다가 최소유입차단기로 완전히 대체되었다. 탱크형 유입차단기는 최대 360kV까지 사용되며 8회 연속 차단가능하며 최소유입형은 최대 420kV까지 사용되며 최대 10회 차단가능하다. 일부 유틸리티는 여전히 이러한 유형의 유입차단기를 계속 사용하고 있다.

그 후 1926년 영국 전기연구 협회(Whitney and Wedmore 1930)의 Whitney와 Wedmore가 유럽에서 처음으로 공기(Air−Blast) 차단기를 개발했으며 1930년대와 1940년대에 독일과 스위스에서 이를 더 발전시켰다. 공기차단기는 1960년대에 널리 사용되었으며 500kV 이상의 초고압 시스템을 가능하게 했다. 공기차단기는 1980년대 초반까지 생산되었으며 이후 저렴하면서 덜 복잡한 SF_6 가스 차단기로 대체되었다. 공기차단기의 변형인 자기 차단기는 최대 52kV의 중전압에서 사용되었다.

SF_6 가스는 1920년대에 특별한 절연특성으로 알려졌다. General Electric(Cooper 1940)의 F.S. Cooper는 커패시터 및 가스절연 케이블에 SF_6를 사용하는 특허를 가지고 있었다. 전류차단을 위한 SF_6 가스의 적용은 H.J. Lingal, T.E. Browne 및 A.P. Storm of Westinghouse(Lingal et al. 1953)에 의해 특허가 등록되었지만, 1950년대 중반에서 후반까지 SF_6 가스차단기는 시장에 출시되지 않았다. 최초의 SF_6 가스 차단기는 축방향 가스분사 원리를 기반으로 이중압력으로 설계되었다.

종종 단일압력 유형이라고 불리는 파퍼형 SF_6 가스 차단기는 소위 임펄스식 벌크 유입차단기(BOCB)를 설계한 Prince가 발명한 원리를 기반으로 1970년대에 개발되었다. 그 원리는 작동 메커니즘에 의해 구동되는 피스톤에 의해 오일의 유동을 생성시키는 것이었다. SF_6 차단기의 계속된 발전으로 최대 72kV의 회전아크 기술과 72kV 이상의 복합소호 기술이 탄생했다.

1) Bulk Oil Circuit Breaker; 탱크형유입차단기

CIGRE SC 13은 1984년 가스차단기의 스위칭 현상을 조사하기 위해 WG 13.01(Practical Application of Arc Physics in Circuit Breakers)을 설립했다. 이 WG는 서로 다른 전력계통에 위치한 차단기의 아크 거동과 차단현상을 재현할 때 편리한 도구로 사용되는 아크모델에 대한 지침을 포함하여 많은 기술 서적을 발표했다(CIGRE Working Group 13.01 1988, 1993).

진공차단기는 1920년대 (Sorensen 및 Mendenhall 1926)에 개발되었지만, 상업용 진공차단기는 1960년대에 처음 등장했다. 진공차단기는 오늘날 일반적으로 MV급에서 사용되며 최대 170kV의 전송전압에서 사용할 수 있다.

그림 1.2는 다양한 차단기 기술에 대한 차단기별 차단용량을 보여준다. 두 번의 기술적 전환이 있었다. 첫 번째 전환은 1960년경에 유입에서 공기 변경되면서 EHV 계통이 실현된 것이고, 두 번째 전환은 1970년경에 공기에서 SF_6로 변경되면서 대용량 차단기가 개발되고 전력망의 신뢰성이 향상된 것이다.

6 가지 주요 차단기 유형에 대한 적용 이력이 그림 1.3에 나와 있다. 유입 차단기는 1910년경에 제조를 시작하여 1990년까지 계속되었다. 공기 차단기는 주로 1950년부터 1980년까지 제조되었다. 그 후 SF_6 차단기는 1970년 이후로 지배적으로 사용되고 있다. 진공차단기 또한 오랜 생산 역사를 가지고 있다.

다양한 기술을 가진 대용량 고압차단기의 개발에 많은 기술적 돌파구가 있었다. 주요 차단기 개발의 예는 표 1.4에 나열되어 있다.

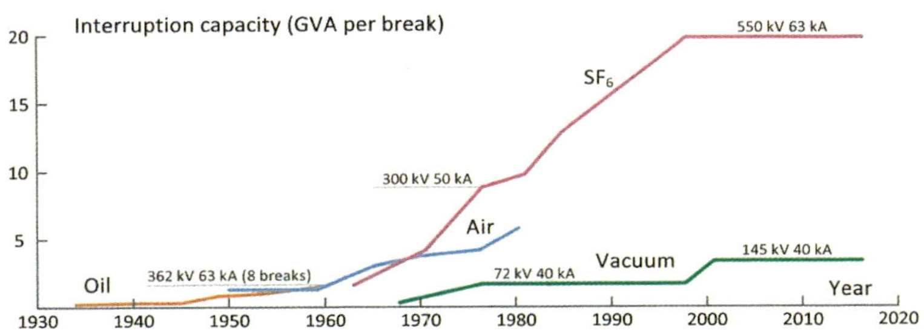

Fig. 1.2 Development of interruption capacity per break for different circuit breakers

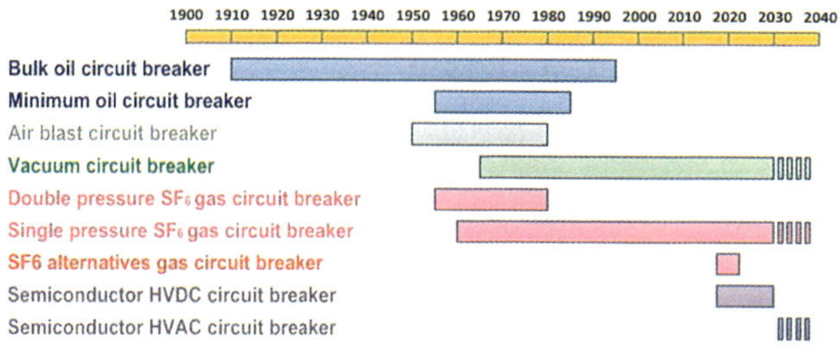

Fig. 1.3 Approximate manufacturing periods of different circuit breakers

Table 1.4 Technological milestones on switching equipment

Year	Technical achievement
Late 1800s	First oil circuit breakers developed and introduced
1920	Investigations on various interrupting media, e.g., vacuum, air, water
1928	Arc theory of AC interruption (Cassie 1939; Cassie and Mason 1956; Mayr 1943; Frost and Liebermann 1971; Stokes et al. 1984)
1930	Air-blast circuit breakers developed
1956	115 kV puffer-type gas circuit breaker introduced (Cromer and Friedrich 1956)
1960	Synthetic tests with SF_6 gas circuit breaker developed
1963	800 kV 50 kA interrupting capability of air-blast circuit breaker introduced
1970	250 kA generator circuit breaker developed
1972	550 kV four-break gas circuit breaker introduced
1994	550 kV one-break gas circuit breaker, 1100 kV gas circuit breaker developed (Yamagata et al. 2007; Jiming et al. 2007)
2009	1100 kV equipment introduced and UHV transmission commissioned

1.4 요약

차단기는 송전과 배전 시스템이 안정적으로 동작하도록 하는 데 중요한 역할을 하고 있다. 오일, 공기, SF_6, 진공 등 소호매질의 기술적 전환과 계통상의 요구를 수용하기 위한 고전압 대용량 기술 발전은 CIGRE의 주요 관심사이다. 차단기의 요건은 계통상황의 변화에 따른 UHV 수준을 만족하기 위해 계속 업데이트 되어왔으며, SC A3는 새롭게 등장하는 HVAC 계통 상황에서의 스위칭 동작에 대한 조사를 이어갈 것이다.

전력전자 기술과 기계적 기술을 적용한 하이브리드 DC 차단기나 능동형 공진회로를 적용한(전류주입형) 기계식 HVDC 차단기와 같은 차단기가 미래의 HVDC

계통에 적용하기 위해 개발되고 있다. 이 그린북은 HVDC 계통에 적용될 가능성이 있는 몇 가지 형태의 HVDC 차단기술을 다루고 있으며(Chap. 16), SC A3는 계속해서 DC 개폐장치의 현장경험을 수집해 나갈 것이다.

CIGRE SC A3는 그린북의 초판을, 계통상의 계폐장치(Chap. 2), 개폐현상(Chap. 4), 가스차단기(Chap. 6), 진공차단기(Chap. 7), 단로기 및 접지기(Chap 9), 한류기(Chap. 13), 수명관리(Chap 17) 등을 포함한 개폐장치에 중점을 두어 출간하게 되었다.

이 그린북은 또한 반도체 차단기, 초전도 한류기, 대체가스 개폐기(Chap. 18) 등 개폐장치와 연관된 미래기술에 대해서도 다루고 있다. SC A3는 연구와 공학적 목적으로 개폐장치를 다루게 될 젊은 엔지니어와 학생들에게 유용한 교재를 제공하기 위해, 이 그린북의 내용을 주기적으로 업데이트 할 것이며, 현존하는 그리고 미래에 만들어질 WG에서 수집할 현장경험에 기반하여 새로운 주제들을 추가할 것이다.

참고문헌

Annual Report 2014/2015, SC A3: High Voltage Equipment, ELECTRA N 278 (2015)

Annual Report 2015/2016, SC A3: High Voltage Equipment, ELECTRA N 285 (2016)

Annual Report 2016/2017, SC A3: High Voltage Equipment, ELECTRA N 290 (2017)

Cassie, A.M.: CIGRE Session Report 102 (1939)

Cassie, A.M., Mason, F.O.: Post-arc Conductivity in Gas Blast Circuit Breakers. CIGRE Session Report 103 (1956)

CIGRE Working Group 13.01: Practical application of arc physics in circuit-breakers. Electra. 118-1, 65-79 (1988)

CIGRE Working Group 13.01: Applications of black box modelling to circuit-breakers. Electra. 149-3,41-71 (1993)

Cooper, F.S.: US Patent 2221671 (1940)

Cromer, C.F., Friedrich, R.E.: A new 115 kV 1000 MVA gas filled circuit breaker. Trans. AIEE. PAS−75, 1352−1357 (1956)

Frost, L.S., Liebermann, R.W.: Composition and transport properties of SF_6 and their use in a simplified enthalpy flow arc model. Proc. IEEE. 59(4), 474−485 (1971)

Jiming, L., et al.: Transient Characteristics of 1100 kV Circuit Breakers, IEC/CIGRE UHV Symposium. Report 2−4−4 (2007)

Kiernan, J.N.: US Patent 874601 (1907)

Lingal, H.J., Brawnc, T.E., Storm, A.P.: An investigation of the arc quenching behaviour of Sulphur hexafluoride. Trans. AIEE. 72, 242−246 (1953)

Mayr, O.: Bcitracgc zur Thcoric des statischcn und des dynamischcn Lichtbogcns. Arch. Electrotech. 37(12), 566−608 (1943)

Prince, D.C., Skcats, W.F.: Oil blast circuit breaker. Trans. AIEE. 81, 629−639 (1931)

Slcpian, J.: Theory of the dc−ion circuit breaker. Trans AIEE. 48, 523−553 (1929)

Sorensen, R.W., Mendenhall, H.E.: Vacuum switching equipment at California Institute of Technology. Trans. ALL. 45, 1102−1105 (1926)

Stokes, A.D., et al.: Circuit Interruption Prediction Using a Current Dependent Arc Model. CIGRE Session Report 13−02 (1984)

The History of CIGRE (International Council on Large Electric Systems) (2011)

Whitney, W.B., Wcdmorc, E.B.: British Patent 278764 (1926), 366998 (1930)

Yamagata, Y., et al.: Development of 1100 kV Gas Circuit Breakers and their Verification Tests, IEC/CIGRE UHV Symposium. Report 2−4−3 (2007)

2

전력시스템 장치

Lou van der Sluis and Nenad Uzelac

Keywords

- 송변전 및 배전 설비
- 차단기
- 접지스위치
- 금속산화물 피뢰기
- 전력용 변압기
- 단로기
- 계기용변압기

L. van der Sluis (S)
Electrical Power Systems, Electrical Sustainable Energy Department, Delft University of Technology, Delft, The Netherlands
e−mail: L.vandcrSluis@tudclft.nl

N. Uzelac
Switchgear R&D, G&W Electric Company, Bolingbrook, IL, USA
e−mail: nuzclac@gwclcc.com

2.1 서론(Introduction)

매일 수 많은 가정, 사무실, 공장에 전기가 공급되고 있다. 1800년대 후반에 전기가 공급되기 시작한 이후 지난 100년 동안 그 활용도가 증가해 왔으며 오늘날에는 필수품으로 생각되고 있다. 전기는 다재다능하고 깨끗한 에너지원이면서, 비교적 저렴하고 "항상 이용 가능"한 에너지원이다. 전력시스템의 목적은 발전소가 부하에서 얼마나 멀리 떨어져 있던 상관없이 발전소에서 생성된 전기 에너지를 안전하고 신뢰할 수 있는 방식으로 소비자에게 전달하고 분배하는 것이다. 대부분의 경우 교류(AC)기술이 전기에너지 수송에 사용되고 있으며, 지점 간 국제연결 및 장거리/대용량수송과 같은 일부 응용분야에서는 직류(DC)가 선호되고 있다. AC 전력시스템의 장점은 에너지수송 중 손실을 줄이기 위해 전압을 쉽게 더 높은 수준으로 올릴 수 있다는 사실에 있다. 그림 2.1은 발전기, 전력용 변압기 및 차단기와 같은 변전소 장치를 포함한 전형적인 AC 전력시스템을 보여준다.

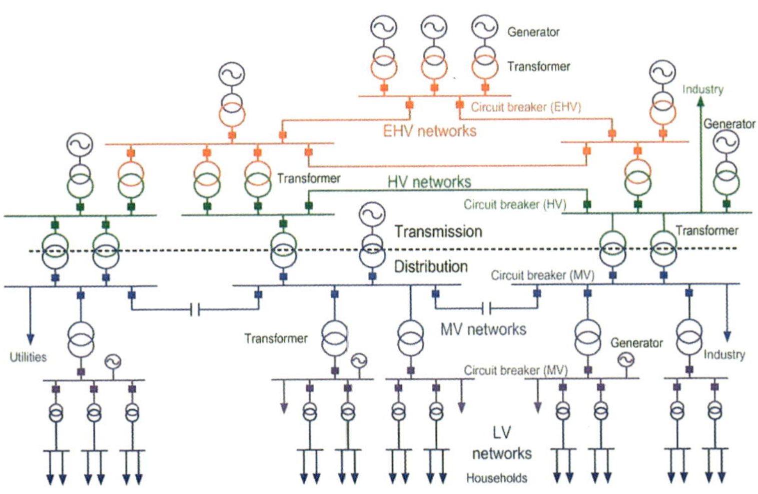

Fig. 2.1 Typical AC power system

발전기는 기계에너지를 전기에너지로 변환하여 전기를 생산할 수 있다. 알루미늄과 구리 도체로 구성된 송전철탑에 매달린 가공선과 지중케이블은 최소한의 손실로 전류를 전달하기 위해 사용된다. 전력용 변압기는 전기에너지를 부하(수요)측에서 적절한 전압 수준으로 변환할 수 있다. 이 필수 상품에 대한 사회 의존도가 극도로 커졌고,

오늘날 전력시스템의 고장이 미치는 사회적 영향은 받아들여질 수 없는 상황이다. 사실상 전력시스템은 현대 사회의 중추이다.

전력시스템은 전압과 주파수가 부하 측에서 좁은 마진 내에서 일정하게 유지된다는 조건으로 경제적이고 신뢰할 수 있는 방식으로 전기 에너지를 만들고, 보내고, 분배한다. 오늘날 전력품질은 대단히 중요한 문제이며, 일정한 주파수와 진폭을 갖는 거의 완벽한 사인 정현파이면서 항상 사용 가능해야 한다는 것이다. 전기공학은 19세기 초에 전력공학의 진화로 시작되었으며, 당시 전기공학의 혁명이 일어났다. 비교적 짧은 시간에 전력용 변압기가 발명되고 전기모터와 발전기가 설계되었으며 DC에서 AC 송전으로의 단계가 만들어져 장거리에 걸쳐 많은 양의 전기에너지를 전송할 수 있게 되었다. 처음에는 조명이었지만 빠르게 다목적으로 전력을 사용하여 사회를 완전히 바꾸었다. 이 초기에 소규모 독립 운영 전력회사는 서로 다른 전압 레벨을 사용하고 다양한 주파수로 시스템을 운영했다. 당시에는 표준이 없었고, 전기 엔지니어들은 현대 세계에서 국제 표준화가 필요하게 될 것이라는 것을 처음으로 알았다.

DC 대 AC 전송과 관련하여 전력시스템 초기에 유명한 전류전쟁(Current War)이 있었다. 토마스에디슨은 1882년에 전기공급을 시작하여 미국 가정에 DC 110V의 직류를 공급했다. 1880년대 초부터 유럽에서 변압기가 개발되면서 AC 배전이 확장되었으며, 1885~1886년 미국에서는 AC가 저렴한 전선을 통해 매우 먼 거리로 전기를 전송할 수 있었으며, 부하 측에서 전압을 쉽게 낮출 수 있었다. 1890년대 초반까지 AC의 기술적 이점이 시장을 장악했고 "전류 전쟁"은 1892년에 종식되었다. 에디슨 제너럴 일렉트릭(Edison General Electric)은 제너럴 일렉트릭(General Electric)으로 이름을 바꾸었으며, GE는 미국 전력사업을 지배하면서 AC공급을 위해 웨스팅하우스(Westinghouse)와 계속 경쟁하였다.

그림 2.2는 주요 전력장치를 포함한 주 변전소의 단선도를 보여준다. 변전소에는 여러 가지 기능이 있는데, 높은 전압을 낮게 또는 그 반대로 변환하며 회로를 차단하거나 다른 회로에 연결한다. 이러한 목적을 위해 변전소에는 전력 변압기, 차단기 및 과도한 과전압으로부터 시스템과 장치를 보호하는 금속산화물 피뢰기가 있다. 그림 2.3은 전형적인 변전소 구성을 보여준다.

일상적인 전력시스템 운영에서 개폐동작은 오히려 정상적인 동작이다. 즉, 발전에서 부하로의 전력흐름을 원활하게 하기 위해 시스템을 재구성해야 하고, 네트워크에서 결함이 있는 부분을 서비스 중단해야하거나 유지보수를 위해 회로를 끊어야 한다. 차단기, 단로기 및 접지개폐기는 개폐 동작을 수행하는 구성 요소이다.

이 CIGRE Green Book에서는 네트워크의 개폐 현상에 대한 배경 정보를 제공하고 다양한 네트워크 구성 요소의 역할, 설계 및 구성에 대한 세부 사항을 설명하며, 개폐장치의 역사적 발전을 살펴볼 것이다.

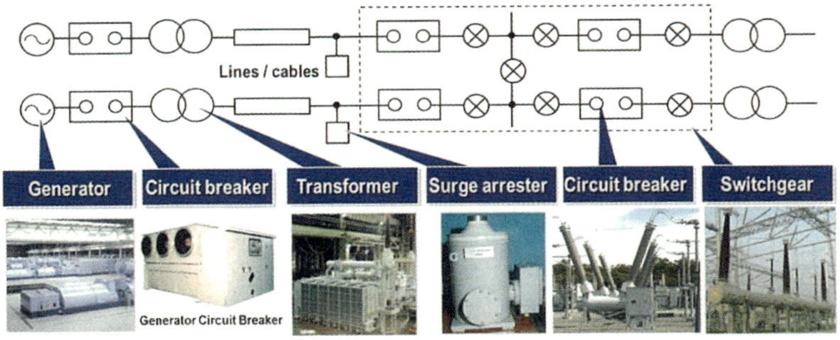

Fig. 2.2 Typical AC substation equipment

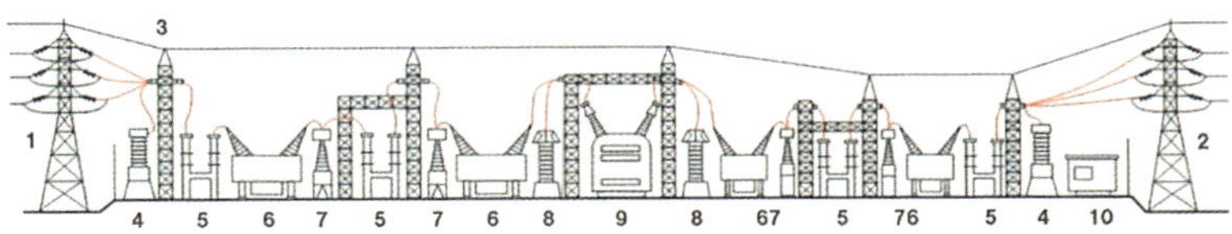

Fig. 2.3 Typical AC substation configuration. 1, incoming overhead line; 2, outgoing overhead line; 3, ground wire; 4, voltage transformer; 5, disconnecting switch; 6, circuit breaker; 7, current transformer; 8, surge arrester; 9, power transformer; 10, control cabinet with protective relay units (Courtesy of Tokyo Electric Power)

전력시스템에서 개폐조작은 매우 일반적이며 시스템의 신뢰성과 안전성을 위협해서는 안 된다. 전력시스템에서의 개폐는 다음과 같은 이유와 책무를 위하여 필요하다.

- 서비스 구성요소 또는 시스템의 일부분, 특정 부하 또는 소비자를 연결하거나 끊는다. 전형적인 예는 병렬 콘덴서 뱅크 또는 분로 리액터의 개폐, 케이블 및 가공선의 전원차단, 케이블 및 가공선의 재연결, 변압기 개폐 등이다. 산업 시스템에서 이러한 유형의 개폐는 모든 개폐조작 중에서 극히 가장 일반적이다.
- 한 회로(또는 변전소의 일부분)에서 다른 회로로 에너지 흐름을 전달한다. 이러한 조작은 예를 들어 변전소에서 하나의 모선에서 다른 모선으로 부하전류를 중단없이 전송해야 할 때 발생한다.
- 유지보수 또는 교체로 인해 특정 네트워크 구성 요소를 분리한다.

• 손상 또는 시스템 불안정을 방지하기 위해 전력망의 고장이 있는 부분을 분리한다. 이 중 가장 잘 알려진 예는 단락전류를 차단하는 것이다. 고장은 피할 수 없지만, 보호시스템과 적절히 연결된 적절한 개폐장치는 고장의 영향을 최소화시키는데 필요하게 된다.

전력 시스템에서 개폐 동작은 전력망 토폴로지를 재구성한다. 그것은 전류의 투입과 차단을 포함하며 정상적인 에너지 흐름을 왜곡시킨다. 따라서 시스템이 개폐 전에 특정 구성에 있었을 때의 정상상태 상황에서 개폐후 새로운 회로 토폴로지가 구성된 후에 새로운 정상 상태 상태로 변경되는 동안 과도현상의 발생이 예상되며, 시스템에서 관찰된다. 전력시스템에서의 개폐는 제한된 시간에서 비정상적인 전류 및 전압 패턴이 포함된다. 이러한 과도현상은 정상상태 조작시 발생하는 값을 매우 자주 초과하고, 장치의 내력을 초과할 수 있기 때문에 이러한 현상에 주의를 기울여야 한다. 자연에서 본질적으로 정상상태 조건의 모든 변화는 과도현상을 발생시킨다.

전기회로의 핵심 파라미터는 전류와 전압이다. 전력시스템에서의 개폐동작 중 과도현상은 전류와 전압 모두에서 관측된다. 스위치 on(투입 또는 가압)과 관련된 동작에서 시스템 구성요소 또는 장치는 주로 전류와 관련된 과도현상에 의해 스트레스를 받다. 반면에, 스위치 off(차단 또는 전원분리)에서는 전압과 관련된 과도현상이 특별하게 개폐장치에 스트레스를 주며, 때때로 전압스트레스는 절연에 영향을 줄 수 있다.

일반화된 개념에서 개폐장치는 소스회로를 부하회로에 연결(분리)한다. 두 회로 모두 선로, 케이블, 모선, 변압기, 발전기 등 시스템 구성요소로 복잡하게 조합되어 있다. 필요에 따라 집중 또는 분산된 전기회로 구성요소로 복잡성을 단순화하여, 개폐 과도현상을 보다 쉽게 이해할 수 있다.

전기에 대해 언급할 때, 도체를 통해 발전기에서 부하로 흐르는 전류를 생각한다. 이 접근법은 전력시스템의 물리적 치수가 공칭 주파수에서 정현파 전류 및 전압의 파장에 비해 크기 때문에 유효하다. 50 또는 60Hz의 전력 주파수에서의 전력조류의 정상상태 분석에 대해, 주파수 영역에서 전압 및 전류를 표현하는 위상(phasor) 복소수 계산법을 성공적으로 사용할 수 있다. 그러나 개폐 과도현상에서는 최대 kHz 및 MHz의 훨씬 더 높은 주파수가 포함되기 때문에 그러한 복소수 계산법은 더 이상 적용할 수 없다. 이제는 시간영역에서 시스템 현상을 설명하는 미분방정식을 풀어야만 한다. 또한 Kirchhoff의 전압 및 전류 법칙을 사용하는 경우 전력시스템 구성 요소의 집중 요소 모델링을 신중하게 수행해야 한다. 비정상 전력주파수 조건에서 전력변압기의 경우 변압비는 1차 권선과 2차 권선의 권선 수 비율로 주어진다. 그러나 낙뢰 유도전압파 또는 고속 개폐 과도현상의 경우 권선의 각각 다른 권선에 대해서나 접지 탱크에 대한 표류 정전용량, 그리고 1차코일과 2차코일 간 표류 정전용량이 변압비를 결정한다. 이 두 상황에서 전력용 변압기는 더 복잡한 방식으로 다르게 모델링되어야 한다.

인덕턴스가 자기장을, 커패시턴스가 전기장을, 저항이 손실을 나타내는 집중 요소(lumped-element) 표현으로 나타낼 수 없는 경우 진행파 분석을 사용해야 한다. 물리적 전력시스템과 그 구성요소를 전력시스템 과도현상의 분석 및 계산에 적합한 모델로 올바르게 "변환"하려면 기본적인 물리적 현상에 대한 통찰력이 필요하다. 따라서 쉬운 작업이 아닌 신중한 고려가 필요하다.

전력망 네트워크가 하나의 정상상태에서 다른 상태로 변경될 때 전력시스템에서 과도현상이 발생한다. 예를 들어, 낙뢰가 HV 가공선 근처에서 접지부분을 때리거나 낙뢰가 변전소 모선 또는 선로를 직접 때리는 경우 일 수 있다. 그러나 대부분의 전력시스템 과도현상은 의도된 개폐조작의 결과이다. 부하 개폐기나 단로기는 부하 및 무부하 상태에서 각각 네트워크의 일부를 스위치 오프 및 스위치온을 한다. 퓨즈와 차단기는 시스템의 고장 부분에서 비교적 큰 전류를 차단하며, 단락전류를 제거한다. 과도 전압 및 전류 진동이 발생하는 시간은 마이크로 초에서 밀리 초 사이이다. 이 시간 척도에서 시스템 고장 중 단락전류의 존재는 에너지가 주로 자기장에 있는 정상상태 상황으로 간주할 수 있고, 고장전류 차단 후 시스템은 에너지가 주로 전기장에 있는 또 다른 정상상태 상황으로 전환된다.

2.2 용어 정의(Definitions of Terminology)

전력시스템/전력망(Power System/Electrical Power Network)

전력 송배전망은 발전 현장에서 수요 사용자에게 전력을 전송하는 선로와 케이블로 구성된 전력 공급시스템이다.

교류전류(AC)[Alternating Current(A7C)]

AC는 주기적으로 양극 및 음극 방향으로 흐르는 전류이다. 교류 파형은 일반적으로 사인파이다. 특정 어플리케이션에서는 삼각파 또는 사각파와 같은 다른 파형이 사용된다.

직류전류(DC)[Direct Current(DC)]

DC는 양극 또는 음극의 한 방향으로만 흐르는 전류이다. DC전력의 일반적인 소스는 배터리 셀 또는 충전된 커패시터이다.

중전압(MV)[Medium Voltage(MV)]

MV는 일반적으로 배전시스템에 해당하는 52kV 이하의 전압레벨을 나타낸다.

고압(HV)[High Voltage(HV)]

HV는 일반적으로 송전시스템에 해당하는 52kV보다 높은 전압레벨을 나타낸다.

초고압(EHV)[Extra High Voltage(EHV)]

EHV는 일반적으로 약 230kV(국가에 따라 값이 다를 수 있음)에서 최대 800kV의 전압레벨을 나타낸다. 트렁크 시스템의 정격 전압은 예를 들어 유럽과 중동에서 420/380kV, 미국, 캐나다 및 한국에서 550/800kV이다.

초초고압(UHV)[Ultra High Voltage(UHV)]

UHV는 일반적으로 800kV를 초과하는 전압레벨이며, 중국에서 운영중이고 인도 및 일본에서 시험 중에 있다.

변전소(Substation)

변전소는 발전, 송전 및 배전시스템으로 구성된 전력시스템의 일부이다. 변전소는 전압을 높은 수준에서 낮은 수준으로 또는 낮은 수준에서 높은 수준으로 변환한다. 변전소에는 측정장치 및 피뢰기와 같은 과전압 보호장치와 함께 회로를 연결하거나 정상 또는 사고전류를 차단하는 다양한 개폐장치가 있다.

모선(Busbar)

변전소에서 여러 회로가 공통으로 연결되는 도체

발전기(Generator)

기계에너지를 전기에너지로 변환하기 위한 회전 전기기계

전력용 변압기(Power Transformer)

전력 전송을 위해 전자기유도에 의해 교류 전압 및 전류 시스템을 동일한 주파수에서 다른 값의 전압 및 전류 시스템으로 변환하는 2개 이상의 권선이 있는 정적 장치

가공선로(Overhead Line)

일반적으로 절연체와 적절한 지지대(송전탑 또는 전주)를 통해 지상 위의 가공으로 도체가 지지되어 있는 선로

지중케이블/해저케이블(Underground/Submarine Cable)

절연된 도체가 땅에 직접 매설되거나 케이블 덕트, 파이프, 홈통에 배치되거나 해저에 직접 놓여있는 선로

가스절연선로(Gas-Insulated Line)

도체가 금속제 외함 내부에 있고 압축 가스로 절연된 선로이다.

피뢰기(Surge Arrester)

피뢰기는 전압의 지속시간을 제한하며, 때로는 전압크기를 제한하는 보호장치이다.

개폐장치(Switching Equipment)

하나 이상의 전기 회로를 투입 또는 차단하는 장치이다.

차단기(Circuit Breaker)

차단기는 일반적으로 과부하 또는 단락상태로 인한 과도한 전류로 야기되는 손상으로부터 전력시스템의 다른 변전소장치를 보호하기 위해 회로를 끊거나 연결하는 기능을 갖는 전기스위치이다. 고장이 발생하면 차단기는 시스템 안정을 확보하기 위해 신속하게 고장을 제거한다. 차단기는 과도한 가열없이 부하 전류를 전달하고, 정상 및 비정상 조건에서 시스템전압을 견뎌야한다. 퓨즈와 달리 차단기는 정상운전을 재개하기 위해서 수동 또는 자동으로 재폐로 할 수 있다.

접지탱크형 차단기(Dead Tank Circuit Breaker)

접지된 금속제 외함 내부에 소호장치가 있는 차단기. 부싱을 통해 외부에서 도체로 시스템전압이 인가된다.

활선탱크형 차단기(Live Tank Circuit Breaker, 애자형 차단기)

자기 또는 컴포지트 절연물로 구성된 외함 내부에 소호장치가 있는 차단기. 도체는 차단기 단자의 활선부와 직접 연결된다.

유입차단기(Oil Circuit Breaker)

접점이 광유 중에서 열리고 닫히는 차단기. "벌크" 또는 데드탱크형 유입차단기는 오일로 채워진 대형 금속탱크의 중앙에 접점이 있다. 오일은 소호매질 역할을 하며 탱크를 절연시킨다. 애자형 소유량 유입차단기는 벌크 유입차단기에 비해 소량의 오일이 채워진 자기절연체 내부에 접점과 소호실이 있도록 설계되어 있다. 아크는 주변 오일을 증발시키고 수소와 탄소 화합물을 발생시킨다. 이 프로세스는 아크에서 열을 제거하고 결국 상용주파수 전류영점에서 전류를 차단한다.

공기 차단기(Air-Blast Circuit Breaker)

접점이 공기 중에서 열리고 닫히는 차단기. 대기압에서 공기는 차단 및 절연 내력이 제한적이기 때문에, 초고압 응용시에는 수 MPa까지의 압축공기가 필요하다. 공기는 상대적으로 높은 아크 전압을 발생시키는데, 이는 고장전류를 감소킬 수 있으며, 열적 차단능력을 도와줄 수 있다.

진공차단기(Vacuum Circuit Breaker)

고도의 진공 외함 내에서 접점이 열리고 닫히는 차단기. 진공차단기가 접점을 분리하면 접점 표면에서 방출되는 금속증기 플라즈마에 의해 아크가 발생한다. 아크가 발생하는 동안 생성된 금속 증기, 전자 및 이온이 단시간에 확산되고 접점표면에 응축되어 절연내력을 빠르게 회복하기 때문에 아크가 빠르게 소멸된다.

육불화황(SF_6) 가스차단기[Sulfur Hexafluoride(SF_6) Circuit Breaker]

접점이 육불화황(SF_6) 중에서 개폐되는 차단기. SF_6 차단기는 십분의 수 MPa 압력의 육불화황에서 두 접점을 분리하여 전류를 차단한다. 접점 분리 후 전류는 아크를 통해 전달되며 아크가 충분한 강도의 가스분사에 의해 냉각될 때 차단된다.

단로기(Disconnecting Switch)

단로기는 무시할 수 있을 정도의 아주 작은 전류가 흐르거나 누설전류가 흐르는 회로를 단로기 각 단자에 걸쳐 큰 전압 변동없이 개방 또는 투입하는 개폐장치이다. 또한 정상 회로 조건에서 전류를 흘릴 수 있으며 단락과 같은 비정상 조건에서 지정된 시간 동안 전류를 흘릴 수 있다.

접지개폐기(Earthing Switch)

회로에서 분리하여 접지하기 위한 접지 스위치

계기용 전류 변성기(Instrument Transformer)

측정 기기, 미터, 보호 또는 제어 장치에 대한 정보 신호를 생성하기위한 변압기이다. "계기용 변성기"라는 용어는 변류기와 전압 변성기를 모두 포함한다.

계기용 변압 변성기(Current Transformer)

정상적인 사용조건에서 적절한 연결을 위해 2차 전류가 1차 전류에 실질적으로 비례하고 위상차가 거의 0인 변성기

변성기(Voltage Transformer)

정상적인 사용조건에서 적절한 연결을 위해 2차 전류가 1차 전류에 실질적으로 비례하고 위상차가 거의 0인 변성기

2.3 약어(Abbreviations)

AC	교류(Alternationg current)
DC	직류(Direct current)
CB	차단기(Circuit breaker)
MV	중전압(Medium voltage)
HV	고전압(High voltage)
EHV	초고전압(Extra high voltage)
UHV	극초고압(Ultra-high votage)
SIL	서지 임피던스 부하(Surge impedance loading)
GIL	가스 절연 송전 선로(Gas-insulated transmission line)
EMF	전자기장(Electtomagnetic Field)
atm	표준 대기압(Standard atmosphere, a unit of pressure defined as 101.325Pa)

rpm	분당 회전수(Revolution per minute)
MVA	메가 피상전력(Megavolt ampere, corresponds to MW)
Hz	주파수(Hertz, defined as one cycle per second)

2.4 발전

전기를 생산하는 동력은 동기식 기계이다. 전기 에너지의 대부분은 3상 동기식 발전기에서 생산된다. 전력 정격이 수백 MVA인 동기식 발전기가 오늘날 일반적이다. 가장 큰 기계의 정격은 최대 1500MVA이다. 정상상태 조건에서는 전력시스템 주파수에 의해 고정된 속도로 작동하므로 동기식 기계라고 한다. 발전기로서 동기식 기계는 큰 발전소에서 병렬로 운전된다. 하나의 발전 단위에 대해 600MVA 정격도 매우 일반적이다.

발전소에서 증기, 수력 또는 풍력 터빈의 축은 동기식 발전기의 축과 일렬로 장착된다(그림 2.4). 기계에너지에서 전기에너지로의 변환은 발전기에서 발생한다. 동기식 기계의 두 가지 기본 부분은 회전자와 전기자(고정자)이다. 철 회전자에는 전자석 역할을 하는 DC 여자권선이 장착되어 있다. 회전자가 회전하고 로터 권선이 DC소스에 의해 여자되면 로터와 전기자 사이의 공극에 회전 자기장이 존재한다. 회전자 여자필드는 샤프트(샤프트에 달린 여자기) 또는 터빈 발전기 세트 외부에 있는 보조 DC발전기에서 공급된다. 전기자에는 회전 자기장에 의해 시간에 따라 변하는 전자기장(EMF)이 생성되는 3상 권선이 있다.

Fig. 2.4 1050 MW turbine generator, 2100 MW/2 units (Courtesy of J Power)

Fig. 2.5 87.5 MW salient-pole generator, 350 MW/4 units, 50/60 Hz dual frequencies. (Courtesy of J Power)

기계는 두 가지 유형의 회전자로 제작된다. 즉, 3000 또는 3600rpm의 증기 터빈에 의해 구동되는 원통형 회전자(수평 위치)와 그림 2.5와 같이 수력 터빈과 같은 저속 터빈에 의해 일반적으로 구동되는 돌출극 회전자이다. 돌출극 회전자는 대부분 수직위치에 장착된다. 원통형 로터에서 계자 권선은 로터 길이를 따라 축 방향으로 절단된 슬롯에 배치된다. 회전자의 직경은 일반적으로 1~1.5m이며 회전 속도가 3000 또는 3600rpm이므로 높은 각속도에서 기계를 작동하기에 적합하다. 이러한 발전기를 터보 발전기라고 한다.

터보 발전기 회전자에는 한 쌍의 극만 있다. 돌출극 기계는 일반적으로 극 쌍이 더 많으므로 훨씬 낮은 회전속도 (예: 50−100rpm)에서 작동하는 50Hz 또는 60Hz 주파수를 생성할 수 있다.

발전기의 에너지 효율은 매우 중요하다. 발전소의 동기식 발전기는 효율이 99% 이상이다. 이는 600MW 발전기의 경우 6MW 열이 여전히 생성되므로 권선 및 절연 재료의 온도를 설비사양 한계 내로 유지하려면 기계를 냉각해야 한다. 대형 터보발전기는 수소 또는 물로 냉각된다. 수소는 공기의 열용량의 7배 물의 12배이다. 수소 또는 물은 속이 빈 고정자 권선을 통해 흐른다. 온도 핫스팟이 발생하면 전기절연체의 수명주기에 큰 영향을 미치고 발전기의 예상 수명을 단축할 수 있기 때문에, 냉각은 발전기의 온도 분포를 균등하게 한다.

2.5 전력망 구조

전력망 구조는 전력 생성점과 소비점 사이의 가공선로, 지중선로, 변압기, 모선으로 구성된다. 전력시스템의 기본적인 전력망 구조는 가장 높은 전압 레벨에서 가장 낮은 전압 레벨로의 변전(전압 변환) 회수에 의해 결정된다. 전력망 구조는 시스템 파트에서 단일 지점 급전과 다중 지점 급전으로 구분된다. 단일 지점 급전은 3가지 레이아웃을 가질 수 있으며, 그림 2.6에 나타나 있다.

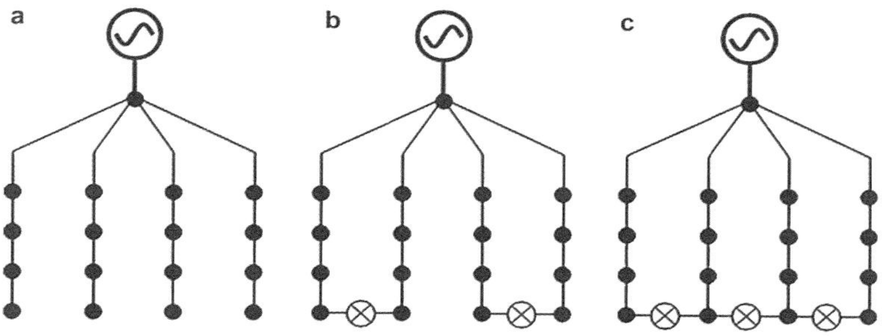

Fig. 2.6 Network structures with single-point feeding. **(a)** Radial structure; **(b)** loop structure; **(c)** multi-loop structure

- 모든 변전소 (또는 소비자)가 하나의 중앙 공급 장치에 직접 연결된 선로 또는 케이블을 통해 공급되는 방사형 구조. 구축 비용이 저렴하다.
- 시스템 내의 모든 변전소 (또는 소비자)가 두 방향에서 공급되는 루프 구조. 루프 구조를 가진 전력망은 더 안정적이지만 구축 비용이 더 많이 든다.
- 변전소 (또는 소비자)가 두 개 이상의 연결을 통해 공급 장치에서 공급되는 다중 루프 구조. 다중 루프 구조를 가진 전력망은 운전이 매우 안정적이지만 비용이 많이 든다.

그림 2.6b와 c에서 모선분리 스위치는 그리드에서 루프를 열 수 있는 위치에 배치된다. 운전 중에 시스템 운영자는 개폐장치를 통해 그리드에 “개구부”를 생성하도록 결정할 수 있으므로 루프 및 다중 루프 구조가 모두 방사형 전력망으로 작동할 수 있다. 이것은 네덜란드 배전 네트워크 (또는 많은 국가에서)에서 일반적인 사례이다. 이러한 전력망의 대부분은 단일(또는 다중) 루프 구조를 가지고 있지만 전력망 보호를 간단하게 유지하기 때문에 방사형 네트워크로 운전한다. 사고상황

후 (예: 단락 전류가 차단된 경우) 그림 2.7과 같이 전력망 구성을 변경하고 에너지 공급을 복원하기 위해 그리드 개구부를 "재배치"할 수 있다.

다중 지점 급전망은 거의 항상 그림 2.8과 같은 다중 루프 구조를 가지고 있다. 송전망은 일반적으로 다중 루프 구조로 작동하는데, 다중 루프 전력망은 전력공급에서 높은 신뢰성을 제공하기 때문이다. 다중 루프 시스템에서 고장이 발생하는 경우 전원 공급은 (통상적으로) 계속될 수 있다. 그림 2.8의 왼쪽 피더가 단락되었다고 가정해 봅시다. 피더는 (보호장치 및 차단기에 의해) 전력망에서 분리될 것이며, 이는 왼쪽으로부터 전력공급이 중단됨을 의미한다. 그러나 우리는 여전히 오른쪽에서 전력공급을 받고 있으며, 전력은 다중 루프 구조 내 모든 변전소에 공급된다.

Fig. 2.7 Restoration of energy supply in a faulted, radially operated, system

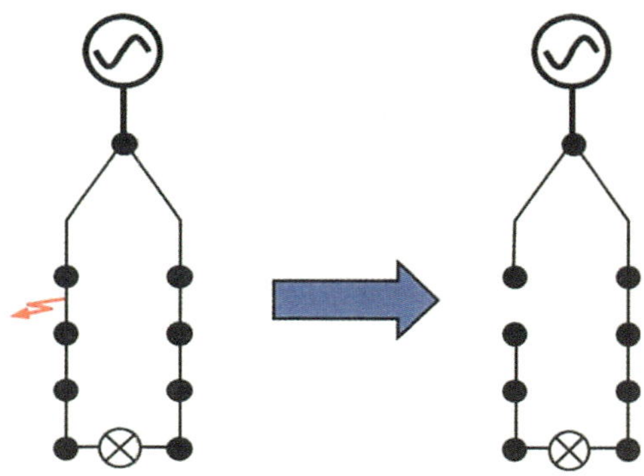

Fig. 2.8 Network structure with multiple-point feeding

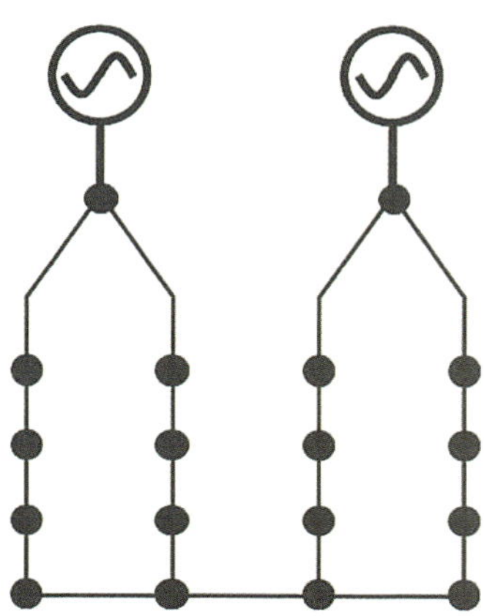

2.6 변전소

전력시스템을 보는 가장 간단한 방법은 이를 변전소라고 부르는 노드 모음으로 간주하고 가공선 및 지하 케이블과 같은 전력매개체를 연결하는 것이다. 그림 2.9와 같이 변전소를 통해 발전소의 전력을 시스템에 공급할 수 있고 전력을 연결된 선로를 통해 분배할 수 있으며 전력을 소비자에게 분배할 수 있다. 더 나아가, 전력용 변압기는 다양한 전압레벨을 상호 연결하기 위해 변전소에 설치될 수 있다. 변전소는 전원 시스템의 보호에 중요한 역할을 하며, 변전소 내에는 보호장치(변성기, 변류기 및 보호계전기)가 개폐조작을 수행하는 차단기 및 단로기와 함께 설치되어 있다.

시스템 접지도 역시 변전소 내에 설치되며, 개별 변전소에서 측정신호가 제어센터로 전달된다. 더 자세한 정보는 다른 CIGRE Green Book과 변전소를 다루는 SC B3에서 발행한 문서에서 확인할 수 있다.

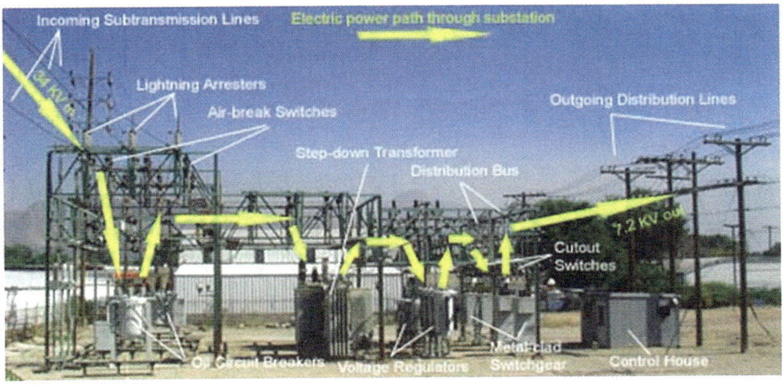

Fig. 2.9 Typical substation equipment. (Information downloaded from the website of Occupational Safety and Health Administration, United States Department of Labor: https://www.osha.gov)

2.7 보호

사회적 전력의존도가 높아짐에 따라 경제적인 가격, 허용 가능한 수준의 신뢰성, 품질 및 안전을 달성해야 하는 필요성이 고객에게 중요해지고 있다. 전력시스템은 잘 설계되어 있으며 발생할 수 있는 오류 수를 최소화하기 위해 적절하게 유지 관리된다.

전력시스템 보호는 망의 나머지 부분에서 결함이 있는 구성요소 또는 회로를 분리하여 장치 및 전력인프라를 결함으로부터 보호하는 전력 엔지니어링 분야이다. 보호 체계의 목적은 전력망을 안정적인 동작 모드로 유지하는 것이다. 더 자세한 정보는 보호 및 자동화를 다루는 SC B5에서 발행한 다른 CIGRE 문서에서 확인할 수 있다.

정상적인 운전 조건에서 3상 전력시스템은 부하, 전압 및 전류가 균형을 이룰 때 단상 시스템으로 취급될 수 있다. 사고는 시스템을 비정상적이고 불균형한 상태로 만든다. 단락고장은 특히 차단기 동작의 결과로 일시적인 과전압이 발생하는 개폐 동작을 일으키기 때문에 특히 우려된다.

지락(선로에서 접지로의 고장)은 바람, 빙설하중 또는 떨어지는 나무가지로 인해 가공 송전선이 접지가 되는 고장이다. 대부분의 송전선 고장은 단일 선로와 접지간 고장이다. 선간 고장은 일반적으로 강풍이나 선이 끊기고 아래 선으로 떨어지기 때문에 선끼리 닿아 발생한다. 이선지락은 일선지락과 유사한 원인으로 발생하지만 매우 드물게 나타난다. 3상 전선이 모두 서로 닿거나 땅에 떨어질 때 발생하는 3상 고장은 극히 일부의 경우에만 발생하지만 시스템과 구성요소들에 매우 심각한 고장이다.

대칭 시스템에서 대칭 3상 고장의 경우 단락 및 과도 분석을 위해 단상 표현을 계속 사용할 수 있다. 그러나 대부분의 고장 상황에서 전력시스템은 비대칭이 된다. 대칭 구성 요소들, 특히 시퀀스 전력망은 비대칭 3상 전력시스템의 고장을 분석하는 훌륭한 방법이며, 많은 경우 물리적 시스템의 불균형 부분은 학습을 위하여 분리시킬 수 있고 나머지 시스템은 균형을 이룬 것으로 간주되기 때문이다. 예를 들어 불균형 부하 또는 고장의 경우이다. 이러한 경우 불균형 지점에서 전압과 전류의 대칭 구성 요소를 찾고자 하며, 이는 실제로 불균형 지점(고장점)에서 균형 시스템의 복제이다.

단락전류는 케이블, 선로, 모선 및 변압기를 손상시킬 수 있기 때문에 단락과 같은 고장을 제거하기 위해 보호시스템이 설치된다. 변성기 및 변류기는 보호 계전기에 실제 전압 및 전류의 측정값을 제공한다. 계전기는 데이터를 처리하고 설정에 따라 고장이 발생한 부분이나 구성요소를 분리하기 위해 차단기를 조작해야 할 필요가 있을지 없을지를 결정한다. 고전적인 보호계전기는 전기, 자기 및 기계 구성요소로 구성된 전자기적 계전기이다. 오늘날 디지털 계전기는 많은 장점을 가지고 있어 대체되고 있다. 디지털 계전기는 자가 진단을 수행할 수 있고, 이벤트 및 장애를 데이터베이스에 기록할 수 있으며, 현대 변전소의 통신, 측정 및 제어환경에 통합될 수 있다.

신뢰성 있는 보호는 전력시스템에 필수 불가결하다. 고장 또는 비정상적인 시스템 상태가 발생하면(예: 과/저 전압, 과/저 주파수, 과전류 등), 관련 보호계전기는 고장으로부터 영향받는 부분을 분리하기 위해서 동작해야 하며, 반면 전력시스템의 잔여부분은 계속 공급상태로 유지되어야 한다. 보호시스템은 고장 발생 시 동작하도록 민감해야 하지만 시스템이 최대 정격전류에서 운전될 때 에는 동작하지 않도록 충분히 안정적이어야 한다. 예를 들어, 과도적 속성, 선로 위 또는 근처에 떨어진 낙뢰 등의 고장이 있는데, 이러한 고장으로 인해 전력공급이 중단되는 것은 바람직하지 않다. 따라서 보호계전기에는 일반적으로 재폐로(자동 재폐로) 기능이 장착되어 있다. 자동 재폐로는 보호계전기가 차단기의 접점 개방으로 이어지는 비정상 상황을 감지한 직후에 차단기의 접점을 다시 닫아 비정상 상황이 여전히 존재하는지 확인하는 것을 의미한다. 과도적 속성의 고장인 경우, 정상적인 상황이 여전히 존재하며, 보호 계전기는 사고를 제거하거나 연속적인 자동 재폐로(C−O−C 동작) 시퀀스가 뒤따를 수 있도록 차단기에 접점을 다시 개방하도록 지령을 내린다. 대부분의 경우 보호 시스템의 신뢰성을 향상시키기 위해 소위 백업 보호가 설치된다.

Fig. 2.10 Three single-phase independent operated gas circuit breakers. (Courtesy of TenneT TSO B.V)

보호계전기 및 차단기가 그리드의 특정 부분에서 경제적으로 적절하지 않는 경우 퓨즈를 적용할 수 있다. 퓨즈는 변류기, 계전기 및 차단기의 “기본 기능”을 하나의 매우 간단한 과전류 보호장치에 결합한다. 퓨즈는 통과하는 전류에 의해 직접 가열되고 전류가 특정 값을 초과하면 파괴되어 고장이 발생한 부분 또는 구성요소를 분리시킨다. 고장이 수리/제거된 후 분리된 그리드 부분이 다시 전원공급되도록 하기 위하여 휴즈는 교체해야 한다.

변전소는 기본적으로 차단기, 단로기 및 계기용 변성기에 의해 하나 이상의 공통 변전소 모선에 연결된 여러 인입 및 인출 송배전 선로로 구성된다. 그림 2.10은 옥외 AIS 변전소에 설치된 애자형 가스 차단기의 예를 보여준다. 차단기는 정상적인 회로조건에서 전류를 투입, 통전 및 차단할 수 있는 능력이 있는 기계적 개폐장치이며, 단락의 경우와 같이 비정상적인 조건 하에서 전류차단 능력을 가지고 있어야 한다.

Fig. 2.11 Pantograph disconnecting switch in open position. (Courtesy of TenneT TSO B.V)

Fig. 2.12 Air-insulated substation. (Courtesy of TenneT TSO B.V)

단로기는 주로 회로연결이 개방되었는지 투입되었는지를 시각화하는 데 사용된다. 그림 2.11은 팬터그래프형 단로기의 예를 보여준다. 차단기와 달리 단로기는 전류 차단능력이 없다. 따라서 단로기는 전류가 흐를 때 그리고 개방 후 접점 간에 회복 전압이 걸릴 때는 개방될 수 없다. 단로기는 개방 후 접점에 무시할 수 있을 정도의 전압이 나타날 때 작은 전류를 차단할 수 있다. 변전소에서 계기용 변압기, 예를 들면 전압 및 전류 변성기는 실제 전압 및 전류의 측정값을 보호계전기 및 계량장치에 제공한다. 보호계전기는 단락과 같은 시스템의 장애를 감지하고 위치를 찾아내는 임무를 가지고 있으며, 적절한 차단기(들)을 열어 전력망의 고장난 부분만 스위치오프 작업을 한다.

설치면적이 충분할 때 변전소는 일반적으로 옥외에 세워진다(공기절연 변전소, 그림 2.12 참조). 주위 공기는 절연매체 역할을 하고, 절연물들이 충전부를 지지한다. 이러한 옥외 변전소는 상당한 면적이 필요하지만 빠른 조립, 용이한 유지보수와 증설, 다른 제조업체의 구성요소 설치가 가능해지는 등의 장점을 제공한다. 오염이 문제가 되는 경우, 예를 들어 변전소가 산업지역이나 해안지역에 가깝게 계획된 경우 변전소는 옥내에 설치할 수 있다. 사용가능한 면적이나 공간이 제한되어 있으면 SF_6 가스절연(GIS) 변전소를 선택한다(그림 2.13 참조). 이러한 가스절연 변전소에서 충전부는 접지된 금속외함 내부에 있다. 고압력 SF_6 가스는 외함 내에서 절연체 역할을 한다. 고압력 SF_6는 5기압에서 대기압 공기보다 약 12배 높은 전계강도로 사용할 수 있는 매우 우수한 절연체이다. SF_6 가스로 채워진 GIS 변전소는 그림 2.14와 같이 유사한 옥외 변전소 공간의 10−20%만 필요하다.

Fig. 2.13 Gas-insulated substation

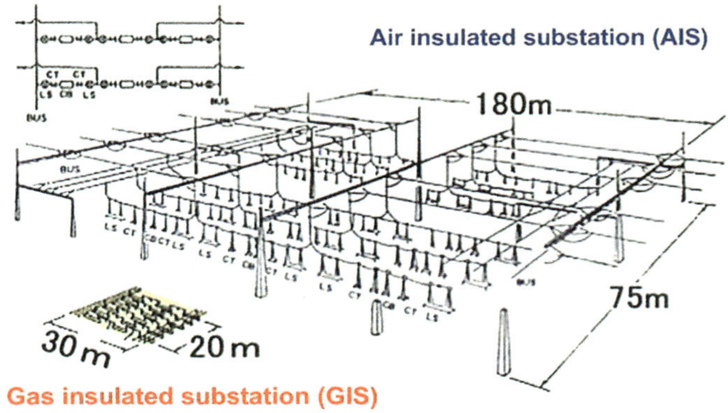

Fig. 2.14 Typical comparison of the installation areas between AIS and GIS

2.8 가공 선로, 지중 케이블, 가스절연 선로/모선

인구밀집 지역에 전력을 송전하고 분배하기 위해 가공선 또는 지중케이블을 선택할지 여부는 원칙적으로 경제적이고 환경적인 문제이다. 일반적으로 지중 시스템은 바람, 낙뢰 및 차량 손상에 노출되지 않기 때문에 가공 시스템보다 더 안정적이다. 지중시스템은 환경을 방해하지 않으며 예방 유지 보수가 덜 필요하다. 그러나 가장 큰 단점은 비용이 높다는 것이다. 동일한 전력 정격에서 지중시스템은 일반적으로 가공 시스템보다 6~10배 더 비싸다. 인구가 많은 국가에서 지중 케이블은 72kV 미만의 MV 및 HV 전력망에서 일반적으로 사용된다.

송전선은 전기장 구성요소로 인해 무효전력을 생성하며(선로의 용량성 거동), 자기장 구성요소에 의해 무효전력을 소비한다(선로의 유도성 거동). 송전선로의 부하가 용량성 무효전력과 선로의 유도성 무효전력이 균형을 이룰 때 선로의 운전 조건은 1의 역률을 갖는다. 이를 선로의 서지 임피던스 부하(SIL)라고 부른다. SIL 포인트 미만의 부하 조건에서는 생성된 용량성 무효전력이 소비된 유도성 무효전력보다 크고, 선로는 전체 용량성 무효전력을 시스템에 전달하고 선로 끝의 전압이 증가한다. 이것은 병렬 리액터로 보상할 수 있다. 전송 선로가 SIL 포인트를 초과하는 유효 전력을 전달하는 경우 용량성 무효전력은 소비된 무효전력보다 적으므로 선로는 시스템에서 용량성 무효전력을 흡수하여 선로 끝에서 전압강하가 발생한다. 더 자세한 정보는 가공선과 케이블을 다루는 SC B1 및 B2에서 각각 발행한 CIGRE Green Book 및 문서에서 확인할 수 있다.

그림 2.15는 단일회로(한 쌍의 3상 선로)와 이중회로(2쌍의 3상 선로, 철탑 상단에 있는 접지 선 외에 총 6개 선로)가 있는 전송 타워의 전형적인 예를 보여준다. 더 자세한 정보는 가공선을 다루는 SC B2에서 발행 한 CIGRE Green Book에서 확인할 수 있다.

가공 송전선 및 고체절연 지중케이블의 기존 기술 외에도 가스절연 송전선로(GIL)은 대용량 전력송전을 위한 추가적인 솔루션을 제공한다. GIL은 100~800kV의 전압에 적용될 수 있다. GIL의 대부분의 응용 분야는 420kV 및 550kV이다. 800kV 초과 범위는 중국의 소수 적용에서만 찾을 수 있다. 변전소에서 사용되는 가스절연 송전선로(GIL)는 가스절연 모선(GIB, 그림 2.16 참조)으로 언급된다.

GIL은 중심부 알루미늄 도체로 구성되며, 도체는 주형 수지절연물에 지지되어 외함내부의 중앙에 위치한다. 이 외함은 400~600mm 직경의 알루미늄 튜브로 만들어지며, 시스템을 위해 견고한 기계적, 전기기술적 방지를 제공한다. 그림 2.17은 지중 터널에 설치된 길이가 3km 인 275kV 6300A GIL(순수 SF_6 절연)의 예를 보여준다. 최신 환경적, 기술적 문제를 해결하기 위해 일부 응용 분야에서 GIL은 주로 질소와 적은 비율의 SF_6 혼합 절연가스로 채워지며, 이를 보상하기 위해 커패시터 뱅크가 필요할 수 있다.

Fig. 2.15 Examples of overhead line with a single circuit and double circuits

Fig. 2.16 Gas-insulated busbar in 550 kV substation (GIB). (Courtesy of Kansai Electric Power)

Fig. 2.17 275 kV 6300 A gas-insulated lines with length of 3 km. (Courtesy of Chubu Electric Power)

2.9 전력용 변압기

전력용 변압기는 99% 이상의 효율로 전기에너지를 다양한 전압수준으로 변환시킬 수 있기 때문에 AC 전력시스템의 필수 구성요소이다. 이로 인해 상대적으로 낮은 전압레벨(10~25kV, 발전기의 절연에 의해 제한됨)로 전력을 만들어 낼 수 있게 해주며, 송전손실을 줄이기 위해서 고전압 레벨(72/110~120/550kV 이상)로 전력을 송전할 수 있게 해 준다. 반면 국내 소비는 낮으면서(다서간) 안전한 전압레벨(400V 이하)에서 일어날 수 있다. 변압기는 기본적으로 공통 철심에 2개의 코일로 구성된다. 철심은 한 쪽 코일로부터의 자기플럭스가 거의 대부분 다른 코일과 연결되도록 2개 코일간 자기 커플링 역할을 한다.

정상 운전조건에서 변압비는 1차 권선과 2차 권선의 권선 수 비율로 주어진다. 전력용 변압기는 종종 1차 및 2차 권선 외에 추가로 또 다른 권선인 제3의 권선을 갖는다. 이 3차 권선은 변전소의 전기공급 또는 전력망 내 전압조정을 위해 사용된다. 3차 권선은 "조정 권선"이라고도 한다.

설계 관점에서 전력용 변압기는 주로 코어타입과 쉘타입의 두 가지 구조로 분류된다. 그림 2.18은 코어타입 및 쉘타입 변압기에 대한 코일배치의 구조도를 보여준다. 전력시스템에 사용되는 코어타입 변압기는 일반적으로 서로 절연된 복수의 동심 코일을 가지고 있는데, 저압 코일은 코어에 가깝게 내부에 배치되고 고압 코일은 외부에 배치된다. 반대로, 쉘타입 변압기는 일반적으로 다층 직사각형 모양의 코일을 가지고 있다. 고압 직사각형 중공형 코일은 양쪽에서 저압 직사각형 중공형 코일에 의해 고정된다. 그런 다음 두 코일은 그림 2.19와 같이 직사각형 중공형 코어로 고정된다. 그림 2.20과 2.21은 코어타입과 쉘타입 변압기의 사례를 보여준다.

2.10 병렬 리액터

특히 72.5kV 이상 전압의 가공선로 또는 지중케이블은 과도한 용량성 무효전력을 생성할 수 있는데, (예를 들어 가변 재생에너지원으로부터 급전량이 적을 경우) 전력망의 전압 프로파일이 최대 수준을 초과하게 할 수도 있다.

병렬리액터는 무효전력을 흡수하고 전압 프로파일을 줄여 전압 조정에 영향을 준다. 대규모의 다양한 재생에너지원으로부터의 전력 전송에 대처하기 위해 송전시스템을 증가시키고 확장해야 할 필요성은 가변 재생에너지원의 유입량이 적을 경우 용량성 무효전력의 증가를 제어하기 위해 송전단계에서 더 많은 병렬리액터를 설치해야 하는 필요성으로 이어질 수 있다(예: 풍력발전 단지에 바람이 없는 경우). 송전선은 많은 양의 유효전력을 송전하지 않을 경우, 페란티 효과의 결과인 강력한 선로충전 현상을 처리해야 한다. 병렬리액터는 원하는 마진 내에서 전압을 유지한다.

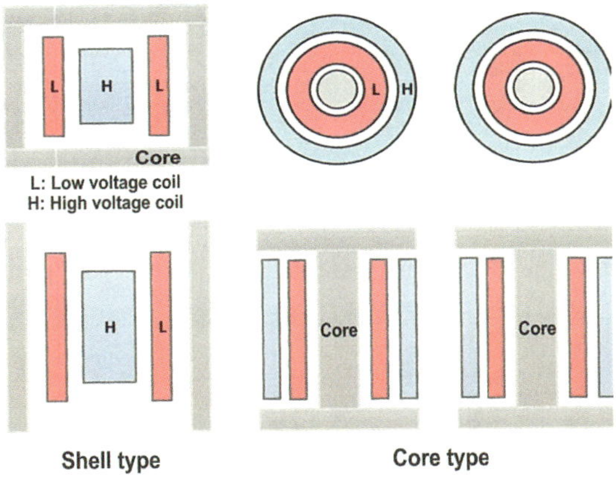

Fig. 2.18 Coil arrangements of shell-type and core-type transformers

Fig. 2.19 Coil and core arrangement of the shell-type transformer

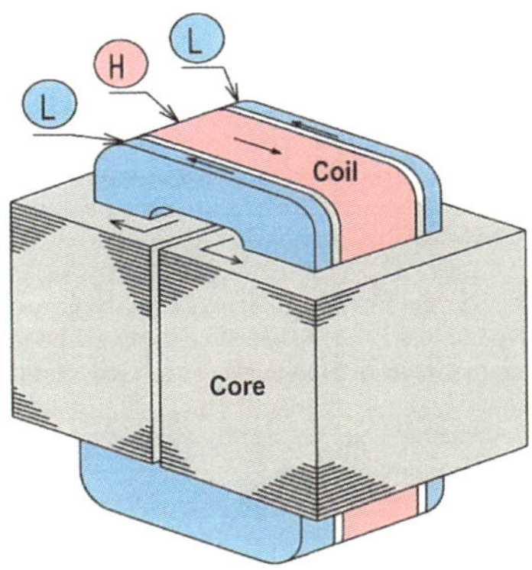

Fig. 2.20 132 kV 50 MVA SF_6 gas-insulated power transformer (core type)

Fig. 2.21 345 kV 750 MVA power transformer (shell type)

Fig. 2.22 20 kV, 22.5 MVA shunt reactor bank. (Courtesy of J Power)

병렬리액터는 3상일괄 장치로 또는 3개의 단상장치로 설치할 수 있다. 이는 정격 무효전력, 시스템 전압 또는 계획 및 설계 기준에 따라 다르다. 병렬리액터는 영구적으로 연결될 수 있고(고정식 병렬리액터)거나 차단기를 통해 개폐될 수 있으며, 송전단에 설치하거나 변전소 모선에 연결할 수 있다. 그림 2.22는 20kV 병렬리액터의 예를 보여주는데, 냉각장치가 있는 전력용 변압기와 유사한 구조이다.

정밀하고 느린 전압조정이 필요한 경우 탭 체인저가 있는 가변 병렬리액터가 적용된다. 보다 거칠지만 유연한 전압조정을 위해 스위치 병렬리액터가 적용된다. 큰 무효전력 정격 및 고전압 레벨의 경우 병렬리액터는 손실을 최소화하고 가청 소음 및 진동을 줄이기 위해 갭이 있는 철심 유입형이 된다. 낮은 전압레벨과 더 작은 무효전력 정격의 경우 병렬리액터는 때때로 비용을 낮추기 위해 철심이 없는 건식 리액터가 된다.

2.11 커패시터 뱅크

커패시터 뱅크는 변압기, SIL 레벨 이상으로 부하가 가해진 송전선로 또는 유도 부하에서 오는 유도성 무효전력을 보상하기 위해 무효전력을 생성한다. 커패시터 뱅크를 사용하면 역률이 개선되어 송전용량이 증가하고 손실이 감소하고, 전압 유지범위가 향상된다.

Fig. 2.23 23 kV, 22.5 MVA shunt capacitor bank. (Courtesy of J Power)

커패시터 뱅크는 병렬/직렬 배열로 연결된 동일한 정격의 여러 커패시터로 구성된다(그림 2.23). 커패시터 뱅크는 영구적으로 연결될 수 있거나(고정 커패시터 뱅크), 차단기를 통해 개폐할 수 있으며, 송전단에 또는 변전소 모선에 설치할 수 있다. 정격전압이 72.5kV 이상인 경우 각 뱅크에는 각각 차단기가 있다. 유입 또는 유출 전류는 능동적 방식으로(제어개폐 또는 사전 삽입 임피던스 사용) 제어되거나, 직렬 리액터를 사용하는 수동적 방식으로 유지될 수 있다.

직렬리액터(댐핑 리액터라고도 함)는 전력망의 공진에 기여할 수 있다. 대규모 가변 재생에너지원으로부터의 전력 전송에 대처하기 위해 전송 시스템을 늘리고 확장해야 할 필요성은 가변 재생에너지원의 유입량이 많은 경우 유도성 무효전력의 증가를 제어하기 위해 송전단에서 더 많은 커패시터 뱅크를 설치해야하는 필요성으로 이어질 수 있다(예: 풍력발전 단지에 바람이 과도한 경우).

2.12 차단기(Circuit Breaker)

초고압 차단기는 전력 시스템에서 없어서는 안 될 장치이다. 차단기의 주요 임무는 고장전류를 차단하고 시스템의 고장 부분을 분리하는 것이다. 단락 전류 외에도 차단기는 용량성 전류, 작은 유도성 전류 및 부하전류와 같은 시스템 전압에서 다양한 다른 전류를 차단할 수 있어야 한다. 차단기에는 다음 요구 사항도 적용된다.

- 투입 위치에서 정격 전류를 흘리는 우수한 도체
- 개방 위치에서 과전압을 견디는 우수한 절연
- 투입 위치에서 개방 위치로(또는 그 반대로) 빠르고 신뢰성 있는 동작
- 개폐 동작 중 눈에 띄는 과전압 없음

이러한 모든 작업을 신뢰할 수 있는 방식으로 수행해야 하기 때문에 전력시스템에 설치된 가장 복잡한 장치 중 하나가 차단기이다. 차단기는 모든 전압레벨에 존재하며, 가정용 소형차단기(MCB)에서는 가정용 기기와 전자 장치를 보호하고, 중전압(MV)에서 도시 구역을 보호하며, 최고 전압레벨에서, 그들은 대량의 전력을 다루는 송전선로를 보호한다.

초고압 차단기는 고온 및 극저온에서, 높은 습도 하에서, 얼음의 무게를 견디거나, 바람이 부는 환경에서; 그리고 높은 고도에서 등 매우 다른 기후 조건에서 작동해야 한다. 지진 활동을 견딜 수 있어야 하며 오염이 심한 지역에서도 신뢰성 있게 기능해야 한다.

대부분의 차단기는 투입 위치에서 정격전류를 연속적으로 통전하는 조작기에 의해 구동되는 기계식 스위칭장치이다. 그러나 보호계전기가 트립 명령을 보내면 매우 짧은 시간 내에 동작해야 한다.

최초의 차단기는 20세기 초에 제작되었으며 그 이후 차단기의 설계, 제조, 테스트 및 현장 적용이 크게 변화되었다. 수년에 걸쳐 다양한 응용 분야에서 차단기에 대한 전 세계적 경험과 Study Committee 13 및 이후 Study Committee A3에서 이 지식의 교환을 통한 통찰력이 새로운 중전압 및 초고압 개폐 장치를 탄생하게 만들었다.

차단기는 정격전류에서부터 처리할 수 있는 최대 단락전류에 이르기까지 광범위한 전류를 차단할 수 있어야 한다. 또한 정상적인 서비스 조건에서 병렬리액터, 커패시터 뱅크, 변압기, 발전기, 모터, 케이블 및 전송 선로에 전력을 공급하고 차단하는 역할을 수행한다. 차단기는 다음으로 구성된다.

- 정상적인 서비스 조건에서 전류를 전달하는 주 접점
- 전류 차단시 아크 스위칭을 용이하게 하는 아크 접점
- 아크에 의해 뜨거운 가스가 발생하는 아크 챔버(소호실)
- 접점을 분리하기 위해 에너지를 저장하는 조작기
- 지지 절연물

비교적 높은 전압레벨의 경우 차단기에는 때때로 선행 투입저항이 장착되어 있다. 이 저항의 목적은 개방동작 후 과도 회복전압을 완화하거나 투입동작 후 돌입전류를 줄이는 것이다. 송전선 개폐의 경우 선행 투입저항의 값은 일반적으로 200~600Ω 이다.

최근에는 개폐시 과도현상을 줄이기 위해 개폐제어 기술이 널리 사용된다. 그 외에도 최신 SF_6 차단기는 이전의 유입/공기 차단기보다 더 나은 개폐성능을 제공하므로 선행 투입저항 사용의 필요성은 줄어든다.

전기 아크는 전력 반도체를 제외하고 단시간 내에 전도 상태에서 비전도 상태로 변경할 수 있다고 알려진 유일한 요소이다. 초고압 차단기에서 전기 아크는 유입, 공기 또는 육불화황(SF_6)에서 연소되는 고압의 아크이다. 중전압(MV) 차단기에서는 진공에서의 저압력 아크 연소가 전류차단에 더 자주 적용된다. 전류 차단은 접점 분리 후 차단기 접점 사이에 형성된 전기 아크가 사라지도록 아크 플라즈마를 냉각하여 수행된다. 이 냉각 프로세스 또는 아크 소호는 다른 방식으로 수행될 수 있다. 전력용 차단기는 아크가 형성되는 소호 챔버내의 매체에 따라 분류된다. 이것이 우리가 유입, 공기, SF_6 및 진공 차단기에 대해 이야기하는 이유이다.

1907년에 최초의 유입차단기가 미국의 J.N. Kelman에 의해 특허를 받았다(Kleman 1907). 차단기는 기름이 채워진 탱크에 잠긴 한 쌍의 접점에 지나지 않았다. 실험에 의한 발견의 시기였고 대부분의 차단기 설계는 전력 시스템 자체에서 시행 착오를 거쳐 이루어졌다. 1956년에 SF_6를 사용하는 차단기에 대한 기본 특허가 T. E. Browne, F. J. Lingal 및 H. J. Hills에 의해 발표되었다(Lingal et al. 1956).

현재 대부분의 초고압 차단기는 SF_6를 소호매체로 사용한다. J. Slepian(1929) 은 전기 아크가 매우 다루기 어렵고 복잡한 현상으로 판명되었기 때문에 차단기 문제의 본질을 명확히 하기 위해 많은 연구를 했다. 실험 기법을 개선하였으나 각각 더 많은 이론적 문제가 나타났다. 차단기의 실질적인 개발은 특히 처음에는 다소 실용적이었으며 설계 원리를 과학적으로 추론하는 것이 거의 불가능했다. 대전력 시험실에서 많은 개발 시험이 필요했다.

1939년 AM Cassie(1939; Cassie and Mason 1956)가 아크 역학에 대한 잘 알려진 방정식을 발표한 이후, 이어서 1943년 O. Mayr(1943)에 전류 영점 주변의

시간 간격을 처리하는 보충 연구자료가 발표된다. 그 후 방정식의 수학을 다듬고 실제 측정을 통해 물리적 타당성을 확인하기 위해 많은 연구가 수행되었다(CIGRE Working Group 13.01 1993, 1988). 전기 아크에 의한 전류 차단은 차단 프로세스가 마이크로 초 단위로 발생하고 고전류 영역의 플라즈마 온도가 10,000K 이상이며, 온도가 전류 주변에서 감소한다는 사실이 알려진 복잡한 물리적 프로세스이다. 전류 영점은 마이크로 초당 약 2000K이고 가스 유동은 초음속이다. 오늘날에는 차단 프로세스에 대한 이해가 높아져, 일점절 차단으로 550kV에서 63kA를 차단할 수 있는 SF_6 차단기가 개발되었다.

2.12.1 유입차단기(Oil Circuit Breaker)

20세기 초에 확립된 차단기는 주로 유입차단기였다. 또한 물을 이용한 차단기도 개발되었지만 차단 동작 후 적절한 절연을 유지하는 것은 너무 큰 도전이었다. 그 당시 유입차단기의 차단 용량은 변전소에서 요구되는 단락 전류 수준을 충족하기에 충분했다. 현재 유입차단기 및 소유량 유입차단기는 여전히 세계 여러 곳에서 제 역할을 수행하고 있지만, 오늘날의 차단기 연구 개발 분야에서 멀어진 지 오래이다. 최초의 유입차단기는 광유가 채워진 탱크에 있는 공기 스위치인 단순한 디자인이었다. 이 유입차단기는 단순한 소호 형태로, 어떤 종류의 아크 소호장치도 장착되지 않았다. 1901년 미국의 J.N. Kelman (Kleman 1907)은 이러한 방식으로 40kV에서 200−300A를 차단할 수 있는 유입 차단기를 개발했다. Kelman의 차단기는 두 개의 열린 나무 통으로 구성되어 있으며 각 통에는 일반 차단스위치가 있다. 두 스위치는 직렬로 연결되어 하나의 공통 핸들로 작동되었다. 나무통에는 소호 매질로서 물과 기름의 혼합물이 들어 있었다(그림 2.24).

1930년대에 아크 소호챔버가 개발되었다. 특정한 형태의 금속 폭발 용기로 여겨지는 이러한 차단기에는 차단기 접점이 이동하는 절연 아크 챔버가 장착되었다. 오일 아크 챔버는 아크를 고정하고 아크 챔버 내부의 압력 증가는 아크에 대한 냉각 효과를 크게 향상시켰다. 나중에, 아크 챔버의 디자인은 펌핑 메커니즘에 의해 더욱 개선되어 오일의 교차 흐름을 생성하여 아크에 추가 냉각을 제공하였다(그림 2.25).

Fig. 2.24 Kelman's oil circuit breaker built in 1901 (40 kV, 300 A) (Wilkins and Crellin 1930)

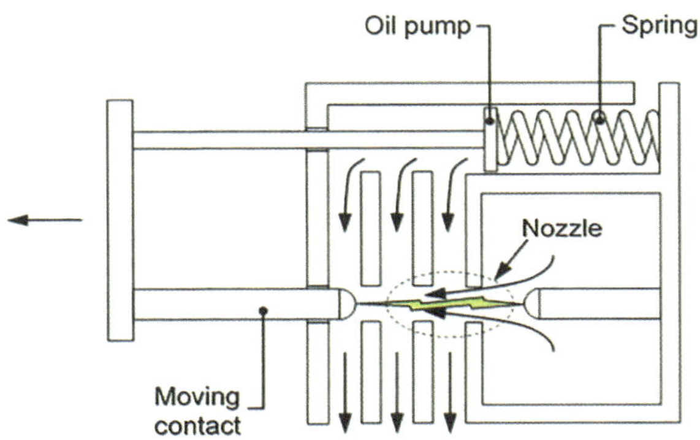

Fig. 2.25 Cross section of an oil circuit breaker assisted with pressurized oil

벌크 유입차단기에서 접점은 광유로 채워진 대형 금속 탱크의 중앙에 있다. 광유는 소호매체 역할을 하며 탱크에 절연매질을 제공한다. 전류 측정을 위해 변류기는 차단기의 붓싱 주위에 설치되었다. 그림 2.26은 168kV 벌크 유입 데드 탱크 차단기의 예시이다.

유입차단기 개발의 다음 단계는 소유량 유입차단기였다. 접점과 아크 챔버는 부피가 큰 금속 탱크 대신 자기 애자 내부에 설치되었다. 수백 리터의 광유가 들어 있는 거대한 금속 탱크가 있는 벌크 유입 차단기가 미국에서 인기가 있었는데 비해, 소유량 유입 차단기는 유럽 시장을 장악했다. 그림 2.27은 1985년에 생산된 245kV 50kA 소유량 유입 애자형 차단기의 예시이다.

유입 차단기의 아크 소호 원리는 아크에 의해 광유 내에 수소 및 메탄 가스 분해를 기반으로 한다. 가스의 80%는 우수한 절연 특성과 높은 비열 상수를 가진 수소이다. 소유량 유입차단기는 압력의 급격한 상승과 강한 대류를 유발하는 더 높은 전류에서 가장 잘 작동한다. 저 전류 차단은 아크에 의해 방출되는 가스량이 더 적기 때문에, 항상 개발자에게 어려운 과제였다. 소유량 유입차단기는 용량성 전류차단 후 절연적 재점호에 민감하다. 광유는 좋은 절연 매질이며 차단기 접점이 열리면 접점에서 전력망의 전압을 분리한다.

2.12.2 공기차단기(Air-Blast Circuit Breaker)

공기는 옥외 AIS 변전소 및 초고압 송전선로의 절연 매질로 사용된다. 공기는 전류 차단을 위한 소호 매체로도 사용할 수 있다. 그러나 대기압에서 차단 기능은 저전압(LV) 및 중전압(MV)으로 제한된다. 최대 50kV의 MV적용의 경우 차단기는 주로 고장전류에 의해 생성된 자기장에 의해 아크가 분할된 구획으로 날아가는 자기 공기방식이다. 이러한 방식으로 아크 길이, 아크 전압 및 아크 기둥의 표면적이 증가한다. 아크 전압은 고장 전류를 감소시키고, 더 큰 아크 열 표면적을 통해 아크 채널의 냉각이 향상시킨다. 그림 2.28은 오래된 과거의 36kV 공기차단기이다.

Fig. 2.26 168 kV bulk-oil, dead tank oil circuit breaker developed in 1959. (Courtesy of Mitsubishi Electric)

차단기 내부와 외부 주변 공기 사이의 큰 압력 차이로 인해 아크가 대류에 의해 냉각되기 때문에 공기는 고압에서 훨씬 더 많은 냉각 능력을 갖는다. 압축 공기로 작동하는 공기차단기는 상당히 높은 전압 수준에서 더 높은 전류를 차단할 수 있다. 압축공기를 사용하는 공기차단기에는 축 분사식 또는 교차 분사식이 있다. 교차 분사식 공기차단기는 자기(magnetic)형 차단기와 유사하게 작동한다. 압축공기가 아크를 분할된 아크-슈트(arc-chute) 격실로 불어넣다. 아크 전압은 아크 길이에 따라 증가하기 때문에 이를 '고 저항 차단'이라고도 한다. 차단과정에서 소모되는 에너지가 다소 높다는 단점이 있다. 축 분사 방식은 AEG 설계와 같은 절연 노즐형과 대부분의 다른 설계에 채용된 금속 노즐형으로 구분할 수 있으며, 아크는 축 방향으로의 냉각(ABB 제공, ASEA 제품 1985) 기체유동에 의해 이온화 수준이 전류 영점 부근에서 감소하면서 전류가 차단된다. 아크 전압이 거의 증가하지 않기 때문에 이를 '저 저항 차단'이라고 한다. 공기차단기는 동작 중, 특히 아크가 공기에서 냉각될 때 많은 소음을 낸다.

공기차단기는 SF_6 가스차단기가 발전하고 보급될 때까지 극초고압(EHV)에 선호되는 기술이었다. 그림 2.29는 800kV 공기차단기의 예시이다. 공기의 고유한 높은 아크 전압으로 인해, 공기차단기는 비대칭 사고 전류 DC 요소의 급속한 감쇠와 전류영점 지연현상(전류영점 구간 누락)에 의해 감소된 구간에서 기술적 이점이 있다. 그러나 더 높은 비용과 더 긴 유지보수 작업으로 인해 사용처가 특수한 네트워크 조건으로만 제한된다.

Fig. 2.27 245 kV 50 kA live tank oil circuit breaker. (Courtesy of ABB, product of ASEA in 1985)

2.12.3 SF_6 가스차단기(SF_6 Gas Circuit Breaker)

SF_6의 우수한 절연 특성은 이미 1920년에 발견되었다. SF_6의 분자량은 공기보다 5배 더 무겁다. 절연내력은 대기압에서 공기보다 3배 더 우수하며 절연내력은 압력이 증가함에 따라 빠르게 증가한다. 2기압(0.2MPa)에서 광유와 동일한 절연특성을 갖는다. 공기에 의해 오염되더라도 실질적 절연 특성이 변경되지는 않는다. SF_6는 전기적으로 음성인 가스이기 때문에 차단기에 적합하다. 따라서 자유전자를 포착하는 친화력이 있기 때문에 이동성이 감소된 음이온이 형성된다.

이러한 특성은 SF_6가 아크의 플라즈마에 존재하는 전자를 빠르게 제거하여 전류가 전류영점에 접근할 때 아크의 전기전도도 감소율을 증가시킨다. SF_6는 매우 안정적이고 불활성인 가스이지만 아크가 있는 경우 SF_2 및 SF_4와 같은 매우 독성이 강한 부산물을 생성하지만, 이는 아크 소멸 직후 재결합하여 다시 무독성이 된다. 아크 생성 및 소멸 과정에서 이러한 가역적 화학 반응은 SF_6의 고유한 기능으로 우수한 차단성능을 장기간 유지하게 한다. 그 결과 주요 안정한 독성 생성물은 백색 분말로 침착되는 금속 불화물(metal fluoride)로 삼산화 알루미늄을 함유한 활성 알루미늄 필터에 흡착된다.

Fig. 2.28 36 kV air-blast circuit breaker developed in 1953. (Courtesy of Mitsubishi Electric)

Fig. 2.29 Latest-generation 800 kV air-blast circuit breaker. (Courtesy of GE, produced by Alstom)

SF_6 차단기는 1940년대 첫 개발이 시작되었지만 첫 번째 SF_6 차단기는 1959년이 되서야 시장에 출시되었다(Friedrich and Yechley 1959). 이러한 초기 설계는 축 방향 분사 및 공기 분사 차단기 원리를 계승했으며, 접점은 SF_6 가스로 채워진 탱크 내부에 장착되었으며 전류 차단 프로세스 동안 별도로 분리된 저장소에서 압축된 SF_6 가스로 아크를 냉각했다. SF_6 가스의 액화 온도는 압력에 따라 다르지만 차단기 주위 온도 범위에 있다. 이는 SF_6 가스 저장소에 추가적인 고장 가능성이 존재하는 별도의 히터가 설치되어야 함을 의미한다. 히터가 작동하지 않으면 차단기가 작동하지 않는다. 따라서 퍼퍼형 차단기가 개발되었고 이른바 이중 압력 차단기는 시장에서 사라졌다. 그림 2.30은 240kV 이중압 압력 방식 가스 차단기의 사례이다. 그림 2.31은 245kV 50kA 2개 세대(2점절 및 단일 점절)의 단일 압력 퍼퍼 차단기이다. 가동접점에 의한 개방 동작은 피스톤을 움직여 퍼퍼 챔버의 가스를 압축하고 따라서 아크 채널을 따라 축 방향 가스 흐름이 발생한다. 노즐은 열화없이 고온을 견딜 수 있어야하며 테프론으로 제작되었다. 현재 SF_6 퍼퍼 차단기는 그림 2.32 및 2.33과 같이 애자형 설계 및 데드 탱크 설계로 절점당 최대 550kV 63kA의 가장 높은 단락 전력을 차단하는 데 사용되는 차단기 유형이다.

Fig. 2.30 240 kV double-pressure-type SF_6 puffer circuit breaker

퍼퍼 차단기는 SF_6 가스를 압축해야하기 때문에 강력한 조작기가 필요하다. 예를 들어 3상 고장과 같이 큰 전류를 차단할 때, 차단기의 개방 속도는 열로 생성된 압력에 의해 느려지는 경향이 있으며 메커니즘(종종 유압 또는 스프링 메커니즘)은 접점을 분리할 수 있는 충분한 에너지를 갖고 있어야 한다. 강력하고 안정적인 조작기는 고가로 차단기 가격의 상당 부분을 차지한다. 저전압 클래스에 대해 복합 소호(self-blast) 차단기가 현재 시장에 나와 있다. 복합소호 차단기는 아크에 의해 방출된 열 에너지를 사용하여 가스를 가열하고 압력을 높이다. 가동 접점이 아크 챔버에서 빠져나온 후 가열된 가스는 아크를 따라 방출되어 냉각된다. 이 경우 아크 에너지가 적당히 작은 경우의 소전류 차단이 크리티컬 하며, 이를 위해 때로는 작은 크기의 퍼퍼가 차단 프로세스를 지원하기 위해 추가되기도 한다.

또 다른 설계에서는 차단할 전류를 전달하는 코일이 자기장을 생성하여 접점 주위에서 아크를 회전시키는 구동력을 제공하여 추가 냉각을 제공한다. 이 설계를 회전아크 차단기라고 한다. 복합소호 차단기와 회전 아크 차단기는 모두 덜 강력한(따라서 보다 저렴한) 조작기로 설계할 수 있으며 퍼퍼방식 차단기보다 더 컴팩트한 설계를 할 수 있다.

2.12.4 진공차단기(Vacuum Circuit Breaker)

진공 차단기의 접점 사이에서 진공 아크가 차단 프로세스를 처리한다. 스위칭 아크에 대한 단락에서 이미 논의했듯이, 진공 아크는 소호 매체가 없을 때 아크가 진공 상태에서 부풀어 오르기 때문에 고압 아크와 다르다.

Fig. 2.31 245 kV 50 kA double-break and single-break SF_6 puffer circuit breakers. (Courtesy of ABB, ASEA products with double breaks in 1983 and with single break in 1985)

진공 아크의 아크 기둥에서 물리적 프로세스의 거동은 절연 매체의 현상이 아닌 금속 표면 현상으로 이해되어야 한다. 아크는 음극에서 기화된 금속 물질의 이온에 의해 유지된다. 이 금속 증기의 밀도는 전류에 비례하며 전류가 전류 영점에 가까워지면 플라즈마가 감소한다. 전류 영점일 때 접점 간 갭은 전극의 금속 증기 응축에 의해 빠르게 탈 이온화 된다. 아크 전류가 0이 되면 접점 재료에 따라 몇 A에서 10A의 개별 단계로 진행된다. 마지막 전류 단계가 0이 되면 전류가 현저하게 재단될 수 있다. 이 전류재단(current chopping)은 특히 진공 차단기가 작은 유도성 전류를 차단할 때(예: 무부하 변압기 또는 정지된 모터 개폐 시) 높은 과전압을 유발할 수 있다. 전류 차단 후 이온이 없기 때문에 진공 차단기에 높은 절연 내력이 제공된다.

Fig. 2.32 550 kV live-tank SF_6 gas circuit breaker (Courtesy of Dominion Energy)

Fig. 2.33 550 kV 63 kA single-break SF_6 gas circuit breaker. (Courtesy of Chugoku Electric Power)

Fig. 2.34 24 kV 25 kA 1250 A vacuum circuit breaker. (Courtesy of Mitsubishi Electric)

진공 차단기에 대한 첫 번째 실험은 이미 1926년(Sorensen과 Mendenhall 1926)에 수행되었지만, 1960년대에야 야금 개발이 가스없는 전극을 제조할 수 있게 되면서 최초의 실용적인 차단기가 제작되었다. 1970년대에는 36kV 진공 차단기가 단위 전압으로서 일반적으로 채택되었다. 진공 차단기는 특히 MV 네트워크에서 전류 차단기로 신뢰할 수 있는 선택지가 되었다. 그림 2.34는 24kV 진공 차단기의 예시이다. 진공 차단 기술은 지속적으로 진화하여 전력망에서 점차 대규모로 적용되고 있고 최대 145kV 진공 차단기가 적용되고 있다.

진공 아크를 냉각하는 기계적인 방법은 없으며 아크 채널에 영향을 미칠 수 있는 유일한 가능성은 자기장과의 상호 작용을 통해서이다. 진공 아크는 금속 증기/이온/전자 방출현상의 결과이다. 아크접점 표면(특히 음극표면)의 고르지 않은 용융을 방지하기 위해 아크는 확산되거나 나선형 운동으로 유지되어야 한다. 후자는 아크접점(그림 2.35 참조)에 여러 개의 나선형 슬릿이 있는 전극을 사용하거나 진공차단기에 사용되는 말굽형 자석을 적용하여(그림 2.36 참조) 얻을 수 있다. 일반적으로는 진공 차단기의 접점을 분리하는 데 필요한 에너지가 적으며 동작 메커니즘의 설계를 통해 일반적으로 신뢰할 수 있고 유지 보수가 필요없는 차단기를 만들 수 있다.

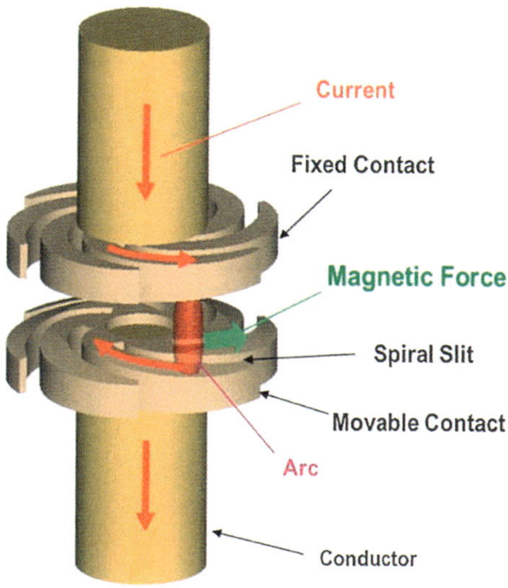

Fig. 2.35 Vacuum interrupter with spiral slits in the contacts to bring the arc in a spiraling motion

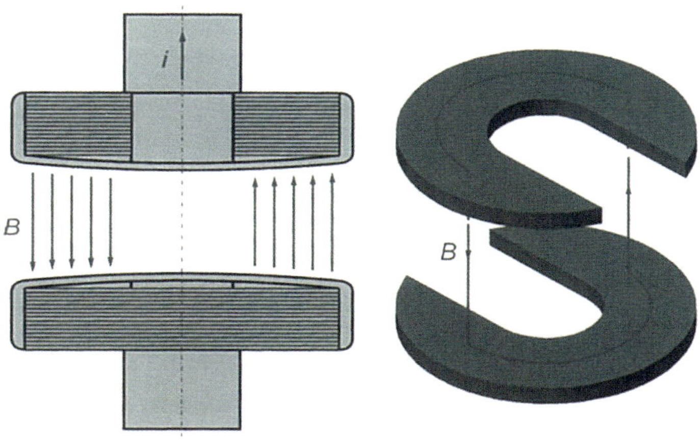

Fig. 2.36 Vacuum interrupter with horseshoe magnets. (Courtesy of Eaton Electric)

Fig. 2.37 Vacuum interrupters used at transmission levels (CIGRE TB 589 2014)

진공차단기는 최대 72.5kV의 정격전압으로 생산되며(일부 제조업체에서는 145kV용 진공차단기를 생산하기도 한다. 그림 2.37 참조) 차단전류의 경우 정격은 31.5kA까지 올라간다. CIGRE WG A3.27에서는 72kV에서 145/168kV까지의 송전급 레벨에서 여러 진공 차단기를 조사했다(CIGRE TB 589 2014). 더 자세한 정보는 ► Chap. 7.

2.12.5 발전기용 차단기(Generator Circuit Breaker)

발전기용 차단기는 발전기의 정격 전압과 일치하는 정격 전압으로 적용되는 차단기이다. 발전기와 승압 변압기 사이에 있다. 발전기용 차단기가 적용되지 않은 경우 대체 솔루션은 승압 변압기의 고전압 측에 있는 차단기이다. 이 솔루션의 장점은 발전기와 변압기 사이에 덜 복잡하고 단순한 대전류 연결(발전기 모선 덕트)을 적용할 수 있다는 점이다. 발전기용 차단기를 설치할 경우의 장점은 보조 플랜트를(영구적으로 전력이 공급되는) 승압 변압기의 중간 전압 측에 연결할 수 있다는 것이다.

1960년대에는 더 높은 전력 정격을 위해 발전기용 차단기가 개발되었다. 공기 분사 기술이 사용되었으며 발전기 차단기에는 주 차단 챔버와 병렬로 보조 스위치 및 차단저항(opening resistor)이 장착되었다. 차단저항은 제로 크로싱(zero−crossing) 현상을 줄이고 과도 회복 전압의 상승률을 낮추기 위해 필요했다. 1970년대 후반 SF_6 기술이 적용된 발전기용 차단기가 출시되었다. 그림 2.38은 13.8kV 100kA SF_6 퍼퍼형 발전기용 차단기의 예시 이다. 이 차단기는 차단저항이 없으며 보다 더 콤팩트하게 만들 수 있다.

발전기용 차단기의 전기적 및 기계적 성능은 표준적인 MV 배전급 개폐장치와 매우 다르다. 발전기용 차단기에 대한 요구 사항을 구체적으로 다루는 전 세계적으로 적용 가능한 공통 표준은 IEC/IEEE 62271−37−013(2015)이다. 정격 및 기타 관련 특성 외에도 이 표준에는 발전기용 차단기의 형식 시험에 대한 지침이 포함되어 있다. 대형 발전 장치의 부하 전류는 50kA까지 높아서 종종 강제 냉각이 필요하다.

2.13 피뢰기(Surge Arrester)

전력 시스템에 스트레스를 주는 과전압은 일반적으로 그 원인과 관련하여 두 가지 범주로 분류할 수 있다.

- 뇌격에 의해 생성되는 외부 과전압, 가장 일반적이고 심각한 대기 장애
- 전력망 작동 조건의 변화에 의해 발생하는 개폐동작과 같은 내부 과전압

Fig. 2.38 13.8 kV 100 kA 12,000 A generator circuit breaker. (Courtesy of City of Tacoma, United States)

피뢰기는 낙뢰 유도 과전압 및 스위칭 유도 과전압을 지정된 보호 수준(원칙적으로 장치의 내전압 미만)으로 제한하기 위한 목적으로 변전소에 배치된다. 이상적인 피뢰기는 정격전압보다 높은 특정 마진을 갖는 지정된 전압 레벨에서 전기전도를 시작하여 과전압기간 동안 변동없이 해당 전압레벨을 유지하며, 지정 전압레벨 이하로 전압레벨이 떨어지면 곧바로 전기전도를 중단하는 것이다. 따라서 피뢰기가 지정된 전압레벨 미만의 값으로 돌아간다. 따라서 피뢰기는 과전압과 관련된 에너지만 흡수하면 된다.

피뢰기의 설계 및 작동은 지난 30년 동안 밸브 또는 스파크 갭형 실리콘 카바이드(SiC) 피뢰기에서 갭리스 금속 산화물(MO) 또는 아연 산화물(ZnO) 피뢰기로 급격히 변화되어 왔다. 피뢰기 개발의 중요한 진전이 이뤄졌으며, 최신 피뢰기는 오늘날 피뢰기에 요구되는 사양을 충족한다(그림 2.39).

Fig. 2.39 Metal-oxide surge arresters (MOSA) in 550 kV substations. (Courtesy of Kansai Electric Power)

금속 산화물 피뢰기는 기본적으로 수십억 개의 금속 산화물 입자의 미세한 접합으로 구성되어 있으며, 피뢰기의 상단 단자에서 접지 단자까지 전류 통전 경로를 생성하기 위해 마이크로 초 이내에 켜지고 꺼진다. 동작 전압에서 개방되고 스위칭 및 낙뢰 과전압에서 투입되는 매우 빠르게 작동하는 전자 스위치로 간주될 수 있다. 피뢰기의 중요한 매개변수는 스위칭 임펄스 보호 레벨(SIPL)로 특정 조건에서 피뢰기의 단자에서 받을 수 있는 스위칭 임펄스의 최대 허용 피크 전압으로 정의된다.

시스템 동작 전압에서 금속산화물 피뢰기에 공급되는 전력을 작게 유지하려면 피뢰기의 연속 동작 전압은 저항성 전류 구성 요소의 피크 값이 1mA 미만이 되고 전류의 용량성 성분이 지배적이도록 선택해야 한다. 이는 동작 전압에서의 전압 분포가 용량성이므로 표류용량의 영향을 받다. 금속 산화물 재료의 전압-전류 특성은 비선형성으로, 과전압 및 저 전류에서 적절한 보호 수준, 즉 시스템 동작 전압에서 낮은 에너지 손실이라는 상호 모순되는 요구 사항을 충족한다. 금속 산화물 피뢰기는 모든 동작 전압에서 스위칭 전압에 대한 보호에 적합하다.

전통적으로 자기로 둘러싸인(porcelain-housed) 된 금속 산화물 피뢰기가 사용된다. 만족스러운 성능을 위해 피뢰기 소자 디스크의 수명 동안 장치를 밀폐(sealing)하는 것이 중요하다. 피뢰기의 각 끝에 있는 밀폐 장치는 고무 개스킷이 있는 스테인리스 강판으로 구성된다. 이 플레이트는 절연물 표면에 맞닿아 있는 개스킷에 지속적인 압력을 가한다. 또한 금속 산화물 디스크의 기둥을 스프링으로 고정하는 역할도 한다. 밀폐 플레이트는 과압력 방출 시스템으로 작동하도록 설계되었다. 피뢰기가 설계 능력을 초과하여 스트레스를 받으면 내부 아크가 발생된다. 이온화 된 가스는 내부 압력의 급격한 증가를 일으켜 밀폐 플레이트가 열리고 가스가 배기 덕트를 통해 흘러 나오게 한다. 덕트가 서로를 향하도록 되어있기 때문에 외부 아크가 발생하여 내부 압력을 완화하고 절연물이 격렬하게 파편화 되는 것을 방지한다.

그러나 자기로 둘러싸인 배전 피뢰기는 밀폐 문제로 인해 고장 나는 경향이 있다. 폴리머를 사용한 누출 방지 설계의 장점이 수용되어, 자기에서 폴리머로 전환된다. 폴리머 하우징 피뢰기는 활성부(active part)와 실리콘 고무를 매우 안정적으로 결합한다. 따라서 개스킷 또는 밀봉 링이 필요하지 않다. 피뢰기가 설계 능력을 초과하여 전기적으로 스트레스를 받으면 내부 아크가 발생하여 폭발 대신 외함이 파열된다. 아크는 부드러운 실리콘 소재를 쉽게 관통하여, 그 결과 가스가 빠르고 직접적으로 빠져나갈 수 있다. 따라서 이 설계에는 자기 하우징의 폭발을 방지하기 위한 특수 압력 완화 장치가 필요하지 않다. 또한 폴리머 하징 배전 피뢰기는 자기 밀폐형보다 저렴하다.

2.14 배전급 개폐장치(Switchgear at Distribution Levels)

최근 분산되어 있고 간헐성 특성을 가진 풍력 및 태양광 발전의 급격한 증가로 인해 배전망의 역할이 변화하고 있다. 배전망에 직접 연결된 분산 발전은 배전에서 송전망으로의 부하 흐름을 역전시킬 수 있다. 배전 시스템을 보다 안정적이고 효율적으로 운영하려면 배전급에서 사용되는 개폐 장치가 필요하다.

CIGRE는 현장의 장치 성능에 대한 정보가 부족하기 때문에 배전급에서 개폐 현상과 요구 사항을 집중적으로 조사하지 않았다. SC A3는 향후 배전 시스템에서 장치 장비 조사 활동을 늘릴 것이다(그림 2.40).

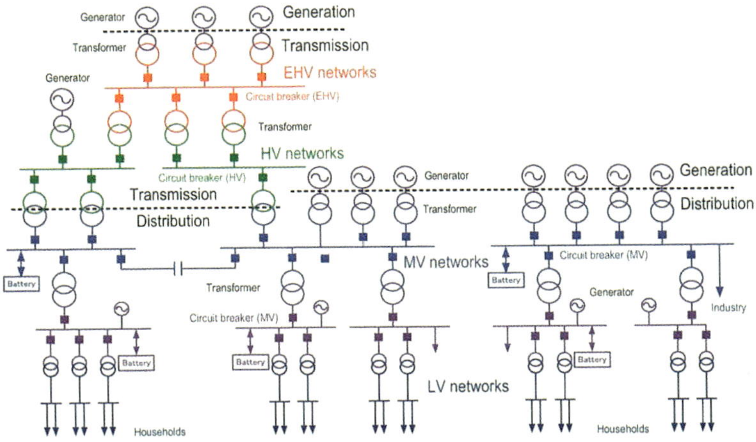

Fig. 2.40 Change of the roles of distribution system and equipment

MV 개폐장치는 배전 시스템의 필수적인 부분으로 신뢰성과 안전성에 기여한다. 일반적으로 1kV부터 52kV(IEC 표준) 또는 38kV(IEEE 표준) 범위의 전력선에 설치된다. 개폐장치(switchgear)라는 용어는 단로기, 부하 개폐 스위치, 리클로저 및 차단기를 포함하여 다양한 유형의 장치를 설명하는 데 사용된다. 개폐장치의 목적은 배전 전력망에서 장치를 제어, 보호 및 격리하는 것이다. 부하를 켜고 끄거나 아랫 단의 사고 전류를 차단하기 위해 장치의 전원을 에너지원에서 분리하는 데 사용할 수 있다.

HV 개폐 장치와 비교하여 MV 개폐 장치는 두 가지 주요 구성 요소로 구성된다.

- 전력의 흐름을 통전(conduct)하거나 차단(interrupt)하는 전력 도전 구성 요소
- 제어 판넬, 변류기, 계기용 변압기, 보호 계전기 및 전력 도전 구성 요소를 모니터링, 제어 및 보호하는 제어 시스템
- MV 스위치 기어의 정격 및 사양은 각 국가별 표준뿐만 아니라, IEEE(전기 및 전자 엔지니어 협회) 및 북미의 ANSI(American National Standards Institute) 및 IEC(International Electrotechnical Commission) 표준을 비롯한 여러 국제 표준 및 요구 사항을 충족해야 한다.

MV 개폐기는 절연 유형, 차단기 유형 또는 아래 구조로 분류할 수 있다.

1. 절연에 의한 분류: 오늘날 사용 가능한 대부분의 MV 개폐 장치는 절연에 가스 또는 고체 절연 재료를 사용한다. 지난 20년 동안 고체 절연의 견실한 보급

이 있었지만 가스절연 개폐장치는 여전히 공기, SF_6, 질소, CO_2 및 일부 가스 혼합물을 사용하여 생산되고 있다. 최근 몇년 동안 SF_6를 대체할 수있는 잠재적인 대체 가스를 찾기 위해 "대체 가스" 분야에서 많은 연구가 진행되고 있으며 일부 새로운 가스 및 가스 혼합물이 현재 평가되고 있다.

2. 차단부 기술에 의한 분류
   (a) 공기 절연 개폐장치(Air-insulated switchgears ; AIS)
   (b) 가스 절연 개폐장치(Gas-insulated switchgears; GIS)
   (C) 진공 차단기(Vacuum interrupter)
3. 건설
   (a) 옥외형(큰 온도 범위를 견뎌야 함)
      - 전주 탑 마운트
      - 패드 마운트(캐비닛 또는 하우징에 설치됨)
      - 볼트(vault) 마운트(벽에 설치)
   (b) Indoor 옥내
   (C) 활선탱크형 차단기/접지탱크형 차단기
   (d) 메탈 클래드/메탈 인클로져
   (e) 아크 저항성(Arc resistance)

Fig. 2.41 Pole top recloser with solid dielectric insulation in accordance with IEEE C37.60/IEC 62271-111. (Courtesy of G&W Electric Company)

리클로져(recloser, 재폐로기)는 과전류 보호를 위해 적용되며, 주로 일시적인 고장(영구고장의 경우가 아님)의 경우 가공 배전선망에 적용된다. 리클로져는 전력망이 자체적으로 복구할 수 있도록 돕고 장애가 발생한 더 작은 섹션을 격리하고 중단으로 인한 고객 영향을 제한함으로써 안정성을 크게 향상시킨다. 일반적으로 3상이 동시에 동작하지만, 단상 고장 제거에는 단상 재폐로가 구현되어 시스템 안정성과 가용성을 향상시킬 수 있다. 그림 2.41은 진공 차단기로 전주 단위에서 독립적으로 동작하는 리클로저의 예시이다.

리클로져는 변전소에서 차단기로도 사용된다. 데드 탱크 설계를 사용하면 리클로져를 개폐기, 고장전류 차단기 또는 패드 장착 구성에서 인터 타이 스위치로 사용할 수 있다. 피뢰기와 PT가 통합된 현장 준비(site-ready) 설계를 통해 고객은 플러그 앤 플레이 솔루션으로 설치시간을 절약할 수 있다. 진공 인터럽터의 양쪽에 내장된 전압 센서를 사용하면 자동 전송 및 루프 스위칭 책무와 같은 배전 자동화 프로젝트에서 리클로져를 사용할 수 있다. 리클로저는 IEEEC37.60/IEC62271-111 표준에 따라 시험한다. 그림 2.42에 표시된 리클로저의 정격은 27kV, 12.5kA, 800A이다. 리클로저는 일반적으로 최대 40kV까지 사용되며 사고 전류 차단 정격은 최대 16kA이다.

부하 차단(load break), 퓨즈 및 고장 전류 진공 스위치는 일반적으로 시스템 재구성 및 보호를 위해 지하 배전 시스템에 사용된다. 각 스위치에는 전기 차단으로 작동하는 하나 이상의 부하 차단 메커니즘이 포함될 수 있다. 이들은 종종 타이 방사형 또는 루프 피더를 분리하기 위한 시스템 분할에 적용된다. 또한 스위치에는 부하 및 시스템 보호를 위해 퓨즈 또는 진공 차단기가 장착될 수 있다.

Fig. 2.42 27 kV 630 A SF_6 insulated dead tank switch. (Courtesy of G&W Electric Company)

Fig. 2.43 27 kV, 630 A solid dielectric insulated switchgears: dry vault (left) and pad-mounted (right) applications. (Courtesy of G&W Electric Company)

중전압(MV) 배전급 스위치는 밀폐형 및 비 밀폐형 설계 모두 가능하다. 그림 2.42에 표시된 밀폐형 설계는 내부에 대한 절연 매질로 SF_6를 사용하며 최대 38kV의 MV 배전급 애플리케이션에 대한 IEEE C37.74 표준에 따라 설계 및 테스트되었다. 데드 탱크 설계로 인해 수중에 잠수된 채로 동작이 가능하며, 이는 내부 구성 요소가 침수상태에서도 작동할 수 있는 습식 설비에 필요하다.

다양한 절연 매체를 사용하는 중전압(MV) 배전 개폐장치를 다양한 응용 분야에 사용할 수 있다. 그림 2.43은 절연을 위해 고체 절연물 캡슐을 사용하는 두 개의 서로 다른 진공 차단 스위치이다. 이러한 건식 설비는 종종 건물 내부 또는 지상, 패드 장착 인클로저 내부에 적용된다. 일부 유형의 개폐 장치는 부하 차단 동작 전용으로 설계되는 반면, 다른 유형은 고장 전류 차단에도 대처하도록 설계되었다.

IEEE C37.74 표준에 따라 테스트되었으며 최대 38kV, 630A의 정격 및 최대 25kA의 고장 전류 차단을 포함한다.

이러한 유형의 개폐장치의 반영구적인 특성으로 인해, 각 사용처에 대해 개폐장치를 구매하고 설치하기 전에 여러가지 요소를 고려해야 한다. 여기에는 다음이 포함된다.

- 부하 증가 - 개폐 장치가 보호해야하는 부하의 수가 얼마나 많은지와 시간에 따라 부하 값을 늘릴 수 있는지?
- 시스템 변경 - 개폐 장치는 어떻게 동작할 것이며 여기에는 원격 동작 또는 자동 재구성 옵션이 포함되는지?
- 총 소유 비용 - 볼트(vault) 스타일 개폐 장치는 일반적으로 수리를 위해 접근하거나 제거하기가 어렵기 때문에 교체 부품 비용과 예상되는 유지보수 비용이 초기 비용 평가에 포함되어야 한다.

그림 2.44는 공기 절연 메탈 클래드 개폐 장치의 예를 보여준다. 모든 활선부를 둘러싸기 위해 접지된 금속 벽체로 구성된다. 일반적으로 탈착식(인출형) 차단기, 절연 모선, 기계적 인터록, 전압 및 전류 센서는 물론 고장 발생시 1차 전압 영역에서 격리되는 저전압 제어부가 있다. 발전 및 배전 시스템, 산업 플랜트, 상업용 건물 등 다양한 어플리케이션에서 사용된다. 이 등급의 개폐장치는 변압기, 모터, 발전기, 축전기, 배전선 및 피더 회로를 보호한다. IEEE C37.20.2 표준에 따라 테스트되었다.

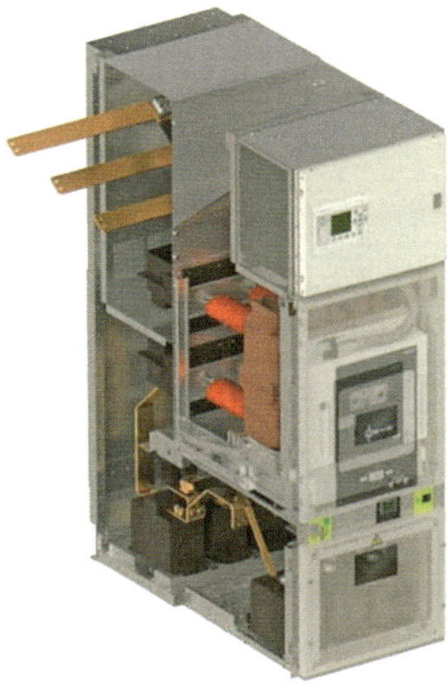

Fig. 2.44 36 kV, 2000 A, air-insulated metal clad switchgear. (Courtesy of Schneider)

Fig. 2.45 17.5 kV, 2000 A, 31.5 kA drawout circuit breaker with vacuum interrupters. (Courtesy of ABB)

그림 2.45는 27kV 탈착식(인출형) 진공 차단기의 예시 이다. 인출형 차단기는 제거가 가능하며, 유지 관리를 용이하게 하기 위해 전원에서 분리할 수 있다. 수동 또는 모터 지원 방식으로 랙(rack)에 연결하는 기능을 사용하여 전원에 다시 연결할 수 있다.

그림 2.46은 일반적으로 차단기, 단로기 및 접지 개폐기로 구성되는 완전히 밀폐된 소형 가스 절연 개폐 장치인 ring main unit(RMU)의 예를 보여준다. 소형 변전소, 소형 건물, 주거 단지, 공항, 풍력 등의 MV 배전선로에 사용된다. 가스 탱크가 밀폐되어 있어 습기, 먼지, 작은 곤충 등의 환경적 요인의 영향을 받지 않는다. 개방형 링 또는 방사형 네트워크에서 변환기의 연결, 전력 공급 및 보호를 가능하게 한다. RMU는 IEC 62271-200 표준 "1kV 이상 및 최대 52kV의 정격 전압용 AC 메탈 클래드 개폐 장치 및 제어 장치(AC Metal-Enclosed Switchgear and Controlgear for Rated Voltages Above 1kV and up to 52kV)"에 따라 테스트되었다.

그림 2.47은 내부 아크 고장의 영향을 견디도록 하는 시험 요구 사항에 따라 성공적으로 설계된 특수 유형의 개폐 장치인 아크저항형(방폭형) 개폐장치의 예시이다. 이러한 요구 사항은 IEEE C37.20.7 "최대 38kV 정격 메탈 클래드 개폐장치의 내부 아크 고장에 대한 테스트 가이드(Guide for Testing Metal-Enclosed Switchgear Rated up to 38 kV for Internal Arcing Faults)" 및 IEC 62271-200 "1kV 이상 및 최대 52kV의 정격 전압용 AC 메탈 클래드 개폐 장치 및 제어 장치(AC Metal- Enclosed Switchgear and Controlgear for Rated Voltages Above 1kV and up to 52kV)"를 포함하여 여러 국가 및 국제 표준에 지정되어 있다. MV 개폐 장치의 수명 동안 내부 아크가 발생할 확률은 매우 낮지만 완전히 무시할 수는 없다. 내부 아크의 원인에는 동작 고장, 시스템 과전압, 재료의 절연 파괴, 개폐 장치 및 차단기의 과부하가 포함된다. 내부 아크는 주변 가스를 가열하여 개폐 장치 외함 내부에 과압력을 발생시킨다. 뜨거운 가스는 개폐 장치 근처에 있는 장치와 사람에게 심각한 손상을 입힐 수 있다. 작업자의 안전을 보장하기 위해 방압변이 개폐장치에 설치하여 작업자로부터 위험한 고압 배기 가스가 멀어지는 방향으로 배출되도록 한다.

Fig. 2.46 24 kV, 630 A, gas-insulated ring main unit for secondary distribution. (Courtesy of Schneider)

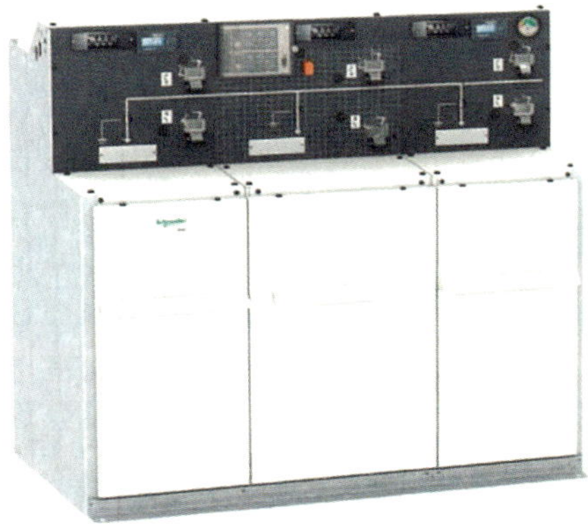

Fig. 2.47 6.9 kV, 4000 A, 50 kA arc resistance switchgear tested per ANSI/IEEE C37.20.7. (Courtesy of Siemens)

Fig. 2.48 29 kV, 900 A, 25 kA one-second short time and 42 kA peak fault closing. (Courtesy of S&C Electric Company)

회로 스위치는 차단기를 대신하는 경제적인 장치이다. 그림 2.48은 외부 아크 나 불꽃없이 차단을 제공하는 인터럽터를 사용하는 회로 스위치 장치를 보여준다. 아크 소호는 SF_6 차단기 내에서 발생하며, 특수 설계된 트레일러(trailer)와 라이너(liner)를 사용하여 효율적인 회로 차단을 위해 필요한 탈 이온화 가스를 생성한다.

회로 스위치는 정상적인 회로 조건에서 전류를 생성, 전달 및 스위칭 하는데 적합한 통합 차단부가 있는 기계식 스위칭 장치이다. 또한 정격 단락 전류 및 정격 단시간 전류보다 낮은 특정 1차 모선 고장 전류 및 변압기-제한 고장 전류를 차단하는 데 적합하다. 회로 스위치에는 통합 분로 기능이 있을 수도 있다. IEEE C37.016 "15.5~245kV 정격 AC 고전압 회로 스위치용 표준(Standard for AC High-Voltage Circuit Switcher Rated 15.5kV Through 245kV)"에 따라 설계 및 제작되었다. 회로 스위치의 고장 전류 차단 정격은 해당 차단기보다 다소 낮으며 동작 시간은 더 길다. 또한 자동 재 폐로 정격이 지정되지 않았다. 동작 순서는 C-O만 가능하다. 회로 스위치의 주요 애플리케이션은 전력용 변압기, 션트 리액터, 모선 및 전송 선로의 스위칭 및 보호이다.

2.15 퓨즈(Fuses)

퓨즈는 전기회로에서 과전류 동작을 수행하는 가장 오래되고 간단한 보호장치이다. Michal Faraday와 같은 초기 개척자들은 전류에 의해 전선이 용융될 수 있음을 관찰했으며, 여기에서 퓨즈가 태어났다. 초기 형태의 퓨즈는 두 단자 사이의 개방된 와이어로 구성되었지만(예: 납 와이어를 사용한 Thomas Alva Edison) 곧 개선이 이루어졌고 와이어는 일반적으로 구리보다 융점이 낮은 아연과 같은 다른 재료로 만들어진 띠 형상 막대로 대체되었다. 그러나 사용 가능한 전력이 증가함에 따라 퓨즈의 동작은 튜브로 퓨즈를 보호하는 시도가 등장할 정도로 점점 더 격렬 해졌다. 퓨즈 설계자는 튜브 끝에서 불꽃 방출을 제한하는 방법에 집중했다. 유용한 차단 용량이 달성되었지만, 충전된 카트리지 퓨즈를 도입한 것이 가장 큰 장점으로 기록되었다.

퓨즈는 회로의 약한 링크이므로 차단기에 비해 한 가지 중요한 이점이 있다. 퓨즈는 보호하는 케이블보다 단면적이 훨씬 작기 때문에 퓨즈는 케이블보다 먼저 융점에 도달한다. 전류가 클수록 퓨즈가 더 빨리 용융된다. 퓨즈는 차단기보다 훨씬 짧은 시간에 매우 큰 전류를 차단하므로 실제로 전류가 피크 값에 도달하기 전(50Hz 시스템에서는 5ms 미만의 동작 시간을 의미)에 차단되어, 시스템의 심각한 과열 및 시스템에 전기/기계적 힘이 부가되는 것을 방지된다. 이 전류 제한 동작은 많은 산업용 저전압 설비에 적용될 수 있는 중요한 특성이다. 퓨즈의 싱글 샷 기능, 즉 다시 사용하려면 서비스를 복구하기 전에 끊어진 퓨즈를 교체해야한다. 이는(퓨즈 사용 시 전력 공급에 발생하는) 지연, 예비용 퓨즈 및 현장에서 퓨즈를 교체할 수 있는 자격을 갖춘 유지 보수 인력이 필요함을 의미한다. 3상 회로에서는 단상 지락 사고로 인해 한 상이 끊어지더라도, 다른 두 상은 연결된 상태로 유지된다.

초고압 애플리케이션용 퓨즈에는 높은 차단 용량이 필요하다. 카트리지는 일반적으로 세라믹과 같은 단단한 재료로 만들어지며 카트리지에는 그림 2.49와 같이 퓨즈와는 별도로 분말 석영과 같은 필러가 포함되어 있다. 석영 필러의 목적은 큰 과전류가 퓨즈를 끊을 때 생성되는 금속 증기를 가능한 한 빨리 응축하는 것이다. 필러는 밀폐된 인클로저에서 위험할 수 있는 압력 상승을 방지한다. 충전제는 너무 미세하거나 거칠어서는 안 된다. 중간 입자 크기는 최적의 냉각을 제공한다. 퓨즈는 주로 전류 제한 및 비전류 제한 유형으로 분류한다.

전류 제한 퓨즈는 전류가 너무 높기 때문에 퓨즈가 고장 전류의 피크 전에 녹을 때 발생하는 양태에 따라 퓨즈 클래스를 설명한다. 퓨즈는 너무 빨리 가열되어 주변에 열 손실을 입힐 시간이 없다. 그러면 퓨즈를 따라 균일한 온도가 유지되고 모든 부품이 동시에 용융 온도에 도달한다. 따라서 와이어는 액체 실린더가되어 불안정 해지고 일련의 방울로 부서진다. 퓨즈 요소는 일련의 소구체(작은 방울 형상의 액체 집합)로 대체된다.

Fig. 2.49 7.2 kV fuse for industrial use rated current, 70 A; rated breaking current, 40 kA. (Courtesy of Mitsubishi Electric)

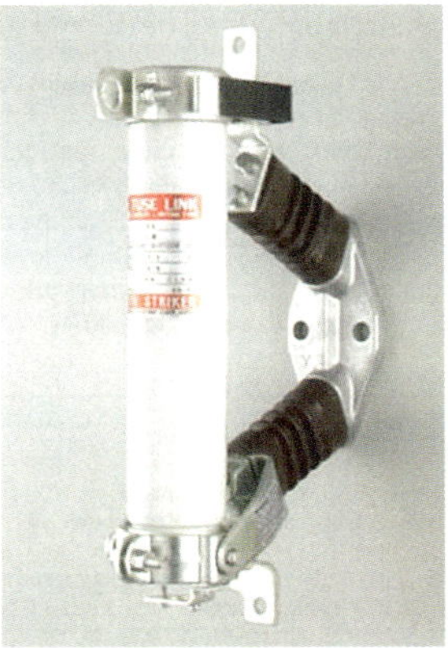

주변 필러는 거의 무한한 저항을 갖기 때문에 통과 전류가 제한된다. 결과적으로 아크가 시작될 때 전압 강하는 상당하며 전류를 빠르게 억제한다. 센티미터 당 소구체의 수는 약 10-12개이고, 짧은 길이 아크에서의 전압 강하는 약 20V이므로, 퓨즈의 전압강하는 센티미터 당 약 200-250V이다. 퓨즈의 최대 전압 상승은 퓨즈의 길이와 설계에 따라 다르다. 용융시 이러한 유형의 퓨즈는 회로에 저항을 급격히 상승시켜 전류가 상승을 멈추고 대신 자연스런 전류 영점 이전에 빠르게 0로 떨어뜨린다. 퓨즈는 전류의 크기와 지속 시간을 제한하므로 이름 그대로 전류 제한한다. 전류 제한 퓨즈는 전류 제한 동작 중에 퓨즈 스위칭 전압이라고 하는 과전압이 시스템에 발생한다.

비 전류 제한 퓨즈 또는 배출(expulsion) 퓨즈는 동일한 환경에서 용융하지만 회로에 작은 저항 만 추가하여 퓨즈가 녹지 않았을 때 발생하는 것과 거의 동일한 피크로 전류가 계속 이어지게 된다. 배출 동작(즉, 가스가 아크에 의해 생성되고 이온화 된 물질과 함께 배출되는 경우)은 자연스런 전류 영점에서 아크가 다시 재발화하지 않고 전류가 차단되도록 물리적 간격을 생성한다. 배출 퓨즈는 고장 전류의 지속 시간을 제한하지만 그 크기는 제한하지 않는다.

2.16 요약

2장에서는 발전, 송전 및 배전망에 사용되는 다양한 장치를 소개했다. 여기에는 발전기, 전력용 변압기, 차단기, 단로기, 접지 개폐기, 계기용 변성기 및 피뢰기가 포함된다.

차단기는 송배전 시스템을 효율적이고 안정적으로 운영하는 데 중요한 역할을 한다. SF_6 가스 차단기는 UHV 수준까지 모든 시스템 전압에 적용되었으며, 진공 차단기는 유지 보수 작업이 적고 빈번하게 동작하는 경우에 우수해 배전 시스템 및 최대 145kV의 송전 시스템에 적용되었다. 분산 전원으로서 풍력 및 태양열 발전의 급속한 증가로 인해 변화하는 전력 네크워크 조건에서의 시스템 요구 사항은 배전급 개폐 장치로 변경할 수 있다.

CIGRE SC A3는 변화하는 전력 네트워크 조건에서 개폐 장치의 현장 사용 경험을 지속적으로 조사하고 전기 산업 전문가에게 유용한 정보를 제공할 것이다.

참고문헌

Cassie, A.M.: CIGRE session report 102 (1939)

Cassie, A.M., Mason, F.O.: Post-arc conductivity in gas blast circuit breakers, CIGRE session report 103 (1956)

CIGRE TB 589: Impact of applications of vacuum switchgears at transmission voltages (2014)

CIGRE Working Group 13.01: Practical application of arc physics in circuit-breakers, Electra no.H8-l, pp. 65-79 (1988)

CIGRE Working Group 13.01: Applications of black box modelling to circuit-breakers, Electra no. l49-3, pp. 41-71 (1993)

Friedrich, R.E., Ycchlcy, R.N.: SF_6 circuit breaker — New design concept. Westinghouse Eng. 51-55 (1959)

Klcman, J.N.: US Patent 874601 (1907)

Lingal, HJ., Brawne, T.E., Hills, HJ.: US Patent 2757261 (1956)

Mayr, O.: Bcitracgc zur Thcoric des statischcn und des dynamischcn Lichtbogcns. Arch. Elcctro- tcch. 37(12), 566-608 (1943)

Slepian, J.: Theory of the Dc-ion circuit breaker. Trans. AIEE. 48, 523-553 (1929)

Sorensen, R.W., Mendenhall, H.E.: Vacuum switching experiment at California Institute of Technology. Trans. AIEE. 45, 1102-1105 (1926)

Wilkins, R., Crellin, E.A.: High Voltage Oil Circuit Breakers. McGraw Hill book, New York (1930).
https:////archive.org//dctails//in.cmct.dli.2015.163802

3

고압차단기의 차단현상

Hiroki Ito and Denis Dufournet

Keywords

- 차단기
- 열적 차단
- 공기
- 진공
- 아크
- 절연적 차단
- 오일,
- 가스

Denis Dufournet는 은퇴했다.

H. Ito(IS)
에너지 및 산업 시스템 그룹, Mitsubishi Electric Corporation, 도쿄, 일본
이메일 : Ito.Hiroki@aj.MitsubishiElcctric.co.jp

D. Dufournet
프랑스, Sathonay–Camp
이메일 : dufoumct.dcnis@gmail.com

3.1 서론

기계식 차단기의 개폐동작은 일반적으로 접점간에 아크 방전현상을 발생시킨다. 1940년대에 Mayr, Cassie 및 Browne(CIGRE WG 13.01, CIGRE Working Group 13.01, Cassie 1939, Mayr 1943)은 아크파라메터를 조합하여 동적아크 방정식을 표현했고, 아크방정식과 계통의 회로방정식과 결합하여 수학적으로 차단현상을 모의했다.

미국의 EPRI는 우수한 차단매질를 찾기 위한 집중적인 조사를 수행했으며 (EPRI 보고서, EL-284 1977; EPRI 보고서, EL-1455 1980; EPRI 보고서, EL-2620 1982) 많은 잠재적 차단매질의 물리적 특성을 밝혀냈다. 컴퓨터를 이용한 실용적인 열유체 역학 시뮬레이션은 정확한 아크모델을 사용하여 아크 차단 거동을 자세히 분석할 수 있도록 했다.

차단기의 개발은 송전시스템의 더 높은 전압 및 더 큰 단락용량에 대한 수요의 현저한 증가와 밀접한 관련이 있다. 1800년대 후반부터 오일, 공기, 진공 및 SF_6 가스를 차단매질로 사용하는 다양한 차단기술이 실현되어 대용량 송전 건설에 기여했다.

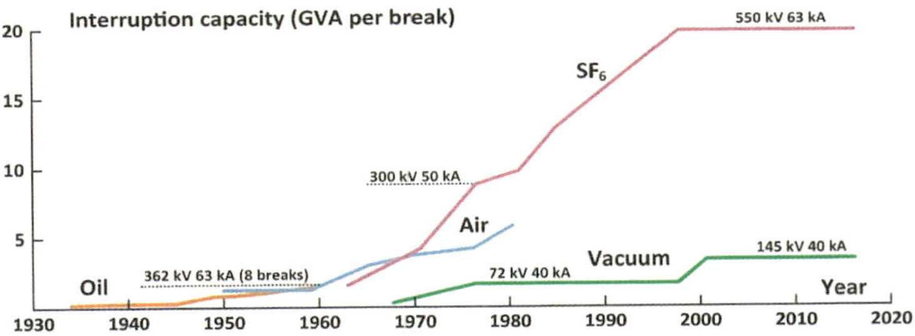

Fig. 3.1 Unit interrupting capability of circuit breakers with different technologies

유입차단기는 1900년대에 대용량 송전계통을 발전시켰다. 다점절 공기분사형 차단기 개발은 1965년에 765kV 송전계통을 실현했다. 그 후 SF_6 가스차단기는 대용량 송전을 가능하게 했고 결국 2009년에 UHV 송전을 실현했다. 동시에 진공차단기는 현재 최대 145kV 정격의 고압 배전 네트워크에 널리 적용되고 있다. 그림 3.1은 다른 기술을 적용한 차단기의 차단용량의 기술적 발전을 보여준다.

이 장에서는 주로 진공 및 SF_6 기술에 대한 기본적인 차단현상에 대해서 다룬다.

3.2 용어 정의

차단기(Circuit Breaker)

정상적인 회로 조건에서 전류를 투입, 통전, 차단할 수 있으며, 또한 단락과 같은 특정 비정상 회로상태에서 지정된 시간 내에 전류를 투입, 통전하고 전류를 차단할 수 있는 스위칭 장치 장비이다. 사고가 발생하면 시스템 안정성을 확보하기 위해 사고를 신속하게 제거하기 위해 차단기가 필요하다. 차단기는 과도한 온도상승 없이 부하전류를 통전하고 정상 및 비정상 상태에서 시스템 전압을 견뎌야 한다. 퓨즈와 달리 차단기는 수동 또는 자동으로 정상적인 동작을 재개할 수 있어야 한다.

가스 분사 차단기(Gas Blast Circuit Breaker)

분출가스 내에서 아크가 진행되는 차단기이다. 차단기의 개방 작동 중에 기계적 수단에 의해 발생한 압력 차이에 의해 가스가 이동하는 경우, 단일압력 가스분사 차단기라고 한다. 차단기의 개방 작동 전에 설정된 압력 차이에 의해 가스가 이동하는 경우 이중압력 가스분사 차단기라고 한다.

SF_6 차단기(Sulfur Hexafluoride(SF_6) Circuit Breaker)

SF_6 차단기의 전류차단은 절연 및 아크 소호특성이 우수한 SF_6 가스 내에서 두 접점을 분리하면서 이루어진다. 접점 분리 후 전류는 아크형태로 흐르며 이 아크가 충분한 강도로 분사되는 가스 흐름에 의해 냉각될 때 차단된다.

공기 차단기(Air Blast Circuit Breaker)

접점이 공기 중에서 열리고 닫히는 차단기. 대기압에서는 공기의 차단 및 절연내력이 제한적이기 때문에 고전압 회로 차단에 적용 시 수 MPa의 압축공기가 필요하다. 공기는 상대적으로 높은 아크전압을 생성하여 고장 전류를 줄이고 열적 차단능력을 높일 수 있다.

유입 차단기(Oil Circuit Breaker)

접점이 광유[2] 속에서 열리고 닫히는 차단기. "벌크" 또는 데드탱크 유입차단기는

2) 광유; 광물유(mineral oil, 鑛物油)는 원유를 정제하는 과정에서 생성되는 부산물이다. 주성분은 알케인(alkane)과 파라핀(paraffin)이다. 광물유는 상대적으로 값이 싼 물질이며, 매우 대량으로 생산된다.

절연유로 채워진 대형 금속 탱크의 중앙에 접점이 있다. 절연유는 소호 매질 역할을 하며 탱크와의 절연을 유지한다. 라이브탱크 "최소" 유입차단기는 자기애자 내부에 접점과 아크 챔버가 있다. 아크는 주변 절연유를 증발시키고 수소와 탄소 화합물을 생성한다. 이 프로세스는 아크에서 열을 제거하고 계통 주파수로 전류가 0일 때 전류를 차단한다.

진공 차단기(Vacuum Circuit Breaker)

고진공 챔버 내에서 접점이 열리고 닫히는 차단기. 진공차단기가 접점을 분리하면 접점 표면에서 기화된 금속이온에 의해 아크가 발생한다. 아크 중에 생성된 금속증기, 전자 및 이온이 짧은 시간에 확산되어 접점 표면에 응축되어 절연내력을 빠르게 회복하기 때문에 아크가 빠르게 소멸된다. 전류차단 매질로서의 진공의 장점은 일찍이 1920년대에 알려졌다. 실용적인 진공 인터럽터는 1960년대 후반에 일부 야금학 발전로 인해 가스가 없는 전극과 초밀폐기술로 실용화가 가능해졌다.

재발화(Reignition)

전류영점에서 차단된 후 전력 주파수의 1/4주기 미만의 간격 내에서 기계식 스위칭 장치의 접점 간 전류 흐름이 재개되는 현상. 열 차단 영역에서 발생하는 재발화는 전력시스템에 유해한 과도전압을 생성하지는 않는다.

재점화(Restrike, 재점호)

전류영점에서 전류차단 후 전력 주파수의 1/4주기 이상의 시간에서 기계식 스위칭 장치의 접점 간 전류 흐름이 재개되는 현상. 절연 차단영역에서 발생하는 재점화는 계통 및 기기에 치명적인 과도전압을 발생시킬 수 있다.

잔류전류(Residual Current)

전류영점에서 아크전류가 0에 도달하더라도, 접점 사이에서 점차 사라지는 아크의 전기전도도(g)는 여전히 특정값을 가지고 있으며, 하전입자의 존재로 인해 아크전류의 성공적인 차단 이후에도 매우 작은 전류를 극히 짧은 시간동안(수 μs 정도) 유지한다. 전류영점에서 차단 후 흐르는 전류를 잔류전류 또는 아크후 전류(I)라고 한다. 잔류전류는 접점 사이의 전계에 의한 저항가열(I^2/g) 형태로 에너지 입력에 기여하며, 이는 온도를 높이고 전기전도도를 증가시킬 수 있다. 반면 차단기의 가스유동에 의한 냉각은 에너지 손실과 전기전도도 감소에 기여한다.

열차단/열차단 영역(Thermal Interruption/Thermal Interrupting Region)

전류영점에서 전류차단 후, 전력 주파수의 1/4주기 미만 시간 내에 발생하는 차단기의 차단현상을 열차단(기간)이라 부르며, 이 기간동안 잔류전류는 저항가열 형태로 소멸중인 아크에 에너지를 주입한다. 차단기가 충분한 냉각을 제공하지 못하면 열파괴가 발생할 수 있다.

절연차단/절연차단 영역(Dielectric Interruption/Dielectric Interrupting Region)

차단기가 전류영점에서 차단된 후 전원 주파수의 1/4주기 또는 그 이상의 기간 내에 충분한 절연회복을 제공할 수 없는 경우, 접점 사이에 과도회복전압(과도회복전압)이 인가된다. 접점의 절연내력은 일반적으로 접점 갭에 따라 증가한다. 과도회복전압이 절연차단 영역 중 어느 순간에 접점 사이의 절연 내력을 초과하면 재발호라는 절연파괴가 발생할 수 있다.

회복전압(Recovery Voltage)

전류차단 후 스위칭 장치의 어떤 상의 양쪽 단자 사이에 나타나는 전압

과도회복전압(Transient Recovery Voltage, 과도회복전압)

과도회복전압은 전류차단 후, 차단회로의 과도현상이 지속되는 극히 짧은 시간동안(수십에서 수 백 μs) 단자 사이에 나타나는 전압이다. 차단기의 사고 차단에 대한 중요한 매개변수이다. 과도회복전압의 진폭과 상승률은 차단기의 양쪽 단자에 연결된 시스템의 특성과 차단기가 차단해야 하는 사고 유형에 따라 다르다.

파괴적 방전(Disruptive Discharge)

방전이 절연을 파괴하여 전극 사이의 전압을 0 또는 거의 0으로 감소시키는 절연 실패 현상이다. 스파크 오버라는 용어는 가스 또는 액체 절연물에서 파괴적인 방전이 발생할 때 사용된다. 플래쉬 오버라는 용어는 가스 또는 액체 매질 속에 있는 고체절연물 표면에서 파괴적인 방전이 발생할 때 사용된다. 펑크(puncture)라는 용어는 고체절연물을 관통해서 파괴적인 방전이 발생할 때 사용된다.

분산아크(Diffuse Arc)

진공상태의 아크모드 중에서 분산아크는 빠르게 움직이는 다수의 플라즈마 스트링이 특징이며, 전극 위에 서로 따로 떨어져 존재하며, 각각 30−100A의 정도의 전류크기로 접점표면에 분산되어 나타난다.

집중아크(Constricted Arc)

진공상태의 아크모드 중에서 집중(수축)아크는 가스에서 관찰되는 아크와 유사한 단일 벌크 플라즈마 칼럼이 특징이며 잠재적으로 큰 전류를 통전한다.

3.3 약어(Abbreviations)

AMF	축 자기장(Axial magnetic field)
CB	차단기(Circuit breaker)
RRRV	회복전압 상승률(Rate of rise of recovery voltage)
SF_6	육불화황(Suffur hexafluoride)
TMF	횡 자기장(Transverse magnetic field)
TMV	과도회복 전압(Transient recovery voltage)

3.4 유중 및 기중에서의 차단현상 기초(Fundamental Interrupting Phenomena with Oil and Air)

기계식 차단기를 사용한 차단과정은 일반적으로 접점 분리 후 접점 사이에 아크가 발생한다. 아크는 전력시스템의 모든 정격에 대해, 통전상태를 절연상태로 효율적으로 변환하는 기계식 차단기의 주요 스위칭 요소이다.

교류의 아크 차단은 일반적으로 전력 주파수로 인해 주기적으로 발생하는 전류영점 중 한 시점에서 발생한다. 플라즈마 상태를 특징으로 하는 아크는 절연유, 공기, SF_6 가스, 진공(금속증기가 있거나 없는) 등과 같이 일반적으로는 비전도성인 매질을 통해서도 큰 전류를 전달할 수가 있다. 플라즈마는 전자와 양이온 및 음이온으로 구성된 하전입자들을 말한다.

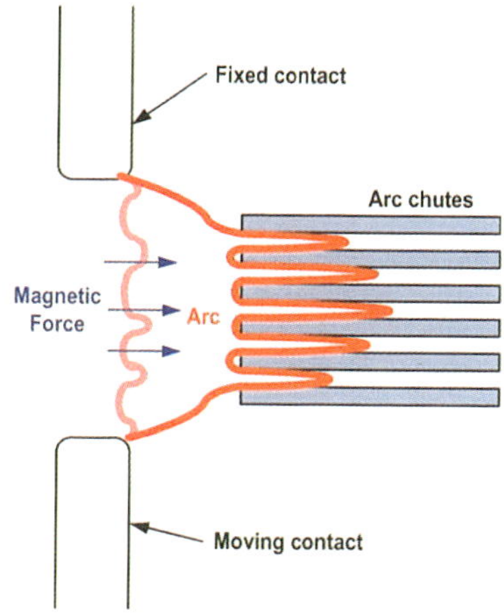

Fig. 3.2 Interrupting principle of air circuit breaker with magnetic-driven arc scheme

아크 플라즈마에서 움직이는 하전입자와 중성입자 사이의 충돌은 고온에 의해 새로운 하전입자를 생성한다. 동시에 탈이온화 과정은 전자와 양이온이 중성입자로 재결합 때 하전된 입자를 감소시킨다.

저압차단기는 일반적으로 공기를 사용하여 아크를 소호한다. 그림 3.2는 상호 절연된 평행판으로 구성된 일부 아크슈트가 장착된 자기 구동식 기중 차단기를 보여준다. 아크슈트는 아크를 더 작게 나누고 아크 길이를 길게 하여, 아크를 효과적으로 냉각시키고 결과적으로는 아크전압을 증가시켜 공기차단기를 통과하는 전류를 제한한다. 아크를 아크슈트로 이동시킬 수 있는 자기 블로우 아웃 코일 또는 영구자석 외에도, 접점 근처에 있는 전류가 흐르는 부분도 통전전류에 의해 발생한 자기력에 의해 아크슈트로 아크를 쉽게 이동시킨다.

유입차단기는 증기화된 광유(mineral oil)에 의해 아크를 소호한다. 광유는 공기보다 절연성능과 차단성능이 우수한다. 유입차단기에서 고정접점과 가동접점은 절연유로 채워진 탱크내부에 잠겨 있다. 접점이 부하전류 또는 단락전류 조건에서 분리되면 아크가 발생하고, 절연유는 아크가열에 의해 기화되어 대부분이 수소 가스(소량의 메탄, 에틸렌 및 아세틸렌과 함께)로 분해되어 궁극적으로 아크를 둘러싸는 수소버블(상대적으로 더 높은 열전도도를 보임)을 생성하여, 아크 근처의 절연유를 대체해서 아크에서 열을 효과적으로 제거할 수 있다(그림 3.3 참조). 따라서 아크를 둘러싸고 있는 압축된 가스버블은 계통 주파수의 전류영점에서 전류를 차단한 후 재점호를 방지한다. 그림 3.4는 최소 유입차단기의 일반적인 구성을 보여준다.

3.5 가스차단기의 차단현상(Interrupting Phenomena with Gas Circuit Breaker)

가스차단기는 일반적으로 공기, 육불화황(SF_6) 및 SF_6를 포함하는 혼합물과 같은 가스를 절연 및 소호매질로 사용하여 접점 사이에 생성된 아크를 소호한다. 특히, SF_6가 있는 가스차단기는 식어가는 아크의 온도가 2000K 이하로 떨어지면 대부분 전기전도도를 잃다. 그림 3.5는 가스차단기의 접점에서 생성되는 아크전류의 개략도를 보여준다. 수십 kA의 큰 아크전류의 온도는 15,000−20,000K이며, 아크는 낮은 전압의 고밀도 전도성 플라즈마로 구성된다. 전류영점 부근의 소전류 통전시의 아크온도는 2,000−5,000K이며, 아크전압은 전류영점이 되기 전에 최고치에 도달한 후에 감소한다.

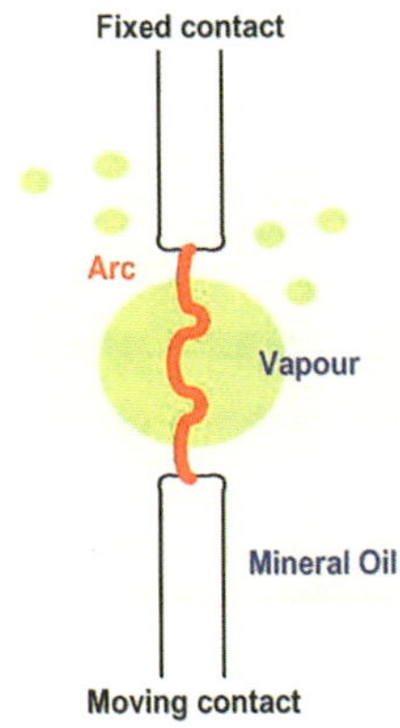

Fig. 3.3 Arc interruption in an oil circuit breaker

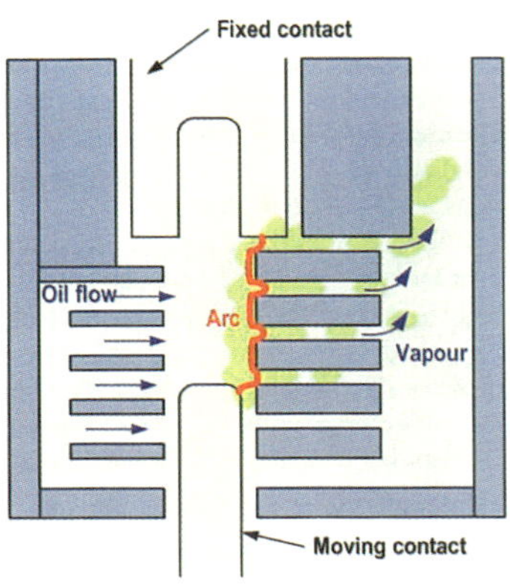

Fig. 3.4 Configuration of minimum oil circuit breaker

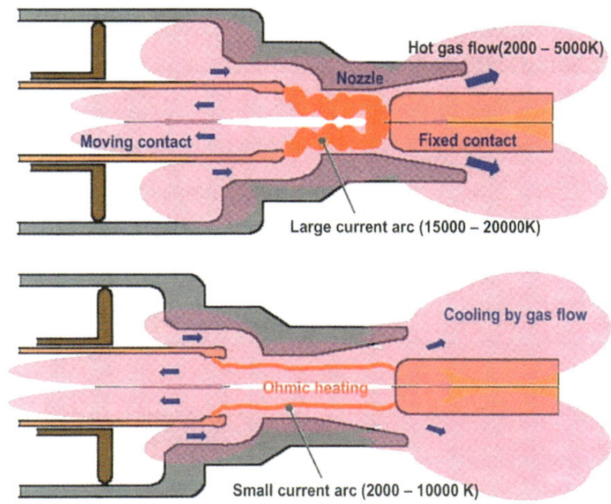

Fig. 3.5 Arc-quenching process with a gas circuit breaker

접점분리 후 전류가 영점을 통과할 때마다 차단기는 아크 소호 기회가 있다. 전류 영점에서 아크전류가 0에 도달하더라도, 접점 사이에서 점차 사라지는 아크의 전기전도도(g)는 여전히 특정값을 가지고 있으며, 하전입자의 존재로 인해 아크전류의 성공적인 차단 이후에도 매우 작은 전류를 극히 짧은 시간동안(수 μs 정도) 유지한다. 전류영점에서 차단 후 흐르는 전류를 잔류전류 또는 아크후 전류(I)라고 한다. 잔류전류는 접점 사이의 전계에 의한 저항가열(I^2/g) 형태로 에너지 입력에 기여하며, 이는 온도를 높이고 전기전도도를 증가시킬 수 있다. 반면 차단기의 가스유동에 의한 냉각은 에너지 손실과 전기전도도 감소에 기여한다.

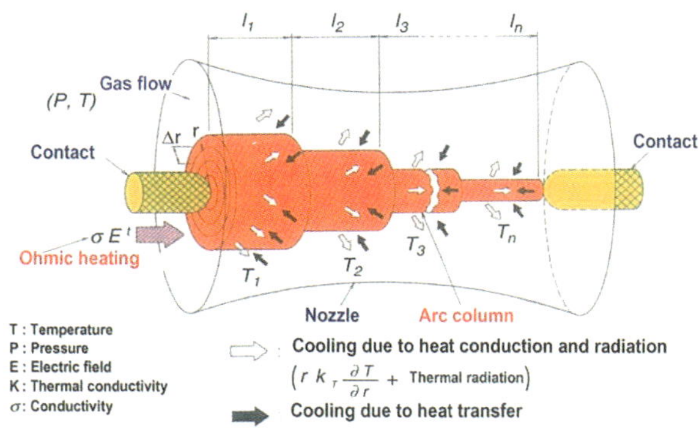

Fig. 3.6 Arc interrupting process of gas circuit breakers. (Kuwahara et al. 1983)

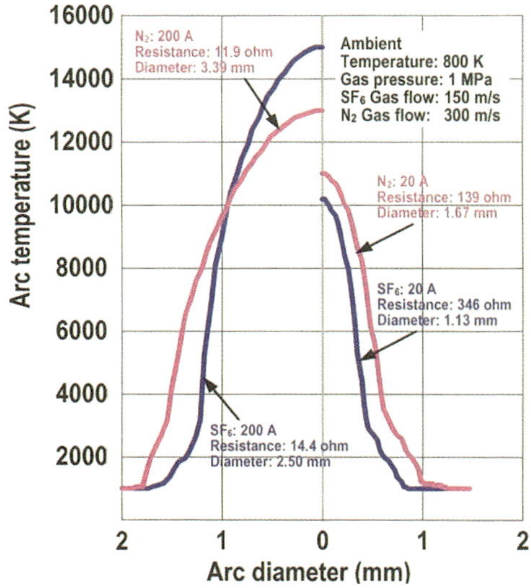

Fig. 3.7 Temperature profiles of SF_6 and N_2 arcs at the currents of 20 A and 200 A

그림 3.6은 가스차단기의 경우, 전류영점 부근의 아크소호 과정과 관련된 일반적인 물리적 모델을 보여준다. 여기서 아크는 저항가열에 의해 가열되며, 가스흐름으로 인한 열대류(검정색 화살표는 가스흐름을 나타냄), 주변온도 의한 열전도 및 열복사에 의해 냉각된다(흰색 화살표는 열전도 및 복사를 의미함). 에너지 입력과 냉각 사이의 균형은 차단의 성공 또는 실패를 결정한다.

그림 3.7은 20A 및 200A의 안정된 전류 조건에서 SF_6 및 N_2 가스를 사용한 온도프로파일 계산 예를 보여준다. N_2 가스의 온도프로파일과 비교할 때 SF_6의 온도프로파일은 더 작은 아크직경을 보여주며 온도경사가 더 크기 때문에 열전달이 더 많이 일어난다. SF_6 아크는 더 큰 전류에서는 아크 중심온도가 증가한다. 그러나 위에서 설명한 이유로 이 온도 범위에서는 더 큰 열용량으로 인해 최대값은 약 20,000K로 유지된다.

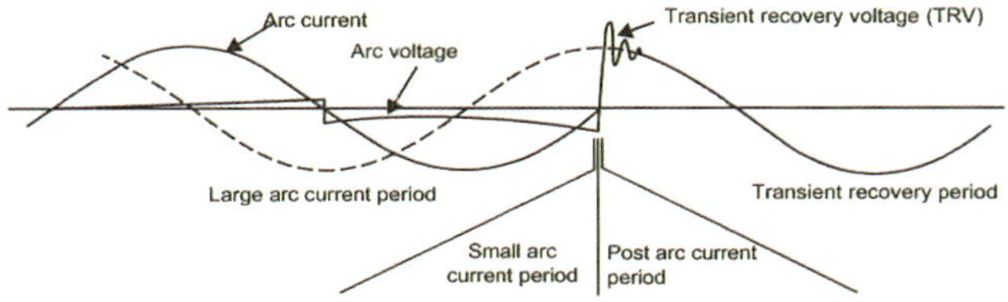

Fig. 3.8 Current interruption process with four different periods

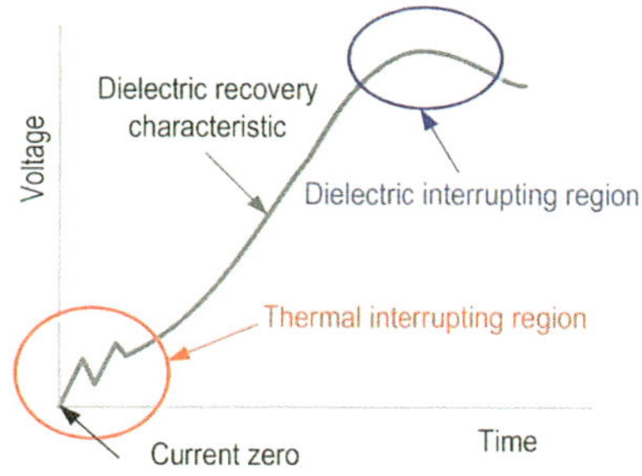

Fig. 3.9 Critical instants to determine the interruption success or failure

그림 3.8은 SF_6 가스에 의해 차단되는 동안의 아크 전류 및 전압 거동을 보여준다. 이 과정은 (1) 대전류 아크, (2) 저전류 아크, (3) 영점후 아크 전류 및 (4) 과도회복 기간의 네 가지 기간으로 분류할 수 있다.

대전류 아크 기간 동안, 아크는 15,000−20,000K의 온도에서 높은 전도도를 보이다. 아크 전도도는 저전류 아크 기간 동안 전류가 감소함에 따라 점차 감소한다. 아크는 영점후 전류의 짧은 기간(최대 수 μs) 동안 가스흐름으로 인한 냉각이, 전기장에 의해 생성된 잔류전류로 인한 저항가열보다 클 때 소멸된다. 그런 다음 접점 간의 절연회복은, 과도회복 기간 동안, 과도회복전압(과도회복전압)과 경쟁한다. 절연내력이 항상 과도회복전압을 초과하면 차단이 성공적으로 완료된다.

그림 3.9는 차단과정 동안, 차단성공 또는 차단실패를 결정하는 두 가지 중요한 영역, 즉 열차단 영역과 절연차단(절연회복) 영역을 보여준다. 차단기는 다양한 전력망 조건에서 예상되는 두 가지 차단영역 모두에서 차단 요구사항을 충족해야 한다.

전류영점 후에는 잔류전류의 저항가열이, 거의 사라져가고 있는 아크에 에너지를 공급한다. 차단기가 충분한 냉각능력을 제공하지 못하면 열파괴가 발생할 수 있다. 그림 3.10은 열차단 영역에서 성공 및 실패한 경우의 전류 및 전압 변동의 예를 보여준다. 열파괴가 발생하면, 잔류전류가 소멸되어 가는 아크의 온도를 높이게 되고 아크전류가 다시 증가하면서 흐르게 된다.

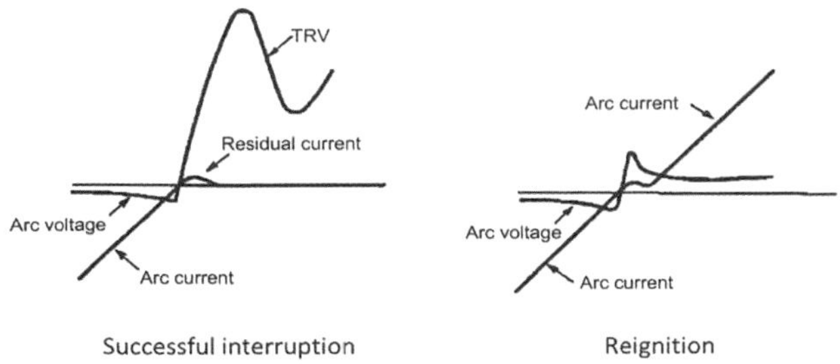

Fig. 3.10 Success and failure (reignition) during the thermal interrupting process

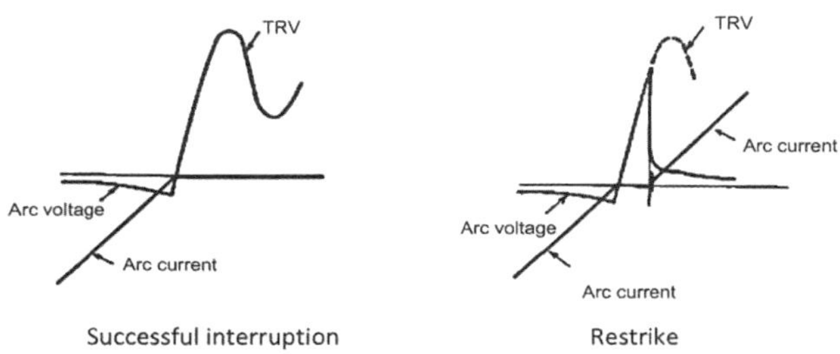

Fig. 3.11 Success and failure (restrike: voltage breakdown) during dielectric interrupting process

전류영점 부근에서 재점호(reignition)가 발생하면, 차단기는 후속 전류영점에서 전류를 차단할 수 있는 한 두 번의 기회를 더 갖게 된다. 열차단 영역에서 회복전압은 매우 작기 때문에 재점호로 인해 전력시스템의 시스템 및 기기에 유해한 과도현상은 발생하지 않는다.

열차단 영역 후에는, 접점 사이에 과도회복전압이 인가되고, 가동접점은 완전 개방 위치에 도달할 때까지 계속 이동한다. 접점의 절연내력은 일반적으로 접점 사이의 거리(갭)에 따라 증가한다. 과도회복전압이 절연회복 영역 동안, 언제든지, 접점 사이의 절연강도를 초과하면 재발호(재발호)라고 하는 절연파괴가 발생한다. 그림 3.11은 절연회복 영역에서 성공한 전류 및 전압 변화와 실패한 경우를 비교한 것이다. 재발호가 발생하면 아크가 즉시 다시 발생하고 전류가 다시 흐른다. 재발호는 전력시스템의 시스템 및 장치에 유해할 수 있는 과도현상을 초래할 수 있다.

그림 3.12는 무부하 스위칭, 저전류 차단 및 대전류 차단 동안 차단기의 접점 간 절연회복 특성의 개략도를 보여준다.

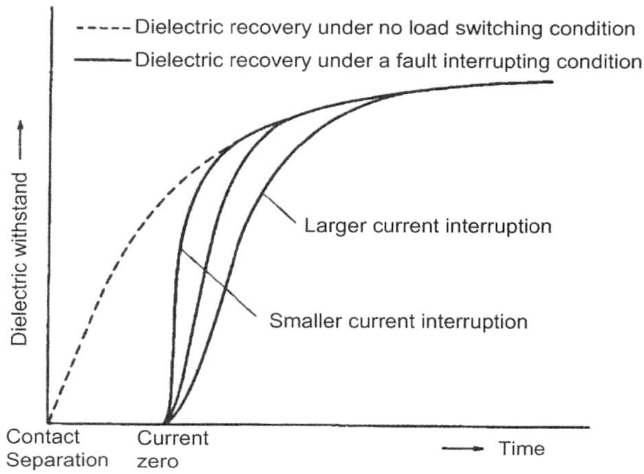

Fig. 3.12 Dielectric recovery characteristics between contacts of circuit breaker

가스차단기가 저전류를 차단하면 접점 간 거리가 증가함에 따라 전류가 영점에서 차단된 후 절연회복 내전압이 급격히 증가하기 시작한다. 차단기가 큰 고장전류를 차단하면 절연회복 내전압이 소전류 차단에 비해 느리게 회복되는 경향이 있다.

차단책무에 대한 세 가지 과도회복전압과 절연회복 특성의 개략도를 보여준다. 성공적인 절연회복을 위해서는, 차단 후, 차단기 접점 사이의 절연회복 내전압이 항상 과도회복전압을 초과해야 한다(그림 3.13의 "a"사례 참조).

그림 3.13의 "b"에서와 같이 RRRV(회복전압상승률)가 높은 과도회복전압은 절연파괴를 유발한다. 이러한 과도회복전압은 일반적으로 변압기 및 직렬리액터 후단에서 발생하는 단락사고에서 발생되며, RRRV가 절연회복 특성의 상승률을 초과하면 절연파괴가 발생한다. 반면, 긴 송전선로의 고장전류 차단 시에는, 그림 3.13의 "c"와 같이 높은 과도회복전압 피크가 발생할 수 있다. 과도회복전압 피크가 절연회복 특성을 초과하면 절연회복 실패가 발생한다.

열차단 및 절연차단 영역에서 모두 성공하면, 전체 차단과정이 성공적으로 완료된다. 전력시스템에서 예상되는 다양한 차단책무에서 열 및 절연 차단성능을 모두 확인하려면, 많은 차단시험이 필요하다. 과도회복전압의 초기 부분은 전류차단에 큰 영향을 미칠 수 있으므로, 대전력 실험실에서 실시하는 개발시험 중에는, 네트워크 상태를 나타내는 표준값을 초과하지 않는, 전류영점 후 회복전압에 대한 시간지연을 고려하는 것이 중요하다.

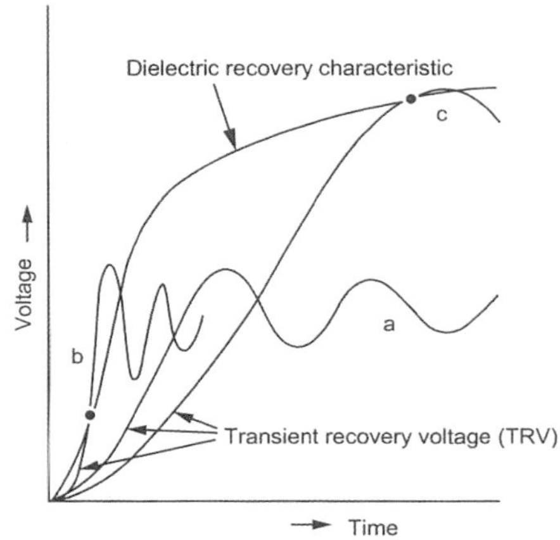

Fig. 3.13 Dielectric recovery characteristics in comparison with transient recovery voltage

특히 진공차단기의 경우 우수한 열차단 성능으로 인해 그림 3.14와 같이 다중 재점호 및 관련되는 전압교란이 관찰될 수 있다. 재점호 후 생성된 고주파(HF) 전류를 차단할 수 없는 경우, 계통주파수(50/60Hz)에서 발생하는 다음 전류 0점에서 전류가 차단된다. 그러나 차단기가 열차단 성능이 우수하면 재점호 직후 고주파 전류가 차단될 수 있다. 전류차단 직후에 인가되는 과도회복전압에 대한 절연내력이 충분하지 않은 경우, 반복적인 재점호 현상이 발생할 수 있다. 다중 재점호 과전압은 전압크기가 점차 증가하여 변전소 부하측의 기기에도 반복적으로 인가되어 나쁜 영향을 미치게 된다.

3.6 진공 차단현상(Interrupting Phenomena with Vacuum)

진공차단기에는 2−4mm 미만의 작은 갭(접점간격)으로도 아크를 소호할 수 있는 진공튜브에 두 개의 디스크 모양 전극이 장착되어 있다. 그림 3.15와 3.16은 일반적인 단면도와 진공차단기의 구성을 보여준다.

가스차단기는 차단매질을 사용하여 전류를 통전하지만, 진공차단기는 금속증기를 방출하는 음극 및 양극 접촉표면(음극 및 양극 스팟(spot)이라고 함)을 제외하고는 플라즈마를 유지하는 물질을 포함하지 않는다. 진공차단부 내부의 진공 압력은 10^{-6}bar로 유지되어 작은 갭으로도 우수한 절연내력을 보여준다. 증발된 접점재료(일반적으로 Cu−Cr 합금)는 진공차단기의 전류 통전 및 차단(절연)에 중요한 역할을 한다.

진공아크는 음극스팟에서 발생하며 고밀도 플라즈마를 통해서 전류를 통전한다. 음극스팟은 금속증기를 공급하고 전자를 방출하며, 이 방출된 전자들은 아크 플라즈마에서 가속되어 충돌에 의해 다른 금속원자들을 이온화시킨다. 새로 생성된 이온들은 음극으로 이동하면서 금속원자와의 충돌을 반복한다. 대전류 기간 동안 진공아크는 음극스팟보다 면적이 훨씬 더 큰 양극스팟에서도 시작된다.

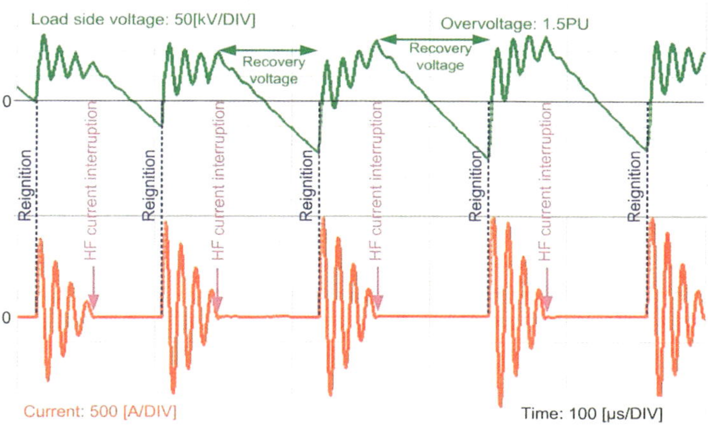

Fig. 3.14 Reiteration of multiple reignitions and high-frequency current interruptions

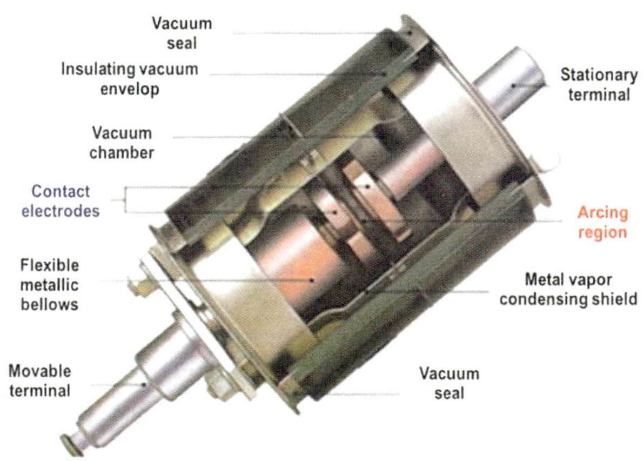

Fig. 3.15 Typical cross-sectional view of a vacuum interrupter

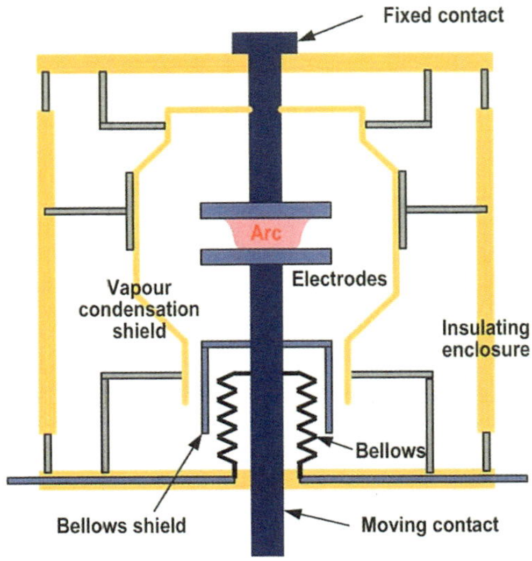

Fig. 3.16 Typical configuration of a vacuum interrupter

진공아크는 2가지의 다른 아크모드를 보여주며 분산아크와 집중(수축)아크이다. 분산아크는 빠르게 움직이는 다수의 플라즈마 스트링이 특징이며, 전극 위에 서로 따로 떨어져 존재하며, 각각 30－100A의 정도의 전류크기로 접점표면에 분산되어 나타난다. 분산아크의 아크전압은 상대적으로 낮다. 집중아크는 가스에서 관찰되는 아크와 유사한 단일 벌크 플라즈마 칼럼이 특징이며 큰 전류를 통전한다. 집중아크의 아크전압은 갭이 증가하면 200V 이상까지 상승할 수 있다.

두 아크모드의 경계는 전류크기, 접점간격, 접점의 모양 및 재질에 따라 달라진다. 수천 암페어 미만의 저전류 진공아크에서는 확산모드로 존재하는 반면, 대전류 진공아크에서는 집중아크 모드로 전환된다. 증기밀도가 낮은 확산아크는(외부 자기장의 인가로 더 넓게 확산 가능) 집중아크보다 더 좋은 차단성능을 보여준다.

그림 3.17은 진공상태에서 반주기 사이에 전류가 차단되는 동안 아크거동의 과정을 보여준다. 아크는 접점분리 후 작은 갭 사이에서 확산모드에서 시작된다. 전류가 증가하면 진공아크가 집중모드로 전환될 수 있다. 집중된 아크는 플라즈마 밀도가 높은, 큰 전류를 전달하는 두꺼운 단일 아크이다(일반적으로 전류는 10－15kA보다 큽니다). 확산아크보다 더 높은 아크전압을 나타내는 과도한 금속증기로 인해 집중아크는 기압이 높다

전류가 감소하면 집중아크는 확산아크로 변환되며, 이 확산아크는 수많은 원

뿔모양의 플라즈마 아크기둥으로 구성되며 작은 음극스팟에서 양극으로 향한다. 소전류 기간 동안 확산아크는 접촉표면에서 빠르게 이동할 수 있다. 접점사이의 아크전압은 가스차단기의 아크전압에 비해 매우 작아지며, 이는 전류차단 전의 전극간격에 관계없이 약 20V 정도이다. 진공아크는 빠르게 움직이는 전하이온과 전자의 존재로 인해 전도성이 높아서 눈에 띄는 소멸피크를 나타내지 않는다. 소전류 확산아크는 전류가 더욱 감소하면, 작은 아크칼럼의 수가 점차 감소하면서 전류영점에서는 완전히 사라진다.

대전류차단 시의 집중아크를 억제함으로써 진공차단부의 차단성능을 향상시키기 위한 다양한 방법들을 사용하여 왔다. 또한, 집중아크는 아크전극을 심각하게 침식시키는 문제를 야기한다. 국부적인 전극용융을 감소시키기 위해, 잘 알려진 대책 중의 하나는 횡자기장(Transverse Magnetic Field, TMF)을 아크에 가하여 양극스팟을 계속 이동시키는 것이다. 또 다른 방법 하나는, 아크전극 사이에 축방향자기장(Axial Magnetic Field, AMF)을 인가하여 전극의 전체면적에 걸쳐서 아크를 고르게 분산시킴으로써 양극스팟에 충돌하는 플라즈마 밀도를 감소시키는 것이다.

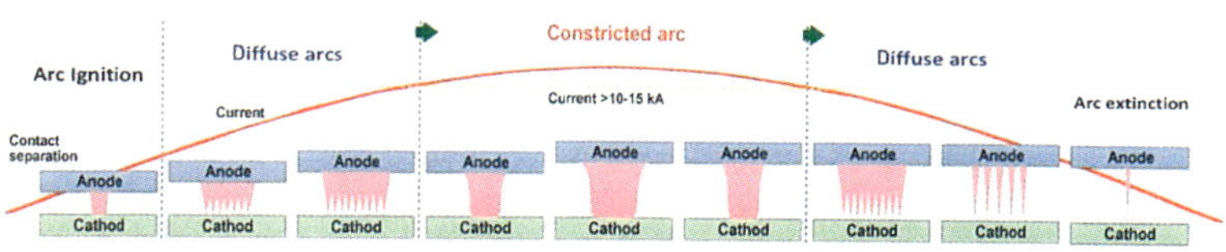

Fig. 3.17 Interrupting process in a vacuum

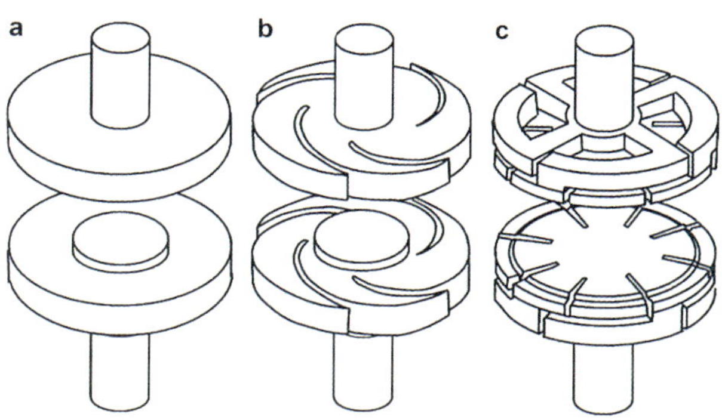

Fig. 3.18 Electrode configurations for vacuum interrupter. (**a**) Plane electrode, (**b**) spiral electrode, (**c**) axial magnetic field electrode with a coil

그림 3.18은 다양한 전극구성의 몇 가지 예를 보여준다. 평면전극은 소전류 차단용 진공차단기에 사용된다. 나선형 전극에는 반경방향의 자기장을 만들 수 있는 여러 개의 나선형 홈이 있다. 자기장은 나선형 핀(지느러미)의 가장자리로 아크를 유도하여 과도한 국부적인 아크침식을 방지한다. 축방향 자기장 전극은 축방향으로 자기장을 발생할 수 있도록 전극 뒤에 여러 개의 코일로 구성된다. 반경방향 및 축방향 자기장과 함께 이러한 특수 설계된 접점은 아크가 자체 자기장에 의해 전극에서 계속 이동하도록 하여 최소의 균일한 접점침식을 유도한다.

진공차단기는 접점 사이에 절연내력을 확보하여 전류영점에서 전류를 차단하며, 진공의 우수한 절연내력으로 인해, 전류차단 후 아크 플라즈마의 재 생성이 매우 어려워진다. 따라서 열실패는 거의 관찰되지 않는다. 전류가 0인 상태에서 하전된 입자가 여전히 전극 사이에 남아있기 때문에 전극 사이에 회복전압이 가해지면 전류가 0이 된 후 작은 전기장 아래에서 하전 된 이온과 전자를 제거해야 하기 때문에 잔류 아크전류가 흐른다. 잔류 전류가 SF_6 가스차단기의 경우에 비해 더 큰 경향이 있지만, 진공차단기에서 전류차단 후 큰 잔류전류는 열차단 성능에 영향을 미치지 않는다. 큰 잔류전류는 전류차단 직후에 금속증기(높은 전도도)로 인해 압력이 여전히 상승하는 스트링전류 때문일 수 있다.

접점의 절연내력이 전류차단 후, 회복전압을 항상 초과하게 되면, 차단이 성공적으로 완료된다. 진공상태의 절연강도는 접촉표면 조건에 의해 크게 영향을 받고, 작은 금속입자가 접점 간의 전기장을 상당히 바꿀 수 있기 때문에 통계적 특성상 절연파괴가 관찰될 수 있다.

절연차단 영역에서의 절연회복 특성은 특히 선로 충전전류 스위칭 및 커패시터뱅크 전류 스위칭과 같은 소전류차단의 경우 차단기의 성공 또는 실패를 결정하는 데 중요하다.

3.7 다양한 절연매질의 절연내력 비교(Comparison of Dielectric Withstand with Different Interrupting Media)

그림 3.19는 무부하 조건에서 다양한 절연매질에 대한 절연 회복특성의 예를 보여준다. 이 절연 회복특성은 주로 접점 사이의 거리, 가스의 경우 절연매질의 밀도, 개방속도 및 전극의 모양에 의해 결정된다. 절연내력은 가스의 경우 전극사이의

갭에 따라 선형적으로 증가한다. 그러나 진공의 경우 작은 갭(2-4mm 갭)으로는 좋은 절연내력을 보이지만, 갭이 더 길어지면 점차 포화된다.

Fig. 3.19 Dielectric performance in vacuum (CIGRE Technical Brochures 589 2014)

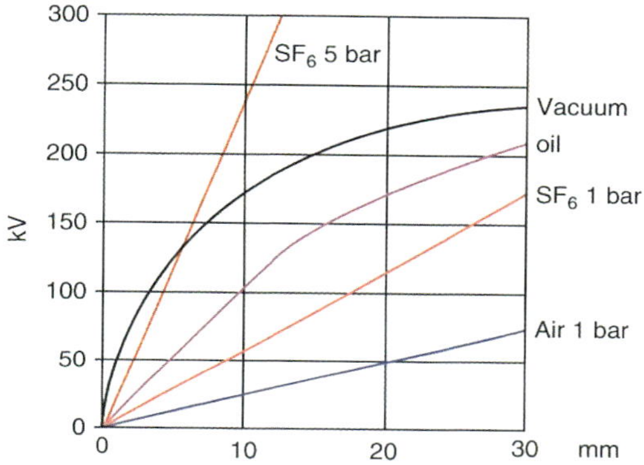

한편, 차단부 내부는 대전류차단 후 아크플라즈마로부터 배출된 열가스로 인해 부분적으로 SF_6 가스밀도가 낮아지며, 이로 인해 무부하 및 소전류 스위칭 조건과 비교하여 절연 회복특성이 어느 정도 저하된다.

3.8 요약

여러 가지 차단매질을 사용한 차단현상을 소개하였다. 차단매질은 아크 발생에 의한 전도상태를 아크소멸에 의한 절연상태로 빠르게 변화시켜 스위칭 기능을 수행한다. 이러한 방식으로 차단기는 전류를 차단하고 전류차단 후, 접점 사이에 인가되는 회복전압을 견딜 수 있다. 차단기는 전력계통의 다른 변전소 장치를 보호하는 데 중요한 역할을 하며, 고전압 및 대용량 송전망 개발의 핵심기기로 기여한다.

4

전력시스템의 개폐 현상

Hiroki Ito, Denis Dufournet, and Anton Janssen

Keywords

- 차단기
- 부스단자 고장
- 용량성 전류개폐
- 과도 회복전압
- 근거리선로 고장
- 유도성 전류개폐

Denis Dufournet has retired.

H. Ito (E)

Energy and Industrial Systems Group, Mitsubishi Electric Corporation, Tokyo, Japan

c-mail: Ito.Hiroki@aj.MitsubishiElcctric.co.jp

D. Dufournet

Sathonay-Camp, France

c-mail: dufoumct.denis@gmail.com

A. Janssen

Asset Management, Liandcr, Duiven, The Netherlands

e-mail: anton.jansscn@alliandcr.com

4.1 서론

차단기는 특히 단락 또는 고장 발생의 경우, 정상 및 비정상 조건 모두에서 전류를 투입(making), 통전 및 차단할 수 있어야 한다. 1상지락, 3상지락 및 상간 비접지 고장을 포함한 여러 단락조건이 전력시스템에서 발생할 것으로 예상된다. 차단기가 단락전류를 차단하면 조건에 따라 다른 개폐 현상이 관찰된다.

대부분의 전력시스템에서 3상지락 고장이 발생한 경우, 단락전류는 최대 값이 된다. 그러나 1상지락 고장의 경우, 단락전류는 영상임피던스(X_0)가 정상임피던스(X_1)보다 작은 완전(solidly) 접지시스템에서는 3상지락 고장의 단락전류보다 크다 (전류비율은 $I(1-상)/I(3-상)=3/(2+X_0/X_1)$로 주어질 수 있으므로, $X_0 > X_1$일 때는 1상고장전류가 3상 고장전류보다 낮아진다).

고장발생 후 단락전류는 그림 4.1과 같이, 대칭 AC전류에 중첩된 DC 감쇄 요소로 구성되며, 2가지 성분 모두 시간이 지남에 따라 감쇄한다. AC성분의 크기와 감쇄는 발전기 리액턴스를 포함한 단락회로의 리액턴스, 단락회로의 저항 및 발전기의 구조(제동권선, 계자권선 등) 등에 크게 영향을 받는다. DC성분은 전력시스템의 시정수(L/R)에 따라 빠르게 감쇄한다. 차단기는 단락전류로 인한 전기적 및 기계적 스트레스를 견뎌야 한다.

전류를 차단할 때, 차단기의 접점(전극) 사이에 과도전압이 인가된다. 과도회복전압(TRV)은 차단 직후 나타나고, 고유 시스템전압(prospective system voltage)에 중첩되어 감쇄진동을 보여주며, 그림 4.2에서 표시된 것처럼 시간이 충분히 지나면(과도성분의 감쇄가 끝나면) 전력주파수로 진동하는 시스템전압에 접근한다 (상간 단락전류의 불균형으로 인한 약간의 이동을 포함). TRV는 차단기의 차단성능에 큰 영향을 미친다. TRV의 가혹도(severity)는 고유 시스템전압에 크게 좌우되며, 중성점 접지방식을 포함한 시스템 및 고장조건에 따라 다르다. 예를 들어, 국제규격에서 첫상차단계수는(first-pole-to-clear factor) 중성점 유효접지시스템의 경우 1.3, 중성점 비접지시스템의 경우 1.5이다. TRV의 진폭은 시스템 및 장치의 조건에 따라 달라진다.

이 장에서는 전력시스템의 조건 및 고장 위치에 따른 차단기의 기본적인 개폐 현상을 다룬다.

Fig. 4.1 Short-circuit current

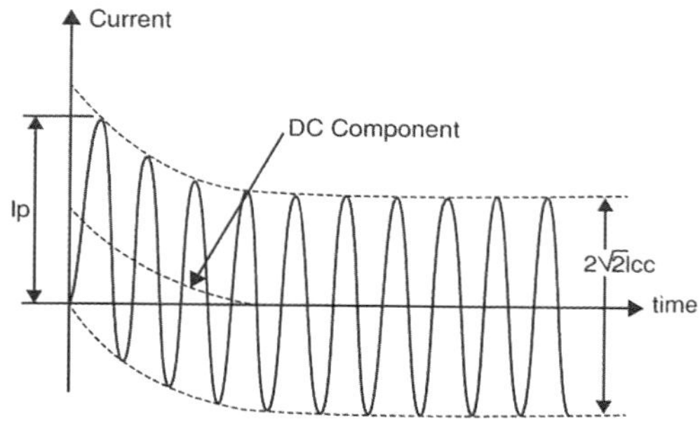

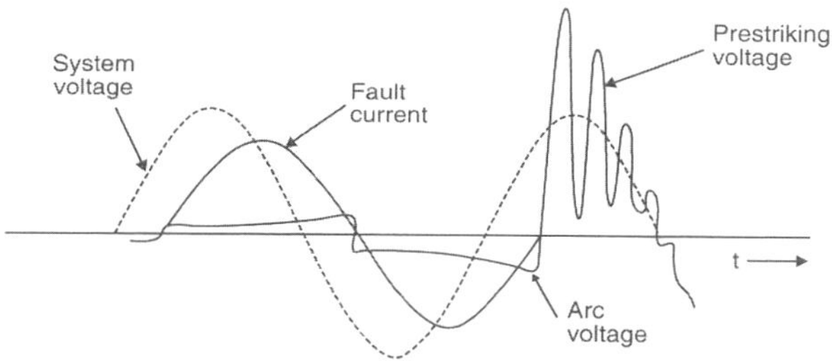

Fig. 4.2 Transient recovery voltage (TRV) and recovery voltage (RV)

4.2 용어의 정의

회복전압(Recovery Voltage)

전류차단 후 개폐 장치의 어떤 상의 단자사이에 나타나는 상용주파수 전압

과도회복전압(Transient Recovery Voltage, TRV)

차단기의 과도회복전압은 전류차단 직후 단자사이에 나타나는 전압이다. TRV는 차단기에 의한 고장전류 차단성공 여부에 대한 결정적인 매개변수이며, TRV의 진폭과 상승률은 차단기의 양쪽 단자에 연결된 시스템의 특성과 이 차단기가 차단해야 하는 고장 유형에 따라 달라진다.

열차단/열차단 영역(Thermal Interruption/Thermal Interrupting Region)

전류영점에서 고장전류 차단 후, 상용주파수의 1/4 사이클 미만의 시간영역을 차단기의 열차단 영역이라 부른다. 이 영역에서는 매우 작은 아크후 전류(잔류전류)가 여전히 흐르며, 이 잔류전류는 소멸되어 가는 아크플라즈마의 높은 저항을 통해 에너지를 공급한다. 차단기가 충분한 신선한 가스 및 냉각을 제공하지 못 할 경우, 열적 재점호가 발생할 수 있다.

절연차단/절연차단 영역(Dielectric Interruption/Dielectric Interrupting Region)

전류영점에서 고장전류 차단 직후(이때부터 접점사이에 TRV가 인가됨), 상용주파수의 1/4 사이클 이상의 시간영역을 차단기의 절연차단 영역이라 부른다. 접점사이의 절연내력은 접점사이의 거리(갭)와 함께 증가한다. 절연차단 영역에서는 TRV가 언제라도 접점사이의 절연내력을 초과하게 되면 재발호라는 절연파괴가 발생한다.

과전압(Overvoltage)

장치에 대한 상용주파 최고전압의 피이크치를 초과하는, 상전압 또는 선간전압 피이크치의 초과분 전압

단락전류(Short-Circuit Current)

전기회로의 고장 또는 잘못된 결선으로 인한 단락으로 발생한 과전류

탈조조건(Out-Of-Phase Conditions)

차단기의 동작순간, 차단기 양쪽에 있는 전기계통의 발전전압의 회전벡터 사이의 위상각이 정상값을 초과하면서, 동기화가 깨진 비정상적인 회로상태

근거리선로고장(Short-Line Fault, SLF)

근거리선로고장은 차단기 단자에서 선로측으로 수백 미터에서 수 킬로미터 떨어진 선로에서 발생하는 고장을 말한다. 차단기가 SLF를 제거하면, 차단기의 선로측 단자와 고장점 사이의 선로를 왕복하는 진행파의 반복적인 반사에 의해 생성된 고주파 진동으로 인하여 가파른 상승률의 TRV가 관찰된다.

(선로 과도전압의) 첨두율(Peak Factor of the Line Transient Voltage)

근거리선로 고장전류가 차단된 순간, 차단기 선로측 단자에 원래 존재(분포)하던 전원전압의 초기값과 차단기의 선로측 단자와 고장점 사이의 선로를 왕복하는 진

행파의 반사에 의해 생성된 고주파 피이크값 사이의 비율

(3상 계통에서) 첫상차단계수 (First-Pole-To-Clear Factor in a Three-Phase System)

대칭적인 3상 전류를 차단할 때, 첫상차단계수는 다른 2개 상의 전류차단 이전에, 첫 번째 차단 상의 양쪽 단자 사이에 인가되는 상용주파수 전압과 3상전류 모두를 차단한 이후 양쪽 단자(어떤 상이든 무관) 사이에 발생하는 상용주파수 전압의 비율이다.

진폭계수(Amplitude Factor)

과도회복전압의 최대값과 해당 상의 상용주파수 회복전압의 최대값 사이의 비율

최소 고장제거시간(Minimum Clearing Time)

최소 개극시간, 최소 릴레이 동작시간(0.5 사이클) 및 부-루프(minor loop) 차단 시의 최소 아크시간(단락전류가 시작될 때 부-루프로 시작하고, 단락전류가 여전히 비대칭 상태에 있는 위상의 부-루프에서 차단할 경우 발생)의 합계

- 참고 1 : 이 정의는 시험책무 T100a에 따른 단락전류 차단시험 중, 시험 매개변수 결정에만 적용된다.
- 참고 2 : 시험 목적으로, 시험책무 T100s에서 결정된 최소 아크시간이 사용된다.

부스단자고장 차단(BTF, Bus Terminal Fault Interruption)

차단기의 부스 단자 근처에서 고장이 발생할 때의 고장전류 차단

근거리선로고장 차단(SLF, Short-Line Fault Interruption)

차단기에서 100m에서 수 킬로미터 범위의 송전선로에서 고장이 발생할 때의 고장전류 차단

장거리선로고장 차단(LLF, Long-Line Fault Interruption)

차단기에서 몇 킬로미터 이상 최대 수백 킬로미터의 거리에 있는 송전선로에서 고장이 발생할 때의 고장전류 차단

변압기 제한 고장차단(TLF, Transformer Limited Fault Interruption)

전력용 변압기 바로 후단에서 고장이 발생할 때의 고장전류 차단. 고장위치와 차단기 위치는 변압기에 대해 같은 쪽에 있을 수도 있고, 또는 변압기 기준으로 서로 반대쪽에 있을 수 있다.

지상소전류 개폐(Small Inductive Current Switching)

유도성 부하에 연결된 차단기의 전류 개폐

진상소전류 개폐(Small Capacitive Current Switching)

용량성 부하에 연결된 차단기의 전류 개폐

절연협조(Insulation Coordination)

사용환경 및 MOSA 피뢰기와 같은 사용 가능한 보호기기의 특성을 고려하고, 장치가 설치되어 사용될 전력시스템에 인가될 수 있는 전압을 고려하여, 장치의 전기적 강도(LIWV 및 SIWV 요구사항)를 선택하는 것

뇌임펄스(LI, Lightning Impulse)

내전압시험 중에 피시품에 인가하는, 1μs 정도의 가상 전면 지속시간 그리고 피이크치의 50% 값 도달시간이 50μs 정도인, 규격에 규정된 모양의 전압 펄스(낙뢰 서지를 가정)

- 참고 : 뇌임펄스는 이러한 지속시간을 μs 단위로 제공하는 2가지의 숫자로 정의된다. 특히 표준 뇌임펄스는 1.2/50μs이다.

뇌임펄스 보호레벨(LIPL, Lightning Impulse Protection Level)

특정 조건에서 낙뢰충격을 받는 서지 보호장치의 단자에 허용되는 최대 첨두전압값이다. 일반적으로 20kA 전류에 해당하는 피뢰기의 보호전압을 의미함.

개폐임펄스(SI, Switching Impulse)

내전압시험 중에 피시품에 인가하는, 파고까지 도달시간이 100μs~300μs 정도 그리고 피이크치의 50% 값 도달시간이 수 ms 정도인, 규격에 규정된 모양의 전압 펄스(개폐 서지를 가정)

- 참고 : 개폐임펄스는 μs 단위로 이러한 지속시간을 제공하는 2가지의 숫자로 정의된다. 특히 표준 개폐임펄스는 250/2500μs이다.

개폐임펄스 보호레벨(SIPL)

특정 조건에서 개폐임펄스를 인가했을 때, 서지 보호장치의 단자에서 허용되는 최대 첨두전압 값. 일반적으로 2kA의 전류에 해당하는 피뢰기의 보호전압을 의미한다.

초고속 과도 과전압(VFTO, Very Fast Transient Overvoltage)

매우 빠른 과도 과전압(VFTO)은 종종 GIS 내부에서 동작하는 단로기에 의해 생성된다. 이 VFTO는 주파수가 MHz 범위이며 2.6p.u 이상의 크기까지 도달할 수도 있다.

다중 집합(Multi-Bundle) 도체

가공송전 시스템에서는, 특히 EHV 및 UHV급 송전시스템에서는, 1개 이상 최대 8개까지의 도체가 사용된다.

DC 전류성분의 X/R 비율(DC Component of Current, X/R Ratio)

고장전류의 DC 성분의 초기값은 고장이 발생하는 주기 내의 정확한 시간과 그 당시의 전류값에 따라 다르다. 고장이 발생하는 순간, DC 성분은 AC 전류의 순시치와 크기는 같고 극성은 반대다(고장순간에는 AC 전류의 순시치와 DC 성분이 서로 상쇄되어 전류가 0이 됨). 최악의 경우, 이 초기 DC 성분의 상쇄 최대치는 대칭 단락전류값(RMS)의 $\sqrt{2}$ 배가 된다. 이 초기 DC 성분은 시간이 지남에 따라 감소하여 결국 0에 도달한다. 시정수 τ는 시스템 리액턴스(X)와 저항(R)에 따라 달라지며 상용주파수(f)의 경우 다음과 같이 주어진다.

$$\tau = \frac{1}{2\pi f}\left(\frac{X}{R}\right)$$

중성점 유효접지 시스템(Effectively Earthed Neutral System)

시스템이 충분히 낮은 임피던스를 통해 접지되며 이 시스템은, 모든 시스템 조건에 대해 영상리액턴스 대비 정상리액턴스(X_0/X_1)의 비율이 양수(+)이고 크기는 3 미만, 그리고 영상저항 대비 정상리액턴스(R_0/X_1)의 비율이 양수(+)이고, 크기가 1미만이 되도록 접지된다. 일반적으로 이러한 시스템은 중성점이 유효하게 접지된(유효접지) 시스템 또는 저임피던스 접지시스템이다.

중성점 비접지시스템(Non-effectively Earthed Neutral System)

이 시스템은 중성점이 유효하게 접지된 유효접지 시스템에 해당하지 않는다. 일반적으로 이러한 시스템은 중성점분리 시스템, 고임피던스 접지(중성점) 시스템 또는 공진접지(코일을 통한 중성점 접지) 시스템이다.

영상임피던스(Zero-Sequence Impedance)

동기기에 공급되는 정현파 전압의 영상성분과 동일한 주파수에서의 전류의 영상성분의 비율

정상임피던스(Positive-Sequence Impedance)

정상분 전류의 흐름을 위해 시스템에서 제공하는 임피던스를 정상임피던스라고 한다.

역상임피던스(Negative-Sequence Impedance)

역상분 전류의 흐름을 위해 시스템에서 제공하는 임피던스를 역상임피던스라고 한다.

2차 아크(Secondary Arc)

결함이 있는 송전선로에서 지락고장이 발생하면 고장위치에서 접지로 아크가 발생한다. 차단기가 고장전류를 차단한 이후, 정전 및 전자기 유도로 인해 고장위치에서 작은 2차 아크전류가 계속 흐른다. 고장위치의 절연이 충분히 회복되면 2차 아크가 소멸된다.

4.3 약어(Abbreviations)

CB	차단기(Circuit breaker)
TRV	과도회복전압(Transient recovery voltage)
ITRV	초기 과도회복전압(Initial transient recovery voltage)
SLF	근거리 선로고장(Short-line fault)
OHL	가공 송전 선로(Overhead transmission line)
k_{pp}	첫상 차단계수(First-Pole-to-Clear Factor)
k_{af}	진폭계수(Amplitude factor)
X_0	영상리액턴스(Zero-sequence reactance)

X_1	정상리액턴스(Positive-sequence reactance)
Z_0	영상 서지임피던스(Zero-sequence surge impedance)
Z_1	정상 서지임피던스(Positive-sequence surge impedance)
EHV	초고압(Extra-high voltage)
UHV	극초고압(Ultrahigh voltage)
MTS	하이브리드 변전소(Mixed technologies substataion)
LIWV	뇌임펄스 내전압(Lightning impulse withstand voltage)
LIPL	뇌임펄스 보호레벨(Lightning impulse protection level)
SIWV	개폐임펄스 내전압(Switching impulse withstand voltage)
SIPL	개폐임펄스 보호레벨(Switching impulse protection level)
VFTO	초고속 과도 과전압(Very fast trnasient overvoltage)

4.4 기본 개폐현상

비록 국제표준은, 일반적으로, 경제적인 차단기를 제공하기 위해 기존 전력시스템에서 예상되는 개폐책무의 90% 정도까지만 고려하고 있지만(WG A3.11(2006a, b)), 전력시스템에서 발생하는 모든 고장을 제거하거나 IEC 62271-100과 같은 국제표준에 규정된 전류를 차단하려면 차단기가 필요하다. 그림 4.3은 차단기에 부과되는 몇 가지 개폐책무를 보여주며 표 4.1에 요약되어 있다.

4.5 부스단자 고장차단

차단기 부근에서 발생한 부스단자 고장을 제거하기 위해 해당 차단기가 동작하는 경우에, 이 고장을 완전히 제거하기 위해서는 연결된 선로의 반대측 끝에 있는 다른(원격) 차단기가 하나 더 필요하며, 이 원격 차단기에 대한 단자 고장시험(장거리선로 고장 케이스)은 시험규격의 T10 또는 T30 시험책무에 포함되어 있다.

고장발생 후, 차단기에 부과되는 고장전류 및 과도회복전압은 전원시스템에서의 고장위치에 따라 다르다. 고장전류는 발전기에 연결된 송전선 및 전력용 변압기에서 고장점으로 흐르는 전류의 양에 따라 증가한다.

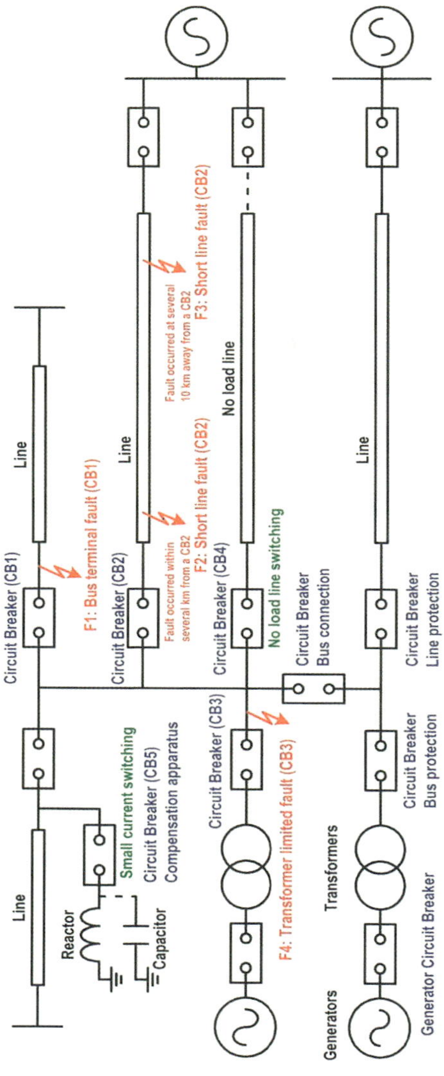

Fig. 4.3 Dielectric recovery characteristics in comparison with transient recovery voltage

그림 4.4와 같이, 부하용 송전선 또는 전력용 변압기와 같이 하나의 전류원만이 고장지점에 고장전류를 공급할 때, 고장전류는 상대적으로 적으며 일반적으로 정격 차단전류의 10% 미만이다(시험책무 T10에 해당). 관련 TRV는 일반적으로 TRV 첨두값(관련회로의 진폭계수에 의해 결정됨)이 더 높은 단일 주파수를 보여준다. TRV 진폭계수는 단일 전류원이 제공하는 단일 주파수로 인해 더 커지는 경향이

있다.

특히 변압기 바로 후단에서 고장이 발생하고, 변압기와 차단기 사이에 상당한 정전용량이 없는 경우에는 심각한 TRV가 발생할 수 있으며, 이는 시험책무 T10에 규정된 표준 RRRV 값을 초과할 수 있다. 이러한 책무는 종종 변압기 제한 고장차단이라고 부른다(참조 4.9절).

Table 4.1 Switching duties in power system

Switching duties	Fault location	Responsible circuit breaker
Bus terminal fault interruption	F1	CB1
Short-line fault interruption	F2	CB2
Long-line fault interruption	F3	CB2
Transformer limited fault interruption	F4	CB3
No-load line switching	–	CB4
A small capacitive current switching	–	CB5
A small inductive current switching	–	CB5

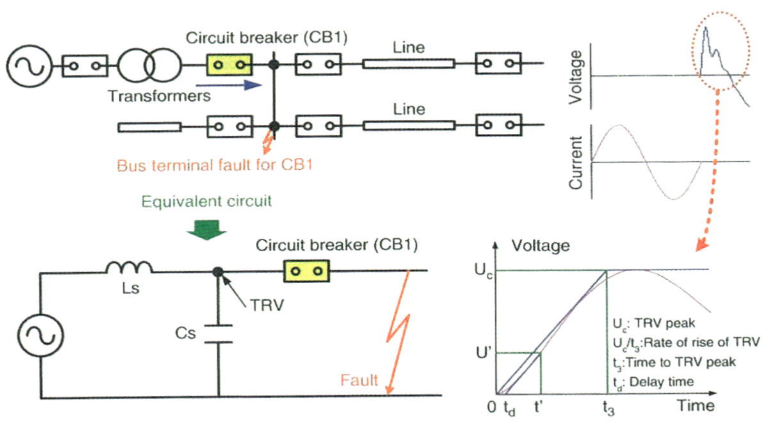

Fig. 4.4 TRV waveform of bus terminal fault corresponding to T10 test duty

접점분리 후 아크시간 동안 차단부에서 발생하는 아크 에너지를 빼앗을 수 있는 충분한 아크 냉각능력이 차단기에 필요하지만, 시험책무 T10에서 TRV의 상승률(RRRV)은 SLF(short-line fault) 차단의 경우보다 상대적으로 작기 때문에 열차단 영역에서 차단기의 차단능력은 거의 문제가 되지 않는다. 따라서, 시스템 TRV를 항상 능가하기 위해 요구되는, 차단기의 절연회복 능력은 시험책무 T10에서 고장을 제거하는 데 있어 주요 관심사이다. 시험책무 T10에서 TRV는 전류원의 수가 제한적일 때 단순한(단일) 주파수를 보여주며, 이는 규격에서 2개의 기준선과 1개의 지연시간으로 규정된다.

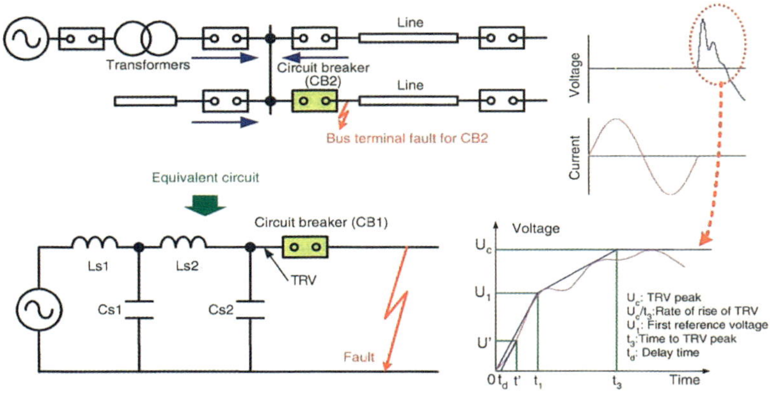

Fig. 4.5 TRV waveform of bus terminal fault corresponding to T60 test duty

부하 송전선로 또는 전력용 변압기 등의 여러 전류원이 그림 4.5와 같이 고장지점에 고장전류를 공급할 때, 고장전류는 상대적으로 커지며 정격 차단전류의 약 60%까지 증가한다. 이 경우의 TRV는, 서로 다른 고장전류원과 이에 대응하는 회로들로 인해, 다중 주파수 파형을 나타낸다. 서로 다른 고장전류원으로 인해, 다양한 주파수 및 다양한 피이크 도달시간(TRV 상승시간)으로 구성되는 TRV는 진폭계수를 감소시켜, 보다 큰 고장전류에 대해서는 TRV 피이크치가 더 낮아지는 경향이 있다.

그림 4.6은 여러 개의 송전선로, 전력용 변압기 및 발전기가 있는 전력시스템 구성의 예를 보여준다. 또한 그림 4.6은, 다양한 고장위치에 따라, 고장전류의 크기 및 TRV 파형들을 보여준다. F1에서 고장이 발생하면, 차단기(CB1)는 거의 하나의 전력용 변압기에 의해 공급되는, CB1 정격 차단전류의 약 10% 정도인 고장전류를 제거하게 된다(고장전류 흐름은 빨간색 화살표로 표시됨). Fl에서 고장을 제거한 후 TRV는, 하나의 전류전원의 회로 조건에 의해 결정되며 단일주파수를 가지고 감쇄진동하는, 보다 높은 TRV 피이크를 보여준다. F2에서 고장이 발생하면 차단기(CB2)는, 송전선로와 전력용 변압기를 통해 여러 개의 전류원에 의해 공급되는, CB2 정격 차단전류의 30~60% 범위에서 고장전류를 제거하게 된다(고장전류 흐름은 녹색 화살표로 표시된다). F2에서 고장을 제거한 후 TRV는, 다양한 전류원의 서로 다른 회로조건에 의해 결정되는 다중 주파수를 가지면서 Fl에서의 TRV 피이크보다 낮은 TRV 피이크를 보여준다.

가장 심각한 경우는 모든 송전선로가 송전중인 경우 F3에서 고장이 발생하면,

차단기(CB3)는 전원시스템의 모든 전류원(고장전류 흐름은 파란색 화살표로 표시됨)에서 공급되는, CB3의 정격 차단전류 크기인 고장전류를 제거해야 한다. F3에서 고장을 제거한 후 TRV는, 모든 전류원의 서로 다른 회로조건에 의해 결정되는 복잡한 주파수로 만들어진 낮은 TRV 피이크치를 보여준다.

부스 단자고장 차단과 관련하여, 규격은 정격차단전류의 10%, 30%, 60% 및 100%의 대칭전류와 DC성분 규정치를 가진 100% 비대칭전류(해당 TRV 피이크치 및 RRRV를 각각 만족해야 함)를 차단할 수 있는 차단기를 요구하고 있다. 이러한 시험 요구사항은 시험책무 T30, T60, T100 및 T100a로 분류된다.

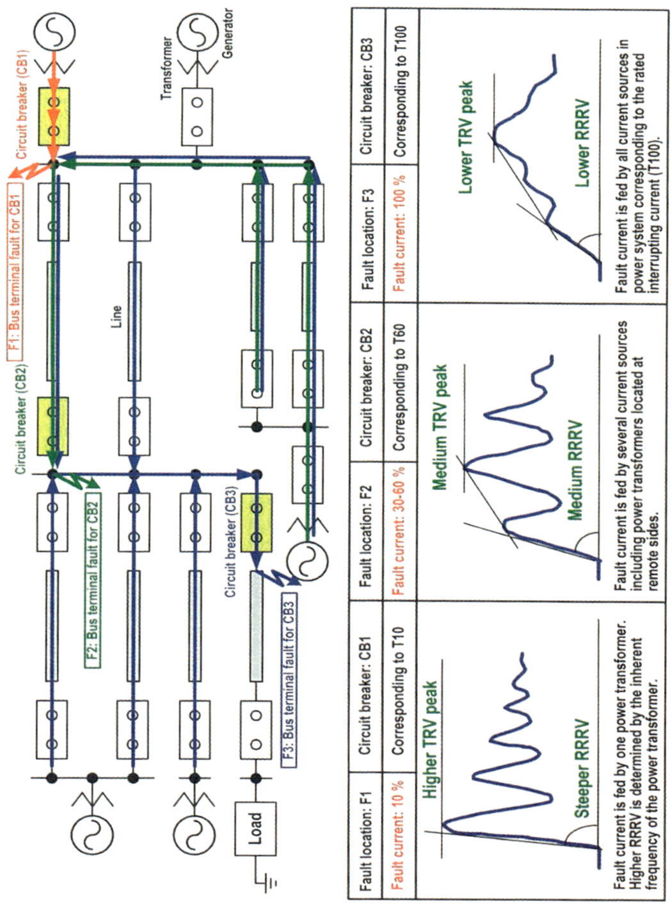

Fig. 4.6 TRV waveform of bus terminal fault depending on fault location

Fig. 4.7 Representation of specified TRV by two-parameter reference line and delay line

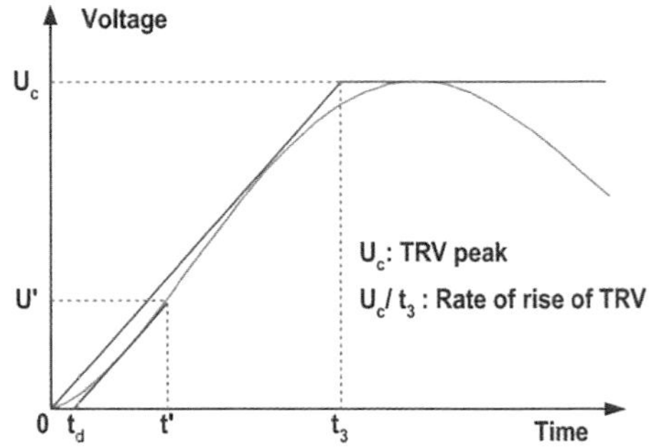

정격전압이 100kV 이상인 경우, T10 및 T30의 시험책무에 대해 그림 4.7에 2변수법, 그리고 T60 및 T100의 시험책무에 대해서는 그림 4.8에 4변수법에 의한 단자 고장 시험책무에 대한 TRV를 설명한다.

부스단자 차단과정에서 차단기에 적용되는 TRV(Uc)의 피이크값은 다음과 같이 주어진다.

$$U_C = U_r \sqrt{\frac{2}{3}}\, k_{pp}\, k_{af}$$

여기서

Uc TRV 피이크값

Ur 정격전압

k_{pp} 첫상차단계수

k_{af} 진폭계수

주어진 정격전압에 대해 TRV의 피이크값을 결정하기 위해 첫상차단계수와 진폭계수를 모두 정의해야 한다. 상용주파수 회복전압(U)은 다음 방정식에 의해 주어진 정격전압과 첫상차단계수의 함수이다.

$$U = \frac{U_r\, k_{pp}}{\sqrt{3}}$$

Fig. 4.8 Representation of specified TRV by four-parameter reference line and delay line

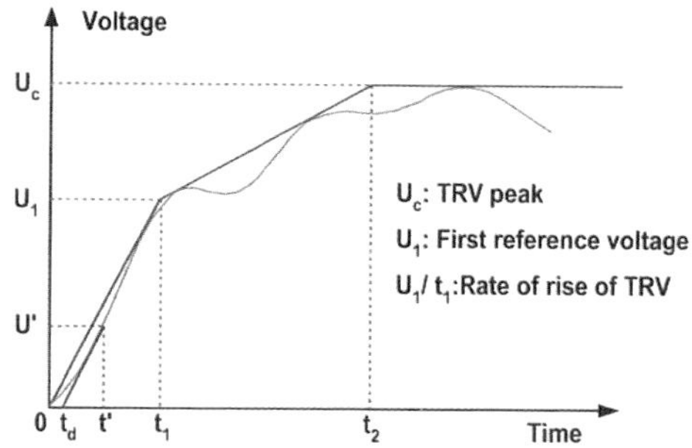

IEC 62271-100은 최대 800kV의 정격전압에서 효과적으로 접지된 중성점 시스템에 대해 1.3의 첫상차단계수를 규정하며, 이는 영상리액턴스 X_0 및 정상리액턴스 X_1을 사용하여 다음 방정식에서 계산된다.

$$k_{pp} = \frac{3}{2 + \dfrac{X_1}{X_0}}$$

송전선로가 긴 선로에서는 선로의 X_1/X_0 비율이 상대적으로 작아지기 때문에 첫상차단계수가 증가하는 경향이 있다. 반면에 대형 전력용 변압기(중성선이 접지된 스타결선 또는 델타결선)에 연결된 시스템의 경우 첫상차단계수는 더 작아지고 때로는 1.2 미만이 된다. X_1/X_0의 값은 0.5보다 크거나 같다($2X_1 > X_0$). 특히 대부분의 단락전류가 대용량 전력용 변압기를 통해 공급되는 경우, 대용량 전력용 변압기의 델타결선으로 인해 영상임피던스가 감소하기 때문에 첫상차단계수가 더 작다(X_1/X_0은 1.0에 접근하거나 X_0은 X_1에 접근한다).

가공 송전선로의 임피던스는 시스템 운전전압의 제곱에 거의 반비례하므로, 전체 송전시스템 임피던스에 대한 선로 임피던스의 비율은 시스템 운전전압이 높아질수록 더 작아지는 경향이 있다. 이러한 경향은 UHV 시스템(1100kV 및 1200kV의 정격전압에서)에서 영상임피던스를 감소시키는데, 이는 송전선로에 비해 영상임피던스 X_0가 더 작은 대용량 전력용 변압기의 영향이 증가하기 때문이다. 따라서 UHV 시스템의 첫상차단계수는 1.2로 정의된다. TRV의 진폭계수는 차단전류 증가에 따라 감소하는 경향이 있다. 이에 대한 이유는, 부스단자 고장전류에 기여하는 다양한 고장전류원 회로로 인해, 다중 주파수로 구성된 중첩된 TRV와 TRV 피이크까지의 다양한 상승시간이 진폭계수를 감소시키기 때문이다.

Table 4.2 Amplitude factors for terminal fault test duties (* for $U_r > 170$ kV)

Test duty	Amplitude factor
T10	1.7 × 0.9 or 1.76*
T30	1.54
T60	1.50
T100	1.40

Table 4.3 RRRV for terminal fault test duties

Test duty	RRRV (kV/μs)
T10	7
T30	5
T60	3
T100	2

표 4.2는 정격전압이 100kV 이상인 차단기에 의한 단자고장 차단에 대한 IEC 62271−100의 진폭계수를 제공한다. 진폭계수는, 전압감소를 고려했을 때 변압기 양단전압이 0.9이고 첫상차단계수 1.5를 기준으로 할 경우, 정격전압 100kV에서 최대 170kV에 대한 시험책무 T10의 경우 1.7 × 0.9 = 1.53이다. 170kV보다 높은 정격전압에 대한 TRV의 진폭계수는 1.76이다. 이 진폭계수는 정격전압이 증가함에 따라 증가하는 경향이 있는데, 이유는 전력용 변압기 및 송전선의 손실이 작아지고 진행파의 감쇄가 작아지기 때문이다. 이 진폭계수 1.76에 첫상차단계수 1.3을 곱했을 때 얻은 TRV 피이크값은 첫상차단계수 1.5와 진폭계수 1.53배로 얻은 값과 동일하다.

표 4.3은 정격전압이 100kV 이상인 차단기에 의한 단자고장 차단에 대한 IEC 62271−100의 TRV 상승률(RRRV)을 보여준다. TRV의 진폭계수와 유사하게, RRRV는 차단전류의 증가에 따라 감소하는 경향이 있는데, 이유는 부스단자 고장전류에 기여하는 다양한 고장전류원 회로로 인해, 다중 주파수로 구성된 중첩된 TRV와 TRV 피이크까지의 다양한 상승시간이 RRRV를 감소시키기 때문이다.

4.6 근거리선로고장 차단

선로를 따라 100m에서 수 킬로미터에 이르는 거리에 있는 송전선로에서 고장이 발생하면 SLF(근거리선로고장)를 제거하기 위해 차단기가 필요하다. 차단기가 선로에서 발생한 SLF를 제거하면, 톱니파형과 유사한 가파른 상승률을 갖는 TRV가 관찰된다. 이 톱니파형 TRV는, 차단기 단자와 고장지점 사이에서 진행과 반사를 반복하는, 진행파에 의해 생성된 고주파 진동에 의해 발생한다.

그림 4.9는 SLF가 선로에서 발생할 때의 등가회로와 전압분포를 보여준다. 차단기는 전원측의 전력용변압기를 통해 발전기에 연결되고, 선로측의 송전선로에 연결되며, 이는 그림 4.9에 표시된 리액터와 커패시터로 구성된 다중 격자회로로 모델링할 수 있다.

차단기가 SLF 조건에서 고장전류를 차단하면, 전원측 차단기 단자의 전압이 변압기 단자의 시스템 전압으로 되돌아가, 전원회로의 상용주파수와 함께 진동을 일으킨다. 전원측 회로는 일정한 집중변수를 가진 집중회로로 근사화할 수 있다. TRV의 진폭계수는 단자고장의 경우와 유사하다.

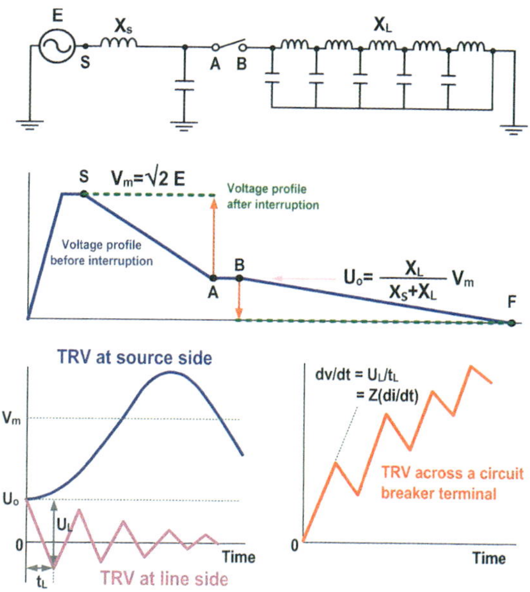

Fig. 4.9 Equivalent circuit and TRV waveforms of short-line fault (SLF) condition

다른 한편에서는, 선로측의 차단기 단자의 전압이 접지 수준으로 떨어지며 이 전압변동은, 선로를 따라 전파되는 진행파의 진행 및 반사로 인해 발생하는 톱니모양(삼각형)의 또 다른 진동파형을 발생시킨다. 선로측 회로는 분포변수를 가진 작은 감쇄회로로 근사화할 수 있다.

그림 4.10은 진행파의 감쇄를 고려하지 않은 상태에서 선로측에서의 TRV 전파의 도식적인 변화를 보여준다. SLF 차단후 과도전압은 선로를 따라 양방향으로 진

행한다. 하나는 차단기 단자에서 고장지점으로 전파하며, 다른 하나는 송전선로를 통해 약 300m/μs인 일정한 전파속도 c로 고장지점에서 차단기 단자까지 전파한다.

차단기 단자(차단 직후 전압이 U_0)에서 시작되는 과도전압은 시간이 지남에 따라 감소하고 $t = L/c$이 지나면 고장지점(전압이 항상 접지레벨)에 도달한다. 여기서 L은 선로길이이다. 고장지점(특성임피이던스 불연속점)에서 반사된 과도전압은 선로를 따라 다시 전파하고 첫 번째 TRV 피이크(U_L)에 해당하는 음의 극성을 가진 $-U_0$ 전압으로 $t = 2L/c$에서 차단기 단자로 돌아간다.

과도현상은, 차단기 단자와 고장점 사이를, 선로를 따라 양방향으로 일정한 전파속도로 진행 및 반사를 반복하면서, 톱니모양(삼각파형)을 만든다.

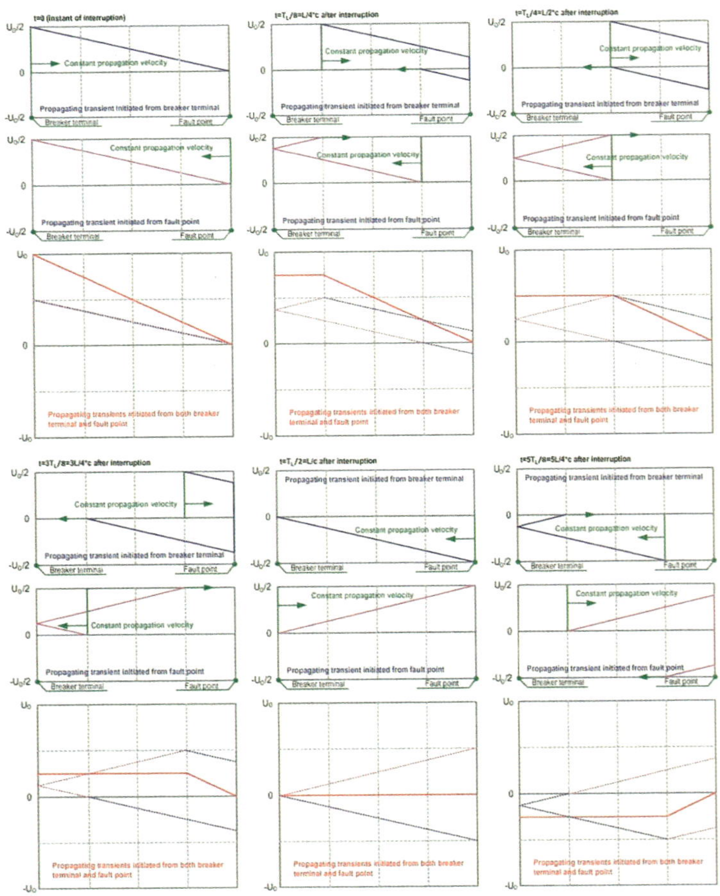

Fig. 4.10 (continued)

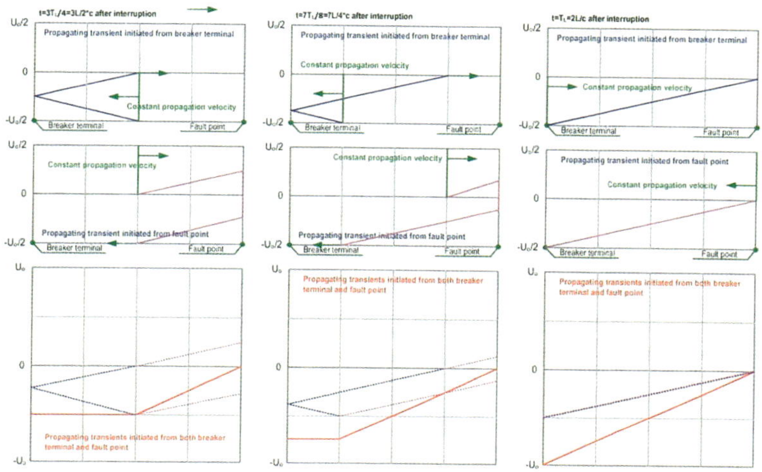

Fig. 4.10 TRV propagation for short-line fault (SLF) condition at line side

차단기 단자 사이에 인가되는 TRV는, 전원측 TRV와 $dv/dt = Z \times (di/dt)$로 주어지는 TRV 초기상승률을 가진 선로측 TRV 모두를 중첩하여, 구할 수 있다(여기서 Z는 선로 서지임피던스이다). 선로측 TRV는 고장점까지의 거리가 증가함에 따라 증가하며, 반면에 전원측 TRV는 감소한다.

차단기가 SLF를 차단할 때에, 전류차단 직후의 높은 RRRV로 인한 심각한 에너지 입력으로 인하여, 차단성공 또는 차단실패를 결정하는 데에는 열차단 성능이 지배적인 요소가 된다. 차단기가 열차단 기간 동안 입력된 에너지에 대해 충분한 냉각성능을 제공할 수 없는 경우에는, 열적 재점호가 발생할 수 있다.

IEC 62271-100 및 IEEE C37.04에서 Z의 표준화된 값은 대략 450Ω이며 단일도체의 서지임피던스에 해당한다. EHV 및 UHV 시스템에서는 다중번들 도체가 사용되며, 이러한 선로는 접지에 대해 큰 커패시턴스 값을 가지고 있어서, 정상적인 전류통전 조건에서 선로 서지 임피던스 값은 250~400Ω 범위로 비교적 낮다(서지 임피던스 값은 $(L/C)^{0.5}$로 주어짐). SLF가 발생되면 다중번들 도체의 각 도체는, 동일한 방향으로 큰 고장전류를 통전하는 병렬도체에 작용하는 Lorentz 힘으로 인해, 서로를 끌어당긴다. 그림 4.11은 정상상태에서의 다중번들 도체의 개략도와 고장상태에서의 번들의 충돌을 보여준다.

고장전류 외에도, 선로 서지 임피던스는 다중번들 도체의 설계(재료, 단면, 스팬 및 스페이서 크기)와 선로의 도체에 적용되는 기계적 장력에 따라 달라진다. CIGRE WG 13.01을 포함한 여러 연구에서 번들 충돌에 필요한 시간이 보고되었다. 예를 들어, 40kA를 전달하는 단면적이 686mm^{2}인 2도체는 고장발생 후 50ms에 충돌했고, 30~50kA를 전달하는 단면적이 810mm^{2}인 4도체는 그림 4.12에 표시된 100~200ms에서 충돌했다. 도체수가 증가하고 사용되는 단면적이 더 크기 때문에 UHV 선로의 경우 번들 수축시간이 더 길어질 것으로 예상된다. UHV 시스템에서 선로 서지 임피던스는 330Ω을 표준으로 사용하고 있다.

SLF 시험책무의 심각도는, 선로 서지 임피던스와 고장전류의 기울기에 의해 주로 결정되는 회복전압의 상승률(RRRV)에 따라 달라진다. 각각의 상차단 순서를 고려한 등가 선로 서지 임피던스(Z)는 다음 방정식으로 제공된다. 여기서 Z_0는 영상 서지 임피던스이고 Z_1 정상 서지 임피던스이다.

$$Z_{first\,pole} = \frac{3Z_1Z_0}{Z_1 + 2Z_0}$$

$$Z_{second\,pole} = \frac{Z_1(Z_1 + 2Z_0)}{2Z_1 + Z_0}$$

$$Z_{third\,pole} = \frac{(2Z_1 + Z_0)}{3}$$

마지막 상차단의 등가 서지 임피던스는 가장 심각한 서지 임피던스이므로, SLF를 커버하는 시험책무는 마지막 상차단 또는 단상 접지고장의 차단을 기반으로 한다.

실제 변전소에서 차단기는 짧은 선로를 사용하여 부스단자에 연결된다. 일반적으로 짧은 선로는 지면에 더 가깝고 종종 용량성 변압기에 연결되기 때문에 대지간 커패시턴스가 더 커져서, 서지 임피던스는 260Ω이며 반면에 가공송전선의 서지 임피던스는 450Ω이다. 이 짧은 선로는 더 높은 주파수와 더 낮은 진폭을 가지는 유사 삼각파형을 생성하며, 이것을 초기 TRV(ITRV)라고 부른다. ITRV는 조건에 따라 차단기에 심각한 열적 스트레스를 부과할 수 있다.

IEC 62271-100 및 IEEE C37.04 표준에서 L90, L75 및 L60은 근거리선로 고장(SLF) 조건에 대한 형식시험 책무들이다. 고장전류는 각각 정격 단락 차단전류의 90%, 75% 및 60%와 같다. 서로 다른 전류레벨에서 SLF 시험책무를 요구하는 것은, SF_6 가스차단기에 비해, 전류차단 후 더 높은 잔류전류(아크후 전류)가 흐르는 공기분사 차단기의 열차단 성능에서 비롯되었다.

그림 4.13은 정격 차단전류가 50kA이고 상용주파수가 60Hz인 550kV 송전 선

로를 가정하여, L90, L75 및 L60에 해당하는 다양한 전류레벨에 대해, 계산된 TRV 파형을 보여준다. 선로 서지 임피던스는 450Ω이다. TRV는 45kA(L90)의 차단전류에서 더 높은 TRV 주파수와 함께 더 높은 RRRV 및 더 낮은 TRV 피이크를 보여주며, 차단기에서 1.3km 떨어진 곳에서 고장이 발생했음을 의미한다. L75(고장은 CB에서 3.8km 떨어져 있음)에서 L60(고장은 CB에서 7.5km 떨어져 있음)이 되면, 차단전류는 감소하고 TRV 주파수는 낮아지는 상태에서, RRRV는 점차 낮아지고 TRV 피이크는 높아진다.

Fig. 4.11 Multi-bundle conductors at normal condition and the bundle collisions under fault condition

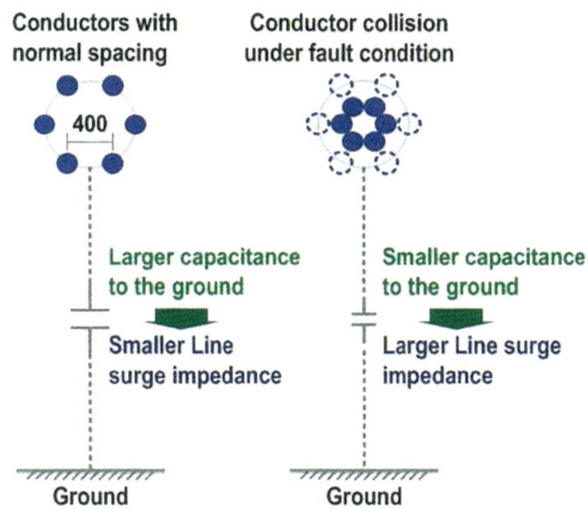

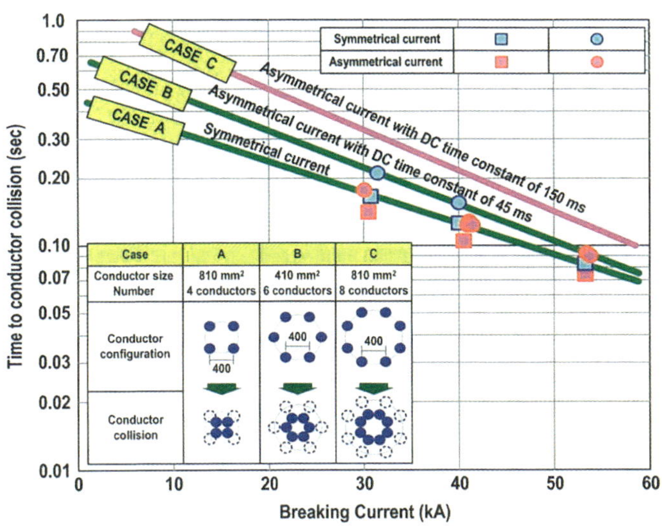

Fig. 4.12 Collision time of multi-bundle conductors

보다 멀리 떨어진 위치에서의 선로고장은, 더 낮은 RRRV와 더 높은 피이크를 가진 선로측 TRV를 보여준다. 고장위치가 멀어질수록 피이크값도 커진다. 이로 인해 상대적으로 낮은 고장전류를 제거해야 하지만, 상당한 높은 TRV 피이크값을 가진 긴 선로고장(LLF) 현상이 발생한다. 통상 이러한 피이크값은 4.10절에서 설명하는 탈조 시험책무(out−of−phase test duty)에서 규정된 값과 비교된다.

Fig. 4.13 TRV waveform comparison for different interrupting currents corresponding to L90, L75, and L60

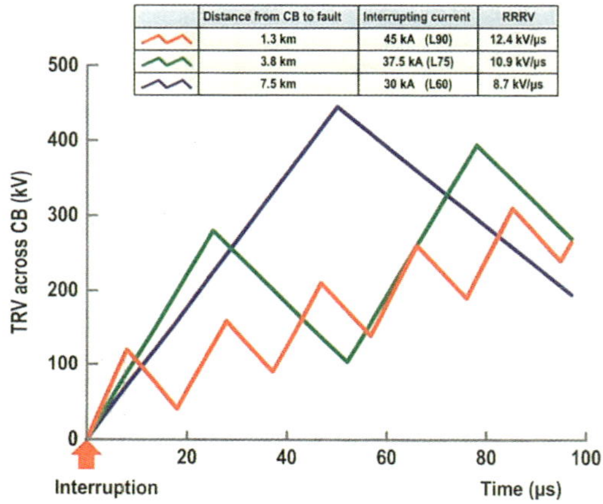

그림 4.14는 각각 공기분사 차단기와 가스차단기를 사용하여 서로 다른 차단전류 레벨에 대한 잔류전류 및 TRV 파형의 관계를 보여준다. 공기분사 차단기는 가스차단기의 경우에 비해 전류영점 이후에 더 큰 잔류전류가 흐르는 경향이 있으며, 이 잔류전류의 피이크 시점은 L60의 시험책무에 대한 TRV 피이크 시점과 대략 일치한다. 반대로, 가스차단기에서 발생하는 보다 작은 잔류전류의 피이크 시점은 L90의 시험책무에 대한 TRV 피이크 시점과 대략 일치한다. 따라서 에너지 입력은 가스차단기의 경우 L90에, 그리고 공기분사 차단기의 경우에는 L60 또는 L75에 해당하는 TRV에 대해 가장 높다. 따라서, 공기분사 차단기의 경우에는 L90 요구사항보다 L60 또는 L75 요구사항이 더 심각한 열차단 책무가 될 수 있다.

그림 4.15는 공기분사 차단기와 가스차단기 각각에 대한 임계 차단성능을 보여준다. 가스차단기는 L90의 경우가 가장 심각한 열차단 책무가 되지만, 공기분사 차단기는 L75 및 L60의 경우가 가장 심각한 책무가 된다.

4.7 진상전류 개폐

차단기가 무부하 송전선로, 무부하 케이블 및 분로 콘덴서뱅크(그림 4.16 참조)를 투입하거나 분리할 때, 전압보다 위상이 90° 진상인, 수십 암페어에서 수백 암페어까지의 작은 진상전류를 개폐한다. 이러한 진상전류 차단은 부하회로에 역-충전된 DC 전압을 남기기 때문에, 차단기 양단의 회복전압은 전원측의 AC 전압과 부하측의 DC 전압 간의 차이로 인해 1-COS 파형을 보여주며, 이 경우 TRV 상승률은 심각하지 않더라도 차단후 반주기 시점에서 시스템전압 피이크치의 두 배인 심각한 TRV 피이크치가 나타난다. 그림 4.17은 차단기 양단의 TRV, 전원측의 TRV, 선로측의 TRV와 같은 TRV 파형들을 보여준다.

Fig. 4.14 Relation between the residual current and TRV with air blast circuit breakers and gas circuit breakers

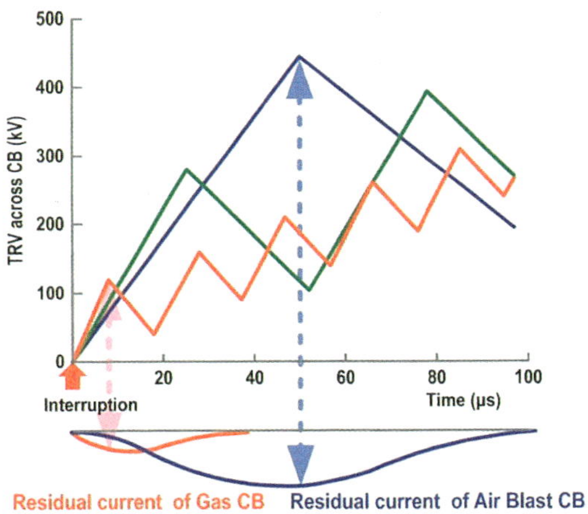

Fig. 4.15 Thermal interrupting capability with air blast circuit breakers and gas circuit breakers for different currents

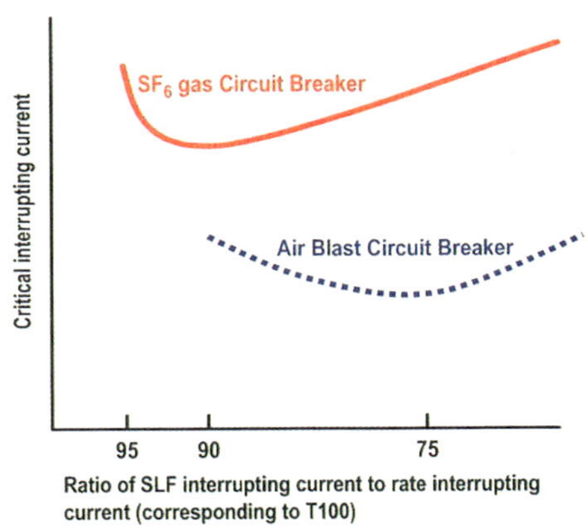

차단기는 작은 진상전류를 쉽게 차단할 수 있기 때문에, 절연차단 성능은 작은 진상전류 개폐의 차단성공 또는 차단실패를 결정하는 주요 요소이다. 접점사이의 절연내력이 전류차단 후 항상 회복전압을 초과하면 차단이 성공적으로 완료된다.

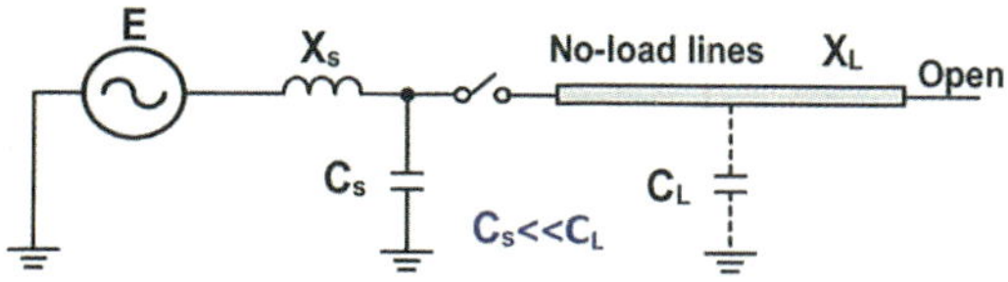

Fig. 4.16 No-load transmission line switching

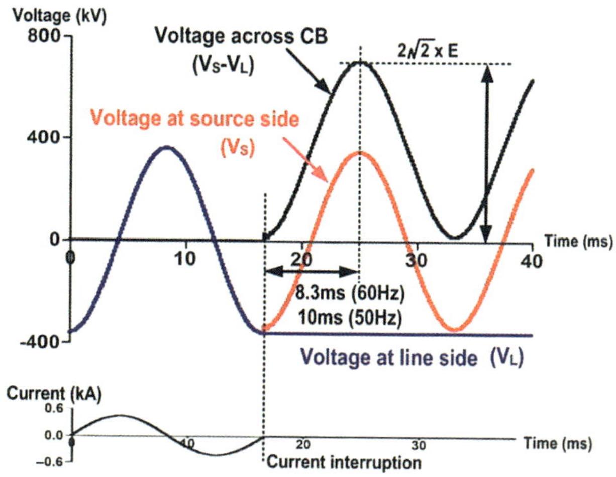

Fig. 4.17 TRV waveforms after disconnecting no-load line

TRV가 어떤 순간에서 차단기 양쪽 단자에서 발생하는 절연회복 성능을 초과하면 절연파괴가 발생한다. 절연파괴는 발생 순간에 따라 재발호(reignition)와 재점화(restrike)로 구분된다. 전류차단 후 1/4 사이클 내에 발생하는 절연파괴를 재점호라고 하며 심각한 과전압을 발생시키지 않는다. 그러나 전류차단 후 1/4주기 후에 발생하면 재발호라고 하여 심각한 과전압을 발생시킬 수 있다.

부하측 전압(선로측)이 $-E$를 유지하고, 차단기 단자 사이의 전압이 $2E$인 전압 피이크에서 재점호가 발생하면, 그림 4.18에서와 같이 부하측 전압이 최대 $3E$로 점프한다(원래 충전전압 $-E$의 역극성 $E+2E$의 TRV 피이크). 차단기가 재점호 직후 고주파 전류를 차단할 수 있는 경우, 선로측의 부하측 전압은 $3E$의 DC

전압으로 상승한다. 차단기 단자 사이의 회복전압은 COS−1 파형을 보여주며, 시작점이 −2E 이고 나중에 −4E 에 도달한다.

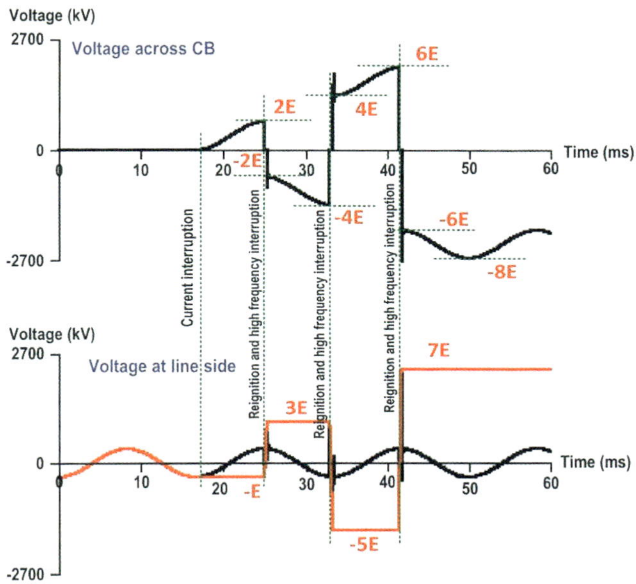

Fig. 4.18 Load side voltage escalation caused by multiple reignitions

그런 다음, 다시 부하측 전압(선로측)이 3E 를 유지하고 차단기 단자 사이의 전압이 −4E 인, 전압 피이크에서 재점호가 발생하면 부하측 전압이 최대 5E (부하콘덴서에 충전된 DC의 역극성 3E + 2E 의 TRV 피이크)로 점프한다. 차단기가 재점호 직후 고주파 전류를 차단할 수 있는 경우, 선로측의 부하측 전압은 −5E 의 DC 전압으로 유지된다. 차단기 단자 사이의 회복전압은 시작점이 4E 이고 6E 에 도달하는 1−COS 파형을 보여준다. 그런 다음, 다시 부하측 전압(선로측)이 −5E 를 유지하고 차단기 단자 사이의 전압이 6E 인, 전압 피이크에서 재점호가 발생하면 부하측 전압이 최대 7E (부하콘덴서에 충전된 DC의 역극성 5E + 2E 의 TRV 피이크)로 점프한다. 재점호 직후, 여러 번의 고주파 차단으로 인한 전압상승은 전력시스템의 장치에 심각한 스트레스를 가할 수 있다.

무부하 송전선로 또는 분로 콘덴서뱅크의 전원공급은 차단기 양단의 전압 투입순간에 따라 높은 돌입전류 및 관련 과전압을 생성할 수 있다. 그림 4.19는 무부하 송전선로에 전원공급 시, 차단기가 전압피이크에서 투입될 경우에 발생하는 돌입전류 및 관련 과전압을 보여준다. 이로 인해 커패시터 뱅크 및 전력시스템의 기타 장치에 과도한 기계적 및 전기적 스트레스가 발생하고 차단기의 접점이 손상될 수 있다. 개폐제어는 무부하 송전선로 또는 분로 콘덴서뱅크에 전원이 공급되는 경우 개폐서지를 효과적으로 줄일 수 있다.

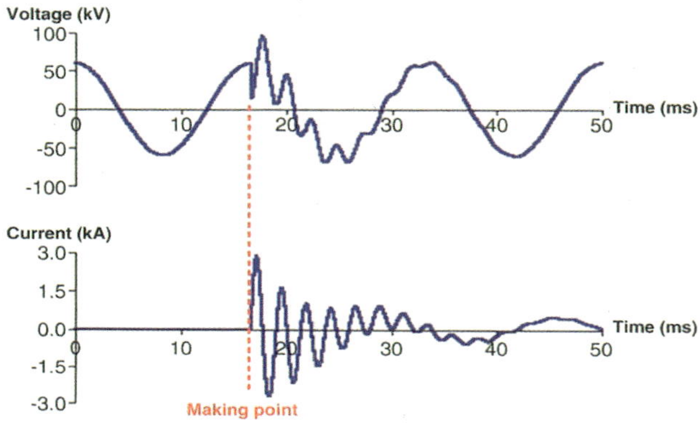

Fig. 4.19 Severe inrush current and associated overvoltage generated when a circuit breaker makes the voltage peak in case of no-load line energization

실제 변전소에서 차단기는 짧은 선로를 사용하여 부스단자에 연결된다. 이 짧은 선로는 더 높은 주파수와 더 낮은 진폭을 가진 초기 TRV(ITRV) 파형을 생성하며, 이를 초기 TRV(ITRV)라고 부르며 SLF 차단시의 파형과 유사하다. 그림 4.20은 차단기가 무부하 송전선로를 분리할 때 실제로 발생하는 TRV 파형을 보여준다.

무부하 송전선로 및 무부하 케이블의 3상 개폐는 분로 콘덴서뱅크보다 약간 복잡한 특성이 있다. 커패시턴스는 집중되어 있지 않고 선로를 따라 분포되어 있으며, 선로 대 접지 및 선로 대 선로 커패시턴스를 모두 고려해야 하기 때문이다.

그림 4.21은 무부하 송전선 또는 무부하 케이블의 등가회로를 보여 주며, 양의 정전용량(C_1)과 음의 정전용량(C_0)이 특징이다. 여기 $C_1 = C_0$는 중성점이 접지된 분로 콘덴서뱅크를 개폐하는 경우에 해당한다. TRV는 콘덴서뱅크 개폐와 유사한 1−COS 파형이지만, C_0 대 C_1의 비율에 따라 TRV 피이크가 다르다.

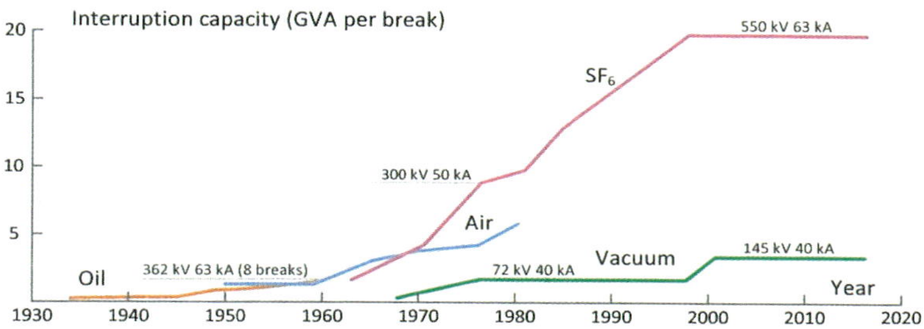

Fig. 1.2 Development of interruption capacity per break for different circuit breakers

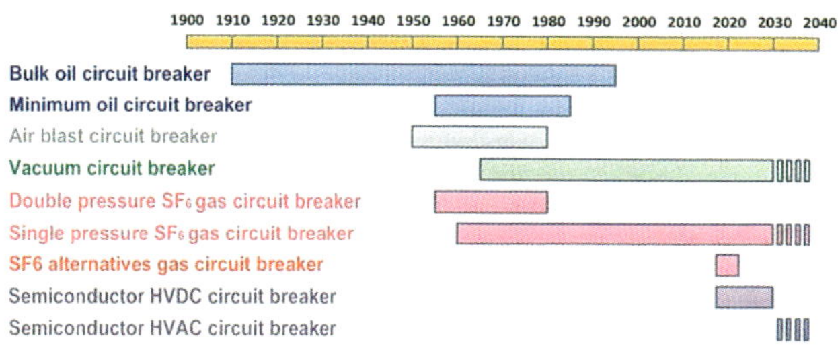

Fig. 1.3 Approximate manufacturing periods of different circuit breakers

부하 임피던스 X_1이 $1/\omega C_1$인 경우, 중성점이 접지된 커패시터 뱅크(이 경우는 $C_1 = C_0$임)를 개폐하는 경우 TRV 피이크는 2E이다(E: 시스템 전압 피이크). 무부하 송전선로 임피던스 X_L은 다음과 같이 주어진다.

$$X_L = \frac{1.5X_0X}{1.5X + X_0}$$

여기서 X는 $1/\omega(C_1 - C_0)$이고 X_0는 $1/\omega C_0$이다. TRV 피이크는 다음 방정식으로 주어진다.

$$TRV_{peak} = \frac{6C_1/C_0}{1 + C_1/C_0}$$

그림 4.22는 C_1/C_0의 함수로서 TRV 피이크를 보여주며, 3에 근접한다.

TRV 피이크는 무부하 가공 송전선로을 개폐하는 경우 2.4E이며, 여기서 $C_1 = 2C_0$이고, 중성점이 절연된 무부하 케이블을 개폐하는 경우 3E이며 $C_0 = 0$이다.

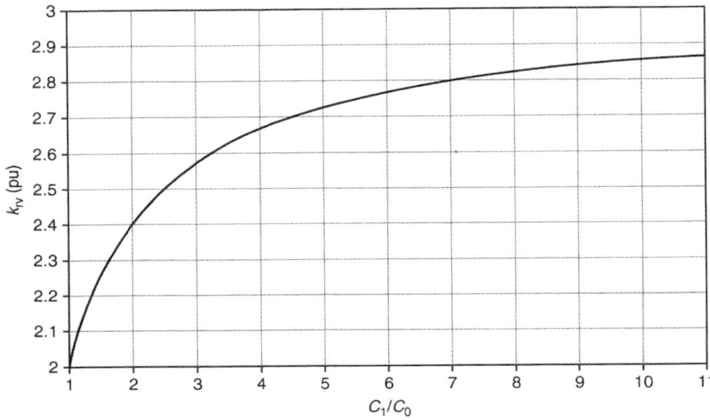

Fig. 4.22 TRV peak of first-pole-to-clear in case of no-load line switching

어떤 경우에는 송전선로가 병렬 리액터를 보상용으로 갖추고 있는데, 선로 말단에 병렬 리액터 뱅크를 연결한다. 보상된 선로의 부하측 TRV는 가변적인 선로 회로 변수에 의해 결정되는 주파수로 진동한다.

360km 무부하 선로 개폐의 경우, 병렬 리액터가 TRV에 미치는 영향을 550kV 2회선 송전선로를 대상으로 계산한다. 그림 4.23은 분로 리액터가 있거나 없는 경우 각각에 대해, 무부하 선로개폐의 경우의 TRV 파형의 예를 보여준다. TRV 주파수는 수십 Hz이며, 이는 리액터의 인덕턴스와 선로의 커패시턴스에 따라 달라지며, 대형 분로 리액터를 연결하면 시스템에서 TRV 피이크를 상당히 줄일 수 있다. 예를 들어, 550kV 시스템의 선로 충전 조건에서 360km의 원거리에서 발생한 고장에 대한 TRV 피이크는 분로 리액터 없이는 1,018kV이며, 분로 리액터가 연결되면 400kV 미만으로 감소한다. 따라서 분로 리액터는 무부하 선로 충전전류 차단 조건에서 첫 번째 TRV 피이크를 크게 줄일 수 있다.

4.8 지상 소전류 개폐

차단기가 분로 리액터 뱅크 또는 무부하 전력용 변압기를 개폐할 때, 전압위상보다 90°도 지연된 수십 암페어의 지상 소전류를 개폐한다. 이와 같은 현상은 차단기가 분로 리액터 개폐, 모터 개폐 및 무부하 변압기 개폐(IEC 62271−110; IEEE

표준 C37.015 1993)에 적용될 때 발생한다.

일반적으로 차단기는 지상 소전류를 차단하는 데 어려움이 없다; 실제로 전류는 일반적으로 전류재단으로 알려진 현상에 의해 조기에 0으로 감소한다.

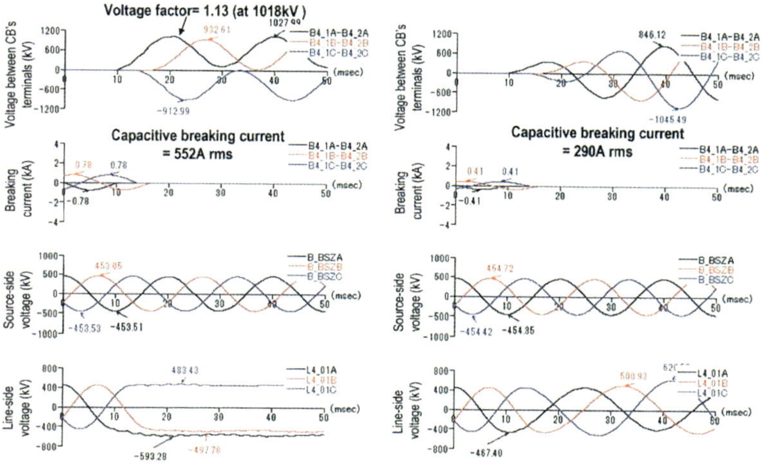

Fig. 4.23 Influence of shunt reactor on TRV for no-load line breaking in 550 kV double-circuit network model using system and equipment parameters in Thailand

그러나, 이 재단전류로 인한 과전압 및 후속 재점호로 인한 과전압은 차단기 성능 및 회로조건에 따라 심각한 결과를 초래할 수 있다. 따라서 이 책무는 상호작용성이 매우 크므로 이 책무를 위해 차단기를 선택하는 데 주의를 기울여야 한다. 유도전류 개폐의 일반적인 이론은 위의 세 가지 개폐 사례 모두에 대해 본질적으로 공통 적용이 가능하다. 이러한 논리로 분로 리액터 개폐가 자세하게 고려되며, 무부하 변압기 및 모터 개폐는 분로 리액터 개폐 사례의 확장된 경우로 간주된다.

시스템 전압에 따라 분로 리액터 개폐의 경우, 세 가지 접지조건이 있다.

1. 일반적으로 HV($72.5\text{kV} \le U_r \le 245\text{kV}$) 및 EHV($300\text{kV} \le U_r \le 800\text{kV}$)에 적용되는 직접접지 분로 리액터
2. EHV에 일반적으로 적용되는 중성점 리액터 접지 분로 리액터
3. 일반적으로 $U_r \le 52\text{kV}$에 적용되는 비접지 분로 리액터

중성점 리액터 접지 분로 리액터의 일반적인 경우를 먼저 고려하고 다른 두 경우로 확장하면 세 가지 경우 모두를 쉽게 분석할 수 있다.

그림 4.24는 유도전류 개폐의 등가회로를 보여준다. 지상전류 개폐는 일반적으로 차단기에 대한 중요한 시험책무는 아니다. 그러나 열차단 성능이 매우 우수한 차단기는 고유전류 0점 이전에 지상 소전류를 차단하면서(전류재단) 재단 과전압을 발생시키며, 재단전류가 증가함에 따라 재단 과전압도 증가하는 경향이 있다.

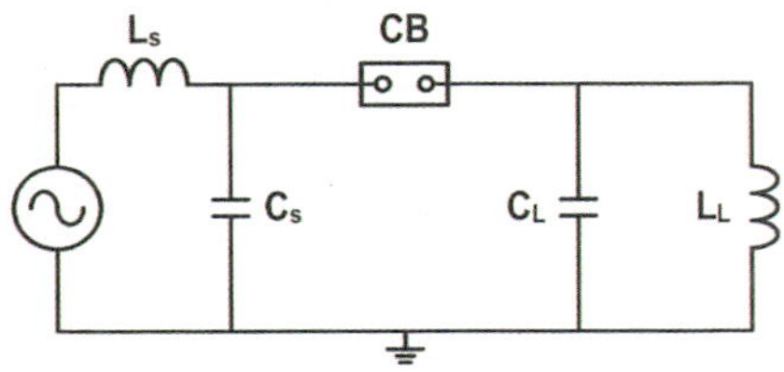

Fig. 4.24 Equivalent circuit of small inductive switching

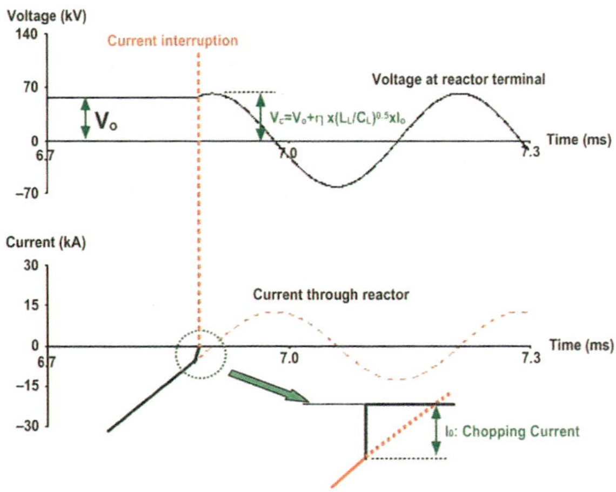

Fig. 4.25 Voltage and current behavior when current chopping occurs in case of small inductive current interruption

그림 4.25는 지상 소전류 차단시 전류재단이 발생할 때, 일반적인 전압 및 전류 파형을 보여준다. 전류재단은 때때로 급격한 전류 0으로 이어지는, 다중 고주파 전류진동을 수반하며, 이 현상은 아크특성 및 회로조건으로 인한 아크 불안정 현상이 원인이다. 현대적인 SF_6 가스차단기의 재단전류는 10A 이하이며, 일반적으로 심각한 재단 과전압을 발생하지 않는다.

지상 소전류 차단 후 관찰되는 또 다른 두드러진 현상은 재점호이다. 차단기는 작은 접점간격 상태의 짧은 아크시간에도 지상 소전류를 쉽게 차단할 수 있다. 차단기의 절연내력은 접점간격이 커짐에 따라 증가한다. 따라서 작은 접점간격은, 접점간격 사이에 생기는 절연내력을 초과하는 TRV가 인가되면, 절연파괴를 쉽게 발생시키는 경향이 있다. 재점호는 그림 4.26과 같이 고주파 전류진동 및 수반되는 과전압을 유발한다. 재점호 과전압은 차단기의 노즐과 접점, 리액터의 절연을 손상시킬 수 있다. 개폐제어는 지상 소전류 개폐시 아크시간을 증가시켜 재점호를 방지하기 위해 종종 적용된다.

일반적인 경우에 대한 첫상차단의 표현이 그림 4.27에 나와 있다. i_c는 첫상차단에서 재단전류이며 2상 및 3상은 무한 부스를 통해 접지된 것으로 간주한다. 그림 4.28은 그림 4.27에서 유도된 첫상차단의 단상 등가회로를 보여준다.

그림 4.28에서 V_0는 전류재단 순간의 분로 리액터 양단의 상용주파 피이크 전압이고 $(1+K)$는 다음과 같이 주어진 첫상계수이다.

$$L' = L\left[1 + \frac{1}{2 + L/L_N}\right] = L[1+K] \tag{4.1}$$

직접접지된 분로 리액터의 경우 $L_N = 0$, $K = 0$ 및 $L' = L$; 접지되지 않은 분로 리액터의 경우 $L_N = \infty$, $K = 0.5$ 및 $L' = 1.5L$.

전류재단 순간에 L' 및 C_L에 갇힌 에너지는 두 회로요소 사이에서 진동한다. 사용 가능한 에너지가 모두 커패시턴스 C_L에 저장될 때 최대 과전압이 발생하기 때문에, 억제 피이크 과전압은 에너지 균형을 고려하여 계산할 수 있다.

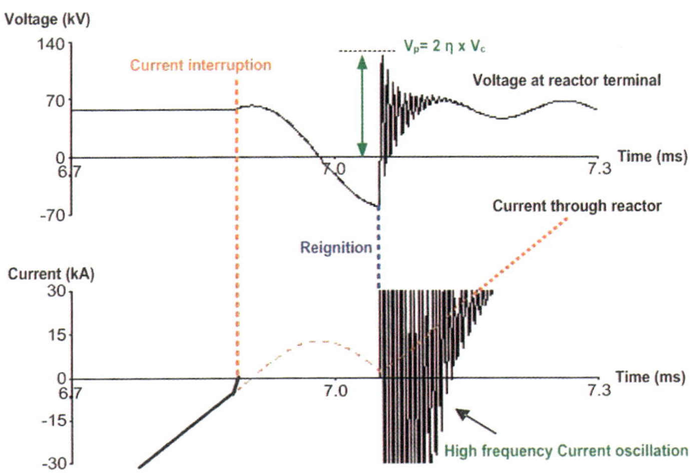

Fig. 4.26 Voltage and current behavior when reignition occurs in case of small inductive current interruption

Fig. 4.27 General case first-pole-to-clear representation

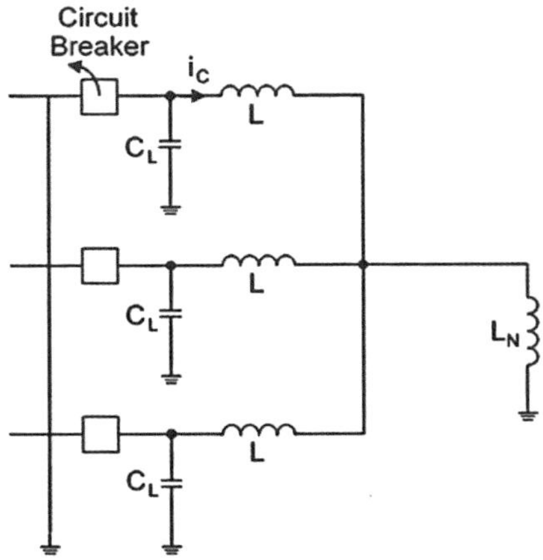

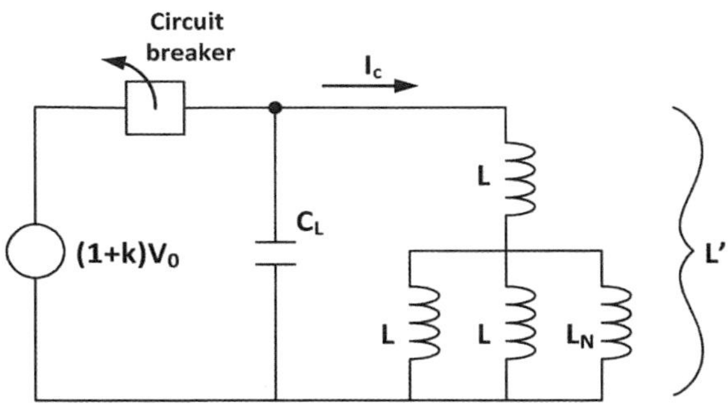

Fig. 4.28 Single-phase equivalent circuit for the first-pole-to-clear

억제 피이크 과전압에서의 에너지 = 전류 차단순간에서의 에너지; 그러므로

$$\frac{1}{2}\mathrm{C_L}V_m^2 = \frac{1}{2}\mathrm{C_L}[(1+K)V_0]^2 + \frac{1}{2}i_{ch}^2 L' \tag{4.2}$$

여기서 V_m은 사용 가능한 모든 에너지가 커패시턴스에 저장될 때 커패시터 $\mathrm{C_L}$의 피이크 전압이다.

전류재단의 순간은 일반적으로 분로 리액터를 양단에 인가되는 전압 피이크(V_0)에서 발생하고, 식 4.2는, 아크전압을 무시하면, 다음과 같이 다시 쓸 수 있다.

$$\frac{V_m}{V_0} = (1+K)\sqrt{1+\frac{1}{(1+K)}\left(\frac{i_{ch}}{V_0}\right)^2\left(\frac{L}{\mathrm{C_L}}\right)} = k_a + K \tag{4.3}$$

여기서 $(k_a + K)$는 p.u 단위이다. 계수 $(k_a + K)$는 일반적으로 k_b로 지정된다. 식 4.3에서 억제 피이크 과전압 k_a(참조 그림 4.29)는 다음과 같이 계산할 수 있다.

$$k_a = (1+K)\sqrt{1+\frac{1}{(1+K)}\left(\frac{i_{ch}}{V_0}\right)^2\left(\frac{L}{C_L}\right)} - K \tag{4.4}$$

재단전류의 값은 차단기 단자에서 보는 커패시턴스 C_t에 따라 달라지며, 이것 이외에도 극간콘덴서의 커패시턴스 C_p, 1상당 직렬차단부 수 N, 1개의 차단부에 대한 재단수 λ(차단기의 특성 값임)에도 관계가 된다. 재단전류 값은 다음과 같이 주어진다.

$$i_{ch} = \lambda\sqrt{NC_t} \tag{4.5}$$

여기서 $C_t = C_p + \frac{C_s C_L}{C_s + C_L}$

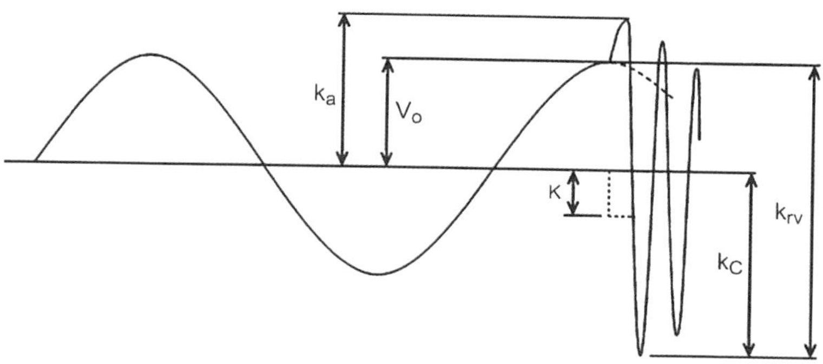

Fig. 4.29 Shunt reactor voltage at current interruption

기본 식 (4.4)를 사용하는 재단수 접근방식은 진공 차단기를 제외한 현재의 모든 차단기 유형에 적용할 수 있다. 이 접근법은, 차단기에서 보는 회로가 적절한 주파수 범위 내에서 등가 병렬 커패시턴스로 간주될 수 있다면, 유효하다. 그렇지 않은 경우에는 EMTP 또는 다른 방법을 사용하는 수치해석 계산방법이 필요하다(Dufounet 1988).

일반적인 재단수는 표 4.4에 나와 있다. 특히 가스 차단기의 경우 전류 재단은, 재단수와 마찬가지로, 아크시간에 따라 증가한다(Panek and Fehrle 1975).

$C_s >> C_L$일 때 C_t가 최대값이 되며, 이 경우 재단전류값과 억제 피이크 과전압이 최고치가 되며, C_t는 다음과 같이 주어진다.

$$C_t = C_p + C_L \tag{4.6}$$

식 (4.4)에 i_{ch}(식 (4.5) 및 (4.6))를 대입하면 재단수 기준으로 k_a가 주어진다.

$$k_a = (1+K)\sqrt{1+\frac{NL}{(1+K)}\left(\frac{\lambda}{V_0}\right)^2\left(\frac{C_p}{C_L}+1\right)} - K \tag{4.7}$$

분로 리액터 정격 Q(VA 단위로 표시)를 기반으로 하고, V_0를 접지에 대한 시스템 전압의 피이크 값으로 하면, 식 (4.7)의 보다 유용한 변형은 다음과 같다.

$$k_a = (1+K)\sqrt{1+\frac{1.5}{(1+K)}\left(\frac{N\lambda^2}{\omega Q}\right)\left(\frac{C_p}{C_L}+1\right)} - K \tag{4.8}$$

직접 접지된 분로 리액터의 경우 $K=0$ 및 k_a는 다음으로 주어진다.

$$k_a = \sqrt{1+\frac{1.5N\lambda^2}{\omega Q}\left(\frac{C_p}{C_L}+1\right)} \tag{4.9}$$

접지되지 않은 분로 리액터의 경우 $K=0.5$, $N=1$, C_P는 C_L에 비해 무시할 수 있으며 k_a는 다음과 같이 주어진다.

$$k_a = 1.5\sqrt{1+\frac{\lambda^2}{\omega Q}} - 0.5 \tag{4.10}$$

k_a 및 뒤따르는 회복전압 피이크 과전압 k_c는 분로 리액터에 스트레스를 가하며, 후자는 다음과 같이 주어진다(참조 그림 4.29).

Table 4.4 Circuit-breaker chopping numbers

Circuit-breaker type	Chopping number $\lambda AF^{-0.5}$
Minimum oil	5.8×10^4 to 10×10^4
Air blast	15×10^4 to 20×10^4
SF_6 puffer	4×10^4 to 19×10^4
SF_6 self-blast	3×10^4 to 10×10^4
SF_6 rotating arc	0.39×10^4 to 0.77×10^4

$$k_c = 2K + k_a \tag{4.11}$$

차단기에 인가되는 과도 회복전압 피이크 k_{rv}는 다음과 같이 주어진다(참조 그림 4.29).

$$k_{rv} = 1 + 2K + k_a \tag{4.12}$$

접지의 영향은 $2K$ 항에서 반영되며, $2K$ 항에서 2는 진동이, 이동된 중성점을 기준으로, 발생하기 때문이다. 차단기에서 재점호가 발생하면, 부하측 전압이 전원측 전압으로 빠르게 향하지만, 그림 4.30과 같이 재점호 과전압을 생성하는 오버슈팅이 발생한다.

그림 4.30은 전원측 커패시턴스가 낮은 회로의 경우를 보여주며, 전원측 커패시턴스가 높은 경우, 유일한 차이점은 $V'_0 = V_0$이고 두 번째 병렬진동의 초기부분은 전원전압을 기준으로 생긴다는 것이다.

최악의 경우의 재점호 과전압(C_s가 매우 큰 경우)은 전원전압을 기준으로 진동하고, 감쇄(β)를 가정하는 경우, k_p의 크기(접지 사이의 전압을 p.u.로 표시)는 다음과 같이 주어진다.

$$k_p = 1 + \beta(1 + 2K + k_a) \tag{4.13}$$

감쇄계수 β는 일반적으로 실제 현장 경험에 따라 0.5로 간주된다.

재점호 과도전압 k_s의 진폭(p.u 단위로 표시)은 다음과 같이 주어진다.

$$k_s = (e + \beta)(1 + 2K + k_a) \tag{4.14}$$

재점호 발생은 정상적인 현상이지만 차단부(Bachiller 외 1994)와 분로 리액터 권선에 해로울 수 있다.

그림 4.31은 전류재단 및 재점호 과전압을 나타내는, 550kV 분로 리액터 개폐 현상의 실제사례를 보여준다. 이 경우 차단기는, 하나의 전류영점 크로싱에서만 재점호하는 일반적인 경우와 비교할 때, 엄청나게 많은 재점호 횟수를 나타낸다.

분로 리액터 개폐에서는 4개의 진동회로가 발생 가능하며, 일반적으로 직접 접지된 분로 리액터 사례를 가지고 설명할 수 있다(그림 4.31 참조). 첫 번째 진동회로는 성공적인 전류차단과 관련이 있고 나머지 세 회로는 재점호 과정과 관련이 있다.

Fig. 4.30 Reignition at recovery voltage peak for a circuit with low supply side capacitance

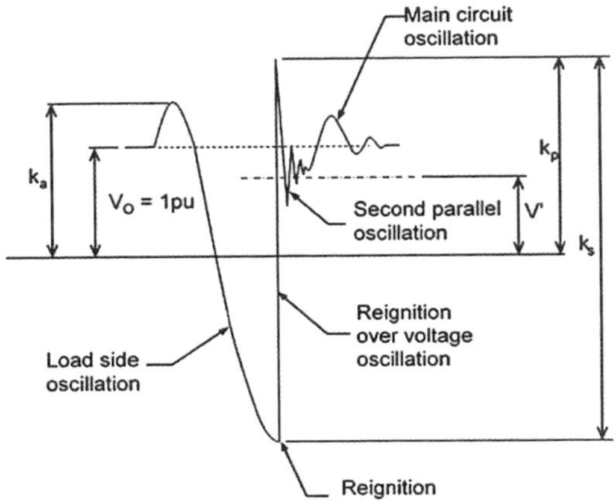

V_0 Power frequency crest voltage to ground at instant of current interruption
k_a Suppression peak overvoltage in p.u. of V_0
k_p Reignition overvoltage peak to ground in p.u. of V_0
k_s Reignition overvoltage excursion in p.u. of V_0

$$\frac{V'_0}{V_0} = \frac{C_s}{C_s + C_L}\left(1 - k_a \frac{C_L}{C_s}\right)$$

분로 리액터의 전류차단이 성공하면 시간에 따라서 부하측 진동이 감소하며, 이 부하측 진동감소는 인덕턴스 L과 커패시턴스 C_L 사이에서 저장된 에너지가 진동하면서 감소하는 것이다(그림 4.32). 이 진동의 주파수는 다음과 같다.

$$f_L = \frac{1}{2\pi\sqrt{LC_L}} \tag{4.15}$$

그리고 일반적으로 EHV 및 HV 분로 리액터의 경우 1~5kHz 범위이고 MV 분로 리액터의 경우 최대 30kHz이다. f_L은 피이크값이 식 (4.12)에 의해 주어지는 차단기의 과도회복전압의 주파수이다.

차단기에서 재점호가 발생하면 차단기를 통한 커패시턴스 C_P의 방전으로 인해 첫 번째 병렬진동이 발생한다(그림 4.30 및 4.32). 이 진동의 주파수는 다음과 같이 주어진다.

$$f_{p1} = \frac{1}{2\pi\sqrt{L_P C_P}} \tag{4.16}$$

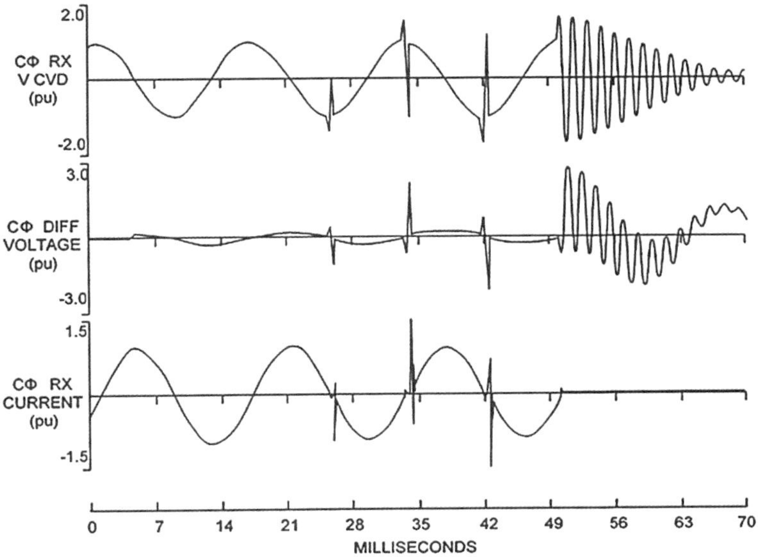

Upper oscillogram: Voltage to ground at shunt reactor
Middle oscillogram: Voltage across circuit breaker
Lower trance: Shunt reactor current

Fig. 4.31 Field oscillogram of switching out a 550 kV 135 MVAR directly grounded shunt reactor

그리고 일반적으로 1~10MHz 범위이다. 차단기는 이 진동과 관련된 전류를 차단하지 않으므로 과전압과 관련하여 의미가 없다.

두 번째 병렬진동은 C_s, C_L 및 L_b를 포함하는 회로에서 발생하며, 첫 번째 병렬진동을 뒤따라 일어나며, C_s 및 C_L의 전압을 균등화한다(그림 4.30 및 4.32). 이 진동의 주파수는 다음과 같이 주어진다.

$$f_{p2} = \frac{1}{2\pi\sqrt{L_b\left(\frac{C_sC_L}{C_S + C_L}\right)}} \tag{4.17}$$

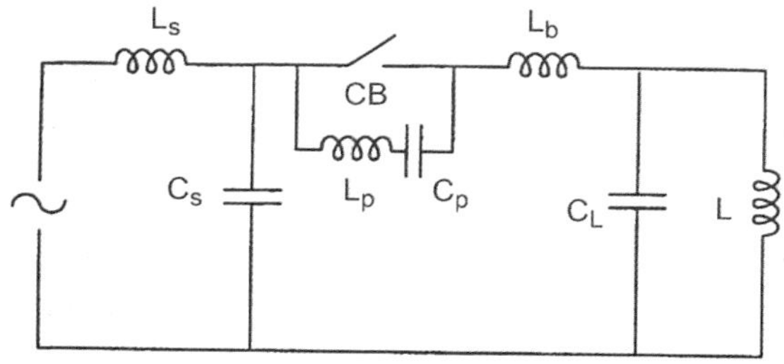

Key

L_s source inductance

C_s source side capacitance

L_p, C_p first parallel circuit inductance and capacitance

L_b connection series inductance

C_L load side capacitance

L reactor inductance

Fig. 4.32 Single-phase equivalent circuit

일반적으로 50kHz~1MHz 범위이다. 이 과도전압은 기울기가 가파르며 분로 리액터 권선에 고르지 않게 분포될 수 있으며, 특히 권선의 시작 턴(turn)에 과도한 스트레스를 줄 수 있다. 재점호 자체는 특히 시작 턴에서 위험하다.

특정한 상황(동일한 크기의 Cs와 CL)에서, 주회로 진동은 두 번째 병렬진동을 뒤따라 발생한다(그림 4.30 및 4.32). 이 진동은 복잡하며 가장 간단한 형태의 주파수는 다음과 같이 주어진다.

$$f_m = \frac{1}{2\pi}\sqrt{\frac{L_s + L}{L_s L(C_s + C_L)}} \tag{4.18}$$

범위는 5~20kHz이다.

과전압 제한을 위한 일부 방법은, 일반적으로, 모든 분로 리액터 개폐에 적용된다. 다양한 방법과 그 상대적 효과는 표 4.5에 제시한다.

4.9 변압기 제한 고장제거

차단기의 가장 심각한 고장전류 차단책무 중 하나는 변압기 제한 고장(TLF, transformer limited fault)을 제거하는 것이다. 그림 4.33에는 TLF의 두 가지 토폴로지 조건이 제시되어 있다. 변압기 공급고장(TFF, transfonner fed fault)과 변압기 2차고장(TSF, transformer secondary fault)이다. 두 조건 모두에서 변압기 특성은 단락전류, 고장전류의 AC 및 DC 성분, 상용주파 회복전압(중성점 접지방식에 의한 첫 번째, 두 번째 및 세 번째 상의 차단계수, 전압강하) 및 고주파수 TRV(WG A3.28 2014)를 결정하는 지배적인 요소이다.

변압기 임피던스가 압도적으로 크기 때문에, 변압기 양쪽 단자 사이의 상용주파 전압강하는 TRV를 만들어내는 기반을 형성한다. TLF 전류가 높을수록 전압강하가 작아진다. 6.3kA의 고장전류는 약 90%의 전압강하를 유발하고 12.5kA의 고장전류는 70%에 더 가까운 전압강하를 나타낸다. 실제로 12.5kA는 차단기의 정격 단락전류의 약 30%에 해당한다.

시스템의 중성점 처리 및 관련된 변압기 특성에 따라 X_0/X_1 비율은 광범위하게 변동한다. 그러나 유효접지된 시스템과 중성점이 접지된 변압기의 경우 X_0/X_1 비율은 1.0보다 작아서 첫상차단계수 k_{pp}에 미치는 영향을 줄인다. 그러나 변압기 중성점이 (항상) 비접지인 경우처럼, 다른 조건에서는, k_{pp}가 최대 1.5까지 올라갈 수 있다. 그러나 이것은 예외적인 경우이며, 일반적으로 100kV 이상의 시스템에 연결된 변압기측에서는, TLF에 대한 첫상차단계수는 1.0 이하로 볼 수 있다. 따라서 차단기에 대한 IEC 표준에 규정된 첫상차단계수(UHV의 경우 1.2, EHV의 경우 1.3)는 실제 서비스 조건에서 관찰된 것보다는 확실히 더 크다. 변압기 중성점이 접지로부터 분리되거나 Petersen 코일(공진 접지)로 연결된 경우, k_{pp}는 1.5로 규정해야 한다.

Table 4.5 Chopping and reignition overvoltage limitation method evaluation for shunt reactor switching

Overvoltage limitation method	How does the method work	Advantage	Disadvantage
Opening resistor	Resistor causes phase shift of current with respect to voltage resulting in current interruption by resistor switch at lower point on voltage half wave, thus reducing *ka* and consequently *krv* significantly	Very effective on circuit breakers with very high chopping numbers, i.e., air blast and dual pressure SF_6 circuit breakers	Adds significantly to mechanical complexity and maintenance requirements of the circuit breaker, not viable technically or economically on single pressure SF_6 circuit breakers
Surge arresters to ground at shunt reactor	Limits overvoltage to ground (*ka*) at shunt reactor	Passive	Effective only for circuit breakers producing suppression peak overvoltages in excess of the surge arrester protective level, reignition overvoltages still occur at up to twice the protective level of the surge arrester
Metal oxide varistor (MOV) across circuit breaker	Limits the recovery voltage (*krv*) across the circuit breaker to the protective level of the varistor and subsequent reignition overvoltages to maximum $1+\beta karv$ where *karv* is the protective level of the arrester in p.u. of V_0	Passive, effective for all circuit-breaker types, particularly suitable for use on circuit breakers at $\leq$52 kV, magnitude and probability of reignitions significantly reduced, energy absorbed by surge arrester is minimal	Adds to complexity of circuit breaker, surge arresters must be able to withstand forces associated with circuit breaker operation, some reignitions will still occur albeit at low voltage levels
Surge capacitor	Decreases frequency and thereby rate of rise of the load side oscillation, decreases frequency of reignition overvoltage excursion	May reduce probability of reignitions, reduces frequency of the voltage excursion imposed on the shunt reactor winding, may reduce the value of *ka* for vacuum breakers where chopping current is dependent mainly on contact material	Does not influence *ka* for circuit breakers other than vacuum type, leads to increased chopping current but not necessarily increased suppression peak overvoltages, does not eliminate reignitions, may have the effect of reducing the minimum arcing time such that probability of reignitions is unchanged, require space

(*continued*)

Table 4.5 (continued)

Overvoltage limitation method	How does the method work	Advantage	Disadvantage
Controlled switching	Ensures contact parting with respect to current wave such that interruption occurs at the first subsequent current zero	Eliminates reignitions	Suitable only for mechanically consistent circuit breakers with appropriate minimum arcing times, requires independent pole operation thereby increasing capital cost of the circuit breaker

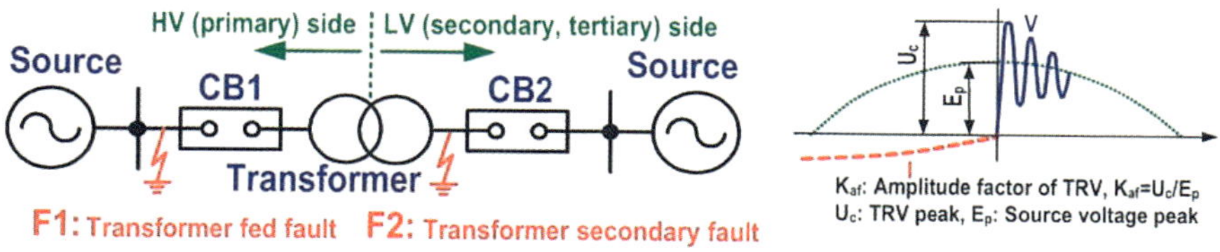

Fig. 4.33 Transient recovery voltage (TRV) for transformer limited faults (TLF)

훨씬 더 낮은 주파수에 있는 상용주파 전원의 기여를 무시하면, TLF TRV 피이크는 다음 방정식으로 주어진다.

$$U_c = k_p \times \mathrm{k_{af}} \times k_{vd} \times \frac{\mathrm{U_r}\sqrt{2}}{\sqrt{3}}$$

여기서

$\mathrm{U_c}$는 TRV 피이크

k_p는 상-차단계수(첫상차단계수의 경우 k_{pp})

$\mathrm{k_{af}}$는 진폭계수

k_{vd}는 전압강하 계수

$\mathrm{U_r}$은 정격전압이다.

차단기와 변압기 사이의 연결선로에서 접지에 대한 커패시턴스가 충분히 크면, 고장전류 차단순간의 TRV 주파수 응답은, 변압기 단락 인덕턴스에 병렬로 연결된, 이 커패시턴스에 의하여 주로 결정된다. 시간함수로서의 TRV는 다소 단순한 단일 주파수 응답으로 나타난다: 고압차단기에 대한 IEC 표준(IEC 62271-100)에 정의된 대로, 2개의 매개변수의 접선으로 설명되는 감쇄하는 1-COS 함수.

그림 4.34는 TLF 조건의 TRV 접선을 보여주며, 이는 차단기의 정격 단락전류의 10% 및 30%의 단락전류에 각각 해당하는 단자고장 시험책무 T10 및 T30에 적용이 가능하다. 시간 T_2는 피이크 값 U_c에 해당되는 값이고, t_3는 2개의 접선이 교차하는 점까지의 시간이다. 그림 4.34는 RRRV로 표현된 TRV의 가파른 정도를 보여준다. RRRV는, 접점간격에 대한 중요한 절연스트레스 계수로, 차단직후에 인가된다. 그림 4.35는, 진폭계수(k_{af})로 표현되는 억제함수로서, 피이크 시간 T_2와 시간 t_3 사이의 비율을 제공한다. 진폭계수 2.0는 억제가 없음을 의미한다. 진폭계수 1.7은 대부분의 실제 사례들을 포함한다(Janssen 외 2016).

Fig. 4.34 Two-parameter TRV with coordinates

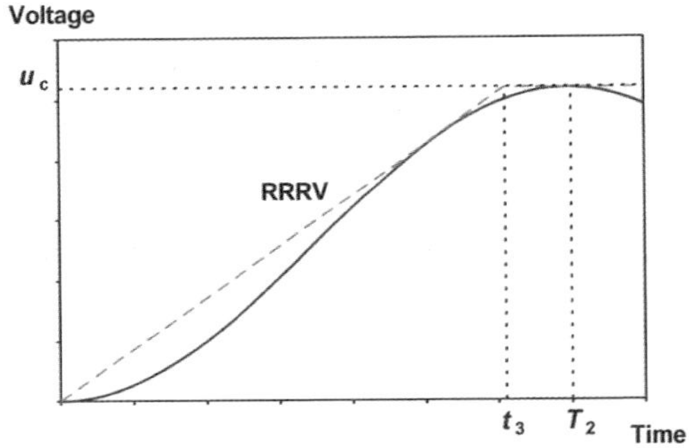

상응하는 회복전압 상승률(RRRV)은 그림 4.34 및 식 (4.20)에 표시된 대로 TRV 피이크 U_c 및 시간 t_3로 계산할 수 있다.

$$RRRV = \frac{U_c}{t_3} \tag{4.20}$$

여기서 t_3는, 그림 4.35에 나타낸 바와 같이 진폭계수의 함수로, T_2(TRV 피이크까지의 시간)로부터 구할 수 있다.

외부 커패시턴스가 없으면, TRV는 복잡한 변압기 모델에 의해 결정된다. 변압기의 과도현상을 설명하는 몇 가지의 모델들을 활용할 수 있다. 중요한 측면 중 하나는 TRV 파형을 추정하기 위한 관련 주파수 범위가 약 10kHz에서 100kHz 사이라는 것이다. 이는 대부분의 과도 변압기 모델이 다루는 것보다 훨씬 낮은데, 통상 이러한 모델들은 변압기 권선에서 발생하는 내부 스트레스에 수반되는 최대 수십 MHz의 주파수까지 처리하기 때문이다. 주파수 응답 분석(FRA) 측정은 초고주파 모델을 연구하는 데 적용되지만, 좀 더 낮은 주파수 범위와 TRV 파형을 결정하는 데에도 유용하다. FRA는 전력용 변압기의 단락된 LV 권선 및 여자된 HV 상의 여러 가지 구성에 대해서 출력전압과 입력전압 사이의 주파수 영향 비율을 얻는 데 사용된다.

임피던스는 적절한 측정장치로 직접 측정할 수도 있다. 그림 4.36은 주파수 영향을 받는 변압기 임피던스의 크기와 위상 각 편이를 함께 보여준다.

FRA 측정은 주파수 영역에서 변압기 응답특성을 보여준다. 주파수 영역의 변압기 임피던스와 주파수 영역의 고장전류 함수를 곱하면 주파수 영역의 TRV가 주어진다: $TRV(\omega) = I_{sc}(\omega) * Z(\omega)$. 앞의 식에 대한 역푸리에 변환에 의해 시간영역의 TRV(t)를 계산할 수 있다.

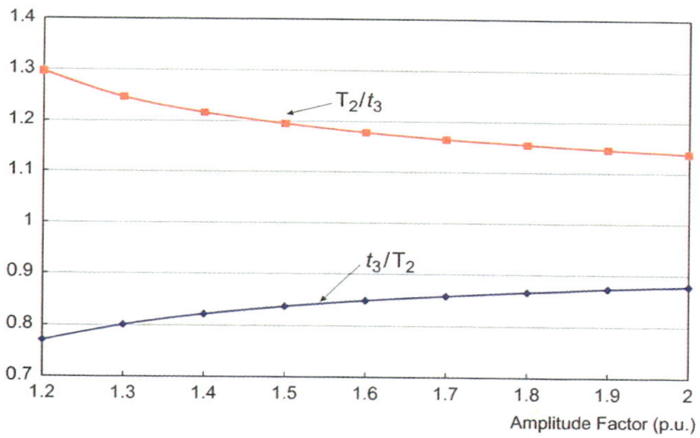

Fig. 4.35 Ratio T_2 and t_3 as function of k_{af}

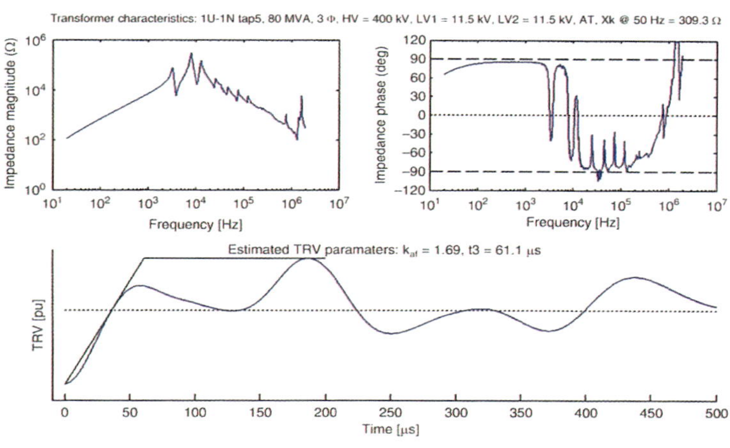

Fig. 4.36 FRA and TRV waveform with a 400 kV 80 MVA transformer

여기에서 언급한 고장전류는 소위 주입된 고장전류이며(실제의 고장전류와 크기가 같고 극성이 반대되는 전류임) 실제 고장전류와 주입된 고장전류를 중첩하면 전류가 0이 된다: 고장 제거. 우리는, TRV의 초기부분 수 ms 정도에만 관심이 있으므로, 주입된 고장전류는 램프함수로 간주할 수 있다: $I(t) = S^{*}t$ 또는 주파수 영역에서 $I(\omega) = S/\omega^2$. 이 특성으로 인해, $Z(\omega)$의 고주파 부분이 $TRV(\omega)$에 미치는 영향이 감소된다.

그림 4.36에 나타낸 FRA 측정으로부터, 저주파 범위에서 주파수에 비례하여 위쪽으로 증가하는 직선을 그어서 단락 인덕턴스를 구할 수 있다. 다소 명확성이 떨어지지만, 고주파수 영역에서 주파수에 반비례하여 감소하는 직선을 그어서 서지 커패시턴스를 결정하는 것도 가능하다. 이러한 방식으로 서지 커패시턴스를, 특히 수십 kHz에서 약 100kHz에 이르는 주파수 범위에 대해서, 결정할 수 있다.

이러한 방식으로, 단락 인덕턴스 L 및 서지 커패시턴스 C로 정의되는 간단한 단일 주파수 모델을 얻을 수 있다. $Z(\omega)$의 파고값에서 병렬저항 R의 값을 추정할 수 있다. $R/\sqrt{L/C} = R/Z$에서, 단일 주파수 응답의 감쇄를 계산할 수 있으며 피이크 또는 진폭계수 k_{ap}를 유도할 수 있다. 그리고, 다중 공진의 경우에 대한 병렬 R, L, C 값들도 역시 상기와 같은 방법으로 유도할 수 있다.

1500MVA 외철형(shell-type) 변압기의 1차측과 2차측에서 첫상차단을 하는 경우에 대해, FRA 측정을 통해 얻은 전형적인 응답특성들을 그림 4.37에 보여주고 있다.

TRV 파형은, FRA 측정을 기반으로 해서 구한 L, C 및 R의 다중 병렬회로를 직렬로 연결하여 구성한, 단순화된 변압기 모델을 사용해서 구현할 수 있다. 1차측과 2차측에 대한 단순화된 변압기 모델은 그림 4.38과 같이 FRA 측정의 응답으로부터 얻을 수 있다. 주파수 응답은 이러한 단순화된 변압기 모델을 사용해서 다시 계산되었으며 그림 4.37에 나타내었다. 두 계산 모두 측정된 FRA 특성과 잘 일치하는 것으로 나타났다.

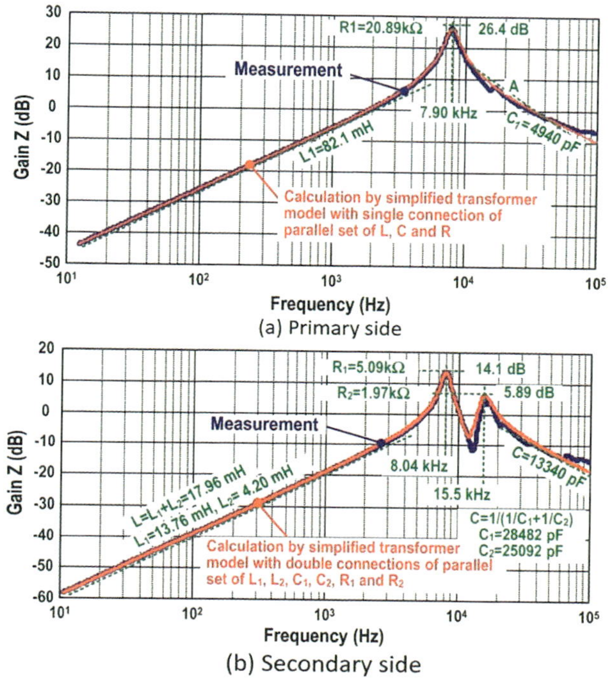

Fig. 4.37 FRA measurement with a 525 kV, 1500 MVA transformer

그림 4.39는 FRA 측정을 기반으로, 단순화된 변압기 모델로 재현된 TRV 파형을 보여준다. 계산된 TRV 파형은 측정된 TRV과 잘 일치하는 것으로 나타났다. 따라서, FRA 측정을 기반으로 하는 L, C, R의 다중 병렬회로 세트를 직렬로 연결한, 단순화된 변압기 모델은 TLF 조건에 대한 TRV 파형을 매우 정확하게 재현할 수 있음을 확인했다(IEC Std. IEC 62271-100 ed. 2.1 2012).

차단기와 전력용 변압기 사이의 선로에서, 접지에 대한 최소량의 커패시턴스 값이 조사되었다. 통상적으로 결선은, 최소 수십 미터에서 최대 100미터의 거리를, 공기절연 도체에 의해 이루어진다. 연결되는 다른 고전압 장치는 제한적이며, 접지에 대한 정전용량이 다소 낮다: 변류기, 서지 피뢰기, 단로기 및 접지 스위치 등등. 공기절연 변전소의 외부 커패시턴스의 전형적인 예는, 정격전압과 거의 무관하게, 최소값이 500pF에서 1000pF까지 정도이다.

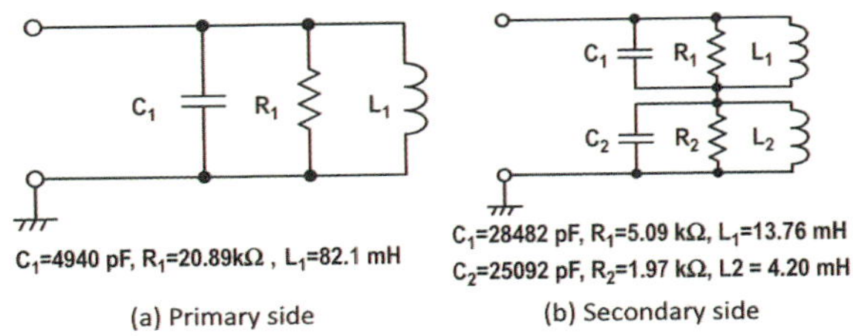

Fig. 4.38 Simplified transformer models for primary and secondary side

Fig. 4.39 TRV reproduced by simplified transformer models

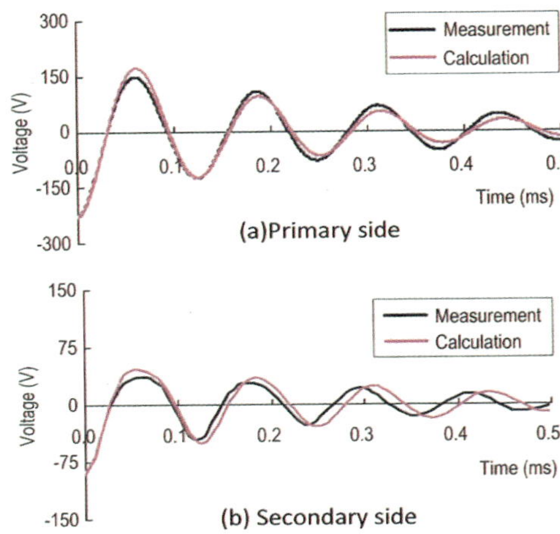

변압기 커패시턴스과 비교하여, 상당한 크기의 외부 커패시턴스는 TRV 파형을 바꾸게 된다. 외부 커패시턴스가 FRA 측정에 포함되면, 총 임피던스가 왼쪽으로, 즉 더 낮은 주파수 쪽으로 이동한다. 그리고 품질계수가 증가함에 따라, 주파수의 함수인 변압기 임피던스의 피이크 값이 커진다. 더욱이 지배적인 주파수가 더욱 두드러지면, 다른 고유 주파수는 사라지는 경향이 있다. 외부 커패시턴스가 없으면, 지배적인 주파수는 10~20kHz 사이에서 최대값을 갖는 경향이 있다. 최소한의 추가 커패시턴스를 추가하면, 지배적인 주파수는 약 10kHz 이하이다.

주어진 주파수(약 10kHz), 더 높은 품질계수(약 1.7의 진폭계수로 이어지는), 낮은 첫상차단계수(1.0에 가깝고 1.2 또는 1.3까지는 상당한 여유가 있음) 및 전압 강하 계수(상대적으로 낮은 고장전류에서 90%(예: 6kA) 및 상대적으로 높은 고장전류에서 70%(예: 12kA))는 TRV 매개변수를 정의하는 기반을 함께 형성한다. 100kV에서 800kV까지의 정격전압에 대한 표준화가 진행 중이다.

4.10 탈조전류 개폐

고압 차단기에 대한 IEC 및 IEEE 표준(IEC Std. IEC 62271-100 ed. 2.1 2012; IEEE Std. C37.09-1999, Cor 1-2007 2007)에는 탈조전류의 투입과 차단을 위한 비의무 시험책무가 규정되어 있다. 탈조개폐 책무는, 수십년 전에 IEC 및 IEEE 표준 모두에, 규정되었다. 탈조전류 및 TRV 정격은 여전히 원래 가정을 기반으로 한다. 정격치들은 여전히 송전시스템에 적용이 가능하지만, 규정치에서 추론할 수 있는 것보다 더 큰 위상차 각도가 예상될 수 있으므로, 고려사항들의 배경을 잘 고려해야 한다.

송전시스템에는 작은 전력스윙이 항상 있다. 이는 작은 과도현상과 전력시스템의 부분과 부분 사이에 존재하는 고유한 진동조건의 충족으로 인해 발생할 수 있다. 대형발전소 컨트롤러(예: 전력시스템 안정기) 및 HVDC 컨트롤러의 작동은 일반적으로 스윙을 억제하거나 이러한 작은 전력스윙의 악화를 방지하기에 충분하다. 그리고 더 큰 교란(대형발전소의 갑작스러운 탈락, 시스템 임피던스의 변화, 시스템 부하의 급증)으로 인해, 규모는 더 크지만 여전히 안정적인 전력스윙이 발생할 수도 있다. 불안정한 전력스윙이 나타나면, 전력시스템의 보호 및 제어 장치에 의한 즉각적인 개입이 필요하다. 안정적이든 또는 불안정적이든, 전력스윙은 모두 유효전력의 불균형(주파수 불안정), 무효전력의 불균형(전압 불안정), 충분히 빠르게 제거되지 않은 단락 또는 발전기 또는 송전통로를 통한 너무 큰 전력송전(각 불안정성)에 의하여 발생한다: 참조 그림 4.40. 종종 주파수, 전압 및 각도들의 불안정도는 동시에 일어난다. 여기에서 단계를 벗어난 조건이 발생하면, 보호 계전기 또는 특수 보호방식의 동작에 의한 자동트립에 의해 해당 시스템이 나머지 시스템과 분리된다.

동기기탈조(자극이탈) 조건은, 고정자의 회전자계와 회전자의 자계 사이에 자극이탈(pole slipping)이 발생해서, 발전기 또는 발전기 그룹이 몇 가지 대응 조치를 반드시 취해야 하는 전력스윙이다(IEEE PSRC WG D6 2005). 이 용어는 불안정한 전력스윙(IEEE PSRC WG D6 2005)과 동기상실(탈조)(IEV 60050-448-14-35 1995)과 동의어이다.

시스템탈조(위상이탈) 조건은 차단기의 양쪽에 있는 전력시스템 사이에 비정상적인 탈조 또는 동기미흡 상태가 발생하는 것이며, 이 경우에는 차단기가 동작하는 순간 차단기 양쪽의 전원전압을 나타내는 회전하는 벡터 사이의 위상각이 정상치를 초과한다(IEEE PSRC WG D6 2005).

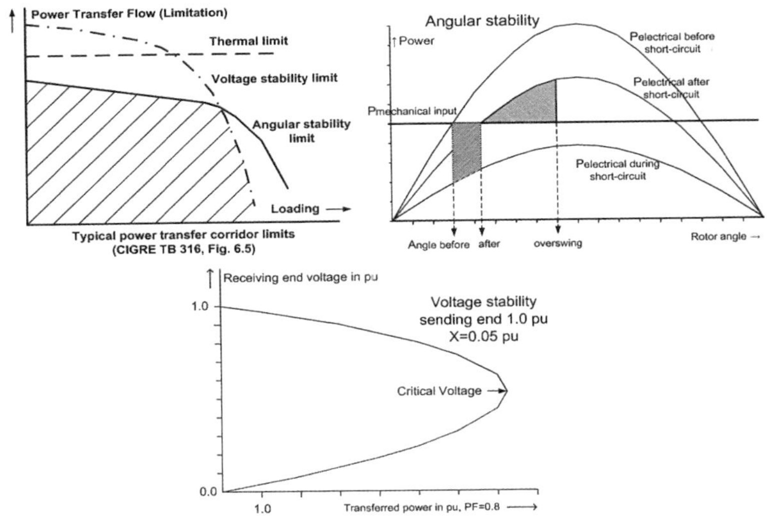

Fig. 4.40 Typical power transfer corridor limits with angular stability and PV-curve (voltage stability)

시스템 분리 및 큰 교란(disturbance)은 예상보다 더 자주 발생한다(JWG A3/B5/C4.37 2018). 이들은 전 세계 모든 지역에서 발생한 사례가 있으며, 특정유형의 시스템(예: 방사형 시스템)에 국한되지 않는다. 비록 조밀한 메쉬형 시스템에서는 시스템분리 확률이 더 적지만, 연이어 선로를 분리하게 되면 토폴로지를 방사형 시스템의 토폴로지로 바꾸게 되며 이 경우에는 방사형 시스템과 동일한 효과를 나타낸다. 정의에 따라 탈조개폐는 분리할 2개의 전원시스템 사이의 마지막 선로와 관련이 된다. 동기기탈조나 시스템탈조 조건의 위험을 무시해서는 안 되며, 차단기 전문가와 보호 전문가 모두가 이들을 고려해야 한다.

시스템탈조 전류의 크기는 전류차단 과정 동안에 차단부에 미치는 중요한 스트레스 요인인데, 이 이유는 시스템탈조 전류의 크기가 차단기 접점 사이의 아크에 의해 흡수되는 에너지의 양에 직접적인 영향을 미치기 때문이다. 에너지의 양이 클수록, 전류영점 직후 과도회복전압을 견디기가 더 어려워진다. 송전용 차단기의 경우, 180°의 위상차 각은 90°의 위상차 각보다 40% 더 큰 위상차 전류와 40% 더 큰 TRV 경사도(회복전압 상승률: RRRV)를 발생시킨다. 발전기용 차단기의 경우, 180°의 위상차 각은 90°의 위상차 각에서 발생하는 것보다 최대 80% 더 큰 전류를 발생시킬 수 있다. 표준에서 정격(즉, 최대) 위상차 전류는 정격 단락전류의 백분율로 규정된다.

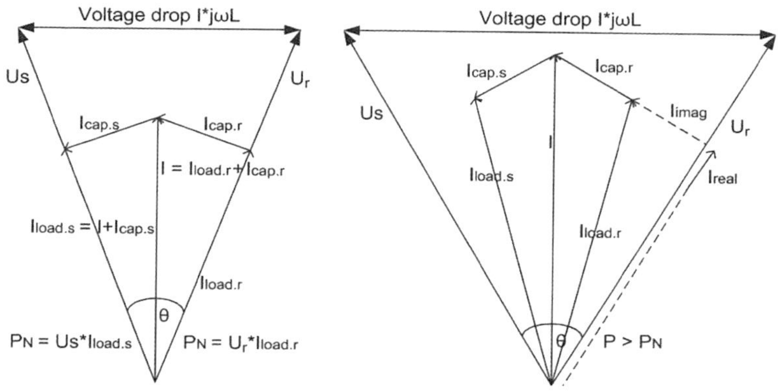

Fig. 4.41 Angle θ along an inductive connection to transfer an amount of active power, being the natural power $P_N = U2/\sqrt{(L/C)}$ (left) of more (right): 30° per 100 km at 5 P_N

시스템분리는 선로들을 분리함에 따라 계단식으로 증가하는 효과와 함께 진행되므로, 차단기의 양쪽에서 발생하는 대표전압 사이의 임피던스도 증가한다. 따라서 고압 차단기의 경우, 시스템탈조 전류의 규정치가 관련된 차단기의 정격 단락전류의 5% 및 25%만큼 큰 것은 상당히 합리적이다.

또한 위상차 각이 클수록 회복전압과 과도회복전압이 커지고 빨라진다. 이러한 회복전압의 상승률은, 변압기가 지배적 임피던스를 형성할 때는, T30 또는 변압기 제한고장 시험책무에 포함된 것으로 간주할 수가 있다. 그러나, 시스템탈조 TRV의 경우는, 모든 시험책무 중에서 가장 높은 크기의 Uc가 전형적인 특징이다. 따라서 장거리선로 고장제거 및 직렬보상 가공선로의 고장제거와 같은 특수한 경우에 대한 참고용으로도 사용된다.

시스템분리 직전에 시스템의 두 부분은, 최종적으로 하나의 회로로 수축되며 하나의 통로에 의해 연결된다. 이 조건은 방사형 시스템과 유사하며, 시스템탈조의 위상각은 전력조류와 리액턴스(연결회로 또는 직렬로 연결된 회로들)에 의해 결정된다(참조 그림 4.41). 임피던스 ωL과 전력조류가 클수록, 선로를 따라 각도가 커진다.

자세한 정보가 발표된 큰 교란의 경우, 90°보다 훨씬 큰 위상차 각이 보고되었다. 예를 들어, 2012년 7월 30일과 31일 인도에서 발생한 큰 교란 동안에, 관련 지역 사이의 각도는 60°에서 260°(7월 30일 02:33:15.4경 시스템분리)로 움직였고, 시스템분리 시 이 각도는 90°에서 190°로 증가했다(7월 31일 약 13:00:18)(JWG A3/B5/C4.37 2018, CERC 2012).

상기 보고서(CERC 2012)는 분리된 두 영역 간의 각도 차이에 대한 자세한 정보가 제공되는 몇 안 되는 사례 중 하나이다. 분명히 이러한 위상차 각도가 커지고 있으며, 결과적으로 진동중심 근처의 시스템전압 크기도 낮아진다. 또한 시스템의 큰 교란은 전압 불안정 문제를 동반한다. 시스템분리 순간에 큰 전력조류와 함께, 큰 일시적 전압강하, 전압강하 및 급격한 전압 강하가 보고되었다. 예를 들어, 유럽대륙 그리드(2003)에서 이탈리아 그리드를 분리하는 동안(UCTE 2004) 전압은 공칭전압값의 80% 아래로 떨어졌다. 이 현상은(Meng 2006)에서도 언급되었다. 가공선로 및 기타 구성 요소의 계단식 탈락으로 인해, 무효전력 소비가 갑작스럽게 증가하고 결과적으로 시스템 전압이 저하되어 결국 붕괴된다.

고압 차단기의 경우, 큰 위상차 각은 차단기의 정격전압보다 훨씬 낮은 전압을 발생시킬 가능성이 매우 높으며, 심지어 이 전압은 그리드 코드에 허용되는 최소 전압 수준(즉, 일반적으로 정격전압보다 20% 낮은 전압)까지 낮아질 수 있다. 정확하게 말하면, 그리드 코드에서 최대 동작전압은 일반적으로 공칭전압의 110%이고 최소 동작전압은 공칭전압의 90%이다(극한 조건에서 최소전압은 일반적으로 일정 시간 동안 85%로 규정된다. 매우 짧은 시간 동안 더 낮게 표시될 수 있다). 차단기의 정격전압은 시스템의 최대 동작전압 이상이어야 하므로, 최소 동작전압은 차단기 정격전압을 최소 1.1로 나눈 다음 0.9를 곱한 값이다: ≤81.8%. 110% 및 90%를 기준으로 다음 그림은, 탈조 위상각의 함수로서, 최소 동작전압에서 실제 탈조 회복전압을 보여준다(그림 4.42). 탈조회복전압이, 정격전압과 첫상차단계수 1.3(유효접지 시스템, 파란색) 및 첫상차단계수 1.5(비접지 시스템, 빨간색)를 기반으로 한, 고압 차단기 표준(IEC Std. IEC 62271−100 ed. 2.1 2012)과 비교된다. 규격치로부터, 이들은 105°(첫상차단계수 1.3) 및 115°(첫상차단계수 1.5)의 위상차 각도에 해당한다고 추론할 수 있다. 그림 4.43에서 이러한 각도는 다른 첫상차단 조건의 각도들과 함께 설명된다.

그리드 코드에 규정된 최소 동작전압(큰 교란 중에 보고된 시스템 전압보다 큼)에서 탈조회복전압은, 가장 큰 탈조 위상각도의 경우에도, 개발시험에서 사용되는 값과 같거나 작다. 따라서 실제 사례들이 충분히 다루어졌으며, 작은 탈조 위상각(최대 90°)의 경우 정격전압까지, 그리고 더 큰 위상각과 전력조류(최대 180°)의 경우 최소 동작전압까지 다루어졌다. 이 정보는(IEC 가이드 IEC 62271−306)에 포함되어야 한다.

탈조현상의 결론

1. 차단기 규격의 탈조개폐 요구사항은, 전력시스템의 계산, 시뮬레이션 및 실제 시험이 분석된 1952년 AIEE 논문의 제안에서 가져온 것 같다. 정격 탈조전류는 정격 단락전류의 25%로 제안되었다. 경제적 및 통계적 이유를 고려하여, TRV 분석으로부터 최소 피이크 값이 제안되었다: RV(회복전압)는 2.0p.u, 그리고 25%의 오버슈트(Uc는 2.5p.u.).

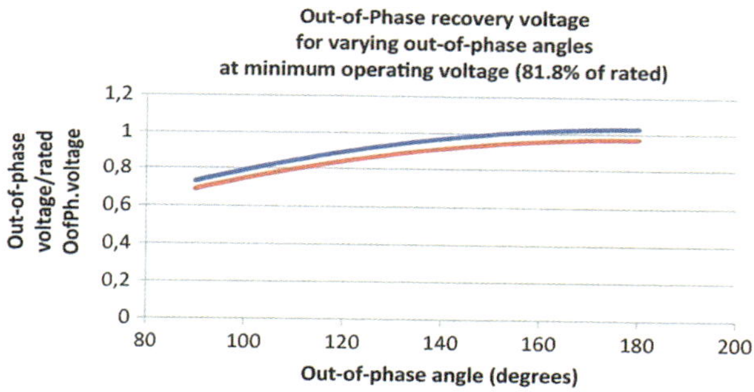

Fig. 4.42 Out-of-phase recovery voltage at 81.8% of the rated voltage as a function of the out-of-phase angle for k_{pp} = 1.3 (blue) and k_{pp} = 1.5 (red)

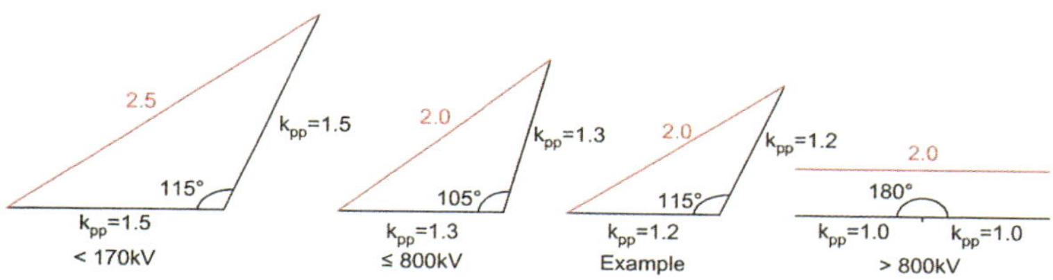

Fig. 4.43 Out-of-phase angles depend on first-pole-to-clear factor k_{pp} (IEC Guide IEC 62271-306)

2. 시스템 분리가 가공선의 단계적인 제거와 시스템 임피던스의 증가를 초래함에 따라, 정격 단락전류의 최대값인 25%는 오늘날에도 합리적으로 보인다. 탈조전류의 최대값은 차단기 기능의 중요한 매개변수이다.

3. 큰 교란은 105°~115°값(TRV 피이크 규정치와 관련되는 변수인 탈조 위상각)보다 훨씬 더 큰 탈조 위상각을 보여준다. 이것은 방사형 시스템과 메쉬형 시스템 모두에 적용된다: 그러나, 역사적 기록에 의하면, 큰 탈조 위상각은 낮은 동작전압과 동시에 발생할 수 있음을 보여주었다. 큰 탈조 위상각과 낮은 동

작전압의 조합은, 상대적으로 작은 위상차 각과 정격전압(최대 동작전압)에 대해 규격에서 규정한 TRV 피이크값과 유사한 TRV 피이크 값을 나타낸다.

4. 기존 발전소를 연결하거나 분리하는 데 사용되는 송전시스템 차단기도 탈조 개폐 동작을 수행해야 하는 경우가 있다. 불안정한 전력변동 중에 발전소 연결을 끊으려면, 변압기 제한고장 시험조건을 검토해서 적용해야 할 가능성이 있다(비록 주의하면서 적용해야 하겠지만).

5. 잘못된 동기화로 인해 발전소를 분리하려면, MV 발전기용 차단기에 대해 기술한 것과 유사한 조건 및 요구사항을 적용할 수 있으며, 설계가 책무를 충족할 수 있는지를 판단하기 위한 시뮬레이션이 필요하다. 그러한 경우의 시뮬레이션에는 보호 시스템의 응답시간, 발전기 전압의 강하현상 및 회전자의 가속/감속을 포함하여야 하며, 이는 발전기의 동기화 실패 후 탈조전류와 TRV가 사용자가 사전에 요구한 조건들을 포함하는지(예를 들면, 180°(JWG A3/B5/C4.37 2018))를 확인하기 위한 것이다.

4.11 전력시스템 안정도의 기계적 모델

4.11.1 Noda 모델 소개

장치들의 요구사항은 전력시스템의 현상을 연구하여 결정한다. 장치 설계, 시험, 적용 및 평가에 관련되는 엔지니어는 종종 전력시스템에서 관찰되는 다양한 개폐 동작을 이해해야 할 필요성에 직면할 수 있다. 이 절에서는 탈조조건의 경우를 고려하여 시스템 안정도를 설명하기 위해 기계 시스템과 유사한 동력 전달모델의 예를 소개한다.

그림 4.44는 발전기와 부하가 있는 간단한 송전시스템을 보여준다. 여기서 발전기의 전압(V_G)과 부하센터의 전압(V_L)은 각각 일정한 값을 유지하는 것으로 간주한다. AC 전력 송전용량은 시스템 전압이 증가하면 증가하고 선로 리액턴스(X)가 증가하면 감소한다. 송전용량(P, 유효전력)은 또한 발전기 터미널과 송전선로 말단 사이의 전압 위상각($\theta = \theta_1 - \theta_2$)의 차이에 따라 달라진다.

송전용량은 다음 방정식으로 제공된다.

$$P = V_G V_L \sin\theta / X$$

여기서 V_G와 θ_1은 발전기 터미널에서의 전압과 위상각이다. V_L과 θ_2는 선로 말단에서의 전압과 위상각이다. 전압 위상각의 차이가 90°일 때 송전용량은 최대가 된다. 그림 4.45는 다양한 발전에 대한 송전용량을 보여준다. 위상각의 작은 증가(90°미만)는 큰 발전기의 경우 P_m(포인트 A)에서 $P_m{}'$(포인트 B)까지 송전전력을 증가시킬 수 있다.

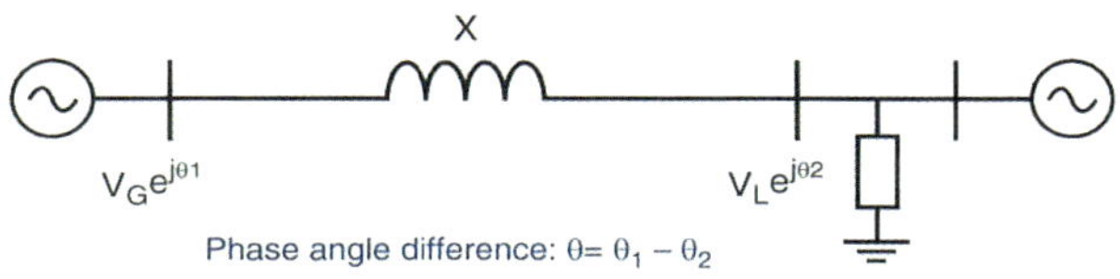

Fig. 4.44 AC power transmission with a generator and a load

Fig. 4.45 AC transmission capacity versus the phase angel (Black: normal state, blue, contingency case)

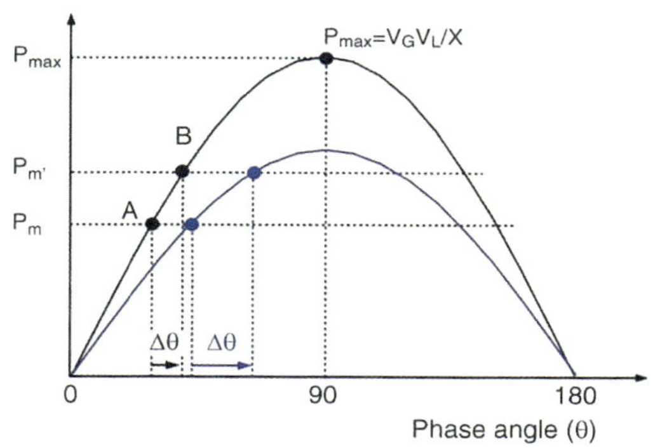

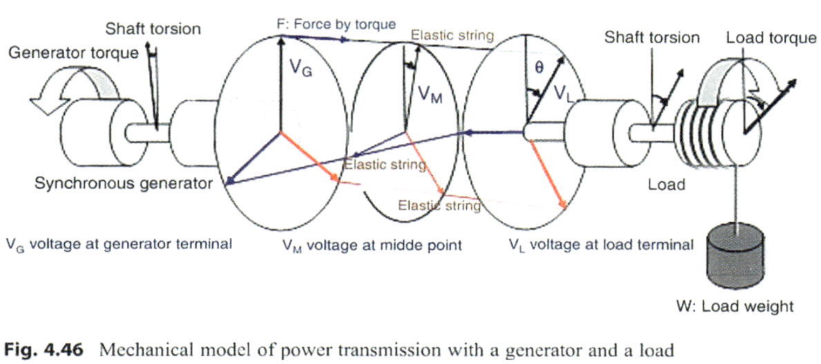

Fig. 4.46 Mechanical model of power transmission with a generator and a load

그림 4.45에서, 위상각 차가 작은 범위(90° 이하)에서 시스템을 운용할 경우 전력계통이 보다 안정적이 될 수 있음을 알 수 있는데, 이는 수요가 증가하거나 고장발생(파란색 선)으로 인해, 하나의 송전선로 탈락과 같은 우발적인 경우 송전용량이 증가할 수 있기 때문이다.

4.11.2 전력 송전시스템의 기계적 유추

그림 4.46은 Noda 모델(Hase 2007)이라고 하는 전력 송전시스템의 기계적 유추를 보여준다. 이 모델에서 발전기는 회전토크 핸들로 표시되고 부하는 중량(W)이 있는 호이스트 하중으로 표시된다. 세 디스크의 반경 V_G, V_m 및 V_L은 각각 발전기단자, 송전시스템의 중간지점 및 부하단자의 시스템전압에 해당한다. 세 개의 디스크는 세 개의 탄성스트링(예: 고무 와이어)으로 연결된다. 발전기측의 핸들을 돌려서 발생하는 토크파워(F)는 탄성스트링을 통해 전달되어 부하측의 추를 감아올린다.

F와 F_o가 각각 길이가 l(발전기 터미널의 디스크와 부하 터미널의 디스크 사이의 각도 차이가 θ)과 l_0(각도 차이가 0)인 탄성스트링의 장력이면, 그 장력은 다음과 같이 표현할 수 있다. 여기서 1/X는 스트링의 탄성계수이다.

$$\mathrm{F}-\mathrm{F}_0=\frac{1}{\mathrm{X}}(\mathrm{l}-\mathrm{l}_0) \qquad F\approx\frac{l}{X}$$

그림 4.47과 같이 Fp가 장력 F의 원주방향 성분이고 P가 힘의 각모멘트인 경우, 송전용량의 유추를 위한 다음 식이 얻어진다.

$$\mathrm{F_p}=\mathrm{F}\cdot\cos\alpha=\mathrm{F}\frac{\mathrm{V_L}\sin\theta}{\mathrm{l}}=\frac{\mathrm{V_L}\sin\theta}{X}$$

$$\mathrm{P}=\mathrm{F_P}\times\mathrm{V_G}=\frac{\mathrm{V_G}\,\mathrm{V_L}\sin\theta}{\mathrm{X}}$$

또한 F_P가 장력 F의 반경방향 성분이고 Q가 힘의 반경방향 성분이면 다음 식도 구할 수 있다.

$$\mathrm{F_q}=\mathrm{F}\cdot\cos\beta=\mathrm{F}\frac{\mathrm{V_G}-\mathrm{V_L}\cos\theta}{\mathrm{l}}=\frac{\mathrm{V_G}-\mathrm{V_L}\cos\theta}{\mathrm{X}}$$

$$Q = F_q \times V_G = V_G \frac{V_G - V_L \cos\theta}{X}$$

무게(전력부하 P에 해당)가 증가하면, 기계적 각도차이(θ)가 증가하여 세 개의 탄성스트링이 확장되고, 중간지점(반경 V_M)에서 전압이 감소해야 한다. 기계적 힘 Q는 무효전력에 해당하는 반경 V_G를 압축한다.

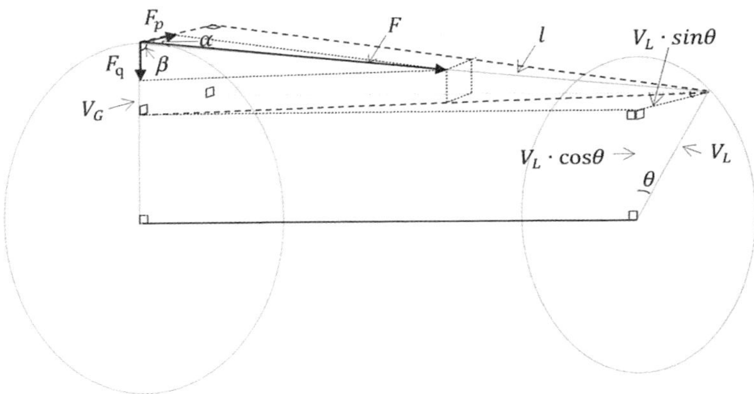

Fig. 4.47 Resolution of the elastic force to circumferential and radial components

그림 4.48은 세 개의 디스크와 이 디스크에 연결된 탄성스트링(작거나 큰 선로리액턴스에 해당)의 개략도를 보여준다. 따라서 전압이 높고 선로리액턴스가 작아서, 전력시스템이 비교적 낮은 위상각차에서 작동하는 경우, 시스템 안정도는 향상될 수 있다.

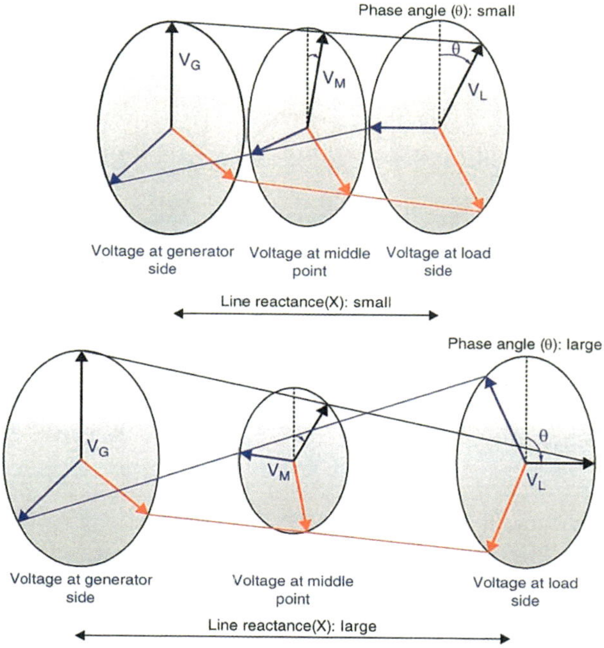

Fig. 4.48 Schematic drawings of three disks corresponding to different line reactance

위상각이 임계조건을 초과하면 그림 4.49와 같이 탄성스트링이 결국 중간 지점에서 꼬이게 되는데, 이는 전력시스템의 중간 지점에서 발생하는 탈조상태 또는 고장에 해당한다.

그림 4.50은 K. Noda가 제안한 실제 데모모델을 보여준다.

4.11.3 전력 안정도에 대한 FACTS의 영향

유연 교류 송전시스템(FACTS) 및 직렬 커패시터 보상은 무효전력을 보상하기 위해 긴 송전선로에 자주 사용된다. Noda 모델은(그림 4.51과 같이 송전선로의 중간지점에서 전압을 증가시킴으로써 안정적이고 더 큰 전력 송전용량을 가능하게 함) 송전선로 중간에 위치한 이러한 보상장치의 효과를 설명할 수 있다.

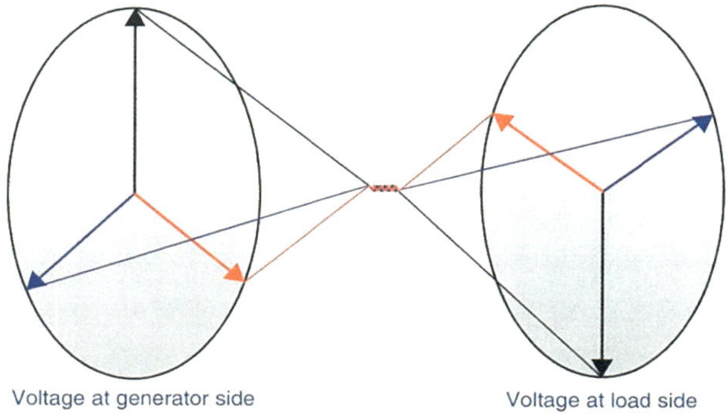

Fig. 4.49 Twisted elastic strings correspond to power system breakdown due to larger phase angle difference (out-of-phase conditions)

Fig. 4.50 Photograph of Noda model

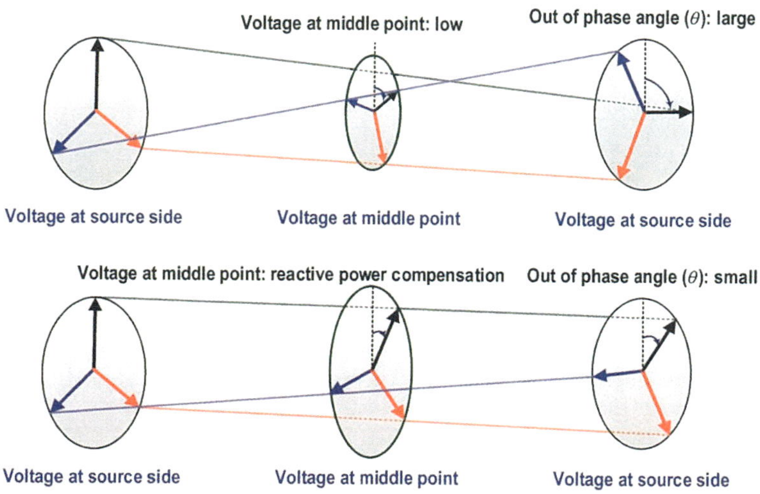

Fig. 4.51 Noda model showing the reactive power compensation

4.12 50Hz와 60Hz 사이의 개폐현상의 차이

4.12.1 상용주파수

전력계통의 주파수는 대부분의 국가에서 50Hz로 운용되지만 미국, 일본 서부 등 일부 국가의 상용주파수는 그림 4.52와 같이 60Hz이다. 오늘날 두 주파수는 모두 공존한다(단일주파수를 위한 세계 표준화로의 움직임 없이).

의도된 상용주파수 이외의 다른 곳에서 사용하는 경우, 일부 전기제품들은 비효율적으로 또는 안전하게 작동하지 않는 경우가 있다. 그러나 대부분의 변전소 설비, 특히 차단기의 경우 50Hz 및 60Hz의 상용주파수에서 모두 동작할 수 있다.

그러나 보다 엄밀히 말하자면, 상용주파수의 차이는 변전소 설비의 성능에 영향을 미친다. 전력용 변압기의 경우, 더 높은 상용주파수의 경우에는, 동일용량에 대해 더 간결한 설계가 가능하다. 다양한 개폐책무에 대해, 차단성능에 대한 상용주파수의 영향을 아래에 나타낸다.

4.12.2 열차단 성능

차단기가 SLF 조건에서 동일한 전류를 차단하면, 60Hz의 경우에는 전류영점에서 전류 및 전압 기울기(di/dt, dv/dt)가 1.2배(50Hz보다 전류영점 주변에서 더 높은 저항열 입력이 발생)가 되기 때문에, 60Hz의 경우 더 높은 냉각성능(더 높은 열차단 성능)이 필요하다. 일부 60Hz용 차단기는, 50Hz용 차단기에 비해 더 큰 극간콘덴서를 사용해서, 전류영점에서의 전류기울기를 완화하여 열차단 성능을 향상시키는 방법을 사용하고 있다(그림 4.53).

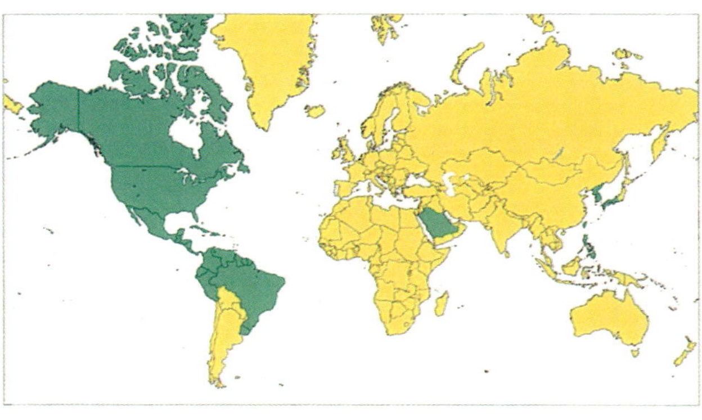

Fig. 4.52 World map of power frequency of 50 Hz (in yellow) versus 60 Hz (in green)

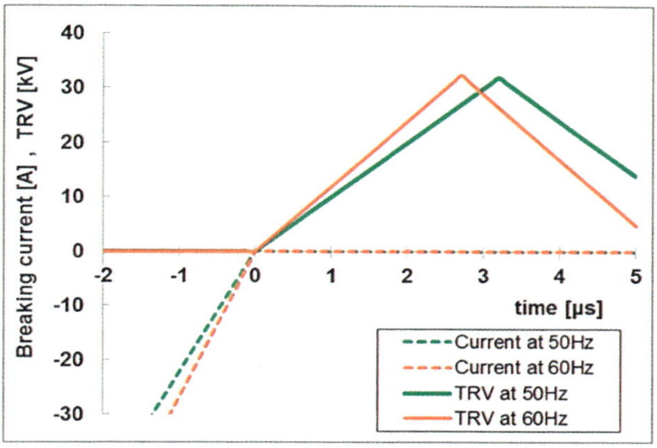

Fig. 4.53 Comparison of (di/dt) at current zero and TRV

4.12.3 절연차단 성능

차단기는, 접점분리 후 최소 아크시간이 경과하면, 상용주파수로 인해 주기적으로 전류가 0이 되는 어떤 시점에서든지, BTF 조건에서 발생하는 단락전류를 차단해야 한다. 앞에서 기술한 바에 의하면, 차단기는 최소 반주기의 차단창(Interrupting window, 최소 아크시간과 최대 아크시간과의 시간 차이)이 있어야 한다는 것을 의미한다(대칭전류의 경우). 전류영점 사이의 간격은 50Hz에서 10ms이고 60Hz에서는 8.3ms이다. 따라서 50Hz용 차단기는 더 긴 차단창(당연히 더 긴 유효가스흐름 기간을 가져야 함)을 가져야 한다(그림 4.54).

4.12.4 진상개폐 성능

진상개폐 조건에서 전류를 차단한 후, TRV 피이크는 1/2주기 시점에서 나타난다. 이는 전류차단 시점으로부터 50Hz에서 10ms, 60Hz에서 8.3ms에 해당한다. 따라서, 60Hz용 차단기는 개극 중인 접점 사이에 더 우수한 내전압 회복성능을 가져야 한다. 이것은 일반적으로 접점의 개극 속도를 증가시켜서 얻을 수 있다(그림 4.55).

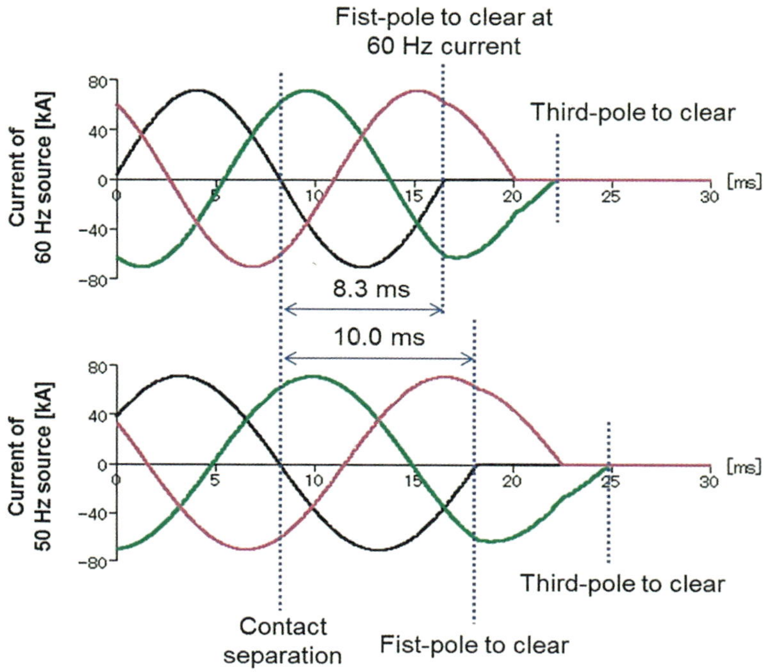

Fig. 4.54 Comparison of the interval between current zero and three-phase currents

4.12.5 지상개폐 성능

TRV가 부하측(상용주파수인 전원측이 아님)의 회로조건에 의해 결정되기 때문에 지상개폐 조건에서는 50Hz와 60Hz 사이의 개폐성능에는 별로 차이가 없다. 또한 재점호 발생시, 고주파 전류진동 및 관련 과전압의 진폭 및 주파수도 50Hz와 60Hz의 상용주파수 사이에 어떠한 차이를 보이지 않는다. 따라서, IEC 62271-100 규격은, 지상개폐 시험의 경우, 50Hz 또는 60Hz 어느 주파수에서든지 시험을 수행할 수 있도록 허용한다.

4.12.6 전류통전 성능

단시간 내전류 시험은 50Hz 또는 60Hz에서도 수행할 수 있다. 1초 동안의 전류통전 지속시간을 고려했을 때, 비록 첫 번째 피이크의 전류피이크치가 50Hz 및 60Hz 각각에 대해 실효치 전류값의 2.5배 및 2.6배로 조금 차이가 나지만, 차단부에 가해지는 에너지 및 기계적 응력이 큰 차이를 나타내지 않기 때문이다. 따라서

IEC 62271-100 표준(IEC 62271-100)은 단시간 내전류 시험을 50Hz 또는 60Hz에서 선택적으로 수행할 수 있도록 허용하고 있다.

일반적으로, 제조업체는 상용주파수가 개폐성능에 미치는 영향이 있음에도 불구하고 50Hz 및 60Hz 모두에 적용이 가능한 차단기를 공급한다.

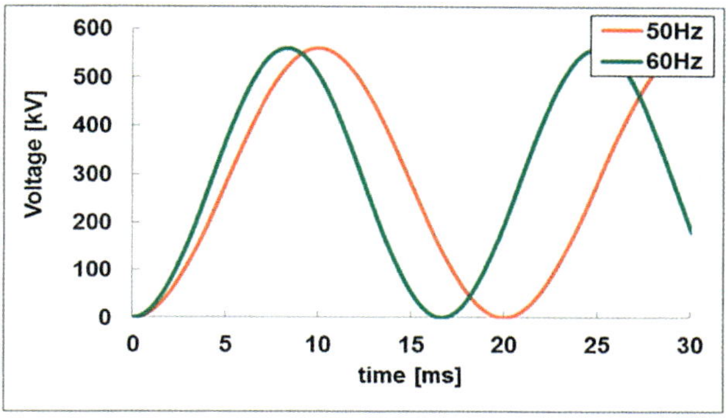

Fig. 4.55 Recovery voltage after capacitive current interruption

4.12.7 연속전류 통전성능

IEC 62271-1에 따르면, 통전부에 인접한 부위에 철 성분이 없는 부품을 사용한 개방형 개폐장치에 대해, 50Hz에서 수행한 시험결과는 60Hz 정격의 개폐장치의 성능도 동시에 입증하는 것으로 간주하고 있다. 단, 이 경우에는, 50Hz에서 시험 중에 기록된 온도상승치는 최대 허용치의 95%를 초과하지 않아야 한다. 그리고, 60Hz에서 연속전류를 통전할 때에 50Hz보다 온도상승이 일반적으로 약간 더 높다.

4.13 UHV 송전의 개폐 요구사항

정격전압이 1100kV AC인 UHV 송전의 첫 상용운전은 2008년 12월 중국에서 현장 시운전 시험을 거쳐 2009년 1월 6일에 시작되었다. 그 이후로 UHV AC(최대 1200kV) 및 UHV DC(최대 1000kV) 시스템은 중국 및 인도와 같은 일부 국가에서 꾸준히 확장되고 있다.

2006년 10월 CIGRE SC A3는 WG A3.22 "800kV를 초과하는 변전소 설비에 대한 기술 요구사항"을 제정하고 다양한 UHV 및 EHV 프로젝트 조사(Ito 외 2007; CIGRE WG A3.22 2008; CIGRE WG A3.22 2011; CIGRE WG A3.28 2014)를 기반으로 변전소 설비($\geq 800kV$) 사양을 요약한 일부 기술문서를 발표했다.

UHV 송전선 및 변전소의 비용과 시각적 영향을 최소화하기 위해, 고급기술 솔루션과 분석적인 최적화 기술이 도입되었다. 또한, UHV 수준에서 일부 시스템 과도상태(예: TRV, ITRV, VFTO)에 대한 요구사항과 감소된 절연협조 요구사항에 대한 연구의 결과는 EHV 전압(800kV, 550kV, 420kV)에 대한 절연협조 요구사항(거리, 치수, 절연두께)에 영향을 미쳤다.

지난 세기의 1970년대와 1980년대에, 전 세계의 몇몇 전력회사는 1000kV 이상의 AC 송전레벨을 탐색하기 위해, 최초의 시범용 설비의 가동을 시작했다. 구소련에서는 1200kV 정격전압에서 장기간 시험을 위한 설비가 설치되었으며, 미국에서는 BPA(Bonneville Power Administration)와 AEP(American Electric Power)가 각각 1200kV 및 1500kV 시범용 설비를 운영하였다. 1980년대 구소련 시절에는 그들은 심지어 1800kV 정격전압의 시범용 설비(파일럿 플랜트)를 가지고 있었고, 1985년부터 1991년까지 상업용 1200kV 송전시스템을 운영했으며, 기존의 1900km 가공선로가 있었으며, 이 중 절반은 1200kV에서 운영되었다. 1990년대에는 2년 동안에만 이탈리아에서 1050kV 파일럿 플랜트가 가동되었다. 그리고 일본에서는 1996년부터 1100kV 파일럿 플랜트가 430km UHV 가공선로(550kV에서 운영 중)와 함께 운영되고 있다(CIGRE WG A3.22 2008).

표 4.6은 또한 변전소 설비에 큰 영향을 미칠 수 있는 UHV AC 전원 시스템에서 관찰된 몇 가지 구체적이고 독특한 문제들을 보여준다. 특히, 대용량 전력용 변압기와 함께 대직경의 다중번들 도체를 사용하면 UHV 전력시스템에 독특한 현상이 나타난다. 또한, 과전압을 효과적으로 제한하기 위해, 보호전압이 낮은 고성능 피뢰기(MOSA)를 사용하는 것은 일부 UHV 시스템 설계의 필수적인 요소이다. 이러한 설계 접근방식의 영향과 사양에 대한 영향에 대해 간략하게 설명한다.

Table 4.6 Specific issues of UHV AC power systems

Equipment	Phenomena peculiar to UHV	CIGRE investigations
Substation equipment	Increased insulation levels (reduced LIWV/LIPL)	Various mitigation schemes are applied to suppress the SIWV levels as much as possible.
4-legged reactor HSGS	Prolonged secondary arc extinction time due to higher coupled voltage and induced current	4-legged shunt reactor can attain successful auto-reclosing in case of 1LG condition for single circuit.
Surge arrester shunt reactor	Prominent Ferranti effect and TOV due to large capacitance of overhead lines	Severe voltage factor and breaking current for capacitive current switching is not appeared.
Circuit breaker GIS, transformer	Severe VFTO due to geometry and topology of UHV substation	Resistor-fitted DS can effectively suppress VFTO for GIS substation.
Circuit breaker	Large time constant of DC component in fault current due to low losses of transformers and lines	Time constants in the UHV systems are 100 ms for India, 120 ms for China and 150 ms for Japan.
Circuit breaker	Reduced first-pole-to-clear factor due to small zero-sequence impedance in the UHV systems	First-pole-to-clear factors are 1.1 for Japan, 1.2 for India and 1.0–1.23 for China.
Circuit breaker surge arrester	High amplitude factor in TRVs due to low losses of power transformers and transmission lines	RRRV for TLF exceeds the existing standard value. MOSA can suppress TRV peak for terminal faults.
Circuit breaker surge arrester	High TRV peak value for out-of-phase due to low damping of traveling waves	Further investigations are expected to provide some solutions for out-of-phase phenomenon.
Circuit breaker	Reduced line surge impedances due to multi-bundle conductors with large diameter	Line surge impedance is suggested as 330 ohm for 8 bundle conductors designed for UHV OH-lines.
Line substation (AIS)	Possibly reduced corona onset voltage with increased corona losses and audible noise	UHV lines employ 8 conductors with 400–810 mm^2 depending on the allowable level of corona noise.

절연레벨의 기술적, 경제적 결과는 특히 UHV 시스템에서 점점 더 중요해지고 있다. 그림 4.56에 나와 있는 V-I 특성을 가진 고성능 피뢰기를 기반으로 최적의 절연협조를 달성할 수 있다.

정확한 컴퓨터 시뮬레이션을 통한 절연협조 연구는 이러한 프로젝트에서 일반적인 관행이며, 절연협조의 중요한 측면은 발생 확률이 매우 낮은 심각한 뇌임펄스 또는 개폐임펄스 조건에 대한 절연내력의 마진에 관한 전력회사의 정책이다.

개폐 과전압을 최대한 억제하는 것은, 송전탑의 높이와 변전소의 옥외용 장치의 크기를 줄이기 위해, 공기 절연거리 확보를 위한 필수적인 조건이다. 낙뢰 과전압이 변전소 설비의, 자체 복원되지 못 하는, 내부 절연설계를 지배하므로 선로입구, 부스바 및 변압기 등이 설치된 위치에 충분한 수의 피뢰기를 배치하여 낙뢰 과전압을 합리화하는 것이 중요하다.

절연레벨의 기술적, 경제적 결과는, 특히 UHV 시스템에서 점점 더 중요해지고 있으며, 여기서 MOSA는 합리적인 절연협조를 실현하는 핵심기술이다(Zaima 외 2007). 표 4.7은 MOSA 배치의 예와 총 설비비용 및 UHV 변전소의 설비에 미치는 LIWV(뇌임펄스 내전압) 값을 보여준다. 선로입구에서 회로당 2개의 피뢰기, 쿼터 부스당 2개, 변압기 뱅크당 1개로 구성된 배열은 일본에서 UHV 송전에서 가장 유리한 적용사례 중 하나로 제공된다.

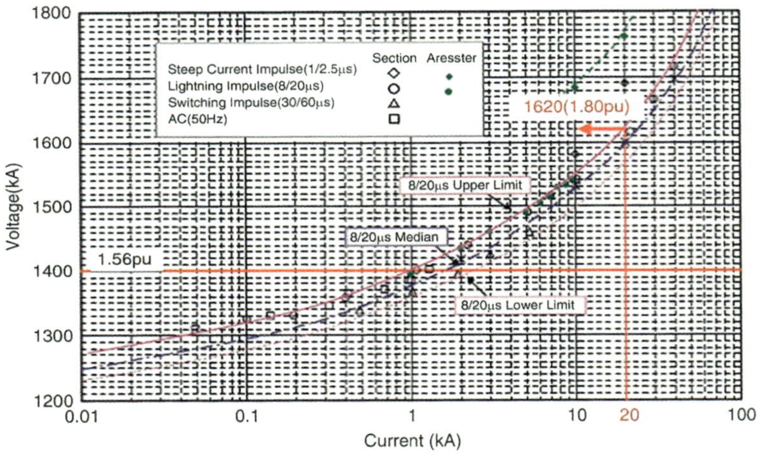

Fig. 4.56 Example of V-I characteristics of higher performance MOSA

Table 4.7 Relationship between LIWV and MOSA layouts

						(:kV)
Layout of Surge Arrester	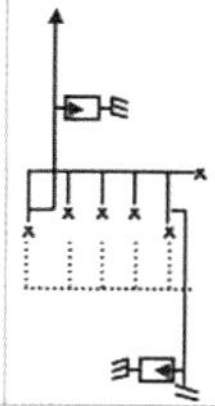	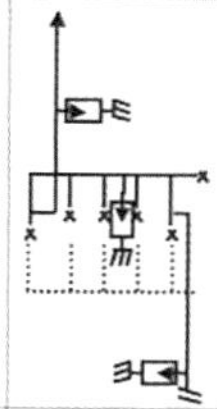	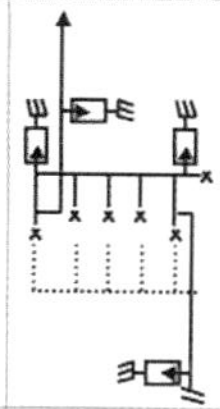	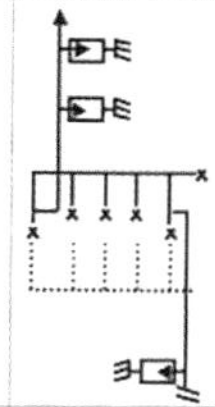	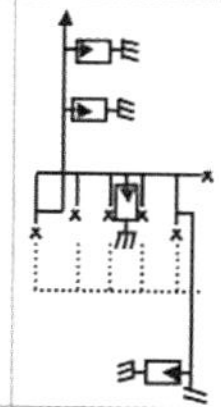	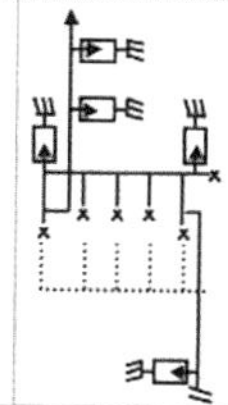
Transformer Overvoltage	1950	1943	1895	1943	1938	1896
LIWV	1950	1950	1950	1950	1950	1950
GIS Overvoltage	2898	2854	2730	2628	2506	2208
LIWV	2900	2900	2900	2700	2550	2250
Cost	102%	105%	109%	103%	103%	100%

EHV 및 UHV 시스템 및 장치는, 선로입구, 부스바 및 변압기 등과 같은 적절한 위치에 고성능 MOSA를 배치하여 낙뢰 과전압을 효과적으로 억제하는 것이 중요하다. 매우 빠른 과도 과전압(VFTO)과 관련하여 이 레벨은 1.3p.u로 감소한다. 그리고 500Ω 저항을 가진 저항장착 단로기를 적용하면 그 1.3p.u이하로 감소한다(Kobayashi 외 2007; Yamagata 외 2007). 이 방식은 변류기(CT), 전압 변압기(VT), 보호 및 제어장치가 있는 2차회로에서 전자기 간섭을 억제하는 데에도 효과적이다.

전력회사는 일반적으로 LIWV 레벨을 평가하기 위해, 분석적인 또는 단순화된 IEC 접근법을 모두 사용한다. 1050kV, 1100kV 및 1200kV의 UHV 스위치기어의 경우, 규정된 LIWV 범위는 그림 4.57에 표시된 것처럼 LIPL(Lighting Impulse Protection Level) 값의 1.25~1.49배이다.

반면에 개폐 과전압을 최대한 제한하는 것은, 송전탑의 높이와 변전소의 옥외 부품 크기를 줄이기 위해서, 공기 절연거리 확보를 위한 필수적인 조건이다. MOSA 외에도, 사전삽입 투입/개방용 저항이 장착된 개폐장치가 개폐 과전압을 제한하기 위해 사용된다. 가공선로를 따라 추가로 배치된 MOSA와 개폐제어는 개폐과전압을 더욱 줄일 수 있는 선택지이다. 개폐과전압의 완화방법의 적용은 SIWV 레벨을 광범위하게 변경할 수 있으므로, 시뮬레이션 기술은 상기 선택들에 대한 효과를 평가하는 데 유용하다. 그림 4.58은 일본의 UHV 시스템이 이러한 방법들을 최대한 활용하고 있음을 보여준다.

표 4.8과 4.9는 중국과 한국의 LIWV 및 SIWV에 대한 결정과정의 예를 보여준다. 시스템에서 계산된 최대 과전압은 SIPL 값과 동일한 수준인 것으로 확인되었다.

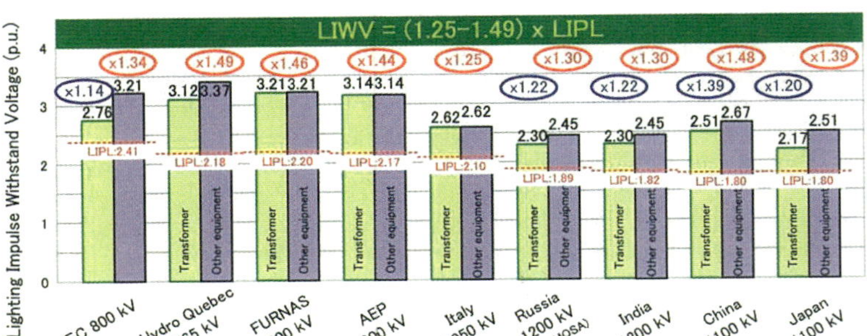

Fig. 4.57 LIWV specifications for transformers and substation equipment

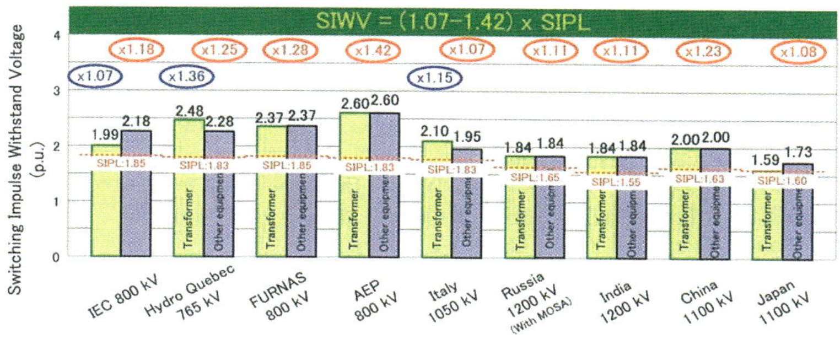

Fig. 4.58 SIWV specifications for transformers and substation equipment

Table 4.8 Example of determination process for LIWV

Country	Korea 800 kV	China 1100 kV (pilot)
LIPL	1310 kV (2.00 p.u.) at 20 kA	1620 kV (1.80 p.u.) at 20 kA
MOSA layout	1 unit for line entrance 1 unit for busbar 1 unit for transformer	1 unit for line entrance 2 units for busbar 1 unit for transformer
Maximum LIWV analysis		1796 kV for transformer 2040 kV for GIS
Acceptable failure rate	0.4 faults/100 km-year-line	0.112 faults/100 km-year-line
Safety factor	–	1.15 for internal insulation
LIWV for transformer	2050 kV (3.14 p.u.)	2400 kV (2.67 p.u.)
LIWV for other equipment	2250 kV (3.44 p.u.)	2250 kV (2.51 p.u.)
LIWV/LIPL	1.72	1.48

UHV 시스템에서 관찰된 단락전류도 몇 가지 놀라운 특징을 보여준다. 대용량 발전기 및 대용량 전력용 변압기는 X/R 비율이 높아서 고장전류에서 DC 시정수가 증가한다. EHV 및 UHV 송전선로는 코로나 소음을 줄이고 송전용량을 늘리기 위해 직경이 큰 다중번들 도체를 사용한다.

표 4.10은, 서로 다른 프로젝트에서 사용한 서로 다른 다중번들 도체를 가진 다양한 철탑설계를 사용하여 계산한, DC 시정수의 분석결과를 요약한다. IEC 62271−100에서, 특별한 경우의 시정수는 정격전압 550kV 이상에 대해 75ms이며, 이것은 800kV 선로에 대해 조사한 시정수 상수의 중간값에 해당한다. UHV 시스템의 DC 시정수는 더 크므로 UHV에는 표준 시정수로 120ms가 규정되어 있다.

UHV 전력용 변압기 및 UHV 송전선로의 손실이 적기 때문에 UHV 시스템에서 진폭계수가 높은 과도회복전압(TRV)이 예상된다. UHV 차단기의 TRV 포락선을 정의하려면, 첫상차단계수(IEC 62271−100 규격에서 유효접지된 중성선이 있는 낮은 전압 시스템의 경우 1.3으로 규정됨)가 중요한 매개변수이다. 첫상차단계수는 차단기 위치에서 시스템의 X_0/X_1 비율에 따라 다르다. 가공선로는 X_0/X_1 비율이 약 3인 반면, 대형 변압기는 1보다 작거나, 가까운 비율을 갖는 경향이 있다. UHV 변전소에서, 단락전류는 가공선로의 기여도와 비교한 변압기의 기여도에 의해 대체로 결정되기 때문에 첫상차단계수는 1.3보다 낮은 경향이 있다. UHV의 첫상차단계수 규정치는 1.2로 되어 있다.

Table 4.9 Example of determination process for SIWV

Country	Korea 800 kV	China 1100 kV (pilot)
SIPL	1200 kV (1.85 p.u.) at 2 kA	1460 kV (1.63 p.u.) at 2 kA
Resistance for GCB	1000 Ω for closing	600 Ω for closing
Maximum overvoltages	1124 kV for grounding fault 999 kV for closing 1186 kV for opening	1472 kV for opening
Maximum line length	160 km	420 km (tentative)
Flashover probability	0.1%/1 flashover-1000 operation	0.1%/1 flashover-1000 operation
Safety factor	–	1.15 for internal insulation
SIWV for transformer	1500 kV (2.30 p.u.)	1800 kV (2.0 p.u.)
SIWV for other equipment	1425 kV (2.18 p.u.)	1800 kV (2.0 p.u.)

Table 4.10 DC time constant of short-circuit currents in EHV/UHV transmission lines

Maximum voltage	Conductors		DC time constant (ms)
	Size (mm^2)	Bundle	
765 kV (Canada)	686	4	75
800 kV (United States)	572	6	89
800 kV (South Africa)	428	6	67
800 kV (Brazil)	603	4	88
800 kV (China)	400	6	75
1,200 kV (Russian)	400	8	91
1,050 kV (Italy)	520	8	100
1,100 kV (Japan)	810	8	150
1,100 kV (China)	500	8	120

간과해서는 안 되는 또 다른 특성은 가공선로의 등가 서지 임피던스이며, 이는 SLF에서 특히 중요한 매개변수이다. 규격에서는, 1상지락에 대한 고장차단을 고려하므로, 마지막 차단상의 등가 서지 임피던스가 필요하다. 또한 SLF의 차단은 kHz 범위의 주파수와 함께 진행되며 큰 8개_번들 도체는 초기 100~200ms 동안 완전히 수축되지 않는다. 이러한 조건에서 등가 서지 임피던스는 표 4.11 및 그림 4.59에서 볼 수 있듯이 450Ω 보다 훨씬 작다. 따라서 UHV 가공선로의 등가 서지 임피던스는 450Ω 에서 330Ω 로 감소한다.

등가 서지 임피던스는 LLF(long−line fault) 및 OP(out−of−phase currents) 고장전류를 차단하는 경우에도 영향을 미친다. MOSA는 TRV 피이크 값을 어떤 수준으로 줄이는 데 영향을 미치지만, MOSA의 영향은 차단기 단자 고장(시험책무 T100 및 T60) 및 변압기제한 고장차단(TLF−T10)에서 훨씬 더 크다.

Table 4.11 Surge impedance of transmission lines

Highest voltage (kV)	Conductor size (mm^2)	Number of conductor	Conditions (TRV frequency)	Z_0 (ohm)	Z_1 (ohm)	Equivalent surge impedance (ohm)		
						First pole	Second pole	Third pole
550 (Japan)	**410**	**6**	Normal conduction (60 kHz)	444	226	270	281	299
			Bundle contraction (60 kHz)	580	355	408	417	430
800 (South Africa)	**428**	**6**	Normal conduction (27.5 kHz)	403	254	290	296	304
			Bundle contraction (27.5 kHz)	509	359	398	403	409
1,050 (Italy)	**520**	**8**	Normal conduction (26.2 kHz)	406	210	250	260	275
			Bundle contraction (26.2 kHz)	532	343	389	396	406
1,100 (Japan)	**810**	**8**	Normal conduction (25 kHz)	476	228	276	289	311
			Bundle contraction (25 kHz)	595	339	396	407	424

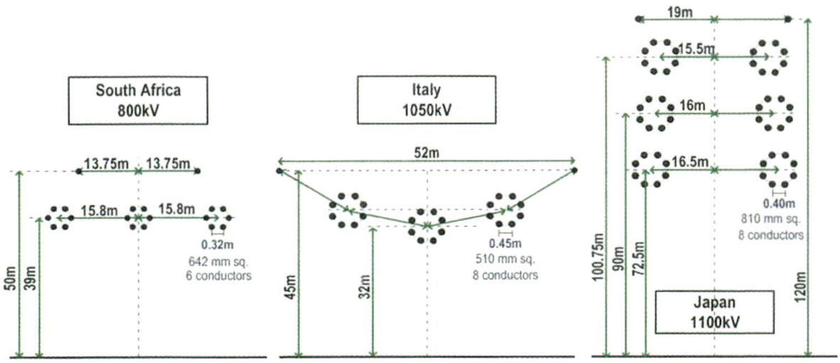

Fig. 4.59 Line configurations used for Table 4.11

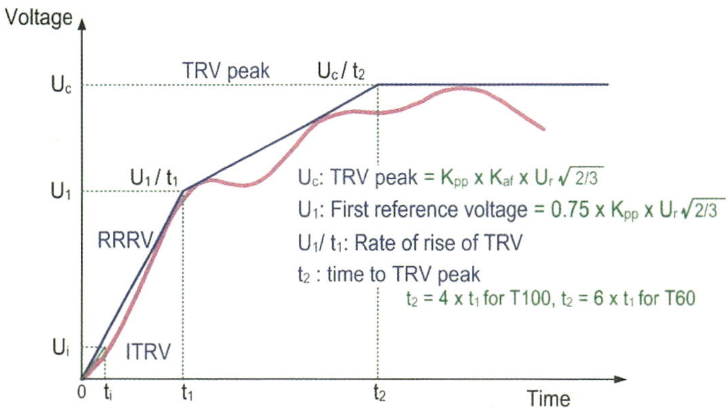

Fig. 4.60 TRV by four-parameter expression

그림 4.60은 T60 및 T100의 시험책무(차단기 정격 차단전류의 60% 및 100%)에 적용되는 4개의 매개변수 표현에 의한 TRV를 보여준다. 4개 매개 변수 TRV는 세 부분으로 구성된다: 기준전압에서 U_1/t_1까지 TRV의 첫 번째 부분, 피이크값 (U_c/t_2) 뒤의 세 번째 부분, 그 사이의 두 번째 부분이다.

표 4.12는 UHV 차단기의 표준 TRV값과 EHV를 포함한 보다 낮은 전압의 TRV값을 요약한 것이다. UHV 서지 임피던스에 대해 제안된 330Ω 값을 800kV에도 적용할 수 없는 이유는 여전히 의문이다. 몇 가지 예가 그림 4.61에 나와 있다.

330Ω의 값과 UHV 변전소의 장치에 대한 최소한의 정보를 통하여, UHV에 대한 RRRV, U_1, t_d 및 t_{dL}은, UHV 미만의 정격전압에서, 시험책무 T100, T60, T30, T10 및 SLF에 대해 규정한 것과 동일하게 적용할 수 있다는 결론을 내렸다. ITRV의 경우에도 부스바 서지 임피던스의 값은 800kV(보다 낮은 정격전압의 경우

260Ω 대신 325Ω)의 값과 동일하게 제안되지만, UHV AIS의 크기는 상당히 크기 때문에 시간 t_i는 1.5μs로 제안된다. 그러나 이러한 긴 t_i가 발생할 수 있는 조건은 800kV에도 적용될 수 있다.

Table 4.12 TRV parameters of UHV circuit breakers

UHV	First-pole-to-clear factor	Amplitude factor	1100 kV	1200 kV	Rate of rise of TRV	Time to TRV peak	Time to TRV peak
DUTY	K_{pp}	K_{af}	TRV peak (kV)	TRV peak (kV)	RRRV (kV/μs)	t_2	t_3
T100	1.2 (1.3)	1.5 (1.4)	1617	1764	2	3.0^*t_1 (4^*t_1)	
T60	1.2 (1.3)	1.5	1617	1764	3	4.5^*t_1 (6^*t_1)	
T30	1.2 (1.3)	1.54	1660	1811	5		t_3 (t_3)
T10	1.2 (1.3)	1.76	1897	2076	7		t_3 (t_3)
TLF	1.2 (1.5)	$0.9^*1.7$	1649	1799	(*)		(*)
Out-of-phase	2.0	1.25	2245	2450		1.38^*t_1 (2^*t_1)	

Values ( ) are standards for 800 kV and below
t_1 and t_3 are based on $K_{pp} = 1.2$
(*): RRRV = U_c/t_3 with $t_3 = 6^*\ U_r/I^{0.21}$ shown in the ANSI C37.06.1–2000 for transformers up to 550 kV
For UHV transformers, RRRV and t_3 are determined by the transformer impedance and its equivalent surge capacitance (specified as 9 nF)

지금까지 수집된 정보를 기반으로, 이 계수를 1.4에서 1.5로 늘리는 것이 권장되는 T100의 k_{af}를 제외하고는, 낮은 전압에 대해 동일한 진폭계수를 유지하는 것이 제안되었다. 그렇게 하는 이유는 주로 미래의 TEPCO 시스템에 대한 연구결과 때문이고, 다른 한편으로는 $k_{pp}{}^*k_{af}$가, 기존의 IEC 매개변수로 계산한 값과 제안된 값으로 계산한 결과가 동일하다는 사실이다. T100 및 T60에 대한 피이크 값은 MOSA의 클리핑 레벨보다 약 5% 높으며, SIPL보다 5% 높은 마진은 설계의 차이를 설명한다.

시뮬레이션에서 MOSA가, 그림 4.61에서 볼 수 있듯이, TRV의 피이크값을 줄이는 것이 분명하다.

차단기의 차단상에서 바라본 등가 서지임피던스와 차단기(변전소에 있음)의 전원측에 연결된 MOSA의 수를 통하여, 피뢰기특성곡선에서 교차점을 결정하여 클리핑(clipping) 레벨을 찾아낼 수 있다: 참조 그림 4.62

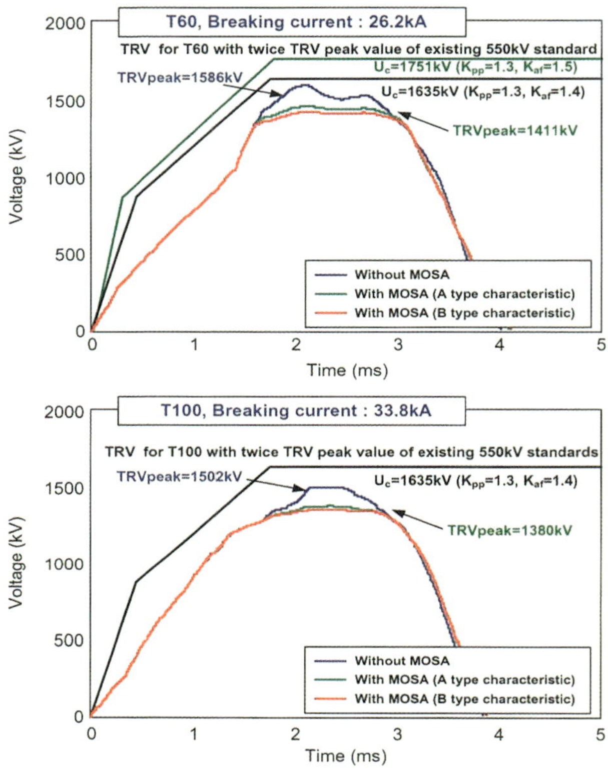

Fig. 4.61 Effect of MOSA on TRV wave-shape (CIGRE WG A3.22 2011)

UHV 시스템에 적용되는 단로기 및 접지스위치의 정격은 저전압에서 적용되는 경우의 정격보다 높은 것으로 나타났다. 부스절체 책무 및 부스 충전전류개폐 책무에 대한 규정된 전류 및 관련 전압은 상대적으로 높다. 그림 4.63은, 다양한 전압레벨에 따라, 규정된 부스 충전전류, 부하 커패시턴스와 GIS의 등가길이를 보여준다. 기존의 여러 UHV 변전소 레이아웃에 대해 평가된 부스 충전전류는 최대 0.4A에 도달한다. 최대 부스바 길이가 200m인 미래 UHV 변전소의 경우에도, 2A의 부스 충전전류이면 충분하다는 결론을 내릴 수 있다(Ito 외 2008).

부스절체 전류는 실제 정격전류, 변전소 유형 및 최대 루프길이에 따라 정의되어야 한다. 그림 4.64에서 알 수 있듯이, GIS의 경우, 부스 절체전압 80V인 경우에는 1,600A, 그리고 300V인 경우에는 8,000A 정도이며, AIS 및 MTS의 경우, 부스 절체전압 400V인 경우에는 1,600A~와 4,000A 정도이다(Janssen 외 2009).

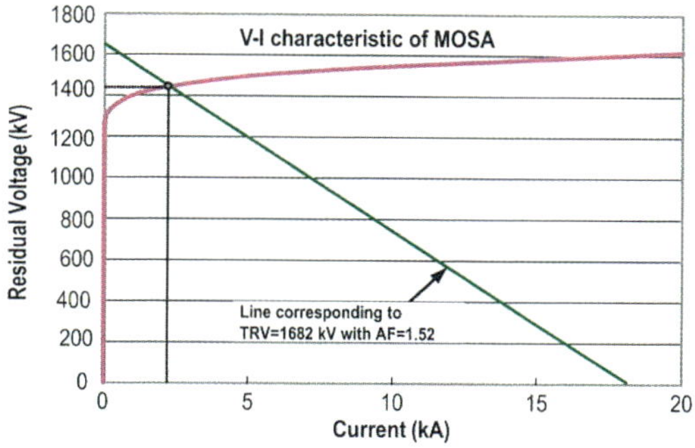

Fig. 4.62 Intersection of system response line with MOSA characteristic

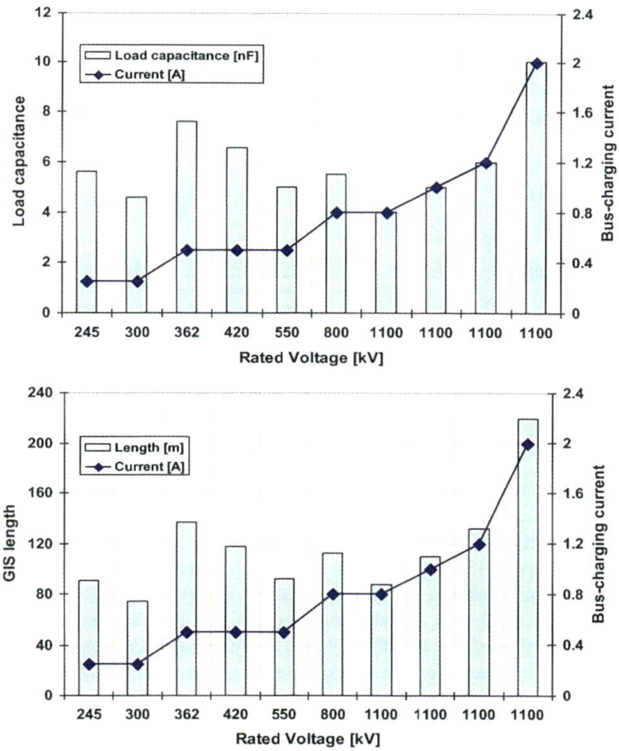

Fig. 4.63 Dependency of bus-charging current, load capacitance, and equivalent busbar length on rated voltage as per IEC 62271-203 (IEC International Standard 62271-203, Edition 1.0 2003)

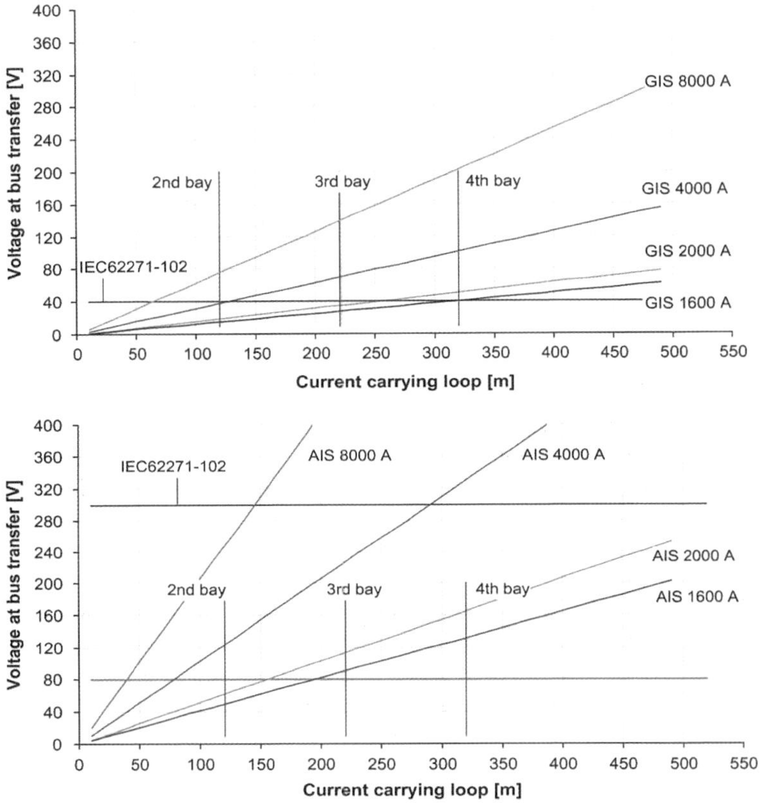

Fig. 4.64 Bus transfer voltage as a function of length of GIS and AIS/MTS current-carrying loop

IEC 62271-102(IEC 국제 표준 62271-102, Edition 1.0 2001)의 부록 C에서, 전자기 및 정전기 유도전류 및 유도전압은 550kV 및 800kV 접지스위치에 대해 표준화되어 있으며, 이 접지스위치들은 상대적으로 긴 선로 또는 인접한 통전회로(클래스 B 접지스위치)에 대해 높은 커플링이 있는 회로에 사용하도록 지정되어 있다.

특별한 주제는, GIS의 단로기를 가지고 모선 섹션을 개폐하여 충전 및 방전을 하는 경우에 발생하는, VFTO(매우 빠른 과도과전압) 현상이다. 이러한 개폐는, GIS 내부에서 발생하는 진행파에 의한, 고주파 응답으로 각각 많은 수의 재점화(restrike) 및 선행절연파괴(prestrike)를 유발한다. 이러한 고주파 과전압은, 변압기 및 병렬 리액터와 같이 직접 연결된 장치뿐만 아니라, GIS 자체의 절연도 위험에 빠뜨릴 수 있다.

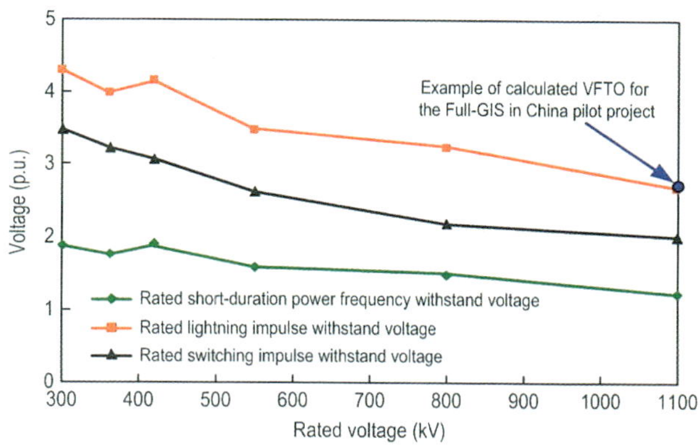

Fig. 4.65 Dependency of VFTO and LIWV of GIS (Janssen et al. 2009)

그림 4.65에서 보듯이 이 현상은 800kV보다 UHV에서 더 큰 문제이다. 필요한 경우의 대응책은 단로기에 투입저항을 적용하는 것이다(Ito 외 2008; Janssen 외 2009).

EHV 및 UHV의 다른 전용 개폐장치는 2차아크 소호를 위해 사용된다. 송전선로의 결함이 있는 상에서 접지고장이 발생하면, 결함위치에서 접지로 아크가 발생한다. 차단기가 고장전류를 차단한 후, 정전기 및 전자기 유도로 인해 고장위치에서 작은 2차 아크전류가 계속 흐른다. 고장위치의 절연이 충분히 회복되면 2차아크가 소멸된다.

단상 자동 재폐로(SPAR)가 사용되는 경우. 대부분의 전력회사는 2차 아크전류를 차단하기 위해 병렬 리액터(4-Legs)를 사용하여 합리적으로 짧은 시간(대부분 1초 이내) 내에 아크를 소호하도록 하고 있다. 그러나 일부 전력회사는 정상적인 상의 병렬 리액터를 모두 개방하는 특별한 절차를 적용하거나(Janssen 외 2009), 또는 TPHSR(3상 고속 재폐로)을 적용하거나, 고속 접지스위치(HSGS)를 적용하여 짧은 기간(일반적으로 0.5 초)의 우회단락으로 2차아크를 소호하기도 한다. 이러한 솔루션은 UHV, 800kV 및 더 낮은 정격전압에도 사용된다. HSGS에 대한 사양은 이제 IEC 내에서 표준화 과정 중에 있다. 건전상의 병렬 리액터의 특수한 개폐방식을 위한 스위치기어는 아직 다루어지지 않고 있다.

HSGS는 미국의 500kV 송전선 양단에 적용되었으며 현장에서 2차아크의 성공적인 소멸을 입증했다. 여기서 첫 번째 스위치가 700A 지상전류를 개폐하고, 두 번째 스위치는 120A 진상전류를 개폐하였다(Keri 외 1983; Hasibar 외 1981; Agafonov 외 2004).

Table 4.13 HSGS requirements

	United States	Korea	Japan	Japan[a]
Highest voltage	550	800	1100	1100
Interrupting current (kA)	700	8000	7000	7830
TRV peak (kV)	260	700	900	570
RRRV (kV/μs)	0.1	1.3	1.15	0.46

[a]Duty for delayed current zero interruption with the arcing time of 80 ms + minimum arcing time

한국에서는, 선로길이가 80km 이상인 765kV 복선 송전선로 양단(길이 80km 이하에서는 선로 한쪽 끝에만 설치)에 HSGS를 설치하여 22회의 고속 다상 재폐로를, 2003-2007의 기간에, 성공적으로 수행했다.

수직구성의 복선 가공선로가 있는 일본의 UHV 시스템은, 1상지락(1LG), 2상지락(2LG), 3LG 및 4LG 등의 모든 고장모드를 고려하여, 고속 단상 및 다상 재폐로를 수행하기 위해 HSGS를 채택하기로 결정했다.

표 4.13은 미국, 한국 및 일본의 UHV 및 EHV 시스템에 대해 규정된 HSGS에 대한 기술적인 요구사항을 요약한다.

4.14 요약

부스 단자고장 차단, 근거리선로고장 차단, 진상부하 개폐 및 지상부하 개폐를 포함하여, 전력시스템에서 나타나는 기본적인 개폐현상을 설명하였다. 차단전류 및 전류차단 후에 차단기 양단에 인가되는 관련 TRV현상은 회로(시스템) 상태, 고장위치 및 차단기의 차단성능에 따라 다양하다. 일반적으로, 차단기는 열차단 성능(근거리선로고장 차단에 대처하기 위해 필요) 및 절연차단 성능(부스 단자고장 차단 및 진상소전류 부하전류 개폐의 경우에 필요)을 포함하는 차단성능에 대한 타협(trade-off)의 특성을 가지고 있다.

참고문헌

Agafonov, G.E., ct al.: High Speed Grounding Switch for Extra-high voltage Lincs. CIGRE Session Paper, Report A3-308 (2004)

Bachillcr, J.A., Cavero, E., Salamanca, F., Rodriguez, J.: The operation of shunt reactors in the Spanish 400 kV network-study of the suitability of different circuit-breakers and possible solutions to observed problems. CIGRE Paper No. 23-106 (1994)

CERC: Final report on the grid disturbance on 30th July 2012 and grid disturbance on 31st July 2012. Available online: www.ccrcind.gov.in

CIGRE WG A3.22: Technical requirements for substation equipment exceeding 800 kV AC. CIGRE Technical Brochure 362 (2008)

CIGRE WG A3.22: Background of technical specifications for UHV substation equipment. CIGRE Technical Brochure 462 (2011)

CIGRE WG A3.28: Switching phenomena for EHV and UHV equipment. CIGRE Technical Brochure 570 (2014)

Dufoumet, D.: Arc modelling applied to small inductive currents interruption, 1988 CIGRE Report, No. 13-01 (1988)

Hase, Y.: Handbook of Power System Engineering, 2nd cdn. Wiley, New York (2007)

Hasibar, R.M., et al.: Application of high-speed grounding switches for single-pole rcclosing on 500 kV power systems, IEEE Transactions, on PAS-100, No. 4 (1981)

IEC 62271-100: High-voltage switchgear and controlgear-part 100: alternating-current circuit-breakers 1EC 62271-110, Ed. 1: High-voltage switchgear and controlgear-part 110: inductive load switching

IEC Guide IEC 62271-306: High-voltage switchgear and controlgear-part 306: guide to IEC 62271-100, IEC 62271-1 and other IEC standards related to alternating current circuit breakers

IEC International Standard 62271-102, Edition 1.0: High-voltage switchgear and controlgear, part 102: alternating current disconnecting switches and earthing switches (2001)

IEC International Standard 62271-203, Edition 1.0: High-voltage switchgear and controlgear part 203: gas-insulated metal-enclosed switchgear for rated voltages above 52 kV (2003)

IEC Std. IEC 62271−100 cd. 2.1: High−voltage switchgear and controlgear−part 100: high−voltage alternating current circuit breakers (2012)

IEEE PSRC WG D6: Report to the power system relaying committee of the IEEE power engineering society, power swing and out−of−step considerations on transmission lines, 2005−07−19

IEEE Standard C37.015: IEEE application guide for shunt reactor switching (1993)

IEEE Std. C37.09−1999, Cor 1−2007: IEEE standard test procedure for AC high−voltage circuit breakers rated on a symmetrical current basis−corrigendum 1 (2007)

IEV 60050−448−14−35: International electrotechnical vocabulary, chapter 448: power system protection (1995)

Ito, H., et al., on behalf of CIGRE WG A3.22: Technical requirements for substation equipment exceeding 800 kV. 2007 IEC−CIGRE UHV Symposium, Report 2−4−1 (2007)

Ito, H., et al., on behalf of CIGRE WG A3.22: Technical requirements for UHV substation equipment. CIGRE Session Paper, Report A3−211 (2008)

Janssen, A.L.J., et al., on behalf of CIGRE WG A3.22: UHV equipment requirements: state of the art & prospects for equipment. Second IEC−CIGRE UHV symposium, New Delhi (2009)

Janssen, A., Dufoumet, D., Ito, H.: Transient recovery voltage at transformer limited fault clearing. CIGRE science & engineering, volume CSE004 (2016)

JWG A3/B5/C4.37: System conditions for and probability of out−of−phase. Background, recommendations, developments of instable power systems, CIGRE Technical Brochure 716 (2018)

Kcri, A J., et al.: Single phase switching tests on the AEP 765 kV system−extinction time for large secondary arc currents, IEEE transactions, on PAS, no. 8 (1983)

Kobayashi, T., et al.: Basic design and specifications of GIS for UHV AC and its verification test at site. IEC−CIGRE UHV symposium 2007, Report 2−3−3 (2007)

Meng, D.Z.: Maintaining system integrity to prevent cascading blackout, CIGRE SC B5 Session 2006, B5−207 (2006)

Panek, J., Fehrle, K.G.: Overvoltage phenomena associated with virtual current chopping in three phase circuits. IEEE Trans. Power Appar. Syst. 94 (1975)

UCTE: Final Report of the investigating committee on the 28 September 2003 blackout in Italy, published at cntso−c/UCTE−wcbsitc in April 2004

WG A3.ll: Guide for application of IEC 62271−100 and IEC 60694. Part 1. CIGRE TB 304 (2006a)

WG A3.ll: Guide for application of IEC 62271−100 and IEC 60694. Part 2. CIGRE TB 305 (2006b)

WG A3.28: Switching phenomena for EHV and UHV equipment, CIGRE TB 570 (2014)

Yamagata, Y., et al.: Development of 1100 kV gas circuit breakers and their verification tests. IEC−CIGRE UHV Symposium 2007, Report 2−4−3 (2007)

Zaima, E., et al.: System aspects of 1100 kV AC transmission technologies in Japan: solutions for network problems specific to UHV AC transmission system and insulation coordination. IEC−CIGRE UHV Symposium 2007, Report 2−1−2 (2007)

5

회로 차단기의 역사

Harley Wilson, Denis Dufoumet, Hubert Mercure 및 Russ Yeckley

Keywords

- 차단기
- 공기차단기
- 진공차단기
- 유입차단기
- 가스차단기

Denis Dufoumet has retired.
Hubert Mercure has retired.
Russ Yccklcy has retired.

H. Wilson (IS) • R. Yccklcy
High Voltage Switchgear Division, Mitsubishi Electric Power Products, Inc., Warrcndale, PA, USA
e-mail: harley.wilson@mcppi.com; russ.yccklcy@meppi.com

D. Dufoumet
Sathonay-Camp, France
e-mail: dufoumet.denis@gmail.com

H. Mercure
ITEC-Hub, Beloeil, Canada
e-mail: hubcrt.mercure@gmail.com

5.1 서론(Introduction)

고전압(HV) 차단기는 전력 시스템에 없어서는 안 될 장치로, 그리드 작동 및 보호에 요구되는 다양한 AC 전류를 생성, 전송 및 차단하는 여러 기능을 수행한다. 예를 들어, 차단기(CB)는 정상 조건에서 스트레스를 전달하는 다음 유형의 정상 전류에 대처해야 한다.

- 가공선, 케이블, 변압기, 발전기 등을 통해 흐르는 부하 전류.
- 무부하 가공선, 케이블 또는 션트 커패시터 뱅크와 관련된 용량성 전류
- 션트 리액터 또는 무부하 변압기와 관련된 작은 유도 전류

동시에 비정상 또는 고장 상태에서 CB는 다음 유형의 단락 스트레스에 대처해야 한다.

- 단자 고장 전류(단상 또는 다상 단자 고장)
- 차단기에서 단거리(단거리 선로 고장) 또는 장거리(장거리 선로 고장)에서 가공선에서 발생하는 고장으로 인한 단락 전류
- 변압기(변압기 제한 고장) 또는 직렬 리액터(반응기 제한 고장)에서 생성된 고장으로 인한 단락 전류
- 대형 발전기에서 생성된 고장으로 인한 단락 전류
- 탈조 전류(정상 사용 조건에서)

차단기는 보호 시스템의 주요 부분을 담당하므로 차단기에는 다음 기능이 필요하다.

- 투입 상태에서 CB는 양호한 도체 이어야 한다.
- 개방 위치에서 CB는 시스템 부품 사이에 양호한 절연체 이어야 한다.
- CB는 매우 짧은 시간 내에 도체(투입 위치)에서 절연체(개방 위치)로 변경해야 한다.
- CB는 스위칭 중에 과도한 과전압을 일으키지 않아야한다.
- CB는 작동시 매우 신뢰할 수 있어야한다.

자동 스위칭 동작이 필요한 단락 또는 기타 이벤트가 발생하면 고장을 감지하는 데 시간이 걸린다. 보호 장치는 일반적으로 시스템 상태를 분석하고, 결정을

내리고, 특정 차단기를 열거나 닫는 트립 명령을 보내는 데 시간이 필요하다. 이 시간은 반 주기로 짧거나 수백 ms가 될 수 있다. 개방 또는 투입 명령이 근처의 차단기로 전송 되자마자 차단기의 개방 또는 투입 코일을 활성화하는 데 많은 시간이 소요되지 않는다.

차단기(CB)는 투입 위치에서 정격 전류를 지속적으로 전달하지만 위에서 설명한 보호 계전기가 트립 명령을 보낼 때 매우 짧은 시간 내에 작동해야하는 작동 메커니즘에 의해 구동되는 기계식 스위칭 장치이다. 시간. 대부분의 수명 동안 CB는 정적 위치(개방 또는 투입)를 유지한다. 일반적인 응용장치에서 CB는 수명 동안 1000회 미만으로 작동할 수 있다. 그러나 개폐가 필요한 경우 CB는 매우 빠르고 안정적으로 작동해야한다. 특정 응용장치(예: 병렬 커패시터 뱅크 스위칭)에서 CB는 수명 동안 10,000회 이상 작동할 수 있다. 접점의 투입 동작은 일반적으로 최대 100ms까지 걸릴 수 있다. 개방 신호가 CB에 인가되는 순간부터 접점 분리 순간(접촉부)까지의 개방 시간은 일반적으로 15−40ms 범위로 훨씬 빠르다. 최신 CB는 최대 550/420kV의 단일 인터럽터를 가질 수 있지만 1100//800kV 정격에는 다수의 인터럽터가 필요하다. 245kV 이상의 일부 CB는 다중 접점 차단 어셈블리도 사용한다.

본 장에서는 1900년대 초에 사용된 이후 다양한 기술을 가진 차단기의 역사를 다룬다.

5.2 Definitions of Terminology

Circuit Breaker

차단기는 일반적으로 과부하 또는 단락 상태에서 야기된 과도한 전류로 인한 손상으로부터 전력 시스템의 다른 변전소 장치를 보호하기 위해 회로를 개폐하는 기능이 있는 전기 스위치이다. 고장이 발생하면 차단기가 신속하게 고장을 제거하여 시스템 안정성을 확보한다. 차단기는 또한 과열없이 부하 전류를 전달하고 정상 및 비정상 조건에서 시스템 전압을 견뎌야한다. 퓨즈와 달리 차단기는 수동 또는 자동으로 재폐로하여 정상 작동을 재개할 수 있다.

접지탱크형 차단기(Dead Tank Circuit Breaker)

접지된 금속 외함 내부에 인터럽터가 설치되어 있는 차단기. 시스템 전압이 인가되는 도체는 부싱을 통해 차단기 외부에서 공급된다.

활선탱크형 차단기(Live Tank Circuit Breaker, 애자형 차단기)

대지와 절연된 외함(애자 또는 복합 절연체로 구성) 내부에 인터럽터가 있는 차단기이다. 도체는 차단기 단자의 활성 부분에 직접 연결될 수 있다.

가스 차단기(Gas Blast Circuit Breaker)

가스분사내에 아크가 발생하도록 구성된 차단기이다. 차단기의 개방 동작 중에 기계적 수단에 의해 설정된 압력 차이에 의해 가스가 이동하면 단일 압력 가스 분사 차단기가 된다. 차단기의 개방 동작 전에 설정된 압력의 차이에 의해 가스가 이동하는 경우 이중 압력 가스 분사 차단기라고 한다.

육불화황(SF_6) 가스 차단기[Sulfur Hexafluoride(SF_6) Circuit Breaker]

접점이 육불화황 내에서 개폐되는 차단기, SF_6 차단기의 전류 차단은 십분의 수 Mpa인 압력의 육불화황에서 두 접점을 분리하여 확보된다. 접점 분리 후 전류는 아크를 통해 전달되고 이 아크가 충분한 강도의 가스 분사에 의해 냉각되면 차단된다.

공기 차단기(Air Blast Circuit Breaker)

접점이 공기 중에서 개폐되는 차단기. 대기압에서 공기 차단 및 절연체 내력이 제한되기 때문에 고전압 응용장치에는 수 MPa의 압축 공기가 필요하다. 공기는 높은 아크 전압을 생성하여 고장 전류를 낮추고 열적 차단능력을 높인다.

유입 차단기(Oil Circuit Breaker)

접점이 오일에서 개폐되는 차단기. “벌크” 또는 데드 탱크 오일 차단기는 오일로 채워진 대형 금속 탱크의 중앙에 접점이 있다. 오일은 소호 매체 역할을 하며 탱크에 절연체 역할을 한다. 라이브 탱크 또는 소유량 차단기 설계에는 벌크 오일 차단기에 비해 소량의 오일로 채워진 자기 절연체 내부에 접점과 아크 챔버가 있다. 아크는 주변 오일을 증발시키고 수소와 탄소 화합물을 생성한다. 이 프로세스는 아크에서 열을 제거하고 결국 전원 주파수 전류영점에서 전류를 차단한다.

진공 차단기(Vacuum Circuit Breaker)

고진공 인클로저 내에서 접점이 개폐되는 차단기. 진공 차단기 접점이 분리되면 접점 표면에서 방출된 금속 증기 플라즈마에 의해 아크가 생성된다. 아크가 발생하는 동안 생성된 금속 증기, 전자 및 이온이 단시간에 확산되고 접점 표면에 응축되어 절연 내력을 빠르게 회복하기 때문에 아크가 빠르게 소멸된다.

접점(Contact)

접촉할 때 회로 통전성을 설정하도록 설계된 전도성 부품은 작동 중 상대적인 운동으로 인해 회로를 개폐하거나, 힌지 또는 슬라이딩 접점으로 회로 통전성을 유지한다.

주접점(Main Contact)

기계식 스위칭 장치의 주 회로에 포함된 접점으로, 투입 위치에서 주 회로 전류를 전달한다.

아크 접점(Arcing Contact)

아크가 발생하는 한 쌍의 접점 중 하나이다. 아크 접점이 주 접점 역할을 할 수 있다.

외함(Enclosure)

외부 영향에 대한 장치의 지정된 보호 수준과 활성 부품에 대한 접근 또는 접촉 및 가동 부품과의 접촉에 대한 지정된 보호 수준을 제공하는 스위치 기어의 일부이다.

작동 조작기(Operating Mechanism)

주 접점을 작동시키는 차단기의 부품. 종종 “작동 드라이브”라고 한다.

상(Pole)

주 회로의 하나의 전기적으로 분리된 통전 경로와 관련된 스위치 기어의 부분이며, 모든 상을 함께 장착하고 작동하기 위한 수단을 제공하는 부분을 제외한다. 상이 하나뿐인 경우 단상이라고 한다. 하나 이상의 상이 있는 경우 다상(2상, 3상 등)으로 불립니다. 각 상에 대한 작동 조작기(각상(상분리) 조작, IPO)이 제공되거나 다상을 함께 조작(상일괄 조작)할 수 있다.

각상 조작(Independent Pole Operation)

개폐제어 응용장치의 경우 각 상을 서로 다른 순간에 작동할 수있는, 각 상에 대해 독립적인 작동 조작기가 있는 차단기

3상 동시(일괄) 조작[Three-Phase Simultaneous(Gang) Hie Operation]

각 상의 동작 사이에 시간 지연 없이 동시에 모든 3상을 동작하는 단일 작동 조작기를 갖는 차단기

정격전압(Rated Voltage)

제조업체가 구성 요소 또는 장치에 할당한 전압의 정격 값이다. 전력 시스템에서 장치의 지정된 성능은 정격 전압에서 입증된다.

Normal Current

차단기의 주 회로가 지정된 사용 및 동작 조건에서 연속적으로 전달할 수 있는 연속 공칭 전류

(선로 과도전압의) 첨두율 (Peak Factor of the Line Transient Voltage)

근거리 선로 고장 전류가 차단된 후 가공선로 위상의 접지에 대한 선로 과도 전압의 초기 값과 최대 편차 사이의 비율이다. 과도 전압의 초기 값은 각 상의 아크 소호 순간에 해당한다.

(3상 계통에서) 첫상차단계수 (First-Pole-To-Clear Factor in a Three-Phase System)

대칭 3상 전류를 차단할 때 first-pole-to-clear factor는 다른 상에서 전류가 차단되기 전에 첫 번째 차단상의 상용주파 전압과 3상 모두에서 차단 이후 해당 상 또는 다른 상들에서 발생하는 상용주파 전압에 대한 비율이다.

진폭계수(Amplitude Factor)

과도 회복 전압의 최대치와 상용주파 회복 전압의 피크 값 사이의 비율이다.

중전압(Medium Voltage; MV)

MV는 일반적으로 배전 시스템에 해당하는 52kV 이하의 전압 레벨을 나타낸다.

고전압(High Voltage; HV)

HV는 일반적으로 송전 시스템에 해당하는 52kV보다 높은 전압 레벨을 나타낸다.

아킹 시간(Arcing Time)

상에서 아크가 시작된 순간과 해당 상에서 최종 아크가 소멸되는 순간 사이의 시간 간격

열차단/열차단 영역(Thermal Interruption/Thermal Interrupting Region)

차단기의 열적 차단 기간은 잔류 전류가 소멸되고있는 아크에 저항열에 의해 에너지를 주입하는 기간이다. 이 기간 동안 차단기의 아크가 충분히 냉각되지 않으면 열적 재점호가 발생할 수 있다.

절연 차단 프로세스/절연 차단 영역(Dielectric Interruption Process/Dielectric Interrupting Region)

차단기의 절연 차단기간은 접점 사이에서 TRV(과도 회복 전압)가 인가되는 시점 즉 전류 영점에서 차단 후 상용주파수의 1/4주기 또는 그 이상 간격 내에서 발생한다. 접점의 절연 내력은 일반적으로 접점 갭에 따라 증가한다. TRV가 절연 차단 영역 중 어느 순간에 접점의 절연내력을 초과하면 재점화(restrike)라고 불리는 절연 파괴가 발생한다.

재발화(Reignition)

재점호는 전류 영점에서 차단된 후 상용 주파수의 1/4주기 미만의 간격 내에서 기계식 스위칭 장치의 접점 간 전류 흐름이 재개되는 것이다. 열적 차단 영역에서 발생하는 재점호는 전력 시스템에 해로운 과도전압을 생성하지 않는다.

재점화(Restrike, 재점호)

전류 영점에서 차단된 후 전력 주파수의 1/4주기 이상의 간격으로 기계식 스위칭 장치의 접점 간 전류 흐름이 재개되는 것. 절연 차단 영역에서 발생하는 'restrike(재점화)'는 시스템 및 장치에 해로울 수 있는 과도 전압을 생성할 수 있다.

과도 회복 전압(TRV)[Transient Recovery Voltage(TRV)]

차단기의 과도 회복 전압은 전류 차단 후 CB 단자에 나타나는 전압이다. 차단기에 의한 고장 차단에 대한 중요한 매개변수이다. TRV의 진폭과 상승률은 차단기의

양쪽 단자에 연결된 시스템의 특성과 차단기가 차단해야하는 고장 유형에 따라 달라진다.

영상 임피던스(Zero Sequence Impedance)

동기제어기에 공급되는 정현파로 가정되는 영상 전압과 동일한 주파수에서 영상 전류의 비율이다.

정상 임피던스(Positive Sequence Impedance)

시스템에서 정상 전류 흐름에 제공하는 임피던스를 정상 임피던스라고 한다.

역상 임피던스(Negative Sequence Impedance)

시스템에서 역상 전류 흐름에 제공하는 임피던스를 역상 임피던스라고 한다.

5.3 약어(Abbreviations)

CB	차단기(Circuit breaker)
EPRI	Electric Power Research Institute
GIS	가스절연 개폐장치(Gas-Insulated switchgear)
IPO	Independent pole
OCB	유입 차단기(Oil-circuit breaker)
PTFE	폴리테트라플로오로에틸렌(테프론, Polytetrafluoroethylene)
RRRV	회복전압 상승률(Rate of rise of recovery voltage)
RV	회복전압(Recovery voltage)
SF_6	육불화황 가스(Sulfur hexafluoride)
TRV	과도 회복전압(Transient recovery voltage)
VCB	진공차단기 (Vacuum circuit breaker)

5.4 차단기(Circuit Breaker)

그림 5.1과 5.2는 근래의 SF_6 가스 차단기의 두 가지 예를 보여준다. 그림 5.3은 SF_6 가스 차단기의 일반적인 구성을 보여준다. 그림 5.1에 표시된 차단기(CB)는 접지 탱크형 차단기이다. 접지 탱크형 CB는 일반적으로 알루미늄 또는 철로 만들어진 금속 외함(탱크)에 전도성(또는 "활성") 부품이 포함되고, 애자 또는 복합 재료의 비전도성 재료로 절연체로 구성된다.

Fig. 5.1 Typical 145 kV dead tank circuit breaker. (Courtesy of Mitsubishi Electric Power Products)

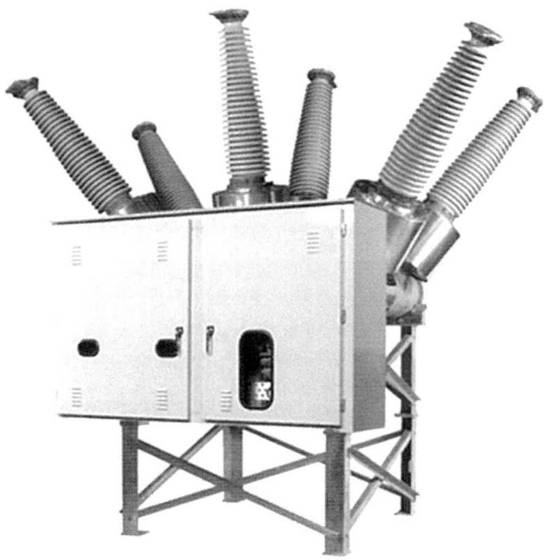

탱크와 절연체는 밀봉되고 고압 SF_6 가스로 채워져 고압에서 차단기의 전도 부분과 금속 외함(탱크) 및 절연체 사이에 전기적인 절연을 제공한다. 절연체는 또한 상단 단자에서 탱크까지 전기적인 절연을 제공한다. 따라서 이 설계에서 탱크는 제로 전압(접지 전위)에 있고 지면 가까이에 위치할 수 있다(따라서 이름이 "데드 탱크"이다.).

또 다른 유형의 CB는 내부 구성 요소가 비슷하지만 탱크가 없고 대신 애자 또는 복합 재료의 외부 절연체가 있다. 따라서 이 차단기의 외부는 최대 전압이 걸리며(예: "활성") 충전탱크형(라이브 탱크) 차단기 구성 요소와 접지 사이에 충분한 기중 절연을 확보하도록 높이면 접지와 절연된다. 이러한 유형의 차단기를 "라이브 탱크" 차단기라고 한다. 그림 5.2에 예가 나와 있다.

CB 접점을 움직이는데 더 적은 전력이 필요한 저전압에서는 하나의 작동 메커니즘으로 3상의 접점 모두를 동시에 동작할 수 있다. 이것은 일반적으로 3상 동시(일괄, Gang) 조작 차단기라고 한다.

Fig. 5.2 Typical 800 kV live tank breaker. (Courtesy of GE Grid Solutions)

Fig. 5.3 Typical configuration of SF_6 gas circuit breaker

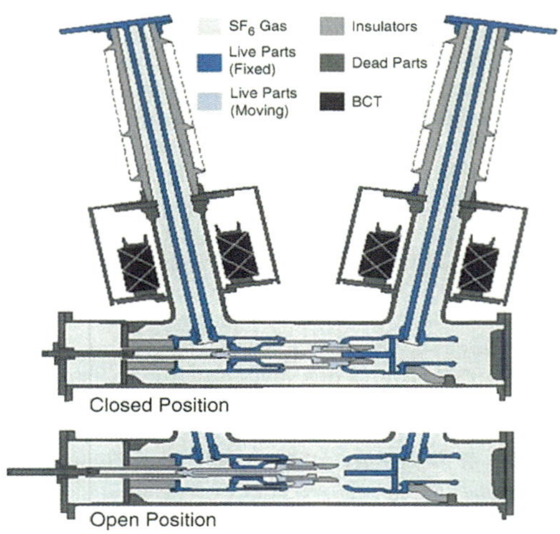

CB 접점을 움직이는데 더 많은 전력이 필요한 더 높은 전압에서 독립적인 단일 작동 메커니즘이 일반적으로 각 상에 적용된다. 작동 메커니즘이 동기화되어 상간 및 직렬 접점 간의 기계적 편차는 수 ms 미만이다. 개폐제어 응용장치의 경우, 각 상에 대한 독립적인 작동 메커니즘은 스위칭 서지를 줄이기 위해 전기 기준 신호와 관련하여 미리 정해진 지점에서 의도적으로 접점이 비동시적인 동작을 하도록 한다. 이러한 유형의 설계를 IPO(Independent pole operation) 설계라고 한다. 시스템을 고려하여, 낮은 전압의 일부 차단기도 역시 IPO 설계를 사용하여 운영자가 다른 극을 그대로 두거나 다른 시간에 작동하면서 각 극을 독립적으로 작동할 수 있다.

CB의 가동부와 링크부를 가속하는 에너지는 스프링, 유압 또는 압축 공기/질소(공압) 시스템을 사용하는 메커니즘에 저장된다. 에너지는 댐퍼가 장착된 기계식 연결 시스템을 통해 방출되어 CB 접점으로 전달된다. 전기 코일에 전원이 공급되어 초기에 작동 메커니즘에서 래치 또는 피스톤이 움직이다.

그리고 나서 개방 명령은 일반적으로 3상 모두에 대해 15−40ms 이내에 CB 접점을 동시에 물리적으로 분리한다. 그러나 전력 시스템의 전자기력이 강제로 전류영점으로 설정하지 않고서는 차단할 수 없게 하기 때문에 부하 또는 고장 전류는 계속 흐를 것이다. 근래의 교류차단기는 차단이 발생하기 전에 전원 주파수 전류가 전류 영점에 도달해야 한다. 접점 분리 후 다음 전류 영점까지 분리된 접점 사이에 발생한 전기 아크를 통해 전류가 흐른다.

첫 번째 상용 주파수 전류 영점에서, 접점 갭(즉, 해당 상의 접점 사이의 갭)이 여전히 너무 작아 회복 전압과 과도회복전압을 견딜 수 없다. 차단기가 접점 분리 후 첫 번째 상용 주파수 전류 영점에서 전류를 차단할 수 없는 경우 아크가 자체적으로 재생되고 CB 극은 다음 전류 영점 기회를 기다려야 한다(예: 단상회로의 경우 반사이클 정도). 접점 분리 후 최종 차단까지의 기간을 아크 시간(또는 아크 기간)이라고 한다. 고장 전류를 제거하기 위해 근래의 HV 차단기는 10−20ms의 아크 시간이 필요하다. 따라서 트립 명령부터 3상 모두에서 고장 전류 차단까지 시간은 일반적으로 50−60ms이다.

CB에 대한 진공 기술의 적용은 특히 고압 전력 시스템과 100kV 이상의 전송 전압에서 빠르게 증가하고 있다. 공기 분사, 대형 유입 및 최소 유입 차단기와 같은 고전적인 기술이 여전히 사용되고 있지만 오늘날 HV CB의 지배적인 기술은 단일 압력 SF_6 가스 차단기이다. 따라서 이 기술은 전류 차단시 시간에 따른 현상을 설명하는 데 사용된다(그림 5.4 참조).

투입 위치에서 전류는 주 접점이라고 하는 것을 통해 흐른다. 일반적으로 이들은 은도금 접촉부(가동 접점)와 은도금 접촉 핑거(고정 또는 고정 접점)로 구성된다. 개폐하는 과정에서 전류를 유도하는 아크 접점이 주 접점과 병렬로 설치된다. 상대적으로 높은 저항을 보이지만 접점 분리 후 전기 아크를 견디도록 설계되었다. 개방 과정에서 주 접점보다 약간 늦게 분리되도록 설계되어 전류가 주 접점에서 전체적으로 아크 접점으로 이동하여 아크를 더 잘 제어하고 주 접점에 마모가 없도록 한다. 정상 작동 중에 전류는 주로 저항이 낮은 주 접점을 통해 흐른다.

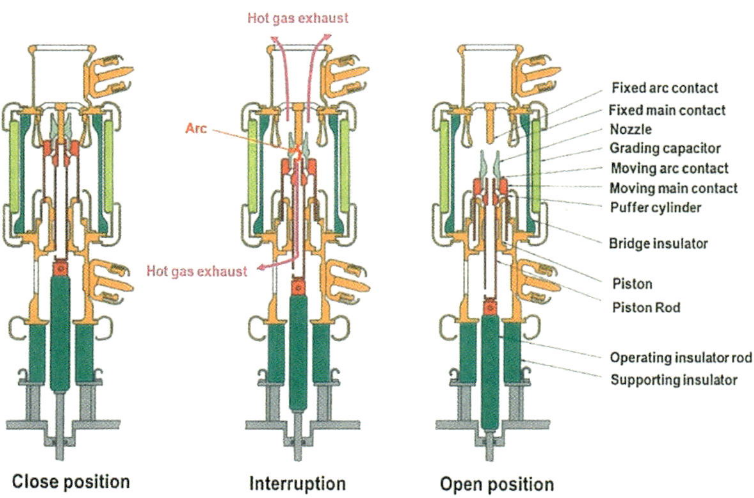

Fig. 5.4 Typical interrupter configuration of SF_6 gas circuit breaker

개방 동작 중에 기계적 수단 또는 전류 아크의 열에 의해 피스톤 형 구조(퍼퍼 실린더)에서 SF_6 가스 압력이 생성된다. 이 SF_6 가스는 아크 접점 사이에 생성된 전기 아크를 냉각시키기 위해 분리된 접점 주위로 향한다. 신선한 SF_6 가스 유동은 전력 주파수 전류 영점 순간에 이용 가능해야 한다. 그래야 아크 잔재의 고온 플라즈마 이온이 회복되고 전도성 고온 가스가 제거된다. 이러한 현상이 발생할 수 있는 기회는 개방된 접점 사이의 전압이 나머지 이온을 눈사태 효과를 가져올 때까지 가속하여 전기 아크를 다시 형성할 수 있는 값까지 상승할 때까지 수 μs에 불과하다. 재점호 가능성은 열 파괴 현상(플라즈마 이온의 가속 및 결과적 증가)에 의해 발생하기 때문에 이 윈도우를 열 차단 프로세스라고 한다. 이 열적 단계는 성공적인 차단을 위한 첫 번째 중요한 기간이며 전류 영점 이후 첫 수 μs이다.

전압의 회복은 초기에 변전소(μs 이하의 시간) 및 인근 가공선(수십에서 수백 μs)의 매우 빠른 진행파에 의해 결정된다. 네트워크의 어딘가에서 진행파는 음으로 반사되어 차단기 단자에서 과도 회복 전압은 감소한다. 진행파로 인해 발생한 과도 회복 전압(TRV)은 톱니 모양(삼각형)으로 잘 알려져 있으며, 변전소 정전 용량에 의해 다소 지연된다. 이로 인해 RC 시정수로 특정된 시간 지연이 발생한다. 여기서 R은 연결된 가공선의 등가 서지 임피던스이고 C는 변전소 장치의 커패시턴스이다. 일반적으로 시간 지연은 차단기의 모선 측에서 수 μs이고 선로측에서 수 분의 1μs이다.

아크의 냉각이 전자사태 효과를 방지하기에 충분한지 여부를 결정하는 것은 이 초기 단계이다. 초기 단계 후 진행파는 선로 끝에서 회귀하고 대부분은 반대 부호를 나타내므로 회복 전압이 감소한다. 거의 동시에 시스템 고유 주파수가 시스템의 추가 응답을 결정하는 역할을 시작한다. 회복 전압은 일반적으로 몇 kHz의 주파수로 감쇠된 1−cos 파형을 나타낸다. 예를 들어 1ms 이후의 접점 거리는 회복 전압의 피크 값을 견디기 위해 접점 사이에 필요한 절연 능력을 생성하기에 충분하지 않을 수 있다. 이 상황에서 절연 재점호가 발생할 수 있으며 전기 아크가 다시 생성된다. 이 절연 단계는 성공한 차단에 대한 두 번째 중요한 기간(절연 차단 프로세스라고 함)이며 중요한 기간은 일반적으로 수백 μs 이상이다(그림 5.5 참조).

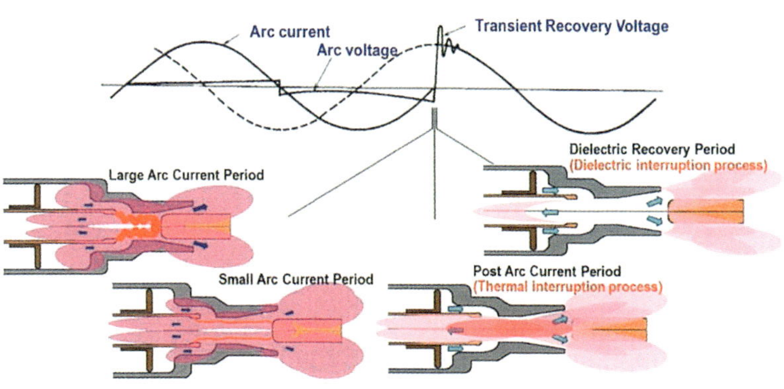

Fig. 5.5 Interruption process with SF_6 gas circuit breaker

열적 또는 절연 재점호 후 차단기 극은 전류를 차단하려는 또 다른 시도를 시작하기 위해 다음 전원 주파수 전류 영점이 될 때까지 기다려야 한다. 그 동안 다른 두 극(상)은 전력 주파수 전류 영점에 직면하고 전류를 차단할 기회를 갖게 된다.

대부분의 경우 차단되는 첫 상은 차단 전류와 발생하는 회복 전압의 가장 가혹한 조건을 겪는다. 두 번째 및 마지막 상의 경우 차단이 더 쉽다. SF_6 가스 차단기는 일반적으로 10−20ms의 아크 윈도우 내에서 전류를 차단하도록 설계되었다. 따라서 상당 몇 개의 전류 영점만 처리할 수 있다. 특정 전원 주파수 전류 영점에서 클리어되지 않으면 고장이 나고 폭발할 수 있다. 다행스럽게도 현대의 차단기는 업데이트된 표준에 따라 설계되었으므로 이런 일이 거의 발생하지 않는다.

회복 전압은 차단되는 전류보다 거의 90° 앞선다. 둘 다 전력 주파수 구성 요소이다. 전류는 sine 함수이고 회복 전압은 cosine 함수이다. 근래의 차단기가 전류 영점에서 차단되기 때문에 회복 전압은 차단 전 0에서 피크 값으로 점프한다. 0에서 피크 값까지의 과도는 고주파 구성 요소에 의해 제어되며 과도 회복 전압(TRV)이라고한다. 또한 TRV는 정전 용량, 인덕턴스와 정전 용량 사이의 고유 주파수, 댐핑, 진동 및 진행파(그림 5.6 참조)가 있는 차단기의 양 측에서 더 복잡한 네트워크 모델에 의해 결정된다. 차단기에 적용되는 TRV는 차단기 양측에 적용되는 TRV의 차이이다.

Fig. 5.6 Typical meshed network at both sides of CB with different natural frequencies

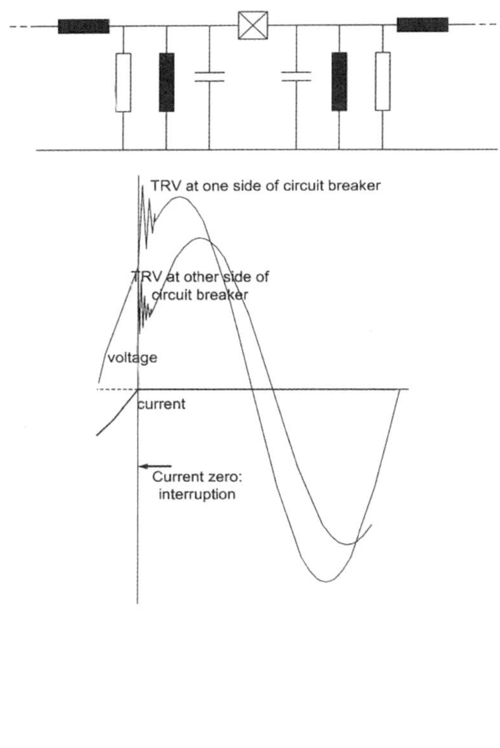

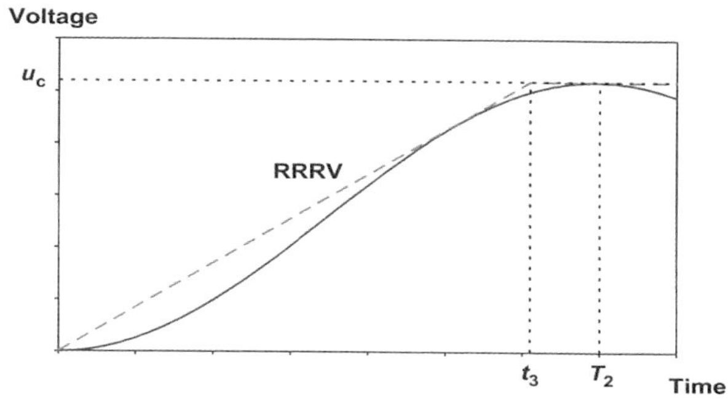

Fig. 5.7 Two-parameter TRV with time coordinates

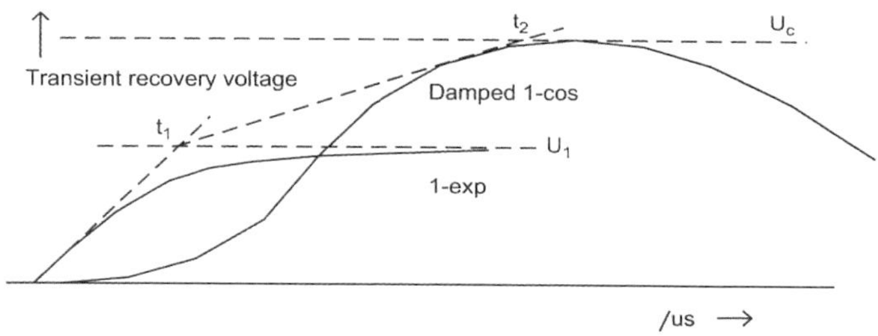

Fig. 5.8 Four-parameter envelope with its coordinates

TRV 파형(특히 고장 전류를 차단할 때)은 전압 회복의 열적 단계와 관련된 초기 부분과 절연 단계와 관련된 피크 값으로 구성된다. 초기 부분의 주요 특성은 dU(t)//dt 및 시간 지연이다. 표준(IEC62271−100 2008) 및 IEEE 표준 C37.09(1999)의 경우 TRV 파형은 곡선으로 설명된다. 이들은 각각 단일 주파수와 다중 주파수 시스템 응답을 다소 포함하는 2−파라미터 또는 4−파라미터 곡선이다. 단일 주파수 시스템 응답은 감쇠된 1−cos 함수와 유사한 TRV 파형을 제공한다. 다중 주파수 응답은 1−cos함수로 겹치는 1−exp 함수로 볼 수 있다.

탈조 상황에서는 4-파라미터 곡선이 사용된다. 그러나 먼저 2−파라미터 곡선에 대해 설명한다.

2-파라미터 곡선은 TRV 피크 값을 통과하는 수평선과 원점을 통과하고 TRV 파형에 닿는 또 다른 점선이 있는 TRV 피크값(U_c)으로 정의된다. 이 선로의 기울기는 RRRV(정격 회복전압 상승률)이다. RRRV는 TRV 경사도 dU(t)/dt에 대한 측정값이지만 그림 5.7에서 볼 수 있듯이 동일하지는 않다. 감쇠된 1−cos 함수의 두 선은 시간 좌표 t_3에서 교차한다.

4-파라미터 TRV는 그림 5.8에 표시된 U_1, t_1 및 U_c, t_2의 값으로 표시된다. 초기 부분은 du/dt = Z*dI /dt 인 진행파를 나타낸다. 여기서 Z는 차단기가 있는 장소에서 시스템의 등가 서지 임피던스이다. 진행파의 양극 반사는 감쇠된 1−cos 함수의 위쪽 부분에 포함된다. 기본적으로 1−exp 함수는 오버 댐핑된 시스템(낮은 등가 서지 임피던스)을 나타내고, 감쇠된 1−cos 함수(2 -파라미터 곡선에 표시됨)는 언더 댐핑 시스템(높은 등가 서지 임피던스)을 나타낸다.

설계 측면에서 차단기는 지정된 곡선에 필요한 TRV 파형을 견딜 수 있음을 입증해야 한다. 응용장치 측면에서 서비스 중인 TRV 파형은 지정된 곡선 아래에 있도록 곡선이 나타나야 한다. 이러한 경우라면, 차단기가 필요한 기능을 수행할 것이다.

5.5 차단기 발전 역사(History of Circuit Breaker Development)

지난 100년 동안 전기는 세계에서 가장 유연하고 안정적인 전력 시스템이 되었다. 전 세계 수요는 계속 증가하고 있으며, 많은 국가에서 전력 공급은 국내 총생산(GDP)과 밀접한 관련이 있다. 전력의 안전한 배전를 가능하게 하는 인프라는 매우 신뢰할 수 있어야 하는 하나의 특정 장치인 차단기(CB)를 기반으로 한다. 차단기는 전력 시스템의 정상 및 비정상 조건 모두에서 전력 시스템 전류를 스위칭하는 네트워크에서 가장 중요한 역할을 수행한다.

최초의 차단기는 20세기 초에 제작되었다. 그 이후로 차단기의 설계, 제조, 테스트 및 현장 적용이 크게 변경되었다. 물 및 오일 차단기는 차단기 개발 초기에 나타났으며 매우 낮은 수준의 전류 및 전압에서 작동했다. 이 차단기의 접점은 선택한 매질로 채워진 대형 탱크에 내장되었다. 예를 들어, 오일 차단기는 일부 오일의 기화에 의존하여 아크를 통해 오일 제트를 분사한다. 이러한 조건에서 아크 형성은 매질의 이온화와 수소 가스의 형성으로 이어졌다. 전류 영점에 접근하면(교류 정현파 50Hz에서 10ms마다 또는 60Hz에서 8.33ms마다) 기화된 매질이 가스로 채워진 아크 채널을 고압으로 압축했다.

이로 인해 접점 사이의 매질이 대부분의 전도도를 잃게 되어 아크가 소멸되었다. 안타깝게도 필요한 매질의 양이 많기 때문에 미네랄 오일로 채워진 이러한 장치는 다소 다루기 어렵고, 오일 차단기가 고장 나면 폭발 및 화재의 위험이 커졌다.

이러한 위험에도 불구하고 오일은 여전히 인기있는 매질이었으며 이러한 번거로운 초기 장치를 기반으로 한 오일 차단기는 1980년대까지 제조되었다. 이러한 이슈로 각각 장단점이 있는 다른 유형의 차단 매질이 개발되었다. 개발의 역사를 통해서 볼 때 전력 시스템에 적용되는 차단기는 아크를 소호하는데 사용하는 매질에 따라 크게 분류되었다. 차단 및 절연 매질에 따른 주요 회로 차단기는 다음과 같다.

- 유입형
- 최소 유입형
- 공기 소호형
- 진공형
- 육불화수소형

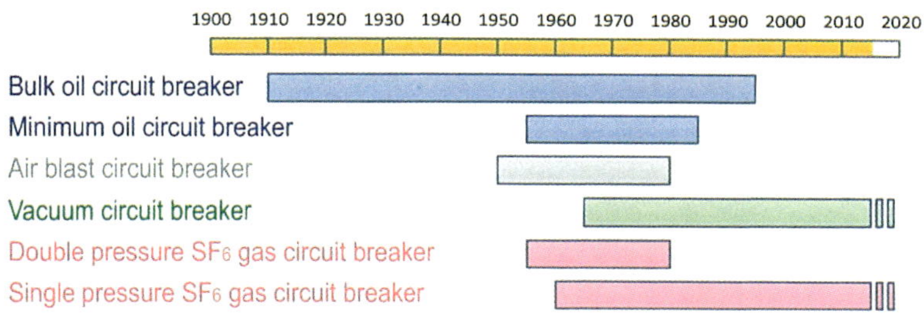

Fig. 5.9 Manufacturing period of circuit breakers with different technologies

이러한 다양한 유형의 차단기의 상업적 생산 및 사용의 일반적인 연혁은 그림 5.9에 나와 있다.

다양한 응용 분야에서 수년 동안 차단기에 대한 전 세계적 경험을 통해, CIGRE 연구위원회 13 및 이후 연구위원회 A3에서 이러한 지식을 교환하면서 새로운 중전압 및 고전압 스위칭 장치를 만드는 새로운 통찰력을 얻었다. 1907년에 최초의 오일 차단기는 미국의 J.N. Kelman에 의해 특허를 받았다(Kleman 1907). 이 장치는 미네랄 오일이 채워진 탱크에 담겨진 한 쌍의 접점에 불과했다. 실험에 의한 발견의 시대였고 대부분의 차단기 설계는 전력 시스템 자체에서 시행 착오를 거쳐 이루어졌다. 1956년에 SF_6를 사용하는 차단기에 대한 기본 특허를 Lingal et al이 출원하였다(1956).

현재 대부분의 고전압 차단기는 SF_6를 차단 및 절연 매질로 사용한다. 전기 아크가 매우 다루기 어렵고 복잡한 현상으로 판명되었기 때문에 J. Slepian은 차단기 문제의 본질을 명확히하기 위해 많은 노력을 기울였다(Slepian 1929). 실험 기술의 새로운 개선은 각각 더 많은 이론적 문제를 생성했다. 특히 처음에 차단기의 실용적인 개발은 다소 시행착오적이었고 설계적으로 과학적 원리로 추론하는 것이 거의 불가능했다.

고전력 실험실에서는 많은 개발 테스트가 필요했다. A. M. Cassie가 아크의 역학에 대한 그의 잘 알려진 방정식과 함께 논문을 발표했을 때 아크 회로 상호 작용을 이해하는 데 있어 큰 진전이 이루어졌다(Cassie 1939; Cassie and Mason 1956). 그 뒤 1943년 O. Mayr는 전류 영점(Mayr 1943) 근처의 시간 간격을 다루는 보충 자료를 이어 발표했다. 그 후 방정식의 수학을 개선하고 실제 측정을 통해 물리적 타당성을 확인하기 위해 많은 작업이 수행되었다(Frost and Liebermann 1971). 차단 프로세스가 마이크로 초 단위로 발생하고 고전류 영역의 플라즈마 온도가 10,000K 이상이며 전류 영점 주변의 온도 감소가 마이크로초당 약 2000K이고 가스의 움직임은 초음속인 것을 알게 되면 전기 아크에 의한 전류 차단이 복잡한 물리적인 프로세스임이 분명해진다. 전류 차단 프로세스를 이해했기 때문에 단일 인터럽터로 550kV 63kA를 차단할 수 있는 SF_6 차단기가 탄생했다.

5.6 유입 차단기(Oil Circuit Breakers ; OCB)

1800년대 후반과 1900년대 초에 차단기의 차단 매질은 공기, 오일 또는 물이었다. 그림 5.10은 초기 세대의 차단기 중에서 하나의 예를 보여준다. 그림 5.11은 오일을 차단 매질로 사용하는 차단기 중 하나이며 이는 1901년에 설치되었으며 40kV에 적용되었다. 그리고 이 차단기는 2 개의 배럴이 각각 반반씩 구성된 구조이다.

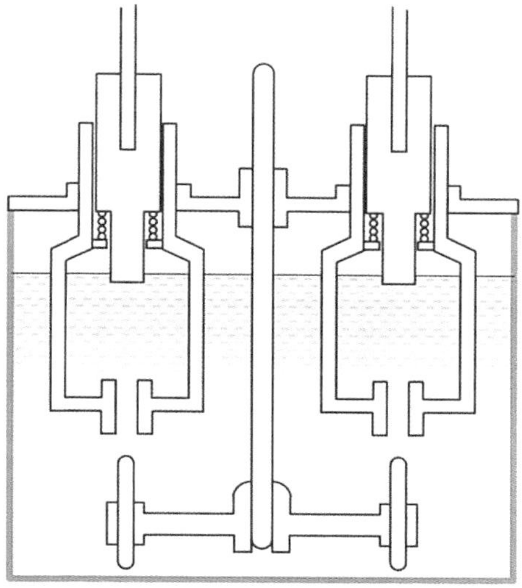

Fig. 5.10 Early circuit breaker design

Fig. 5.11 Early 40 kV oil circuit breaker (1901). (Wilkins and Crellin 1930)

그림 5.10은 400A 차단성능을 갖는 물을 사용하는 차단기와 앞장에 언급한 개방 상태에서의 절연을 보장하기 위해 오일을 사용하는 초기 차단기 설계를 보여준다. 이것은 인접한 발전소를 파괴하는 폭발로 인해 상당히 짧은 시간 동안만 수행되었다(Wilkins and Crellin 1930). 그러나 유사한 개념의 차단기는 성능이 우수했으며 수년에 걸쳐 설계 개선이 있었다. 이러한 차단기 중 일부는 1950년대까지 계속 사용되었다.

더 높은 전압 및 전류에 대한 전력회사의 요구가 증가함에 따라 유입 차단기는 대부분의 고객들이 선택하는 주요 차단기가 되었다. 미국에서는 "벌크" 또는 접지형 탱크 유입 차단기가 가장 인기가 있었다(Prince and Skeats 1931). 벌크 유입 차단기에서 접점은 오일로 채워진 대형 금속 탱크의 중앙에 위치해 있다. 오일은 소호 매질 역할을 하며 탱크와 절연된다. 유럽에서는 라이브 탱크 유입 차단기 설계(최소 유입 또는 유입 부족 디자인이라고도 함)이 가장 인기를 끌었다. 이 설계에서 접점과 아크 챔버는 부피가 큰 금속 탱크 대신 애자 절연체에 배치되었다. 이것은 주로 미국에서 더 많은 오일을 구할 수 있기 때문이다.

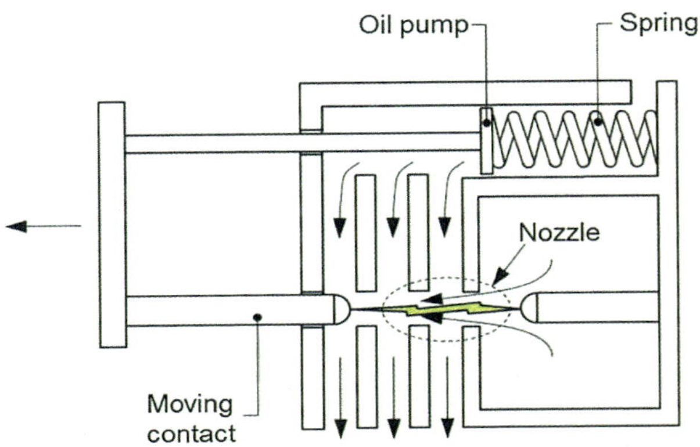

Fig. 5.12 Example of oil circuit breaker with mineral oil convection

초기 유입 차단기는 접점 분리에만 의존했으며 생성된 긴 아크 시간은 그 당시에는 거의 중요하지 않았다. 오일은 공기에 비해 절연성이 높을뿐만 아니라 아크 소호 효과도 높기 때문에 선호되는 차단기 매질이었다. 유입 차단기의 아크 소호 원리는 미네랄 오일이 아크에 의해 수소(H_2)와 메탄(CH_4) 가스로 분해되는 것을 기반으로 한다. 오일에서 전류 아크가 발생하면 매체가 증발하고 아크 주변에 거품이 형성된다. 거의 80% 가 수소(H_2) 인이 고압 가스는 우수한 절연 특성과 높은 비열 상수를 가지며 이온화를 억제하며 아크를 둘러싼 채널을 통해 이동한다. 오일의 대류를 향상시켜 전류 영점 주변의 아크 잔류 물을 냉각시킨다(그림 5.12 참조). 이 아크 유도 대류 원리는 나중에 "Self −blast(자력 소호)" 차단기(Baker and Wilcox 1930)에 사용되었다.

아크에 의해 발생한 가스와 오일의 점화성에도 불구하고 동작은 산소가 없는 환경, 오일 깊숙한 곳에 접점을 담그고 가스가 표면으로 올라갈 때 냉각되도록 함으로써 이루어진다.

1920년대 초에 엔지니어들은 차단기에 더 높은 차단 기능과 더 짧은 차단 시간을 제공하기 위해 아크 차단 연구를 시작했다. 미국 Westinghouse에서 이 연구는 연구 과학자인 Dr. Joseph Slepian(1929)이 주도했다. 그의 연구는 이론적 및 실제적 관점에서 가스 이온화를 기반으로 아크 동작에 대한 상세한 과학적 설명을 이끌어 냈다. 아크 동안, 전류는 차단 매체의 이온화를 통해 전도된다. 전류 영점에서 전류 차단은 아크 공간의 탈 이온화 결과이다. 그의 연구에서 개발된 기본 사실 중 하나는 아크의 소호는 두 가지 요인에 달려 있다는 것이다. 두가지 요소에 의존된 아크 소호이다. 그것은 전류 영점 이후 아크 공간의 절연 내력 회복 속도와 아크를 재점화하는 경향이 있는 외부 회로에 의해 인가되는 전압의 속도이다.

1920년대 후반에 이 조사로 인해 원래 69kV OCB(유입 차단기)에 적용된 탈 이온 차단기가 개발되었다. 결국 다양한 버전의 탈 이온화 그리드가 최대 345kV 63kA 차단 전류의 유입 차단기에 8개 장치가 직렬로 적용되었다. 인터럽터 개발은 아크를 제어하고 탈 이온화 프로세스를 향상시켜 아크 시간을 단축하고 차단 전류 성능을 증가시켰다.

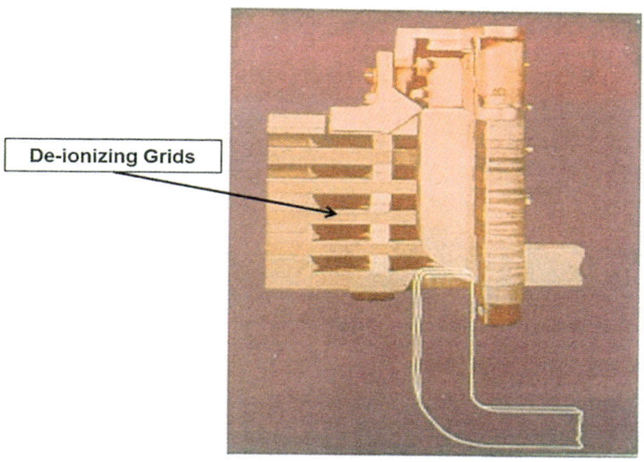

Fig. 5.13 Deionizing interrupter assembly of 69 kV oil circuit breaker

그림 5.13은 Westinghouse에서 개발한 69kV 유입 차단기(OCB)용 탈 이온 인터럽터 어셈블리를 보여준다. 이것은 각각이 특정 평면 기하학적 구성으로 절단된 섬유판으로 구성된 그리드로 구성되어 있으며, 이 격자는 서로 겹쳐서 조립될 때 접점, 배기 가스를 위한 흐름 통로, 아크 분리 및 신선한 오일로 아크를 식히기 위한 오일 주머니를 위한 공간이 있다.

섬유판은 소재가 "깨끗한 연소"이므로 아크의 고온이 탄화를 일으키지 않고 절연 특성을 유지할 수 있기 때문에 이러한 용도로 고유한다. 섬유의 분해는 또한 탈 이온화를 향상시키기 위해 가스를 생성했다. 아크 방지 아크 접점을 사용하면 이온화된 가스로 아크 공간이 오염되는 것을 줄일 수 있다.

더 높은 전압과 더 높은 차단 전류에서, 단상 차단 인터럽터는 주차단부에 두 번째 또는 직렬로 압력 생성 차단부를 추가하여 개선되었다. 이러한 접점은 "폭발 챔버"라고 하는 별도의 챔버에 위치했으며 아크는 오일 흐름을 차단기 그리드의 섬유판 경로와 아크 공간으로 강제로 밀어 넣어 탈 이온화 및 차단을 강화하는 압력을 생성한다. 전압이 증가함에 따라 de-ion 차단부는 별도의 장치로 주 차단부 관형지지 구조에 삽입된 "그리드 블록"어셈블리로 만들어졌다. 이로 인해 여러 "그리드 블록"및 관련 차단부 접점을 직렬로 포함할 수있는 차단부가 생성되어 완전한 멀티 브레이크 차단부 어셈블리를 형성한다. 그림 5.14는 최대 345kV까지 63kA의 차단 전류에 적용된 다양한 OCB 차단기에 조립된 그리드 블록 구성 요소를 보여준다.

1900년대 초 OCB를 개발하는 동안 테스트 실험실 시설은 테스트 전압 및 전류 성능에 한계가 있었다. 이로 인해 개별 차단기의 전압 및 전류만 확인하는 것으로 제한적이었다. 완전한 CB로 더 높은 인터럽터의 차단 성능을 테스트하는 것은 현대적인 합성 테스트 기술을 통해 가능해졌다.

초기 차단기의 설계는 이동식 금속 부재(크로스암)로 가교된 두 개의 인터럽터로 구성되어 차단기가 닫힐 때 전류를 통전하거나 차단기가 열릴 때 회로를 차단하고 이격시키기 위해 분리 갭을 형성한다. 이것은 이후 오일 차단기 모델에서 유지되는 중요한 기능이었다. 또한 구조, 기계적 작동, 접지된 탱크 구조에서 도체를 절연하는 부싱, 정보를 위한 변류기에 상당한 변화가 있었다.

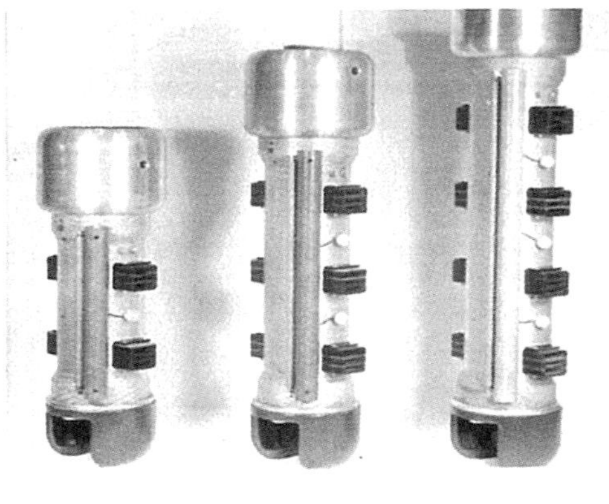

Fig. 5.14 145 kV four-break, 245 kV six-break, and 345 kV eight-break OCB interrupters lineup with 63 kA breaking capability

그림 5.15는 후기 오일 차단기의 극 장치 단면이다. 그림과 같이 부싱은 접지된 탱크 구조로부터 도체를 절연하고 또한 "절연 리프트 로드"를 통해 작동 메커니즘에 연결된다. 보호 계전기 및 계기용 변류기는 부싱 주변에 장착된다. 또한 인터럽터는 두 개의 "그리드 블록"을 사용하는 그림 5.14에 표시된 어셈블리 중 하나이다.

Fig. 5.15 Cross section of later generation of 145 kV 63 kA bulk oil circuit breaker

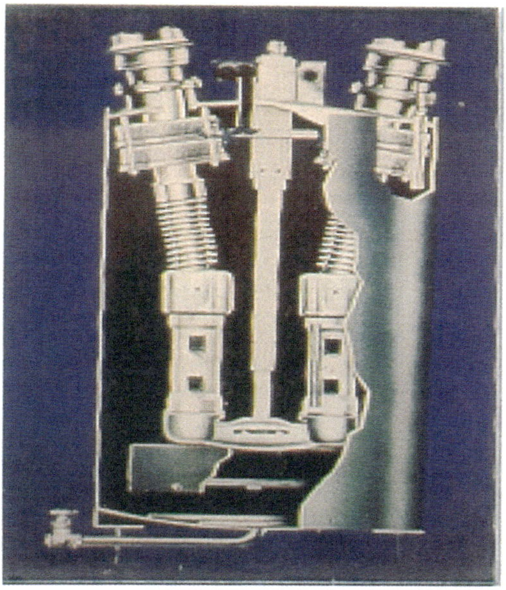

Table 5.1 Annual progress of OCB capability

Year	Voltage rating (kV)	Current rating (kA)	Three-phase MVA rating (V x I)
1934	287	5	2500
1941	287	7	3500
1945	138	15	3500
1947	230	25	10,000
1949	138	25	6000
1951	161	36	10,000
1954	330	44	25,000
1960	245/362	63	27,000/40,000

Fig. 5.16 Three-phase bulk oil 242 kV OCBs with dead tanks mounted to steel beam

표 5.1은 시스템 전압과 차단 전류를 사용한 OCB 차단 성능의 연간 진척도를 보여준다. 15~69kV의 송전 레벨과 345kV를 포함한 121−242kV의 송전 레벨 등 초고압이라고 하는 정격에 의한 오일 차단기 등급을 형성하기 위한 표준화 작업이 필요하다고 판단되었다. 정격 69 kV는 유지보수 작업을 위해 탱크가 낮게 설치된 프레임에 의해 지지되는 단상 탱크의 회로 차단기가 프레임에 장착된다. 더 높은 전압에서 단상 탱크는 기초에 별도로 장착되거나 그림 5.16과 같이 강철 빔에 장착되었다.

유입 차단기가 대중적이던 시기에는 소요되는 미네랄 오일량을 줄이기를 원하게 되었다. 그 결과 내부 고전압 구성 요소 주변의 전압 구배를 따르도록 특수 탱크 설계를 설계했다. 그림 5.17은 오일량이 4배 감소되더라도 용량은 4배(2500~10,000MVA) 향상시키도록 오일량을 줄이는 노력의 진척도를 보여준다. 물론 그림 5.18에 표시된 라이브 탱크형 유입 차단기는 유입 주입량에 있어 가장 보수적인 설계였다. 그러나 이러한 유형의 차단기는 충분한 차단 전류를 제공하지 못했으며 이전에 언급한 바와 같이 미국 시장에 대한 주요한 디자인이 되지는 못했다. 소유량 유입 차단기는 급격한 압력 상승과 강한 대류를 유발하는 더 높은 전류에서 가장 잘 작동한다. 아크에 의해 방출되는 가스량이 더 적을 때 저 전류차단은 항상 설계 엔지니어에게 어려운 과제였다. 소유량 유입 차단기는 용량성 전류 차단 후 절연 재점호에 민감하다. 유입은 우수한 전기 절연체이며 차단기 접점이 열리면 접점 전체에 걸쳐 시스템 전압을 차단한다.

그림 5.19는 OCB로 달성한 최고 정격 전압인 345kV 오일 차단기를 나타낸다.

이 차단기는 원래 40kA 차단 책무용으로 설계되었지만 이후 차단시 내벽으로 전압 섬락을 방지하기 위해 내부 실드를 삽입하여 63kA를 충족하도록 개선되었다.

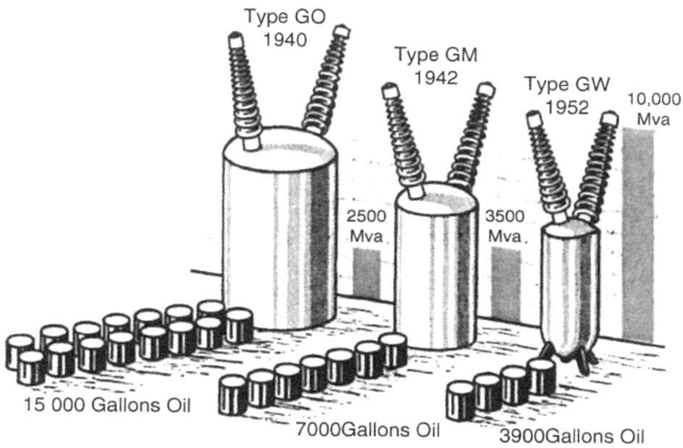

Fig. 5.17 Progress in 230 kV OCB design efficiency

Fig. 5.18 220 kV 3500 MVA minimum oil circuit breaker

Fig. 5.19 345 kV 63 kA oil circuit breakers

유입 차단기는 1980년대까지 전기 송전 시스템의 요구를 충족시켰다. 현재 벌크 유입 및 소유량 유입 차단기는 여전히 세계 여러 지역에서 제 역할을 수행하고 있지만 차단기 개발은 더 이상 진행되지 않는다. 이제 SF_6 가스를 사용하는 차단기가 더 높은 시스템 전압, 증가한 단락 전류, 빈번한 커패시턴스 및 리액터 스위칭에 대한 지속적인 요구를 충족하기 위해 선택한다. 2016년 현재 수천 개의 유입 차단기가 여전히 사용 중이다.

5.7 공기 차단기(Air Blast Circuit Breakers)

공기는 공기 절연 옥외형 변전소 및 고압 송전선로에서 편리한 절연체로 사용된다. 공기는 전류 차단을 위한 소호 매체로도 사용할 수 있다. 그러나 대기압에서 차단 기능은 저전압 및 중전압으로만 제한된다. 유입 차단기와 유사한 절연은 수 MPa로 압축된 공기를 사용한 경우에만 가능하다. 압축 공기 분사 차단기에서 이러한 고압을 사용하기 위해서는 초기 수십년 동안 전기를 공급하는 동안 유입 차단기용으로 개발된 것과는 다른 새로운 차단기 챔버 설계가 필요했다. 고전압 스위칭 장치에 공기를 적용 하는 것 영국 전기 연구 협회(Whitney and Wedmore 1926)에서 처음 제안 되었다. 첫 번째 디자인은 축 방향 분사 유형의 차단기였다. 또 다른 디자인에는 판 사이의 아크를 차단할 수 있는 금속판이 장착되었다

(Slepian 1929). 최대 50kV의 중저압 기기에 적용할 경우, 일반적으로 공기 분사 차단기는 고장 전류에 의해 생성된 자기장에 의해 아크가 분할된 구획으로 불려나가게 하는 자석과 함께 적용되었다. 이러한 방식으로 아크 길이, 아크 전압 및 아크 기둥의 표면이 증가한다. 아크 전압이 감소하고 고장 전류를 제한하게 되면 더 큰 아크 기둥 표면은 아크 채널 냉각을 향상시킨다.

높은 압력에서는 공기가 훨씬 더 많은 냉각 능력을 갖는다. 차단기 내부와 외부 대기 사이의 큰 압력 차이로 인해 아크가 강제 대류에 의해 냉각되기 때문이다. 압축된 공기로 작동하는 공기 분사 차단기는 상당히 높은 전압 레벨에서 더 큰 전류를 차단할 수 있다. 압축 공기를 사용하는 공기 분사 차단기는 축 방향 분사 또는 교차 분사 유형일 수 있다. 교차 분사 유형의 공기 분사 차단기는 자기 차단기(마그네틱 차단기)와 유사하게 작동한다. 압축 공기는 아크를 분할된 아크 급류 구획(금속 플레이트)으로 불어넣는다. 아크 전압은 아크 길이에 따라 증가하기 때문에 이를 고저항 차단이라고도 한다. 차단 과정에서 소모되는 에너지가 다소 높다는 단점이 있다. 축 방향 분사 디자인에서 아크는 기류에 의해 축 방향으로 냉각된다. 전류영점 부근에서 이온화 레벨이 낮은 레벨이 되면 전류가 차단된다. 이 유형의 아크 전압은 거의 증가하지 않기 때문에 이를 저저항 차단이라고 한다. 공기 분사 차단기는 작동 중에 특히 아크가 자유 공기에서 냉각될 때 많은 소음을 발생시킨다. 이는 인구 밀도가 높은 지역에서 공기 분사 차단기의 적용이 제한되는 이유 중 하나이다.

압축공기에는 고전압 차단기에 유용한 몇 가지 특성이 있다. 공기는 절연 강도가 높고 열 특성이 좋기 때문에 전류 영점 근처에서 아크를 빠르게 냉각할 수 있다. 공기 분사(압축 공기) 차단기는 노즐을 통과하는 기류를 사용하여 아크를 냉각하고 이온을 제거 한다. 더 높은 전류 차단 성능은 공기압(3−5MPa)을 높이면 달성된다. 압축 공기 차단기에서 아크는 차단기의 내부 부품과 외부 대기 사이의 큰 압력 차이로 인한 강제 대류에 의해 냉각된다. 밸브가 열리고 압축공기가 고속으로 챔버에서 빠져나온다. 설계시 고려할 중요한 사항은 강렬한 기류의 이점을 얻을 수 있도록 아크가 올바르게 배치되도록하는 것이다. 그림 5.20에 표시된 다양한 노즐 형상이 설계 및 개발되었으며, 결국 압축 챔버에서 사용되는 것과 유사한 축 방향 흐름이 선택되었다.

아크소호매질로 압축공기를 사용하는 공기 분사 차단기의 장점은 높은 차단 능력과 짧은 차단 시간이다. 그러나 차단 장치(인터럽터)는 절연 내력이 제한되어 있어 420kV용 차단기가 상당 최대 6~10개의 차단 장치를 필요로 한다(800kV 차단기의 경우 12개의 차단장치가 직렬로 연결됨). 아크 소호에는 최대 3MPa의 높은 압력이 필요하므로 누기의 위험이 높다. 이 경우 설치, 유지 보수 및 수리 비용이 많이 든다.

1930년 초에 프랑스 회사 "Delle"이 공기분사 차단기와 소유량 유입 차단기로 작업했다. 공기 분사 디자인은 이미 1930년에 존재했고 "Symphaseur"라고 불렸으며, 그 중 가장 좋은 예 중 하나는 방금 지어진 시험장을 보호하기 위한 차단기였다. 차단기는 AVP 5/14라고 불렸으며 중전압으로 제한되었다. 이 공기 분사 차단기 설계는 1955년까지 66kV 이상의 전압으로 확대되지 않았다.

1955년 말부터 1956년 초까지 CERDA 팀은 고전압에 도달하기 위한 새로운 원가 경쟁력이 있는 기술을 개발하기 위해 노력했다. 이 디자인의 공기 분사 차단기는 유럽과 남아프리카에서 132~420kV에서 사용되었다. 1957년 말 러시아에서 세계 최초의 새로운 525kV 송전선을 위한 AE 형(공기 및 배기)의 차단기 개발이 시작되었다. 이 공기 분사 차단기는 1960년에 납품되었다. 이 설계는 더 낮은 전압에서 수십 년 전에 탄생했다.

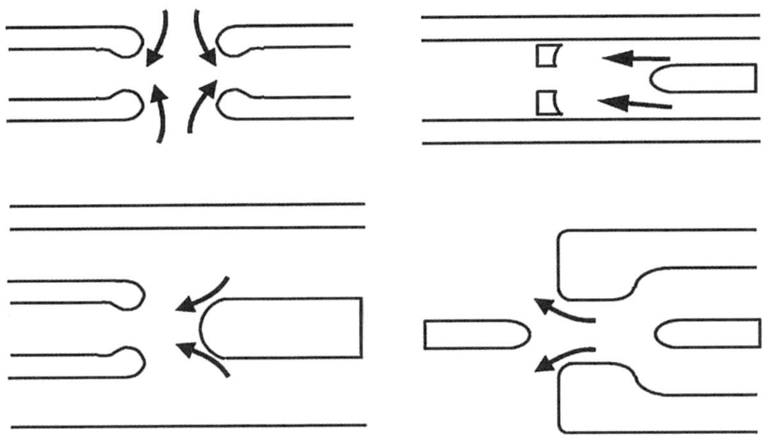

Fig. 5.20 Initial ideas of air blast circuit breaker designs

AE형 차단기는 2종류의 차단 용량(20 및 30kA)과 2종류의 정격 연속 통전 전류(1250 및 2000A) 성능이 있었다. 각 메인 챔버 또는 보조 챔버는 고압에서 다중 차단 장치를 요구하는 85kV의 기본 정격전압으로 설계되었다. 고전압 공기 분사 차단기에 대한 개발 노력은 차단기 당 장치 전압(차단기 당 100kV까지)을 높이면서 장치 수를 줄이는 데에 중점을 두었다.

공기는 다른 합성 가스처럼 대기를 오염시키지 않음) PK 설계라고 하는 차세대 차단기가 AE 설계를 단순화하여 설계 되었다. 이 설계는 결국 캐나다와 미국에서 735kV로 사용되는 세계 최초의 차단기가 되었다. 이 디자인은 138-362kV에서도 사용되었다.

공기 분사 차단기가 도입되었을 때 유입 차단기에서도 유사한 응용이 적용되었다. 압축 공기 차단기와 최소 유입 차단기 사이에는 몇 가지 절충점이 있었다. 유입 차단기, 특히 자력 분사 방식은 설계가 단순하고 낮은 기계적 동력으로 동작할 수 있다. 그러나 오일은 취급에 어려움이 있는 매질이다. 화재 위험이 있으며 더 많은 유지 보수가 필요했다. 반면, 압축 공기 차단기는 강력한 압축기가 필요했고 작동시 특히 대기로 배출할 때 매우 시끄럽다. 또한 압축 공기의 수분 수준을 관리해야 한다.

이 두 가지 차단 원리의 발전은 제조업체 내에서도 양극화된 견해로 진행되었으며 두 진영 간의 경쟁은 거의 종교적인 열정 같이 계속되었다. 1955년에 일부 엔지니어는 “공기 분사 차단기가 고전압에서는 다른 어떤 유형의 차단기보다 좋다”고 주장했다. 위에서 언급했듯이 공기 분사 차단기는 매우 높은 전압에서 널리 사용되었다. 그러나 시간은 두 가지 의견이 모두 틀렸다는 것을 증명했으며 공기를 대체할 수 있는 실행 가능한 솔루션으로 도입한 육불화황(SF_6)이 이전 제품보다 점점 더 인기를 얻었다.

차세대 공기 분사 차단기는 그림 5.21과 같이 전체적으로 영구적인 압력을 받는 점절식 챔버를 사용한다. 금속 노즐은 두 방향으로 가스 유동이 있는 이중 유동 유형이며 밸브는 푸시 로드로 작동되는 노즐 아래쪽에 위치한다. 이 조항은 고장 발생시 시스템 안정성을 유지하기 위해 매우 높은 전압에서 필요에 따라 차단 시간을 2사이클(공칭 서비스 주파수)로 줄이는 데 도움이 되었다.

압축 공기/공기 분사 차단기는 특히 컴프레셔 스테이션을 정기적으로 유지 보수해야한다. 그러나 차단기는 스위칭시 병렬저항을 사용하여 서지를 줄여 2사이클 내에 고전압에서 최대 100kA까지 차단할 수 있어 수년 동안 고성능 기능 측면에서 선두 위치를 유지해 왔다. 압축 공기 차단 기술은 가스 매체의 액화 위험이 없기 때문에 매우 낮은 온도에서 작동하기에 적합하다. 이러한 이유로 캐나다와 같은 국가의 최북단 지역에서는 특히 매우 높은 정격 전압(예: 765kV)에서 공기 분사 차단기가 여전히 사용되고 있다.

Fig. 5.21 Latest generation 800 kV air blast circuit breaker. (Courtesy of GE Grid Solutions, produced by Alstom)

5.8 가스 차단기(SF_6 Gas Circuit Breakers)

SF_6의 우수한 절연 특성은 1920년 초에 알려졌다. SF_6의 분자량은 146으로 공기보다 5배 더 무겁다. 대기압에서의 절연내력은 공기보다 2.5배 우수하며 압력에 따라 빠르게 증가한다. 2bar의 압력에서 미네랄 오일과 동일한 절연 특성을 갖는다. 공기에 의해 오염되어도 절연 특성은 실질적으로 변하지 않는다. SF_6 가스 차단기의 적용은 1953년 Westinghouse에 의해 시작되었다(Lingal et al. 1953; Lingal and Owens 1953). 최초의 상업용 SF_6가스 차단기는 1959년에 사용되었다(Yeckley and Cunningham 1958). 이후 미국의 전력 연구소(EPRI)는 다양한 가스 분자 및 가스 혼합물의 차단 능력을 조사하기 위해 광범위한 연구를 수행했다(EPRI 보고서, EL-284 1977; EPRI 보고서, EL-1455 1980; EPRI 보고서, EL-2620 1982). 그들은 전체 고전압 및 차단 전류 범위를 포괄하는 SF_6에 필적하는 대체 차단 매질이 없다고 결론지었다.

SF_6는 이동성이 감소된 음이온의 형성을 유발하는 자유 전자를 포획하는 친화력이 있는 음전기의 가스이기 때문에 차단기의 적용에 적합하다. 이 속성은 SF_6에서

아크의 플라즈마에 존재하는 전자를 빠르게 제거하여 전류가 전류 영점에 접근할 때 아크 전도도 감소율을 증가시킨다. 또한 열 차단 공정동안 SF_6의 우수한 전도성은 전기 아크를 냉각시키는 데 기여한다. SF_6는 매우 안정적이고 불활성인 가스이지만 아크가 있는 경우 SF_2 및 SF_4와 같은 일부 독성 부산물을 생성한다. 이들은 아크 소호 직후 재결합하여 무독성 생성물로 바뀐다.

결과적으로 발생하는 주요 안정한 독성 생성물은 백색 분말로 침착되고 삼산화 알루미늄을 함유하는 활성 알루미늄 필터에 흡수되는 금속 불화물이다. SF_6는 불활성의 안정적인 가스로 내부 금속 차단기 부품의 부식을 줄여 작동 시간을 연장하고 유지 보수를 최소화한다. 불연성이므로 화재 및 폭발의 위험도 크게 감소한다. SF_6는 비교적 낮은 압력(즉, 0.5MPa)에서도 매우 우수한 절연 특성을 가지고 있다. SF_6는 더 높은 압력에서는 액화되어 아크와 상호 작용할 수 없기 때문에 이 낮은 압력이 중요하다. 현재 사용중인 일반 가스 압력에서는 추가 가열없이 −30∼−40℃ 범위에서 작동할 수 있다. 추운 기후에서는 SF_6 가스의 액화로 인해 추가 가열 또는 차단기의 정격 전압을 낮출 필요가 있다. 또한 다른 가스(예: N_2 또는 CF_4)와 혼합하면 액화 온도를 낮추고 추가 가열을 사용하지 않고도 낮은 온도(<−40℃)에서 작동할 수 있다(Widl et al. 1988; Peelo et al. 2006).

예를 들어, SF_6와 CF_4의 50:50 혼합물을 사용하면 일반적으로 추가 가열없이 −50℃까지 작동할 수 있다. 그러나 이것은 차단기의 절연 및 차단 기능에 영향을 미치며 고심해야 할 필요가 있다.

가스 차단기는 차단 프로세스(때로는 자기장을 사용하고 때로는 가스 유동을 활용) 중에 연장된 아크를 소호시키기 위해 SF_6(전도성에서 절연체 상태로의 빠른 전환 기능)의 매우 우수한 절연 내력 특성에 의존하여 급냉한다. SF_6 기술의 경우, 가동 접점은 접점이 이동함에 따라 SF_6 가스를 압축하는 피스톤과 노즐과 실린더에 연결되어 있다. 아크가 형성되면 동적으로 압축된 부품의 차가운 SF_6 가스가 아크 축 방향으로 흐르며 상호 작용하여 에너지를 확산시킬 수 있다. 이 장치는 낮은 유지 보수, 장기적 신뢰성, 깨끗한 작동, 외부 컴프레션 없음, 배기 소음 없음 등 여러 가지 유익한 기능이 결합되어 있다.

SF_6 회로 차단기의 첫 번째 개발은 1940년대 이후 시작 되었지만 첫 번째 SF_6 차단기가 시장에 출시되기까지 1950년대까지 걸렸다. SF_6의 우수한 절연 특성은 훨씬 일찍 알려져 있었지만, 전류 차단에 대한 SF_6의 우수한 특성은 1951년 미국 Lingal, Browne, Storm의 특허 출원으로 처음 공개되었다(Lingal et al. al. 1956). 1953년, 15−161kV 전압에서 전류 차단을 위한 SF_6의 최초 산업용 응용장치

(Lingal et al. 1953)는 600A 전류를 차단할 수 있는 가압된 자체 분사 기술을 가진 라이브 탱크타입 차단기로 구성되었다. 고전력, 고전압 SF_6 차단기의 달성은 Westinghouse에 의해 1956년에 처음 보고되었다. 당시 차단 용량은 115kV (1000MVA)에서 5kA로 제한되었으며 장치는 각 상당 직렬 6개 접점로 구성되었다.

같은 기간 인 1957년에 프랑스 Delle 전기 공장은 그림 5.22에 표시된대로 배전급 큐비클인 23kV, 250MVA 차단기를 구축한 다음 이어서 철도 운송에 사용되는 자체 압축 가능한 절연 노즐이 있는 25kV, 200MVA 접지형 탱크 가스 차단기를 구축했다. 1959년 Westinghouse는 138kV(10,000MVA)에서 41.8kA 및 230kV (15,000MVA)에서 37.6kA를 차단할 수 있는 최초의 대전력 SF_6 차단기를 만들었다 (Yeckley and Cunningham 1958). 이 3-상 접지형 탱크 SF_6 회로 차단기는 아크 소호를 위해 1.35MPa, 절연을 위해 0.3MPa로 가압되는 각 상당 직렬 3개의 챔버로 구성되었다. 위에서 설명한 SF_6의 우수한 특성은 1960년대에 SF_6 기술의 지속적인 발전을 가져 왔으며, 최대 765/550kV까지 점점 더 높은 전압에서 높은 차단 능력을 가진 차단기의 설계를 확장하여 사용했다.

이러한 초기 설계는 축 방향 분사 및 공기 분사 가스 차단기에서 유래한 것이었다. 접점은 SF_6 가스로 채워진 탱크 내부에 장착되었으며 전류 차단 공정 동안 별도의 저장소에서 압축된 SF_6 가스로 아크를 냉각했다. 따라서 이를 이중 압력 설계라고 한다(Friedrich and Yeckley 1959; Leeds et al. 1966). 그림 5.23(a)는 이중 압력 유형 CB의 일반적인 구성을 보여준다. SF_6 가스의 액화 온도는 압력에 따라 다르지만 차단기 주위 온도 범위 내에 있다. 이는 이중 압력 설계의 SF_6 저장소가 어떤 온도에서 액화 가능성을 제거하기 위해 가열 요소가 필요했음을 의미한다. 이로 인해 차단기가 작동하지 못하게 될 수 있는 차단기에 추가 고장 가능성이 발생했다. 사용된 높은 가스 압력 덕분에 유리한 작동 성능을 얻을 수 있었지만, 이러한 장치는 고압 용기에 온도 조절 장치를 추가하지 않으면 5℃ 이하에서 SF_6 가스가 액화하는 제거할 수 없었다. 그림 5.24는 240kV 이중 압력식 가스 차단기의 예를 보여준다.

Fig. 5.22 23 kV 250 MVA vintage gas circuit breaker

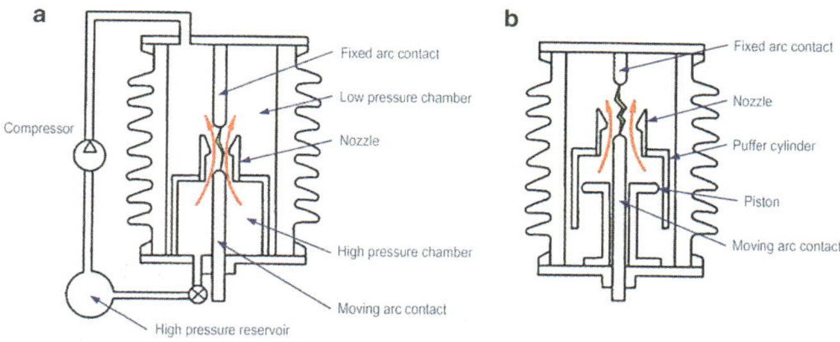

Fig. 5.23 Typical configurations of gas circuit breaker: (**a**) double-pressure type, (**b**) single pressure puffer type

Fig. 5.24 240 kV double-pressure-type gas circuit breaker

높은 압력에서 SF_6 액화되는 것을 해결하기 위해 그림 5.23b와 같이 단일 압력 SF_6 퍼퍼 설계가 1960년대 초에 개발되었다. Delle은 프랑스에서 처음으로 중저압급 가스 회로 차단기를 개발했으며 1960년대와 1970년대에 52kV 이상의 정격 전압으로 더욱 발전했다. 퍼퍼형 CB는 미국에서 정격 전압 34.5~69kV, 차단 전류 25~30kA로 개발되었다(Easley and Telford 1964). 그 후 이중 압력형 CB가 시장에서 사라졌다.

퍼퍼 가스 차단기에서 작동 메커니즘에 의해 구동되는 개방 동작은 움직이는 아크 접점과 피스톤을 이동시키는 피스톤로드를 움직여 퍼퍼 챔버에서 가스를 압축하여 아크 채널을 따라 축 방향 가스 유동을 발생시킨다. 관형 실린더 엔클로저(퍼퍼 실린더)와 고정 피스톤의 상대적인 변위는 실린더 내에서 급격한 압력 상승을 일으켜 가스가 아크 위로 분출 노즐을 통해 분사되어 아크를 냉각시킨다. 이러한 차단기는 이중 분사(또는 가스 유동) 설계라고하는데, 이는 절연 노즐 내부에서 첫 번째 상부 가스 분사 후 가동접점 내부의 두 번째 축 방향 하부 가스 분사로 아크의 냉각이 이루어지기 때문이다. 아크를 소호하는데 아크의 냉각이 중요하다. 노즐은 열화없이 고온을 견딜 수 있어야하며 폴리 테트라 플루오로 에틸렌(PTFE)으로 만들어진다.

Fig. 5.25 245 kV 50 kA double breaks and single break SF_6 puffer circuit breakers. (Courtesy of ABB, produced by ASEA)

자력 가압 아크 분사 원리를 포함한 퍼퍼형 기술은 가장 까다로운 사양을 충족하고 점진적으로 더 효율적인 장치를 개발하기 위해 1960년대부터 1980년대까지 개발되었다(Spindle et al. 1980).

그림 5.25는 245kV 50kA 이중 차단(후방) 및 단일 차단(전방)이 있는 2세대의 단일 압력 퍼퍼 차단기를 보여준다.

그림 5.26 및 5.27은 미국에 설치된 단일 압력 퍼퍼형 550kV 라이브 탱크 및 데드 탱크 가스 차단기의 일반적인 구성을 보여준다. 현재 SF_6 퍼퍼 차단기는 그림 5.28에 표시된 것과 같이 인터럽터당 최대 550kV 63kA의 가장 높은 단락 전력 차단에 사용되는 차단기 유형이다(Yamagata et al. 1996). 퍼퍼 차단기의 원리는 아래 및 6장에서 자세히 설명한다.

Sect. 6.8. //퍼퍼 차단기는 SF_6 가스를 압축해야 하기 때문에 다소 강력한 작동 메커니즘이 필요하다. 예를 들어 3상 단락의 경우 큰 전류를 차단할 때 차단기의 개방은 열에 의해 발생한 압력으로 인해 막히는 경향이 있으며 작동 메커니즘(종종 유압 또는 스프링 메커니즘 구동)은 접점이 충분한 속도로 떨어져 나가도록 하기에 충분한 에너지가 있어야한다. 강력하고 안정적인 작동 메커니즘은 비용이 많이 들고 차단기 가격의 상당 부분을 차지한다. 저압급에서는 복합소호 차단기가 상용화되어 있다. 복합소호 차단기는 아크에서 방출되는 열 에너지를 사용하여 가스를 가열하고 압력을 높이다. 가동 접점이 아크 챔버에서 빠져 나오면 가열된 가스가 아크를 따라 방출되어 냉각시킨다(그림 5.29 참조). 이러한 설계에서는 아크에너지가 작은 낮은 전류 차단이 위험할 수 있기 때문에 차단과정에서 작은 퍼퍼를 추가하는 경우도 있다. 이 디자인에 대한 자세한 내용은 ► Sect 6.8에서 자세히 설명한다.

Fig. 5.26 550 kV live tank SF_6 gas circuit breaker. (Courtesy of Dominion Energy)

Fig. 5.27 550 kV dead tank SF_6 gas circuit breaker with a pneumatic operating mechanism. (Courtesy of Dominion Energy)

Fig. 5.28 550 kV single pressure-type gas circuit breaker. (Courtesy of Chugoku Electric Power)

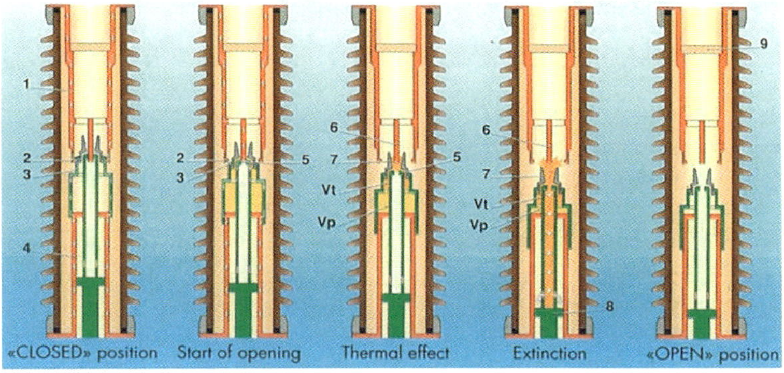

Fig. 5.29 Arc-assisted interrupter with dual puffer cylinders. 1: Current pass at fixed contact side, 2: Fixed main contact, 3: Moving main contact, 4: Current pass at moving contact side, 5: Moving arc contact, 6: Fixed arc contact, 7: Nozzle, 8: Operating insulator rod, *Vt* gas pressure at upper puffer cylinder with fixed volume, *Vp* gas pressure at lower puffer cylinder with compressible volume by a piston

다른 설계 방안으로는 차단 전류가 흐르는 코일이 자기장을 생성하여 접점 주위에서 아크를 회전시키는 구동력을 제공하여 추가 냉각을 제공한다. SF_6 차단기의 복합 소호 기능의 첫 번째 응용방법은 진공 차단기에 적용된 것과 같이 자기장을 사용하여 아크를 제어하는 방법이 있다. 이 디자인을 회전 아크 차단기라고 한다. 접점이 열리고 아크가 형성되면 전극의 나선형 모양으로 인해 자기장이 형성된다. 이로 인해 아크가 고속으로 회전하여 차가운 SF_6 매질와 혼합되어 에너지가 빠르게 소모된다. 이 접근 방식은 아크 냉각, 가스 흐름, 재료 용삭 및 가스 절연과 같은 여러 현상에서 축적된 전문 지식과 지식을 활용한다. 따라서 이러한 전문 지식을 통합한 SF_6 차단기에서 단락 전류를 차단하는 데 필요한 에너지는 부분적으로 아크 자체에서 가져온다. 이는 필요한 작동 에너지를 기존의 단일 압력 SF_6 퍼퍼형 차단기의 절반 미만으로 줄이다. 따라서 복합소호 차단기와 회전 아크 차단기는 모두 힘이 덜 필요한(따라서 더 저렴한) 메커니즘으로 설계할 수 있으며 순수한 퍼퍼 차단기보다 더 컴팩트 한 디자인이다.

SF_6를 매질로 사용하는 것은 사용자와 엔지니어가 매우 선호한다. 성능이 더 뛰어난 새로운 SF_6 회로 차단기가 개발되면서 최대 800/1100kV의 전압 범위에서 SF_6 장치가 우위를 차지하게 되었다. 1983년부터 수많은 성과가 모든 유형의 고전압 개폐기에 대한 SF_6 방식의 압도적인 성공을 위한 토대를 마련했다. 차단 챔버의 수가 추가적으로 감소함에 따라 가동 부품, 씰 등의 감소로 인해 장치가 크게 간소화되었다. 따라서 이미 보고된 차단 용량 증가 외에도 기기의 신뢰성이 크게 향상되었다. 엄밀히 말하면 성공할 수 있었던 SF_6 회로 차단기의 몇 가지 특성이 있다.

- 아크 소호에 보조 장치가 필요없는 차단부의 단순성
- 복합소호(단일 또는 이중) 기술(SF_6 가스 압축 장치 없음)을 통한 장치의 자율성
- 적은 수의 차단 챔버로 최대 63kA의 더 높은 성능 수준을 얻을 수 있는 기회
  - 단일 챔버로 550kV 63kA까지 차단
  - 2개의 챔버로 된 1100//800kV 차단기
- 2 또는 2.5주기 내 성공적인 소호
- 최소 25년 또는 일반적으로 30년 이상의 서비스 수명 동안 정상적인 차단 부하를 보장하는 높은 전기 내구성
- 아크로 인한 전도성 상태의 하전 입자 및 전자를 포함한 SF_6 분해 가스는 빠르게 재결합하여 절연 상태에서 무독성 생성물을 형성함
- 높은 기계적 내구성, 특히 10,000회 스위칭 작동을 보장하는 스프링 작동 메커니즘
- 소형 금속 클래드 MV/HV 스위치 기어의 전체 설치 면적 감소
- 스위칭 서지를 줄이기 위해 투입 저항을 챔버에 장착하거나 개폐제어 작동을 수행할 수 있다
- Safety of operation 운전상의 안전
- Lower noise level 낮은 소음 수준

5.9 Vacuum Circuit Breakers(VCB)

전기 네트워크의 초기에는 유입 및 공기 차단기가 회로 차단 작업을 수행하는 스위칭 장치의 주된 역할을 했다. 비록 그것들이 이 임무를 잘 수행했고 오늘날에도 여전히 사용되고 있지만, 이러한 유형은 바람직한 대체 개념(석유 화재, 시끄러운 배기 가스 소음, 가스 누출 및 환경 영향)을 만들어내는 중요한 단점을 가지고 있다. 전류 차단 매체로서의 진공의 장점은 일찍이 1920년대에 알려졌다. 진공 차단기를 사용한 첫 번째 실험은 1926년에 수행되었다(Sorensen 및 Memdenhall 1926). 그러나 산업이 장기간 유지에 필요한 초고진공 밀봉을 제조할 능력이 없었기 때문에 1960년대 후반까지 상업적 적용이 이루어지지 않았다. 그 무렵, 야금학 개발로 인해 가스가 없는 전극 제조와 매우 우수한 밀봉이 가능하게 되어 이를 통해 이를 통해 최초의 실용적인 진공 인터럽터를 제작할 수 있었다. 이러한 문제를 해결한 후에도, 제작에 요구되는 복잡한 기술은 VCB(진공 차단기)를 적은 유지보

수를 요구하는 전력 시스템에 사용하는데 여전히 경제적이지 않았다.

VCB는 계속해서 점진적으로 진화했지만, 1980년대가 되어서야, 일련의 개선을 거친 후에 진공 스위치 기어가 전기 네트워크에 대규모로 적용되었다(Vacuum Arcs Theory and Application 1980; Harris 1980; Yanabu et al. 1989). 그 이후로 최대 40.5kV 전압의 네트워크에서 대부분의 차단기는 진공 기술을 기반으로 한다. 1990년대 이후로 최대 145kV의 VCB를 사용할 수 있게 되었지만 이러한 HV VCB는 여전히 HV CB 시장에서 작은 부분을 차지한다. 진공 절연은 SF_6 절연처럼 접점 간격 거리에 비례하여 증가하지 않기 때문에 145kV 이상에 적용하는 진공 차단기를 생산하는 것은 여전히 수익성이 없다. 또한 일부 진공 차단기가 145kV에서 사용되지만 더 높은 전압에는 제조상의 어려움이 있는 더 큰 차단기가 필요하다(Slade 1998).

이전 섹션에서 설명한 모든 차단기 유형은 인터럽터에서 아크가 발생하는 경우 소호하는 매체의 종류에 따라 달라진다. 그러나 진공 차단기는 다른 접근 방식을 취한다. 진공 용기 내에서 전류가 흐르는 금속 접점이 분리되면, 아크 흔적들이 금속 접점으로부터 금속 증기를 방출한다. 아크 형성을 위한 도전성 매체를 제공하는 것 바로 이 금속 증기이다.

또한, 진공 차단기는 매우 낮은 아크 전압(접점 재료 외에는 이온화 할 것이 없기 때문에)에서도 아크를 유지하므로 전류영점 일 때 아크가 쉽게 소멸되어 절연을 매우 빠르게 회복한다. 또한 매우 작은 갭 길이(2−3mm 이하)에서도 잔여 아크 후(post−arc) 플라즈마를 진공 중으로 확산시킨다. 그림 5.30에 최신 VCB의 주요 부품 상세도가 나타난다.

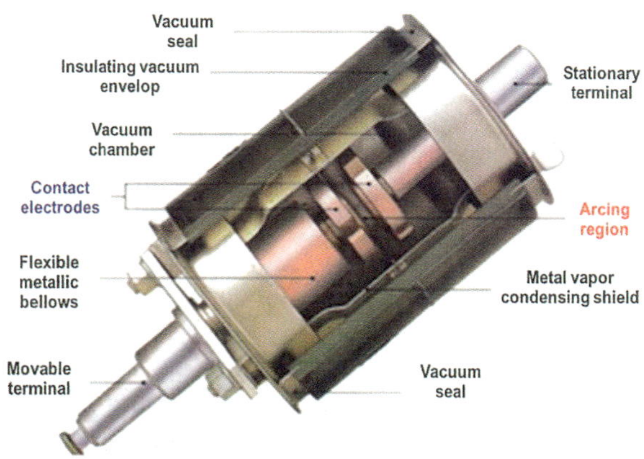

Fig. 5.30 Typical configuration of a modern VCB

진공 아크 컬럼에서 차단 공정의 거동은 절연 매체내의 현상이 아니라 금속 표면 현상으로 가장 잘 설명할 수 있다. 아크는 음극에서 기화된 금속 물질의 이온에 의해 유지된다. 이 금속 증기의 밀도는 전류에 비례하며 전류가 전류영점에 가까워지면 플라즈마가 감소한다. 전류영점에서 접점 갭은 전극 또는 응축 쉴드에서 금속 증기 응축에 의해 빠르게 탈이온화된다. 아크 전류가 0이 되면 접점 재료에 따라 수~10A의 개별적인 단계로 진행된다. 마지막 전류 단계가 0이 되는 경우 약한 전류 재단현상이 발생 할 수 있다. 이러한 전류 재단은, 과거에 높은 과전압을 유발하는 것으로 알려진 문제였지만, 특히 진공 차단기가 작은 유도성 전류(예: 무부하 변압기 또는 과부하 모터(stalled motor) 스위칭 시)를 차단할 때, 이제는 접점 재료, 일반적으로 CuCr 합금을 적절하게 선택하면 최소화 된다. 전류 차단 후 이온이 없기 때문에 진공 차단기는 높은 절연 성능을 갖는다.

진공 아크를 제어하는 기계적인 방법이 없기 때문에 아크 채널에 영향을 미칠 수 있는 유일한 가능성은 자기장과 상호작용을 통해서이다. 진공 아크는 대전 입자(이온 및 전자) 방출 현상이 발생하는 금속 증기때문에 접점 표면의 침식을 유발하여 성능 저하를 유발하고 교체를 필요로 하게 된다. 아크 접점 표면(특히 음극 표면)의 불균질한 침식을 방지하고 심한 접점 용융을 유발하는 단일 "양극 스팟"에 아크가 집중되는 것을 방지하려면 아크를 나선형 운동 또는 확산 모드로 유지해야 한다. 나선형 운동은 아크 접점에 절개(또는 슬릿)를 만들어 얻을 수 있다. 이것은 횡자계 아크 제어로 알려져 있다. 전극이 나선형이기 때문에 아크가 회전하는 방사형 자기장이 유도되고(따라서 전극 표면의 침식이 최소화됨), 금속 증기가 진공 차단기 챔버의 전극과 벽에서 재응축되면 아크가 소멸된다.

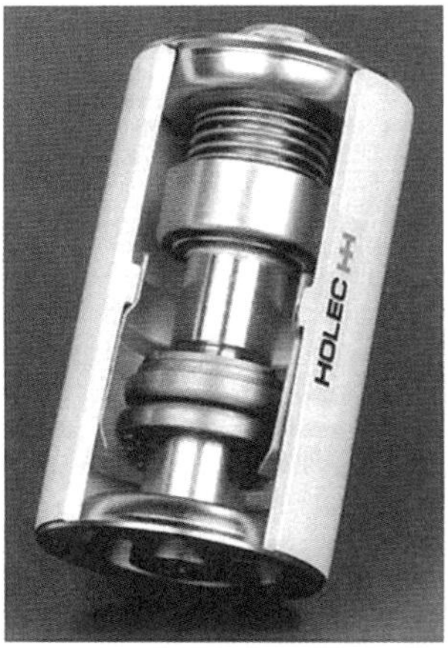

Fig. 5.31 Typical vacuum interrupter with axial magnetic field electrode. (Courtesy of Eaton)

종자계 아크 제어는 아크를 고정된 상태로 유지하면서 확산 모드에서 아크를 유지하는 것을 목표로 하지만 전체 접촉 갭("확산 모드")을 사용한다. 종자계는 접점 뒤에 위치한 말굽 모양의 철 패키지를 적용하여 얻을 수도 있다. 전형적인 진공 인터럽터가 그림 5.31에 나와 있다.

접점 설계에 유도 자기장의 이점을 적용하고 개선된 재료를 사용하는 고급 접점의 개발은 차단 성능과 진공 차단기의 수명을 모두 증가시켰다. 초기 진공인터럽터에 사용된 접점 설계는 평면 또는 "맞대기(butt)" 형상의 설계였다. 이 설계로 인해 집중된 아크 컬럼이 생겨 접점 표면이 과열되고 접점 침식이 증가했다. 성능과 수명을 유지하기 위해서 접점 표면을 더 크게 하거나 전류를 감소시켜야 한다.

횡자계 및 종자계 접점은 아크를 제어하여 아크를 분산하고 과열을 감소시켜 성능과 수명이 증가한다. 일반적인 접점은 그림 5.32에 일반적인 재료 및 응용 분야로 나와 있다. 아크 제어가 없는 Butt 접점은 일반적으로 저전류 응용장치(스위치, 접촉기)에 적용되는 반면 그림 5.32에 나타난 바와 같이 횡자계 접점은 고전류 응용장치에 더 나은 선택이며, 종자계 접점은 낮은 침식이 요구되는 응용장치에 적합하다. 횡자계 및 종자계 접점 설계의 기능에 대한 간략한 설명이 포함된 진공 인터럽터의 일반적인 구성은 그림5.33 및 그림 5.34와 같다.

Contact Structure	Flat (Butt) Contact	Spiral Contact	Axial Magnetic Field Contact
Appearance			
Typical Application	•VCB •LBS •Contactor	•VCB (High Current)	•VCB (Low Erosion) •VCB (Low Surge)
Common Contact Materials	•Cu-Cr alloy •Ag-WC alloy •Cu-W alloy	•Cu-Cr alloy	•Cu-Cr alloy •Ag-WC alloy

Fig. 5.32 Typical electrode designs used for VCB

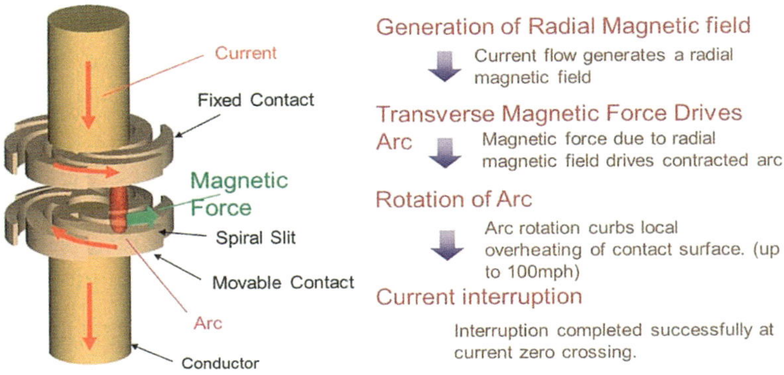

Fig. 5.33 Vacuum interrupter configuration with spiral TMF electrode

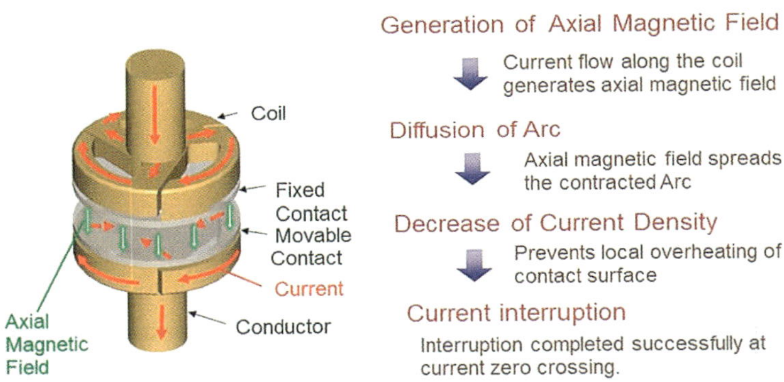

Fig. 5.34 Vacuum interrupter configuration with axial magnetic field electrode

Fig. 5.35 Example of outdoor vacuum circuit breaker. (Courtesy of Mitsubishi Electric Power Products)

진공 차단기는 일반적으로 실내 및 실외 응용장치에 모두 사용된다. 전력 차단기 응용장치의 경우 절연 단자, 내부 도체 및 필수 제어 시스템과 함께 세 개의 진공 인터럽터가 캐비닛에 설치된다. 실외 응용장치에는 차단기를 환경으로부터 보호하는 외부 캐비닛이 필요하다. 따라서 실내 차단기는 크기가 더 작을 수 있다. 일반적인 실외 진공 차단기는 그림 5.35에 나와 있다.

일반적으로 진공 차단기의 접점을 분리하는 데 필요한 에너지는 다른 차단기보다 적다. 따라서 조작 메커니즘의 설계는 일반적으로 안정적이고 유지 보수가 필요없는 이점이 있다. 진공 차단기는 최대 40.5kV의 시스템 전압과 최대 63kA의 단락 전류 정격을 위한 주요 차단기가 되었다. 진공 차단기는 72.5−145kV 정격의 송전 수준에도 적용된다. 그림 5.36은 금속 외함 내부의 절연 매체로 압축 건조 공기를 사용하는 84//72kV 2000A 진공 차단기의 예를 보여준다.

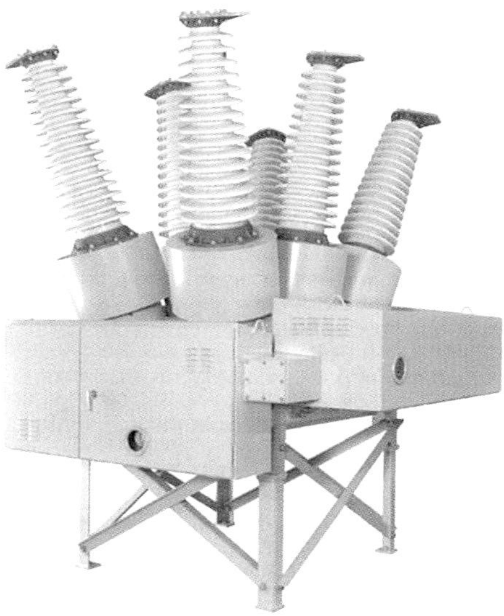

Fig. 5.36 Example of 84/72 kV vacuum circuit breaker. (Courtesy of Mitsubishi Electric)

5.10 요약

이 장에서는 회로 차단기의 역사적 발전에 대해 설명한다. 물과 기름 차단기는 회로 차단기 초기에 나타났다. 유입 회로 차단기와 공기 분사 차단기는 EHV 송전 네트워크를 가능하게 했다. 그리고 나서 SF_6 가스 회로 차단기는 안정적인 전력 시스템을 실현했다. 반세기 동안 SF_6 사용에 대한 공공의 우려가 높아지면서 SF_6

가스를 대신할 대체 솔루션이 연구되었다. 또한 전력전자 소자가 있는 HVDC 회로 차단기가 최대 500kV 수준으로 개발되어 어쩌면 AC 전류를 차단할 수도 있다.

CIGRE는 기술 동향을 연구하고 신뢰성 있는 회로 차단기 기술을 도모한다.

참고문헌

Baker, B.P., Wilcox, H.W.: Use of oil in arc rupture. Trans. AIEE. 49, 431−446 (1930)

Cassie, A.M.: Arc Rupture and Circuit Severity: A New Theory, CIGRE Paper, No.102, (1939)

Cassie, A.M., Mason, F.O.: Post−arc Conductivity in Gas Circuit Breakers, CIGRE Session Report 103 (1956)

Easley, G.J., Telford, J.M.: New design 34.5−69 kV intennediate capacity SF_6 circuit breaker. Trans. IEEE. PAS−83, 1172−1177 (1964)

EPRI report, EL−284, Fundamental Investigation of Arc Interruption in Gas Flows, Electric Power Research Institute, United States (1977)

EPRI report, EL−1455, Fundamental Investigation of Arc Interruption in Gas Flows, Electric Power Research Institute, United States (1980)

EPRI report, EL−2620, Gases Superior to SF_6 for Insulation and Interruption, Electric Power Research Institute, United States (1982)

Friedrich, R.E., Yccklcy, R.N.: A new concept in power circuit breaker design utilizing SF_6. Trans. A1EE. PAS−78(Pt. Ill), 695−706 (1959)

Frost, L.S., Liebermann, R.W.: Composition and transport properties and SF_6 and their use in a simplified enthalpy flow arc model. Proc. IEEE. 59(4), 474−485 (1971)

Harris, L.P.: Arc cathode phenomena. In: Vacuum Arcs Theory and Application, pp. 120−168. Wiley, Schenectady (1980)

I EC 62271−100: High−voltage switchgear and controlgear−Part 100: Alternating current circuitbreakers (2008)

IEEE Std. C37.09−1999: IEEE Standard Test Procedure for AC High−Voltage Circuit Breakers Rated on a Symmetrical Current Basis

Klcman, J.N.: US Patent 874601 (1907)

Leeds, W.M., Friedrich, R.E., Wagner, C.L.: EHV power circuit breakers using SF_6 gas, 1966 C1GRE Session, Report 117 (1966)

Lingal, H.J., Owens, J.B.: A new high voltage outdoor load interrupter switch. Trans. AIEE. PAS— 72(Pt. Ill), 293—297 (1953)

Lingal, H.J., Strom, A.P., Browne, T.E.: An investigation of the arc quenching behaviour of Sulphur hexafluoride. Trans. AIEE. PAS—72(Pt. HI), 242—246 (1953)

Lingal, H.J., Browne, T.E., Strom, A.P.: US Patent 2757261, Application in 1951 (1956)

Mayr, O.: Bcitragc zur Thcoric des statishen und des dynamishen Lichtbogen. Arch. Elcctrotcch. 37, 588 (1943)

Peelo, D.F., Bowden, G., Sawada, J.H., Sunga, B.R., Riffi이'i, P., Binne, M., Staldcr, F., Gruell, B.J.: High Voltage Circuit Breaker and Disconnector Application in Extreme Cold Climates, 2006 CIGRE Session, Report A3—301 (2006)

Prince, D.C., Skeats, W.F.: Oil blast circuit breakers. Trans. AIEE. 81(Pt III), 629—639 (1931)

Slade, P.G.: Growth of vacuum interrupter application in distribution switchgear. IEEE Fifth International Conference on Trends in Distribution Switchgear, no. 459, 155—160 (1998)

Slcpian, J.: Theory of the dc—ion circuit—brcakcr. Trans. AIEE. 48, 523—553 (1929)

Sorensen, R.W., Mcmdenhall, H.E.: Vacuum switching equipment at California institute of technology. Trans. AIEE. 45, 1102—1105 (1926)

Spindle, H.E., Grarrify, T.E., Wagner, C.L.: Development of 1200 kV circuit breaker for GIS system requirements, 1980 CIGRE Session, Report 13—07 (1980)

Vacuum Arcs Theory and Application, pp. 152—160, Wiley, New York (1980)

Whitney, W.B., Wedmore, E.B.: British Patent 278764 (1926)

Widl, W., Manthe, G., Froehlich, K., Baumgartner, R.: Behaviour of SF_6 Breakers at Extremely Low Temperatures, 1988 CIGRE Session, Report 13—14 (1988)

Wilkins, R., Crellin, E.A.: High voltage Oil Circuit Breakers, Mac Graw Hill New York (1930)

Yamagata, Y., et al.: Development of 1100 kV GIS Gas circuit breaker,

Disconnectors and Highspeed grounding switches, 1996 CIGRE Session, Report 13-304, (1996)

Yanabu, S., Tsutsumi, T., Yokokura, K.,., Kancko, E.: Recent technical developments in high-voltage and high-power vacuum circuit breakers. Trans. IEEE Plasma Sei. 17(5), 717 (1989)

Yccklcy, R.N., Cunningham, R.H.: A new 46 kV low capacity circuit breaker for multiplc-rcclosing duty. Trans. AIEE. PAS-76(Pt. Ill), 402-406 (1958)

6

가스 차단기

Denis Dufournet, Daisuke Yoshida, Sebastian Poirier, and Harley Wilson

Keywords

- 차단기
- 육 불화 황
- 과도 회복 전압

Denis Dufournet has retired.

D. Dufournet (£2)
Sathonay−Camp, France
e−mail: dufoumct.dcnis@gmail.com

D. Yoshida
Switchgear Department, T&D Systems Center, Mitsubishi Electric Corporation, Amagasaki, Japan
e−mail: Yoshida.Daisukc@ak.MitsubishiElcctric.co.jp

S. Poirier
Research Institute, IREQ (Institut de Recherche cn Elcctricitc du Quebec), Hydro Quebec, Varennes, Canada
e−mail: Poiricr.Scbasticn@ircq.ca

H. Wilson
High Voltage Switchgear Division, Mitsubishi Electric Power Products, Inc., Warrcndale, PA, USA
e−mail: harlcy.wilson@meppi.com

6.1 서론(Introduction)

육불화황(SF_6)는 1920년대 월등한 절연 특성을 지닌 매질로 인식되어 1950년대에 차단 능력에 대한 조사가 시작되었다. SF_6 가스의 산업 생산은 1947년 미국에서 시작되었으며, SF_6를 사용한 가스 절연 개폐 장치의 적용은 1953년에 처음 시도되었다(Lingal et al 1953). 미국의 제조업체인 Westinghouse는 1959년에 세계 최초의 SF_6 가스 차단기를 생산했다(Leeds et al. 1957). 현재의 차단 원리가 이중 압력 방식에서 다양한 구성의 단일 압력 퍼퍼(puffer)식으로 개선되었다.

SF_6 가스가 채워진 외함 내 인터럽터의 아크 접점 사이에서 아크 방전이 발생한다. SF_6 가스에서 생성 된 아크 플라즈마는 온도에 따라 전도 상태에서 절연 상태로 또는 그 반대로 변경 될 수 있다. 온도는 아크 외부의 가스 흐름에 의해 제어될 수 있다. 아크 플라즈마는 소위 “개폐 기능”이 가능한 유용한 전기 회로 요소가 될 수 있다. SF_6는 자유 전자를 포획할 수있는 고유한 기능을 가지고 있어 차단 과정에서 다음과 같은 가역적 화학 반응을 촉진시킨다. 실제 반응에는 접점 및 노즐 재료의 구성 요소가 포함된다.

$$SF_6 \leftrightarrow SF_4 + SF_2 + F + S + F^+ + S^+ + S^+ + \ldots + e^+$$

6.2 용어 정의(Definitions of Terminology)

가스 차단기(Gas Circuit Breaker)

SF_6 가스 차단기는 절연 및 차단 매체로 육불화황을 사용하는 전기 개폐장치이다. SF_6 가스 차단기는 가스로 채워진 외함 내부에 가동 및 고정 접점을 갖추고 있다. 개방 작업 중에 퍼퍼 실린더 내부의 가스가 압축되고(아크 에너지에 의해 가열됨) 노즐을 통해 고압 가스를 접점 사이에 생성된 아크로 분사하여 냉각에 의해 아크를 소멸한다.

과도 회복 전압[Transient Recovery Voltage(TRV)]

전류 차단 이후 접점(전극) 사이에 나타나는 과도 전압 진동 현상으로 전원측 접점

전압이 전원 전압 주변에서 진동하고 사고 발생한 전송 선로의 선로 측 접점전압이 접지 레벨 주변에서 진동한다.

잔류 전류(Residual Current)

아크 전류가 0에 도달하면 접점 사이에서 소멸되는 아크의 전도도는 여전히 일정한 값을 가지며 하전 입자의 존재로 인해 매우 작은 전류를 유지한다. 전류 영점에서의 차단 후 전류를 잔류 전류 또는 아크 후 전류(post-arc current)라고한다. 과도 회복 전압과 결합된 잔류 전류는 옴 가열로 인한 에너지 입력에 기여하며, 이러한 에너지는 온도와 전도도를 향상시킬 수 있으며, 열적 에너지와 전기 전도도를 감소시키는 가스 유동과 경쟁한다.

열 전도율(Thermal Conductivity)

열전도율은 열을 전도하는 물질의 특성이다. 열전도는 주로 푸리에의 법칙으로 평가된다. 열전도율이 높은 재료는 방열판에 쉽게 적용된다. 재료의 열전도율은 온도에 따라 달라질 수 있다(필수 아님).

전기 전도도(Electrical Conductivity)

전기 전도도는 전기 저항률의 역수 인 전류를 전도하는 물질의 속성이다. 전기 전도도가 높은 재료는 전기 전도체에 쉽게 적용된다(필수 아님).

이중 압력 방식(Double Pressure Type)

이중 압력 방식은 주로 차단기 개방 동작 시 외부 압축기를 이용하여 가스 압력(가스를 아크로 분사)을 상승시킨다.

단일 압력 퍼퍼 방식(Single Pressure Puffer Type)

단일 압력 퍼퍼 방식은 주로 차단기의 개방 동작 중에 기계적 수단에 의해 퍼퍼 실린더의 압축실 가스 압력을 증가시켜 가스 유동(가스를 아크로 분사)을 만들어 준다.

접지탱크형 차단기(Dead Tank Circuit Breaker)

접지된 금속 외함 내부에 인터럽터가 있는 차단기. 시스템 전압이 적용된 도체는 부싱을 통해 차단기에서 외부로 공급된다.

활선탱크형 차단기(Live Tank Circuit Breaker,애자형 차단기)

접지로부터 절연된 탱크(자기애자 또는 콤포지트 절연물로 구성) 내부에 인터럽터가 있는 회로 차단기. 도체는 차단기 단자의 활선부에 직접 연결할 수 있다.

주 접점(Main Contact)

투입 위치에서 주 회로의 전류를 통전하기 위해 기계적 개폐 장치의 주 회로에 포함된 접점

아크 접점(Arcing Contact)

아크가 발생하도록 의도된 한 쌍의 접점 중 하나이다. 아킹 접점이 주 접점 역할을 할 수 있다.

외함(Enclosure)

외부 영향에 대해 장치의 지정된 보호 수준과 충전 부품에 대한 접근 또는 접촉 및 가동 부품과의 접촉에 대한 지정된 보호 수준을 제공하는 스위치 기어 부품이다.

조작기(Operating Mechanism)

주 접점을 동작시키는 차단기 부품이다. 종종 "동작 드라이브"라고 한다. 동작 수단에 따라 유압, 공압 및 스프링 조작기로 분류된다.

6.3 약어(Abbreviations)

AIS	공기 절연 개폐장치(Air-insulated switchgear)
C	투입 동작(Closing operation)
CB	차단기(Circuit breaker)
GIS	가스 절연 개폐장치(Gas-insulated switchgear)
O	개방동작(Opening operation)
PTFE	폴리테트라플루오로에틸렌(테프론,Polytetrafluoroethylene)
RRRV	회복 전압 상승률(Rate of rise of recovery voltage)

SF_6 육불화황 가스(Sulfur hexafluoride)
TRV 과도회복전압(Transient recovery voltage)

6.4 SF_6 가스 특성(SF_6 Gas Characteristics)

6.4.1 SF_6 개폐 기능(Switching Function of SF_6)

SF_6 가스 차단기에서 아크는 SF_6 가스가 아크로 분사되는 것을 제어하여 아크를 효과적으로 냉각하기 위해 일반적으로 원통형 절연 노즐 내에서 발생된다. 아크에 의해 생성된 뜨거운 가스는 인터럽터 내 개방된 접점으로 배출된다. PTFE (Polytetrafluoroethylene)는 일반적으로 노즐 내부의 아크 이동을 제어하고 제한할 수 있는 절연 노즐 재료로 사용된다.

가스 차단기의 접점 사이에 생성된 SF_6 아크 플라즈마는 이온 및 전자와 같은 하전 입자와 함께 전도성 상태에 있다. 이러한 하전 입자는 분해 된 SF_6 가스로부터 생성되며, 또한 아크 전류 가열로 인해 접점 소재로부터 생성된다. 아크에서 주변 물질로의 복사열 전달 및 노즐 물질의 기화(잠열로 인한 손실), 난류 가스 흐름의 대류 및 열 전도가 아크 냉각에 기여하여 아크 특성의 변화를 초래한다. SF_6 가스의 열역학적 특성은 우수한 아크 냉각 메커니즘(개폐 기능) 및 가역적 차단 및 절연 내력과 밀접한 관련이 있다.

SF_6에는 차단기의 절연 및 차단 매체로 사용하기에 이상적인 몇 가지 고유한 특성이 있다(Frost and Liebennann 1971). 이로 인해 SF_6가 오늘날 차단기의 지배적인 기술이 되었다. 차단기에서 사용하기에 탁월한 매체가 되도록 하는 SF_6의 주요 특성 중 일부는 아래에 설명되어 있다.

6.4.2 가스 밀도 및 구성(Gas Density and Its Composition)

SF_6의 절연 특성은 가스 밀도와 큰 연관을 갖는다. 그림 6.1과 6.2는 SF_6 가스 밀도와 SF_6 가스 구성이 각각 온도에 따라 달라지는 것을 보여준다. 밀도는 온도 1600K까지는 압력에 관계없이 이상기체 방정식을 따른다. 온도가 1600K를 초과하면 SF_6 가스 밀도는 이상 가스 방정식에 의해 결정된 값에서 감소한다(그림 6.1 참조). 이 변화는 그림 6.2와 같이 가스 분해로 인해 발생한다. SF_6 가스는 2000K

주변의 명확한 경계를 보여 주어, S^+, S^{2+}, F^+ 및 전자와 같은 하전 입자를 생성하는 가스 분해가 촉진된다. 온도가 4000K를 초과하면 SF_6 가스는 다양한 입자로 완전히 분해된다. 전자는 8000K에서 9000K 사이의 모든 입자의 약 1%를 차지한다. 이를 통해 이러한 경계점에서 전도성 및 격리 상태를 보여주는 SF_6 가스의 개폐 기능을 설명할 수 있다.

6.4.3 열전도율과 전기 전도도(Thermal Conductivity and Electrical Conductivity)

열전도율과 전기 전도도는 전류 영점 근처에서 작은 직경 상태의 아크 플라즈마의 열 손실에 영향을 주며, 이는 아크 차단 성능에 큰 영향을 미칠 수 있다. 그림 6.3은 온도에 따른 SF_6의 열전도율을 보여준다. 온도가 300K에서 상승하면 첫 번째 전도율 피크가 1800K 부근에 나타난다. 반면에 그림 6.4에 표시된 전기 전도도는 이온화에 의해 증가된 전자 비율에 따라 높아진다. 8000K에서 9000K 사이에서 전자의 비율은 모든 입자의 1%가되며 전기 전도도는 높아지므로, 열전도율이 피크를 나타내는 온도(1800K)보다 훨씬 높다.

Fig. 6.1 SF_6 gas density

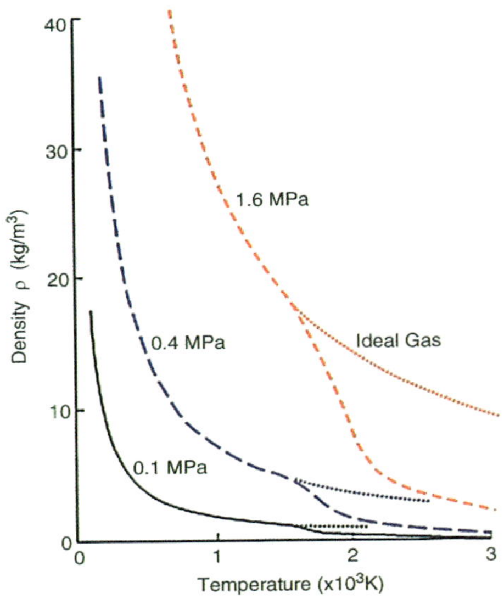

열전도율은 일반적으로 온도에 따라 증가하고 SF_6 가스가 약 1800−2000K 분해되는 영역에서 뚜렷한 피크를 갖는다. 즉, 소 전류 구간에서 이러한 온도 영역에 근

접할 때 우수한 냉각 성능에 의해 아크의 전기 전도도가 낮아질 뿐만 아니라 열 전도도가 높아지는 것을 보여준다.

6.4.4 비열(Specific Heat)

비열은 재료의 단위 질량 당 열용량에 해당한다. 그림 6.5는 0.1MPa의 일정한 압력에서 온도에 따른 SF_6 비열의 의존성을 보여준다. 2000K와 20,000K 주변의 두 가지 뚜렷한 피크를 보여준다. 그림 6.6은 SF_6의 열용량(가스밀도와 비열의 곱)을 보여준다. 이는 또한 저온 영역(3000K 미만)과 20,000K 주변에서 더 높은 열용량을 보여준다. 낮은 전류 영역에서 아크 전류가 증가함에 따라 아크 온도가 상승하면 온도는 SF_6가스가 분해되기 시작하는 2000K로 유지된다. 대전류 영역에서 아크 온도는 고온 영역에서 더 큰 비열로 인해 약 20,000K를 유지한다. 이것이 큰 전류 아크의 코어 온도가 약 20,000K를 유지하고이 수준 이상으로 크게 증가하지 않는 이유이다.

Fig. 6.2 SF_6 gas decomposition. (Frost and Liebermann 1971)

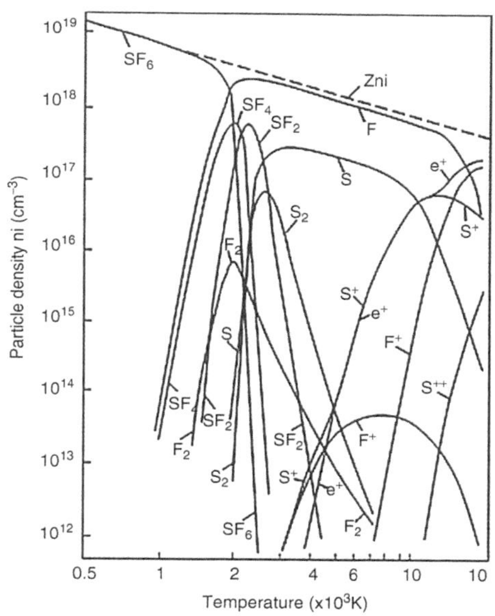

가스의 단열 팽창으로 인한 효과적인 냉각 능력을 이해하기 위해, 그림 6.7과 같이 0.6MPa의 가스 압력에서 20,000K(대전류 상태에 해당)에서 큰 부피($V_o = 1$)의 아크와 1700K(전류 0에 가까운 작은 전류에 해당)에서 작은 부피($V_d = 0.1$)의 아크를

사용하여 두 가지 다른 가스를 혼합한 등엔트로피 냉각 공정을 계산한다. 혼합 후 결과는 0.35MPa에서 2600K의 온도를 가지며, 이는 높은 열 전도로 인한 냉각 이점이 있는 온도 범위이다.

SF_6의 비열 비(C_p/C_v는 1.08로 공기와 수소의 비열 비(C_p/C_v) 1.4보다 낮다. 즉, SF_6와 같이 비열 비가 낮은 고온 가스는 부피 변화가 있는 등엔트로피 냉각 공정을 고려할 때 절연 레벨까지 냉각하기 위해 열 제거를 덜 필요로 한다.

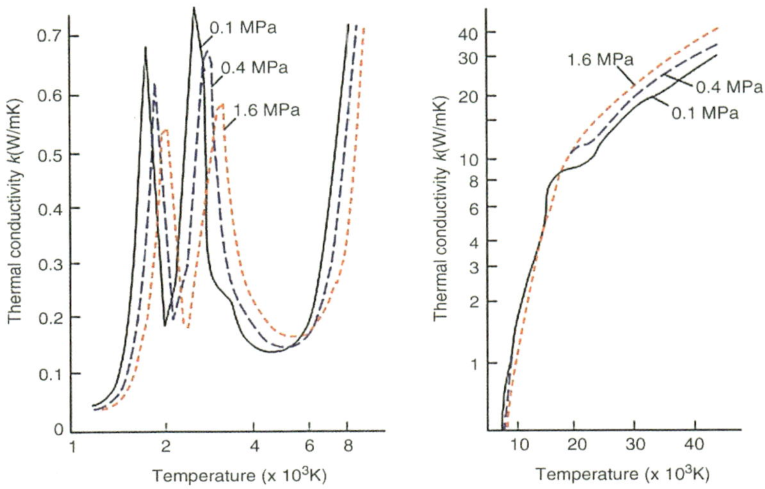

Fig. 6.3 SF_6 thermal conductivity. (Frost and Liebermann 1971)

Fig. 6.4 SF6 electrical conductivity. (Frost and Liebermann 1971)

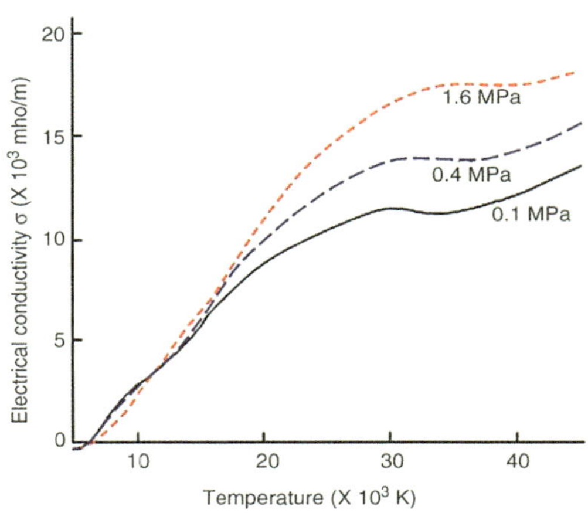

6.4.5 가스 차단기에서 SF_6 차단 과정(SF_6 Interruption Process with a Gas Circuit Breaker)

SF_6가 차단기에 적용될 때 SF_6는 전류 영점 주변의 전도 상태에서 절연 상태로 빠르게 변할 수있는 더 가파른 온도 프로파일을 가진 더 작은 아크를 생성하는 특성을 갖는 장점이 있다. 최신 SF_6 가스 차단기를 사용한 대전류 차단 프로세스는 아래에 설명되어 있다. 이 프로세스는 그림 6.8에도 나와 있다.

1. 주 접점이 먼저 열리면 차단 전류는 아크 접점으로 모이게 된다.
2. 그리고 아크 접점이 분리되면 절연 노즐 내부의 아크 접점 사이에서 아크가 개시된다.
3. 동작 메커니즘에 의해 구동되는 퍼퍼 실린더는 SF_6 가스를 압축하고 퍼퍼 실린더 내의 가스 압력을 증가시킨다.
4. 아크 접점 분리 후 생성된 아크는 노즐 내부의 SF_6 가스를 가열한다. 대 전류 구간 동안 아크는 또한 노즐 절연 재료의 일부를 용삭시키고 기화시킨다. 둘 다 퍼퍼 실린더의 가스 압력 증가에 기여할 수 있다.
5. 유로가 충분히 형성되면, 퍼퍼 실린더에서 압축된 SF_6 가스는 아크에서 열에너지를 제거하고 냉각시킬 수 있는 절연 노즐을 통해 이동 측과 고정 측의 양 방향으로 흐른다.
6. 아크 전류가 상용 주파수 주기에 따른 전류 영점에 가까워지면 아크 직경은 계속해서 줄어들고 더 작아진다. 아크 코어의 최대 온도도 전류 감소와 함께 감소한다. 남아있는 전류(잔류 전류)로 인한 옴 가열에 비해 가스 흐름으로 인한 냉각 능력이 충분히 높으면 전류 영점에서 아크가 소멸될 수 있다.
7. 과도 회복 전압과 회복 전압은 전류 소멸 후 접점 사이에 인가된다. 접점 사이의 절연 회복 특성이 개방 프로세스 전반에 걸쳐 과도 회복 전압보다 커지면 전류 차단 프로세스가 완료된다.

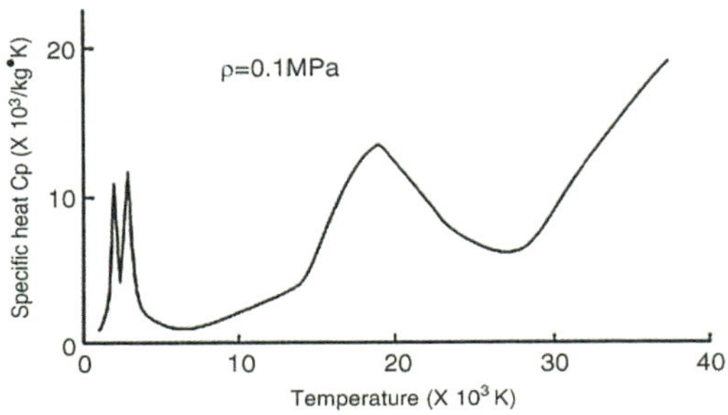

Fig. 6.5 Specific heat dependence on the temperature at 0.1 MPa. (Frost and Liebermann 1971)

Fig. 6.6 Thermal capacity of SF_6 gas. (Frost and Liebermann 1971)

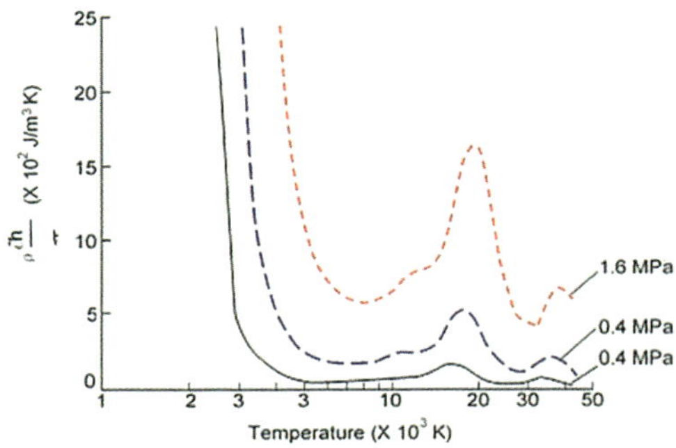

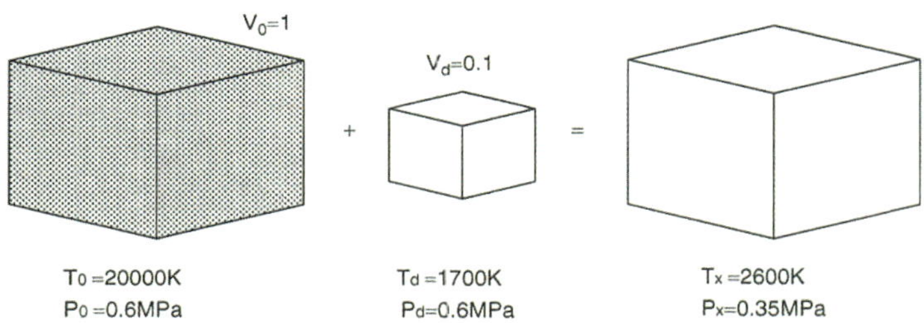

Fig. 6.7 Mixture of SF_6 gas with different temperature and volumes

그림 6.9는 퍼퍼형 가스 차단기로 전류 및 전압을 차단하는 주요 동작을 보여준다. 차단 과정은 전류의 진폭과 전류 제로 부근의 시간에 따라 4개의 시간 구간으로 분류할 수 있다.

Period	Large current	Small current	Post arc current	Transient recovery
Phenomenon	Large current arc Nozzle ablation Pressure rise	Arc cooling Extinction peak Possible chopping	Residual current Thermal interruption Re-ignition	Restrike Dielectric interruption
Time scale	Up to 100 ms	Up to 100 ms	Up to 1 ms	Up to 1 sec

아크 직경은 이전 절에서 설명한대로 AC 아크 전류의 순간 진폭에 크게 좌우된다. 교류 전류가 차단되는 경우 전류 영점까지 전류 크기가 감소함에 따라 아크 코어의 단면적이 감소하고 SF_6 차단 가스 유동에 의해 아크가 급속히 냉각되어 차단 매질이 절연체로 변화한다. 차단 매질의 아크 소호 능력이 충분하면 차단에 성공한다. 한편, 아크 소호 능력이 불충분하면 접점 사이에 재발화(re-ignition) 또는 재점화(Restrike)가 발생하여 차단에 실패한다. 그런 다음 프로세스는 차단이 다시 개시되는 다음 전류영점이 될 때까지 기다려야 한다.

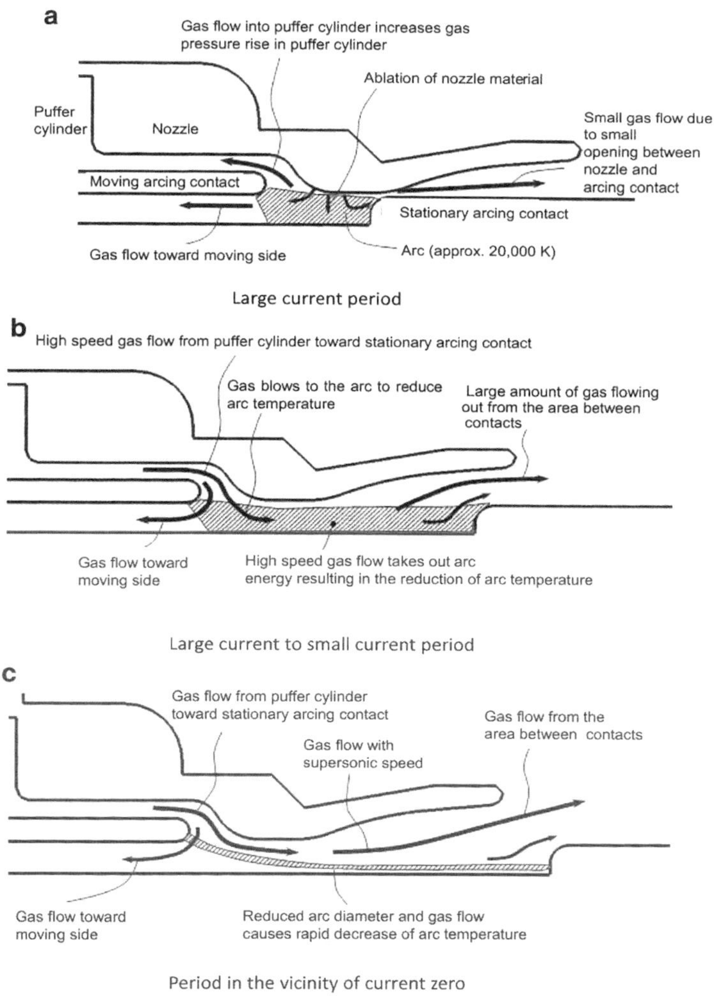

Fig. 6.8 Schematic gas flow in the nozzle during interruption process. (**a**) Large current period. (**b**) Large current to small current period. (**c**) Period in the vicinity of current zero

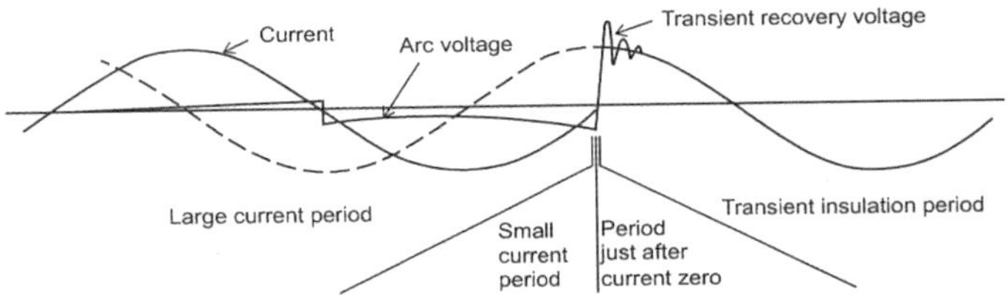

period	Large current	Small current	Post arc current	Transient recovery
Phenomenon	Large current arc, Nozzle ablation, Pressure rise	Arc cooling Extinction peak Possible chopping	Residual current Thermal interruption Re-ignition	Restrike Dielectric interruption
Time scale	Up to 100 ms	Up to 100 ms	Up to 1 ms	Up to 1 sec

Fig. 6.9 Four distinctive periods at large current interruption

6.5 가스차단기의 다양한 종류의 차단 원리[Interrupter Principle of Different Types of Gas Circuit Breakers]

차단 매체로 SF_6 가스를 사용하는 차단기에서 어떠한 장치를 통해 가스 유동이 아크로 흘러가고, 주위 가스와의 열 교환을 통해 아크 냉각이 활성화된다. SF_6 아크 소호 방식의 전형적인 예시가 그림 6.10에 나와 있다.

그림 6.10a은 단순 소호 방식이다. 뚜렷한 가스 유동은 발현되지 않지만 아크와 중력으로 인한 온도(또는 밀도) 구배에 의한 자연 대류로 인해 일부 가스 유동이 발생되어 온도 분포에 영향을 미치고 아크를 소멸시킨다. 그림 6.10b에 표시된 또 다른 예는 작은 챔버(고정된 체적 포함)에서 압력 상승을 제공하여, 아크를 냉각시키는 가스 유동을 발생시키기 위해 아크에 의한 압력 상승을 활용한다. 그림 6.10c에 표시된 구조에서는 가스 압축기와 같은 별도 제공된 수단에 의해 생성된 고압 SF_6 가스가 아크를 통과하여 소호된다(이중 압력 방식이라고 함). 그림 6. 10d는 실린더 접점이 분리(개방)되는 기계적 동작에 의해 가스 유동을 형성하는 데 필요한 가스 압력을 발생시키는 방식 보여준다. 이를 단일 압력 퍼퍼 방식 차단기라고 한다. 현대의 차단기는 이러한 기본 개념을 일부 변형하여 사용한다.

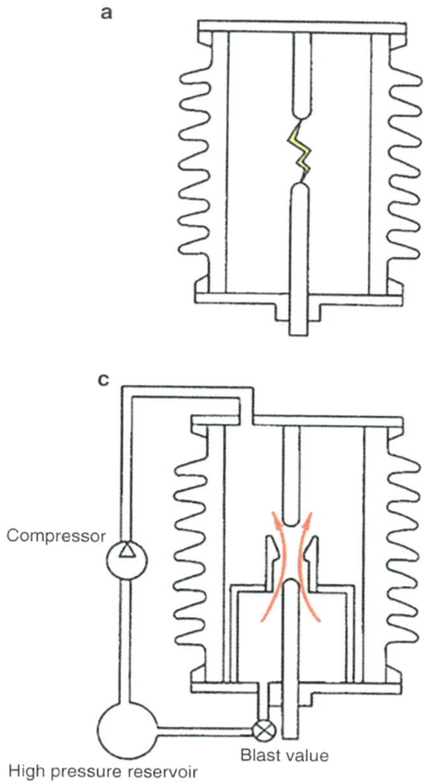

Fig. 6.10 SF_6 arc quenching arrangements. (**a**) Plain break, (**b**) self-blast, (**c**) double-pressure blast, (**d**) puffer-blast

퍼퍼 챔버의 압력 상승과 아크 발생 공간에서의 에너지 교환은 아크 소호를 이해하는 데 중요한 개념이다. 특히 퍼퍼 챔버에서 아크 접점의 기계적 운동은 퍼퍼 챔버의 압력 상승과 아크 전류와의 상호 작용을 통해 아크 소호에 영향을 미친다.

SF_6 차단기에서 사용되는 몇 가지 소호 방식은 다음 절에서 설명한다.

SF_6 차단기에 대한 경험을 통해 가스의 절연 특성을 유지하기 위해서는 높은 수준의 건조가 중요함을 알 수 있다. 모든 SF_6 차단기에는 습도를 낮게 유지할 수 있도록 흡습제가 장착되어 있다. SF_6 가스는 일반적으로 수분 함량이 매우 낮은 상태에서 설치되지만 시운전 및 유지보수 작업 중에 차단기가 가스에 흡수될 수있는 수분에 노출될 수 있다. 챔버 내부로의 습기 침투를 방지하려면 습한 환경에서 차단기 챔버를 열지 않아야 한다.

6.6 이중 압력 방식(Double-Pressure Type)

이중 압력 방식에서 SF_6 가스는 압축기를 사용하여 1-2MPa로 가압되고, 저장 탱크에 저장된 후, 전류 차단을 위한 적절한 타이밍에서 개방된 접점 사이의 아크를 가로 질러 불어 나간다. 이러한 유형의 차단기는 1959년에 138kV, 10,000MVA, 2점절 및 230kV, 15,000MVA, 3점절 가스 차단기로 실용화되었다(Leeds et al. 1966,1970; Yeckley and Cromer 1970). 그림 6.11은 일본에서 1965년에 처음 설치된 이중 압력 소호 방식 84kV 500 MVA 가스 차단기를 보여준다. 그림 6.12는 240kV 가스 차단기를 보여준다. 이중 압력 소호 방식 차단기는 차단에 필요한 에너지가 저장소에 고압 가스로 저장되기 때문에 비교적 낮은 동작 에너지로 전류 차단을 달성할 수 있다는 장점이 있다. 이것이 이중 압력 소호 방식이 주로 고용량 차단기에 사용된 이유이다. 이중 압력 소호 방식 차단기는 SF_6 가스를 압축하고 누출없이 건조한 상태로 저장해야하기 때문에 많은 문제가 있었다. SF_6를 적용한 이중 압력 소호 방식 첫 번째 차단기는 공기 분사 방식 차단기와 동일한 원리로 작동하는 압력이 다른 두 개의 개별 부품으로 분리된 소호 챔버를 가지고 있다. 더 단순한 설계를 추구하기 위해 이중 압력 개념은 소멸되었으며, 현대의 SF_6 차단기는 단일 압력 퍼퍼 또는 self-blast 원리를 적용한다.

Fig. 6.11 84 kV gas circuit breaker with double-pressure interrupter (1965)

Fig. 6.12 240 kV gas circuit breaker with double-pressure interrupter

6.7 단일 압력 퍼퍼 방식(Single Pressure Puffer Type)

단일 압력 퍼퍼 방식에서는 소호실 가동부측 개방 동작에 의해 퍼퍼 챔버 내부의 SF_6가스가 압축되어 개방된 접점 간의 아크에 불어 내진다. 이러한 방식의 소호 방식 차단기는 단순한 구조와 별도의 압축장치가 필요없다는 장점 때문에 초기에 이중 압력 소호 방식과 병행하여 연구되었다. 115kV 1000MV 프로토타입 차단기(Cromer and Friedrich 1956) 및 46kV 250MVA(Yeckley and Cunningham 1958) 차단기가 이중 압력 가스 차단기의 실제 사용보다 이전인 1955년에 개발되었다. SF_6 퍼퍼 차단부에서는 압축 실린더의 개방 동작 중에 냉각 가스 분사를 위한 가스 압력이 생성된다. 개방 동작 중 가스의 압축은 접점이 동작을 시작하는 동시에 시작된다. 압축된 가스는 절연 노즐을 통해 아크 영역으로 분출된다. 그림 6.13은 단일 퍼퍼 실린더가 있는 퍼퍼 차단부의 주요 구성 요소의 예를 보여준다. 절연 노즐은 일반적으로 폴리 테트라 플루오로 에틸렌(PTFE)으로 만들어진다. 그림 6.14는 550kV 단일 압력 퍼퍼 방식 dead-tank 가스 차단기의 예를 보여준다.

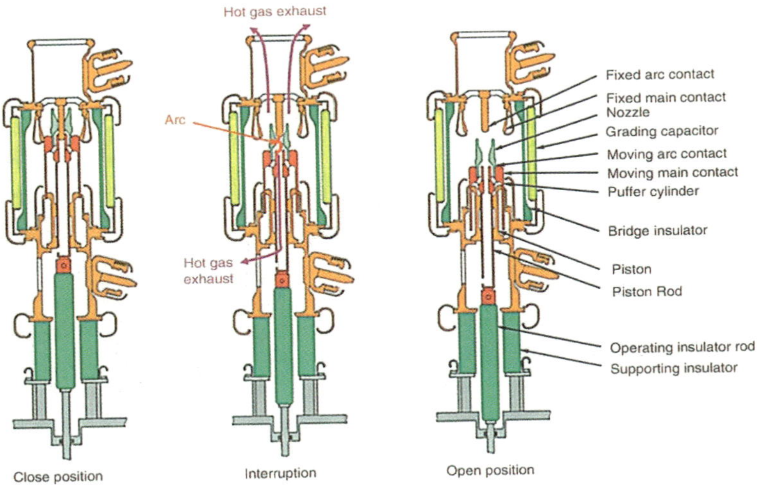

Fig. 6.13 An example of puffer interrupter. (Beige, conducting parts; green, insulating parts)

퍼퍼 설계의 중요한 특징 중 하나는 전류 크기에 따라 소호에 필요한 압력이 축적된다는 것이다. (아크가 없이) 무부하로 동작하는 동안 퍼퍼 실린더의 최대 압력은 일반적으로 가스 충진 압력의 두 배이다. 차단 동작 중에 접점 사이의 대 전류 아크가 노즐을 통과하는 가스 유동을 차단하여 퍼퍼 압력을 더욱 증가시킨다. 전류가 0으로 감소하면 아크 직경도 감소하여 배출구 영역 근처에서 가스가 통과할 수 있는 점점 더 많은 공간을 확보한다. 최대 가스 유동이 전류 영점 부근에서 이뤄지게 되어 전류 차단에 필요한 최대 냉각이 발생한다. 큰 전류 구간 동안 노즐 막힘(nozzle clogging)은 일반적으로 퍼퍼 실린더에 최대 무부하 압력의 몇 배의 추가 압력 상승을 제공한다. 퍼퍼 실린더 내부의 높은 압력은 조작 메커니즘의 높은 동작 에너지를 필요로 한다. 따라서 아크를 불어 내는 에너지는 거의 전적으로 조작 메커니즘에 의해 공급된다. 아크를 불어내어 소호하려면(성공적인 열 차단) 특정 압력이 필요하며, 이는 전류 영점에서의 전류 변화율(di/dt)과 전류영점 직후의 회복 전압의 상승 속도(du/dt)에 의해 결정된다.

Fig. 6.14 An example of 550 kV single pressure-type dead tank gas circuit breaker. (Courtesy of Dominion Energy)

그림 6.15는 가스절연개폐장치(GIS)에 적용된 550kV 단일 압력 퍼퍼 방식 SF_6 가스 차단기가 소형화 되어 진화하는 예시를 보여준다. 사진은 1976년에 4점절 차단부, 1982년에 2점절 차단부, 1994년에 유압 조작기를 갖춘 단일 점절 차단부를 보여준다. 차단 접점 수의 횟수의 감소에 따라 그림 6.16과 같이 GIS의 차단기 부분에 사용되는 SF_6 가스 부피와 무게를 크게 줄일 수 있다.

6.8 열 보조 퍼퍼 방식(Thermal-Assisted Puffer Types)

열 퍼퍼 차단부에서 SF_6 가스는 아크의 열 에너지에 의해 압력 챔버에서 가압되고 접점 사이의 아크를 가로 질러 불어난다. 열 퍼퍼 차단부는 대전류 차단에 필요한 퍼퍼 압력을 높이기 위해 필요한 동작 에너지가 비교적 작다는 장점이 있다. 이것이 열 퍼퍼 차단부를 자가 분사(self-blast) 차단부라고 부르는 이유이다. 반면에 아크에 의한 가스의 가열이 감소하기 때문에 작은 전류 차단 능력은 떨어진다.

1984년부터 2000년까지의 기간에는 SF_6 차단기 설계에 적용된 컴퓨터 지원형 모델링 툴의 급속한 발전이 두드러진다. 이를 통해 차단을 위해 아크 에너지를 광범위하게 이용하는 새로운 저 에너지 조작 메커니즘 장치의 개발을 가능하게 했다. 따라서 self-blast 설계는 대전류 차단 응용 분야에서 일반적으로 사용되며, 저 전류 차단 또한 대부분의 경우 내부 가스에 의한 자체 압력 아크 소호를 통해 여전히 이뤄질 수 있었다.

Fig. 6.15 Evolution of 550 kV SF_6 gas circuit breakers. (**a**) Four break (1976), (**b**) two break (1982), (**c**) one break (1994)

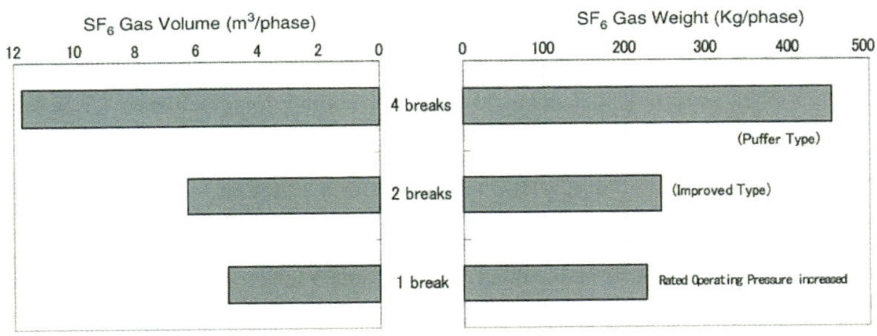

Fig. 6.16 Reduction of SF_6 gas volume of 550 kV gas circuit breaker enclosures

그림 6.17은 듀얼 퍼퍼 실린더를 갖춘 열 퍼퍼 인터럽터 예시이다.

대전류 구간 동안 금속 접점(5 및 6) 사이에서 시작된 아크는 에너지의 대부분을 열팽창 챔버(Vt)로 전달한다. 전류 영점 구간에서 노즐의 아크 막힘(nozzle clogging)으로 인한 가스 초과압은 절연 노즐(7)을 통해 배출되고 가동부측의 2차 실린더형 구역의 압축(퍼퍼) 챔버(Vp)으로 배출된다. 이 이중 분사 기술은 가스 매질을 냉각하여 아크를 차단하는 데 필요한 가스 냉각을 제공한다. 저 전류의 차단을 위해 Vp(퍼퍼) 챔버 내에서 추가 자가 압력 분사(self−blast)가 수행되고 이 압축 가스 유동은 Vt를 통해 배출되어 아크를 차단한다.

그림 6.18은 차단기의 최대 차단 전력 용량에서 완전 비대칭 단락 전류를 성공적으로 차단하는 경우(T100a 시험)에 대한 시뮬레이션 해석 결과이다. (아크 전류(I)의 가동 접점 스트로크(X) 및 퍼퍼 실린더 압력(P)) 동작 시퀀스의 첫 번째 구간에서 초과 압력(△p)은 주로 압축에 의해 생성된다. 그 다음에는 주로 열팽창 챔버(Vt)에서 가스의 열 팽창 때문에 초과 압력이 생성된다.

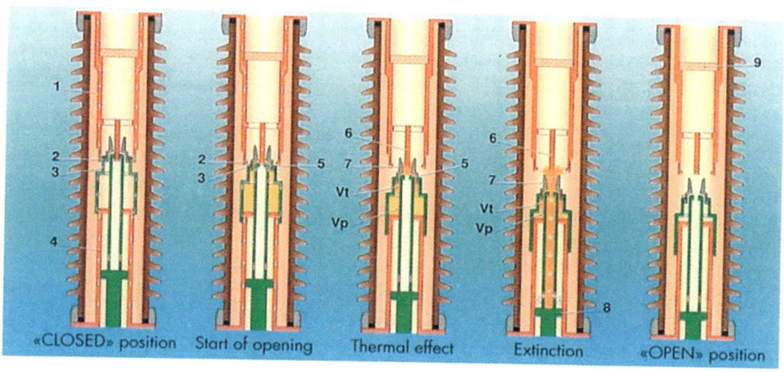

1: Current pass at fixed contact side, 2: Fixed main contact, 3: Moving main contact, 4: Current pass at moving contact side, 5: Moving arc contact, 6: Fixed arc contact, 7: Nozzle, 8: Operating insulator rod. Vt: Gas pressure at upper puffer cylinder with fixed volume, Vp: Gas pressure at lower puffer cylinder with compressible volume by a piston

Fig. 6.17 Arc-assisted interrupter with dual puffer cylinders. 1, Current pass at fixed contact side; 2, fixed main contact; 3, moving main contact; 4, current pass at moving contact side; 5, moving arc contact; 6: fixed arc contact; 7, nozzle; 8, operating insulator rod. Vt, gas pressure at upper puffer cylinder with fixed volume; Vp, gas pressure at lower puffer cylinder with compressible volume by a piston

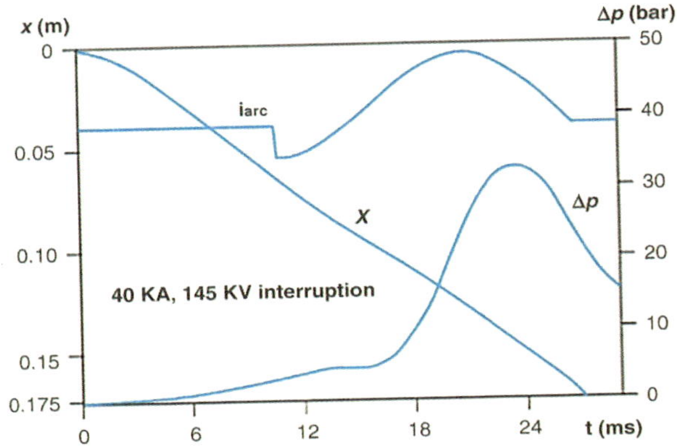

Fig. 6.18 Simulation of pressure rise in case of asymmetric current interruption

자가 분사(self-blast) 원리는 동작 에너지를 줄이는 데 큰 진전을 이루었다. Self-blast 기술에는 오토 퍼퍼, 아크 보조 차단기, 열 보조 차단기 또는 단순 self-blast 차단기 등 여러 가지 명칭이 있다. 저 전류 및 저 전류 변화율(dI/dt)을 차단하는 데 필요한 분사 압력은 적당한 수준이므로, 전류와 관계없이 작은 압력 상승만으로도 충분한다. 더 높은 전류의 경우 분사 압력을 생성하는 에너지는 아크로 가열된 가스를 통해 발생한다.

차단기 극간에 적절한 동역학적/자동화된 동작 시퀀스를 사용하면 낮은 충전 전류의 차단부터 높은 단락 전류에 까지 동일한 속도를 유지하여 우수한 성능을 보장 할 수 있을 만큼 충분히 높은 트리거 속도를 달성할 수 있다.

그림 6.19는 고정 체적의 열팽창 챔버를 갖는 퍼퍼 실린더(V_t)와 압축 가능한 체적의 기계적 압축 챔버를 갖는 퍼퍼 실린더(V_p) 모두에 대해 초과 압력 릴리즈 밸브가 장착된 열 보조 방식의 또 다른 예이다.

대전류 차단의 경우 아크에 의해 생성된 압력이 너무 높아져 고정 체적 열팽창 챔버(V_t)의 릴리즈 밸브가 닫혀 가스가 압축 챔버(V_p)로 빠져나가는 것을 방지한다. 따라서 성공적인 아크 소호를 위한 초과 압력은 노즐을 지나는 가스의 배출을 크게 감소시키는 아크 막힘(nozzle clogging) 효과와 결합하여 아크 열 에너지를 최적으로 사용해 효과적으로 얻을 수 있다.

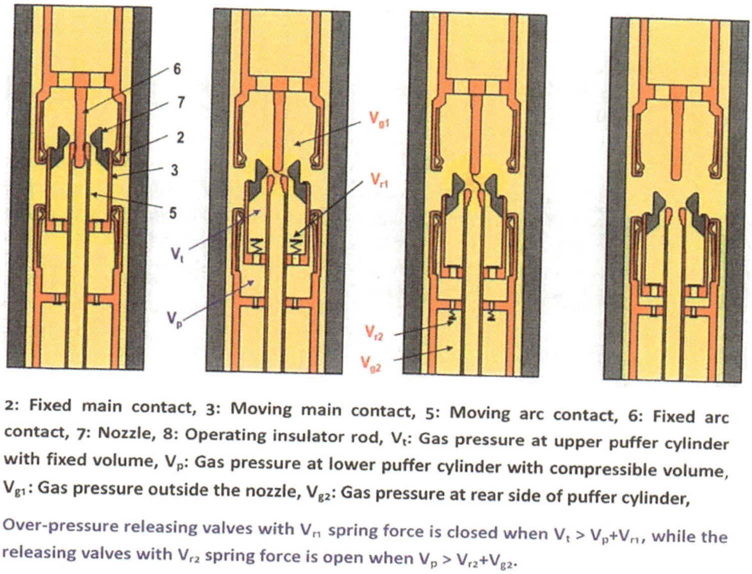

Fig. 6.19 Example of thermal-assisted puffer types equipped with overpressure releasing values for both fixed volume puffer cylinder with the thermal expansion volume (V_t) and compressive volume puffer cylinder with the mechanical compression volume (V_p). 2, fixed main contact; 3, moving main contact; 5, moving arc contact; 6, fixed arc contact; 7, nozzle; 8, operating insulator rod; V_t, gas pressure at upper puffer cylinder with fixed volume; V_p, gas pressure at lower puffer cylinder with compressible volume; V_{g1}, gas pressure outside the nozzle; V_{g2}, gas pressure at rear side of puffer cylinder. Overpressure releasing valves with V_{r1} spring force is closed when $V_t > V_p + V_{r1}$, while the releasing valves with V_{r2} spring force is open when $V_p > V_{r2} + V_{g2}$

전류 영점에서 가압된 가스는 노즐을 통해 흐르고 아크를 소호한다. 가스 압축에 불필요한 에너지 소비를 방지함으로써 또 다른 릴리스 밸브는 압축 챔버의 압력 값을 낮은 단락 전류 차단에 필요한 값으로 제한한다.

반면에, 일반적으로 몇 kA의 작은 전류 차단의 경우, 아크는 릴리즈 밸브를 닫을만큼 충분히 높은 압력을 생성하기에 충분한 에너지(스프링 힘 V_{r1} 사용)를 갖지 못하며 차단기는 기계적 압축에 의한 퍼퍼 차단기로 작동한다. 이 경우 스프링 힘(VH)에 압축 챔버(V_p)의 초과 압력을 더해도 고정 체적(V_t)의 압력보다 낮기 때문에 릴리스 밸브가 열린다. 그러면 피스톤 메커니즘의 작용에서 발생하는 가스 분사로 인해 아크가 소호된다.

압축 챔버(V_p)의 압력은 차단기가 selfp-blast 차단기로 작동하든 퍼퍼형 차단기로 작동하든 관계없이 전류의 크기와 비교적으로 독립적이다. 압축 챔버 압력은 스프링식 밸브(초과 압력 릴리즈 밸브)를 통해 적당한 수준으로 제한되며, 이는 동작 메커니즘에서 요구되는 압축 에너지가 제한됨을 의미한다. 동일한 등급의 기존 퍼퍼형 차단기와 비교하여 동작 메커니즘의 에너지 요구 사항을 50% 이하로 줄일 수 있다.

저 전류 범위에서 잘 작동하도록 보증하기 위해, 설계단계에서 이 기술의 주안점은 저 전류 범위에 있다. 이 기술의 개선이 이루어져 self-blast 기술이 널리 적용되고 있으며, 오늘날 특히 더 높은 kA 정격에 광범위하게 사용된다. 기존의 기계식 "순수한" 퍼퍼 차단부는 저 전류에 대한 우려가 없다는 설계적 장점을 지니고 있다.

6.9 Circuit Breaker Enclosures

오늘날 사용되는 가스 차단기 구조에는 두 가지 기본 유형이 있다. 라이브탱크 및 데드탱크 차단기. 라이브탱크 SF_6 차단기의 절연 하우징은 자기 또는 복합 재료로 만들어지며 가압된 SF_6 가스로 채워져 있다. 차단장치는 절연재료에 포함되어 있으며 전체 극 전위에 노출된다. 즉, "활성" 상태이므로 "활성 탱크" 차단기라는 용어가 사용된다. 이 어셈블리는 공기 중 차단 장치를 지지하는 절연지지 칼럼(도자기 또는 복합재료)에 의해 지지된다. 차단 장치를 높이면 라이브 장치가 접지로부터 절연되어 장치에서 접지로 플래시 오버를 방지한다. 그림 6.20은 300kV 이중 압력 유형, 4개 차단부, 라이브 탱크 가스 차단기의 예를 보여주고, 그림 6.21은 420kV 단일 압력 유형, 4개 차단 가스 차단기의 예를 보여준다. 하나의 차단기 극은 두 개 이상의 차단 장치를 직렬로 구성할 수 있다. 따라서 차단장치의 수는 시스템 전압과 차단 기능에 대한 요구사항에 따라 달라진다.

라이브탱크 차단기는 네 가지 주요 구성 요소로 구성된다.

- 하나 이상의 차단 장치(차단부)
- 지원 절연체
- 하나 이상의 작동 메커니즘
- 구조(스탠드)

데드 탱크 차단기는 차단 장치가 금속 탱크(일반적으로 알루미늄 또는 강철 인클로저)에 수용되고 SF_6 가스로 절연된 SF_6 차단기이다. SF_6 가스는 탱크에서 차단기를 절연시켜 탱크가 지상 전위를 가짐으로 "데드 탱크"라는 이름이 붙다. 이 디자인의 장점은 지상에 위치할 수 있어 접근성이 높고 설치 공간이 더 작다는 것이다. 이 구성은 공기 절연 스테이션의 독립 실행 형 장치로 사용하거나 변전소의 설치 공간을 더욱 줄일 수 있는 모선 및 기타 구성 요소를 포함하는 금속 밀폐 가스 절연 스위치 기어(GIS)에서 사용할 수 있다. GIS 변전소의 주요 이점은 전체 치수를 줄여 도시 지역에 설치할 수 있다는 점이다.

Fig. 6.20 300 kV double-pressure-type live tank gas circuit breaker (1966)

GIS 변전소는 필요한 절연 조정 거리가 공기 절연 스위치 기어(AIS) 변전소보다 훨씬 짧다. 그림 6.22는 유압 작동 메커니즘이 있는 300kV 데드 탱크 가스 차단기의 예를 보여주고, 그림 6.23은 스프링 작동 메커니즘이 있는 145kV 데드 탱크 가스 차단기의 예를 보여준다.

그림 6.24는 활성 탱크(4개 차단)와 데드 탱크(3개 차단) 800kV 가스 차단기를 비교한다. 2000년에 개발된 데드 탱크 차단기의 사양은 800kV 정격 전압, 63kA 차단 전류 및 5000A 정격 전류이다. 라이브 탱크 차단기는 공기 정리 요구 사항으로 인해 더 높은 위치에 있다. 그림 6.25는 GIS의 가스 절연 모선 바에 연결된 550kV 가스 차단기의 예를 보여준다.

그림 6.24는 활성 탱크(4개 차단)와 데드 탱크(3개 차단) 800kV 가스 차단기를 비교한다. 2000년에 개발된 데드 탱크 차단기의 사양은 800kV 정격 전압, 63kA 차단 전류 및 5000A 정격 전류이다. 라이브 탱크 차단기는 공기 정리 요구 사항으

로 인해 더 높은 위치에 있다. 그림 6.25는 GIS의 가스 절연 모선 바에 연결된 550kV 가스 차단기의 예를 보여준다.

데드 탱크 또는 GIS 기술의 성공적인 사용의 주요 이점은 다음과 같다.

- 작은 설치 공간
- 환경 조건에 대한 민감도가 낮음
- 작업자 안전(충전부는 접지 전위에서 금속 엔클로저 내부에 있음)
- 인근지역의 방해 없음
- 더 나은 내진 성능

Fig. 6.21 420 kV single pressure-type live tank gas circuit breaker. (Courtesy of GE Grid Solutions)

라이브 탱크 차단기는 유럽에서 광범위하게 사용되는 반면 데드 탱크 차단기는 북미와 일본에서 일반적으로 사용된다. 라이브 탱크는 유럽에서 일반적으로 사용되는 최소 유입 차단기와 개념 상 매우 유사하며, 데드 탱크는 북미에서 일반적으로 사용되는 벌크 유입 차단기와 개념적으로 매우 유사하다.

또한 정격 전압이 145kV 이하인 경우 가장 경제적인 솔루션은 동일한 금속 인클로저 내부에 스위치 기어의 상을 모두 수용하는 것이다. 이러한 인클로저는 알루미늄, 비자 성 재료 및 어셈블리가 적절하게 제작된 경우 부식 문제를 일으키지 않는 양호한 전도체로 만들어진다. 3상 차단기의 스위칭 용량을 완전히 확인하려면 먼저 위상 대 접지 내성 능력을 평가하고 다음으로 위상 대 위상 내성 자격을 평가하기 위해 테스트해야 한다.

6.10 차단기 동작 기구(Circuit Breaker Operating Mechanisms)

6.10.1 차단기 동작 기구(Circuit Breaker Operating Mechanisms)

1900년대 초에 차단기의 투입 작동은 일반적으로 수동 작동 또는 모터 드라이브로 수행되었다. 투입 위치를 유지하기 위해 래치가 제공되었다. 개방 작업은 투입 동작 중에 저장된 압축 스프링 에너지로 열 수 있도록 래치를 해제하여 수행되었다. 래치 해제는 수동 또는 전기방식일 수 있다. 1920년대 초에 220kV 차단기는 아크가 시작될 때까지 4 사이클(접촉 분리)에 이어 8 사이클의 아크시간으로 구성된 약 12 사이클의 차단시간을 가졌다. 전력 시스템 요구사항으로 인해 더 높은 인터럽트 기능과 더 짧은 인터럽트 시간이 필요했다. 더 짧은 인터럽트 시간의 진행으로 인해 8 사이클에서 5 사이클로 감소했으며 오늘날 보다 일반적인 3 사이클의 인터럽트 시간으로 더욱 감소했다.

Fig. 6.22 300 kV single break dead tank gas circuit breaker (1981). (Courtesy of Kansai Electric Power)

1920년대에 차단기의 작동은 일반적으로 투입동작과 개방 스프링의 압축을 위한 솔레노이드 에너지로 수행되었다. 차단 전류가 증가하고 차단 시간이 짧아지면서 전력 시스템의 성능이 향상됨에 따라 작동 메커니즘은 조작에너지 증가와 래치 해제 시간 단축을 필요로 했다. 더 높은 전류는 접촉하기 직전에 유입 차단부의 사전 발호 전류로 인한 힘으로 인해 더 높은 메커니즘 투입 에너지를 필요로 한다. 작동 메커니즘의 변경 및 개선 영역은 투입 에너지, 해당 에너지의 양, 폐쇄 속도, 개방 속도, 다중 재 투입 작업 수행 능력, 신뢰성 및 단순성에 있다.

초기 차단기 설계 요구사항 중 하나는 "고장 안전(Fail Safe)"이어야 한다는 것이었다. 이것은 작동 에너지가 손실되는 경우에라도 개방할 수 있어야 한다는 해석이었다. 이 요구사항은 차단기 개방을 위해 저장된 스프링 에너지로 충족되었다. 메커니즘의 개발로 신뢰성이 향상됨에 따라 압축 공기 또는 유압 장치의 에너지원이 차단기의 개폐에 모두 활용되었다. 그림 6.26은 일반적인 솔레노이드 메커니즘을 보여준다. 이러한 메커니즘은 5 사이클 차단 시간을 제공할 수 있었다. 이것은 "트립 프리" 기능을 제공하는 첫 번째 메커니즘 중 하나이다. 트립 프리는 이제 폐쇄 작업이 진행 중인 경우에도 차단기가 즉시 열리도록 허용하는 표준 요구 사항으로, 결과적으로 투입-개방(C-O) 작업이 된다.

Fig. 6.23 145 kV dead tank gas circuit breaker. (Courtesy of Portland G&E)

더 짧은 차단 시간과 더 높은 전류는 증가된 에너지를 필요로 하여 고압력 공기를 사용하는 메커니즘과 이어서 유압 메커니즘을 개발했다. 더 빠른 릴리스를 위한 트리거 시스템은 완전한 재 설계가 필요했다. 그림 6.27은 최대 270psig의 기압에서 작동하는 공기 실린더 직경이 7, 10 및 14 인치인 공압 메커니즘 제품군을 보여준다. 가장 큰 14 인치 직경의 단일 메커니즘은 345kV 유입 차단기의 모든 상을 동시에 작동했다. 위의 세 가지 메커니즘 모두 기계적으로 trip−free를 달성했다. 그림 6.28은 기계적 링키지가 투입용 피스톤과 연결되지 않은 상태에서 trip−free 작동을 보여준다. 투입 및 개방 작동 모두에 공기압을 사용하는 메커니즘에는 즉각적인 개방 공기압이 적용될 수 있도록 투입 공기압을 빠르게 해제하는 밸브가 있다. 이것들은 "공압적으로" trip−free인 것으로 확인되었다.

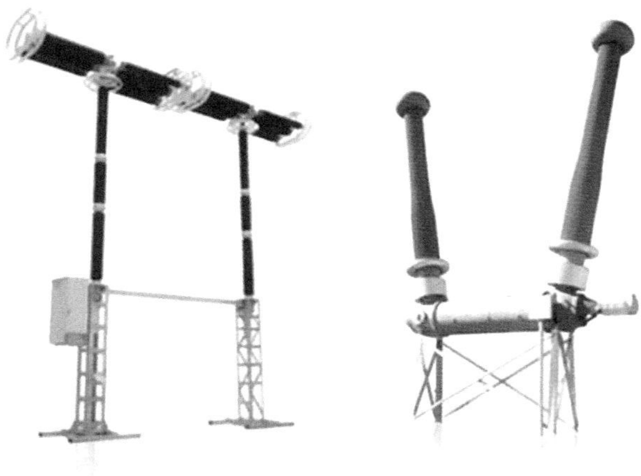

Fig. 6.24 800 kV live tank (50 kA) and dead tank (63 kA) gas circuit breakers. (Courtesy of ABB)

스프링, 유압 및 공압 조작기와 이러한 기술의 조합(유압 스프링 또는 공압 스프링)과 같은 다양한 유형의 조작기가 있다. 최근 전자기 반발 조작기 또는 디지털 제어 모터가 사용되기 시작했다. 차단기의 아크 소호 기술과 관련하여 조작기가 개발되었다. 이전의 공압 및 유압 작동 메커니즘은 보다 높은 차단 전류에 대해 일반적이었지만 이제는 스프링 조작기로의 개발 경향이 있다.

공압 조작기는 압축 공기를 에너지 저장 장치로 사용하고 공압 실린더를 작동에 사용한다. 솔레노이드 밸브는 투입 또는 개방 작동을 위해 작동 실린더로 압축 공기를 공급한다. 압축 공기 탱크는 압축장치로 보충된다. 공압 작동 메커니즘의 사용은 초기 비용, 유지 보수 작업 및 작동 중 큰 소음과 같은 여러 가지 이유로 인해 감소하고 있다. 높은 작동 압력으로 인해, 특히 저온에서 항상 공기 누출 위험이 있다. 압축 공기의 습기로 인해 부식의 위험이 있다.

유압 메커니즘에는 일반적으로 차등압력 피스톤이 있는 하나의 작동 실린더가 있다. 유입은 어큐뮬레이터의 가스 쿠션에 의해 가압되고 작동 실린더는 메인 밸브에 의해 제어된다. 유압 메커니즘은 높은 에너지와 조용한 작동의 장점이 있다. 그러나 몇 가지 단점도 있다. 특수 생산 시설이 필요한 몇 가지 중요한 구성 요소가 있다. 작동 압력이 30－40MPa(300－400bar) 범위에 있으므로 누출 위험을 무시할 수 없다. 압력을 확인하는 것뿐만 아니라 어큐뮬레이터의 유입 레벨, 즉 가스 쿠션의 부피를 감독하는 것도 필요하다.

Fig. 6.25 550 kV dead tank gas circuit breakers for GIS. (Courtesy of Tohoku Electric Power)

온도 변화가 크면 작동 시간이 달라진다. 최근까지 여러 제조업체는 SF_6 차단기에 유압 메커니즘을 사용했다. 그러나 자체분사 차단기가 도입됨에 따라 작동에 필요한 고 에너지 요구 사항이 감소하고 유압 메커니즘이 스프링 작동 메커니즘에 기반을 잃고 있다(차단기의 50%가 스프링 작동 메커니즘과 함께 적용되었다. 2004－2007년 CIGRE 신뢰도 조사 마지막).

유압 스프링 작동 메커니즘은 유압과 스프링을 결합한 작동 메커니즘이다. 에너지는 유압으로 장력을 가하는 스프링 세트에 저장된다. 스프링 패키지에 의해 가압되는 유압으로 구동되는 다른 피스톤은 개폐 작업 중에 차단기를 작동하는 데 사용된다. 위에서 언급한 작동 메커니즘의 유형 외에도 기본적으로 공압 메커니즘과 동일한 기술을 적용하지만 공기 대신 SF_6 가스를 사용하는 설계와 같은 다른 대안이 있다. 또 다른 디자인은 특정 고압 차단기에만 적용되는 자기 액추에이터 메커니즘이다.

스프링 메커니즘에서 개폐 작동을 위한 에너지는 스프링에 저장된다. 메커니즘의 제어 시스템이 개방 또는 투입 명령을 받으면 스프링에 저장된 에너지가 방출되어 레버 및 링크 시스템을 통해 열림 또는 닫힘 위치로 이동하는 접점으로 전달된다. 대부분의 설계에서 투입 스프링에는 접점을 투입하는 동시에 개방 스프링을 재충전하는 두 가지 작업이 있다. 따라서 위에서 언급한 기준이 충족된다. 폐쇄 위치에 있는 차단기는 항상 트립할 준비가 되어 있다. 스프링 작동 메커니즘의 장점은 시스템이 순전히 기계적이라는 것이다. CB의 신뢰성을 위협할 수 있는 작동유 또는 가스 누출 위험이 없다.

Fig. 6.26 Early solenoid operating mechanism (circa 1938)

균형 잡힌 래칭 시스템은 마지막 동작에서 오랜 시간이 지난 후에도 안정적인 동작 시간을 제공한다. 스프링 시스템은 공압 또는 유압 메커니즘보다 온도 변화에 덜 민감하다. 이것은 극도로 낮은 온도와 높은 온도에서도 안정성을 보장한다. 스프링 메커니즘은 유압 및 공압 메커니즘보다 부품 수가 적기 때문에 신뢰성도 향상된다.

6.10.2 차단기에서의 조작 제어 시스템(Control Systems of Operating Mechanisms for a Circuit Breaker)

차단기는 개방(O) 및 투입(C) 작업을 수행하는 데 필요한 에너지를 제공하는 제어 장치 또는 명령 모듈에 의해 작동되며, 개방-투입(OC) "지령" 또는 복합적이고 프로그래밍 된 동작 순서(예: OCO)와 같은 작동 시퀀스이다.

Fig. 6.27 Family of pneumatic mechanisms used for oil circuit breakers

명령 모듈은 차단기의 필요한 작동 또는 전체 작동 순서가 모든 정상 작동 조건, 즉 단락 전류 및 고온 및 저온의 경우 개폐를 위해 수행되도록 보장할 수 있어야 한다. 정황. 이러한 시스템은 위에서 설명한 메커니즘의 에너지를 차단기 구성 요소의 실제 이동으로 전달한다.

또한 응답 시간은 주어진 시간 간격(개방 지령이 주어진 순간과 최종 상에서의 전류차단 순간 사이의 시간 간격)을 달성할 수 있을 만큼 짧아야 하며, 전형적으로 상용주파 기준으로 3,2, 또는 1 사이클이 요구된다.

단락 타입 테스트는 CB가 명판 단락 정격을 적절하게 처리할 수 있는지 확인하는 데 사용된다. 작동은 지령(전기적 펄스)이, 스프링 또는 압력을 받는 유체(공기, 가스 또는 유입)에 포함된 에너지를 방출하는 데 사용되는 솔레노이드를 활성화한 후에 이루어진다. 순서는 측정 변환기에 의해 전원이 공급되는 네트워크 보호의 일부인 릴레이에 의해 제공된다. 컨트롤의 전기 구성 요소는 사전 설정된 공급 전압 범위 내에서 작동하도록 계획되어 있다.

6.10.3 Spring Operating Mechanism

그림 6.29는 압축된 투입 스프링과 해제된 개방 스프링이 있는 방아쇠 위치의 나선형 스프링 작동 메커니즘의 예이다. 전기 모터는 투입 작업 후 투입 스프링을 압축하는 데 필요한 힘을 제공한다. 압축이 끝나면 투입 스프링은 기어 메커니즘의 톱니 바퀴에 의해 장력을 유지한다. 톱니가 풀리면 투입 스프링이 정상 유휴 상태로 확장되어 CB를 폐쇄 위치로 돌리면서 개방 스프링을 압축한다. 그런 다음 차단기를 트리거 할 수 있다. 스프링 작동 메커니즘은 8000J 미만의 에너지에 대해 가장 경제적인 장치를 달성하는 데 기여하기 때문에 800kV 수준까지의 고전압 차단기에 적용된다. 다음 기술의 개발을 통해 고전압 차단기에 낮은 작동 에너지 조건용으로 사용 가능하게 되었다.

Fig. 6.28 Trip-free mechanism

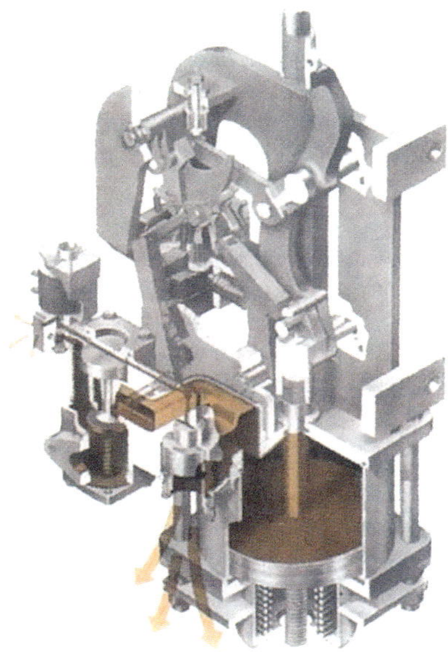

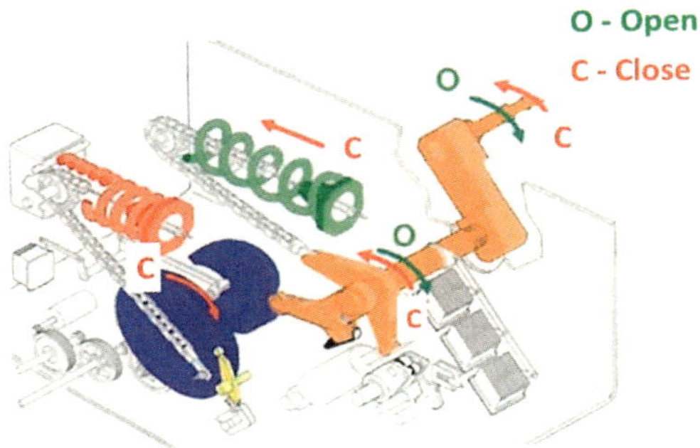

Fig. 6.29 Example of spring operating mechanism. (Courtesy of GE Grid Solutions)

- 차단기 가동부의 경량화
- 더 큰 에너지 스프링 작동 메커니즘
- 단 챔버를 액추에이터 모듈에 연결하는 운동학적//자동화 된 모션 시퀀스 최적화

6.10.4 토션바 스프링조작기(Torsion Bar Spring Operating Mechanisms)

토션 바가 적용된 스프링 조작기를 사용하여 최대 550/420kV의 더 높은 차단 기능을 개발하는 동시에 기계적 신뢰성을 높이고 유지 보수 요구 사항을 줄이는 이점을 제공한다. 그림 6.30에 표시된 토션 바 메커니즘은 2002년 362kV 63kA 단일 차단 가스 차단기에 적용되었으며 2003년에는 245kV 80kA, 2016년에는 550kV 63kA에 적용되었으며, 이는 높은 차단 성능을 가진 소형의 소형 단속기를 사용했다. 고유한 토션 바 스프링 작동 메커니즘도 있다.

스프링 조작기는 단단한 스프링에 기계적 에너지를 저장한다. 스프링 작동 메커니즘의 작동 특성은 주변 온도 변화 및 기계적 압력 손실에 영향을 덜 받기 때문에 본질적으로 장기적인 신뢰성이 우수한다. 스프링 작동 메커니즘의 설계에서 고려해야 할 두 가지 중요한 문제가 있다. 슬라이딩 마찰부품(예: 방아쇠, 스퍼 기어 및 래치) 및 상당한 저장 에너지를 유지하면서 조작기 크기의 감소. 유황 몰리브덴과 같은 윤활 재료는 마찰을 줄이고 녹을 방지하여 장기적인 기계적 성능을 최적화하기 위해 슬라이딩 부품에 열을 가한다. 유지 보수를 제거하기 위해 이러한 슬라이딩 부품에 그리스도 추가된다. 그리스 제거시 작동 특성의 변화를 확인하기 위한 특수 기계적 내구성 테스트와 10,000 회를 초과하는 확장된 기계적 내구성 테스트(예: 30,000−50,000회) 두 개의 막대로 분할 된 비틀림 스프링을 사용하면 저장 에너지가 큰 컴팩트한 작동 메커니즘을 설계할 수 있다. 표 6.1은 나선형 스프링과 비교 한 비틀림 스프링 바의 장점을 비교한다.

토션 바 스프링 메커니즘의 고유 한 장점으로 인해 메커니즘은 수명 동안 윤활이 필요하지 않다. 권장 유지 보수는 ANSI 및 IEC 표준의 기본 요구 사항 인 2000회 작동 후 육안 검사 및 기본 매개변수(예: 코일 간격, 개폐 시간, 메커니즘 및 차단기 이동 등)의 확인으로 제한된다. 따라서 메커니즘은 본질적으로 기계적으로 유지 보수가 필요 없다.

Fig. 6.30 Spring operating mechanism with a torsion bar. (Courtesy of Mitsubishi Electric)

Table 6.1 Comparison between a helical spring and a torsion bar

	Helical spring	Torsion bar spring
Shape	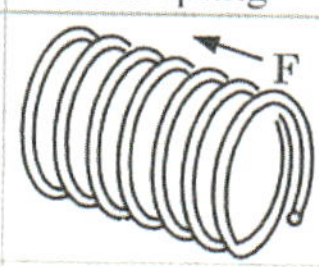	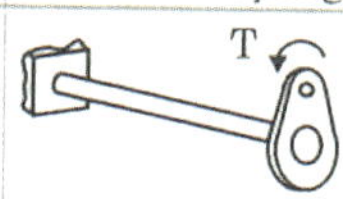
Volume	100%	10%
Mass per unit stored energy	100%	65%
Energy consumed for spring movement	25%	0%
Energy consumed for interrupter movement	75%	100%

6.10.5 유압 조작기(Hydraulic Operating Mechanisms)

- 유압 결합 및 스프링 트리거/해제 메커니즘
- 유압 결합 및 해제 메커니즘(더블 액션)

유압 조작기를 사용하면 두 가지 전원 주파수 사이클 내에서 매우 빠른 속도와 전류 중단 차단이 가능하다. 8000J보다 큰 매우 중요한 에너지를 제공할 수 있다. 이러한 에너지 값은 고성능 수준을 달성하기 위해 필요했다. 유압 명령 모듈은 여전히 고성능 장치 및 발전기 차단기에 사용된다. 고압 튜브를 사용하지 않는 새로운 유형의 시스템 개발을 통해 신뢰성이 향상되었다.

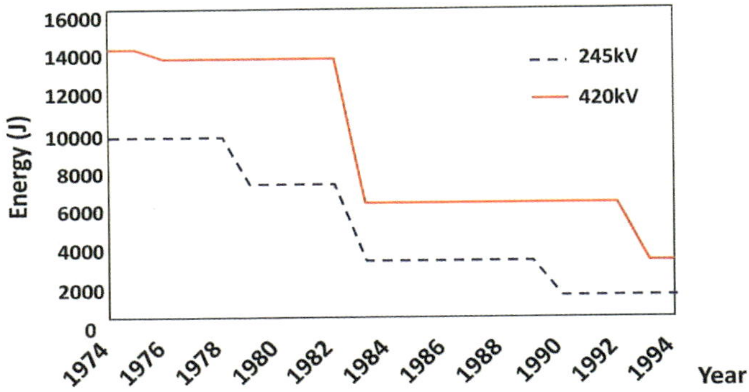

Fig. 6.31 Evolution of required mechanism in 1970–1994 at 245 kV and 420 kV circuit breakers

6.10.6 조작 에너지의 발달(Evolution of Mechanical Energy)

그림 6.31은 1974년부터 1994년까지 20년 동안 245kV 및 420kV 차단기에서 트리핑(개방) 에너지의 진화를 요약한 것이다. 필요한 에너지가 5배로 나뉘어 진 것을 보여준다. SF_6 차단기 분야에서 만들어졌다.

6.11 차단기 제어(Circuit Breaker Controls)

차단기는 일반적으로 접점을 이동하기 위해 기계식 구동 시스템에 에너지를 방출하는 작동 메커니즘으로 작동된다. 차단기 접점을 작동하는 데 필요한 에너지는 위에서 설명한 다양한 수단(예: 스프링, 공압, 유압, 모터 등)에 의해 제공되며 일반적으로 모터 또는 정류기를 사용하여 충전된다. 차단기는 접점의 위치를 변경하기 위해 메커니즘을 작동시키는 외부 릴레이 또는 운영자로부터 외부 명령을 수신하여 작동한다. 외부 명령은 차단기를 활성화하기위한 적절한 조치를 제공하기 위해 차단기 제어 회로에 의해 처리된다. 차단기 제어 회로는 차단기가 외부 명령에 정확하고 안전하며 안정적으로 응답하도록 하는 데 필요한 전기 시스템이다. 여기에는 작동 코일과 같은 작동 시설과 상태 및 위치 표시와 같은 모니터링 시설이 포함된다.

외부 작동 명령이 차단기로 전송되면 차단기가 필요한 작동을 수행할 준비가 되었는지 여부를 결정하기 위해 차단기 제어 시스템이 필요하다. 그렇다면 제어 시스템은 필요한 조치를 구현할 책임이 있다. 반대로 차단기가 요청된 작업을 완료할 수없는 경우 제어 시스템은 요청된 작업을 방지("차단" 또는 "잠금")해야 한다. 이를 달성하기 위해 제어 회로는 작동 에너지, 가스 밀도 및 차단기의 개폐 위치와 같은 여러 조건을 모니터링하여 주어진 순간에 차단기의 작동 능력을 결정한다. 또한 제어 시스템은 중요한 매개변수를 모니터링하고 이러한 매개변수가 변경되어 차단기가 작동하지 않을 수 있도록 작업자에게 경보를 제공해야한다.

제어 회로는 여러 국가의 특정 요구 사항, 특정 운영자 또는 시스템 요구 사항, 작동 메커니즘 유형, 제어 전압, 제어 시간, 시스템의 이중화 등 다양한 이유로 다양하다. 그러나 모든 제어 회로는 두 가지 주요 기능은 다음과 같다.

1. 차단기 제어
2. 다음을 위해 최로 차단기(보조회로 포함) 상태 모니터링
   - 차단기의 안전한 작동 보장
   - 작업자에게 차단기 상태에 대한 정보 제공

CIGRE WG A3.12는 다양한 공급 업체, 여러 국가의 다양한 공급 업체의 일반적인 제어 회로도를 검토하여 차단기 제어 회로에 대한 공통 로직을 개발했다(CIGRE WG A3.12 2007). 이 논리는 사용된 구성요소 및 체계의 세부 사항에 관계없이 어느 정도 일관성이 있다. 이 로직은 그림 6.32에 표시된 제어 회로의 필수 기능을 보여주는 블록 다이어그램으로 변환되었다. 이 "표준"제어 회로도의 특정 구성 요소는 아래에 설명되어 있다. 이 기본 회로도는 단극 또는 3극(독립 극 작동 또는 "IPO") 트리핑 및 폐쇄 모두에 적합하다. 구성 요소는 그림 6.32의 회로도에 표시된 번호와 관련이 있다.

1. 차단기 주 접점 : 차단기의 주 접점(제어 회로의 일부가 아님)
2. 구동 또는 작동 메커니즘 : 메인 접점(개방 및 폐쇄)을 이동하기 위해 에너지를 방출하는 기계 장치(제어 회로의 일부가 아님)
3. 에너지 충전 시스템 : 차단기가 닫히거나 열릴 수있는 적절한 에너지가 있는지 확인하기 위해 작동 전에 작동 메커니즘에 에너지를 제공하는 장치. 유압, 스프링 또는 공압 에너지 저장 시스템의 경우 전기 모터 또는 모터 구동 펌프 또는 압축기이다.

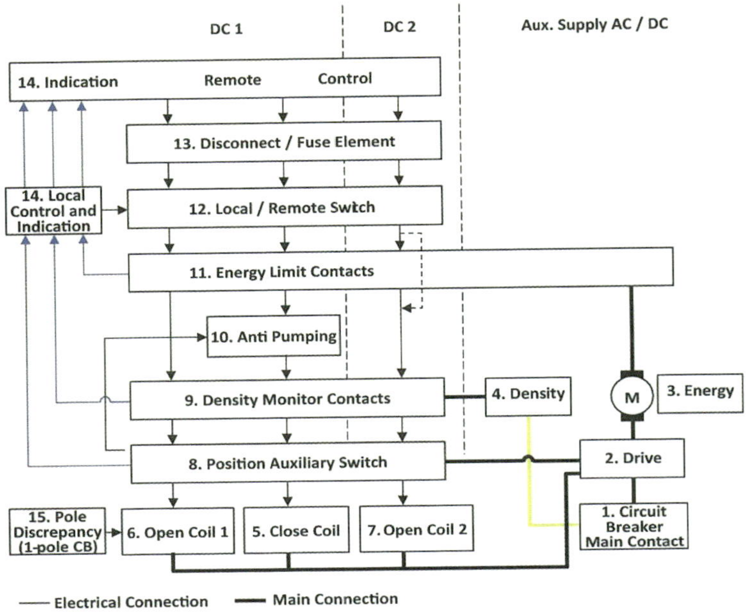

Fig. 6.32 Generalized circuit breaker control schematic

4, 9. 밀도모니터 및 밀도모니터 접점: 이 장치는 절연 및 또는 소호 매체를 감시하는 수단을 제공한다. 일반적으로 최신 차단기의 SF_6(경우에 따라 혼합 가스 기술을 사용하여 저온에서 히터가 필요 없음). 온도 보상 압력 스위치는 일반적으로 인클로저의 SF_6 가스 밀도가 임계 수준 이하로 떨어지면 차단기의 트립 또는 폐쇄를 방지하기 위해 보조 릴레이를 작동하는 데 사용된다. 이 스위치와 접점에 의해 수행되는 두 가지 기능이 있다.

- 잠금 수준에 도달하기 전에 인클로저의 SF_6 가스 밀도가 감소된 경우 경고 또는 경보를 제공한다. 이것은 경보 일 뿐이며 차단기가 잠기고 작동하지 않기 전에 작업자가 문제를 해결할 수 있는 시간을 제공한다.
- SF_6 가스 밀도가 안전하게 작동하지 않는 수준("잠금 수준")에 도달할 때 일반적으로 차단기의 작동을 인터록 또는 금지한다.

5. 투입 코일: 차단기에 의해 유효한 폐쇄 신호가 수신되는 경우 전원이 공급되는 솔레노이드 장치이다. 통전은 메커니즘을 해제하여 차단기의 주 접점을 닫다. 차단기가 폐쇄 위치에 도달하면 폐쇄 회로의 보조 스위치가 열리고 폐쇄 코일의 전원이 차단된다. 일반적으로 제어 회로에는 폐쇄 코일이 하나만 있다.

6, 7. 개방코일: 차단기가 유효한 개방 신호를 수신하는 경우 전원이 공급되는 솔레노이드 장치이다. 통전은 메커니즘을 해제하여 차단기의 주 접점을 연다. 차단기가 개방 위치에 도달하면 트립 코일 회로의 보조 스위치 접점이 개방되고 트립 코일의 전원이 차단된다. 일반적으로 독립 전원 공급 장치에서 작동하는 두 개의 트립 코일이 있다. 하나의 트립 코일 만 작동하면 차단기를 작동할 수 있다. 트립 실패의 위험을 최소호하기 위해 두 개의 코일이 제공된다.

8. 위치 보조 스위치: 차단기 작동에 의해 구동되는이 접점은 폐쇄 및 트립 코일의 전류를 통합하여 작동이 완료되면 전원을 차단하는 데 사용된다. 또한 차단기 위치를 표시하고 모니터링하고 베이 또는 스테이션 수준에서 제어 및 보호 작업을 연동하여 잘못된 스위칭 작업을 방지하는 데 사용된다. 이 스위치는 차단기의 위치가 필수 매개변수 인 모든 기능에 사용할 수 있다.

10. 엔티펌핑은 개방된 차단기에 이전 투입 명령이 계속 적용되는 상황에서 재폐로 작동을 방지하는 것을 말한다. 이것은 차단기가 반복적으로 닫히고 열리는 것을 방지한다. 일반적으로 닫기 명령은 보조 스위치 접점(상시 개방(NO) 접점)을 통해 펌핑 방지 릴레이에 전원을 공급한다. 펌핑 방지 릴레이의 한 접점은 폐쇄 코일에 대한 회로를 차단한다. 두 번째 접점은이 ose 명령이 회로에서 제거될 때까지 펌핑 방지 릴레이를 래치하거나 “밀봉”하는 데 사용된다.

11. 에너지 제한 접점: 에너지 제한 접점은 작동 또는 손실로 인해 메커니즘에 저장된 에너지가 고갈 될 때 작동하도록 설정된다. 일반적으로 메커니즘의 에너지를 정상 작동 수준(예: 스프링 위치 및 유압 //공압)으로 복원하기 위해 모터를 시작한다. 스프링 메커니즘의 경우 재충전은 일반적으로 매 닫힘 작업 후에 이루어지며 다른 메커니즘 유형은 재충전이 필요하기 전에 여러 작업을 수행할 수 있다. 공압 및 유압 시스템에는 압력을 모니터링하고 압축기가 임계 수준 아래로 떨어질 때 전원을 공급하는 스위치가 있다. 에너지 수준이 복원되면 스위치가 열리고 모터가 중지된다. 모터는 일반적으로 고장 발생시 모터(또는 모터 구동 펌프 또는 압축기)를 중지시키는 시간 제한 릴레이와 초기 과부하에 대한 보호 기능이 있다. 저장된 에너지를 모니터링하는 스위치 또는 접점은 다음 기능을 수행한다.

- 차단기가 안전하게 닫고 다시 열 수있는 에너지가 충분하지 않으면 닫힘 작업을 잠근다.

- 차단기가 안전하게 열릴 수있는 에너지가 충분하지 않은 경우 열림 작동을 잠근다. 이것은 유압 또는 공압 차단기의 경우 일반적이지만 성공적인 충전 폐쇄가 개방 스프링을 충전하는 스프링 작동에는 해당되지 않는다.
- 에너지 저장 장치(예 : 스프링)의 충전 회로를 제어(시작 및 중지)한다.

12. 로컬/리무트 스위치 : 서만 차단기를 작동할 수 있는 선택 스위치이다. 이것은 서비스를 받는 동안 차단기의 원격 작동을 방지하는 안전 기능이다.

13. 단로/퓨즈 요소: 이 장치는 유지 보수 작업 중 또는 제어 회로에 결함이있는 동안 제어 시스템의 전원을 차단하는 데 사용된다. 단선은 일반적으로 제어 회로가 개방되어 있고 무단 복원을 방지하기 위해 개방 상태로 잠글 수 있는 시각적 확인을 제공하는 나이프 스위치 또는 제거 가능한 퓨즈//링크에 의해 제공된다. 단락에 대한 보호가 필요한 경우 미니 차단기(MCB)를 간단한 퓨즈의 대안으로 사용할 수 있다.

14. 로컬 제어 및 표시: 이 기능은 차단기의 위치와 로컬//원격 제어 시설의 상태를 표시한다. 이 표시기는 유지 보수 또는 비상 작동을 위한 것이다(현지 안전 규칙에 따라 다름).

15. 극 불일치//극 불일치 회로: 독립 극 작동(IPO) 회로 차단 기용(각 단계에 대해 하나의 메커니즘); 차단기의 한 위상이 다른 위상과 동일한 위치(열림 또는 닫힘)를 갖지 않을 수 있다. 이 상황을 극 불일치 또는 극 불일치라고하며 비대칭 1차 전류가 발생할 수 있다. 각 위상의 보조 스위치 접점은 극 불일치가 발생하는 경우 시간 지연 릴레이에 전원을 공급하는 데 사용된다. 불일치 조건이 지속된다고 가정하면 미리 설정된 시간 지연 후 차단기의 모든 단계를 트립하려고 시도한다. 폴 불일치가 한 폴이 닫히지 않아 발생한 경우이 트립은 성공할 수 있다. 그러나 초기 불일치가 개방 실패로 인한 것이면 고장난 극이 후속 개방 명령에 응답하지 않을 가능성이 높으며 다른 차단기의 개방이 필요할 수 있다. 미리 설정된 시간 지연은 1.5초에서 5 초 사이이다. 시간은 특정 그리드 조건과 1차 회로가 비대칭 적으로 작동할 수 있었던 시간에 따라 다르다(1상 자동 재 폐로 시간보다 길고 생성의 음의 위상 시퀀스 보호보다 짧아야 함).

16. 난방: 응축을 줄이기 위해 각 작동 메커니즘과 제어 하우징에 스페이스 히터가 제공되는 경우가 많다.

6.12 요약

SF_6 가스 차단기에 대한 세 번째 국제 신뢰도 조사(CIGRE WG A3.07 2007)는 일반적으로 모든 등급에서 우수한 서비스 경험을 보고하며 현재 불충분 한 차단 용량으로 인한 SF_6 차단기 고장은 드물다. 보고된 오류의 대부분은 기계적 특성에 해당하므로 작동 메커니즘의 전체적인 신뢰성을 개선하기 위해 노력하고 있다. 버퍼 차단기는 높은 작동 에너지를 필요로 하기 때문에 제조업체는 공압 메커니즘, 유압 메커니즘 또는 고 에너지 스프링 메커니즘을 사용해야 했다. 이러한 고려로 인해 자체 폭발 또는 복합 호흡기 차단기가 업계에서 매우 보편화되었다. 그러나 버퍼 차단부("순수 버퍼"라고도 함)는 낮은 단락 전류에서 더 높은 마진과 긴 수명의 높은 신뢰성 때문에 여전히 사용된다.

SF_6 차단기는 고전압에서 지배적 인 기술이 되었으며 다른 모든 기술을 대체했다. 진공 차단기는 현재 145kV에서 일부 제한된 사용을 보이고 있지만 SF_6는 특히 더 높은 정격에서 지배적인 기술이다. 요즘에는 SF_6와 동등한 성능을 가진 비슷한 차단 매체가 없어서 컴팩트하고 장기적으로 신뢰할 수있는 차단기가 있는 것 같다. 그럼에도 불구하고 SF_6는 지구 온난화 잠재력(GWP)이 높은 온실 가스로 인식되고 있다. 일부 잠재적 인 대체 가스가 제안되었지만 SF_6 기술과 동일한 기능과 동일한 설치 공간을 가진 대체 솔루션을 찾는 것은 약간의 어려움으로 보이다. CIGRE는 이 주제를 계속 검토하고 있으며 향후 진행 상황을 모니터링 할 것이다(Siegar et al. 2017).

참고문헌

CIGRE WG A3.07: Final Report of the 2004–2007 International Enquiry on Reliability of High Voltage Equipment–Part 2: SF_6 Circuit Breakers, CIGRE Technical Brochure 510 (2007)

CIGRE WG A3.12: Circuit–Breaker Controls Failure: Survey on Circuit–Brcakcr Controls Systems, CIGRE Technical Brochure 319 (2007)

Cromer, C.F., Friedrich, R.E.: A new 115 kV, 1000MVA gas filled circuit breaker. AIEE Trans. PAS–75, 1352–1357 (1956)

Frost, L.S., Liebermann, R.W.: Composition and transport properties of SF_6 and their use in a simplified enthalpy flow arc model. Proc. IEEE. 59(4), 474−485 (1971)

Leeds, W.H., Browne Jr, T.E., Strom, A.P.: The use of SF_6 for high power arc quenching. AIEE Trans. 76, 906−909 (1957)

Leeds, W.H., Friedrich, R.E., Wagner, C.L.: EHV Power Circuit Breakers Using SF(, Gas, CIGRE Paris Session Report 13−117 (1966)

Leeds, W.H., Friedrich, R.E., Wagner, C.L., Browne Jr.,T.E.: Application of Switching Surge, Arc and Gas Flow Studies to the Design of SF_6 Breaker, CIGRE Paris Session Report 70−1311 (1970)

Lingal, H.J., Strom, A.P., Browne Jr., T.E.: An investigation of the arc quenching behaviour of sulfur hexafluoride. AIEE Trans. 72, 242−246 (1953)

Siegar, M., et. al.: Recent Development and Interrupting Performance with SF_6 Alternative Gases, pp. 26−29, ELECTRA No. 291 (2017)

Yccklcy, R.N., Cromer, C.F.: New SF_6 EHV circuit breaker for 550 kV and 765 kV. IEEE Trans.

PAS−89, 2019−2023 (1970)

Yecklcy, R.N., Cunningham, R.H.: A new 46 kV low capacity circuit breaker for multiple reclosing duty. AIEE Trans. PAS−76, 402−406 (1958)

7

진공 차단기

Rene Smeets

Keywords

- 차단기
- 전극
- 수축 아크
- 진공 차단기
- 확산 아크

R. Smeets (S)

K.EMA Laboratories, DNV GL, Arnhem, The Netherlands

e-mail: Rcne.Smeets@dnvkcma.com

7.1 서론(Introduction)

진공 회로 차단기는 일반적으로 SF_6 가스 소호부에 자주 사용되는 손가락 모양의 접점 대신 디스크 모양의 "맞대기" 접점을 사용하기 때문에 다른 유형의 회로 차단기에 비해 구동 에너지가 작은 동작 메커니즘으로 작동된다.

다른 모든 유형의 회로 차단기는 전기 아크가 발생하는 소호부에서 오일, 공기 및 SF_6와 같은 일종의 소호 매체에 의존한다. 그러나 진공 회로 차단기는 부극성의 음극에서부터 공급되는 이온화 된 금속 증기에 의해 진공 아크가 유지된다는 독특한 특징이 있다. 또한, 진공 회로 차단기는 매우 낮은 아크 전압에서도 아크를 유지하고, 아크 소호 후 매우 작은 접점 간극의 길이에서도 남아있는 아크-후 플라즈마를 진공 배후로 확산시켜 빠르게 절연을 회복하므로써, 과도회복전압의 상승속도와 거의 무관하다.

진공 상태에서 개폐에 대한 첫 번째 의미있는 시연은 이미 1926년에 발생하였다(Sorensen 및 Memdenhall 1926). 개폐기기 설계자들은 수년 동안 우수한 진공 성능의 큰 장점에 매료 되었음에도 불구하고, 진공 회로 차단기의 상업적 적용은 1960년대 후반까지 발생하지 않았는데, 이는 주로 업계가 오랫동안 필요한 초고진공 밀봉을 제작할 능력이 없었기 때문이다. 진공 회로 차단기의 실제적 개발(Cobine 1963; Harris 1980; Greenwood 1994)은 다소 단순한 개념에도 불구하고 다른 유형의 차단 기술보다 훨씬 더 많은 시간과 연구 노력이 필요했다.

우선, 가스가 없는 접점이라고 하는 고성능 탈가스 접점 재료의 생산과 관련된 몇 가지 문제가 있었다. 일반적으로 금속 내부에 갇혀있는 가스의 방출로 인한 초기 진공의 열화를 방지하기 위하여 탈가스가 필요하다. 이러한 가스는 아크가 발생하는 동안 축적되어 진공에 영향을 미친다.

A또 다른 문제는 외부 세라믹 및 유리 외함을 금속 전기자에 용접하거나 납땜할 수 있는 적절한 기술(예: 세라믹 대 금속 밀봉)이 부족하다는 것이었다. 이는 밀봉된 차단기에서 약 30년 동안 고진공을 유지하는 데 필요했다. 초기 진공 차단기의 또 다른 약점은 순수 구리 또는 내화 금속 텅스텐 또는 몰리브덴을 접점 재료를 사용하여 아크 중에 접점에서 빠져 나가는 가스를 포착할 때 전류 재단으로 인하여 심각한 서지 전압이 발생한다는 것이다. 극복하기 어려운 또 다른 어려움은 접점의 매우 깨끗한 표면이 진공 상태에서 종종 정상 진공 소호부는 기계적 단순성 외에도, 가스 또는 액체가 포함되어 있지 않으며 가연성이 없으며 화염이나 뜨

거운 가스를 방출하지 않는다. 가스 분자 사이에 비탄성 충돌이 없기 때문에 진공은 전류 0에서 아크 차단 후 가장 빠른 유전적 회복 강도를 갖는다. 이는 가스 매체에서 가끔 관찰되는 것처럼 유전적 파괴를 유발하는 전자눈사태 메커니즘이 없음을 의미한다.

작은 접점 간극, 짧은 아크 길이 및 매우 낮은 아크 전압으로 인해 진공에서 방출되는 아크 에너지는 SF_6에서 방출되는 아크 에너지의 약 10분의 1이며 오일보다도 훨씬 적다. 낮은 아크 에너지는 접점의 침식을 최소화한다. 진공 회로 차단기의 동작은 상대적으로 작은 동작 에너지를 필요로 하며, 이를 통해 신뢰할 수 있고 조용하며 간단한 스프링 동작 메커니즘을 사용할 수 있다.

진공 회로 차단기가 제공하는 장점은 기술 문제를 극복하는 원동력이었다. 1950년대 말 진공 차단기를 개발하려는 오랜 노력 끝에 제품이 실제로 등장하기 시작했다. 플라즈마 물리학의 발전과 접점 야금 및 세라믹 용접의 발전은 진공 차단기가 현실이 되는데 필요한 해결방법을 제공했다. 마지막으로 1962년에 General Electric Company는 최초의 상용 진공 회로 차단기를 시장에 출시했으며, 그 이후로 특히 MV 계통에서 전류 차단에 대한 신뢰할 수 있는 옵션으로 확고하게 자리를 잡았다.

진공 회로 차단기는 계속 발전하고 전기 계통에서 점차적으로 대규모로 적용되었다(Garzon 1997; Slade 2008; CIGRE TB 589 2014). 1990년대 이후로 최대 145kV의 VCB를 사용할 수 있게 되었지만 이러한 HV VCB는 여전히 HV 회로 차단기의 작은 부분을 차지한다. 진공 절연은 SF_6 절연과 같이 접점 간극의 길이에 비례하여 확장되지 않기 때문에 145kV 이상의 응용에 대해 진공 회로 차단기를 생산하는 것은 여전히 수익성이 없다. 전압이 높을수록 제조상으로 어려움이 있는 더 큰 회로 차단기를 필요로 한다(Yanabu et al. 1989).

이 장에서는 진공 소호부의 차단 및 개폐 현상에 대해 자세히 설명한다.

7.2 용어 정의(Definitions of Terminology)

회로 차단기(Circuit Breaker)

회로 차단기는 일반적으로 과부하 또는 단락 상태의 과도한 전류로 인한 손상으로부터 전력 시스템의 다른 변전소 장치를 보호하기 위해 회로를 열고 닫는 기능이 있는 전기 개폐기이다. 고장이 발생하면 회로 차단기가 신속하게 고장을 제거하여 시스템 안정성을 확보한다. 회로 차단기는 과도한 가열없이 부하 전류를 전달하고 정상 및 비정상 상태에서의 계통 전압을 견뎌야한다. 퓨즈와 달리 회로 차단기는 수동 또는 자동으로 닫힘되어 정상 동작을 재개할 수 있어야 한다.

진공 차단기(Vacuum Circuit Breaker)

고도로 배기된 진공 외함내에서 접점이 열리고 닫히는 회로 차단기. 진공 회로 차단기의 접점이 분리되면 접점 표면에서 방출된 금속 증기 플라즈마에 의해 아크가 생성된다. 아크가 발생하는 동안 생성된 금속 증기, 전자 및 이온이 단시간에 확산되고 접점 표면에 응축되어 절연 내력을 빠르게 회복하기 때문에 아크가 빠르게 소멸된다.

아킹시간(Arcing Time)

전극에서 아크가 시작된 순간과 해당 전극에서 아크가 최종적으로 소멸되는 순간 사이의 시간 간격

중전압[Medium Voltage(MV)]

MV는 일반적으로 배전계통에 해당하는 52kV까지의 전압 레벨을 나타낸다.

고전압[High Voltage(HV)]

HV는 일반적으로 송전 계통에 해당하는 52kV보다 높은 전압 레벨을 나타낸다.

파괴적 방전(Disruptive Discharge)

방전이 절연을 완전히 연결하여 전극 사이의 전압을 0 또는 거의 0으로 감소시키는 절연 실패와 관련된 현상이다. “스파크-오버” 용어는 가스 또는 액체 유전체에서 파괴적인 방전이 발생할 때 사용된다. “플래시 오버” 용어는 가스 또는 액체 매질 내부의 고체 유전체 표면에서 파괴적인 방전이 발생할 때 사용된다. “천공”이라는 용어는 고체 유전체를 관통하는 파괴적인 방전이 발생할 때 사용된다.

비지속 파괴적 방전[Non-sustained Disruptive Discharge(NSDD)]

NSDD는 특히 진공 차단기에서 관찰되는 전류 차단 후 최대 1초까지 발생하는 자가복원 방전을 나타낸다. 전류 차단과 관련된 NSDD는 전력 주파수 전류의 재개를 초래하지 않거나 용량성 전류 차단의 경우 주 부하에 의미있는 방전을 초래하지

않는다. 자체 복원 NSDD와 재점화(절연파괴 회복이 아님) 사이의 현상은 구별하기가 어렵다.

열 차단 프로세스/열 차단 영역(Thermal Interruption Process/Thermal Interrupting Region)

회로 차단기의 열 차단 기간은 오믹(ohmic) 가열에 의해 잔류 전류가 소멸 아크로 에너지를 입력하는 기간이다. 이 시간 동안 회로 차단기의 아크가 충분히 냉각되지 않으면 열 재발화가 발생할 수 있다.

절연체 차단 프로세스/절연체 차단 영역(Dielectric Interruption Process/Dielectric Interrupting Region)

회로 차단기의 유전적 차단 기간은 접점 사이에 과도 회복 전압(TRV)가 인가되는 전류 0에서 차단 후 전력 주파수의 1/4주기 또는 그 이상의 간격 내에서 발생한다. 접점의 절연 강도는 일반적으로 접점 간극에 따라 증가한다. TRV가 유전적 차단 영역에서 언제라도 접점의 유전 강도를 초과하면 재점화라는 유전적 파괴가 발생한다.

재발화(Reignition)

재발화는 전류 0에서 차단된 후 전력 주파수의 1/4주기 미만의 간격 내에서 기계식 스위칭 장치의 접점 사이에 전류 흐름을 재개하는 것이다. 열 차단 영역에서 발생하는 재발화는 전력계통에 유해한 과도 전압을 생성하지는 않는다.

재점화(Restrike, 재점호)

전류 0에서 차단된 후, 전력 주파수의 1/4주기 또는 그 이상에서 기계식 스위칭 장치의 접점 사이에 전류 흐름을 재개한다. 절연체 차단 영역에서 발생하는 재점화는 시스템 및 장치에 영향을 줄 수 있는 과도를 생성할 수 있다.

전류 재단(Current Chopping)

AC 전류의 매 반주기마다 주기적 전류 0점 이전에 차단되는 스위칭 현상으로 정의된다. 션트 리액터 또는 무부하 전력용 변압기를 개폐할 때, 회로 차단기가 작은 유도 전류를 차단하는 동안 전류 재단이 우세한다. 더 높은 열 차단 능력을 가진 회로 차단기는 더 두드러진 재단 현상을 보이는 경향이 있다.

과도 회복 전압[Transient Recovery Voltage(TRV)]

회로 차단기의 과도회복전압은 전류 차단 후 CB의 단자에서 나타나는 전압이다. 회로 차단기에서의 고장 차단에 대한 중요한 매개 변수이다. TRV의 진폭과 상승률은 회로 차단기의 양쪽 단자에 연결된 시스템의 특성과 회로 차단기가 차단해야 하는 고장의 유형에 따라 달라진다.

확산 아크(Diffuse Arc)

아크 모드는 빠르게 움직이는 여러 플라스마 줄띠(string)가 특징이다. 이 줄띠는 전극 위에 분산되어 30−100A의 전류를 전달하며 서로 떨어져 있다.

수축된 아크(Constricted Arc)

진공 아크는 가스 중에서 관찰되는 아크와 유사한 단일 뭉통이(bulk) 플라즈마 기둥을 특징으로 하며 잠재적으로 대전류를 전달한다.

포집(Gettering)

포집기는 진공 품질을 유지하기 위해 진공 장치 내부에 장착되는 반응성 물질의 화학적 포획 또는 증착 공정이다. 반응성 입자가 포집 재료와 충돌하면 화학적으로 흡수 또는 결합된다. 포집기는 일반적으로 지르코늄 및 알루미늄 또는 바륨 및 니켈과 같은 재료로 구성된다.

지구 온난화 지수[Global Warming Potential(GWP)]

지구온난화지수 GWP(Global warming potential)는 대기에 열을 가두는 다양한 온실 가스의 능력을 비교한 상대적인 값이다. GWP는 이산화탄소(CO_2)에 대비한 개별 가스의 열 흡수 능력과 가스의 능력 붕괴율을 기반으로 한다. 온실 가스의 GWP는 시간에 따라 지구 온난화 값이 다르다. 대부분의 온실 가스에서 GWP는 자연분해로 인해 시간이 늘어남에 따라 감소한다. 예를 들어 메탄(CH_4)의 잠재력은 100년 동안 34이지만 20년 동안 86이다. 그러나, 안정된 특성을 가진 6불화황(SF_6)의 GWP는 100년 동안 23,500이지만 20년 동안 16,300인 것으로 보고되었다.

7.3 약어(Abbreviations)

AMR	축방향 자기장 원리(Axial magnetic principle)
CB	ckeskrl(Circuit breker)
GWP	지구온난화지수(Global warming potential)
HV	고전압(High voltage)
MTTF	평균고장시간(Mean time-to-failure)
MV	중저압(Medium voltage)
MTTF	비지속 파괴방전(Non-sustainded disruptive discharge)
MV	반경방향 자기장 원리(Radial magnetic field princjple)
NSDD	비지속 파괴방전(Non-sustainded disruptive discharge)
RMF	반경방향 자기장 원리(Radial magnetic field princjple)
RRRV	회복전압 상승률(Rate of rise of recobery vcoltage)
RV	회복전압(Recovery voltage)
SF_6	육불화황 가스(Sulfor hexafluoride)
TMF	가로방향 자기장 원리(Transversal magnetic field principle)
TRV	과도회복전압(Transient recovery voltage)
VCB	진공 차단기(Vacuum circuit breaker)

7.4 진공 차단기의 기본사항(Fundamental Features of Vacuum Circuit Breakers)

7.4.1 서론(Introduction)

진공 회로 차단기의 기본 구성 요소는 종종 진공 병이라고하는 진공 소호부, 동작 메커니즘, 금속(접지 탱크 유형) 또는 도자기(활선 탱크 유형) 외함 및 제어 회로로 구성된다. 진공 소호부에는 함께 기밀 밀폐된 세라믹 및 금속 부품으로 만들어진 진공 밀폐 용기 또는 외함을 가진다. 고진공을 유지하기 위해 완전히 비워진다. 병의 내부 압력은 10−2Pa 미만이다. 소호부 내부에는 한 쌍의 전극 접점이 장착되어 있다. 필요한 진공 품질을 유지하기 위한 가스켓이 없기 때문에 금속 벨로우즈를 사용하여 하나의 전극(가동 측)을 이동함으로써 접점을 분리한다. 아크는 접점부에서 공급되는 금속 증기에 의해 유지되고, 접점 분리 중에 길어지고 전류 0에서 소멸되며 증기 입자는 고체 표면에서 응축된다.

진공 차단기의 유전적 회복 특성은 재료의 유형과 그 구성에 따라 달라지는 양극 섬광점의 생성에 의하여 크게 영향을 받다. 양극 섬광점은 큰 전류에 의해 생성된 용융 금속 영역에서 상대적으로 큰 "웅덩이(pool)"이다. 영역이 너무 커서 전류 0에서 충분히 응고되지 않으면 계속 증기를 방출하고 유전적 회복을 손상시킨다. 따라서 접촉면의 아크 제어 기기는 큰 양극 섬광점의 형성을 방지하도록 설계되어야 한다. 이를 위해 아크는 제곱 밀리미터 당 에너지 입력을 최소화하기 위해 확산 상태를 유지해야 하거나 또는 차단 중에 동일한 작은 접점 영역으로 에너지 입력과 에너지 밀도를 최소화하기 위해 원 운동방법으로 강제해야한다.

진공 아크를 제어하는 기계적 메커니즘이 없기 때문에 접점 사이의 플라즈마 기둥에 영향을 미치는 유일한 방법은 자기장과의 상호 작용을 이용하는 것이다. 이를 실현하기 위해 많은 해결책이 제안되었지만 가장 실용적인 두 가지 방법은 다음과 같다.

- 아크 전류와 반경방향 자기장의 상호 작용
- 소호부 내부의 접점 부품의 통합 부분이거나 소호부 외부에 장착된 코일에 의하여 생성된 축방향 자기장 적용

진공 소호부의 소호 성능은 접점의 표면적과도 관련이 있다. 축방향 자기장과 결합된 더 큰 접점은 대전류를 소호하는 능력이 더 좋다. 정격 정상 전류는 접점의 표면적과도 관련이 있다. 따라서 접점 면적은 과도하게 가열되지 않고 아크 에너지를 흡수할 수 있을 만큼 충분히 커야하며, 닫힘 위치에서는 접점 로드(rod)를 통한 효과적인 열방출 외에도 정격 정상 전류가 통과하는 동안 충분한 에너지 소비를 제공할 수 있는 충분한 면적의 접점을 제공해야 한다.

진공 소호부의 소호 성능은 접점 간극, 접점 자체의 표면적, 접점과 증기 차폐 사이의 공간에 따라 달라진다.

진공의 높은 절연내력으로 인하여 진공 소호부의 내부 치수는 매우 작게 설계할 수 있다. 그러나 절연 내력은 소호부 외부에도 존재해야 한다. 따라서 차단기의 절연 부분의 길이를 결정하는 것은 주로 외부 절연 강도이다. 일부 차단기는 SF_6에 담금되도록 특별히 설계되었으며 건조 공기를 외부 절연으로 함께 사용하는 차단기보다 상당히 짧을 수 있다. 그림 7.1은 진공 소호부의 두 가지 일반적인 설계를

보여준다.

Fig. 7.1 Vacuum interrupter designs: (**a**) shorter with larger diameter; (**b**) longer with reduced diameter; (**c**) cross section of a vacuum interrupter of the design shown in figure (**a**). (Kapetanovic and Smeets 2011)

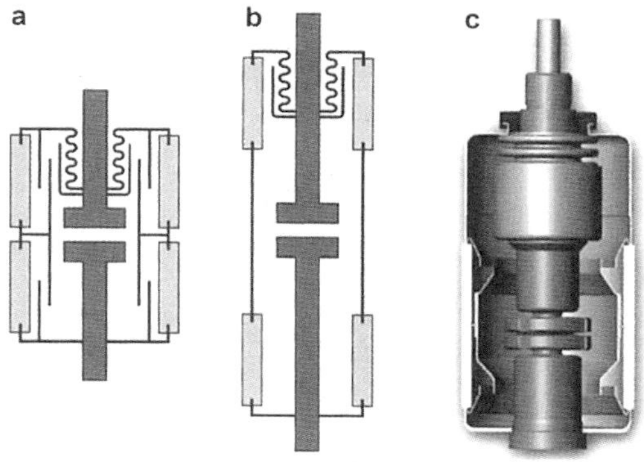

설계 그림 7.1a에서 접점은 절연 세라믹의 내부 벽을 보호하는 역할을 하는 중앙 금속 증기 응축 차폐로 둘러싸여 있어 접점 전위로부터 절연되기 때문에 응축된 금속 증기에 의하여 전도성이 되지 않는다. 두 개의 종단 차폐는 또한 금속 증기가 종단 판에서 절연 실린더(cylinder)로 다시 반사되는 것을 방지한다. 대부분의 설계에서 중앙 차폐는 유전적 응력 관리로 인하여 전기적으로 떠있다(Greenwood 1994). 그림 7.1c는 이 진공 소호부의 단면도의 예를 보여준다(Christian et al. 2003).

증기 차폐는 또한 세라믹이 금속에 부착된 접합부의 전기적 스트레스를 완화하는 또 다른 기능을 한다. 소위 삼중점, 절연체, 도체 및 진공은 방전이 시작되어 고장을 일으키는 원인이 될 수 있다. 삼중점에서 응력을 최소화하면 고장 가능성이 줄어든다.

설계 그림 7.1a는 길이가 지름보다 약간 더 길다. 접점 구조가 상대적으로 짧아 기계적 및 열 설계를 단순화한다.

설계 그림 7.1b는 길이를 희생하면서 진공 소호부의 지름을 줄인 대체 구성을 보여준다. 중앙 차폐는 외함의 일부가 되고(떠있음 전위를 가짐), 절연체는 차단기의 양쪽 끝에 위치한 두 개의 동일한 부분으로 분할된다. 벨로우즈에 구멍을 낼 수 있는 접점부에서 방출되는 용융 입자로부터 벨로우즈를 보호하기 위해 추가 실드가 배치된다.

중앙 차폐는 전류가 차단되는 동안 너무 많은 온도 상승없이 열-속(flux)을 흡수할 수 있는 충분한 열용량과 열전도율을 갖는 것이 중요하다.

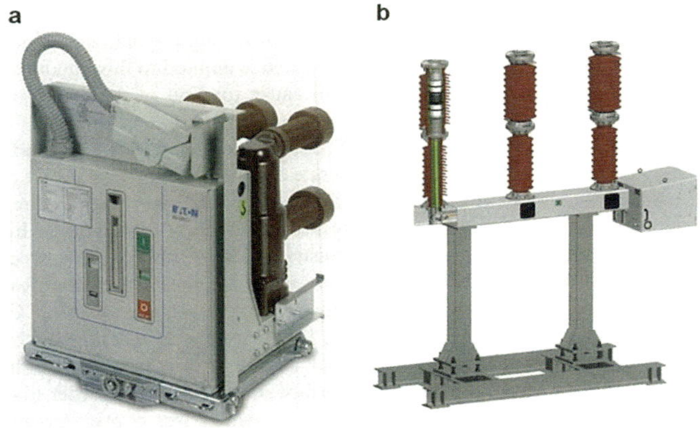

Fig. 7.2 Vacuum circuit breakers: (**a**) 24 kV indoor circuit breaker. (Courtesy of Eaton Electric); (**b**) live-tank 72.5 kV circuit breaker. (Courtesy of Siemens)

진공기술은 MV응용분야에 매우 적합한 것으로 입증되었다. 72.5kV 및 145kV 상용 HV 소호부는 시중에서 구할 수 있지만, 일본 밖에서는 아직 널리 사용되지 않는다. 새로운 HV 진공 회로 차단기가 시장에 빠르게 출시되고 있다(CIGRE TB 589 2014). 그림 7.2는 진공 회로 차단기의 일반적인 예를 보여준다.

7.4.2 자기장에 의한 진공 아크 제어(Vacuum Arc Control by Magnetic Field)

진공 아크를 냉각하는 기계적인 방법은 없으며 아크 기둥(또는 스트링)에 영향을 미칠 수 있는 유일한 가능성은 자기장과의 상호작용을 통해서이다. 이러한 자기장은 접점 형상을 통해 전류의 경로를 생성하는 접점구조를 통하여 실현될 수 있다. 아크와 직접 자기장 상호작용을 통해 대전류 차단 능력을 향상시 대전류를 차단할 때, 진공 아크의 수축을 피하기 위해 두 가지 다른 원리를 사용한다.

- 반경방향 자기장(TMF) 원리라고 하는 가로방향 자기장(RMF) 원리. 여기에서 수축된 아크 기둥은 자체 생성된 반경방향 자기장에 의해 강제로 접점면 둘레의 외부 부분을 가로 질러 빠르게 회전한다.
- 축방향 자기장(AMF) 원리, 차체 생성된 축방향 자기장으로 인하여 진공 아크가 확산 모드로 유지된다.

반경방향 및 축방향 자기장은 접점 표면 아래의 구조에 의하여 제공된 특수 전류 경로 또는 접점 자체에 의하여 생성된다.

7.4.2.1 반경방향 자기장 원리[The Radial Magnetic Field(RMF) Principle]

수축된 아크는 전류가 접점 축에 평행하게 흐르는 도체로 간주할 수 있다. 반경방향 자기장이 이 도체에 인가되면 결과적인 전자기(Lorentz) 힘으로 인해 접점 표면을 가로질러 아크가 회전한다.

그림 7.3은 각각 RMF 및 AMF 원리에 사용되는 나선형 접점의 예를 보여준다. 이러한 접점은 반경방향 자기장을 생성하여 방위각 방향으로 유도된 전자기력이 진공 아크에 작용하도록 한다. 수축된 아크는 최대 400m/s의 속도로 접점면을 가로 질러 회전한다(Dullni 1989). 수축된 아크의 속도는 전하 전달체를 생성해야하기 때문에 제한된다. 수축 모드의 진공 아크는 고압력 아크처럼 동작하기 때문에, 금속 증기는 대기압에 접근할 수 있다. 결과적으로 양극의 표면 온도는 접점 물질의 용융 온도와 거의 비슷하다. 속도에 대한 상위 경계는 충분한 밀도의 금속 증기를 얻기 위해 아크가 접점 표면을 가열해야하는 시간으로부터 추정된다. 이 고속도는 접점 침식 및 용융을 줄이고 전류 차단 기능을 크게 향상시킨다.

나선형 접점에서는 홈(slot)의 폭에 대한 어떠한 절충이 필요하다(Picot 2000). 홈의 폭이 너무 크면 아크가 건널 수 없으며 아크가 수축 모드에 있기 때문에 아크가 고정되어 과열될 수 있다. 폭이 너무 작으면 홈이 용융된 접점 재료의 파편으로 채워져 전류 경로가 수정될 수 있다. 그것은 반경방향 자기장의 감소와 아크의 고정화로 이어진다.

이동성일지라도 회전하는 진공아크는 수축된 상태로 유지된다. 따라서 아크가 가져오는 에너지는 접점 재료의 과열 및 상당한 용융을 유발한다. 아크 뿌리의 높은 압력은 용융된 접점 물질을 물방울 형태로 배출한다. 이 과정은 접점을 냉각하는 수단이다. 방출된 물질과 함께 에너지가 제거되고 주변 벽에 응축된다. 상대적으로 높은 접점의 침식으로 이어진다.

반경방향 자기장 접점을 사용하는 주요 이점은 단순한 물리적 구조에 있다. 나선형 접점의 또 다른 장점은 닫힘 위치에서 전류가 도체봉(stem)을 통해 직접 흐를 수 있어 정상적인 전류 전달 시 전력 손실을 낮출 수 있다는 것이다.

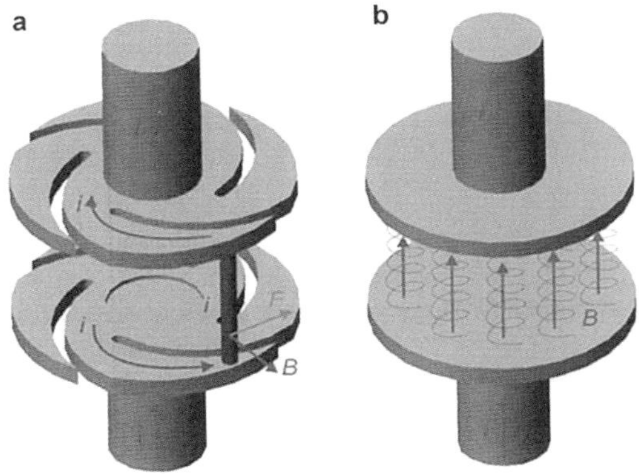

Fig. 7.3 (**a**) Radial magnetic field contacts, (**b**) axial magnetic field contacts (i, current; B, magnetic flux density; F, electromagnetic force). (Kapetanovic and Smeets 2011)

반경방향 자기장 접점은 최대 50kA까지 전류 차단 성능을 향상시킬 수 있다. 63kA에서 80kA로 용량을 추가로 늘리기 위해서는 축방향 자기장 접점을 사용할 수 있다.

반경방향 자기장(RMF) 원리를 사용하는 아크 제어의 또 다른 변형은 그림 7.4에서 나타낸 것과 같이 가로톱니 또는 컵 모양의 접점을 적용하는 것이다. 이 경우 전류가 주어진 경로를 따라야하기 때문에 반경방향 자기장이 접점 축에 대해 일정한 각도에서 접점 표면 아래에 생성된다. 접점 표면에는 아크의 움직임을 방해하는 불연속성(홈)은 없다.

7.4.2.2 축방향 자기장 원리(The Axial Magnetic Field(AMF) Principle)

진공 소호부의 소호 용량은 축방향 자기장을 생성하는 접점을 사용하여 증가시킬 수도 있다(그림 7.3b 참조). 아크의 전류 흐름 방향으로 자기장이 가해지면, 특히 이온보다 질량이 훨씬 작은 전자의 경우 흐름에 수직인 전하 전달체의 이동성이 상당히 감소한다. 전자는 자기장 선속을 중심으로 회전하므로 아크 수축이 더 높은 전류로 이동한다. 아크는 확산 모드를 유지하여 소량의 에너지만이 접점에 도달하도록 한다. 이는 반경방향 자기장(RMF) 접점의 경우 측정된 아크 전압에 비해 훨씬 낮은 아크 전압이 반영된다.

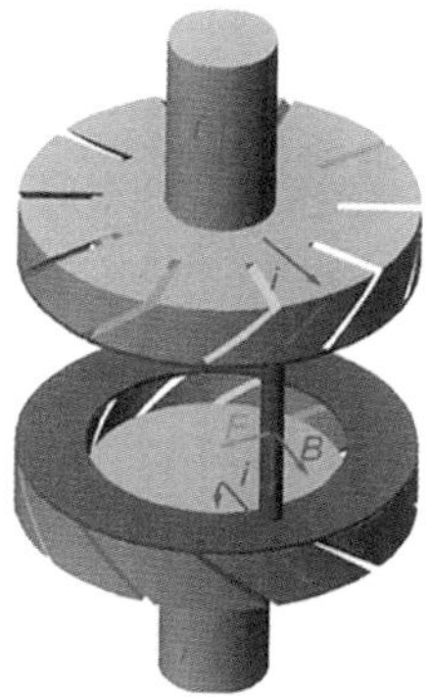

Fig. 7.4 Schematic view of contrate contacts designed to create a radial magnetic field (RMF) for arc control. (Picot 2000)

축방향 자기장(RMF) 접점을 적용하면 부드럽고 안정적인 아크 전압의 움직임이 가능하다. 63kA의 단락 전류에서 약 60V의 매우 낮은 아크 전압(Fink et al. 1998)은 아크 전류가 첨두값 주변에서 조차 확산 모드로 강제되고 있음을 나타낸다.

축방향 자기장(AMF) 접점의 부드러운 아크 전압과 달리 반경방향 자기장(RMF) 접점은 회전 아크 전압의 전형적인 모양을 보여 주며, 대전류 조건에서는 진공 아크의 고속 움직임을 나타낸다.

축방향 자기장에서 진공 아크의 동작은 AMF 접점이 매우 높은 단락 전류(> 50kA)에 가장 적합하도록 만든다. AMF 접점은 아크의 수축을 더 높은 전류로 이동할 수 있다. 아크가 확산 모드로 유지되기 때문에 접점 침식이 크게 감소한다. 이 단락 전류 범위의 경우 기존 RMF 접점보다 더욱 복잡한 AMF 접점이 선호된다. 또한 AMF 접점이 있는 진공 소호부는 16.7Hz의 정격 주파수(예: 철도 전력 망)의 전력 시스템에 적용될 때 장점을 제공한다. 전력 주파수가 낮은 전력 시스템에서 발생하는 긴 아킹 시간으로 인해 AMF 접점이 있는 진공 차단기는 최대 31.5kA의 전류 레벨에서 설치된다.

치수화를 결정하는 주요 설계 매개변수는 축방향 자기장의 크기와 위상 관계와 전류와의 관계이다. 이상적인 상황에서 목표는 높은 전류와 그것이 생성하는 자기장 사이에 위상 변위를 갖지 않는 것이다. 그러나 접점 구조의 본질적인 손실 때문에 그러한 이상적인 경우는 항상 손이 닿지 않는 곳에 있을 것이다. 중요한 매개변수는 변화하는 자속 밀도에 의해 접점에서 생성되는 와전류의 값이다. 이러한 와전류는 위상 변위와 축방향 자기장의 감소를 모두 담당한다. 접점 표면이 자속 밀도의 방향이 서로 다른 두 섹터로 분리되면 와전류도 작아진다. 이는 자력선으로 인해 한 방향으로 통과했던 와전류로 둘러싸인 영역에만 관련되기 때문이다.

이러한 시스템은 기존의 단극성 AMF 접점 구조와 다르게 양극성 AMF 접점 구조라고 한다.

축방향 자기장(AMF) 생성의 또 다른 대안은 그림 7.6과 같이 접점 뒤에 C 모양의 "말굽 형" 유형의 교대로 적층된 철판을 적용하는 것이다. 적절한 설계를 통해 이 응용에서 실질적인 축방향 자기장 구성 요소를 생성할 수 있다. 이 축방향 자기장의 생성 방법은 철 포장(package)의 적절한 치수화를 지정하면 자기장 선속이 같은 포장에 순환적으로 닫히기 보다는 반대 포장으로의 접점 간극을 교차시켜 닫는 경향이 있다는 점을 활용한다.

그림 7.7은 소호부 외부의 코일을 통하는 전류를 사용하여 축방향 자기장(AMF)을 생성하는 또 다른 해결책을 보여준다.

대류는 진공에서 옵션이 아니기 때문에 생성된 열을 발산하는 유일한 실용적인 방법은 구리 도체를 통한 전도이다. 결과적으로 서비스 중 전력 손실은 정상적인 전류 용량을 감소시킨다.

Fig. 7.5 Generation of axial magnetic field for arc control by coil (circular current pass segments) directly below the contacts (Kapetanovic and Smeets 2011; Picot 2000). (Courtesy of Schneider Electric)

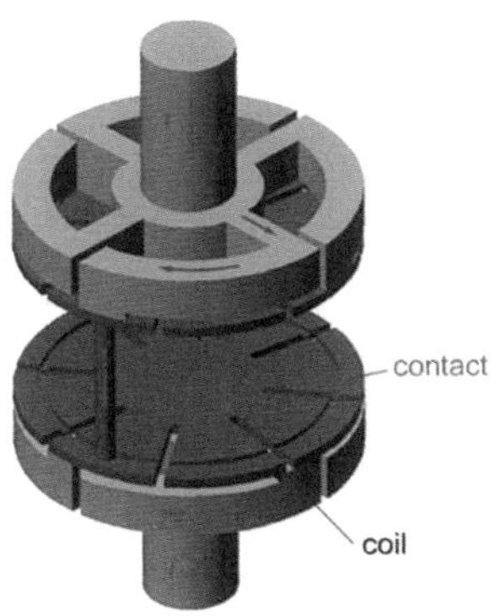

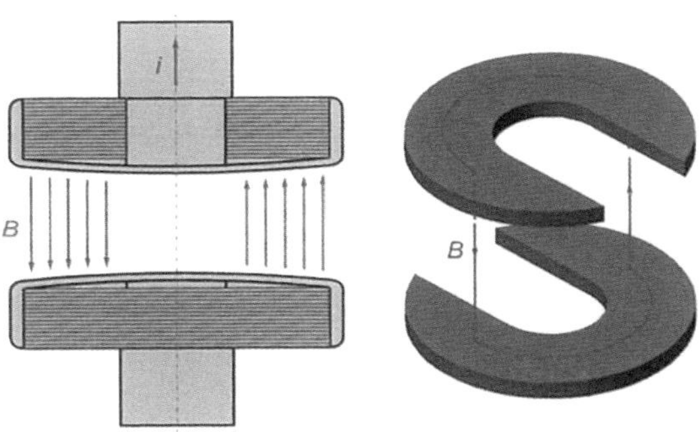

Fig. 7.6 Generation of axial magnetic field for arc control by iron "horseshoe" packages below the contact surfaces (Kapetanovic and Smeets 2011; Eaton Corporation). (Courtesy of Eaton Electric)

7.5 진공 소호부의 접점 재료(Contact Material for Vacuum Interrupter)

7.5.1 요구사항(Requirements)

진공 회로 차단기의 성공적인 동작은 접점 재료의 특성 및 공정에 따라 상당히 달라진다. 진공 적용을 위한 접점 재료는 때때로 서로 모순되는 다양한 요구 사항을 충족해야한다.

Fig. 7.7 Generation of axial magnetic field for arc control by an external winding (Kapetanovic and Smeets 2011; Picot 2000). (Courtesy of Schneider Electric)

- 진공에서 우수한 절연 호환성
- 고순도
- 낮은 가스 함량
- 기계적 강도
- 낮은 접촉저항
- 높은 전기전도성
- 높은 열전도율
- 용접부 최소화와 낮은 용접 파괴력
- 낮은 재단 전류 레벨
- 낮은 아크 전압
- 유리한 열 이온 방출특성

- 아크 발생 동안 충분한 플라즈마 생성
- 아크 소멸 후 절연내력의 빠른 회복
- 아크로 인한 낮고 균일한 침식
- 적절한 포집기능 효과

순수한 금속은 진공 소호부에 적합하도록 만드는 데 필요한 특성을 거지고 있지 않지만, 복합 재료 또는 둘 이상의 금속 합금은 잠재적으로 다양한 요구 사항을 충족할 수 있다. 포집 효과는 진공 품질을 유지하기 위해 진공 소호부에 대한 특별한 요구 사항이다. 일반적으로 지르코늄과 알루미늄 또는 바륨과 니켈로 만들어진 금속 차폐로 구성되어 진공 소호부 내부에 반응성 물질을 포획하거나 증착할 수 있다. 반응성 입자가 포집 재료와 충돌하면 화학적으로 또는 흡수에 의해 결합된다.

진공 환경은 접점 재료에 확실한 이점을 제공한다. 산화 또는 다른 방식으로 접촉 표면을 오염시키는 주변 가스가 없으므로 가스 회로 차단기의 응용 분야에 적합하지 않은 접점 재료들을 고려할 수 있다. 깨끗한 접촉면은 또한 진공 스위칭 장치의 수명 동안 안정적인 접촉 저항을 유지하는데 도움이 된다. 그러나 깨끗한 접촉면은 심한 접점 용접을 초래할 수 있다.

남아있는 근본적인 문제 중 하나는 진공 회로 차단기의 차단 기능을 본질적으로 제한하는 높은 아크 침식 저항 그리고 작은 유도 전류를 차단할 때 낮은 전류 재단 특성에 대한 요구 사항이 모순된다는 것이다. 모순되는 요구 사항은 접점 재료의 증기압을 포함한다.

즉, 우수한 접점 물질의 증기압은 다음과 같아야 한다.

- 재단 전류를 줄이기 위해 AC 전류의 주기적 전류 0점에 최대한 가깝게 아크를 유지하기에 충분한 높은 금속 증기압
- 아크 재발화를 초래할 수 있는 전류 0점이후 방출이 계속되는 것을 방지하기 위하여 금속 증기압이 너무 높지 않음

진공 응용을 위한 접점 재료는 순수 금속과 합금으로 분류할 수 있다.

7.5.2 순수 금속(Pure Metals)

순수 구리(Cu)는 진공 소호부에 사용하기 위한 대부분의 요구 사항을 충족하는 것으로 보이다. 열 및 전기 전도성이 좋으며 진공과의 유전체 호환성이 적당하며 대전류를 차단하는 데 매우 양호한다. 그러나 두 개의 깨끗한 표면이 함께 밀려서

가열될 때 고체 격자 사이의 확산으로 인해 매우 강한 용접을 형성하는 주된 단점이 있다. 내화 금속은 우수한 절연 강도를 제공한다. 용접부는 부서지기 쉬우므로 쉽게 부러진다. 그러나 내화 특성을 가진 금속의 주요 단점은 매우 효율적인 열이온 방출로 인해 차단 기능이 제한된다는 것이다. 그들은 낮은 전기 전도도와 높은 재단 수준을 가지고 있다.

연질 또는 기계적으로 약한 금속은 진공 소호부의 정상적인 작동에서 접점이 빠르게 닫히는 충격을 견딜 수 없기 때문에 제외될 수 있다.

7.5.3 합금(Alloys)

순수한 금속 중에서는 허용 가능한 접점 재료를 찾을 수 없기 때문에 적합한 접점 재료 개발에 많은 노력을 기울였다. 진공 차단기 응용 분야에 대한 적합성을 연구하기 위해 다양한 합금이 조사되었다.

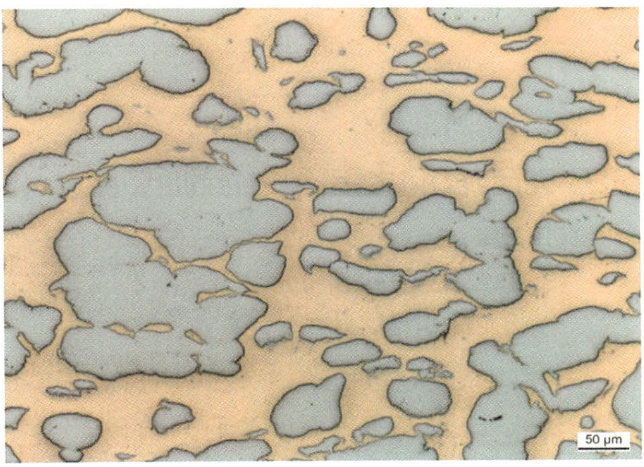

Fig. 7.8 CuCr (75:25) contact material. (Courtesy of Plansee Powertech AG)

구리-크롬(CuCr) 접점은 진공 회로 차단기 응용 분야에서 광범위하게 사용된다. 한 가지 예가 그림 7.8에 나와 있다. 구리에서 약 25중량%의 크롬 비율이 특히 적합한 것으로 나타났다(Garzon 1997). 크롬과 구리는 액체 상태에서도 서로 용해되지 않기 때문에 약 50% 조성의 CuCr 재료를 제조하기 위해 기존의 용융 기술을 사용하는 것은 불가능하다.

CuCr 재료를 제조하는 데 적합한 두 가지 분말 야금 방법이 있다:(1) CuCr 분말 혼합물의 치밀화(소결 및 억제) 및 (2) 다공성 소결 크롬 매트릭스로의 액체 구리 침투. 침투 기술에 의해 생성된 CuCr 접점의 차단 능력이 치밀화 기술에 의해 생성된 것보다 우수하다는 것이 시험을 통해 검증되었다.

스위칭 중에 CuCr 복합 재료는 탁월한 용융 및 응고 특성을 나타내어 진공 소호부용 접점 재료로서의 우월성을 제공한다. 아킹을 받으면 CuCr 접점 표면은 용융 시 평평하고 얕은 웅덩이를 생성하고, 다시 응고될 때 매끄러운 표면 마감을 만드는 몇 가지 장점이 있다.

얕은 깊이로 인하여 용융된 웅덩이는 매우 빠르게 응고되어 접점 간극의 절연 내력을 빠르게 재확립한다. 접점면에 마루와 골이 없기 때문에 CuCr 재료는 매우 작은 틈새에서도 일정한 높은 유전적 내력을 유지한다. 이를 통해 진공 소호부의 전체 크기를 줄일 수 있다. 동시에 접점 간극이 작을 때 아크에서 기화된 재료의 많은 부분이 접점 표면에 응축되어 다시 사용할 수 있게 되므로 접점 재료의 부피를 최소화할 수 있다.

높은 크롬 함량은 또한 최대 재단전류를 약 3배 감소시킨다. – Cu 단독에서 16A, CuCr 재료의 경우 3A 미만으로

7.6 진공 개폐기기의 신뢰성(Reliability of Vacuum Switchgear)

수십년 동안 작동하는 동안 견고성을 보장해야하는 생산 기술에서 만나는 어려움으로 인하여 진공 기반 스위칭의 상업적 응용은 1960년대 후반이 되어 대규모로 사용가능하게 되었다. 그 이후로 최대 40.5kV의 매우 다양한 스위칭 범위에 대하여 진공 개폐기기의 응용이 빠르게 발전했다. 오늘날 진공 개폐기기는 MV 시스템에서 지배적인 위치를 차지하고 있다. 다음과 같이 추정되는 시장 침투력이 있다(Garzon 1997; CIGRE TB 589 2014).

- North America and Japan: close to 70%/북아메리카 그리고 일본 약 70%
- Northern Europe: about 80%./북유럽 약 80%
- Southern Europe: not specified, but there is a general trend away from SF_6 to vacuum interrupters./남부 유럽은 지정되지 않았지만, SF_6에서 진공 차단기로 전환되는 경향이 일반적이다.

- China, India, and Southeast Asia: tending toward 85%./중국, 인도 그리고 동남 아시아 : 85% 를 향하는 경향
- South America, Africa, Middle East, and Russia: tending toward 80%./남 아메리카, 아프리카, 중동, 그리고 러시아 : 80%를 향하는 경향

제조업체는 신뢰성이 높은 진공 개폐기기를 생산할 수 있는 능력을 입증했다. 예를 들어 1991–1994년 미국에서 수집된 진공 회로 차단기에 대한 신뢰성 데이터가(Briggs et al. 1998; Hale and Arno 2000) 보고되었다. 평균 고장 시간(MTTF)은 최대 수십년까지 표시된다. 제조업체는 현재 MTTF 값을 40,000 진공 소호부년이라고 주장한다(Renz et al. 2007).

7.6.1 전기적 수명(Electrical Lifetime)

진공 개폐기기는 낮은 아크 전압과 접점의 낮은 침식으로 인하여 매우 긴 전기적 수명을 제공한다(Reuber et al. 2003). 일반적으로 전기적 수명은 차단기의 내부 세라믹에 금속 증기의 접점 침식 및 증착으로 인하여 제한된다.

접점의 침식 속도는 아크 활동이 실제로 접점에서의 질량을 제거하기 때문에 아크를 통과하는 전하에 비례한다. 음극의 경우 약 10 ug/C의 전하가 확산 아크 속도로 인용되는 경우가 많다(Slade 2008). 일반적으로 반경방향 자기장에 사용되는 것과 같은 접점의 홈은(좁은 개구부) 금속 증기가 이러한 홈을 통해 사라지고 접점 표면으로 되돌아가지 않기 때문에 침식 속도를 증가시킨다. 이것이 반경방향 자기장 접점이 축방향 자기장 접점 구조보다 전기 수명이 짧은 이유이다(Slade and Smith 2006).

측정을 기반으로 한 외삽에서 3mm의 접점 재료를 부식시키기 위해서는 부하 전류 조건에서 수십만 번의 개폐동작이 추정된다(Schlaug et al. 2006). 3mm 접점 재료 층의 손실은 종종 수명 종료 기준으로 간주된다. 진공 소호부의 수명은 전기적 수명이 아닌 기계적 수명에 의해 결정된다. 고장 전류 차단과 관련하여 진공 회로 차단기가 정격 단락 전류를 30회 이상 차단할 수 있다고 추정된다.

7.6.2 기계적 수명(Mechanical Life)

MV 응용으로 설계된 진공 회로 차단기는 짧은 접점 스트로크(10mm 범위)로 제작되고, 이동 질량이 낮으며(Dullni et al. 1999)(킬로그램 범위) 따라서 동작 메커니즘의 낮은 구동 에너지를 장점으로 한다.

진공 차단기의 기계적 수명은 진공 밀폐 외함을 통하여 가동 접점의 움직임을 가능하게 하는 벨로우즈에 의해 제한된다. 벨로우즈의 수명은 수축 횟수, 지름, 확장 정도 및 움직임의 가속도의 함수이지만, 수만 번의 동작을 위한 설계도 가능하다(Slade 2008).

7.7 차단 능력(Breaking Capacity)

7.7.1 소호 능력(Interrupting Capability)

진공 스위칭은 매우 빠른 유전적 회복의 독특한 특징을 보여준다. 이는 매우 높은 di/dt 값의 전류를 차단하고 RRRV 값이 매우 높은 TRV로 전류를 차단하는 열 차단 기능에 큰 이점이 있다. 이 속성은 높은 di/dt 및 RRRV가 동일한 스위칭 책무에서 발생하는 발전기용 진공 회로 차단기(Smeets et al. 2009)에서 활용된다. 변압기-제한 고장(Smeets et al. 2007a) 차단에서의 응용은 심각한 RRRV를 생성할 수도 있다. 최근 전류 주입 방식을 사용하는 HVDC 회로 차단기는 매우 높은 di/dt(500-1000A/마이크로 초 수준) 값을 차단할 수 있는 탁월한 능력을 활용한 진공 소호부를 적용하여 개발되었다(Tahata et al. 2014).

이 우수한 차단 성능의 단점은 진공 회로 차단기가 재발화 또는 재점화 이후의 고주파 전류를 차단하는 것이 가능하다는 것이다. 진공 회로 차단기는 전류를 반복적으로 차단하려고하기 때문에 회복전압은 매번 시도할 때마다 증가한다(다중 재발화, 다중 재점화). 어떤 경우에는 매우 높은 과전압이 발생하며 보호가 필요하다(Schoonenberg and Menheere 1989).

이러한 특성 때문에 진공 회로 차단기를 “하드-스위칭 장치”라고도 한다. 일반적으로 더 많은 회복 시간이 필요한 SF_6 회로 차단기는 성공하기 전에 여러 번 시도하는 대신에 무효 부하 전류를 차단하지 못할 수 있지만 과전압을 생성하는 경향은 낮다.

진공 차단의 강점은 SF_6 회로 차단기에서는 불가피한 압력 축적과 같은 외부 수단없이 전류를 차단할 수 있다는 것이다. 진공 회로 차단기의 고정된 열림 간극은 NSDD(Non-sustained Disruptive Discharge)에서 알 수 있듯이 양호한 고유의 차단 기능을 가지고 있다. 이는 특정 조건에서 유전적 내성의 재현성 부족을 부분적으로 보상한다. SF_6 회로 차단기의 고정된 열림 간극은 지연 또는 예상하지 못한 절연파괴이후 일정 수준 이상의 전류를 차단하지 못할 것이다.

최소 아크 지속 시간 또는 최소 아크 시간은 SF_6 회로 차단기에서보다 훨씬 짧으며 SF_6 회로 차단기에서 10－15ms에 비교하여, 진공 상태에서는 수 밀리 초이다.

7.7.2 절연 내성 능력(Dielectric Withstand Capability)

유전적 내성 능력은 접점 면의 상태와 소호부 내부의 입자 존재에 의해 크게 영향을 받다. 따라서 아크 이력은 성능에 중요하다. 이것은 또한 전압을 인가함으로써 진공 간극의 길들이기에도 반영된다. 제조 공정의 한 단계로서 모든 진공 소호부는 높은 AC 전압으로 길들이기 된다(Ballat et al. 1993). 목적은 제어된 조건에서 고장을 통해 표면 불규칙성과 기타 전기장 전자 방출기를 제거하여 항복 전압을 높이는 것이다. 이 절차가 최적화되면 초기 항복 전압은 길들이기 공정에 의하여 3～4배 증가할 수 있다(Ballat et al. 1993). 길들이기 방전의 에너지가 너무 높으면, 고장의 에너지는 반－길들이기(감소)의 순 효과를 갖는 새롭거나 더 강력한 전계 전자 방출기를 생성할 수 있다. 따라서 절연파괴 순간에 방출되는 HV 발전기의 에너지는 길들이기 공정에서 중요하다(Leusenkamp 2012).

진공상태는 기본적으로 표면 상태에 의해 결정되기 때문에(미시적) 형상은 아크 및 스위칭 이력에 따라 달라지기 때문에 진공 간극의 유전적 성능은 SF_6 간극의 유전적 성능보다 예측하기 어렵다(Betz and Konig 1998; Nitta et al. 1974). 여기서 절연파괴는 기본적으로 가스(가스 압력 및 접점 간극)에 의해 결정된다. 이것은 진공 간극이 상대적으로 낮은 전압에서 유한한 고장 가능성을 가지고 있음을 의미하며, 단로기 적용에 대한 진공 소호부의 설계를 어렵게 만든다(Hae et al. 2013; Schellekens et al. 2010).

7.7.3 전류 통전 능력(Current－Carrying Capability)

진공 회로 차단기에는 맞대기 접점이 있다. 이것은 특히 대전류 아크에 의한 접점 표면 수정 후 접촉 저항이 상대적으로 높다는 것을 의미한다. 이것은 취급할 수 있는 정격 정상 전류를 제한한다. 접점 접촉 저항을 줄이고 대전류 조건에서 접점을 열려고 하는 "분출(blowoff)" 전자기력으로 인한 "팝핑"을 방지하려면 메커니즘에 의해 전원이 공급되는 스프링 세트에 의해 추가적인 접점 압축력이 적용되어야 한다. 닫힘 작업 중, 진공 소호부 접점의 강점은 접점 산화 설계 문제는 접점 인터페이스에서 생성된 열 전달이 SF_6 차단기에서와 같이 대류(강제 대류 열 전달)에 의해 발생할 수 없다는 것이다. 이것은 열이 접점 지지 구조에 의해 외부 환경으로 전도되어야 함을 의미한다. 정격 정상 전류를 높이기 위하여 때때로 방열판(radiator)이 접점 전도체(stem)에 제공된다. 이것은 특히 외부 절연 내력의 요구 사항으로 인해 소호부가 긴 고전압 적용에서 특히, 정격 정상 전류를 제한한다.

아크가 없어도 진공 상태의 접점은 닫힐 때 용접되는 경향이 있으며, 이는 함께 눌려지는 깨끗한 금속 표면의 자연스러운 상호 작용이다. 선-타격 아크가 있는 경우 아크의 열 에너지로 인해 용접이 훨씬 더 심해질 수 있다. 동작 메커니즘은 이 용접을 끊을 수 있도록 설계되어야 한다.

7.8 진공 품질(Vacuum Quality)

진공 차단기의 주요 요구 사항은 긴 수명 동안 고진공(101～10−5Pa)을 제공하는 것이다. 일반적으로 20년에서 30년이 소요된다. 이는 진공 회로 차단기의 수명 동안 짧은 접점 간극과 반주기 전력 전류 차단에 대한 높은 항복 강도를 보장한다.

이 요구 사항을 충족하려면 진공 소호부에 사용되는 재료는 다음 조건을 충족해야 한다.

- 소호부 내부에 사용되는 재료는 극도로 순수하고 미세 다공성, 파열 및 기타 결함이 없어야 한다.
- 접촉 물질은 진공로에서 가열하여 가스 불순물을 제거하고 완전히 탈기시켜야 한다.
- 세라믹-금속 밀봉은 극도로 기밀해야 한다.
- 포집기 재료는 조립 후 남아있을 수 있는 자유 기체 입자를 포획하기 위해 진공 소호부 내부에 장착되어야 한다.

MV 시스템에 사용된 진공 회로 차단기의 경험에 따르면 누출로 인한 진공 손실은 극도로 불가능한 사건이다. 최근 진공 손실이 새로운 관심의 대상이 되었다. 주된 이유는 현장에 설치된 많은 MV 장치의 수명이 30년 이상이기 때문이다. 고객은 이러한 장치의 수명을 연장할 수 있는지 묻기 시작했다. 참고 문헌(Falkingham and Reeves 2009)에서 저자는 진공 차단기에 대한 경험이 12−38kV 범위에서 탁월하다고 결론지었다.

드물지만 진공 회로 차단기가 고장 나는 경우 일반적으로 진공 손실과 관련이 있다. MV 수준의 경험은 진공 소호부가 30년 이상 작동할 수 있음을 보여준다(Renz et al. 2007). 그러나 동일한 저자는 200개 이상의 노후 차단기를 연구한 후 30년 이상된 차단기의 경우, 진공 손실 때문에 평균 고장 시간이 진공 차단기 40,000년에서 400년 이상으로 급격히 감소한다고 보고했다(Reeves and Falkingham 2013).

대부분의 실제 사례에서 진공 회로 차단기로 개폐하면 진공 품질이 향상되는 경우가 많다. 진공 아크 자체는 접점에서 방출되는 금속 증기 플라즈마 제트가 잔류 가스 입자를 포획하고 접점, 차폐물 등의 표면에 증착된 박막 층에 내장되기 때문에 펌핑(pumping) 효과를 나타낸다. 따라서 아크와 관련된 소호부의 작동은 장치 내부의 진공 품질을 향상시키는 데 도움이 된다.

생산 단계에서 압력은 10−4Pa 미만으로 보장되는 반면 10−2Pa에서도 여전히 스위칭 기능을 보장하는 한계이다. 따라서 진공 압력의 초기 상태 마진이 다소 높고 포집기 재료는 소호부가 필요한(초) 고진공 상태를 유지하는 데 도움이 된다.

진공 회로 차단기의 경우 차단 장치 내부의 진공 품질을 다음의 방법으로 지속적으로 감시할 수 있다(Parashar 2011).

첫 번째 접근 방식은 진공 차단기 내부의 실제 진공을 모니터링하여 실패를 예측한다. 이 방법은 Penning 또는 Pirani 원리를 사용한 진공 게이지를 진공 차단기에 영구적으로 고정해야 한다.

두 번째 접근 방식은 진공 결함을 감지한다. 이것은 일부 진공 접촉기에 사용되는 회로 차단기의 설계에 통합될 수 있으며 접촉기가 닫힐 때 힘 균형의 한 부분으로 벨로우즈의 대기압을 사용한다. 예를 들어, 하나의 전극이 진공을 잃으면 장치를 닫을 수 없다. 실제로 아직 널리 사용되지 않는 부분 방전 감지기를 통해 지속적인 모니터링을 수행할 수 있어야 한다.

진공 상태에 대한 실시간 정보를 제공할 수 있는 또 다른 가능성은 정상 진공 상태에서는 빛을 전달하고 진공 손실 시, 빛을 차단하는 광섬유 시스템이다.

진공 품질 모니터링 시스템은 일반적으로 진공 소호부 자체보다 신뢰성이 낮기 때문에 사용 중에는 진공 품질 측정 또는 진공 손실 표시를 위한 감지 시스템을 사용하는 것이 일반적이지 않다. 즉, 이러한 진공 측정 또는 진공 손실 감지 시스템을 추가하면 진공 회로 차단기의 신뢰성이 떨어질 수 있다.

개방 위치에서 차단기의 내전압 성능을 시험하는 진공 무결성 모니터링 장치의 여러 개가 시중에 있다.

- 참고 1 : Penning 원리는 결합된 전기장과 자기장의 영향으로 이온화 전류를 감지하여 진공 압력을 측정하는 하나이다.
- 참고 2 : Pirani 원리는 열선의 저압 환경에 대한 열 손실을 모니터링하여 진공 압력을 측정하는 하나이다.

7.9 고전압 계통에서의 진공 개폐기기(Vacuum Switchgear for HV Systems)

7.9.1 서론(Introduction)

MV 전력 계통에서 진공 회로 차단기의 우수한 서비스 경험은 분명히 송전 전압용 진공 개폐기기를 개발할 가능성을 모색하는 결과를 낳았다. 또 다른 주요 채찍질은 SF_6에 대한 대안을 찾는 것인데, 이는 HV 전력 계통에서 지배적인 차단 매체이지만 지구 온난화지수(GWP)가 높은 온실 가스 중 하나이다. CIGRE는 HV 진공 회로 차단기의 서비스 경험을 조사하고 52kV 이상의 전압에서 진공 개폐기기 적용의 영향에 관한 최신 기술을 요약했다(CIGRE TB 589 2014).

기본적으로 진공 간극의 절연 내력을 송전 수준의 절연에 필요한 값으로 높이는 두 가지 방법이 있다.

하나는 2-접점 구성에서 접점 거리를 늘리는 것이다. 그러나 진공 접점 간극의 항복 전압 U_b는 접점 간극 길이 d(가스에서와 같이)에 비례하지 않지만 일반적으로 다음 관계를 따른다.

$$U_b = A \cdot d^{\alpha}$$

여기서 α는 1보다 작은 매개 변수이고 A는 상수이다. 설명은 진공 상태에서의 절연파괴는 표면 효과(Latham 1981)이며, 접점 표면 조건에 의해 완전히 좌우된다는 것이다. SF_6에서 고장은 단순히 갭 길이에 따라 선형적으로 확장되는 볼륨 효과이다. 그런 다음 절연파괴 과정은 주로 접점 구성 및 조건이 아닌 절연 매체 및 그 압력에 의해 결정된다.

그림 7.9는 무부하 상태에서 다양한 차단 매체를 특성화하는 유전적 회복의 예를 보여준다. 절연 내력은 가스의 경우, 접점 간극에 따라 선형적으로 증가한다. 그

러나 진공 상태에서는 작은 갭(2−4mm 갭)으로 좋은 절연 강도를 나타내지만 더 긴 접점 간극 길이에 대하여 점차적으로 포화된다.

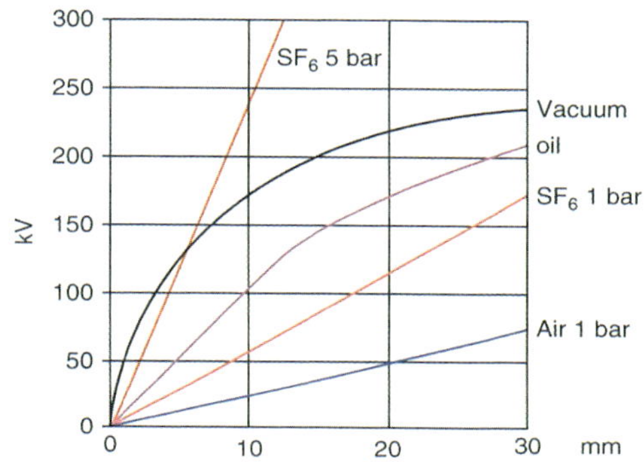

Fig. 7.9 Dielectric performance in vacuum. (CIGRE TB 589 2014)

다른 방법은 두 개 이상의 간극을 직렬로 배치하는 것이다(일반적으로 단계화(grading). 커패시터를 사용하여 정상 및 개폐 계통의 동작 중에 모든 차단부에 걸쳐 균일한 전압 분배를 보장하는 다중-차단 회로 차단기). 필요한 내전압 수준은 단일 간극보다 작은 총 접점 거리로 달성할 수 있다.

7.9.2 고전압 진공 차단기의 개발(Development of HV Vacuum Circuit Breakers)

The first reported commercial development of transmission vacuum circuit 송전 진공 회로 차단기의 첫 번째 상업적 개발은 1968년 영국에서 132kV의 회로 차단기에서 8개의 진공 소호부가 직렬로 연결되었다(Falkingham and Waldron 2006). 차단기는 40년 이상 사용되었다.

1970년대 중반, 미국에서는 극당 4개의 진공 차단기(Shores 및 Philips 1975)를 적용한 일련의 배열이 최대 145kV의 시스템 전압까지 대용량(bulk) 오일 회로 차단기의 개조 키트로 사용되었다(Slade et al. 1991). 800kV에 대해 최대 14개의 차단 소호부에 대한 추가 계획이 수립되었다.

이 다중 간극/다중 차단 접근 방식과 동시에 일본 연구진은 최대 145/ 168kV의 단일 소호부 진공 차단 단위기기(unit)를 개발하고 상용화했다(Umeya and Yanagisawa 1975).

1986년에 두 가지 유형의 진공 회로 차단기가 발표되었다(Yanabu et al. 198

6) : 정격 차단 전류가 25kA인 단일 차단 84kV 진공 회로 차단기(그림 7.12 및 7.13)와 145kV 전압 레벨에 대한 시제품 진공 차단기이다(Saitoh et al. 2002).

상용품의 단일-차단 진공 회로 차단기는 최대 145kV까지 사용할 수 있으며, 상용품의 이중-차단 접지탱크형(dead tank type) 진공 차단기는 최대 168kV(그림 7.11 참조)(Matsui et al. 2006) 및 204kV까지 개발되었다.

중국은 HV진공 차단기의 연구개발에 강한 주도권을 쥐었다. 최대 252kV(Wang 외 2006)의 단일 차단 설계와 550kV 레벨의 모듈형 EHV 회로 차단기(Homma 등 2006) 및 765kV(Liu et al. 2004)의 미래형 개념 설계가 발표되었다.

7.9.3 고전압 진공 차단기의 실질적 적용(Actual Application of HV Vacuum Circuit Breakers)

전체적으로 정격 전압 52kV 이상의 진공 차단기 약 8300 대가 1970년대 후반부터 2010년까지 일본의 5 개 제조업체에서 시장에 출시되었다(Ikebe et al. 2010). 대략 50%는 전력 회사에, 50%는 산업체 사용자에게 전달되었다. C-GIS(Cubicle-type GIS)는 주로 산업체 사용자가 사용하는 HV 진공 회로 차단기 응용의 50%를 차지한다.

Fig. 7.10 138 kV vacuum circuit breaker. (CIGRE TB 589 2014)

일본에서 HV 진공 회로 차단기가 다소 빈번하게 사용되는 이유 중 하나는 유틸리티

가 SF_6 회로 차단기와 비교했을 때 유지 보수가 적다는 이점, 빈번한 스위칭에서 우수한 성능 및 농촌 배전 시스템에 대한 적합성을 인정하기 때문이다.

HV 진공 회로 차단기의 신뢰성은 SF_6 회로 차단기와 비슷하다. 72.5kV 송전 계통에 설치된 HV 진공 및 SF_6 회로 차단기의 고장률에 대한 일본 조사가 일본 전력회사(CIGRE TB 589 2014)와 협력하여 수행되었다. 동작 메커니즘의 기계적 고장이 주요 고장의 주요 원인이었다. HV 진공 차단기에서 발생하는 과전압으로 인한 문제는 없었다. 그러나 고장의 양이 너무 적어 서비스 연도에 대한 추세를 파악할 수 없다.

현재까지 HV 진공 차단기에 대한 대부분의 연구 개발 노력은 동아시아에 집중되어 있다. 일본 기업들은 이미 20년 전에 성숙한 제품의 타당성을 보여 주었지만 HV 진공 회로 차단기는 특수 응용 분야에서 어느 정도 점유율을 차지하는 내부 시장에 주로 적용되었다.

Fig. 7.11 168 kV 40 kA vacuum circuit breakers in 1972. (Courtesy of Meidensha)

Fig. 7.12 72/84 kV dead-tank vacuum circuit breaker with dry air as external insulation. (Courtesy of Meidensha)

중국에서는 상당한 발전이 있으며 가까운 장래에 126kV에서 대규모 적용이 예상된다.

유럽에서의 연구 개발 작업은 1990년대 중반부터 보고되었다(Giere et al. 2002; Schellekens and Gaudart 2007; Godechot et al. 2008). 유럽의 기업들은 이제 HV 진공 회로 차단기를 시장에 출시하고 현장에서 경험을 쌓기 위해 초도(pilot) 프로젝트를 시작하였다(Brucher et al. 2012; Newton and Renton 2013). HV 진공 회로 차단기의 최신 세대에서 SF_6은 진공 차단기의 외부 절연 매체에서 피하는 경향이 있으며, 대신에 질소 또는 건조 공기가 선호된다.

미국의 일부 제조업체는 HV 진공 회로 차단기 개발의 초기 실적이 있지만 HV 진공 회로 차단기 기술을 상용화하지 못했다. 그러나 HV가 최대 정격 전압 242kV로 전환되면서 다중차단부 진공 차단기가 직렬로 연결된 부하 개폐용 제품, 특히 커패시터 뱅크용(상당 최대 9 개 차단 장치)이 이미 오래 전에 등장했다. 진공 개폐기기는 스위칭 기능을 높이기 위해 HV 단로기의 옵션이 종종 보여진다.

SF_6 및 진공 차단기를 직렬로 사용한 실험("하이브리드") 설계도 보고되었다(Smeets et al. 2007b; Cheng et al. 2010). 아이디어는 진공 차단기의 매우 빠른 복구를 사용하여 초기 TRV(예 : 단선 고장 차단에서 나타남)를 견디는 반면, SF_6 양이 감소된 SF_6 차단기는 과도 복구 전압의 피크 값을 견뎌야한다.

Fig. 7.13 72/84 kV 31.5 kV 2000A dead-tank vacuum circuit breaker with dry air as external insulation. (Courtesy of Mitsubishi Electric)

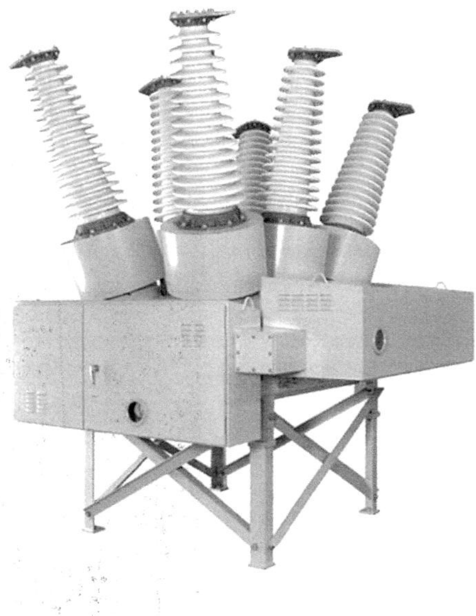

7.9.4 X-선 방출(X-Ray Emission)

1 Sv = 1 J/kg./X−ray 방출이 진공 장치에서 발생하는 이유는 접점 간극의 전기장에 의해 가속된 전자가 금속 타겟 접점과 충돌하기 때문이다. 이 과정에서 전자기 복사가 생성되며, 그 에너지는 접점 간극을 가로 지르는 전압에 의해 결정되고 강도는 전자 전류에 의해 결정된다. 인체 조직에 대한 X 선 방사선의 생물학적 효과는 등가 방사선량으로 표현된다. SI 단위는 시버트 [Sv]이다.

$$1\text{Sv} = 1\text{J/kg}$$

X 선량 한도를 벤치마킹하기 위해 약 0.3μSv/h의 자연 배경 방사 선량률을 고려할 수 있다. 조사에 따르면(Renz and Gentsch 2010) 정격 전압 36kV까지 차단기의 X 선 선량률은 정격 전압보다 훨씬 높은 전원 주파수 테스트 전압을 적용하는 동안에도 1pSv/h 한계 내에 유지된다. 설계 및 접점 표면 거칠기에 따라 다르지만 진공 차단기에서 방출되는 X 선의 선량률은 최대 정격 전압 145kV까지 1μSv/h의 한계 내에 있는 것 같다(Yan et al. 2012).

7.9.5 고전압 진공 그리고 SF_6 차단기 비교(Comparison of HV Vacuum and HV SF_6 Circuit Breakers)

전문가들 사이에 HV 개폐기기에 진공 기술을 적용하는 것이 이미 고장 전류 차단에 성공했다는 일반적인 합의가 있다(CIGRE TB 589 2014). 진공 회로 차단기에 의한 TRV 상승률의 매우 높은 값과 결합하여도 매우 높은 고장 전류의 차단이 입증되었으며 이러한 맥락에서 SF_6 회로 차단기보다 더 우수할 수 있다. 이는 예를 들어 변압기 및 리액터 제한 고장의 적용에 특히 유용할 수 있다. 최근에는 전류 0 생성을 위한 전류 주입 방식의 HVDC 회로 차단기가 열 차단 기능이 뛰어난 진공 차단기를 사용하여 개발되고 있다(CIGRE JWG A3/B4.34 2017).

그림 7.14는 차단 당 공기 분사, 진공 및 SF_6 회로 차단기의 차단 전력을 보여준다(Glaubitz et al. 2014). 차단 당 SF_6 퍼퍼 회로 차단기의 차단 전력은 1970년경 공기 분사 차단기의 차단 전력을 능가했으며 1980년대와 1990년대에 크게 발전했다. 245kV 40kA 및 300kV 50kA의 SF_6 퍼퍼 회로 차단기는 1980년대 초에 단일 차단으로 개발되었으며 이후에는 극당 2−차단부로 800kV, 1100kV 및 1200kV 회로 차단기가 1990년대 중반에 이루어졌다. 신뢰성이 높고 소형깔끔한(comppact) 설계로 인해 최대 EHV/UHV의 전체 송전 전압 범위에서 SF_6 파퍼 회

로 차단기가 지배적이다.

진공 차단기의 차단 용량과 SF_6 차단기의 개발을 비교해 보면 가장 큰 SF_6 차단기의 차단 전력에 가까워지려면 긴 접점 간극을 메워야한다는 것이 분명한다. 그럼에도 불구하고 최대 145kV의 전압까지 SF_6가 없는 GIS에서 두 기술은 모두 공존할 수 있다.

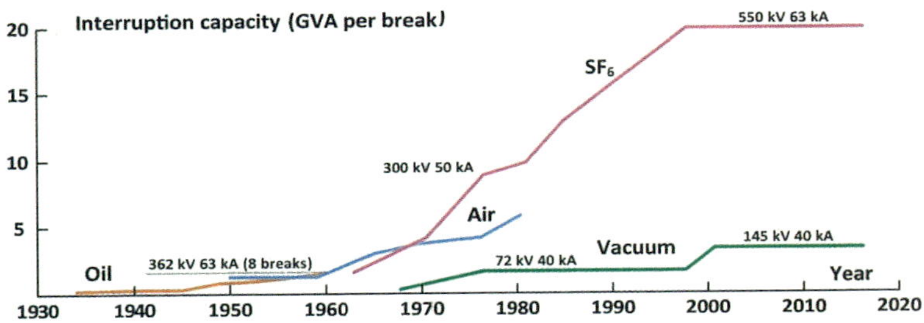

Fig. 7.14 Interruption capacity per break of vacuum circuit breakers compared with other technologies including SF_6 circuit breakers

HV 진공 회로 차단기 개발의 주요 원동력은 SF_6 가스가 없을뿐만 아니라(소호부의) 유지 보수 감소 및 높은 전기적 내구성이다. 결과적으로 서비스 중 진공 품질을 모니터링하는 실용적인 방법이 없다는 것이 단점으로 간주된다.

HV 진공 개폐기기의 주요 과제는 용량성 및 유도성 부하 스위칭 책무이다. 정전용량 스위칭은 고장 통계에서 본질적으로 광범위한 진공 변화의 영향을 받으며, 이는 빈번한 커패시터 뱅크 스위칭에 중요하다. 시험 통계에 따르면 특히 돌입 전류가 큰 경우 높은 전압에서 커패시터 뱅크 스위칭이 지연 절연파괴 발생의 증가와 관련이 있다(Smeets et al. 2012). HV 진공 차단기의 특수 설계는 때때로 단일 커패시터 뱅크의 스위칭에 권장될 수 있다.

션트 리액터(유도 부하) 스위칭에서 재발화 횟수(재발화 가능성이 아님)는 SF_6 회로 차단기에 비해 클 수 있다. 특히 회로 차단기에 직접 연결된 경우 소형 HV 리액터를 개폐할 때 보호 조치가 권장되는 경우가 있다. 또는 션트 리액터 스위칭에 최적화된 설계를 사용할 수 있다. (HV) 진공 회로 차단기의 재단전류 레벨은 SF_6 회로 차단기의 차단기 수준과 본질적으로 다르지 않다(Tokoyoda et al. 2013).

SF_6 회로 차단기와 비교할 때 단순한 기술적 관점에서 볼 때 진공에는 다음과 같은 강력한 기능이 있다(CIGRE TB 589 2014).

- 진공 차단기는 내부에 온실 가스를 포함하지 않는다.

- 진공 회로 차단기는 수명이 다하면 특별한 문제가 없는 일회용이다.
- 폭발성 고장의 경우 오염에 대한 현장 위험이 없다.
- 진공 차단기는 평생 밀봉되어 있다(가스 처리 인프라 또는 차단기 유지 보수 없음).
- 동작 에너지가 낮으면 드라이브가 단순해지고 유지 보수가 감소할 수 있다.
- 차단 후 매우 빠른 유전적 회복
- 짧은 아크 시간으로 인해 2 사이클 회로 차단기 설계가 가능하다.
- 진공 회로 차단기는 지연 재점화 후의 전류도 차단할 수 있다.
- 재점화 및 재발화는 일반적으로 소호부 내부 부품을 손상시키지 않다.
- 진공 차단기는 낮은 주변 온도와 관계없이 전기적으로 작동한다(액화 없음).
- 단락 차단(전기적 내구성)에서도 빈번한 스위칭 기능
- 송전 전압 레벨에서 적용하기 위한 진공 개폐기기의 약점은 다음과 같다.
- 동일한 등급(적어도 현재까지)에서 비용은 SF_6 기술보다 높을 수 있다.
- 제한된 HV 서비스 경험으로 인해 수명을 알 수 없다.
- 높은 정상 전류 통전성능을 얻기가 어렵다.
- 서비스 중 진공 품질을 모니터링하는 실용적인 방법이 없다.
- 극당 다중차단은 일반적으로 145kV 이상의 정격에서, 종종 낮은 전압에서도 적용된다.
- 진공 차단기의 유전적 성능은 스위칭 이력 또는 접점 표면 조건에 민감하며 상당한 흩어짐이 있다.
- 특정 리액티브 스위칭 응용(분로 리액터, 커패시터 뱅크 스위칭)에는 특수 설계 또는 보호 장치가 필요할 수 있다.

7.10 요약

진공 회로 차단기는 우수한 열 차단 기능, 빈번한 스위칭 기능 및 메커니즘의 동작 에너지가 작기 때문에 유지 보수 작업이 적다는 등 몇 가지 기술적 이점이 있다. 진공 회로 차단기는 특히 MV 네트워크(전력 시스템 및 산업용 애플리케이션 모두)에서 우수한 서비스 경험을 보여 주며 최대 145/168kV 수준의 송전 전압에도 적용된다.

진공에서 유전적 내력은 작은 간극에서 양호한 유전적 강도를 보여 주지만, 더

긴 접점 간극 길이에 대해 점차적으로 포화된다. 이 특성은 고전압 응용을 위한 다중차단 설계를 제공하고 SF_6 기술에 비하여 비용을 증가시킨다.

최근 환경 문제가 증가함에 따라 전체 송전 전압(EHV 및 심지어 UHV)을 아우르는 효율적인 비용에서 유지 보수가 필요없는 진공 해결책이 전력 계통에서 매우 기대된다.

사사(Acknowledgment)

The chapter on vacuum circuit breakers was based on the contents of the technical book titled Switching in Electrical Transmission and Distribution Systems written by R.P.P. Smeets, L. van dor Sluis, M. Kapctanovic, D. F. Pcclo, and A. Janssen, published by Wiley in 2015 modified by the editor. Wiley kindly granted CIGRE the right to partially use the content on vacuum circuit breakers for the ► Chap. 8 of the CIGRE Green Book on switching equipment published in 2018. CIGRE appreciates Wiley's kind cooperation in the Green Book Project.

참고문헌

Ballat, J., Konig, D., Reininghaus, LL: Spark conditioning procedures for vacuum interrupters in circuit−breakers. IEEE Trans. Electr. InsuL 28, 621−627 (1993)

Betz, T., Konig, D.: Influence of grading capacitors on the breaking capability of two vacuum circuit−brcakcrs in scries. In: XVIIIth International Symposium on Discharges and Electric시 Insulation in Vacuum, Eindhoven (1998)

Briggs, S.J., Bartos, M.J., Arno, R.G.: Reliability and availability assessment of electrical and mechanical systems. IEEE Trans Ind. Appl. 34(6), 1387−1396 (1998)

Bruchcr, J., Gicrc, S., Watier, C., Hesscnmullcr, A., Nielsen, P.E.: 3AV1FG — 72.5 kV prototype vacuum circuit−breaker, 2012 CIGRE session, report A3−101 (2012)

Cheng, X., Liao, M., Duan, X., Zou, J.: Study of breaking characteristics of high−voltage hybrid circuit−breaker. In: XXIVth International Symposium on Discharge and Electrical Insulation in Vacuum, Braunschweig (2010)

Christian, R., Paolo, G., Kim, H.: The integrated MV circuit−breaker, a new device comprising measuring, protection and interruption. In: 17th International Conference on Electricity Distribution, Barcelona (2003)

CIGRE JWG A3/B4.34. Technical requirements and specifications of state−of−the−art HVDC switching equipment. CIGRE Technical Brochure 683, Apr 2017

CIGRE TB 589, Impact of Applications of Vacuum Switchgears at Transmission Voltages (2014)

Cobinc, J.D.: Research and development leading to the high−power vacuum interrupter — a historical review. IEEE Trans. Power App. Syst. 82, 201−217 (1963)

Dullni, E.: Motion of high−current vacuum arcs on spiral−type contacts. IEEE Trans. Plasma Sei. 17 (6), 875 (1989)

Dullni, E., Fink, H., Rcubcr, C.: A vacuum circuit−breaker with permanent magnetic actuator and electronic control. In: CIRED Conference (1999)

Eaton Corporation.: Insulating and Switching Media in Medium Voltage Distribution and Medium Voltage Motor Control. White Paper IA08324006E

Falkingham, L., Reeves, R.: Vacuum life assessment of a sample of long service vacuum interrupters. In: CIRED Conference, Paper 0705 (2009)

Falkingham, L., Waldron, M.: Vacuum for HV applications, thirty year service experience of 132 kV vacuum circuit−brcakcr. In: Xllnd International Symposium on Discharge and Electrical Insulation in Vacuum, Matsuc (2006)

Fink, H., Gcntsch, D., Heimbach, M., Pilsingcr, G., Shang, W.: New developments of vacuum interrupters based on RMF and AMF technologies. In: IEEE 18th International Symposium on Discharge and Electrical Insulation in Vacuum, Eindhoven (1998)

Garzon, R.D.: High−voltage circuit−breakers, Chapter 3. Marcel Dekker, New York, ISBN 0−8247442−76 (1997)

Gierc, S., Knobloch, H., Scdlacck, J.: Double and single−break vacuum intcrniptcrs for high−voltage application: experiences on real high−voltage demonstration−tubes. 2002 CIGRE Session Report, Paris (2002)

Glaubitz, P., ct al.: CIGRE position paper on the application of SF_6 in transmission and distribution networks. Electra No. 274, pp. 34—39 (2014)

Godechot, X., Ernst, U., Hairour, M., Jenkins, J.: Vacuum interrupters in high−voltage applications. In: XXIIIrd International Symposium on Discharge and Electrical Insulation in Vacuum, Bucharest (2008)

Greenwood, A.: Vacuum Switchgear. I EE, ISBN 0852968558, 9780852968550 (1994)

Hae, T., Utsumi, T., Sato, T., Morita, A., Tsuchiya, K., Okada, N.: Features of cubicle type vacuum− insulated switchgear (C−VIS). In: CIRED Conference, Paper 1201 (2013)

Hale, P.S., Amo, R.G.: Survey of reliability and availability information for power distribution, power generation, and HVAC components for commercial, industrial and utility installations. Ind. Comm. Power Syst. Tech. Conf. 31−54 (2000)

Harris, L.P.: Arc cathode phenomena. In: Vacuum Arcs Theory and Application, pp. 120−168. Wiley, Schenectady (1980)

Homma, M., Sakaki, M., Kancko, E., Yanabu, S.: History of vacuum circuit−breakers and recent developments in Japan. IEEE Trans. Diclcctr. Elcctr. Insul. 13(1), 85−92 (2006)

Ikebe, K., Imagawa, H., Sato, T., Ito, H., Kosakada, M., Saito, H.: Present status of high−voltage vacuum circuit−brcakcr application and its technology in Japan. 2010 CIGRE Session Report, A3−303 (2010)

Kapctanovic, M., Smeets, R.: High Voltage Circuit Breakers. ETF, Faculty of Electrotechnical Engineering, Sarajevo (2011)

Latham, R.V.: High voltage vacuum insulation: the physical basis. Academic, New York, ISBN 0−12−437180−9 (1981)

Lcusenkamp, M.B.J.: Impulse voltage generator design and the potential impact on vacuum interrupter dc−conditioning. In: XXVth International Symposium on Discharge and Electrical Insulation in Vacuum, Tomsk (2012)

Liu, D., Wang, J., Xiu, S., Liu, Z., Wang, Z., Yang, R.: Research on 750 kV vacuum circuit−breaker composed of several vacuum intemipts in series. In: XXIst International Symposium on Discharge and Electrical Insulation in

Vacuum, Yalta, pp. 315–318 (2004)

Matsui, Y., Nagatakc, K., Takeshita, K., Katsumata, K., Sano, A., Ichikawa, H., Saitoh, H., Sakaki, M.: Development and technology of high–voltage VCBs; brief history and state of art. In: XXIInd International Symposium on Discharge and Electrical Insulation in Vacuum, Matsue (2006)

Newton, M., Renton, A.: Transpower's adoption of non–SF_6 switchgear. CIGRE B3 Brisbane colloquium "Managing Substations in the Power System of the Future" (2013)

Nitta, T., Yamada, N., Fujiwara, Y.: Area effect of electrical breakdown in compressed SF_6. IEEE Trans. Power Appar. Syst. PAS–93(2), 623–629 (1974)

Parashar, R.S.: Pressure monitoring techniques of vacuum interrupters. In: CIRED Conference, Paper 0234, Frankfurt (2011)

Picot, P.: Vacuum switching. Cahier Technique, Schneider Electric, No. 198 (2000)

Reeves, R., Falkingham, L.: An appraisal of the insulation capability of vacuum interrupters after long periods of service. In: 2nd International Conference on Electrical Power Equipment, Switching Technology, Paper 1–P2–P–P5, Matsue (2013)

Renz, R., Gentsch, D.: Permissible X–ray radiation emitted by vacuum–interrupters, devices at rated operating conditions. In: XXIVth International Symposium on Discharge and Electrical Insulation in Vacuum, Braunschweig, pp. 133–137 (2010)

Renz, R., Gentsch, D., Slade, P., Fink, H., Schlaug, M.: Vacuum interrupters, sealed for life. In: 19th International Conference on Electricity Distribution (CIRED), 21–24 May, Paper 0156 (2007)

Reuber, C., Gritti, P., Kim, H.: The integrated MV circuit–breaker, a new device comprising measuring, protection and interruption. In: CIRED Conference (2003)

Saitoh, H., Ichikawa, H., Nishijima, A., Matsui, Y., Sakaki, M., Homma,M., Okubo,H.: Research and development on 145 kV, 40 kA onc–brcak vacuum circuit–breaker. In: IEEE T&D Conference, pp. 1465–1468 (2002)

Schellekens, H., Gaudart, G.: Compact high–voltage vacuum circuit–breaker, a feasibility study. IEEE Trans. Dielectr. Electr. InsuL 14(3), 613–619 (2007)

Schellckcns, H., Shiori, T., Picot, P., Mazzucchi, D.: Vacuum disconnectors. An application study.

In: XXIVth International Symposium on Discharge and Electrical Insulation in Vacuum (2010) Schlaug, M., Dalmazio, L., Ernst, U., Godcchot, X.: Electrical life of vacuum interrupters. In:

XXIInd Intcmation시 Symposium on Discharge and Electrical Insulation in Vacuum, Matsue (2006)

Schooncnbcrg, G.C., Mcnheere, W.M.M.: Switching overvoltages in medium voltage networks. In: CIRED Conference (1989)

Shores, R.B., Philips, V.E.: High−voltage vacuum circuit−breakers. IEEE Trans. Power Appar Syst. PAS−94(5), 1821−1830 (1975)

Slade, S.: The vacuum interrupter. Theory, design and application. CRC Press, Boca Raton, ISBN 13: 978−0−8493−9091−3 (2008)

Slade, P., Smith, R.K.: Electrical switching life of vacuum circ나it−breaker interrupters. In: Proceedings of the 52nd IEEE Holm Conference on Electrical Contacts (2006)

Slade, P., Vbshall, R., Wayland, P., Bamford, A., McCracken, G., Yccklcy, R., Spindle, H.: The development of a vacuum interrupter retrofit for the upgrading and life extension of 125 kV to 145 kV oil circuit−breakers. IEEE Trans. Power Delivery. 6, 1124−1131 (1991)

Smeets, R.P.P., Hooijmans, J.A.A.N., Schoonenberg, G.C.: Test experiences with new MV TRV requirements in IEC 62271−100. In: CIRED Conference, Session I, Paper 0378 (2007a)

Smeets, R.P.P., Kcrtesz, V., Dufbumet, D., Penache, D., Schlaug, M.: Interaction of a vacuum arc in a hybrid circuit−breaker during high−current interruption. IEEE Trans. Plasma Sci. 35(4), 933−938 (2007b)

Smccts, R.P.P., Paskc, te, L.H., Kuivcnhovcn, S., Jager, J., Anger, N.: The testing of vacuum generator circuit−breakers. In: C1RED Conference, Paper No. 393 (2009)

Smeets, R.P.P., Wiggers, R., Bannink, H., Kuivenhoven, S., Chakraborty, S., Sandolache, G.: The impact of switching capacitor banks with very high inrush current on switchgear. 2012 CIGRE Session Report A3−201 (2012)

Sorensen, R.W., Mcmdcnhall, H.E.: Vacuum switching equipment at California institute of technology. Trans. AIEE. 45, 1102−1105 (1926)

Tahata, K., ct al.: HVDC circuit breakers for 나VDC grid applications. CIGRE AORC Technic시 Meeting 2014, No. 1120 (2014)

Tokoyoda, S., Takeda, T., Kamci, K., Yoshida, D., Ito, H.: Interruption behaviours with 84/72 kV VCB and GCB. In: 2nd International Conference on Electrical Power Equipment, Switching Technology, Paper 2-A1-P-1, Matsuc (2013)

Umeya, E., Yanagisawa, H.: Vacuum Intermpters. Meiden Rev, Series 45, pp. 3-11 (1975)

Wang, J., Liu, Z., Xiu, S., Wang, Z., Yuan, S., Jin, L., Zhou, H., Yang, R.: Development of high voltage vacuum circuit-breakers in China. In: XXIInd International Symposium on Discharge and Electrical Insulation in Vacuum, Matsuc (2006)

Yan, J., Liu, Z., Zhang, S., Geng, Y., Zhang, Y., He, G.: X-ray radiation of a 126kV vacuum interrupter. In: XXVth International Symposium on Discharge and Electrical Insulation in Vacuum, Tomsk (2012)

Yanabu, S., Satoh, Y., Tamagawa, T., Kancko, E., Sohma, S. Ten year experience in axial magnetic fi이d type vacuum interrupters. In: IEEE PES, 1986 Winter Meeting, 86 WM 140-8 (1986)

Yanabu, S., Tsutsumi, T., Yokokura, K., Kancko, E.: Recent technical developments in high-voltage and high-power vacuum circuit breakers. Trans. IEEE Plasma Sei. 17(5), 717 (1989)

8

발전기 차단기

Daisuke Yoshida and Marta Lacorte

Keywords

- 발전기
- 발전기 차단기
- 동기화
- 승압 변압기

D. Yoshida (S)
Switchgear Department, T&D Systems Center, Mitsubishi Electric Corporation, Amagasaki, Japan
e-mail: Yoshida.Daisuke@ak.MitsubishiElcctric.co.jp

M. Lacortc
System Studies and Equipment, ATIVA Engineering, Rio de Janeiro, Brazil
e-mail: marta.lacorte@ativa.eng.br

8.1 서론(Introduction)

발전기에서 생산되는 에너지를 가능한 한 안정적이고 효율적인 방법으로 공급하려면 발전소가 필요하다. 차단기는 발전기를 네트워크에 연결하고 발전기를 네트워크에서 분리하는 데 사용된다. 그림 8.1은 발전소의 두 가지 다른 레이아웃을 보여준다. 발전소의 발전기를 연결 및 분리하는 차단기는 승압 변압기의 고전압(HV) 측(발전기와 HV 차단기의 HV 동기화) 또는 중전 압(MV)에 있다. 발전기와 승압 변압기 사이의 측면(발전기와 MV 차단기의 MV 동기화). 후자의 경우 MV 차단기는 특별한 의무와 기능이 필요하기 때문에 발전기 차단기라고 한다.

발전기 차단기는 발전기를 계통에 동기화하고 고장 발생시 발전기를 보호하는 데 사용되며 또한 발전기를 손상시킬 수 있는 외부 단락 오류로 인해 발전기를 포함한 전력 장치에 장기간 과도한 스트레스를 가하는 것을 방지하기 위해 사용된다. 발전기. 발전기 차단기가 있는 경우 승압 변압기의 MV 측에서 오류가 발생하는 경우 발전기 단락 스트레스의 지속 시간도 감소한다. 잘못된 동기화의 경우 발전기 차단기가 후속 트립을 제공할 수도 있다. 때때로 HV 차단기는 잘못된 동기화 조건에서도 전원이 공급될 때 트립될 수 있다.

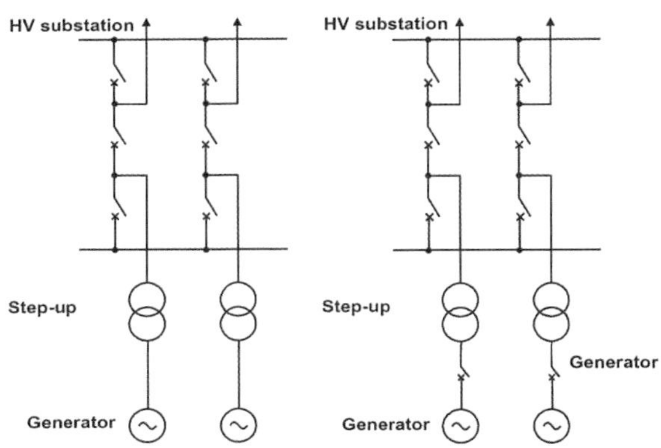

Fig. 8.1 Power plant layouts with direct connection. (*Left*) The generator is synchronized at the HV side of the step-up transformer; (*Right*) the generator is synchronized at the MV side of the step-up transformer with generator circuit breakers between the generators and the step-up transformers

발전기와 승압 변압기의 MV 측 사이에 있다. 발전기 차단기가 있는 발전소는 화력 발전소에서 흔히 볼 수 있는 상황에서 분명한 이점을 제공할 수 있다. 그림 8.2는 발전기 차단기가 있거나 없는 화력 발전소의 단순화된 단선 다이어그램을 비교한다(Brown 및 Koeppl 2004).

발전기 차단기가 있는 발전 스테이션(그림 8.2a)에서 발전기는 발전기 차단기를 통해 켜지고 꺼진다. 장치 보조 장치는 발전기의 시작 및 종료 중에도 항상 장치 변압기에서 공급된다. 따라서 스테이션 변압기는 완전히 생략되거나 비상 차단 변압기로 저하될 수 있다. 승압 변압기의 고전압 측에 있는 차단기는 일반적으로 더 긴 서비스 중단 기간의 경우에만 작동한다.

발전기 차단기가 없는 발전소(그림 8.2b)에서 발전기는 승압 변압기의 HV 측에 있는 HV 차단기를 통해 켜지고 꺼진다. 발전기 차단기가 없는 이 구성은 발전기가 고전압 시스템에 동기화되지 않는 한 단위 변압기에서 장치 보조 장치를 공급할 수 없기 때문에 특정 작동 제한을 가져온다. 따라서 시작 및 종료 기간 동안 장치 보조 장치는(신속 전환 장치를 사용하여) 대체 전원으로 전송되어야 한다. 일반적으로 이 소스는 고전압 시스템에 직접 연결된 스테이션 변압기에 의해 공급될 수 있다.

발전기 차단기가 있는 발전소의 경우 발전기 차단기와 승압 변압기 또는 HV 차단기 사이에 오류가 발생하면 오류가 더 짧은 기간(일반적으로 3–5 사이클)에 해결될 수 있다. 발전기를 포함한 전력 장치에 부과되는 전기적 스트레스. 반면에 발전기 차단기가 없는 발전소의 경우 발전기의 에너지가 완전히 방전될 때까지 고장 전류가 최대 수십 초 동안 더 오랜 시간 동안 계속 흐를 수 있어 심각한 손상을 초래할 수 있다.

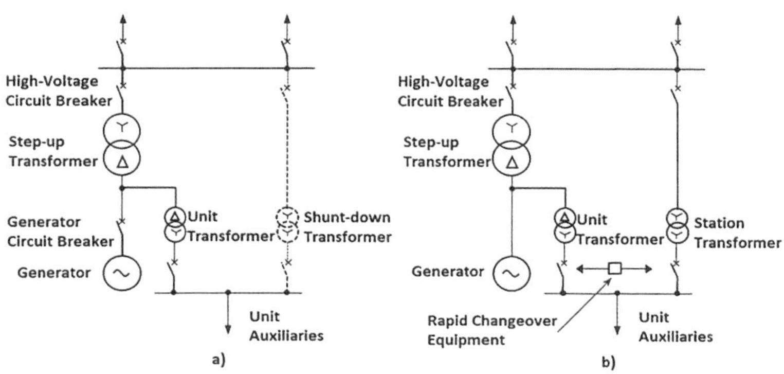

Fig. 8.2 Single-line diagrams of a typical thermal power plant with (**a**) and without (**b**) generator circuit breaker

발전기 시동시 유입 펌프, 여자 기 등 발전기의 2차 및 보조 장치에 전원을 공급하는 보조 전원이 필요하다. 발전기 차단기가 없는 발전소의 경우, 추가 강압 스테이션 변압기(승압 변압기와 동일한 정격 전압) 및 스테이션 변압기에 연결된 HV 차단기가 전원을 공급해야 한다. 보조 및 보조 장치를 위한 전력

따라서 발전기 차단기를 적용하면 고장 발생 및 일부 유지 보수 작업시 정상 전력 시스템에서 분리되는 발전기 회로(시스템)의 고장 부분 또는 서비스 중단 부분을 줄이고 최소화 할 수 있다. 이는 정상 상태에서 작동하는 전원 시스템의 가용성을 향상시킨다.

발전기 차단기는 변압기 및 발전기 보호 수준을 훨씬 넓고 유연하게 만드는 다른 이점을 제공할 수 있다. 결과적으로 발전기 차단기가 있으면 발전소의 가용성이 높아진다. 그러나 물론 초기 투자가 증가할 수 있다. 발전기 차단기가 있거나 없는 발전소 구성을 결정하기 위한 기술 및 경제적 평가는 수명주기 비용 방법론을 사용하여 평가되어야 한다.

Fig. 8.3 Power plant layouts with generator circuit breakers

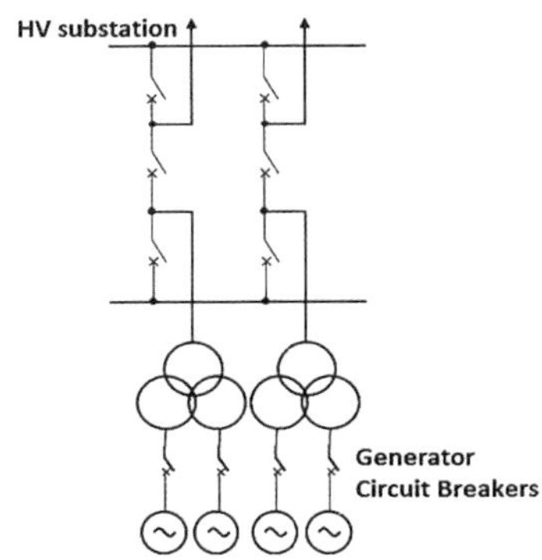

8.2 용어 정의(Definitions of Terminology)

차단기(Circuit Breaker)

차단기는 일반적으로 과부하 또는 단락상태로 인한 과도한 전류로 인한 손상으로부터 전력 시스템의 다른 변전소 장치를 보호하기 위해 회로를 열고 닫는 기능이 있는 전기 스위치이다. 고장이 발생하면 차단기가 신속하게 고장을 제거하여 시스템 안정

성을 확보한다. 차단기는 과도한 가열없이 부하 전류를 전달하고 비정상적 및 비정상적인 조건에서 시스템 전압을 견뎌야 한다. fiise와 달리 차단기는 수동 또는 자동으로 다시 닫아 정상 작동을 재개할 수 있다.

가스 차단기(Gas Circuit Breaker)

차단기는 일반적으로 과부하 또는 단락 상태로 인한 과도한 전류로 인한 손상으로부터 전력 시스템의 다른 변전소 장치를 보호하기 위해 회로를 열고 닫는 기능이 있는 전기 스위치이다. 오류가 발생하면 차단기가 신속하게 오류를 제거하여 시스템 안정성을 확보한다. 차단기는 과도한 가열없이 부하 전류를 전달하고 정상 및 비정상 상태에서 시스템 전압을 견뎌야한다. 퓨즈와 달리 차단기는 수동 또는 자동으로 다시 닫아 정상 작동을 재개할 수 있다.

공기 차단기(Air-Blast Circuit Breaker)

접점이 공기 중에서 열리고 닫히는 차단기. 대기압에서 공기 차단 및 절연체 내력이 제한되기 때문에 고압 응용 분야에는 수 MPa의 압축 공기가 필요하다. 공기는 상대적으로 높은 아크 전압을 생성하여 고장 전류를 줄이고 열 차단 기능을 지원할 수 있다.

진공 차단기(Vacuum Circuit Breaker)

고도로 대피 된 진공 인클로저 내에서 접점이 열리고 닫히는 차단기. 진공 차단기가 접점을 분리하면 접점 표면에서 방출되는 금속 증기 플라즈마에 의해 아크가 생성된다. 아크 중에 생성된 금속 증기, 전자 및 이온이 단시간에 확산되어 접점 표면에 응축되어 절연 내력을 빠르게 회복하기 때문에 아크가 빠르게 소멸된다.

과도회복전압(Transient Recovery Voltage, TRV)

전류 차단 후 접점(전극) 사이에 나타나는 과도 전압 진동. 소스 측의 접점 전압은 소스 전압 주변에서 진동하고 오류가 발생한 전송 선로의 선로 측 접점은 접지 레벨 주변에서 진동한다.

발전기 차단기(Generator Circuit Breaker)

발전기 차단기는 특별한 요구 사항이 있는 MV 등급의 발전기 단자에 직접 연결되며 비교적 작은 발전기가 공통 모선에 연결된 다중 장치 발전기가 있는 스테이션에 일반적으로 적용된다. 발전기 차단기의 다른 쪽은 승압 변압기 및 HV 차단기에 연결된다. 발전기 차단기의 전류 차단 기능은 일부 응용 분야에 필요한 최대 250-300 킬로암페어 수준에 도달한다. 발전기 차단기의 가장 큰 장점은 고장 발생 후 5-7주기 또는 현재 3-5주기에서 중단된 다음 발전기를 분리할 수 있다는 것이다. 다른 장점으로는 보조 부하 전달 제거와 발전기가 시스템과 동기화 될 때 신뢰성이 향상된다는 것이다.

(선로 과도전압의) 첨두율 (Peak Factor of the Line Transient Voltage)

선 과도 전압의 초기 값과 최대 편위 사이의 비율이다. 과도 전압의 초기 값은 고려되는 극에서 아크 소멸 순간에 해당한다.

(3상 계통에서) 첫상차단계수 (First-Pole-To-Clear Factor in a Three-Phase System)

대칭적 3상 전류를 차단할 때 1극 대 클리어 팩터는 다른 극에서 전류가 중단되기 전에 첫 번째 차단 극을 가로 지르는 전원 주파수 전압과 극 또는 극에서 발생하는 전원 주파수 전압의 비율이다. 세 극 모두에서 중단 후

진폭계수(Amplitude Factor)

과도 복구 전압의 최대 편위와 전원 주파수 복구 전압의 파고 값 사이의 비율이다.

발전기의 과도 및 과도 리액턴스(Subtransient and Transient Reactance of the Generators)

고장이 발생하는 순간 고장 발생 후 몇 사이클 동안 발전기를 통해 상당한 고전류가 흐르고 고장 전류가 급격히 감소한다. 이 초기 기간(일반적으로 0~6 사이클) 동안 고장 전류에 의해 관찰되는 낮은 발전기 리액턴스는 서브 과도 리액턴스라고 한다. 하위 과도 기간이 경과한 후 고장 전류는 비교적 긴 시간 후에 천천히 감소한다. 이 기간(일반적으로 6 사이클에서 몇 초)동안 고장 전류에 의해 관찰되는 발전기 리액턴스를 과도 리액턴스라고 한다. 마지막으로 단락 전류가 안정되고, 정상 고장 전류(몇 초 후)에 의해 관찰되는 발전기 리액턴스를 정상 상태 리액턴스라고 한다.

8.3 약어(Abbreviations)

AC	교류(Alternating current)
CB	차단기(Circuit breaker)
DC	직류(Direct current)
RRRV	회복전압 상승률(Rate of rise of recovery voltage)
SF_6	육불화황 가스(Sulfur hexafluoride)
SF	정적 주파수 변환기(Static frequency converter)
TRV	과도 회복전압(Transient recovery voltage)

8.4 발전기 차단기 요구사항(Generator Circuit Breaker Requirements)

발전기 차단기는 일반적으로 발전기를 포함한 전력 장치를 보호하기 위해 고출력 발전기(100−1800 MVA)의 콘센트에 적용된다. 발전기 차단기는 일반적으로 6.3~40kA의 전류 전달 능력과 63~300kA 범위의 단락 차단 용량과 같은 몇 가지 특별한 요구 사항이 있다.

그림 8.4는 가스 차단기(CB), 차단 스위치(DS), 접지 스위치(ES), 변류기(CT)로 구성된 SF_6 퍼 퍼형 발전기 차단기의 일반적인 단면도이다. 전압 변압기(VT), 금속 산화물 서지 피뢰기(MOSA) 및 작동 기계 장치

8.4.1 동작 책무(Operating Duties)

발전기 차단기는 기본적으로 화석, 원자력, 가스 터빈, 복합 사이클, 수력 및 펌프식 저장 발전소와 같은 모든 종류의 발전소에 적용할 수 있을뿐만 아니라 발전기 차단기가 없는 기존 발전소의 개조에도 적용할 수 있다.

그림 8.5는 발전소에서 발전기 차단기가 있는 일반적인 발전기 회로의 단선 다이어그램을 보여준다.

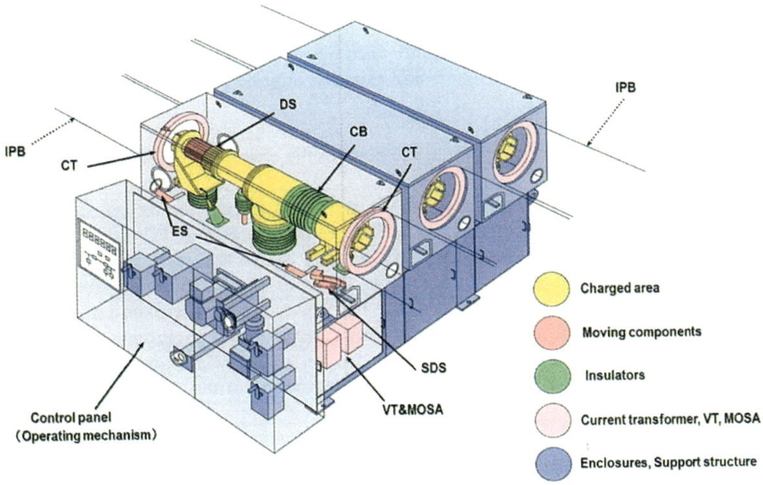

Fig. 8.4 Typical structure of SF_6 puffer-type generator circuit breaker. (Courtesy of Mitsubishi Electric)

Fig. 8.5 Typical single-line diagram generator circuit in a power plant

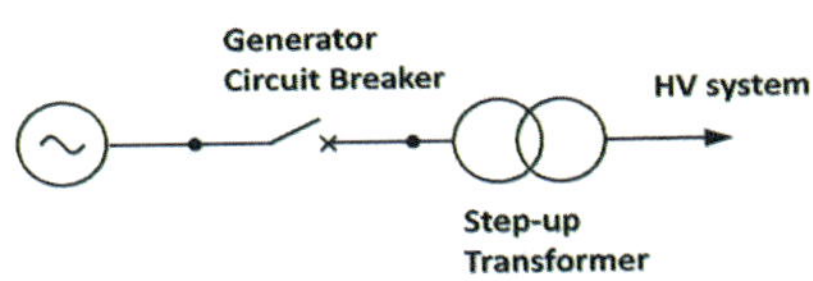

- 발전기를 HV 측의 시스템 전압과 동기화
- HV 시스템에서 발전기 분리(무부하 또는 부하가 적은 발전기 끄기)
- 인터럽트 부하 전류(발전기의 최대 부하 전류까지)
- 인터럽트 시스템 공급 단락 전류
- 발전기 공급 단락 전류 차단
- 위상차 조건에서 전류 차단(최대 180° 위상차)
- 기계가 모터 모드에서 시동 될 때 발전기-모터의 시동 전류를 닫고 차단한다(펌프 식 저장 발전소에서, 비동기 시동 포함).
- 50/60Hz 미만의 주파수에서 발전기 공급 단락 전류를 차단한다(스타트 업 공급에 따라 가스 터빈, 복합 사이클 및 펌프 식 저장 발전소에서).

펌프 식 저장 발전소의 경우 여러 가지 동기화 방법이 있다.

정적 주파수 변환기(SFC) 시동 체계는 주로 HV 측의 단위 변압기에 연결된 사이리스터 변환기와 발전기에 연결된 인버터로 구성된다. 인버터는 저전력 주파수에서 발전기를 시작하고 정격 전력 주파수까지 점차적으로 증가시킨다. 그런 다음 발전기는 네트워크의 위상각과 다른 위상각을 가질 수 있는 전력을 생성하도록 여기된다. 발전기는 발전기와 HV 네트워크 간의 위상차가 최소화되는 순간에 발전기 차단기 또는 HV 차단기에 의해 HV 네트워크와 동기화된다.

또 다른 예를 들어, 여러 발전기가 있는 발전소에서 연속 시동 방식을 사용할 수 있다. 공칭 조건에서 작동하는 발전기에 의해 생성된 전원은 정격 전력 주파수까지 정지된 발전기를 시작하는 데 사용된다. 발전기는 발전기 차단기 또는 HV 차단기를 사용하여 HV 네트워크와 동기화된다.

발전기 차단기에 부과되는 요구 사항은 전송 및 배전 시스템에 적용되는 범용 차단기에 부과되는 요구 사항과 크게 다르다. 발전기 차단기는 일반 차단기에 필요한 것보다 더 큰 연속 전류 전달 기능, 부하 전류 스위칭 기능 및 단락 전류 기능을 가져야한다.

8.4.2 연속 전류 통전 용량(Continuous Current Carrying Capability)

전기 차단기의 정격 전류는 발전기 부하 전류의 가장 높은 값이며 다음과 같이 계산된다.

$$I_{nominal} = \frac{S}{\sqrt{3} * U_{min}}$$

여기서 S는 발전기의 정격 전력이고 Umjn은 발전기의 최소 작동 전압이다.

대규모 발전소에서 발전기의 정격 전력은 수천 MVA에 도달할 수 있다. 결과적으로 발전기 차단기가 전달할 수 있는 정격 전류는 최대 50kA에 도달할 수 있으며 종종 강제 냉각을 요구한다(Smeets and Zehnder 2006). 이것은 발전기 차단기의 가장 큰 과제이다. 전력 손실을 최소화하기 위해 전도체 경로에서 환경으로의 열 전달을 강화해야 한다.

8.4.3 부하전류 개폐 용량(Load Current Switching Capability)

발전기 차단기가 부하 전류를 차단하면 발전기 차단기의 양쪽 텐서 미널에 위치한 두 개의 회로가 독립적으로 진동하여 단자 간의 전압 차이로 인해 TRV를 제공한다. 처음에 발전기 측의 전압 파형은 분산된 커패시턴스와 임피던스의 존재로 인해 상대적으로 낮은 회복 전압 상승률(RRRV)로 나타난다.

8.4.4 단락전류 용량(Short-Circuit Capability)

발전기 근처에서 오류가 발생하는 경우 발전기 차단기는 소위 발전기 공급 단락 전류 또는 시스템 공급 단락 전류 중 하나의 두 가지 독특한 상황에 직면한다. 그림 8.6a는 승압 변압기를 통해 시스템에 의해 공급되는 고장 전류를 차단하기 위해 발전기 차단기가 필요한 시스템 공급 고장 전류를 보여준다. 그림 8.6b는 발전기가 공급하는 고장 전류를 차단하기 위해 발전기 차단기가 필요한 발전기 공급 고장 전류를 보여준다.

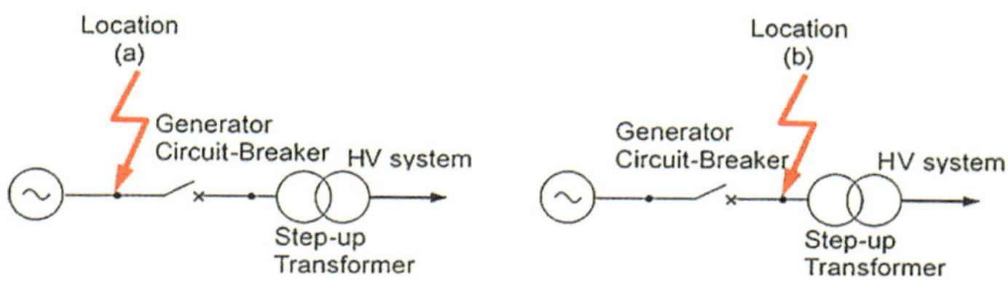

Fig. 8.6 Short-circuit conditions for generator circuit breakers. (**a**) System-fed fault current. (**b**) Generator-fed fault current

가장 큰 단락 전류는 전류가 시스템에서 승압 변압기를 통과하고 발전기 차단기를 통해 차단기의 발전기 측 고장 위치로 흐를 때 발생한다. 고장 단락 전류는 전압 파형과 관련하여 고장 발생의 정확한 순간에 의존하는(일정한) AC 구성 요소와 감쇠하는 DC 구성 요소로 구성된다. 전압 피크에서 오류가 발생하면 DC 구성 요소가 없고 전압 0에서 발생하는 오류는 AC 구성 요소와 동일한 진폭을 가진 큰 DC 구성 요소를 표시한다. 승압 변압기의 존재로 인해 큰 DC 시간 상수가 예상된다.

일반적으로 변압기와 HV 측 시스템의 단락 리액턴스의 합이 하위 과도 및 과도 리액턴스보다 낮기 때문에 시스템 공급 고장 전류는 발전기 공급 고장 전류보다 높다.

(a) 피드 고장전류(System-Fed Fault Current)

승압 변압기를 통해 고장 전류가 공급되는 경우 단락 전류의 대칭 AC 및 DC 구성 요소는 다음과 같이 계산할 수 있다.

$$I_{sym} = \frac{U_{max}}{\sqrt{3} \times (X_1 + X_{sym})}$$

$$I_{DC} = \sqrt{2} \times I_{sym} \times e^{\frac{-t}{\tau}}$$

$$\pi = \frac{X_1 + X_{sys}}{\omega \times (R_1 + R_{sys})}$$

여기서 I_{sym}은 발전기 차단기의 정격 단락 전류로 정의되는 단락 전류의 대칭 AC 구성 요소이다. U_{max}는 오류 발생 전의 최대 전압이다. X_t와 R_t는 각각 변압기의 리액턴스와 저항이다. X_{sys}와 R_{sys}는 각각 시스템 리액턴스와 저항이다. ω는 각 전력 주파수, $\tau = DC$ 성분의 시간 상수 감쇠이다.

예를 들어, 릴레이 시간과 개방 시간의 일반적인 합이 38ms이고 일반적인 시간 상수가 133ms인 경우 비대칭은 접점 분리 순간에 75%가 된다. 발전기 차단기의 정격 단락 전류에 대한 하프 사이클에서 최대 비대칭 단락 전류(피크 계수)의 비율은 $I_{peak}/I_{sym} = \sqrt{2} \times (e^{-t/t} + 1) = 2.74$이다.

따라서 일반적으로 폐쇄, 래칭 및 전류발전기 차단기의 운반 능력은 정격 단락 전류의 2.74배로 간주된다. 차단기는 최대 비대칭으로 최대 단락 전류에 의해 가해지는 전자기력을 고려하도록 설계되었기 때문에 DC 구성 요소의 피크 계수는 중요한 특성이다. 예를 들어 단락 전류 하에서 접점 분리의 경우 일반 차단기의 경우와 달리 발전기 차단기의 최대 과도 복구 전압(TRV) 스트레스는 최대 단락 전류 스트레스에 대해 나타난다. 매우 높은 RRRV는 승압 또는 보조 변압기의 임피던스에 의해 생성될 수 있다.

발전기의 중립은 단단히 접지되지 않았다. 따라서 위상 대 지락 전류는 중요하지 않다. 심한 TRV는 대칭 전류의 차단 후에 발생할 수 있다. 최대 비대칭으로 단락 전류가 중단되면, 복구 전압의 과도 진동은 단락 전류 중단 순간에 정상 주파수 전압 값이 매우 작거나 0일 수 있기 때문에 매우 작거나 무시할 수 있다.

$$K_{PP} = \frac{3Z_0}{2Z_0 + Z_1}$$

여기서 Z_o는 상 회로의 제로 시퀀스 임피던스와 Z_1은 상 회로의 등가 포지티브 시퀀스 임피던스이다.

스타 연결이 있는 승압 변압기의 경우 발전기 고정자 권선의 스타 포인트는 일반적으로 높은 저항을 통해 접지된다. 따라서 이러한 시스템의 제로 시퀀스 임피던스 Z_0는 포지티브 시퀀스 임피던스 Z_1보다 훨씬 높다.

The first-pole-to-clear factor for a generator circuit breaker is 1.5. //발전기 차단기의 1극 대 클리어 계수는 1.5이다.

진폭 계수 kaf는 최대 편위와 과도 복구 전압의 초기 값 사이의 비율이다. 발전기 차단기의 표준 값은 발전기 차단기의 단자에 연결된 정전 용량을 고려하지 않고 1.5이다(IEEE C37.013a 2007).

소형 발전기 애플리케이션의 경우 한 가지 특징은 발전기 정격이 더 작을 때(100MVA 미만) 차단기와 승압 변압기 사이에 케이블 연결이 자주 있다는 사실이다. TRV는 이 케이블 연결의 특성(길이, 서지 임피던스 등)의 영향을 크게 받는다. 서로 다른 정격 최대 전압, 7kA 및 45kA 범위의 단락 전류 및 최대 12,000pF의 케이블 커패시턴스에 대한 많은 애플리케이션 사례를 다루기 위해 70개 이상의 시뮬레이션이 수행되었다. IEEE 표준은 2007년에 위에서 설명한 케이블 연결을 고려하여 중간 크기(10-100 MVA) 발전기 애플리케이션을 포함하도록 수정되었다.

(b) Generator-Fed Fault Current

발전기 공급 단락 전류는 일반적으로 시스템 공급 단락 전류보다 AC 구성 요소가 낮다. 반면에 지연된 전류 제로로 인한 심각한 중단을 고려해야 한다. 발전기의 DC 시간 상수는 일반적으로 매우 커서 DC 구성 요소의 상대적으로 느린 감쇠를 초래한다. 결과적으로 AC 구성 요소의 감쇠로 인해 특정 극에서 오류 전류가 0을 교차하지 않을 수 있다. 일반 차단기는 주기적인 전류 제로없이 전류를 차단할 수 없다.

표준 DC 시간 상수는 이러한 상황을 고려하여 133ms로 제공된다. 발전기 공급 단락 전류의 비대칭 구성 요소는 발전기의 과도 및 과도 시간 기간으로 계산할 수 있다. DC 구성 요소의 감쇠 시간 상수는 다음과 같이 정의된다.

$$T_a = \frac{X_d''}{\omega \cdot R_a}$$

여기서 X_d''는 부과도리액턴스이고 R_a는 발전기의 전기자 저항이다. 접촉 분리 순간의 DC 구성 요소는 비대칭 구성 요소의 피크 값(AC 구성 요소의 진폭)보다 높을 수 있다.

IEEE C37.013(2007)에 따르면 다양한 발전기를 대상으로 한 조사에 따르면 최대 단락 전류가 있는 오류의 경우 비대칭 정도가 최대 110%가 될 수 있다. 발전기

공급 단락 전류의 대칭 구성 요소뿐만 아니라 비대칭 정도는 발전기의 작동 조건(예: 무부하 또는 지연 역률(과 여자)이 있는 전원 조건)에 의해 결정될 수 있다.

발전기 공급 단락 전류의 경우 대칭 구성 요소의 크기는 일반적으로 시스템 공급 단락 전류의 경우 대칭 구성 요소 크기보다 낮은 약 80%이다. 그러나 발전기 공급 단락 전류의 경우 비대칭 성분의 정도는 더 높은 X/R 비율로 인해 더 높다.

최대 요구되는 비대칭 정도는 발전기 공급 단락의 경우 대칭 전류 피크 값의 130%이고, 시스템 공급 단락의 경우 값은 약 75%이다(그림 8.7 참조). 아킹 접점 분리 시간 약 35ms). 더 높은 비대칭성은 종종 그림 8.8과 같이 지연된 전류 제로 현상을 유발할 수 있다.

전기자 저항과 직렬로 연결된 추가 저항은 DC 구성 요소의 시간 상수를 줄여 DC 구성 요소의 더 빠른 감쇠를 강제한다. 이러한 추가 저항에는 최소 위치에서 생성된 아크에 의한 저항 외에도 접점 분리 후 차단기의 아크 저항이 포함된다. 그림 8.9는 DC 구성 요소, 대칭 구성 요소 및 총 비대칭 단락 전류에 대한 아크 저항의 영향을 보여준다(Smeets et al. 2014).

일부 구세대 발전기 차단기에는 개방 저항이 장착되어있어 추가 저항으로 인해 DC 구성 요소가 급격히 감소할 수 있다. 그러나 개방 저항이 없는 SF_6 기술을 기반으로 하는 최근의 발전기 차단기는 고장 중단시 단락 전류의 DC 구성 요소를 감쇄시키고 지연된 전류 제로 현상을 방지할 수 있는 충분한 아크 저항을 가지고 있다는 것은 잘 알려져 있다.

발전기의 (상대적으로 큰) 고유 커패시턴스에 의해 지시되는, 발전기 공급 오류의 경우 복구 전압 상승률(RRRV)은 시스템 공급 오류의 경우에 비해 값의 약 절반이다.

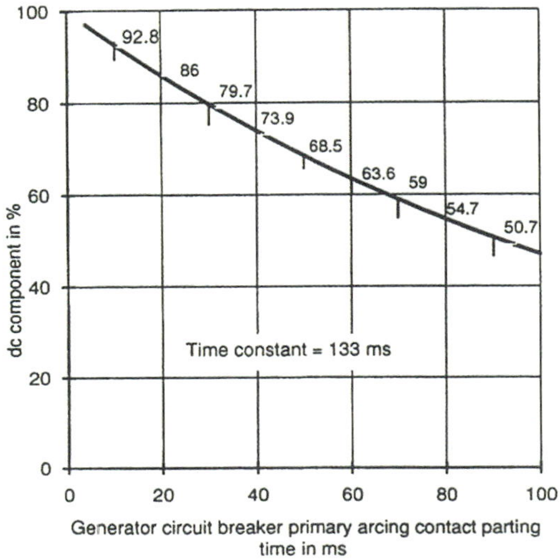

Fig. 8.7 DC component in percentage of the peak value of the symmetrical system-fed short-circuit current

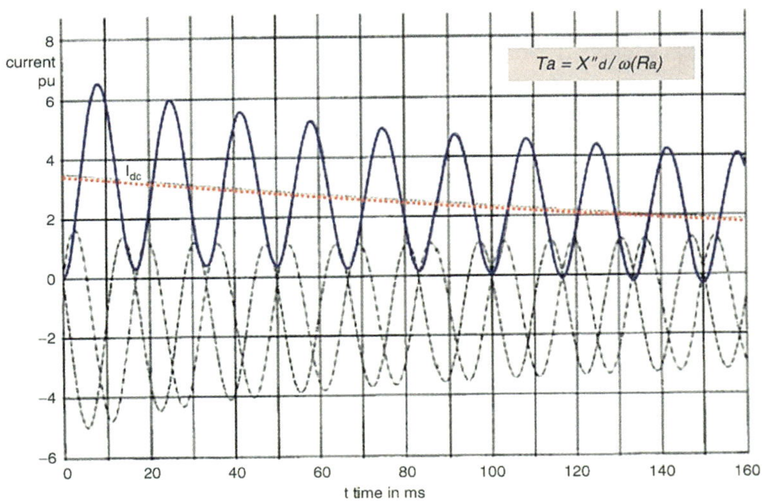

Fig. 8.8 Generator-fed short-circuit current under delayed current zeros

(C) 탈조 조건(Out-of-Phase Condition)

역상이라는 용어는 일반적으로 차단기 전문가가 사용한다. 하나 이상의 발전기 또는 상호 연결된 전력 시스템 네트워크 간의 180° 이상의 위상차. Out-of-step은 안정성을 잃는 발전기 또는 전력 시스템 부품의 경우를 다룬다. 하나 이상의 발전기의 폴 슬립 후, 이러한 발전기는 전력 시스템과 더 동기화되어(동기식 복원)

복구 및 실행될 수 있지만, 대부분의 경우 전력 시스템에서 자동으로 분리된다.

역상전류의 표준은 50%이며 복구 전압은 90°의 위상차 각에 해당한다. 표준은 전체 위상 반대 조건에서 위상이 다른 전류 생성 기능 만 필요하지만 차단 기능은 필요하지 않다. 그러나 전력 시스템에서 위상차 스위칭이 특히 중요한 경우 위상 각 차이 180°를 고려하여 위상차 전류 및 복구 전압을 구체적으로 계산하고 지정해야 한다. 실제 서비스 조건에 대한 위상차 전류 및 복구 전압의 예를 시뮬레이션하고 위상차 각도의 함수로 통계적으로 평가했다(IEEE 1982; CIGRE 기술서적 231 2003; CIGRE 기술서적 716 2018).

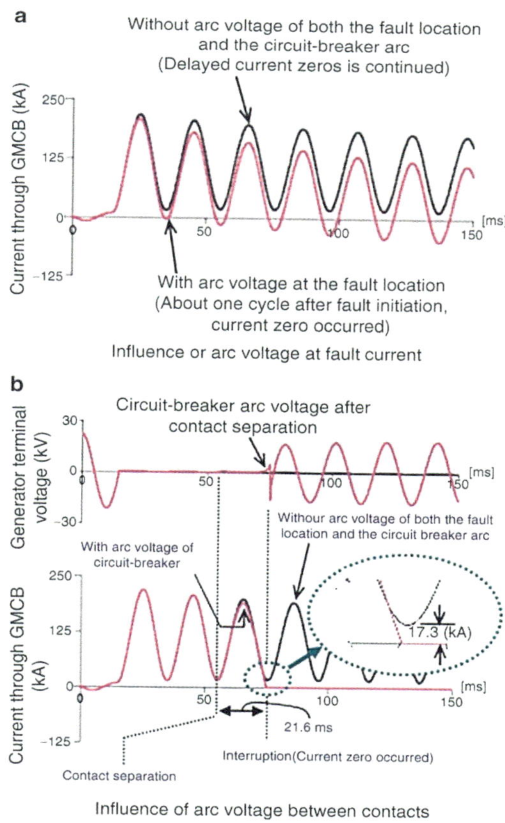

Fig. 8.9 Impact of the arc resistance of generator circuit breaker on DC component, symmetrical component, and total asymmetrical short-circuit current. (Otani et al. 2015)

8.5 시험 요구사항(Testing Requirements)

IEC 62271－100 “고압 개폐치 및 제어 장치－Part 100”에 따라 설계 및 테스트된 HV 차단기는 발전기 차단기에 대한 요구사항을 다루지 않는다. 매우 높은 정격 전류 전달 용량 외에도 발전기 차단기에 부과되는 오류에는 특별한 특성이 있다.

IEC 62271－100은 발전기 차단기에 대한 요구 사항을 명시 적으로 제외한다. IEEE C37.013a “대칭 전류 기준으로 정격 된 AC 고전압 발생기 차단기에 대한 IEEE 표준”은 일반적으로 발생기 차단기의 요구 사항을 다루기 위해 승인되었으며 최근에는 IEC/IEEE 62271－ 37－013 Ed. 1.0 “교류 발생기 차단기”는 2015년에 출판되었다.

발전기 차단기를 사용한 고전력 테스트에는 몇 가지 극단적 인 테스트 조건이 필요하다. TRV의 매우 가파른 상승률과 함께 단락 전류의 크기와 전류의 비대칭은 단락 테스트를 수행하는 데 있어 주요 과제이다. 대규모 연속 테스트 전류 for 온도 상승 테스트 외에 온도가 안정된 냉각 공기를 준비해야 한다(Smeets et al. 2010, 2014).

8.5.1 단락회로 투입, 차단 시험(Short-Circuit Making and Breaking Tests)

직접 테스트 방법은 일반적으로 최대 17.5kV 및 80kA의 테스트 조건을 가진 일부 실험실에서 적용된다. 더 높은 전압과 더 큰 전류 조건을 얻기 위해 합성 시험 방법도 적용된다. 큰 크기의 테스트 전류(최대 700kA 이상)는 단락 전류로 인해 도체에 가해지는 극도의 전자기력을 정밀하게 제어해야 한다. 단상 합성 테스트 방법은 일반적으로 SF_6 테스트뿐만 아니라 정격 차단 전류가 100－300kA(1000 MVA 이상인 발전기의 경우)로 한 극에 TRV를 부과할 수 있는 공기 분사 기술에 사용된다. 3상 전류 테스트는 위상 간 상호 작용은 물론 차단부와 메커니즘 간의 상호 작용을 정확하게 확인할 수 있으므로 단상 전류 테스트는 차단기 접점의 이동 특성을 포함하여 3상 전류에 미치는 영향을 고려한 검증이 필요하다. 단일 공통 작동 메커니즘에 의해 구동된다. 이는 전체 전류에서 직접 3상 make 및 break 테스트와 단상 테스트 동안 이러한 특성 사이에 기록된 이동 특성을 비교하여 확인되는 경우가 많다.

합성 테스트에서 하나의 합성 장치는 일반적으로 첫 번째 클리어링 폴에 가파른 TRV를 공급하고 다른 장치는 아크 연장에 사용된다. 이러한 테스트 회로는 합성 테스트에서 현실적인 아크 지속 시간을 생성하는 데 필수적이다. 합성 장치의 커패시터 뱅크는 적절한 TRV를 공급하는 데 매우 적합하지만 경우에 따라 충분한 복구 전압을 충분히 오랫동안 유지할 수 없다. 직접 및 합성 회로의 장점을 결합하기 위해 새로운 유형의 하이브리드(단상) 회로가 개발되고 테스트되었다. 그림 8.10은 전류 회로(빨간색), TRV 회로(녹색) 및 RV 회로(파란색)와 같은 각 관련 부품의 기능과 함께 제안된 하이브리드 테스트 회로를 보여준다.

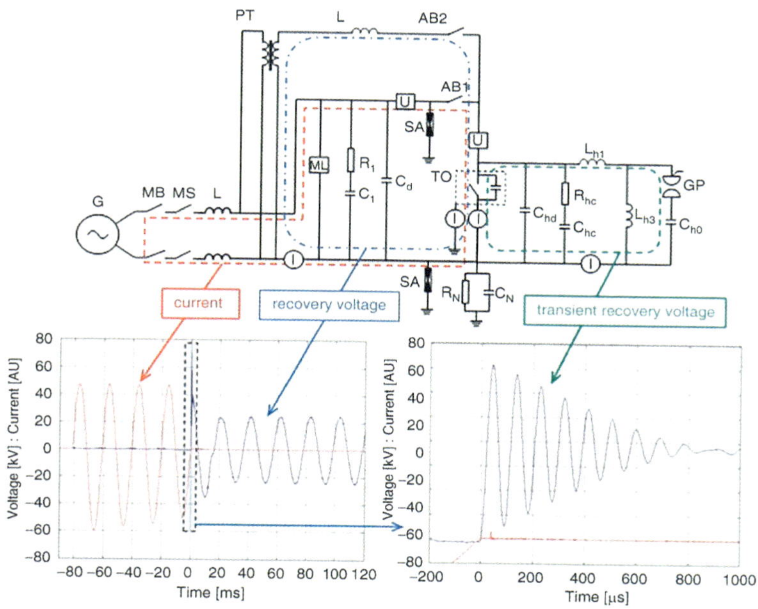

Fig. 8.10 Layout and functionality of hybrid synthetic-direct test with full-power generator circuit test (Smeets et al. 2014)

두 개의 단락 생성기와 리액터를 사용하여 지연 전류가 0인 발전기 공급 단락 전류를 구현하기 위한 테스트 회로가 제안되었다(Otani et al. 2015). 그림 8.11은 단락 테스트 중에 관찰된 전압 및 전류 파형의 예와 함께 단순화된 테스트 회로를 보여준다. 2개의 단락 발생기는 전류 피크 순간에 스위치 Cs를 닫음으로써 실현되는 발전기 Ge2에서 전류의 AC 성분을 감소시킴으로써 생성될 수 있는 지연 전류 0으로 비대칭 전류를 공급한다.

8.5.2 온도 상승시험(Temperature Rise Tests)

대용량 발전기 차단기로 온도 상승 테스트를 수행하려면 공기 냉각 시스템이 필요하다. 그림 8.12는 정격 연속 전류가 50kA인 발전기 차단기를 사용한 온도 상승 테스트를 위한 테스트 설정을 보여준다.

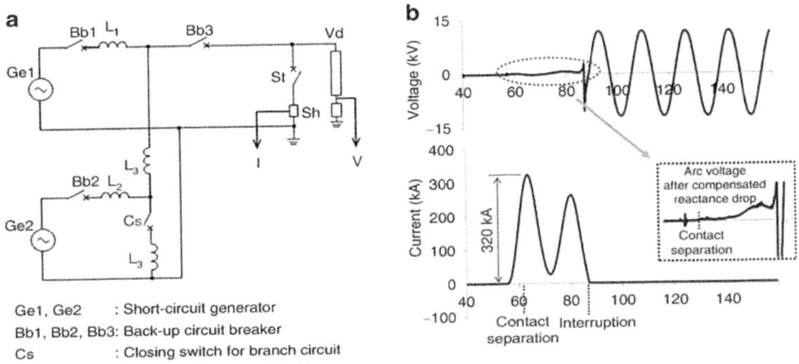

Ge1, Ge2 : Short-circuit generator
Bb1, Bb2, Bb3: Back-up circuit breaker
Cs : Closing switch for branch circuit
St : Test circuit breaker (GMCB)
L_1, L_2, L_3, L_4 : Reactor
Vd : Voltage divider
Sh : Coaxial shunt

Fig. 8.11 Simplified test circuit and tested waveforms of the short-circuit test with delayed current zero. (**a**) Test circuit. (**b**) Voltage and current waveforms

테스트 개체는 양쪽의 절연 위상 모선 덕트에 연결된다. 끝 부분에는 냉각 시스템의 입구 및 출구 용 튜브가 설치되었다. 수냉식 공기 처리기를 사용하여 시스템을 통해 공기를 불어 내고 온도를 안정화했다. 3상 전류는 부스덕트의 한쪽 끝에 위치한 전류 공급 변압기를 사용하여 주입된다.

8.6 발전 차단기 역사(History of Generator Circuit Breaker)

발전 발전소는 먼저 변압기와 발전기 사이에 발전기 차단기를 설치했다. 그러나 당시 기술적 인 한계로 인해 발전 용량이 증가하면서 사용이 어려웠다.

1960년대에는 더 높은 정격 전력에 대한 요구 사항을 충족하기 위해 공기 분사 기술이 적용된 최초의 발전기 차단기가 발전소에 설치되었다. 발전기 차단기는 에어 블라스트 아치형 챔버, 단로기 및 개방 저항기로 구성되었다. 개방 저항은 지연 전류 제로 현상의 발생을 방지하고 TRV의 상승률을 완화하기 위해 사용되었다.

1970년대 후반, 개방 저항을 적용하지 않고 SF_6 기술이 적용된 최초의 발전기 차단기가 개발되었다. SF_6 기술로 향상된 차단 및 절연 성능을 구현하여 200kA를 초과하는 더 큰 단락 성능을 가진 소형 발전기 차단기를 설계했다. 그림 8.13은 각각 공기 분사, SF_6 가스 및 진공 기술이 적용된 발전기 차단기의 예를 보여준다.

Fig. 8.12 Test setup of the temperature rise test with generator circuit breaker (Smeets and Zehnder 2006). (Courtesy of DNV-GL KEMA Laboratories)

CIGRE 세션 보고서(Palazzo et al. 2012)는 다양한 기술을 사용하는 발전기 차단기의 신뢰성 결과의 예를 보여준다. 그들은 보고했다 Air−Blast Type과 같은 구형 설계는 SF_6 puffer 형의 모뎀 설계보다 고장 빈도가 더 높았다.

8.7 전 차단기 구조(Structure of Generator Circuit Breakers)

8.7.1 기본 구조(Fundamental Configuration)

발전기 차단기의 원리는 고전압 라이브 탱크 차단기의 원리와 매우 유사한다. 세 개의 차단기 각각에는 전기 차단기 구성 요소와 접지 사이에 충분한 공기 절연을 유지하는 자기 또는 복합 재료의 외부 절연체가 있다. 차단기의 움직이는 부분은 기계적으로 작동 메커니즘에 연결된다. 발전기 주 회로의 기본 구성은 일반적이므로 발전기 차단기는 일반적으로 차단 스위치, 접지 스위치, 서지 어 레스터, 서지 커패시터, 전압 및 전류 변압기와 함께 하나의 장치에 통합된다. 그림 8.14는 발전기 차단기 베이의 일반적인 다이어그램을 보여주고, 그림 8.15는 완전한 발전기 차단기의 예를 보여준다(Otani et al. 2015; CIGRE Technical Brochure 716 2018).

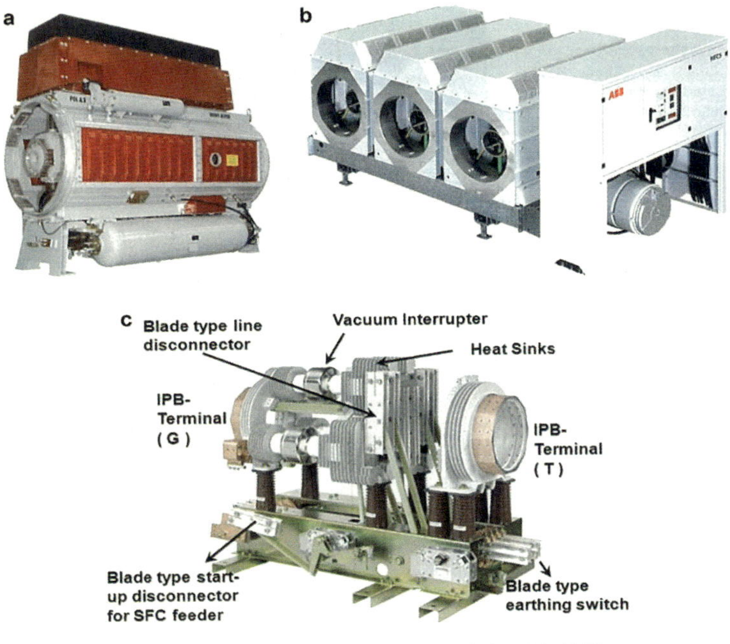

Fig. 8.13 Generator circuit breakers with different technologies. (**a**) Air-blast-type generator circuit breaker. (Courtesy of ABB). (**b**) SF_6 gas-type generator circuit breaker (ABB n.d.). (Courtesy of ABB). (**c**) Generator circuit breaker with vacuum interrupter (Leufkens et al. 2018). (Courtesy of Siemens AG)

8.7.2 인터럽터(Interrupter)

SF_6 기술을 적용한 발전기 차단기는 대규모 단락전류 차단시 축적되는 높은 압력으로 인한 반발력에 대처하기 위해 일반 HV 차단기보다 더 큰 작동 에너지를 필요로 한다.

작동 에너지의 감소는 주로 가스를 가열하고 필요한 호흡 압을 확보하기 위해 아크 에너지를 사용하여 달성되었다. 차단기 장(► 5장 참조)에 설명된 자가 폭발 차단기는 일반적으로 발전기 차단기에 적용된다. 그림 8.16은 자체 폭발 차단기의 단면도의 예를 보여준다. 아크에 의해 방출된 에너지는 아크 접촉과 피스톤 사이의 가열 볼륨에서 급격한 압력과 온도 상승으로 이어진다. 아크에 의해 축적된 버퍼 압력은 주기적 전류 제로에서 아크를 소멸시키기 위해 가스 흐름을 불어 낼 수 있다. 상대적으로 낮은 전류 차단을 위해 기계식 피스톤은 더 작은 전류로 아크를 끄는 데 필요한 버퍼 압력을 축적할 수 있다.

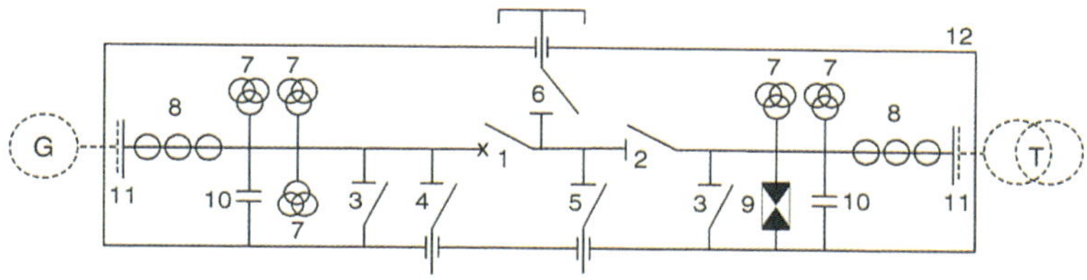

Fig. 8.14 Typical single-line diagram of a generator circuit breaker bay. 1, circuit breaker; 2, disconnecting switch; 3, earthing switches; 4, starting switch (SFC); 5, starting switch (back to back); 6, short-circuiting switch/breaking switch; 7, voltage transformers; 8, current transformers; 9, surge arrester; 10, surge capacitors; 11, terminals; 12, enclosure

Fig. 8.15 Example of a complete generator circuit breaker. (Courtesy of GE Grid Solutions)

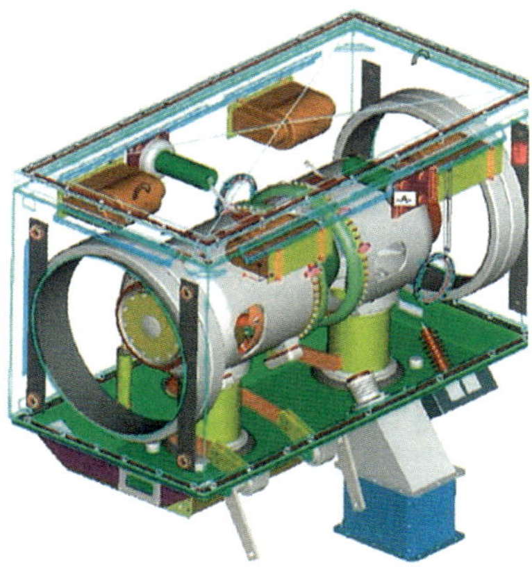

periodical current zero. For a relatively low current interruption, a mechanical piston can build up the necessary puffer pressure to extinguish the arc with smaller currents.

8.7.3 냉각 기술(Cooling Technology)

발전기 차단기에 대한 큰 전류 전달 요구 사항은 전력 손실을 최소화하기 위해 주 전류 전달 경로에서 열을 제거하는 냉각 시스템을 갖추는 것이 필수적이다.

발전 발전소의 공칭 전류는 40kA에 도달하므로 너무 큰 부피가 큰 설계를 피하기 위해 절연된 모선 컨덕터를 위한 강제 냉각 장치가 필요하다.

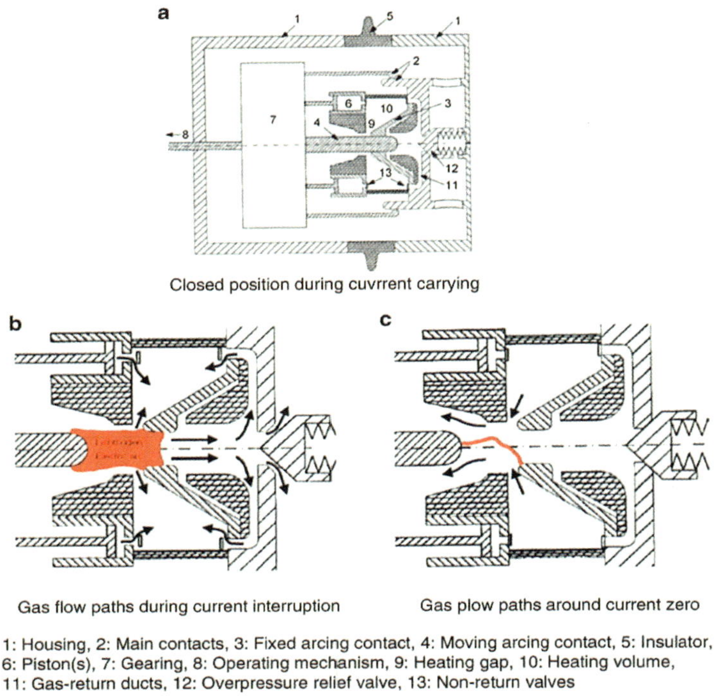

Fig. 8.16 Cross-sectional drawing of thermal arc-assisted interrupting (Otani et al. 2015). (**a**) Closed position during current carrying. 1, housing; 2, main contacts; 3, fixed arcing contact; 4, moving arcing contact; 5, insulator; 6, piston(s); 7, gearing; 8, operating mechanism; 9, heating gap; 10, heating volume; 11, gas-return ducts; 12, overpressure relief valve; 13, nonreturn valves. (**b**) Gas flow paths during current interruption. (**c**) Gas plow paths around current zero

일반적인 냉각 방법은 이전 설계에서 수냉 시스템을 사용 했음에도 불구하고 분리상 모선 컨덕터 내에 세로 방향 공기 흐름을 적용하는 것이다.

과거에는 발전기 차단기의 냉각 시스템이 물도 사용했다. 최근에는 자연 대류 냉각 시스템 및 외부 팬 냉각 시스템과 같은 몇 가지 다른 냉각 방법도 발전기 차단기에 사용된다. 그림 8.17은 외부 팬 냉각 시스템이 있는 발전기 차단기의 예를 보여준다. 그림 8.18은 SF_6 차단부에 연결된 큐비클 외부의 외부 라디에이터가 있는 발전기 차단기의 예를 보여준다.

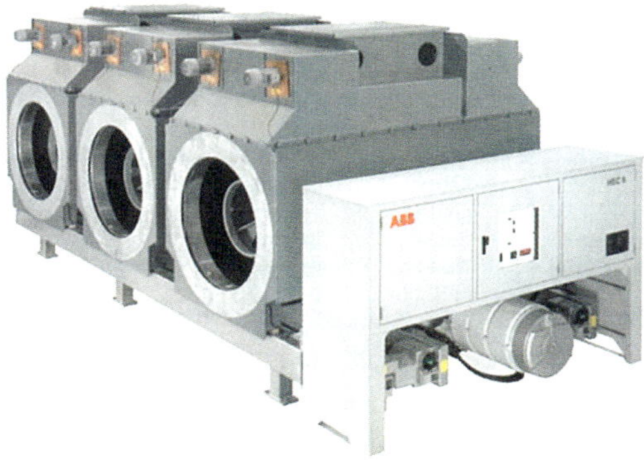

Fig. 8.17 Generator circuit breaker with an external fan cooling system (ABB n.d.). (Courtesy of ABB)

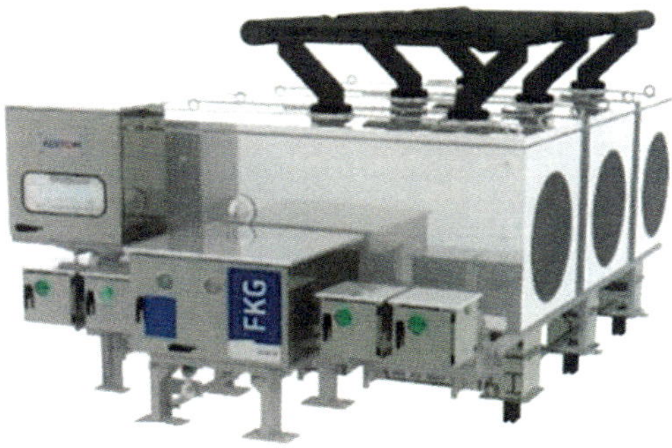

Fig. 8.18 Generator circuit breaker with external radiators (Dufournet and Willieme 2002). (Courtesy of GE Grid Solutions)

8.8 요약

발전기 차단기는 100−1800 MV 정격의 발전기 테니 널에 직접 연결되며, 비교적 작은 발전기가 여러 대 공통 모선에 연결된 다중 장치 발전기가 있는 스테이션에 일반적으로 적용된다. 발전기 차단기의 다른 쪽은 승압 변압기 및 HV 차단기에 연결된다. 발전기 차단기의 전류 차단 기능은 최대 300kA 수준에 도달하고 공칭 전류 전달 기능은 6.3~40kA이다. 발전기 차단기의 주요 이점은 고장 발생 후 5~7주기 또는 현재 3−5 주기로 중단 된 다음 발전기를 분리 할 수 있다. 다른 장점으로는 보조 부하 전달 제거와 발전기가 시스템과 동기화 될 때 신뢰성이 향상된다는 것이다.

참고문헌

ABB: Generator Circuit–Brcakcrs "Application Guide; 1HC0079219AA10

Brown, D., Kocppl, G.S.: Consequences on the Voltage Stresses Imposed on Step–up Transformers Due to the Use of Generator Circuit Breakers, 2004 CIGR.E Session Report A3–302 (2004)

CIGRE Technical Brochure 231: Definition and Classification of Power System Stability (2003)

CIGRE Technical Brochure 716: System Conditions for and Probability of Out–of–Phasc, JWG A3//B5//C4.37 (2018)

Dufburnct, D., Willieme, J.M.: Generator Circuit Breaker: SF_6 Breaking Chamber, Interruption of Current with Non–zero Passage, Influence of Cable Connection on TRV System Fed Fa나Its CIGRE Session Report, 13–101 (2002)

IEEE C37.013a: IEEE Standard for AC High Voltage Generator Circuit Breakers Rated on a Symmetric시 Current Basis — Amendment 1: Supplement for Use with Generators Rated 10–100 MVA (2007)

Leufkens, P., Nay ar, R., Venna, K.R.: Vacuum Generator Circuit Breaker as a Reliable SF_6 Alternative with Reduced Life Cy이c Costs for Power Plants up to 400 MW, 2018 CIGRE Session Report A3–302 (2018)

Otani, H., Yoshitomo, Y., Tokoyoda, S., Yo이'lida, D., Kamci, K.: Interrupting Duties of Delayed zero Crossing Current at Short–Circuit Fault in Generator Main Circuit, 2이 5 CIGRE SC A3 & B3 Colloquium Nagoya, Report–214 (2015)

Palazzo, M., Braun, D., Cavalicrc, K., Dahinden, K., Eberle, R., Kicchl, W., Lankcr, M.: Reliability Analysis of Generator Circuit Breakers, CIGRE Session Report, A3–206 (2012)

Smccts, R.P.P., Zehnder, L.: Extreme Stresses on Generator Circuit Breakers, 2006 CIGRE Session Report, A3–306 (2006)

Smccts, R.P.P., Kuivenhoven, S., te Paske, L.H.: Testing of Vacuum Circuit Breakers for Transmission Voltage and for Generator Circuit Currents, CIGRE Session Report, A3–309 (2이 0)

Smeets, R.P.P., te Pasko, L.H., Kuivenhoven, S., Thomas, R., Royot, V.,

Robin−jouan, P., Willieme, J.M., Jacquicr, F.: Intermption Phenomena and Testing of Very Large SF_6 Generator Circuit Breakers, 2014 CIGRE Session Report, A3−306 (2014)

Task Force on Terms & Definitions System Dynamic Pcrfonnancc, Power System Engineering Committee: Proposed terms & definitions for power system stability. IEEE. PAS−101(7), 1895 (1982)

9

단로기 및 접지 스위치

David Peelo

Keywords

- 단로기
- 접지 스위치

D. Peelo (E)
DF Peelo & Associates Ltd., Surrey, BC, Canada
e-mail: dfpcclo@iccc.org

9.1 서론(Introduction)

단로기는 전기 회로의 일부에 전원을 공급하고 차단하는 기계식 스위칭 장치이다. 접지 스위치는 전기 회로의 일부를 접지하는 기계식 스위칭 장치이다.

단로기는 주로 연결이 열려 있는지 닫혀 있는지 시각화하는 데 사용된다. 그림 9.1은 단로기의 몇 가지 예를 보여준다. 차단기와 달리 단로기는 전류 차단 능력이 없다. 따라서 단로기는 전류가 흐를 때 그리고 개방 후 접점에 회복 전압이 생성될 때 열리지 않는다. 단로기는 개방 후 접점에 무시할 수 있는 전압이 나타날 때 작은 전류를 차단할 수 있다.

접지 스위치는 주로 장치를 포함한 회로의 일부를 접지 전위로 만들어서 안전하게 접근할 수 있도록 하는 데 사용된다. 접지 스위치는 단로기와 결합되거나 단로기와 독립적일 수 있다.

이 장에서는 스위치 및 접지 스위치 분리에 대한 설계, 요구 사항 및 현장 경험을 다룬다.

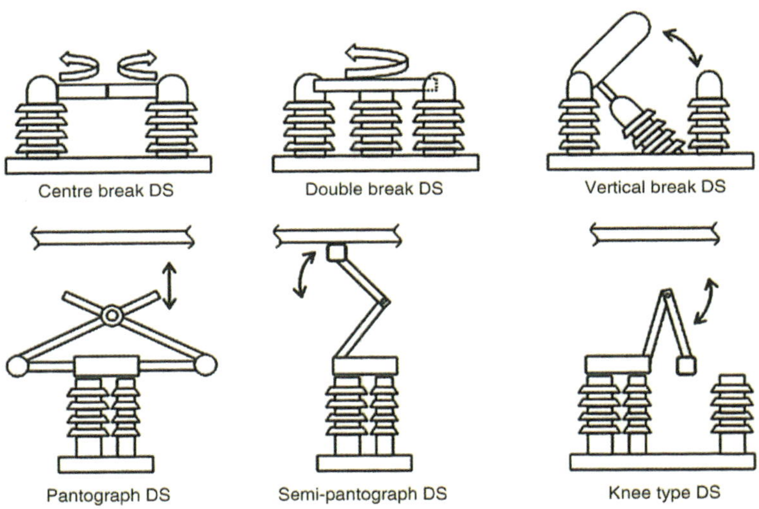

Fig. 9.1 Different designs of air-insulated disconnecting switches

9.2 용어 정의(Definitions of Terminology)

가스 차단기(Gas Circuit Breaker)

SF_6 가스 차단기는 절연 및 차단 매체로 육 불화황을 사용하는 전기 스위치이다. SF_6 가스 차단기는 가스로 채워진 외함 내에 가동 및 고정 접점으로 구성된다. 개방 동작시 퍼퍼 실린더 내부의 가스가 가압되고 노즐을 통해 고압 가스를 접점 사이에 생성된 아크로 분사하여 냉각을 통해 아크를 소멸한다.

단로기(Disconnecting Switch)

무시할 수 있는/누설 전류로 회로를 개방 및 폐쇄할 수 있는 스위칭 장치는 개방되거나 투입되거나 단로기의 각 극 단자 사이 전압에 현저한 변화가 없다.

접지 스위치(Earthing Switch)

접지(Earting/grounding) 및 회로의 절연을 목적으로 하는 접지 스위치

접점(Contact)

폐로 상태에서 전류를 전달하고 개방 상태에서 운전전압을 견디도록 설계된 접점

외함(Enclosure)

외부 영향에 대한 장치의 지정된 보호 수준과 활성 부품에 접근 또는 접촉 및 가동 부품에 접촉에 대한 지정된 보호 수준을 제공하는 스위치 기어의 일부

조작 메커니즘(Operating Mechanism)

접점을 개폐하는 단로기 및 접지 스위치의 부품.
일반적으로 모터 구동 또는 수동 동작 스프링 구동 메커니즘이다.

절연 확보거리(Clearance)

장치의 두 도전성 부품간 최단방법으로 연장한 선을 따라 두 도전성 부품간의 거리. 기중 간격은 공기 절연 장치의 두 도체간 거리를 나타낸다.

폐회로 개폐(Loop Switching)

한 전류 전달 경로에서 다른 병렬 경로로 전류 정류. 단로기의 접점 간 아크 전압 및 저항에 따라 정류된다. 루프 스위칭은 변전소 내의 버스 간에만 발생한다는 가

정하에 IEC 용어로 모선 전환 스위칭을 말한다.

국제 전기기술용어(IEV)[International Electrotechnical Vocabulary(IEV)]

국제 전기기술용어(IEV)는 IEC에서 생산한 전자 매체로서, 전력시스템에 사용되는 중요한 기술 용어를 정의한다.

9.3 약어(Abbreviations)

AIS	공기 절연 개폐장치(Air-insulated switchgear)
C	닫힘 동작(Closing operation)
CB	차단기(Circuit breaker)
DS	단로기(Disconnecting switch, disconnector)
ES	접지 스위치(Earthing switch)
GIS	가스 절연 개폐장치(Gas insulated switchgear)

9.4 기술 요구사항(Technical Requirements)

9.4.1 서론(Introduction)

'단로기'라고도 하는 단로기는 주로 전력 시스템에서 이격 기능을 제공하기 위한 것이다. IEV(International Electrotechnical Vocabulary)는 단로기(단로기)에 대해 다음과 같은 정의(참조 441-14-05)한다.

개방 위치에서 지정된 요구 사항에 따라 이격 거리를 제공하는 기계식 스위칭 장치이다.

안전한 작업 조건을 위해 이격을 시키기 위한 단로기에 대한 요구사항은 첫 번째 안전 코드(미국 상무부, 표준국 회람, No. 49 1915)에 포함되었다. 영향을 받은 단로기를 개방하고, 무단 폐쇄를 방지하기 위해 차단하고, 진행 중인 작업을 나타내기 위해 표시하는데 필요한 코드는 현재도 유효하다. 이후 버전의 코드에서는 단로기가 북미의 모든 전기 안전 코드(National Electrical Safety Code 1948)에 포함된 용어인 "가시적 차단"을 제공하는 것으로 설명되어 있다. 개방 가시적 차단 단로기 외에도 보호 접지가 필요했으며, 이는 9.4장에서 논의한 접지 스위치로 발전했다. 참고로 "가시적 차단" 조항은 IEC 표준 요구 사항이 아니다. 다음에서는 공기 절연 장치만 고려된다.

단로기에 대한 표준 요구 사항은 IEC 62271-102(2001년 발행, 개정 1: 2011 및 개정 2: 2013) 2013)에 나와 있다. 폐쇄 위치에서는 허용 온도 상승을 초과하지 않는 부하 전류를 전달하고 고장 전류를 견디기 위해 정격 전압, 일시적 과전압, 낙뢰 및 스위칭 과전압(접지 간 및 상간에 적용 가능)을 견디기 위해 단로기가 필요하다. 후자의 요구 사항은 9.5절에서 설명한다. 개방 위치에서 이격 기능을 검증하기 위해 위에서 언급한 접지 전압과 상간 전압 및 개방 갭(극간)에 걸쳐 증가된 값을 견디기 위해 단로기가 필요하다.

9.4.2 절연 요구사항(Dielectric Requirements)

IEC 62271-100에 따라 일반적으로 고전압 개폐 장치는 두 가지 정격 전압 범위로 나뉜다(IEC 62271-1 n.d). 범위 I은 정격 245kV 이하의 개폐 장치와 300kV 이상 등급의 범위 II의 개폐 장치는 새로운 UHV 레벨 1100 및 1200kV를 포함한다. 범위 I에서는 뇌 임펄스 전압은 극간과 관련된 치수가 결정되는 반면, 범위 II에서는 스위칭 임펄스 전압이 필요한 간극을 결정한다(IEC 60071-1 n.d., IEC 60071-2 n.d). 표 9.1, 9.2, 9.3은 각각 정격 145kV, 550kV, 1100kV 및 1200kV에서 단로기의 내전압 요구 사항을 보여준다.

표 9.1, 9.2 및 9.3을 참조하여 요구하는 격리 기능과 관련하여 다음과 같은 설명을 할 수 있다.

표 9.1에서 오픈 갭 사이에 요구되는 내력은 접지보다 15% 더 크다. 따라서 과전압 발생으로 인한 대지 간 섬락 가능성은 오픈 갭보다 크다.

표 9.2 및 9.3에서 뇌 임펄스 및 스위칭 임펄스 모두 고려 사항이며 오픈 갭의 내력 성능은 소위 바이어스 테스트에 의해 입증된다. 이러한 테스트에서 AC 시험 전압은 단로기 한쪽에 적용되고 임펄스 시험 전압은 다른 쪽에 인가된다. 두 시험 전압의 극성은 서로 반대여야 한다. 즉, 음의 AC 전압 피크와 일치하는 양의 임펄스 전압을 인가하고 그 반대의 경우도 마찬가지이다. 1.2/50us의 짧은 지속 시간이 주어진 뇌 임펄스의 경우, 실제로 극성에 관계없이 AC 전압 피크와 일치하는 것은 매우 불가능하며 접지에 대한 피크 정격 전압의 평균 0.7pu가 사용된다(이것은 1pu 정현파 반주기의 0.637pu 평균값에서 반올림된 값이다). 정격 550kV급 단로기의 경우 이는 450(kV 피크)×0.7 = 315kV 피크에 해당한다. 스위칭 임펄스 전

압의 경우 전력 주파수 반주기 기간에 비해 250/2500us의 긴 기간은 피크 값의 일치를 고려하고 AC 정격 전압 피크 대 접지의 전체 값이 사용됨을 의미한다.

Table 9.1 Dielectric withstand requirements for a 145 kV disconnecting switch (IEC 62271-1 n.d.)

Rated voltage U_r: kV (rms value)	Rated short-duration power-frequency withstand voltage U_d: kV (rms value)		Rated lightning impulse withstand voltage U_p: kV (peak value)	
	Common value	Across the isolation distance	Common value	Across the isolating distance
145	230	265	550	630
	275	315	650	750

Table 9.2 Dielectric withstand requirements for a 550 kV disconnecting switch (IEC 62271-1 n.d.)

Rated voltage U_r: kV (rms value)	Rated short-duration power-frequency withstand voltage U_d: kV (rms value)		Rated switching impulse withstand voltage U_s: kV (peak value)			Rated lightning impulse withstand voltage U_p: kV (peak value)	
	Phase-to-earth and between phases	Across open switching device and/or isolating distance	Phase-to-earth and across open switching device	Between phases	Across isolating distance	Phase-to-earth and between phases	Across open switching device and/or isolating distance
550	620	800	1050	1680	900 (+450)	1425	1425 (+315)
			1175	1760	900(+450)	1550	1550 (+315)

Table 9.3 Dielectric withstand requirements for disconnecting switches rated at 1000 kV and above (IEC 62271-1 n.d.)

Rated voltage U_r: kV (rms value)	Rated short-duration power-frequency withstand voltage U_d: kV (rms value)		Rated switching impulse withstand voltage U_s: kV (peak value)			Rated lightning impulse withstand voltage U_p: kV (peak value)	
	Phase-to-earth and between phases	Across open switching device and/or isolating distance	Phase-to-earth and across open switching device	Between phases	Across isolating distance	Phase-to-earth and between phases	Across open switching device and/or isolating distance
1100	1100	1100	1675	2765	1550 + (900)	2250	2250 + (630)
		1100 + (635)	1800	2880		2400	2400 + (630)
1200	1200	1200	1800	2970	1675 + (980)	2400	2400 + (685)
		1200 + (695)	1950	3120		2550	2550 + (685)

임펄스와 관련된 모든 테스트에는 15/2 시리즈가 사용된다. 각 테스트에 대해 15개의 임펄스가 적용되며 자기 회복 절연체에서 플래시 오버가 2회 이상 발생하지 않으면 테스트는 성공적이다. 공기 절연 단로기의 경우 접지와 오픈 갭 사이의 절연이 자기 회복된다. 그러나 시리즈에서 실제 플래시 오버가 발생하는 위치와 개선 조치의 필요성 에 주의를 기울이다(IEC 62271−306 n.d.).

9.4.3 정격전류와 온도상승(Rated Normal Current and Temperature Rise)

일반적으로 고전압 스위치 기어의 정격 정상 전류는 40℃의 주변 공기 온도에서 해당 부품 및 재료에 대한 최대 온도 상승 및 온도 제한을 초과하지 않고 스위치 기어가 전달할 수 있는 rms 전류 값이다. 최대 온도 상승 및 온도 제한은 표 9.4에 나와 있으며 해발 1000m의 고도에 적용된다.

기타 모든 접점, 연결 및 단자 관련 재료의 경우 실제 속성을 고려하여 최대 값을 결정해야 한다.

정격 정상 전류 값은 R10 시리즈에서 선택된다. 연속적인 항 사이에 일정한 비율을 갖는 기하학적 시리즈이다. n번째 항과 다음 n+1항은 다음과 같이 지정된다.

Table 9.4 Rated normal current maximum temperature rises and temperatures for various parts and material in air (IEC 62271-1, published in 2007 and Amendment 1:2011)

Part	Material	Maximum value	
		Temperature °C	Temperature rise at ambient air temperature ≤ 40 °C (K)
Contacts	Bare copper or bare copper alloy Silver coated or nickel coated Tin coated	75 105 90	35 65 50
Connection	Bare copper or bare copper alloy Silver coated or nickel coated Tin coated	90 115 105	50 75 65
Terminals for connection to external conductors by screws or bolts	Bare Silver, nickel, or tin coated	90 105	50 65

$$10^{\frac{n}{10}} \text{ and } 10^{\frac{n+1}{10}}$$

연속 용어간의 비율은 다음과 같다.

$$\frac{10^{\frac{n+1}{10}}}{10^n} = 10\frac{1}{10} = 1.2589$$

따라서 반올림 후 시리즈는 다음과 같다.

$$1 - 1.25 - 1.6 - 2 - 2.5 - 3.15 - 4 - 8$$

정격 값은 10^n을 곱하여 얻어지므로 3150A와 같이 잘 알려진 정격 정상 전류가 된다.

40℃가 아닌 주변 온도의 경우 허용 부하 전류는 표 9.4와 다음 방정식을 사용하여 계산할 수 있다.

$$I_a = I_r\left(\frac{T_{max} - T_a}{T_r}\right)^{1/1.8} \tag{9.1}$$

I_a = 주위 온도 T_a에서의 허용 부하 전류

I_r = 주위 온도 40℃에서의 정격 정상 전류

T_{max} = 적용 가능한 부품과 재질에 대한 표 9.4의 최대 온도

T_r = 적용 가능한 부품과 재질에 대한 표 9.4의 허용 가능한 온도 상승

온도 상승은 전류 제곱에 비례한다. 그러나 복사 및 대류의 영향을 허용하려면 식 9.1에서와 같이 1.8의 지수를 사용하는 것이 좋다.

일반적으로 주변 온도가 40℃ 미만인 경우 Eq. 9.1은 가장 높은 T_{max} 값을 가진 부품 및 재료에 적용되며, 주변 온도가 40℃ 이상인 경우 T_{max} 값이 가장 낮은 부품 및 재료에 사용한다. 곱셈 계수는 그림 9.2에서 설명된다.

$$\left(\frac{115 - T_a}{75}\right)^{1/1.8} \text{ and } \left(\frac{90 - T_a}{50}\right)^{1/1.8}$$

40℃ 미만의 범위에서는 앞의 식으로 허용 부하 전류를 계산하고, 40℃ 이상의 범

위에서는 뒤의 식으로 전류를 결정한다.

동적 하중의 경우 계산 절차는 다음과 같다.

1. Eq. 9.1을 사용하여 해당 주변온도에서 허용되는 부하 전류를 계산한다.
2. Eq. 9.2를 사용하여 초기 핫스팟 T_i를 계산한다.

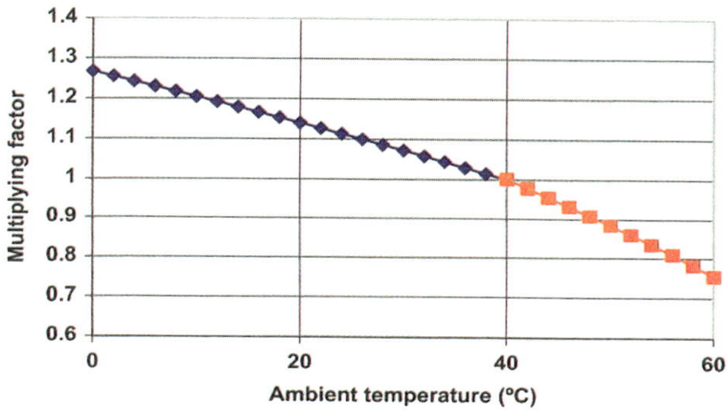

Fig. 9.2 Multiplying factors as a function of ambient temperature

$$T_i = \left(\frac{I_i}{I_r}\right)^{1.8}(T_r) + T_a \tag{9.2}$$

여기서 I_i는 초기 부하 전류이고 다른 변수는 앞에서 정의한 것과 같다.

3. Eq. 9.3을 사용하여 원하는 단시간 과부하 전류 I_s로 인한 핫스팟 온도 T_s를 계산한다.

$$T_s = \left(\frac{I_s}{I_r}\right)^{1.8}(T_r) + T_a \tag{9.3}$$

4. Eq. 9.4와 9.5을 사용하여 T_i부터 T_s까지의 온도상승 시간을 계산한다.

$$T_{max} = (T_s - T_i)\left(1 - e^{-t_s/\tau}\right) + T_i \tag{9.4}$$

여기서 T_s는 부품 및 재료의 T_{max} 한계에 도달하는 시간이고 τ는 열 시정수이다.

식 9.4를 재정렬하면 t_s는 식 9.5로 주어진다.

$$t_s = -\tau/n\left[1 - \frac{T_{max} - T_i}{T_s - T_i}\right] \tag{9.5}$$

예를 들어, 30℃ 주변 온도에서 초기 전류가 2500A 몇 시간동안 흐르고 40℃에서 3150A 정격 인 단로기를 분리하는 것을 고려해 보자. 단로기는 3600A의 단시간 전류를 얼마 동안 전달할 수 있을까?

이 온도는 115℃ T_{max} 값을 초과하므로 T_s가 115℃에 도달하면 전류는 3376A로 감소되어야 한다. 식 9.5로부터 $\tau = 0.5h$라고 하면, 상기 시간에서 전류는 3376A로 감소한다.

9.5 공기 단로기에 의한 전류 소호(Current Interruption Using Air-Break Disconnecting Switches)

9.5.1 개요 및 일반관례(Overview and Common Practices)

단로기는 전류를 차단하도록 의도되거나 지정된 것은 아니지만, 활성 조건에서 동작한다는 사실 덕에 작은 전류를 차단할 수 있다. 단로기에 대한 IEC 정의에 다음 참고 사항이 추가되었다(IEV 참조 441-14-05 참조).

단로기는 무시할 수 있는 전류가 끊기거나 생성될 때 또는 단로기의 각 상 단자에서 전압 변화가 발생하지 않을 때 회로를 개폐할 수 있다.

구체적으로 언급되지는 않았지만 이 설명은 작은 용량성 충전 전류와 루프 스위칭(병렬 스위칭이라고도 함), 특정 응용 분야에서는 모선 전환 개폐로 해석될 수 있다. 1EC 62271-102는 이를 확인하고 "무시할 수 있는" 용량성 충전 전류에 대해 상한 값을 0.5A로 설정하였으며, 이는 사용와 제조업체 간의 합의에 따라 더 높은 값으로 결정된 것이다(IEC 62271-102 n.d.). 정격 모선 전환 전류는 표준에서 다음과 같이 다루어진다. 52kV $< U_r <$ 245kV에서, 단로기의 정격 정상 전류의 80%, 최대 1600A. 245kV $< U_r <$ 550kV에서, 단로기의 정격 정상 전류의 60%; 및 $U_r >$ 550kV에서, 단로기의 정격 정상 전류의 80%, 최대 4000A로 제한된다.

실제로, 특히 북미에서는 무부하 변압기를 차단하는 데 일반적으로 공기 차단 단로기가 사용되며, 이에 대해서는 섹션 9.5.2에서 설명한다. 또 다른 사례는 더 높은 루프 임피던스로 인해 비록 더 낮은 전류에서도 병렬 송전 루프 사이의 개폐하는 것으로 모선 전환을 확장한다(섹션 9.5.4 참조).

북미와 다른 지역에서 제한적으로 널리 사용되는 또 다른 관행은 개폐 이벤트(예를 들어 재점화 발생을 최소화 하는 등)의 삼각도를 줄이기 위해 또는 더 높은 차단 성능을 달성하기 위해 보조 차단 장치를 추가하는 것이다. 이 장치는 섹션 9.6.7에서 논의한다.

9.5.2 무부하 변압기 개폐(Unloaded Transformer Switching)

단로기는 자화 전류가 일반적으로 1A 이하인(Peelo 2004) 72.5−245kV 범위의 무부하 변압기의 고압측 개폐에 사용된다. 변압기는 그림 9.3과 같이 직렬 RLC 회로로 나타낼 수 있으며 관련 발진은 단위당 1.4 이하의 진폭 계수로 언더 댐핑된다(Peelo 2014). 실제 계통 전환 이벤트의 그래프가 그림 9.4에 나와 있다. 단로기 극간 과도회복전압(TRV)은 그림 9.5과 같이 전원 전압과 변압기측 발진 사이의 차이이다.

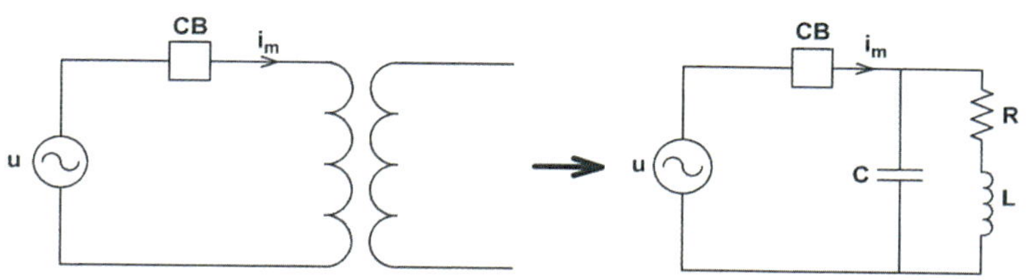

Fig. 9.3 Unloaded transformer switching: transformer equivalent RLC circuit

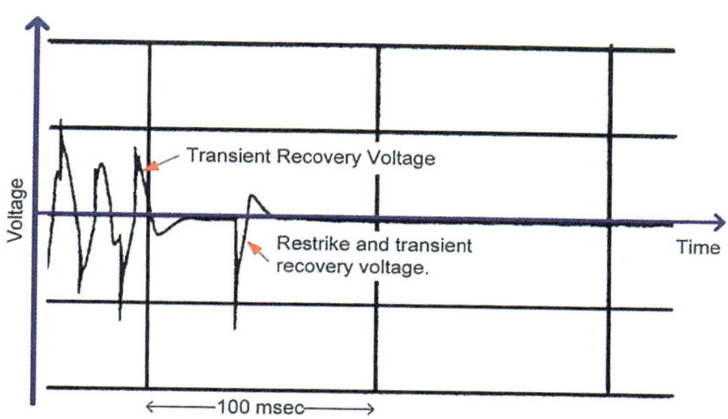

Fig. 9.4 Field trace showing transformer-side oscillation after current interruption. (Courtesy of BC Hydro)

전류 차단은 본질적으로 접촉 갭이 TRV를 견딜 수 있을 만큼 충분할 때 발생하는 절연 이벤트이다.

무부하 변압기의 자화 전류를 차단하는 것은 수많은 재점화가 발생하는 반복적인 차단-투입이다. 재점화는 지속시간에 의해 아크 시간이 연장되는 돌입전류를 초래하고 아크 혼을 마모시킨다.

9.5.3 용량성 전류 소호(Capacitive Current Interruption)

가스 절연 개폐장치(GIS)에서 단로기를 사용하여 용량성 전류 차단 필요성은 해당 유형의 장치(IEC 62271-102 n.d.)의 발전 초기에 표준화되었다. 공기 차단 단로기와 관련하여 동일한 성능을 처리해야 할 필요성은 지난 10년간 상당한 연구 결과를 가져왔다(Peelo 2004; Chai 2012; Peelo et al. 2005; Chai et al. 2010). 실제 정격을 규정하는 것이 아니라 응용장치의 전류 값을 어떻게 테스트해야 하는가에 대한 IEC 기술 보고서(IEC 62271-305 TR n.d.)가 이어졌다.

충전 전류 개폐에 대한 등가회로는 그림 9.6에 나타나 있다. 상기 언급한 연구에 따르면 차단은 전류 크기뿐만 아니라 전원측 커패시턴스와 부하측 커패시턴스의 비율 C_S/C_L에 따라 달라진다.

1A 이하의 전류의 경우 아크는 열적 특성을 나타내지 않으며 증가하는 접촉 갭 내에서 사실상 고정된다. 1A 이상에서는 아크가 열적 특성을 나타내며 대류로 인해 상승한다. 또한, 재점화는 이전 아크 채널을 따라 발생한다. 이는 무작위 고장 경로에서 재점화가 발생하는 1A 이하의 경우와 대조적으로 발생한다(Peelo 2004; Chai 2012).

C_S/C_L 비율의 영향은 덜 명확하며 균등화 전압 및 발생시 전원 전압으로의 후속 회복과 관련이 있다.

재점화는 실제로 두 개의 발진 이벤트를 순서대로 포함한다. 그림 9.6을 참조하면 첫 번째 이벤트는 C_S-단로기-C_L 루프를 포함하고 재점화는 C_S 및 C_L의 전압을 균등화한다. 이것은 동기화 전압 V_E이며 방정식(Peelo 2004, 2014)으로 제공된다.

여기서 V_S는 소스 측 전압이고 V_D는 재발호 전에 단로기 양단의 전압이다. $C_S > C_L$이면 방정식의 두 번째 항이 크고 V_E값은 소스 측 전압 V_S에 가깝다. 마찬가지로 $C_S < C_L$이면 두 번째 항이 작고 V_E값은 부하측 전압 V_L에 가깝다. 재

발호와 관련된 두 번째 이벤트에서 단로기의 전압은 동기화 전압 V_E에서 소스 측 전압 V_S로 회복된다. 분명히 $C_S < C_L$의 후자에 해당하는 경우 더 높은 과전압과 아크로의 에너지 주입이 높아져 지속 시간이 길어진다.

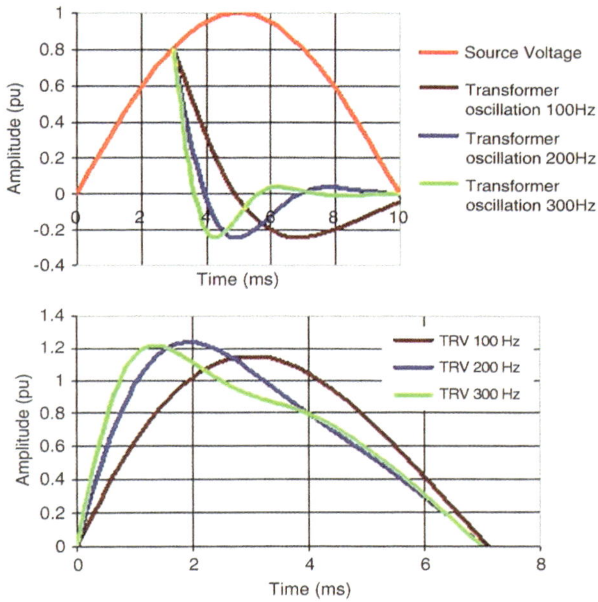

Fig. 9.5 Unloaded transformer switching (Transient recovery voltage is the difference between the source- and load-side voltages)

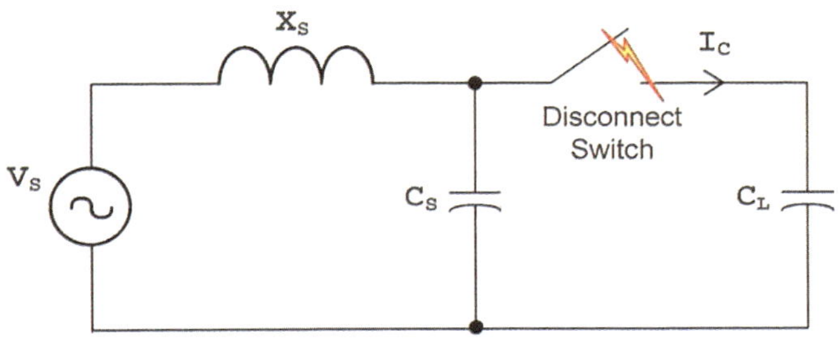

Fig. 9.6 Equivalent circuit for capacitive current switching

그림 9.7과 9.8은 300kV 센터 브레이크 단로기에 대한 실험실 테스트의 그래프이다. 그림 9.7에서 C_S/C_L 비율은 양호하고 과전압 피크 $V_{pk} = 300\text{kV}$이다. 그림 9.8에서 C_S/C_L 비율은 좋지 않고 과전압 피크 $V_{pk} = 536\text{kV}$이다.

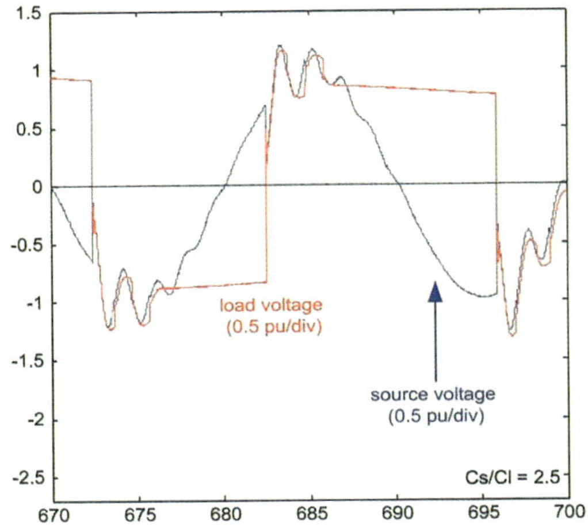

Fig. 9.7 300 kV disconnecting switch breaking 2 A with $C_S/C_L = 2.5$. (Courtesy of DNV GL/KEMA Laboratories)

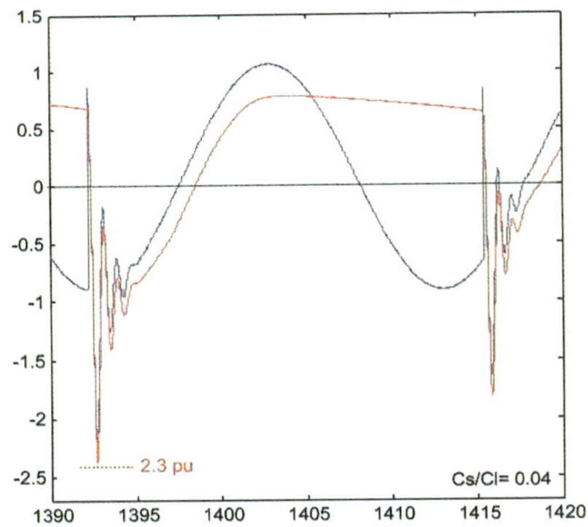

Fig. 9.8 300 kV disconnecting switch breaking 2 A with $C_S/C_L = 0.04$. (Courtesy of DNV GL/KEMA Laboratories)

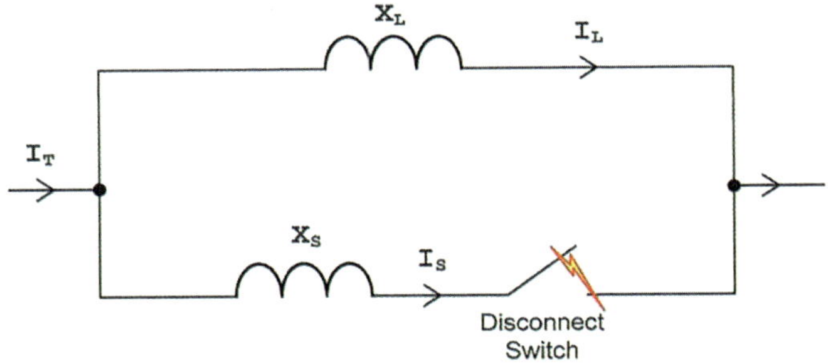

Fig. 9.9 Loop switching circuit

IEC 용어에서 루프 스위칭은 변전소 내의 모선간에만 발생한다는 가정하에 모선 전송이라고 한다(IEC 62271-102 n.d.). 차단 스위치의 전류가 경로로 전달될 때 0으로 감소하고 회복 전압은 단순히 초기 전류에 루프 임피던스를 곱하기 때문에 스위칭은 전력 주파수 이벤트이다. 1600A에 대한 IEC 62271-102의 요구사항 및 300V 회복전압의 경우, 루프 임피던스는 0.1875 옴(IEC 62271- 102 n.d.)이다. 이 요구 사항은 이제 적용 전압 범위에 따라 다양한 회복 전압에서 단로기의 정격 전류의 80%로 수정된다.

루프 스위칭 실험실 테스트 그래프는 그림 9.10에 나와 있다. 아크에 입력되는 전원의 변화율이 양수일 경우 아크는 변화율만큼 기간동안 유지될 것이며, 변화율이 음이 되면 불안정 해지고 붕괴될 것이다(Peelo 2004). 이 과정은 공기 중의 자유 연소 아크와 관련된 또 다른 현상으로써 그림 9.10에서 명백하다. 이러한 아크는 매우 불규칙하고 아크상의 두개 지점에서 접촉할 수 있어, 해당 지점을 지난 아크의 부분에서 단락이 발생된다. 이것이 부분 아크 붕괴라고 알려져 있다. 아크 전압, 저항 강하, 그리고 전류는 아크시간을 연장시키는 병렬 경로로부터 다시 전송된다. 그러나 붕괴는 아크의 도달 혹은 이동을 제한하므로 긍정적 인 속성이다. 아크 상부의 색상 변화에 의해 입증된 부분적인 아크 붕괴 이벤트가 그림 9.11에 나와 있다.

9.6 단로기 유형 및 보조 기기(Disconnecting Switch Types and Auxiliary Attachments)

9.6.1 서론(Introduction)

사용중인 주요 공기 차단 단로기는 수직 브레이크, 센터 사이드 브레이크, 더블 브레이크, 무릎 및 팬터그래프 유형이다. 각각의 전력회사에 의해 사용되는 유형은 일반적으로 표준 변전소 레이아웃 기준을 기반으로 한다.

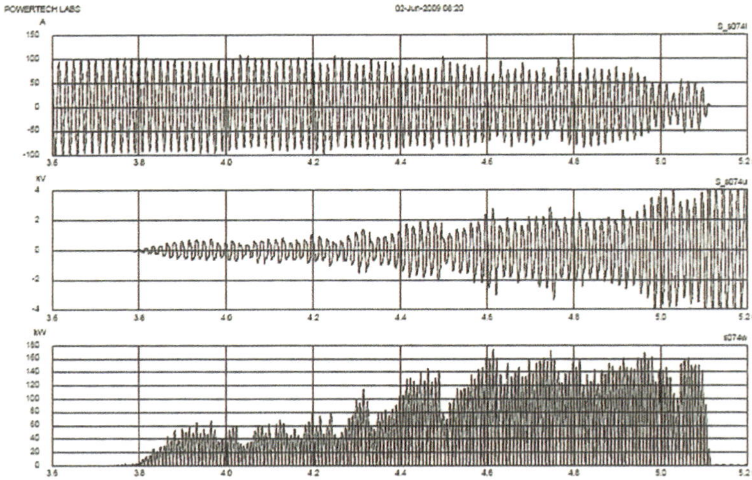

Fig. 9.10 Loop switching trace for initial current 70 A and a loop impedance of 40 ohm. (Courtesy of BC Hydro)

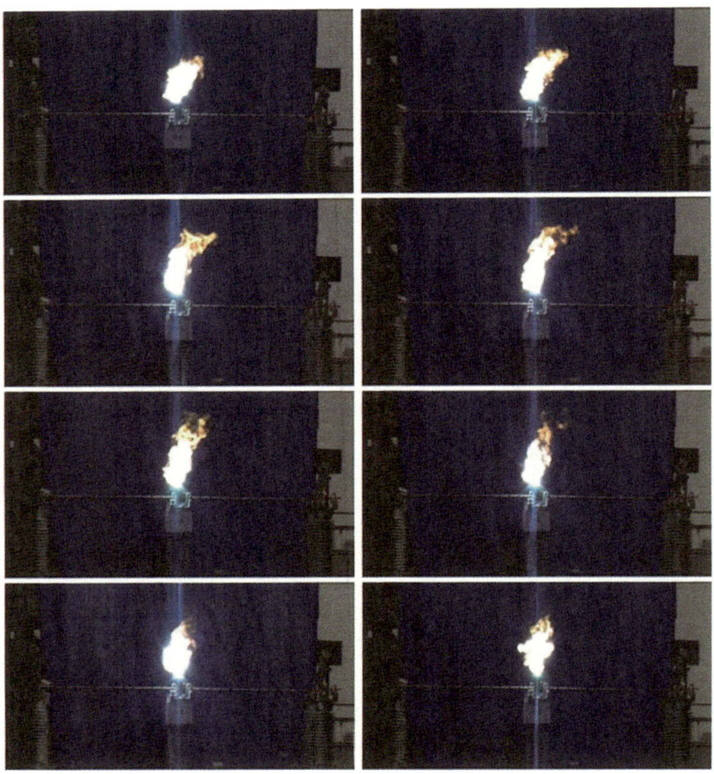

Fig. 9.11 Partial arc collapse. (Courtesy of BC Hydro)

9.6.2 수직 차단 단로기(Vertical Break Disconnecting Switches)

수직형 단로기는 그림 9.12와 같이 일반적으로 수평으로 장착되지만 최대 245kV 까지 수직으로 장착할 수 있으며 52kV 미만의 시스템 전압에서도 언더 걸이도 가능하다.

그림 9.12를 참조하면 라이브 파트, 힌지의 끝단, 죠 어셈블리, 그리고 블레이드는 각각의 끝단부에 포스트 타입의 절연체에 의해 지지된다. 수동 또는 모터 작동은 그림의 왼쪽에 있는 작은 회전 절연체를 통해 이루어진다.

Fig. 9.12 Vertical break disconnecting switch. (Courtesy of Hapam B.V.)

Fig. 9.13 Vertical break disconnecting switch jaw assembly. (Courtesy of Hapam B.V.)

전류 전송은 블레이드의 양쪽 끝에서 발생한다. 일반적인 jaw 어셈블리는 그림 9.13에 나와 있으며 고정된 역 루프 메인 접점과 아크 혼으로 구성된다. 개극시 첫 번째 동작은 블레이드가 회전하여 전류, 즉 작은 용량성 전류 또는 모선 전환 전류를 아크 혼으로 정류하는 것이다. 이어지는 아크는 블레이드 끝에서 고정 아크 혼과 상응하는 가동 아크 혼 사이에 발생한다.

9.6.3 중심 차단 단로기(Center Side Break Disconnecting Switches)

그림 9.14에서와 같이 센터 사이드 단로기는 개방 및 폐쇄 위치 모두에서 낮은 배치구조를 갖는다. 측면으로 열리는 기능은 종단면에서 열리는 단로기에 비해 더 넓은 상간 간격이 필요하다. 절연체는 구조를 지지하고 단로기를 개방 또는 폐쇄하기 위해 회전하는 이중 역할을 한다.

Fig. 9.14 Center side break disconnecting switch. (Courtesy of Hapam B.V.)

9.6.4 이중 차단 단로기(Double Side Break Disconnecting Switches)

이중 차단 단로기는 상간 간격에 미치는 영향이 적은 양측 차단 유형의 변형된 것이다. 단로기는 그림 9.15와 같이 90°로 열리는 센터 타입에 비해 90° 미만의 각도로 열린다. 끝단 절연체는 두 개의 jaw 어셈블리를 지지하고 중앙 절연체는 블레이드를 지지하고 회전하여 단로기를 개방 및 폐쇄한다.

9.6.5 무릎형 단로기(Knee-Type Disconnecting Switches)

수평 도달 유형이라고도 하는 무릎형 단로기는 그림 9.16에 나와 있다. 관절형 블레이드로 인해 블레이드 동작이 수평 방향이라는 점을 제외하고는 수직형 단로기와 유사하게 동작한다. 이 단로기 유형은 장치 위의 간격이 제한적인 경우에 선호된다.

9.6.6 집전기형 단로기(Pantograph-Type Disconnecting Switches)

모든 단로기 유형 중에서 팬터그래프 유형은 최소한의 설치 면적을 필요로 한다. 그림 9.17에서 보는 바와 같이 등가블레이드는 가위형 배열이고 등가 죠는 가공선로에 부착된 등자형(stirrup-type) 고정물이다. 위에서 언급한 레이아웃 이점 외에도 단로기는 낮은 모선 배열과 높은 모선 배열 사이의 전환을 제공할 수 있는 가능성을 제공한다. "전체" 팬터그래프 단로기의 변형은 "반(半)" 팬터그래프로, 그림 9.18에 표시된 것처럼 가위 배열의 절반만 포함된 수직 도달 유형이라고도 한다.

Fig. 9.15 Double side break disconnecting switch. (Courtesy of GE Grid Solutions)

Fig. 9.16 Knee-type disconnecting switch. (Courtesy of GE Grid Solutions)

Fig. 9.17 Pantograph-type disconnecting switch. (Courtesy of Hapam B.V.)

Fig. 9.18 Semi-pantograph disconnecting switch. (Courtesy of Coelme-Egic)

9.6.7 보조 소호 기기(Auxiliary Interrupting Devices)

단로기의 부착물로 보조 차단 장치를 사용하는 것은 북미에서 수십년 동안 관행이었으며 다른 곳에서는 더욱 보편화되고 있다. 장치를 적용하는 목적은 무부하 변압기, 용량성 전류 및 루프 스위칭의 개폐를 활성화하거나 개선하는 것이다.

무부하 변압기 스위칭을 활성화하고 용량성 전류 차단을 개선하기 위해 그림 9.19에 표시된 것과 같은 휩형 장치가 일반적으로 사용된다. 차단 스위치가 열리면 전류가 먼저 아크 혼으로 정류된 다음 고정 혼을 통해 휩으로 정류된다. 휩은 고정 혼에 의해 억제되고 특정 지점에서 해제되어 최소한 아크 또는 아크가 발생하지 않는 전류를 차단하는 빠른 동작을 달성한다. 이 장치는 단로기를 닫는 데 아무런 역할을 하지 않으며 사전 점호(prestrike)는 메인 아크 혼에서 발생한다.

주로 북미 지역의 많은 전력회사는 송전 루프 사이의 루프 스위칭에 단로기를 사용한다. IEC 62271-102에 따른 0.2ohm 미만의 모선 전환 루프 임피던스와 달리 송전 루프 임피던스는 수십 ohm 정도이다. 단일 진공 인터럽터 장치를 추가하면 수백 암페어의 루프 스위치를 사용할 수 있다. 이러한 응용장치의 예가 그림 9.20에 나와 있다. 이러한 장치가 단로기에 추가되면 단로기는 전용 루프 전류 차단 스위치가 된다.

선로 강하는 보통 회로 차단기를 사용하여 수행된다. 그러나 일부 전력회사는 이러한 목적으로 부하 차단 장치를 선호하며, 한 가지 접근 방식은 그림 9.21과 같이 선로 단로기에 장치를 추가하는 것이다. 블레이드가 열리면 부하 차단 장치의 동작 암과 맞물려 접점이 열리고 전류가 차단된다. 특정 지점에서 동작 암이 블레이드에서 해제되고 암이 떨어지면서 접점이 다시 닫힌다. 루프 스위칭의 경우 진공 인터럽터에 동일한 순서가 적용된다.

Fig. 9.19 Vertical break disconnecting switch with whip-type device mounted. (Courtesy of Hapam B.V.)

9.7 접지 개폐기(Earthing Switches)

접지 스위치는 일반적으로 단로기와 함께 적용되지만 독립형일 수도 있다. 스위치는 차단 스위치 또는 독립형인 경우 회로 차단기와 인터락되어 저전압 폐쇄를 방지한다. 그림 9.22는 폐쇄 위치에 있는 변압기와 접지 스위치 및 수직형 단로기 조합을 보여준다.

접지 스위치에 대한 내전압 요구 사항은 접지에 대한 단로기의 요구 사항과 동일한다. 조합되는 경우 두 장치 모두 접지 스위치에 적용 가능한 최소 간격에서 동시에 테스트된다.

접지 스위치는 단로기와 동일한 고장통과 기능을 가져야한다. 일부 응용장치에서는 고장 투입 기능이 필요하며 IEC 62271-102에는 두 가지 전기적 내구성 수준이 있다.

- El : 2종 고장 투입 동작 내구성
- E2 : 5종 고장 투입 동작 내구성

송전 선로에 적용된 접지 스위치는 인접한 활성 선로에서 유도 전류 전류 차단

능력이 요구된다. 여기에는 전자 유도 전류와 정전 유도 전류가 포함되며, 개폐 순서는 그림 9.23에 나타나 있다. 초기에 접지 스위치는, A와 B가 닫히고 스위치 A가 열려 선로, 두 개의 스위치 및 접지를 통한 복귀 경로에 의해 형성된 루프에서 순환하는 유도 전류를 차단한다. 그런 다음 스위치 B를 열어 나머지 용량성 전류를 접지로 차단한다.

Fig. 9.20 Vertically mounted disconnecting switch with added vacuum interrupter device. (Courtesy of Southern States LLC)

Fig. 9.21 Vertical break disconnecting switch with added SF_6 gas load break device. (Courtesy of Southern States LLC)

Fig. 9.22 Earthing switch. (Courtesy of Hapam B.V.)

9.8 형식 시험(Type Testing)

단로기 및 접지 스위치는 설치 조건을 고려하여 정격 특성을 확인하고 성능에 영향을 줄 수 있는 모든 관련 구성 요소와 함께 사용하기 위해 형식 시험을 거친다. 두 장치에 대한 일반적인 필수 형식 시험은 표 9.5(IEC 62271-102 n.d.)에 나열되어 있다.

특정 응용장치, 등급 또는 디자인과 관련된 추가 형식 시험은 표 9.6(IEC 62271-102 n.d.)에 나열되어 있다.

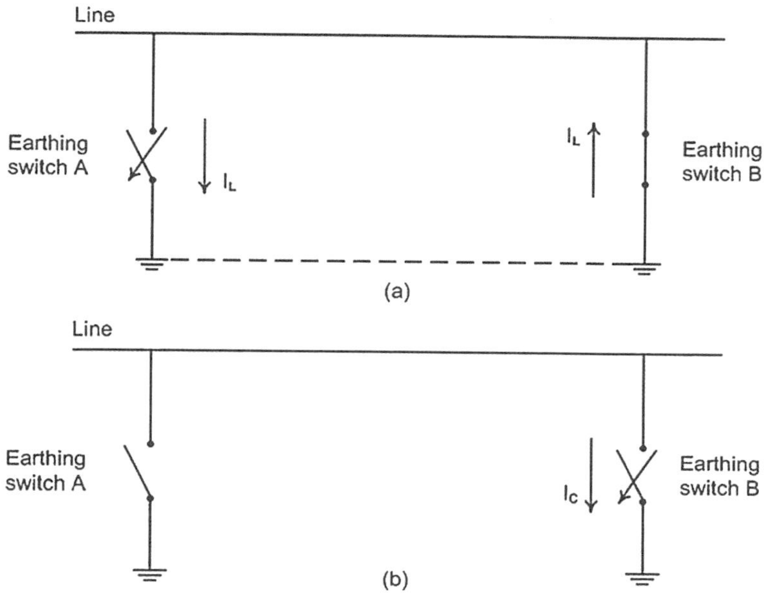

Fig. 9.23 Earthing switch-induced current interruption. (**a**) Inductive current interruption, (**b**) capacitive current interruption

Table 9.5 Mandatory type tests for air-insulated disconnecting switches and earthing switches

	Device	
Type test	Disconnecting switch	Earthing switch
Dielectric tests	R	R
Measurement of resistance of main circuit	R	NR
Temperature rise tests	R	NR
Short-time withstand current and peak withstand current tests	R	R
Additional tests on auxiliary and control circuits	R	R
Mechanical endurance tests	R	R

R required, *NR* not required

다음과 같은 설명이 표9.6에 있다. 응용장치, 등급 또는 설계 조건이 충족되는 경우 테스트가 필요하므로 "조건"열을 읽어야 한다.

- 등급 E1과 E2는 위의 9.4장에서 언급된 접지 스위치가 견딜 수 있는 고장 생성 동작의 적용 가능한 수와 관련된다.

Table 9.6 Type tests related to application, rating, or design for air-break disconnecting switches and earthing switches

Type test	Condition	Device	
		Disconnecting switch	Earthing switch
Verification of the degree of protection	Assigned IP and/or IK code	R	R
Radio interference voltage (r.i.v.) test	Ur ≥ 123 kV	R	R
EMC tests	Presence of electronic components	R	R
X-ray radiation test	Presence of vacuum interrupters	R	R
Test to prove the short-circuit making performance of earthing switches	Class E1 or E2	NA	R
Contact zone test	Divided support	R	NA
Extended mechanical endurance tests	Class M1 or M2	R	NA
Operation under severe ice conditions	10 mm and above	R	R
Low- and high-temperature tests	If maximum ambient temperature > +45 °C or minimum ambient temperature < −25 °C	R	R
Tests to verify the proper functioning of the position indicating device	See clarification	R	R
Bus-transfer current switching tests	Bus-transfer current switching capability	R	NA
Induced current switching tests	Class A or B	NA	R
Bus-charging switching tests	User request	R	R

R required, *NA* not applicable

- 기계적 내구성 등급 M1 및 M2는 일반적인 요구 사항인 1000회의 폐쇄 동작을 초과하는 확장된 내구성 요구 사항이다. 등급 M1은 유형 테스트에서 2000 회의 폐쇄 동작이 요구되며 등급 M2는 10,000 회의 폐쇄 동작이 필요하다.
- 위치 표시 장치의 확인은 장치가 접점의 위치를 이동하는 단로기 및 접지 스위치를 올바르게 표시하는지를 보여주는 설계 고려 사항이다.
- 이 바이패스 단로기에는 IEC 62271−102의 표준 값을 초과하는 모선 전송 요구 사항이 있다. 이러한 단로기는 모선 워크, 직렬 댐핑 리액터 및 폐쇄형 바이패스 차단기로 구성된 병렬 회로에 스위치 선로 전류를 루프하는 데 필요하다. 루프 임피던스는 0.5ohm을 초과할 수 있으며 개방 회로 전압은 1000V에 근접할 수 있다.

- 유도 전류 스위치의 경우 클래스 A는 짧은 선로의 섹션이나 인접한 여자 회로에서의 낮은 커플링에 접지 스위치에 해당 된다. 클래스 B는 긴 선로 섹션이나 인접한 여자 회로에서의 높은 커플링에 접지 스위치에 해당 된다.
- 모선 충전 전류 스위칭, 실제로 작은 용량성 전류 차단은 사용자 요청에 의해서만 필요하다. 이와 관련한 테스트는 기술 보고서 IEC 62271-306(IEC 62271-305 TR n.d.)에 설명되어 있다.

9.9 요약

많은 수의 단로기와 접지 스위치가 변전소에서 회로를 열고 닫고 전력 시스템의 장치를 접지하는데 사용된다.

차단기와 달리 단로기는 단락 전류 차단 기능이 없지만 전력 시스템의 전압 스트레스를 견뎌낸다. 단로기는 전류가 흐르고 오픈 후 접점에 회복 전압이 축적되면 오픈 할 수 없다. 단로기는 개봉 후 접점에 무시할 수있는 전압이 나타날 때 작은 전류를 차단할 수 있다.

접지 스위치는 주로 장치를 포함한 회로의 일부를 접지 전위로 가져와서 안전하게 접근할 수 있도록 하는 데 사용된다.

참고문헌

Chai, Y.: Capacitive Current Interruption with High Voltage Air-Break Disconnecting Switches.

PhD Thesis, Eindhoven University of Technology, 2012

Chai, Y., Woutcrs, P.A.A.F., Smccts, R.P.P., Pcelo, D.F.: Capacitive current interruption with air-break high voltage disconnecting switches. IEEE Trans. Power Delivery. 25(2), (2010)

IEC 60071-1.: Insulation Co-ordination — Part 1: Definitions, Principles and Rules

IEC 60071-2.: Insulation Co-ordination — Part 2: Application Guide

IEC 62271-1.: High-Voltage Switchgear and Controlgear-Part 1: Common Specifications

IEC 62271-102.: High-Voltage Switchgear and Controlgear — Part 102: Alternating Current Disconnecting Switches and Earthing Switches

IEC 62271-305 TR.: High-Voltage Switchgear and Controlgear — Part 305: Capacitive Current Switching Capability of Air-Break Disconnecting Switches

IEC 62271-306.: High-Voltage Switchgear and Controlgear-Part 306: Guide to IEC 62271-100, IEC 622刀-1 and Other IEC Standards Related to Alternating Current Circuit Breakers. This Guide Originated as CIGRE Technical Brochures 304 and 305

National Electrical Safety Code: Grounding Rules and Parts I, II, III, IVand V. Washington, DC (1948) Pcelo, D.F.: Current Interruption Using High Voltage Air-Break Disconnect Switches. PhD Thesis,

Eindhoven University of Technology, 2004

Peelo, D.F.: Current Interruption Transients Calculation. Wiley (2014)

Pcclo, D.F., Smeets, R.P.P., Kuivcnhovcn, S., Krone, J.G.: Capacitive Current Interruption in Atmospheric Air. Paper No. 106, CIGRE SC A3 and B3 Colloquium, Tokyo 2005

Smeets, R., van dcr Sluis, L., Kapctanovic, M., Pcclo, D., Janssen, A.: Switching in Electrical Transmission and Distribution Systems. Wiley (2014)

United States Department of Commerce, Circular of the Bureau of Standards, No. 49: Safety Rules to be Observed in the Operation of Electrical Equipment and Lines. Wa이lington, DC (1915)

10

절연성능 시험 (Dielectric Withstand Performance Tests)

Robert Le Roux and Tadao Minagawa

Keywords

- 상용주파수 내전압 성능(Dielectric withstand performance−Power−frequency voltage)
- 뇌임펄스전압−개폐임펄스전압(Lightning impulse voltage−Switching impulse voltage)
- 부분방전(Partial discharge)

R. Lc Roux (IS)
Primary Plant, ESB International, Dublin, Ireland
e−mail: robert.leroux@esbi.ic

T. Minagawa
R&D Department, T&D Systems Center, Mitsubishi Electric Corporation, Amagasaki, Japan e−mail: Minagawa.Tadao@ct.MitsubishiElectric.co.jp

H. Ito (ed.), Switching Equipment, C1GRE Green Books,
https:////doi.org//10.1007//978−3−319−72538−3_1 0

10.1 서론

고전압 절연시험은 상용주파수 전압(전계)의 전력 설비의 절연체에서 발생되는 현상 규명에 활용된다. 절연체가 전압에 따라 발생되는 전계 스트레스를 받을 때 전계에 의한 이온화 현상은 높은 전위를 갖는 전극으로부터 낮은 전위를 갖는 전극 또는 반대방향으로 개시되는 절연파괴의 원인이 된다. 이러한 절연파괴는 전력기기의 절연 기능을 잃게 하며 큰 전류 발생의 원인이 된다.

대부분의 경우 대기중에 노출되어 있는 외부절연에서는 절연파괴후에 절연 기능을 회복되며 이를 자기회복성 절연(self−restoring insulation)이라 한다. 반대로 가스절연 개폐장치(GIS)와 같은 기기의 내부 절연은 전기방전의 영향을 더크게 받을 수 있으며 정격 전압이상의 과전압 스트레스로 인한 절연파괴의 원인이 되며 종종 전력기기의 절연기능을 잃어버릴 수 있다. 그림10.1은 전형적인 GIS 에폭시 절연부품의 표면 절연파괴를 보여주는 사진이다.

고체 절연체들과 가스−함침 적층 절연부품들은 비자기회복성 절연물이다. 특히 절연가스와 고체 절연체로 구성되는 절연부품들은 부분적으로 자기회복성을 갖는다. 이러한 사례로는 SF_6 가스와 고체절연 스페이서가 적용된 GIS이다. SF_6가스로 충진된 GIS 탱크(철재 외함) 내부에서의 절연파괴의 경우, 절연기능은 완전하게 상실되지 않고 부분적으로 절연회복된다. 다수의 절연파괴가 발생된 후에는 부분적으로 자기회복성 절연물들의 절연파괴전압이 급격하게 낮아지며 절연 성능도 많이 잃어버린다.

절연체 특성은 고전압 절연내전압 시험에 영향을 미친다. 예를 들어 내부 절연은 환경을 고려해야 하는 특별한 시험환경이 필요하지 않는다. 자기회복 절연체 경우에는 고전압 시험도중에 절연파괴가 발생될 수 있다. 부분적으로만 자기회복성을 가지는 절연물인 경우에는 SF_6와 같은 자기회복성을 갖는 부분에서만 절연파괴가 일어난다.

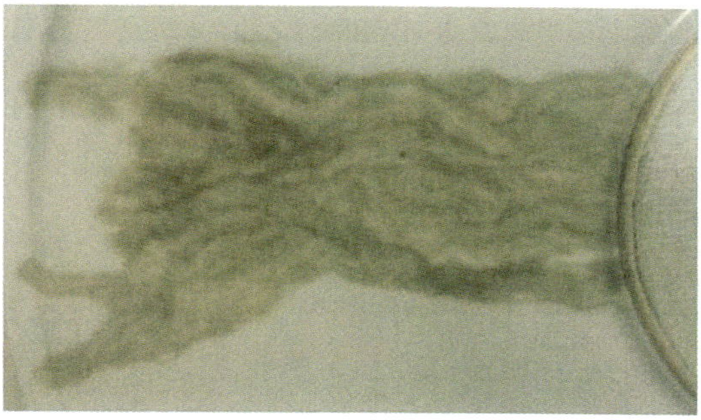

Fig. 10.1 GIS의 에폭시 몰딩 절연물에서의 결함입자로 인한 절연파괴 사례(ESBI, Ireland 제공)

10.2 용어 정의

상용주파수 전압 시험

상용주파수 전압으로 절연성능을 검증하는 것

뇌충격 전압시험

낙뢰와 유사하게 모의한 표준 충격전압으로 뇌충격 전압 절연성능을 검증하는 것

개폐충격 전압시험

스위치의 개폐동작시 발생되는 충격전압을 모의한 표준 충격전압으로 개폐충격 전압 절연성능을 검증하는 것

부분방전

도체사이에 있는 절연체이 있는 구조에서 절연체 내부 또는 도체부근에서 부분적으로 전기방전이 발생되는 현상

중전압(MV : Medium Voltage)

중전압은 52kV 이하 배전계통

고전압(HV : High Voltage)

고전압은 52kV를 초과하는 송변전계통 전압

초고전압(EHV : Extra High Voltage)

초고압 EHV는 국가마다 차이는 있지만 일반적으로 230kV급에서 부터 800kV까지의 송전전압. 예를 들면 유럽과 중동에서는 420/380kV, 미국/캐나다와 대한민국은 550/800kV이다.

극초고전압(UHV : Ultra High Voltage)

극초고압UHV는 중국에서 운영되고 있고, 인도와 일본에서 시험중인 계통전압으로 800kV를 초과하는 송전전압

개폐 장치(Switching Equipment)

하나이상의 계통선로와 같은 전기회로에 흐르고 있는 전류를 투입 또는 절체하는 전력기기

개폐 장치 Switchgear

개폐기기 및 개폐기기와 제어, 측정, 보호 및 조종 기기를 조합한 전력기기 들을 통칭하는 용어로 발전소, 송변전계통, 배전계통, 및 전력 변환설비 등을 상호 연결하기 위한 전력기기 및 관련 부품, 기기 외함 및 지지 구조물들을 조합하여 구성한 장치

가스절연 변전소(GIS : Gas Insulated Metal-enclosed Substation)

가스절연 개폐장치(GIS)로만 만들어진 변전소

하이브리드 개폐장치(MTS : Mixed Technology Switchgear)

공기절연 개폐장치와 가스절연 개폐장치를 적절하게 조합하여 콤팩트하게 제작된 하이브리드형 개폐장치. 전형적인 예로 부싱 단자가 설치된 가스절연 개폐장치로 가스절연과 공기절연이 혼합되어 있는 ‘하이브리드-GIS’로 불리운다.

10.3 약어(Abbreviations)

AC	Alternating current
DC	Direct current

CB	Circuit breaker
MV	Medium voltage
HV	High voltage
EHV	Extra high voltage
UHV	Ultra high voltage
GIL	Gas-insulated transmission line
GIS	Gas-insulated switchgear
MTS	Mixed Technology Switchgear

10.4 표준 내전압 시험(Standardized Withstand Voltage Tests)

고전압 전력기기의 절연성능을 검증하기 위한 형식시험으로 수행되는 여러종류의 내전압 시험들이 있다. 이들 시험들은 운전 중인 전력기기에 중첩되는 다양한 전압 스트레스를 고려하고 있다. 시험 전압은 IEC 등과 같은 표준에서 정의되어 있는데, 예를 들어 교류(AC) 차단기(CB)의 시험전압은 IEC60071에 정의된 전력계통의 전압 스트레스를 기반으로 IEC 62271-1 및 IEC 62271-100(표 10.1 참조)에 규정되어 있다. 이들 시험은 (1) 상용주파수 전압시험, (2) 뇌충격 전압시험 및 (3) 개폐충격전압 시험이며 중요 절연시험으로 IEC 60060-1에 자세한 방법이 설명되어 있다.

절연전압시험은 전력기기가 정상적인 운전조건에서 장기 신뢰성과 낙뢰와 같은 과전압 스트레스애 대한 절연 성능을 검증하기 위하여 수행된다.
그림 10.2는 SF_6 가스와 공기절연으로 하이브리드 절연설계가 적용되어 있는 550kV MTS(또는 하이브리드 GIS)에 대한 절연전압시험 전경을 보여주고 있다.

단시간 상용 주파수 절연 전압은 상용 주파수 전압 시험으로 확인할 수 있으며, 낙뢰 및 개폐 서지에 대한 절연전압은 각각 낙뢰 충격전압과 개폐 충격전압 시험으로 확인된다.

시험조건, 특히 시험전압은 전력계통에 대한 보호 시스템 특성을 고려하여 전력기기의 운전(정격)전압에 따라 결정되어야 한다.

Table 10.1 IEC specifications providing standard test levels

Rated voltage U_r (kV r.m.s. value)	Rated short-duration power-frequency voltage U_d kV (r.m.s. value)		Rated switching impulse withstand voltage U_s kV (peak value)			Rated lightning impulse withstand voltage U_p kV (peak value)	
	Phase- to-earth and between phases (Note 2)	Across open switching Device and/or isolating distance (NOTE 2)	Phase-to- earth and across Open switching device	Between phases (Notes 2 And 3)	Across isolating distance (Notes 1 And 2)	Phase-to- earth and between phases	Across open switching device and/or isolating distance (Notes 1 and 2)
(1)	(2)	(3)	(4)	(5)	(6)	(7)	(8)
300	395	435	750	1125	700(+245)	950	950 (+170)
			850	1275		1050	1050 (+170)
362	450	520	850	1275	800(+295)	1050	1050 (+205)
			950	1425		1175	1175 (+205)
420	520	610	950	1425	900(+345)	1300	1300 (+240)
			1050	1575		1425	1425 (+240)
550	620	800	1050	1680	900(+450)	1425	1425 (+315)
			1175	1760		1550	1550 (+315)
800	830	1150	1425	2420	1175(+650)	2100	2100 (+455)
			1550	2480			
1100	1100	1100	1550	2635	1550 + (900)	2250	2250 + (630)
		1100 + (635)	1800	2880	1675 + (900)	2400	2400 + (630)
1200	1200	1200	1800	2970	1675 + (980)	2400	2400 + (685)
		1200 + (695)	1950	3120		2550	2550 + (685)

Note 1: In column (6), values in brackets are the peak values of the power-frequency voltage $U_r \times \sqrt{2}/\sqrt{3}$ applied to the opposite terminal (combined voltage)
In column (8), values in brackets are the peak values of the power-frequency voltage 0,7 $U_r \times \sqrt{2}/\sqrt{3}$ applied to the opposite terminal (combined voltage)
Note 2: Values of column (2) are applicable:
a) For type tests, phase-to-earth
b) For routine tests, phase-to-earth, phase-to-phase, and across the open switching device
The values of columns (3), (4), (5), (6), (7), and (8) are applicable for type tests only
Note 3: These values are derived using the multiplying factors given in Table 3 of IEC 60071–1

Fig. 10.2 550 kV H-GIS에 대한 절연전압시험전경

절연성능은 절연 매질에 크게 좌우되는데, 0.1MPa-g 기압의 SF_6 가스는 대기압의 공기보다 2.5-3.0배 더 높은 절연성능을 보이며 이는 절연유와 동일한 절연성능이다.

SF6 가스의 V-t 특성은 비교적 평평하기 경향을 보이기 때문에 일반적으로 최고전압에 대한 뇌충격 전압시험이 일반적으로 중요하다. 반면에 부싱과 같은 공기 절연 부품의 검증을 위해서는 운전전압이 증가됨에 따라 개폐 충격전압시험이 더욱 가혹한 상태가 된다.

개폐장치에 대한 고전압 절연전압 시험은 일반적으로 완전하게 조립된 상태에서 수행된다. 그림 10.3은 전형적인 고전압 절연전압시험 개략도를 나타낸 것이다.

여러 가지 다양한 종류의 고전압 발생 전원들은 요구되는 시험전압을 시험대상 시료에 공급할 수 있다. 전력기기 검증을 위한 상용주파수 AC 전압시험을 위한 고전압 전원은 시험용 변압기가 사용된다. 공진 리액터는 고전압을 발생할 수 있는 발진회로 구성을 위하여 용량성 커플링이 요구될 때 사용된다.

고전압 시험회로에서 고전압 발생 장치와 시험 시료(전력기기)사이에 약간의 간섭이 있기 때문에 시험대상 시료(전력기기)에 인가되는 시험전압 스트레스는 고전압 전원과 시험 시료간의 연결선등으로 인한 전압 강하가 생기거나 또는 공진으로 인한 전압 상승이 될 수 있기 때문에 시험용 고전압 전원에서 발생되는 전압과 차이가 날 수 있다. 그러므로 고전압 전원 단자가 아닌 시험 시료에 인가되는 시험

전압을 직접 측정하여 확인해야한다.

고전압 시험회로의 임피던스는 간섭을 감소시키기 위하여 가능한 가장 낮은 값이 되도록 한다. 이러한 목적으로 고전압 연결도체와 접지연결 등으로 포함한 모든 연결도체의 길이를 최소화시킨다. 최근에는 GIS의 현장 AC 전압시험을 위하여 컴팩트하고 가벼우면서 이동이 가능한 주파수 조정 공진 시험 장치가 사용되고 있다.

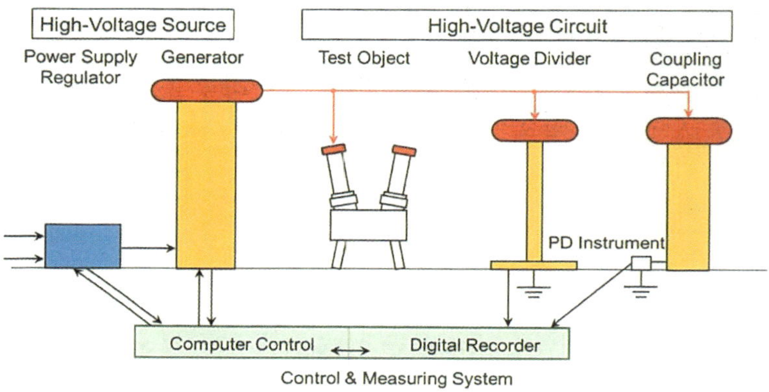

Fig. 10.3 고전압 시험 개략도

10.4.1 외부 절연을 위한 유전체 내력 성능 시험의 대기 보정

외부절연에 대한 절연전압시험을 수행할 때 온도, 대기압, 및 습도를 포함한 실제 시험 조건(환경)을 고려하여 표준 시험 조건으로 보정되어야 한다.

표 10.1에 나타낸 표준 시험 전압은 표준 시험 조건에서 대한 시험전압이다. 실제 시험 조건에 대한 시험 전압은 IEC 60060−1에 정의된 수식에 따라 교정되어야 한다.

- 온도 : $T_0 =$ 20deg. 섭씨(293K)
- 절대 기압(대기압력): $p_0 =$ 1013hPa(1013mbar)
- 절대 습도: $h_0 =$ 11g//m^3

10.5 상용 주파수 전압시험

상용주파수 전압시험은 정상 또는 과도 전압의 중첩된 스트레스가 인가되고 있는 60/50Hz 전력기기에 대하여 절연성능을 검증하는 시험이다. 그림 10.4에서는 전형적인 AC 전압시험 회로 개략도이다. 여기서 시험전압은 AC 전압 발생기로 인가하고 시험전압은 분압기와 디지털 전압계로 측정한다. 그림 10.5는 2000kV AC 시험용 변압기를 사용하여 1100kV GIS를 시험하는 전경사진이다.

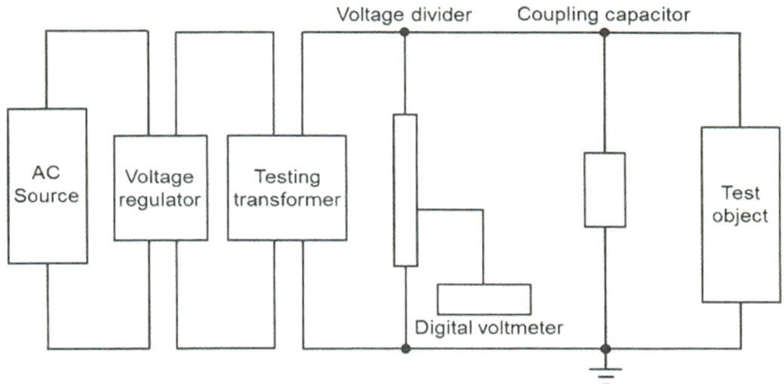

Figure 10.4 Test circuit of power−frequency voltage tests

Fig. 10.5 Power−frcqucncy voltage test with 1100 kV GIS

10.6 부분방전 측정

일반적으로 부분 방전(PD) 측정은 시험대상인 전력기기를 구성하는 절연 및 부품에 대하여 절연 결함을 찾아내기 위하여 절연 전압 시험 중에 함께 수행한다. 따라서 PD 측정 시스템은 특히 개발 단계나 제품 출하시험, 또는 이상현상으로 인한 문제 발생시에 AC 절연전압 시험에서 중요한 부분이다. 그림 10.6은 IEC 60270 표준에 나타낸 것과 같은 전형적인 PD 측정을 위한 개략도로 고전압 분압기, 커플링 커패시터 또는 표준 커패시터 등의 고전압 부품과 데이터 전송용 측정 케이블을 비롯하여 A/D 카드 및 PD 측정 분석 SW가 설치된 노트북 등의 분석 계측기 등으로 구성된다. 그림 10.7은 4kV/mm의 전계 스트레스 조건에서 균열 결함(crack−shaped defect)이 있는 에폭시 절연체의 PD 측정 결과의 예를 보여준다. 인가된 AC 전압 파형의 정극성과 부극성 최대값 부근에서 1 pC 미만의 노이즈 신호보다 훨씬 높은 약 15 pC의 PD 신호가 관찰되는 것을 알 수 있다.

10.7 낙뇌 임펄스 전압 테스트 및 스위칭 임펄스 전압 테스트

뇌충격 전압 및 개폐충격전압 시험은 각각 낙뢰 및 개폐동작에 의하여 발생되는 과도 과전압 스트레스로 인한 절연성능을 평가하는 시험이다. 충격전압 발생장치에서 급준 전압파형으로 발생되는 충격전압을 시험시료에 인가하여 고전압 분압기와 디지털 기록장치로 구성된 측정시스템으로 시험전압과 전압파형을 측정하고 분석한다. 그림 10.8은 뇌충격 전압 및 개폐충격전압 시험을 위한 전형적인 시험회로에 대한 개략도이다. 그림 10.9는 충격전압 발생 장치의 전경사진이다. 시험전압 파형은 IEC 60060−1에 정의되어 있다. 그리고 그림 10.10과 그림 10.11의 충격전압 파형에 보는 바와 같이 뇌충격 전압 파형에서는 T_1과 T_2가 각각 1.2μs 및 50μs이고 개폐충격전압 파형에서는 T_P 및 T_2가 각각 250μs와 2500μs이다.

그림 10.12와 그림 10.13은 420kV 활선탱크형 차단기(Live Tank CB)에 대한 뇌충격 전압 시험과 표준 전압을 초과하는 과도 전압이 중첩되는 전력기기의 임계 절연전압을 평가하는 800kV 컴포지트 부싱의 개폐 충격전압 시험이다.

10.8 상태 확인을 위한 절연 전압 시험

위에서 설명한 전력기기에 대한 다양한 특정 절연전압시험 외에도 IEC 62271-1, IEC 62271-100, 및 IEC 62271-102과 같은 표준에 따른 차단기 또는 단로기 및 접지 스위치와 같은 개폐장치의 형식시험을 위하여 다른 시험들이 종료된 다음 절연성능 상태 확인을 위한 절연전압시험이 필요하다.

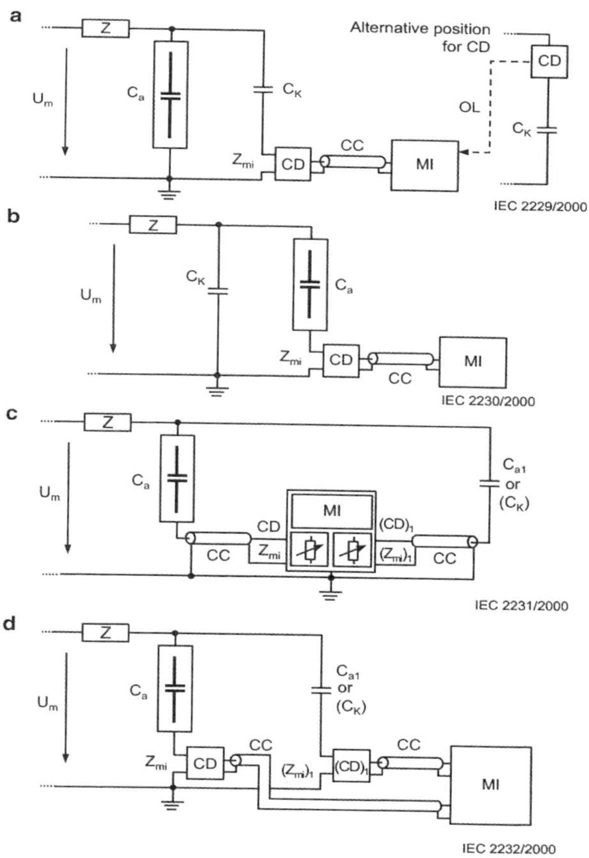

Fig. 10.6 Typical PD measuring circuits according to IEC 60270: 2015에 의한 PD 측정회로 개략도. U~, 고전압 발생전원; Zmi, 측정 시스템의 입력 임피던스; CC, 연결 케이블; OL, 광신호 연결선k; Ca, 시험 시료; Ck, 커플링 커패시터; CD, 정합 장치; MI, 측정장치; Z, 필터 MI, measuring instrument; Z, filter

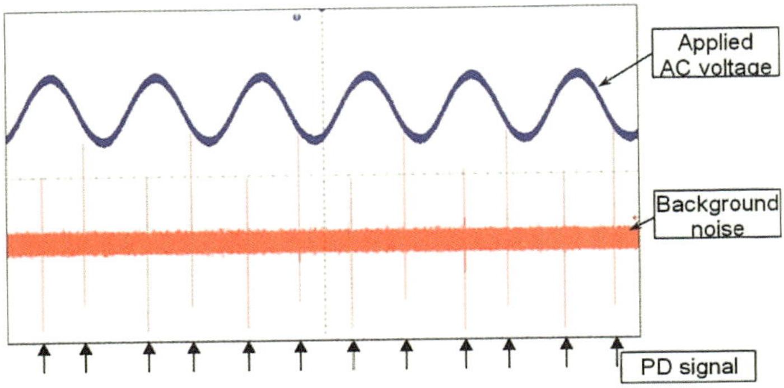

Fig. 10.7 균열 결함을 가진 에폭시 절연물에 대한 PD 시험 사례(4kV/mm, 15 pC PD 신호)

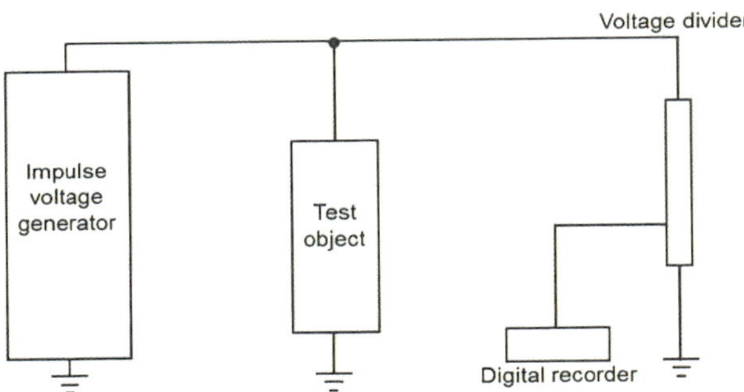

Fig. 10.8 전형적인 뇌충격 전압 및 개폐충격 전압 시험 개략도

시험 중인 개폐장치에 대하여 "기계적인 특성 시험", "환경 시험", "투입 시험", "차단 시험", 또는 "개폐시험" 등을 받은 다음 절연성능을 검증하기 위하여 상용주파수 전압시험이나 뇌충격전압시험을 수행한다.

기계적인 특성 시험이나 환경 시험을 받은 다음 절연 상태 확인 시험은 일반적으로 육안 검사로 절연 성능을 확인할 수없는 경우에만 수행한다. 그러나 IEC 62271-100 표준에 따른 차단기의 투입, 차단, 개폐 시험 후의 절연 상태 확인을 위한 전압 시험은 필수적이다. 이 전압 시험에서는 일반적으로 뇌충격 전압 시험이 실시된다. 충격전압 시험에서 전압 파형은 표준 개폐 충격 시험전압 파형 또는 T10의 단락 고장시험에서 지정된 TRV(과도 회복전압)에 따른 파형이어야 한다. 차단기는 시험전압으로 인한 절연파괴현상이 전혀 없이 각각 5회씩 정극성 및 부극성 충격전압 시험을 통과해야한다.

10.9 고체 절연 부품에 대한 개발시험

상용 운전중인 정상 및 비정상 상태에서 충전부의 절연물을 접지하는 것은 모든 변전소의 전력설비들의 기본적인 요구 사항이다. 새롭게 설치된 전력기기에 대한 상용 주파수 전압 및 충격 전압 시험과 같은 다양한 절연 성능 평가들은 전력기기의 수명을 보장할 수 없게 된다.

Fig. 10.9 6000kV, 450kWs 충격전압 발생장치 전경사진(Mitsubishi Electric 제공)

절연 부품의 열화는 전력기기의 수명 기간동안 운전상태와 환경적인 상태 또는 개폐 조작 상태에 의존하기 때문에 사용자의 주요 관심사이다.

콤팩트 디자인으로 설계된 최근의 전력기기의 고체 절연 부품들은 더높은 전계 스트레스가 중첩되기 때문에 전력기기에 대한 전계 이용률이 더높게 설계된다. 그러므로 고체 절연 부품의 장기적인 성능 검증에 관한 기본적인 개발 시험을 받는다. 이러한 것들은 높은 전기적 스트레스로 인한 경련 열화 효과를 보여주게 된다. 모든 전기 재료들은 열화 및 경련 노화 과정을 가지게 된다.

변전소 전력기기의 절연성능은 정상적인 운전 조건상태를 고려하여 수명기간동안 열화에 대하여 적절한 절연설계상의 여유를 포함시켜야 한다.

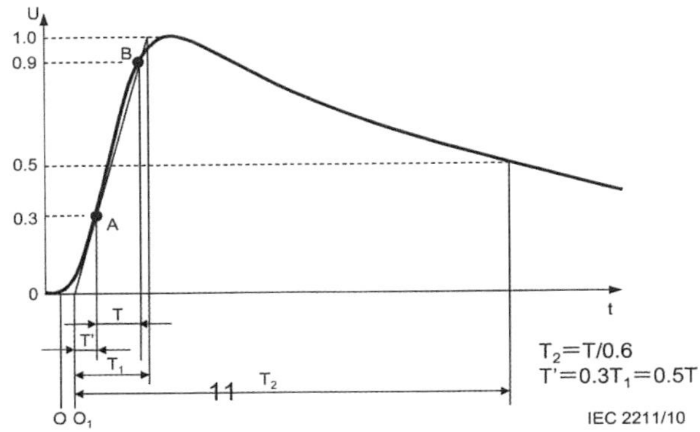

Fig.10.10 뇌충격 시험전압의 파형 및 시간 변수. 충격 전압시험을 위한 시험전압 곡선(점A 및 점B)에서 최고 값의 30%에서 90%까지의 시간간격 T의 1/0.6배로 정의된 가상 매개변수 T_2, 가상 원점 O_1와 시험 전압 곡선에서 최고값의 절반이 되는 순간 사이의 시간 간격으로 정의되는 가상 매개변수

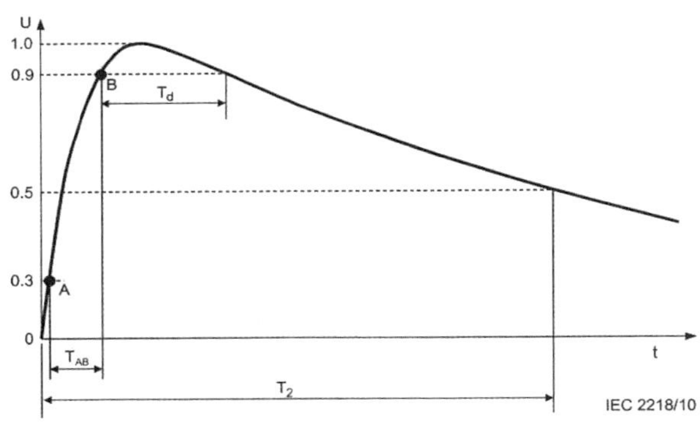

Fig. 10.11 개폐충격 시험전압의 파형 및 시간 변수. 시간 T_p는 원점 0에서 개폐충격전압 파형의 최고값에 이르는 시간까지의 간격이다. T_p=KTAB, K=2.42−3.08×10^3TAB+1.51×10^4 T_2, 여기서 시간 T_2는 원점 0에서 전압 최고값이 절반이 되는 시간까지의 시간간격이다. 시간 T_d는 개폐 충격전압 최고값의 90%를 초과하는 시간간격이다.

현재 차이가 나는 전계강도, 다양한 부피의 절연재료, 및 동일하지 않는 제작과정으로 서로 다른 디자인으로 설계되어 제작된 전력기기의 절연 수명은 서로 다른 운전 조건과 설치 환경으로 인하여 완전하게 확인되지 않는다.

Fig. 10.12 Lightning impulse voltage test with 420kV 활선탱크형 차단기(live tank circuit breaker)에 대한 뇌충격 전압시험. [Siemens 제공]

Fig 10.13 Switching impulse voltage test with 800kV 차단기 부싱에 대한 개폐충격 전압시험 전경(시험전압: 정극성1650kV)

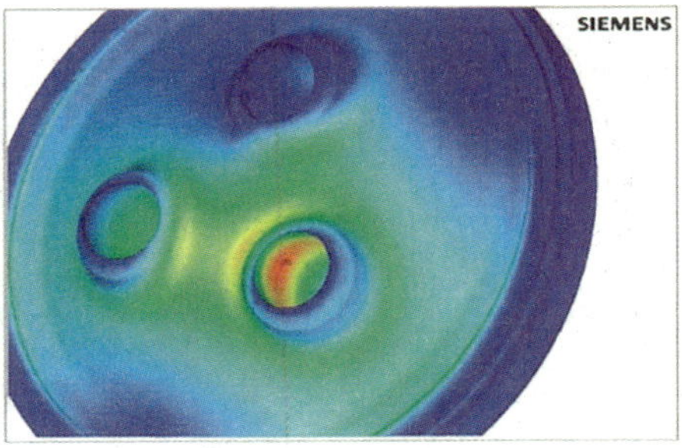

Fig. 10.14 일반적인 외함의 145kV 3상 일괄 차단기에 대한 절연스페이서의 3D 전계해석 사례 (Siemens 제공)

사용자와 제작사는 실증적인 방법으로 성능을 평가할 수 있다. 전력용 차단기(CB)에 대한 CIGRE신뢰도 조사에서 절연 파괴로 인한 회복되지 않는 주요 고장빈도(the major failure frequency)는 그들의 경험에 의하면 상당히 감소되는 것으로 나타나다(CIGRE WG A3.06 2012).

그림 10.14는 145 kV 절연 스페이서의 3D 전계 해석 사례를 보여준다. 최근에는 일부 개발시험 결과와 함께 시뮬레이션 해석 S/W를 이용하여 매우 복잡하고 최적화된 전계 설계가 가능하다.

10.10 일상 시험

GIS와 같은 전력기기가 제작사 공장에서 완제품으로 조립 생산되기 때문에 생산제품은 일상시험(routine test)을 통하여 품질 확인과 검증이 되고 있다. 일상시험과정의 절연시험은 대상 전력기기의 주회로에 대하여 IEC 표준에 따른 PD 측정 시스템을 이용한 상용 주파수 전압시험으로 수행된다. IEC 표준과 제작사의 관련기준에 의한 허용되는 PD 크기는 5pC 미만이다. 이 요구 사항이 보장되기 위한 외부 잡음은 2pC 이하로 낮아야한다. 이러한 측정 감도로 PD 시험이 이루어지기 위해서는 주요 고전압 장치로부터 측정 시스템이 차폐되어야 가능하다. 고체 절연물 경우 고감도 PD 측정을 통하여 절연부품 내부에 있는 보이드와 균열 등과 같은 결함들을 생산되는 전력기기가 조립되기 전에 발견할 수 있다.

일상시험 과정에서 UHF PD 검출 방법은 기존의 PD 측정과 병행하여 적용할 수 있다. 최근에는 이러한 고감도 UHF PD 검출이 전력기기의 품질 보증 시험에서 수행되고 있다. 그림 10.15는 GIS에 설치되는 UHF PD 센서(coupler)의 예를 보여주는 사진이다. UHF PD 측정은 종종 현장에서 절연 성능 확인을 위한 참고적으로 실시한다.

Fig. 10.15 UHF PD 센서(coupler)(Siemens 제공)

10.11 설치 현장시험

현장시험은 설치 완료된 전력기기 절연성능에 대한 무결성을 확인하기 위하여 실시된다. 현장시험의 목적은 제품 초기 단계나 제품수명 때까지의 정상 운전과정에서의 내부고장의 원인이 되는 여러가지 결함들을 제거하거나 피하기 위함이다. 이러한 결함들의 주요 원인은 다음과 같다.

- 조립 불량
- 종종 치명적인 고장원이 되는 설계 결함 및 검증되니 않은 새로운 설계방법
- 자유 금속입자 및 설계기준에 맞지 않는 돌출부와 같은 이물질 또는 기타 오염물질의 존재
- 운송, 보관, 또는 설치과정에서 발생되는 손상

G1S에 대한 현장시험을 위한 다양한 시험절차는 IEC 62271-203에 따르기를 권장한다. 정격 전압 170kV($U_m \leq$170kV) 미만인 GIS 경우에는 현장 시험시 상용 주파수 시험을 활용하는 것을 권장한다(절차 A). 일반적으로 상용 주파수 전압 시험에서 10-300Hz 범위의 전압 주파수가 사용된다. 정격 전압이 245kV를 초과

하는($U_m \geq 245kV$) GIS는 PD 측정시험이 포함된 상용 주파수 전압 시험을 실시하거나(절차 B), 또는 낙뢰 충격 전압시험에 이어서 상용 주파수 시험을 실시한다(절차 C). 그러나 실용면과 경제적인 이유로 특정한 시험변수를 적용하는 시험은 IEC 표준에서 명시적으로 허용된 범위에서 실시한다. 정격 전압이 245kV(U_m = 245kV)인 일반적인 GIS 경우는 절차 A의 고전압 시험으로도 절연에 대한 무결성을 보장하기에 충분하다.

GIS에 대한 현장 AC 시험은 작은 결함을 검출하기 위하여 고감도 PD 측정시험이 함께 실시될 수 있다. GIS의 현장시험에 대한 CIGRE 권장사항은 허용되는 PD 크기가 최대 5pC 또는 이와 동일한 크기이다. 광범위한 연구 조사를 통하여 UHF 방법으로 검출된 PD 시험 결과는 IEC 60270에 의한 PD 측정에 의한 PD 검출 감도와 최소한 같거나 그이상인 것으로 검증되고 있다. 그러나 UHF PD 검출 방법은 IEC 60270에 의하여 표준화되어 있는 "pC 값"으로 직접 환산되지 않는다. 따라서 CIGRE는 완전 GIS 변전소에서 "5pC급 튀는 입자(bouncing particles)"를 검출 가능한 절차를 개발하였다. 현장에서는 PD 커플러에서 측정 전압신호가 전달되어야하며 바로 인접한 PD 커플러에서도 신호가 검출되어야한다. 측정된 신호 진폭은 PD 커플러 간의 UHF 신호의 감쇠변화량이 분명하게 나타난다. 측정 감도 검증은 GIS에 설치된 PD 커플러의 올바른 위치 확인에 사용된다. 최근 측정 결과에 따르면 GIS 유형, 베이 설계 및 변전소 레이아웃에 따라 두 PD 센서 사이의 최대 허용 거리는 10-30m 범위에 있다. 확인하는 데 사용된다. 최근 측정 결과에 따르면 GIS 형상, GIS 베이 설계(bay design), 및 변전소 배치도에 따라 두개의 PD 센서 사이의 간격이 최대 10-30m 정도인 것인 보이고 있다.

10.12 요약

이 장에서는 AC 전력기기에 대한 절연 성능을 평가하기위한 고전압 시험에 관하여 설명한다. 변전소 전력기기는 국제 표준에 따르면 정상 운전 중인 전압과 특정 조건에서 발생되는 과도 과전압이 중첩된 전압을 모두 견디도록 요구하고 있다. 상용 주파수 전압시험, 부분 방전(PD) 측정 시험, 뇌충격 전압시험, 및 개폐 충격 전압시험이 포함된 다양한 절연성능시험은 상용 운전 조건에서의 절연성능을 확인하기 위하여 적용되고 있다.

참고문헌

Achatz, N., ct al.: Features and benefits of UHF partial discharge monitoring systems for GIS. In: ISEIM, Kitakyushu (2005)

CIGRE TF DI.03.09: Risk assessment on defects in GIS based on PD diagnostics

CIGRE WG A3.06: Final report of the 2004-2007 international enquiry on reliability of high voltage equipment, part 2-reliability of high voltage SF_6 circuit breaker, CIGRE technical brochure no. 510 (2012)

Diessner, A., Luxa, G., Ncycr, W.: Electrical aging tests on epoxy insulators in GIS. IEEE Trans. Elec. Ins. 24(2), 277-283 (1989)

Hampton, B.F.: UHF diagnostics for gas insulated substations

Hauschild, W., Lemke, E.: High Voltage Test and Measuring Techniques. Springer, Berlin//Heidel- berg (2014)

Holaus, W., ct al.: Development and testing of 1100 kV GIS. In: CIGRE//IEC UHV Symposium

IEC 60060-1: High voltage test techniques

IEC 62271-203: High-voltage switchgear and controlgear — part 203 Gas-insulated metal enclosed switchgear for rated voltages above 52 kV (2003)

Juhre, K., Kynast, E.: Long term pcrfbnnancc under high voltage of mineralic filled and fiber reinforced epoxy insulators used in GIS. In: 14th ISH, Beijing (2005)

Kuffbl, E., Zacngl, W.S.: High Voltage Engineering Fundamentals. Pergamon Press, Oxford. ISBN 0-08-024213-8 (1984)

K 나 schcl, M., Laskowski, K.: Economic aspects of online monitoring of GIS based on life cycle cost analysis. In: 14th ISH, Beijing (2005)

Neumann, C., ct al.: The impact of insulation monitoring and diagnostics on reliability and exploitation of service life. CIGRE report C4—201, session 2006, Paris (2006)

Schichler, U., Gorablcnkow, J, Dicssncr, A.: UHF PD detection in GIS substations during on-site testing. In: DMMA, Edinburgh (2000)

Simka, P.: Dielectric coordination of high voltage gas circuit breakers, PhD Thesis, ETH Zurich

Tests and measurements in the life cycle of high voltage equipment, HV Colloquium (2007)

11

단락-회로 성능 시험

Rene Smeets

Keywords

- 대전력 시험, 인터럽트 시험
- 합성 시험
- 차단 전류
- 스위칭 시험
- 회로 차단기
- 과도 회복 전압

R. Smeets (IS)
K.EMA Laboratories, DNV GL, Arnhem, The Netherlands
e-mail: rene.smccts@dnvgl.com

11.1 서론

스위칭 장치의 차단과 개폐 성능 시험은 보통은 다음의 목적중의 한 개를 위해 수행된다.

(a) 연구 개발

차단과 개폐 테스트는 일반적으로 제조업체의 대전력 시험실(종종 공인시험실이 있음) 또는 사용자 요청에 따라 제 3자의 시험설비에서 수행된다. 맞춤 설계된 특수 장치와는 별도로, 궁극적으로는 국제 및 국가 표준의 형식 시험 보고서를 따르는 제품을 개발하는 것이 목표이다. 연구 개발 테스트 요구사항은 개발단계에 따라 다를 수 있지만 최종 목표는 일반적으로 형식 시험 보고서를 얻기 위해 규격의 표준 스트레스를 견딜 수 있는 설계이다.

(b) 승인

승인 시험은 전력망의 특수 조건 또는 사용자가 요청한 특수 환경 및 동작 조건에서 발생할 수있는 비표준 스트레스를 견디는 성능을 검증하기 위해 수행된다. 단락 차단 테스트의 예로는 표준 한계값을 초과하는 TRV(예: 직렬 보상 커패시터, 직렬 전류 제한 리액터 또는 컨버터 스테이션의 필터 뱅크에서) 또는 기타 특수 조건(예: 예외적인 단락 고장, 전류영점의 없어짐, 매우 큰 DC 시상수 등)이 있다. 일반적으로 장치는 추가 승인 테스트를 받기 전에 이미 형식 시험를 거쳤다. 스위치 기어 사용자는 전력 시스템의 비정상적인 조건에 대한 지식을 바탕으로 테스트 요구사항을 제안한다. 제조업체 및 독립 시험실에서 종종 이러한 테스트를 수행한다.

(c) 형식시험 인증서

형식 시험은 동일한 제품 집단 중에서 한개의 샘플이 특정 표준을 준수하는 능력을 입증하는 데 목적이 있다. 이것이 증명되면 인증 기관에서 형식시험 인증서를 발급한다. 인증서에는 인정된 표준에 따라 엄격하게 수행된 일련의 형식 시험 기록이 포함된다. 이것은 시험받은 구성 요소가 인정된 표준의 모든 요구사항을 충족했다는 증거이다. 만약 시험받은 장치가 이 표준의 요구사항을 충족하는 경우, 제조업체가 지정한 관련 등급은 인증 기관에서 승인한다. 인증서는 테스트된 것과 동일한 설계의 장치에만 적용된다. 인증 기관은 인증서의 유효성과 내용에 대한 책임이 있다.

어떤 장치의 적합성(일치성)에 대한 책임은 테스트된 장치가 제조업체의 책임인 것과 동일한 지정을 갖는다. 인증서에는 테스트된 장치에 대한 필수 도면과 설명이 포함되어 있다.

형식 시험은 정식으로 공인된 독립적인 시험실에서 수행된다. 전 세계에서 일부 시험실은 단락 시험 연락(STL)의 규칙을 적용하며, STL은 실용적인 지침을 제공하여 전 세계 표준에 대한 통일된 해석을 다루는 시험소 및 당국의 조직인 단락 시험 연락(STL)이다(STL 2011a). 순수한 기술 기관인 STL은 회원들의 역량과 전문성을 활용하여 이러한 지침을 제공한다. 이 자발적인 모임은 또한 장치 사용자가 다른 회원 시험실의 결과를 쉽게 비교할 수 있도록 시험 보고서 템플릿을 정의한다. 이 모임은 또한 시험 결과 및 인증된 제품의 품질을 보장하기 위한 규칙과 절차를 정의한다.

검증을 위해 STL에 의해 시험은 다섯 가지 범주로 구분된다(STL 2011b).

- 단락 투입과 차단 성능
- 개폐 성능, 일반적으로 용량성 전류 스위칭 성능
- 절연 성능
- 온도 상승 성능 및 주 회로 저항 측정
- 기계적 성능

STL 회원은 정격이 정의되지 않은 기계적 성능을 제외하고 구체적인 정격과 관련된 이 5개 항목에 대해 인증서를 발급한다.

일정 기간(보통 5년 후) 후에 형식시험을 반복함으로써 차단기 또는 개폐장치의 제조 품질, 재료 품질 및 제작 기술이 유지되고 있음을 보장할 수 있다.

동일한 집단 제품 중의 한 샘플에 대해 수행되는 형식시험과 달리 일상시험(routine test)은 각 장치에 적용되는 시험이다. 일상시험은 재료와 구조의 결함을 드러내기 위한 것이다. 시험대상의 특성과 신뢰성을 손상시키지 않는다.

다음 장에서는 차단기의 차단 용량, 즉 단락 전류를 차단하는 능력을 확인하기 위한 테스트 방법만 강조한다. 모든 투입, 차단 및 개폐시험 방법의 많은 실제 예가 포함된 자세한 개요는 참조에서 찾을 수 있다(Kapetanovic 2011; Smeets et al. 2014a).

11.2 용어 정의

단락전류(Short-Circuit Current)

전기회의에서 잘못된 연결이나 고장에 의한 단락회로의 결과로 발생하는 과전류

과전류(Overcurrent)

정격전류를 초과하는 전류

차단전류(Breaking Current)

차단과정중에 아크가 시작되는 순간에 개폐기에 흐르는 전류

회복전압(Recovery Voltage)

전류의 차단후에 개폐기의 양단에 나타나는 전압

과도회복전압(Transient Recovery Voltage)

큰 과도현상 특징이 나타나는 시간 동안의 회복전압

- 주1 : 과도회복전압은 회로와 개폐기의 특성에 따라 진동하거나(oscillatory) 진동하지 않거나 또는 이 두 가지가 복합적으로 나타나거나 한다.
- 주2 : 다르게 언급되지 않는다면, 3상회로에서 과도회복전압은 첫 번째로 차단되는 상에 걸리는 전압이다. 그 이유는 이 전압이 일반적으로 다른 두 상에 인가되는 전압보다 크기 때문이다.

직접시험(Direct Test)

직접시험은 전류와 전압의 인가를 위해 한 개 또는 그 이상의 발전기로만 되어있는 단일 전원에 의한 단락시험이다.

합성시험(Synthetic Test)

합성시험은 직접시험과 등가인 대체가능한 시험이다. 직접시험이 시험설비의 용량때문에 하기 어려울 때 합성시험에서 전류와 전압은 서로 다른 전원에 의해 얻어진다.

전류 주경로(Major Loop of Current)

DC 성분이 있는 비대칭 전류는 major loop 전류와 minor loop 전류로 구성되어 있다. Major loop에서 전류영점사이의 시간은 시스템의 전원주파수의 전류영점사이의 시간보다 크다. Major loop는 기기에 더 큰 스트레스를 준다.

중전압(MV)(Medium Voltage)

MV는 일반적으로 배전시스템에 해당하는 52kV까지의 전압 레벨을 의미한다.

고전압(HV)(High Voltage)

HV는 일반적으로 송전시스템에 해당하는 52kV보다 큰 전압 레벨을 의미한다.

초고압(EHV)(Extra High Voltage)

EHV는 일반적으로 약 230kV(국가에 따라 값이 다를 수 있음)에서 최대 800kV까지의 전압 레벨을 나타낸다. 트렁크 시스템의 정격 전압은 예를 들어 유럽과 중동의 경우 420/380kV, 미국, 캐나다 및 한국의 경우 550/800kV이다.

극초고압(UHV)(Ultrahigh Voltage)

UHV는 중국에서 운영되고 있으며, 인도와 일본에서는 시범적으로 운영되고 있는 800kV를 초과하는 전압을 의미한다.

T10, T30, T60, T100 시험 책무(Test Duties)

전류조건이 차단기 정격차단전류의 10%, 20%, 30%, 60%, 100% 일때 단자단락사고(bus terminal fault)에 해당하는 단락 차단 및 투입시험

L90과 L75 시험 책무

차단기 터미널에서 수백 미터에서 몇 킬로미터 떨어진 전력선에서 발생하는 고장을 의미하는 근거리선로고장차단(short-line fault interruption)에 해당하는 단락 차단 테스트. 차단기가 아크를 소호하면, 차단기 단자와 고장 지점 사이에서 이동하고 반사하는 파동에 의해 생성된 고주파 진동으로 인해 가파른 상승률을 보이는 TRV가 관찰된다. 규격은 차단기의 정격(최대) 차단 전류의 75% 및 90%의 전류조건을 지정한다.

11.3 약어(Abbreviations)

HP	High power
HV	High voltage
EHV	Extra high voltage
UHV	Ultra-high voltage
MV	Medium voltage
DC	Direct current
AC	Alternating current
PD	Partial discharge
TRV	Transient recovery voltage
RV	Recovery voltage

11.4 대전력 시험

대전력 시험기술은 HV 차단기 개발 시 차단성능을 평가하기 위한 필수 시설이다. 1911 년 AEG가 독일의 Kassel에 150MVA의 단락 전력 용량을 갖춘 세계 최초의 대전력 시험실을 구축 한 이래로 수많은 시험 회로 및 시험 방법이 개발되었다.

시험 회로에 전압과 전류를 공급하는 방법을 구분할 수 있는 세 가지 유형의 대전력 시험실이 있다.

- 그림 11.1a에 설명된 대로 전력망에서 직접 전압 및 전류 소스가 공급되는 시험소가 있다. 장점은 많은 단락전원을 사용할 수 있다는 것이다. 전력 시스템에는 대전력 시험에 적합한 위치가 상대적으로 적다. 단락 시험 중 공급 전력망의 불안정성을 방지하기 위해 시험소에서 사용 가능한 단락 전력은 실제 테스트 중에 사용된 최대 전력의 약 10배여야 한다. 전력망은 빈번한 단락과 높은 과전압으로 인해 방해를 받아서는 안되며 종종 테스트 매개 변수를 규정대로 조정할 수 없다. 특히 시험 전압의 일치가 항상 쉬운 것은 아니다. 또한 가장 강력한 전력망 시험실에서도 사용 가능한 테스트 전력은 최신 HV 차단기에 필요한 전력에 훨씬 못 미치며, 차단 용량은 수십 GVA(Giga volt-ampere) 수준에 해당한다.

• 그림 11.1b에 표시된 것처럼 전력망과 분리된 자체전원(예: 단락회로 발생기 또는 커패시터 뱅크)에서 전압 및 전류 소스가 공급된다. 실제 전력 시스템에 매우 비슷한 조건은 발전기 공급 시험실에서 만들어 낼 수 있다. 이러한 시험실에서의 시험은 전력망 제공 시험소에 비해 많은 장점이 있다. 가장 큰 장점은 유연성이다. 가장 큰 단점은 막대한 투자가 필요하다는 것이다.

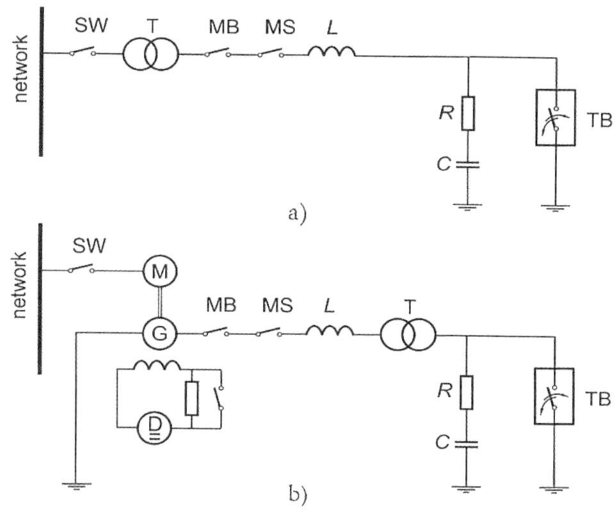

그림 11.1 대전력 시험소 레이아웃의 간략한 단선도: (a) 전력망 공급 (b) 발전기 공급 SW: 전원측 차단기; MB 주차단기; L 전류제한 리액터; M 모터; G 단락발전기; T 단락변압기; MS 투입스위치; R, C, TRV 형상 저항, 커패시터; D 여자 회로; TB 피시품 차단기

• 사전 충전된 커패시터 뱅크로부터 전압 및 전류원을 공급하는 시험소가 있다. 이와 같은 설비는 경제적이지만 용량의 한계가 있어서 주로 MV급 개폐기의 연구개발을 위해서만 사용된다.

Fig. 11.2 2200 MVA short-circuit generator in order to enable high-power testing with short-circuit current of variable power frequency. (Courtesy of DNV GL, KEMA Laboratories)

가장 큰 대전력 시험실 조차도 대부분의 HV 차단기를 테스트하기에 충분하지 않다. 따라서 합성 시험, 단위 시험(Unit testing) 그리고 다중부분시험(multipart testing)(11.5.3, 11.5.4 및 11.6 참조)과 같은 시험 방법을 사용하여 차단기에 적절한 전류 및 전압 스트레스를 가한다.

그림 11.2는 발전기 시험소에서 다양한 차단 및 개폐 시험을 위해 단락 전원을 공급하는 특별히 설계된 상 발전기인 단락발전기를 보여준다. 이러한 발전기의 설계와 특성은 상업적으로 전력을 생산하는 데 사용되는 기존의 발전기와 현저하게 다르다.

그림 11.3은 1951년에 제조된 모터가 장착된 50MVA 13.2kV 단락발전기를 보여준다. 2010년까지 60년 동안 오일, 공기, 진공 및 가스와 같은 다양한 기술이 적용된 차단기를 매일 시험하였다.

단락 발전기는 일반적으로 잦은 임펄스 여자(impulse excitation)할 수 있으며 전자기력과 원심력을 견딜 수 있는 매우 낮은 리액턴스와 높은 기계적강도를 갖는 권선으로 설계된다. 모터는 시험 전에 로터를 동기 정격 작동 모드로 속도를 높이는 데 사용된다. 단락 시험 중에 단락 발전기(고정자 단락, 회전자 질량의 여기 및 운동 에너지로 구성됨)가 일반적으로 전력을 공급한다. 발전기의 속도를 높이는 데 약 20분이 걸리기 때문에 전력망에서 공급하는 전력은 시험에 사용되는 전력보다 상당히 낮다.

발전기를 사용하는 세계에서 가장 큰 대전력 시험설비는 네덜란드 Arnhem에 있는 DNV GL이 소유한 KEMA Laboratories로 12,000MVA(50Hz에서) 및 14,000 MVA(60Hz에서) 3상 전력을 시험에 사용할 수 있다(그림 11.4 참조).

Fig. 11.3 50 MVA 13.2 kV vintage short-circuit generator

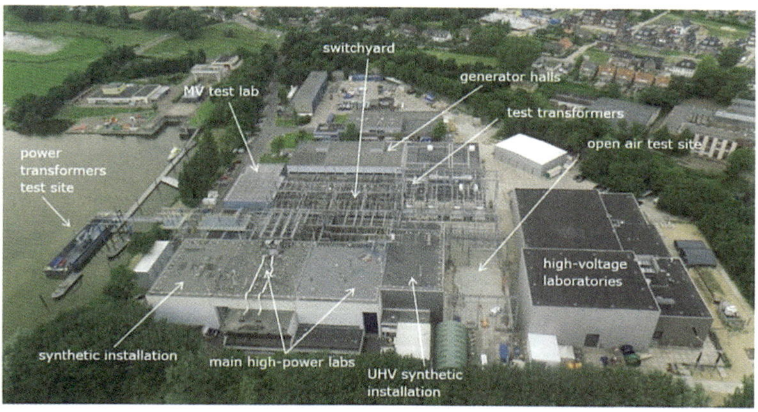

Fig. 11.4 KEMA high-power laboratory in Arnhem, the Netherlands, 2016

이 전력은 최대 145kV의 3상 회로 및 31.5kA의 최대 정격 단락 차단 전류에서 차단기를 테스트하기에 충분한다. 이 수준 이상에서는 HV 차단기를 단상 회로에서 시험할 수 있다. 또는 단일 단위 시험(single-unit test), 두 부분 시험(two-part test) 또는 합성(간접) 시험 방법은 아래에 자세히 설명된 대로 규격화되어 있다.

대용량 전력망 공급 시험소의 예로는 EdF가 운영하는 프랑스의 les Renardieres와 CESI가 운영하는 이탈리아의 Rondissone이 있다. 대용량 전력망 공급 국가 대전력 연구소(NHPL)가 인도의 비나에 운영되고 있다.

잘 알려진 제조업체가 독립적으로 운영하는 대전력 시험소는 다음과 같다(HV/HP 시험소의 Worldwide Directory).

- CESI located in Milano, Italy
- IPH located in Berlin, Gennady, operated by CESI
- Zkusebnictvi located in Bechovice near Prague, Czech Republic, operated by KEMA Laboratories
- VEIKI located in Budapest, Hungaiy; ICMET located in Craiova, Romania
- The laboratory of the Federal Grid Company of United Energy System of Russia(FGC of UES), located in Moscow, Russia
- XIHARI in Xi'an and EET1 in Suzhou, China
- CPRI located in Bangalore, India
- KERI located in Changwon, South Korea
- KEMA Powertest located in Chalfont, Pennsylvania, USA
- PowerTech located in Vancouver, Canada
- LAPEM located in Irapuato, Mexico and CEPEL located near Rio de Janeiro, Brazil

또한 대부분의 대형 개폐기기 제조업체에는 자체 대전력 시험실이 있다. 독일 베를린에 위치한 Siemens; 스웨덴의 Ludvika와 스위스의 Baden에 위치한 ABB; 프랑스 Villeurbanne에 위치한 Alstom; 프랑스 그르노블에 위치한 Schneider Electric과 스페인 빌바오의 Onnazabal Group; 일본에 소재한 Toshiba Co., Mitsubishi Electric 및 Hitachi.

차단기의 차단 용량을 시험하는 방법은 직접 테스트와 간접 테스트로 나눌 수 있으며 후자는 합성 테스트라고 한다(Slamecka 1966).

(a) 직접 단락시험

시험은 단일 전원에서 인가된 전류와 전압으로 차단 및 개폐 시험하는 방법을 의미하며, 여기서 단일전원은 하나 이상의 단락 발전기, 전원 시스템 또는 이들의 조합일 수 있다. 직접 시험은 간접 시험(11.6.5의 (A)에 있는 설명 참조 또는 11.6 참조)에 비해 규격의 스트레스를 쉽게 커버할 수 있도록 시험 회로를 설정할 수 있기 때문에 선호되는 시험 방법이다. 단일 전원은 단락 전류와 과도 및 전력 주파수 회복 전압을 전달할 수 있어야한다. 기본적으로 직접 테스트를 통해 3상 회로에서 전체 전류 및 전체 전압으로 3상 차단기를 시험할 수 있다. 현장 또는 시험소에서 직접 테스트를 수행할 수 있다.

(b) 합성 단락 시험

합성(간접) 시험은 HV−, EHV− 및 UHV 차단기의 차단 용량을 확인하기 위해 서비스 조건에서와 동일한 스트레스를 단일전원이 아닌 다른 방법으로 재현할 수 있는 차단 및 개폐 시험 방법을 말한다. 11.6장에 설명되는 여러가지 전원이 사용된다.

시험 설비의 한계로 인해 차단기의 단락 성능이 상 회로에서 입증 될 수 없는 경우, 직접 또는 합성 시험법을 사용하는 여러 방법을 단독으로 또는 조합하여 사용할 수 있다.

- 단상 테스트: 3상 차단기 각 상에 대해 지정된 적절한 스트레스를 3상 차단기의 한 상에서만 테스트한다(11.5.2절 참조).
- 하나(또는 그 이상) 의 단위 테스트(unit test): 차단기의 한상 전체에 인가되는 전압의 적절한 일부분으로 그리고 차단기 한상 전체에 대한 시험에서 규정된 전류로 한 단위(차단부) 또는 한 그룹의 단위를 시험하는 방법(2점절 차단기에서 1점절만 시험하는 방법)(11.5.3절 참조)
- 두 부분 또는 다중 부분 시험(two−or multipart test): 시험 책무의 모든 요구사항이 동시에 충족될 수 없을 때 두 개 이상의 연속 부분에서 수행하는 시험(11.5.4절의 (D) 참조)

대전력 테스트에서 전류 및 전압 거동을 정확하게 측정하려면 적절한 측정 장치를 적용해야 한다. 시험에서 전압 측정을 위해 DC에서 수백 킬로헤르츠에 이르는 넓은 범위를 다루어야하기 때문에 RCR 유형 분압기(voltage divider)가 자주 사용된다. 전류 측정의 경우 변류기(current transformer)는 일반적으로 50 또는 60Hz의 전력 주파수 범위에 적용되며 로고스키(Rogowski) 코일 또는 동축 션트(coaxial shunt)는 시험 중 재발호로 인해 생성될 수 있는 고주파를 측정하는 데 적용된다. 또한 큰 시험 전류로 인한 전자기 유도의 영향을 방지하기 위해 신호 전송 시스템도 신중하게 고려해야한다. 대부분의 최신 대전력 시험소에서 광섬유를 사용하는 전기−광 또는 광−전기(EO/OE) 변환기가 이러한 목적으로 사용된다.

대전력 시험소은 일반적으로 서로 다른 시간 척도(scale)로 여러 전류 및 전압 파형을 기록해야 한다. 피시품 차단기 접점의 위치(이동) 또는 압축실 내부 압력과 같은 시간에 따라 변하는 변수도 기록할 수 있다. 이를 위해 다채널 디지털 과도 기록기(multichannel digital transient recorder)가 사용된다. 가장 큰 장점은 데이터가 디지털 형식으로 저장되면 컴퓨터로 분석하고 향후 연구를 위해 영구히 저장할 수 있다는 것이다.

11.5 직접시험

11.5.1 직접 3상 시험

그림11.5는 주차단기(MB)가 3상 단락 발전기(G) 바로 뒤에 배치되는 일반적인 직접 상 시험 회로를 보여준다. 이 주차단기는 피시품 차단기(TB)의 고장이 발생하거나 시험 회로 설치시에 단락이 발생할 때 단락 전류를 차단할 책무가 있다. 주차단기 및 제어 장치는 특정 시험을 통과한 고장의 근본 원인을 연구할 수 있기 위해 매우 빠르게(일반적으로 10ms 이내) 작동해야 한다. 그렇지 않으면 성공하지 못한 시험중에 피시품이 파괴되어 분석이 어렵게 된다(그림 11.6).

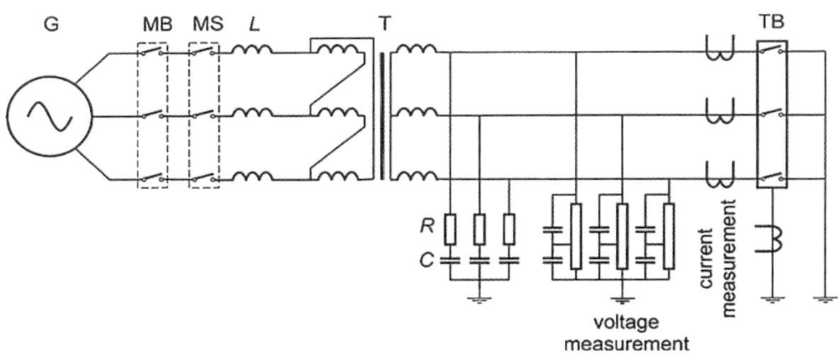

Fig. 11.5 Diagram of a direct three-phase test circuit. G, generator; MB, master breaker; MS, make switch; *L*, current-limiting reactor; T, short-circuit transformer; *R*, *C*, TRV shaping resistor, capacitor; TB, circuit-breaker under test

Fig. 11.6 Photo of direct three-phase test with 12 kV 20 kA three-phase simultaneous operating vacuum interrupters

피시품 차단기가 차단 작동을 수행해야 할 때 처음에는 투입 위치에 있다. 주차단기(MB)도 투입위치이지만 투입 스위치(MS)는 open되어 있다. 조정 가능한 리액터(L)는 회로에 리액턴스를 추가적으로 증가하여 설정한 시험 전압에서 필요한 시험전류를 실현하는 데 사용된다. 단락 발전기의 단자 전압은 12∼18kV로 비교적 낮기 때문에 발전기 전압을 더 높은 시험 전압으로 변환하려면 특별히 설계된 단락 변압기(T)가 필요하다. 저항(R) 및 커패시터(C)와 같은 TRV 조정 소자는 변압기의 HV 측에 연결된다. 발전기가 공칭 전력 주파수로 구동되고 로터가 여기된 후, 투입 스위치가 닫히면 피시품 차단기(TB)에 단락 전류가 흐르게 된다. 개방 명령 후 피시품 차단기는 전류를 차단해야 한다. 전류 차단 후 피시품차단기는 발전기의 동기 리액턴스, 리액터 그리고 변압기 누설 리액턴스로 구성된 전체 회로 리액턴스에 의해 형성된 인덕턴스와 함께 TRV 조정 소자에 의해 부과되는 과도회복전압이 인가된다.

피시품차단기가 투입-차단(make-break) 동작을 수행해야 할 때 단락을 만들어야 한다. 투입-차단 시험 전에 피시품차단기는 개방 위치이며, 투입 스위치가 투입되어 개방 회로 전압(open-circuit voltage)을 피시품 차단기 단자에 인가한 후에 피시품차단기는 투입된다.

그림 11.6 및 11.7은 12kV 진공 차단기를 사용하는 직접 상 시험 장면의 예와 다른 피시품의 시험 오실로그램의 예를 보여준다.

11.5.2 직접 단상 시험

직접 단상 시험은 사용 중 발생하는 상 조건을 대체하여 수행할 수 있다. 그러나 일반적으로 차단기 각 상은 차단 중에 동일한 stress를 받지 않기 때문에 단상시험 시 올바른 stress가 적용되도록 신중하게 고려해야한다.

첫 번째로 차단되는 상은 k_{pp}(p.u.) 만큼의 전원 주파수 회복 전압을 극복해야 한다. 비유효접지시스템에서 k_{pp} = 1.5이고 단락 전력의 관점에서 볼 때 다음과 같이 볼 수 있다. 첫 번째 상은 총 상 단락 전원 P_{sc}의 50%를 차단한다.

$$P_1 = 1.5\frac{U_r}{\sqrt{3}}I_{sc} = 0.5P_{sc} \tag{11.1}$$

여기에서 다른 두상은 직렬로 나머지 50%를 담당하여 각각의 상은 P_{sc}의 약 25%를 차단한다.

$$P_2 \approx P_3 \approx \frac{U_r I_{sc}\sqrt{3}}{4} = 0.25P_{sc} \tag{11.2}$$

첫 번째로 차단되는 상의 조건은 TRV측면에서 가장 가혹한 stress를 나타내지만 두 번째와 마지막으로 차단되는 상의 경우는 아크시간이 길어진다. 직접 단상 테스트 중에 아크 창(arcing window)과 그에 따른 TRV를 모두 적용하는 것이 중요하기 때문에 첫 번째 차단되는 상의 TRV와 함께 마지막으로 차단되는 상의 아크 시간을 적용하는 것은 가능한 대안이다. 이 대안을 사용하면 IEC 및 ANSI/IEEE 규격이 모두 요구하는 것처럼 차단책무당 단 3번의 차단 동작만 수행하는 것이 가능해진다. 그러나 아크 시간 연장이 필요할 수 있다. 그러나 이러한 단상 테스트는 상 조건에서는 가장 높은 TRV가 짧은 아킹시간의 첫 번째 차단되는 상에 적용되므로 상 테스트(IEC 62271-306 2012)보다 더 가혹하다.

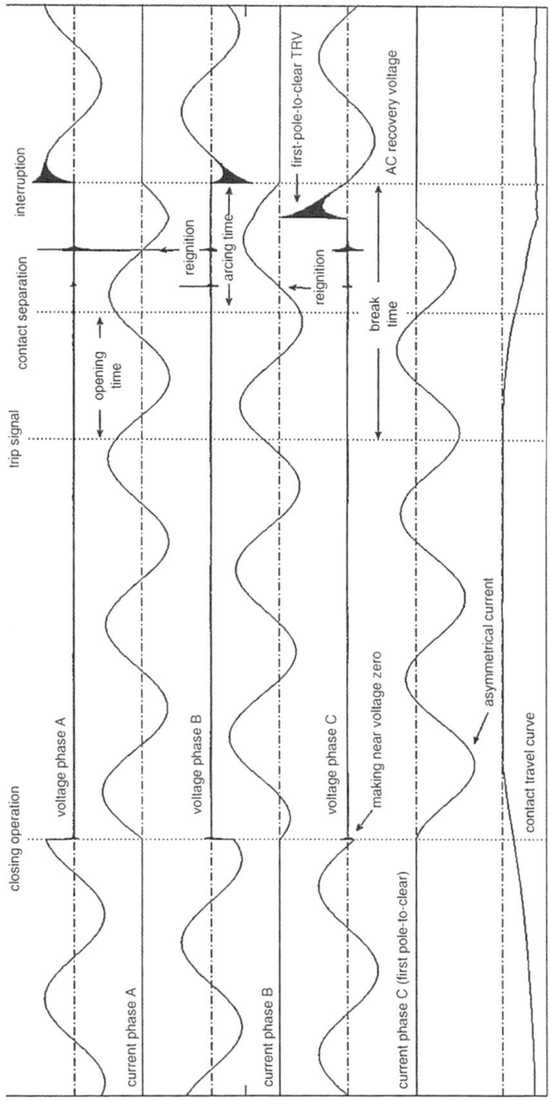

Fig. 11.7 Typical oscillograms of direct three-phase tests

상 차단과 똑같은 스트레스를 재현하는 또 다른 대체 시험 절차도 가능하지만 더 많은 차단동작이 필요하다. $k_{pp}=1.3$ 인 첫 번째 차단되는 상의 경우에 시험책무당 3번의 차단 동작 대신에 9번이 필요하며 $k_{pp}=1.5$의 경우 성능을 완벽하게 확인하려면 6번의 작업이 필요하다. 이는 아크 시간 및 TRV의 각 개별 상의 조건에 대한 성능을 입증하기 위해서는 3개의 유효한 동작이 필요하기 때문이다.

게다가, 직접 단상 테스트 중에 이와 같은 절차로 인해 차단기에 과부하가 걸리고 손상될 수 있는 무효 시험(invalid test)이 발생할 수 있다. 따라서 특히 비접지 시스템에 사용되는 차단기의 경우, 직접 단상 시험 대신에 합성시험 방법을 사용하는 것을 추천한다(STL 2005).

위의 설명은 대칭 단락 전류를 사용하는 시험과 관련이 있다. 비대칭 전류에 대한 테스트 절차는 minor loop 또는 major loop 전류후에 차단이 발생할 수 있으므로 훨씬 더 복잡하다.

단상 테스트의 경우 한 상만 테스트하는 것이 정당한지 여부를 결정해야한다. 차단 과정은 전자기력, 인접한 상에서 배출되는 가스, 접점의 속도, 소호 매질의 압력 등에 의해 영향을 받다. 단상 동작으로 인한 스트레스는 감소된 구동력만을 필요로 하기 때문에 구동 메커니즘의 에너지 출력을 적절히 고려해야한다(그림 11.8 참조).

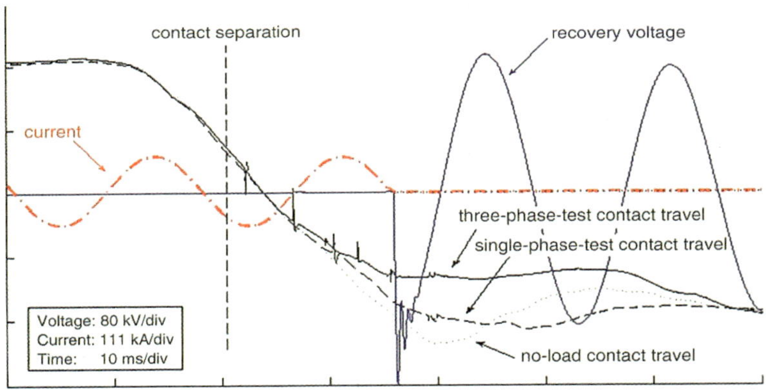

Fig. 11.8 An example of contact travel curves of circuit breakers measured in no-load, single-phase breaking and three-phase breaking tests. (Courtesy of KEMA Laboratories)

다시 말해서, 차단기의 설계와 상간의 상호작용은 3상이 1개의 외함안에 들어있고 3상 일괄동작되는 경우에 특히 중요하다. 이 경우 단락 성능은 3상 테스트를 통해서만 확인할 수 있다. 이것은 그림 11.8에 설명되어 있다. 이 그림에서는 동일한 차단기에서 무부하 동작, 단상 및 3상 차단 테스트에 대한 접점 이동 과정이 나타나 있다. 무부하 작동(아킹 차단 없음)과 단상 차단(1상만 아킹 발생) 및 3상 차단(3상에서 아킹 발생)을 비교하여 구동 메커니즘에 대한 증가하는 스트레스는 분명하며 3상 아킹 발생 조건에서 접점 이동의 현저한 감속을 보여준다. 이러한 상호작용은 각 상이 독립적으로 작동하는 차단기에는 적용되지 않는다.

11.5.3 단위 시험법

모듈식 개념이 적용되어 직렬로 연결된 두 개 이상의 동일한 차단부(interrupter unit)(예: 다중 차단부로 구성된 차단기)로 되어 있는 HV 차단기에서, 전체 한 상의 성능 그리고 전체 차단기의 성능은 하나 이상의 차단부 단위(unit) 성능으로 평가할 수 있다. 단위 시험이 유효하려면 모든 (차단부) 단위가 동일해야 한다. 모든 차단부 단위는 동시에 작동해야 하며 서로 영향을 주지 않아야 한다.

시험 전류는 서비스 중과 동일해야하며 시험 전압은 정격 전압 U_r의 적절한 비율이여야 한다. 이 비율은 직렬로 연결된 장치의 수(n)와 장치 전체의 전압 분포에 따라 달라진다. 한 개의 단위 차단부의 테스트 전압은 가장 높은 스트레스를 받는 단위장치에 나타나는 전압과 일치해야 한다. 고유 주파수가 전체 회로에서와 동일하게 유지 되려면 그림 11.9(상당 동일한 차단부가 직렬로 3개 연결된 차단기)에 나와 있는 것처럼 회로 인덕턴스(L)가 비례 적으로 낮아야 하며 (L/n) 커패시턴스(C)는 비례 적으로 증가해야 한다(nC). 단위장치에 정확한 전압을 인가하려면 전원 주파수에서 TRV 주파수(최대 10kHz)까지의 주파수 범위 내에서 여러 개의 장치에 걸친 전압 분포에 대한 평가를 수행해야한다. 여기에는 모든 커패시터 및 접지와 같은 표류 커패시턴스(stray capacitance)를 고려하여 과도 전압을 계산해야 한다.

그런 다음 시험은 일반적으로 전원측 회로에 연결된 장치인 가장 높은 스트레스를 받는 장치의 전압으로 수행된다. 이 전압은 항상 U_r/n보다 높다.

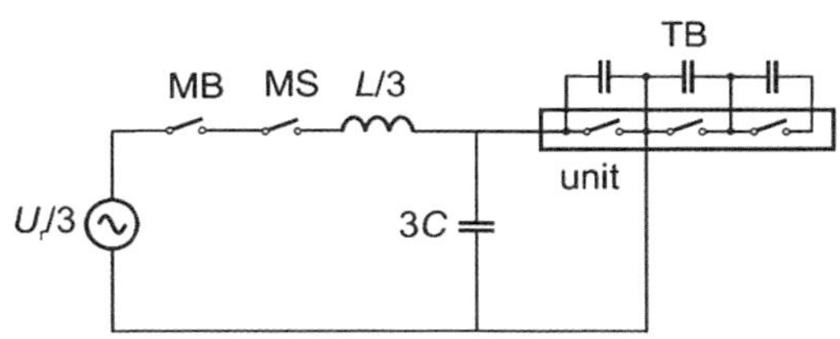

Fig. 11.9 Basic principle of unit tests with three-break circuit breaker

특히 전압 분포가 표류 요소에 의해서만 결정되는 grading capacitor가 없는 설계에서, 시험 회로의 접지 환경에 따라 표류 커패시턴스가 다르기 때문에 시험실에서 차단기의 위치에 따라서 전압 분포가 큰 영향을 받는다.

11.5.4 2부분 또는 다중부분 시험법

예를 들어 일반적으로 개방 또는 투입 저항이 있는 EHV 및 UHV급 차단기의 어떤 시험책무에 대한 모든 TRV 요구사항을 동시에 충족할 수 없는 경우, 시험은 TRV의 초기 부분과 TRV envelope에 대해 지정된 관련 매개 변수와 관련하여 두 개 이상의 연속 부분으로 수행될 수 있다.

각 부분에 대한 시험 횟수는 시험책무에 필요한 횟수와 동일한다. 다중부분시험에서 한 부분을 형성하는 각각의 시험의 아킹타임은 ±1ms의 여유로 동일해야 한다.

11.6 합성시험

차단기 시험에는 매운 큰 단락 전력이 필요하다. 많은 차단기의 단락 정격이 너무 높아 직접시험법으로는 차단 용량을 확인할 수 없다. 그림 11.10은 차단부 장치 당 단락 시험에 필요한 단락 전력의 증가를 보여준다(Frohlich 2002). 현재 가장 큰 차단기의 차단 용량은 전류 550kV에서 63kA를 차단할 수 있으며, 이는 26GVA[3]의 단상 직접 전원이 필요하다. 이것은 전세계 최대용량의 시험소의 최대 출력 전력의 2배 이상이다. 따라서 차단기의 합성(간접) 테스트(Thoren 1950)는 경제적이고 기술적으로 합리적이며 직접 시험에 대한 동등한 대안으로 개발되었다.

합성시험에서 전류의 전부 또는 대부분은 하나의 소스(전류 회로)에서 얻어지는 반면, 적용된 전압 또는 회복전압(과도 및 전력 주파수)은 하나 이상의 개별 소스에 의해 전체적으로 또는 부분적으로 전달된다(전압 회로).

합성시험방법은 차단 작동 중에 차단기를 통해 높은 전류가 흐를 때에는 개방 접점 사이에 상대적으로 작은 아크 전압 만 있고 접점에 높은 TRV가 나타날 때에는 전류가 흐르지 않는 차단기 양단에 전압이 인가된 다는 사실을 기반으로 하고 있다. 이 두 현상은 연속적으로 발생한다.

3) 3상시험에서 차단기 1상을 시험하기 위해 필요한 전력은 $k_{pp}(U_r/\sqrt{3})I_{sc}$로 구한다. 상당 시스템 단락전력은 $(U_r/\sqrt{3})I_{sc}$로 구해진다. 3상 차단기시험에 필요한 전력은 $\sqrt{3}U_rI_{sc}$로 구해진다.

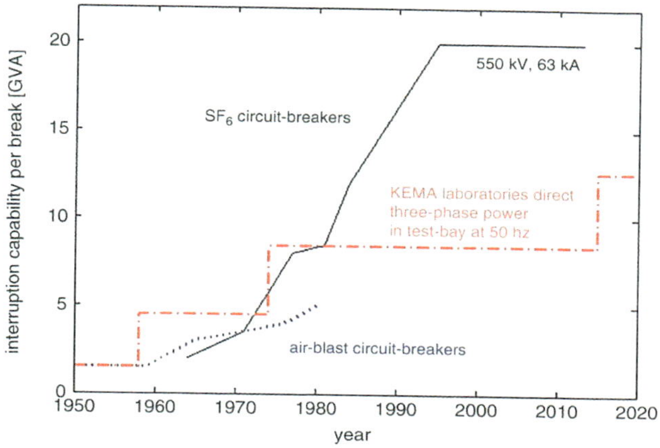

Fig. 11.10 Increase of short-circuit power per interrupter unit and short-circuit test power capacity at DNV GL KEMA Laboratories

따라서 합성시험방법은 차단기의 전기적 스트레스를 만드는데 두 가지 에너지 전원를 사용한다.

- 대전류 전원: 대전류 발생 동안에는 15－60kV의 감소된 전압에서 전력 주파수 전류를 공급하는 단락발전기
- 고전압 전원 : 고전압 발생 동안에는 비교적 낮은 전력으로 과도회복전압과 회복 전압을 공급하는 TRV 조절 회로가 있는 커패시터 뱅크

합성 시험 중에는 차단기가 전체 직접 시험 방법만큼 가혹한 조건을 받게 된다. 합성 시험법은 직접 단락 시험과 높은 수준의 동등성이 입증되었기 때문에 HV 차단기의 형식시험에 적합하다는 것이 국제적으로 인정되었다.

합성 시험법은 직접 시험의 단지 유효한 대체물로만 볼 필요는 없다. 적절하게 적용되면 합성시험법은 시험시 상당한 이점을 제공한다. 장점 중 하나는 합성 시험법이 비파괴적이라는 것이다. 왜냐하면 차단에 실패하면 발전기에너지 대신에 커패시터 뱅크 에너지만 차단실패한 차단기에 공급되기 때문이다. 또한 전류 및 전압 스트레스를 별도로 제어할 수 있기 때문에 합성 시험법은 이상적인 개발 도구이다.

그러나 커패시터-뱅크 전류 스위칭과 같이 경우에는 동작조건이 있다. 여기서 합성 시험은 용량성 합성 회로에서 재점호되는 경우 내부 차단기가 실제보다 훨씬 낮은 스트레스에 노출되기 때문에 상당한 단점을 가지고 있다. 서비스 중에는 전체 부하 커패시터가 차단기 접점 갭을 통해 방전되며 종종 이미 차단기 접점갭이

완전 개방되었을 때도 방전을 하게 된다. 큰 방전에너지가 방출되기 때문에 방전 에너지가 매우 낮은 용량성 합성회로의 재점호에 비해 에너지가 훨씬 높다. 따라서 재점호 후 연속 시험에서 용량성 시험을 통과할 확률은 직접 용량성 회로보다 합성 용량성 회로에서 더 크다.

합성시험이 중요하여, 관련 규격이 IEC에서 발간되었다(IEC62271-101 2012).

(a) 차단 프로세스중 중요한 순간과 구간

차단 프로세스 중에, 그림 11.11에 나와 있는 것처럼 단락회로에서 일반적으로 중요한 3가지 순간이 있다.

- t_1: 접점 분리 순간
- t_2: 아크전압이 크게 변하는 수간
- t_3: post-arc 전류를 포함하여 전류가 중간되는 순간

차단 프로세스중의 전류와 전압 스트레스를 고려하여 접점 분리후에 3가지 중요한 구간이 있다.

- t_1부터 t_2까지의 대전류 구간
- t_2부터 t_3까지의 상호작용 구간
- t_3이후 고전압 구간 또는 회복 구간

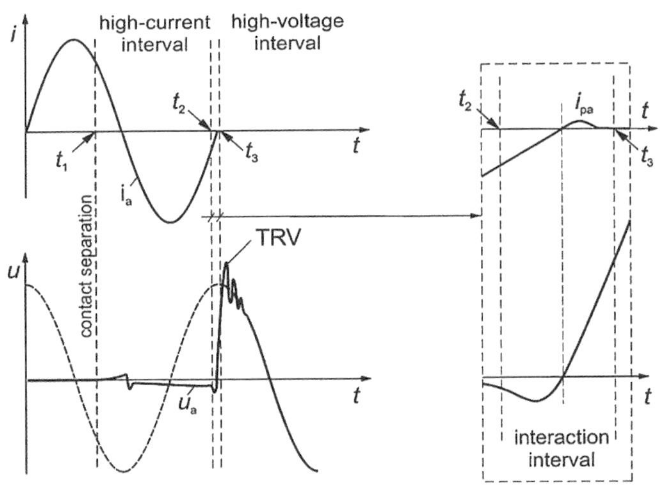

Fig. 11.11 Major instants and intervals during the interruption process. Left, high-current and high-voltage instants; right, interaction instants

대전류 구간은 접점이 분리된 시간부터 아크 전압의 중요한 변화, 즉 아크 전압 소호 최대값으로의 급격한 상승이 시작될 때까지의 시간이다. 대전류 구간동안에 피시품 차단기는 상호작용구간의 초기조건이 서비스 조건에서와 동일한 방식으로 합성시험회로에 의해 스트레스를 받는다.

상호 작용 구간은 전류영점전에 아크 전압의 상당한 변화가 시작된 후부터 post-arc 전류를 포함한 전류가 흐르지 않는 시간까지의 구간이다. 상호 작용 구간 동안, 단락 전류 스트레스는 절연적 스트레스로 변경되고 차단기 동작은 회로의 전류 및 전압에 상당한 영향을 미칠 수 있다. 전류가 0으로 감소하면 아크 전압이 상승하여 병렬커패시턴스를 충전하고 아크를 통과하는 전류를 왜곡할 수 있다. 전류영점 이후, 아크 후 전도도는 과도 회복 전압의 추가 감쇠를 초래할 수 있으며, 이는 차단기 양단의 전압 및 접점 갭에서 잔류 아크 후 플라즈마에 공급되는 에너지에 영향을 미칠 수 있다.

상호 작용 구간 동안 차단기의 접점 사이에서 생성되는 아크와 회로 간의 상호 작용은 차단 프로세스에 매우 중요하며 차단기의 열적 차단 실패 가능성 측면에서 중요한 구간이다. 따라서 전력 시스템의 작동조건에서와 동일한 방식으로 합성 회로에서 이 시간 간격 동안 차단기가 스트레스를 받는 것이 중요하다.

고전압 구간은 전류 흐름이 중단된 후의 시간이다. 고전압 구간 동안 피시품 차단기의 접점 사이에는 회복 전압이 인가된다. 합성 시험에서 회복 전압은 원칙적으로 DC 전압으로, 전압 회로의 제한된 에너지 저장 능력으로 인해 지수 적으로 감소한다. 이러한 감쇠 DC 회복 전압은 전력 시스템의 AC 회복전압에 비해 차단기에 비현실적인 스트레스를 가한다. 공간 전하가 축적되어 AC 전압 케이스와 다르게 차단부에 스트레스를 줄 수 있으므로 합성 시험에서 DC 회복 전압은 가능한 한 피해야한다.

합성 시험의 또 다른 어려운 문제는 회복 전압이 너무 빨리 감소하지 않아야 하고 정격 전력 주파수의 1/8 사이클과 동일한 기간 동안 전력 주파수 회복 전압의 등가 순시 값보다 작아서는 안된다는 요구사항이다. 기하 급수적으로 감소하는 DC, 또는 AC 또는 DC 및 AC가 결합된 회복 전압이든 어느 방식의 회복전압을 사용하든 회복전압은 가능한 한 $U_r\sqrt{2}\sqrt{3}$와 비슷하게 유지되어야한다. 어떠한 경우에도 IEC 차단기 규격 IEC 62271-100(2012)에 명시된 대로 차단 후 100ms 이내에 회복전압이 $0.5U_r\sqrt{2}\sqrt{3}$ 아래로 떨어지지 않아야 한다.

특히 종종 늦은 재점화(restrike) 경향이 있는 고전압 진공차단기의 경우에,

IEC 62271-100에서 요구하는 대로 300ms 동안 회복 전압을 가능한 한 $U_r\sqrt{2}\sqrt{3}$에 비슷하게 유지하는 것은 중요하다. 합성 시험법(TRV 구간 동안)과 직접 시험법(회복 전압 구간 동안)을 결합한 하이브리드 시험 회로가 시연되었다(Smeets et al. 2009, 2014b). 진공 차단기 또는 발전기 차단기를 시험하는 합성 시험에는 이러한 솔루션을 고려해야 한다.

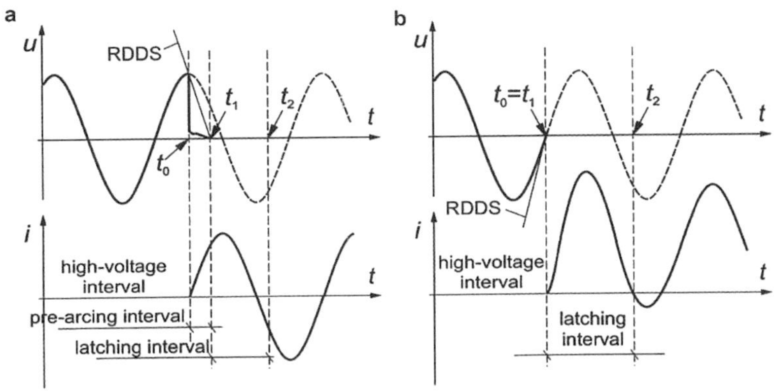

Fig. 11.12 Intervals during the making process. Left, making at voltage peak leading to symmetrical current; right, making at voltage zero followed by asymmetrical current

(b) 투입 프로세스중의 중요한 순간과 구간

차단기는 또한 단락 상태에서 투입(닫을) 수 있어야한다. 투입 전에, 차단기는 단자에 인가되는 전압을 견뎌야 한다. 투입 과정에서 일반적으로 그림 11.12에서 나타나 있는 3가지 중요한 시점이 있다.

- t_0: prestrike 순간(전기적으로 닫힘)
- t_1: 접점 터치의 순간(기계적으로 닫힘)
- t_2: 완전 투입 위치에 도달하는 순간

투입 과정 중 전류 및 전압 스트레스를 고려할 때 접점 사이의 prestrike 순간 이후 3가지의 구간이 있다.

- t_0 전의 고전압 구간
- t_0부터 t_1까지의 pre-arcing 구간
- t_1부터 t_2까지의 latching 구간

고전압 구간은 차단기가 개방 위치에 있는 상태에서 전압을 인가 한 후 절연파괴, 즉 접점 갭간의 prestrike가 발생하는 순간까지의 시간이다. 따라서 고전압 간격 동안 피시품 차단기는 prestrike의 초기 조건이 서비스 조건하 에서와 동일하도록 전압 회로에 의해 스트레스를 받아야한다.

Pre-arcing 구간은 차단기가 닫히는 동안 접점 갭에서 시작된 prestrike 순간부터 접점의 기계적 접촉까지의 시간이다. Pre-arcing 동안 차단기는 전류로 인해 전자기력과 아크 에너지로 인한 영향(손상)을 받는다.

절연파괴가 인가전압의 최고값 근처에서 발생하여 최대 pre-arcing 시간과 에너지를 가지는 거의 대칭전류를 발생시킨다.

절연파괴가 인가전압의 영점부근에서 발생하여 pre-arc 에너지는 무시할 정도로 작으나 전자기력은 최대인 비대칭전류를 발생시킨다.

래칭 구간은 차단기가 투입되는 동안 접점 접촉부터 접점이 완전히 투입된 (래치) 위치에 도달할 때까지의 시간이다. 이 구간 동안 차단기는 접촉과 같은 움직이는 부품의 마찰력 뿐만 아니라 전류로 인한 전자기력과 및 유체역학적 힘이 가해지는 상황에서 투입되어야 한다.

합성 시험법의 기본 원칙을 고려하여 초기 목적은 차단성능을 확인하는 것이었다. 차단기가 낮은 전압에서 완전한 비대칭 전류를 만들면 투입시험 중에 비현실적인 조건이 발생한다. 서비스 중일 때의 pre-arc에 의한 가혹한 스트레스를 고려하여 전체전압과 대칭전류에서 정격 단락 투입성능을 시험하는 것이 필요하다.

왜냐하면 그때에만 적절한 pre-arcing 조건이 존재하기 때문이다. 차단기의 대칭 전류 투입 성능은 prestrike가 최대 전압 피크 근처에서 발생하여 가장 긴 pre-arcing 시간으로 대칭 투입 전류를 만들어 낸다면 올바르게 테스트된다.

11.6.1 합성시험법의 종류

현재 다양한 합성 시험 회로가 사용되고 있다. 그러나 그들 모두는 실질적으로 두 가지 기본 방법을 기반으로 한다.

(a) 전류 주입 방법

전류 주입 방식의 합성 시험 회로에서 적절하게 조정된 커패시터 뱅크 회로는 전력 주파수 전류가 0이 되기 전에 피시품 차단기를 통해 방전되어 전류가

0이 된 후 자동으로 적절한 TRV 조건을 만든다.

(b) 전압 주입 방법

전압 주입 방식의 합성 시험 회로에서 전압 회로는 전원 주파수 전류가 0이된 직후에 피시품 차단기에 인가된다.

합성 시험 회로는 일반적으로 단상 시험에 사용되지만 3상 시험에도 사용할 수 있다. 3상 합성 시험은 3상 전류 소스와 2개 또는 3개의 전압 소스를 사용한다. 비접지 시스템에서 전압소스 중 하나는 첫 번째 차단되는 상에 대한 과도 회복 전압을 제공하고 다른 하나는 두 번째 및 세 번째 차단되는 상에 대한 과도 회복 전압을 제공한다.

11.6.2 전류주입법

전류 주입 방법은 전력 주파수 단락 전류의 전류 영점 직전에 전류 중첩에 의해 결정된다. 전압 회로에서 공급되는 크기는 작으나 높은 주파수의 전류가 피시품 차단기를 통해 전력 주파수 전류에 중첩된다. 이러한 방식으로 피시품 차단기(TB)의 전류 영점은 피시품 차단기와 직렬로 배치된 보조차단기(AB)의 전류영점보다 늦게 발생한다(그림 11.13 참조). 따라서 보조 차단기는 주입 전류를 제공하는 고전압 소스를 중압(medium voltage)의 전류원 회로에서 분리한다. 피시품 차단기에서 전류가 차단될 때 피시품 차단기는 TRV를 전달하는 전압회로에 이미 연결되어 있다. 따라서 지연없이 대전류에서 고전압으로 스트레스가 자연스럽게 전환된다.

전류 주입 방법의 경우 병렬 및 직렬 전류 주입의 두 가지가 가능하다. 그림 11.13은 전압 회로가 피시품 차단기(TB)에 병렬로 연결된 전류 주입 회로의 단순화된 회로도를 보여준다. 병렬 전류 주입에 사용되는 합성 테스트 회로는 Weil-Dobke 회로(Slamecka 1953)라고 한다. 그림 11.14는 병렬 전류 주입 테스트 회로에서 피시품 차단기를 통과하는 전류를 보여준다.

시험 전에 보조 차단기(AB)와 피시품 차단기(TB)가 모두 투입 위치에 있다. 투입 스위치(MS)를 닫으면 전류 소스에 의해 공급되는 단락 전류 i_G의 흐름이 시작된다. 거의 동시에 t_0 순간에 보조 차단기 및 피시품 차단기가 접점을 분리한다.

재점호회로라고도 하는 아크 연장회로(APC)(11.6.8장 참조)는 합성 시험에서 실제적으로 아크 지속시간을 생성하는 데 필요하다. 이 회로가 없으면 전류는 이전의 전류 영점에서 이미 차단될 것이다. 그 전류 영점에서는 전압이 MV급의 대전류 회로에 의해서만 공급되기 때문에 TRV가 너무 낮다.

t_1 순간에 스파크 갭이 터지고(fired) 시험 전에 특정 전압으로 충전된 메인 커패시터 뱅크 C_0가 임피던스 L_V를 통해 방전되며 고주파 전류 i_V를 주입하고 이 주입전류는 전류 i_G에 더해진다.

주입 시점은 전류 종속 제어 회로(인젝션 타이머)를 통해 선택된다. t_1에서 t_2까지의 시간 동안 전류 회로와 주입 회로는 피시품 차단기에 병렬로 연결되고 피시품 차단기를 통과하는 전류는 $(i_V + i_G)$ 합이 된다.

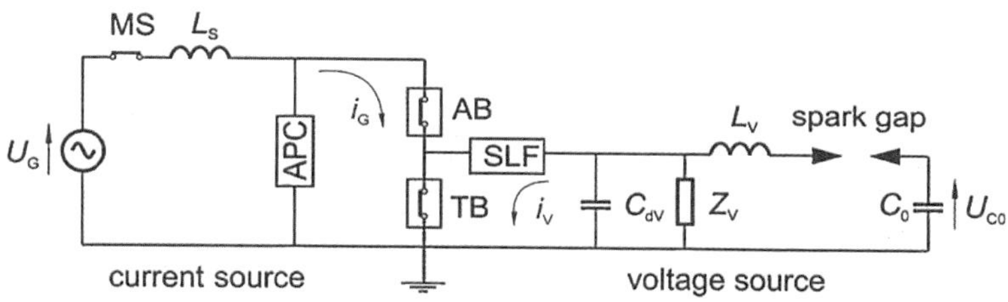

Fig. 11.13 Typical current-injection circuit with voltage circuit in parallel to the circuit breaker under test

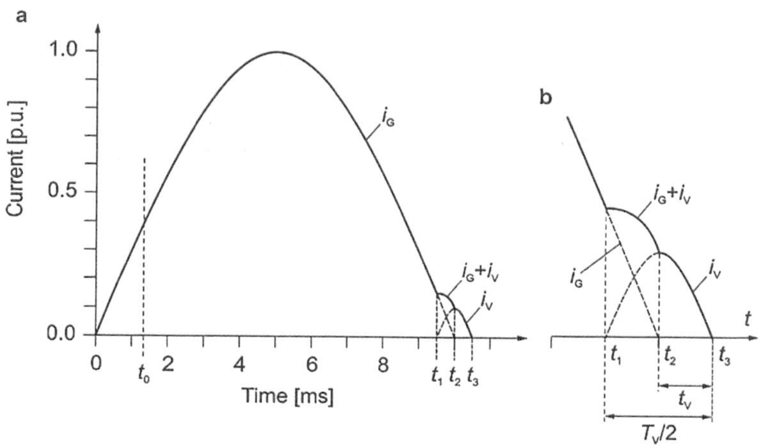

Fig. 11.14 (**a**) Current through the circuit breaker under test in the parallel current-injection circuit; (**b**) current-injection timing

t_2 순간에 전력 주파수 단락 전류 i_G는 0에 도달한다. 전류 소스의 구동 전압이 다소 낮기 때문에 보조 차단기가 전류 i_G를 차단하는 것은 비교적 쉽다. 따라서

보조 차단기가 대전류 회로와 고전압 회로를 분리한다. 피시품 차단기가 t_3 순간에 주입 전류를 차단하면 전압 회로에 의해 C_{dv}, Z_V 및 L_V에 의해 제어되는 TRV가 피시품 차단기에 인가된다. 스파크 갭은 이 기간 동안 여전히 통전상태이다.

그림 11.15는 최대 1000kV 피크까지 TRV를 제공할 수 있는 합성 시험 설비의 전압원의 예를 보여준다.

근거리선로고자조건(SLF)에서 HV차단기를 시험하기 위한 인공 라인(artificial line)을 HV TRV 회로에 추가할 수 있다. 이러한 장치는 몇 개의 개별 부품(van der Linden 및 van der Sluis 1983)으로 근거리 선로 고장으로부터 생성되는 전압 파형과 매우 유사한 전압 파형을 생성한다.

Fig. 11.15 Photo of (part of) a synthetic voltage source for producing (T)RV in HV circuit-breaker tests. (Courtesy of DNV GL/KEMA Laboratories)

전류 주입 구간 동안 메인 커패시터 뱅크의 전압 극성이 반전된다. TRV 진동이 감쇠될 때까지, 남은 회복 전압은 DC 특성을 가지며, 이는 직접 시험 회로의 전력 주파수 AC 회복 전압보다 피시품 차단기에 더 높은 스트레스를 가한다. 이를 극복하기 위해 Z_V는 주커패시터 뱅크 C_0와 함께 전력 주파수로 조정된 고품질의 리액터를 포함해야한다. 가급적이면 일정한 AC 회복 전압을 제공하기 위해 전원 주파수 AC 소스를 추가해야 한다. 후자를 "Skeats" 회로("Skeats"; Skeats 1936)라고 한다.

피시품 차단기가 t_3에서 차단에 실패하면 그 후에 흐르는 전류는 전압원의 주입 전류로만 구성되어 차단기의 생길 수 있는 손상을 제한한다. 이것은 개발 시험을 수행할 때 중요한 이점이다.

실제 조건과 최대한 동등성을 제공하려면 전류 변화율이 서비스 조건에서와 동일해야 한다.

$$\frac{di_v}{dt}|_{i=0} = \frac{di_g}{dt}|_{i=0} \tag{11.3}$$

주입 전류의 정확한 변화율 외에도, 주입 전류의 주파수는 바람직하게는 500Hz, 즉 250～1000Hz 사이여야 한다(Slamecka 1953).

전력 주파수 전류의 파형에 과도한 영향을 끼치는 것을 방지하기 위해 주입 전류의 주파수 하한은 250Hz이다.

주입전류의 최대허용 주파수는 1000Hz이며, 이것은 아크전압의 큰 변화가 발생하는 구간에 의해 결정된다. 이 구간은 주입전류에 의해서만 아크가 공급되는 시간보다 짧아야 한다. 이를 위해 주입된 주파수의 주기는 아크 전압의 상당한 변화가 일어나는 간격의 4배 이상이어야 한다.

전류 주입 순간은 주입 전류만 피시품 차단기가 공급되는 시간이 최대 500μs이며 주입 전류 주파수의 1/4보다 길지 않도록 되어야 한다. 피시품 차단기가 주입 전류에 의해서만 공급되는 시간이 200μs보다 짧은 경우에는, t_2시간까지 di/dt가 전류원와 전압원에 의한 전류의 합이 되어 너무 높을 수 있기 때문에 차단기에 과도한 스트레스를 줄 가능성이 있으므로 매우 주의를 기울여야한다.

수 년에 걸친 비교 시험과 시험 경험은 병렬 전류 주입 방법이 서비스 중 발생하는 상황과 최상의 동등성을 제공함을 입증했다. 병렬전류주입법은 전 세계의 많은 대전력 시험소에서 사용되며 다른 전류 주입 방법인 직렬 전류 주입보다 선호된다(Kapetanovic 2011).

11.6.3 전압주입법

전압 주입 방법은 병렬 전류 주입 방법처럼 전류원과 별도의 전압원을 사용한다. 차이점은 전압 주입 방식의 전류원은 단락 전류뿐만 아니라 TRV의 초기 부분도 제공한다는 것이다.

TRV의 고전압 부분은 전류 소스에 의해 생성되는 회복 전압의 피크 근처에서, 최종 전류영점 이후에 전압원에서 주입된다. 보조차단기 AB에 연결된 커플링 커패시터 Cv는 전류 소스의 과도 회복 전압을 피시품 차단기에 효과적으로 적용하기에 충분히 크다.

그림 11.16은 전압 회로가 보조차단기에 병렬로 연결된 일반적인 직렬 전압주입 합성시험 회로를 보여준다.

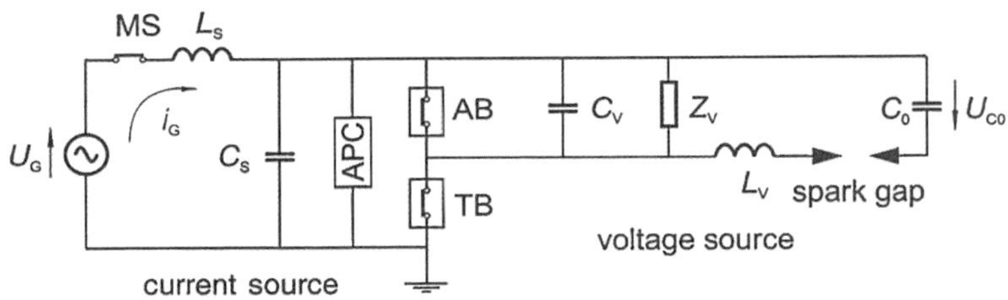

Fig. 11.16 Typical voltage-injection circuit with voltage injection in series with the circuit breaker under test

Fig. 11.17 Current and TRV waveforms of the series voltage-injection test circuit

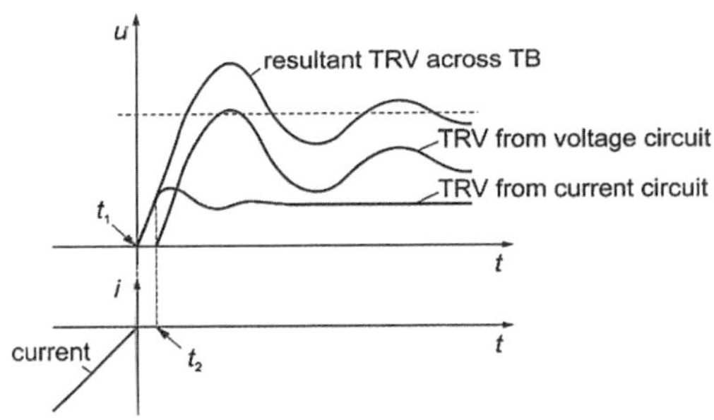

시험 전에 보조차단기(AB)와 피시품 차단기(TB)가 모두 투입 위치에 있다. 투입 스위치 MS가 닫히면 전류 소스는 피시품 차단기 TB에 단락 전류 및 post-arc 전류를 공급한다. 전체 상호 작용 시간 동안, 보조차단기와 피시품 차단기의 아크가 직렬로 연결된다. 두 차단기는 그림 11.17의 t_1에서 동시에 전류를 차단한다. 단락 전류를 차단하면 전류회로의 전체 과도 회복 전압이 병렬 커패시터 C_V를 통해 피시품 차단기에 적용된다. 이러한 방식으로 커패시터는 post-arc 전류에 필요한 에너지를 전송한다. 이 전압의 피크 직전인 t_2에서 스파크 갭이 발화하고(fired) 전압 회로의 전압 진동이 피시품 차단기 양단의 전류원의 회복 전압에 추가된다. 결과적으로 보조차단기 양단의 TRV는 실제로는 전압 회로에서만 공급된다.

주입전류가 작기 때문에 전압 회로의 에너지가 상대적으로 낮고 메인 뱅크 커패시턴스 C_0는 전류 주입 회로의 것보다 훨씬 작을 수 있다. 따라서 전압 주입 방법이 더 경제적이다. 그러나 상호 작용 구간 동안 전압 주입 회로의 회로 매개

변수는 전류 소스 회로의 회로 매개 변수와 다르다. 전류 주입 회로의 경우는 그렇지 않으며 전압 주입 방법이 일반적으로 적용되지 않는 이유이다. 따라서 IEC 62271-101(Slamecka 1953)에 따라 전압 주입 방법은 초기 TRV 요구사항이 없거나 이러한 요구사항이 시간 지연 없는 근거리 선로고장 시험에 포함되는 경우에만 허용된다. 전압 주입은 또한 매우 정확한 타이밍을 필요로 하기 때문에 달성하기가 다소 어렵다.

전압회로는 보조차단기 대신에 피시품 차단기와 병렬로 연결할 수도 있다. 그러나 이 방법은 일반적으로 사용되지 않는다.

11.6.4 3상 합성시험법

원칙적으로 규격은 3개의 각상이 독립적으로 구동하는 1점절 차단기에만 단상 기준으로 시험하는 것을 허용하고 있다. 어떤 경우에도 형식시험은 상 고장을 차단하는 차단기의 성능을 확인해야한다. 따라서 가능하면 상 시험이 바람직하고 선호된다. 이것은 3상의 차단부가 1개의 외함에 모두 들어가 있는 차단기와 각 상의 차단부가 각각의 외합에 1개씩 들어가 있으나 1개의 조작기로 공통으로 조작되는 차단기의 경우에 특히 중요하다. 3상 테스트 절차를 적용하는 것은 3상에서의 아크 창, 비대칭 및 minor와 major loop의 시간, 확장 loop에 관련하여 요구된 스트레스를 재현하기 위해 필요하다. 가급적이면 위의 모든 스트레스가 동일한 시험에 적용되어야 한다. 이것이 불가능하다면 다중 부분시험(multipart test) 절차가 사용 가능한 유일한 방법일 수 있다(Dufournet, 2000).

단상 합성 시험 방법은 잘 확립되어 있지만 3상 합성 시험은 다소 새롭고 기술적으로 어렵다. 단상시험과 동일하게 전류원에서 전류를 얻고 전류영점이후의 회복 전압은 전압원으로부터 얻는다는 원리는 3상 합성 테스트에도 적용된다(Dufournet 2000; van der Sluis와 van der Linden 1987). 이러한 회로는 3상 전류 소스와 일반적으로 2개의 전압 소스를 사용한다. 하나의 전압소스는 첫 번째 차단되는 상에 TRV를 제공하고 다른 하나는 비유효접지 시스템(non-effectively earthed system)에서와 같이 이러한 상이 동시에 차단되는 경우 두 번째 및 세 번째 차단되는 상에 회복 전압을 제공한다.

그림 11.18에 나타난 모든 상에 전류가 주입되는 상 합성 회로는 다음 구성요소로 구성된다.

G : 3상 전류원

전압원 1 : 첫 번째 차단되는 상에 연결된 전류 주입 병렬 회로

전압원 2 : 소스 측에서 접지가 없기 때문에 동시에 전류를 차단하는 다른 두개의 상에 직결로 연결된 전류 주입 병렬 회로

AB : 3상 보조차단기

TB : 3상 피시품 차단기

APC : 피시품 차단기가 조기에 차단하는 것을 막고 최대아킹 시간을 보장해 주는 전류회로의 각상에 연결된 아크연장회로(APC)(11.6.8절 참조)

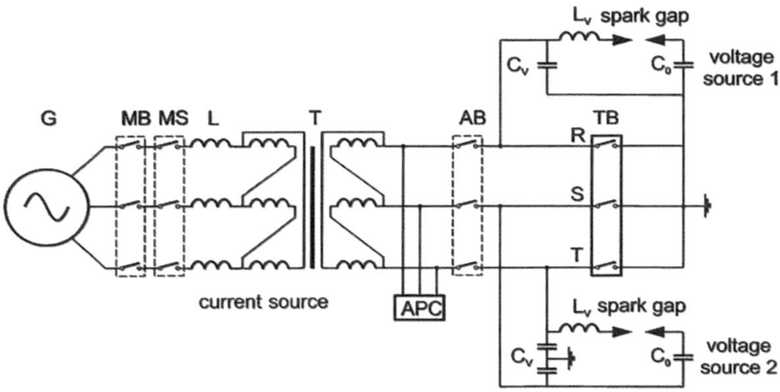

Fig. 11.18 Three-phase synthetic circuit with current injection in all phases for $k_{pp} = 1.5$

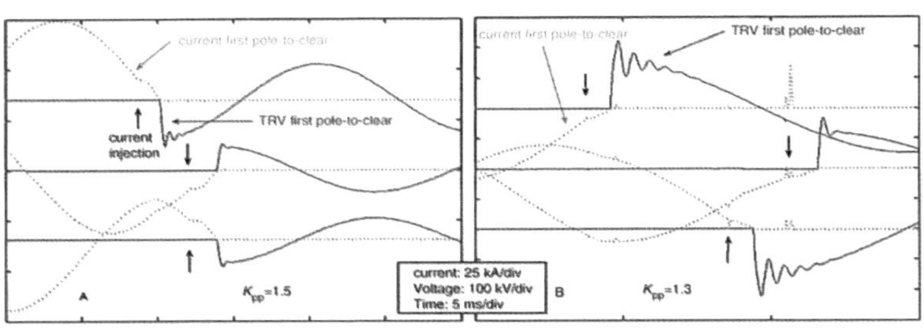

Fig. 11.19 Example of test results of a three-phase test with **(a)** $k_{pp} = 1.5$ and **(b)** $k_{pp} = 1.3$. (Courtesy of DNV GL KEMA Laboratories)

회복 전압은 그레이딩 커패시터가 있는 두 개의 마지막 차단 상 폴 사이에 적절하게 분배될 수 있다. 회로의 작동은 다소 복잡하므로 제한된 수의 대전력 시험소에서만 사용할 수 있다(de Lange 2000). 이러한 시험 결과의 예가 그림 11.19a에 나와 있다.

휴요 접지 시스템에서의 지락사고의 경우처럼 1.5보다 낮은 첫상 차단 팩터는 각상의 전류영점후에 각상에 TRV가 인가되어야 하기 때문에 이 회로로 시험할 수 없다. 그와 같은 시스템의 차단기의 합성 시험에는 세 개의 개별 전압 소스가 필요하다. 그와 같은 시험 결과의 예는 그림 11.19b에 나와 있다.

11.6.5 금속외함 차단기의 합성시험

1개 이상의 차단부로 구성되어 있는 차단기의 경우에 고장전류 차단성능을 확인해야 하는 시험의 일부분은 차단기 한 상의 절반(half)(또는 1/4)만으로도 수행될 수 있다. 그레이딩 커패시터가 장착된 라이브 탱크 차단기의 경우 일반적으로 유효한 접근 방식이다.

그러나 IEC 62271-203(2011)에 따른 금속 외함 개폐장치에 대한 요구사항을 충족하려면 차단 프로세스 중에도 충전 부품과 외함 사이의 올바른 절연스트레스가 보장되어야 한다. 결과적으로 전체 차단기에 대한 시험이 아닌 어떠한 시험도 기술적으로 잘못된 것으로 간주된다.

금속 외함 EHV 및 UHV 차단기의 단위 시험(또는 두 단위의 경우 반절상(half-pole) 테스트)에서 전체 차단부의 서비스 조건를 참조하여 모든 기계적, 유체 역학, 전기력 및 절연 스트레스를 정확하게 표현하는 것은 매우 어렵다. 단상시험으로 3상시험을 대체할 때 고려되어야 하는 스트레스는 다음과 같다.

- 차단중의 절연 스트레스
- 유체역학 스트레스
- 전기역학 스트레스

이와 같은 스트레스는 아래에 자세히 설명되어 있다.

(a) 전류 차단 중 절연 스트레스

금속 외함 차단기의 half-pole 시험은 충전부와 외함사이의 시험전압이 절반에 불과하기 때문에 적어도 단락시험에서는 충전부와 외함사이의 절연 스트레스를 올바르게 나타낼 수 없다(그림 11.16).

그레이딩 커패시커가 있는 금속외함 차단기(라이브 타잎 외함을 포함하여)를 시험하는데, 단위 시험은 아크 챔버의 불균등한 절연적 거동으로 인해 서비스시에 발생하는 과도 스트레스를 나타내지 못할 수 있다. 단위시험에서, prestrike 시에 발생하는 것과 같은 그레이딩 커패시터에 가해지는 스트레스와 차단부에 가해지는 스트레스는 올바르게 적용될 수가 없다. 이것은 CIGRE가 그레이딩 커패시터를 차단기 고장의 주요 원인으로 확인했기 때문에 필수적이다(CIGRE Working Group A3.18 2007).

일반적으로 단위시험에는 몇 퍼센트 정도의 절연스트레스 안전여유가 적용된다. 이것은 차단기에서 표류 커패시턴스로 인한 발생하는 불균등한 전압 분배 때문에 허용된다. 그레이딩 커패시터는 일반적으로 표류 커패시턴스보다 훨씬 크기 때문에 불균등한 전압분포는 50%를 초과하는 몇 퍼센트의 안전 마진(2점절 차단기의 경우)에 의해 커버된다. 그레이딩 커패시터가 없는 설계에서는 이 작은 안전 마진은 적절하지 않다.

차단기의 half-pole에서 수행된 시험이 앞에서 언급한 모든 스트레스를 인가할 수 없다는 것은 분명하며 결과적으로 피시품 차단기가 서비스중에 만족할 만한 성능을 가진다는 적절한 증가를 제공할 수 없다. 그와 같은 증거는 전체 차단기에 대해서 시험을 수행해야만 제공될 수 있다.

(b) 유체역학 스트레스

아크 소호 매질을 이용하는 설계인지 또는 이용하지 않는 설계인 지에 따라 차단부의 가스 압력과 유동은 아크 소호 과정을 방해하는 유체역학 현상에 상호 영향을 줄 수 있다.

또한 뜨거운 배기가스는 그림 11.20에 나타난 바와 같이 차단부와 외함사이의 공간, 즉 차단부를 둘러싸고 있는 공간의 절연내력을 저하시킬 수 있다. GIS와 데드 탱크 차단기를 사용하면 고온이고, 전리되어 있으며, 오염된 배기가스의 유체역학 현상과 영향을 고려하여 단위시험을 할 것인지 또는 전체(full-pole) 시험을 할 것인지 그리고 차단기의 어느쪽에 절연시험전압을 인가할지를 결정해야 한다.

(C) 기역학 스트레스

다른 단위장치를 보조 차단기로 사용하지 않고 half-pole에서 수행되는 시험에는 단락 전류에 대한 등가 통전 경로가 필요하여 시험중인 장치의 아크에 미치는 영향을 정확하게 시뮬레이션해야 한다. 같은 이유로 콤팩트한 설계로 인해 상 금속 외함 차단기에서 3상 시험이 필요하다. 또한 피시품 바로 근처의 대전류 연결할 대는 아크 및 차단기 구조에 실제 전기 역학적 스트레스가 끼치는 영향을 고려하여 세심하게 설계해야 한다.

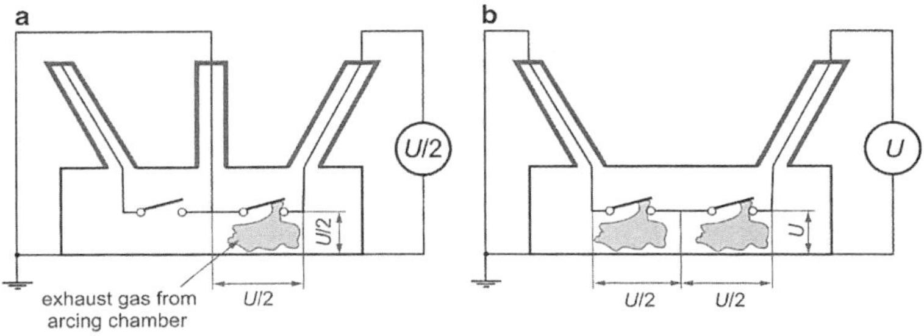

Fig. 11.20 (**a**) Half-pole test of metal-enclosed circuit breaker: voltage across interrupter is OK, voltage between live parts and enclosure is not OK; (**b**) full-pole test of metal-enclosed circuit breaker: voltage across interrupters is OK, voltage between live parts and enclosure is OK

완전한 전극 표면이 필요한 진공 차단기 아크는 아크의 거동을 전극의 어떤 일부 영역으로 한정하는 상간 힘(force)에 민감 할 수 있다. 따라서 그와 같은 차단기는 3상으로 시험하는(특히 접지탱크 설계로 컴팩트한 구조에서는) 것을 강력히 추천한다.

11.6.6 UHV 차단기의 합성시험

UHV(정격전압 〉800kV) 차단기는 특히 다양한 대규모 송전에 필요하다. 이러한 장치의 시험은 그 자체로 어려운 과제이며 몇 가지 솔루션이 제안되었다(Sheng and van der Sluis 1996).

11.6.5장의 고려사항에 의해 접지된 금속 외함을 사용하는 데드탱크와 GIS 차단기를 full-pole 조건에서 시험하기 위해 특별히 설계된 새로운 합성 UHV 시험회로가 만들어졌다(Smeets et al. 2016).

이것을 실현하기 위해 2단계 합성 시험법(two-stage synthetic solution)이 해법으로 채택되었다(그림 11.21 참조). 1단계 합성 설비는 TRV의 첫 번째 단계를 제공하고 2단계 설비는 첫 번째 단계의 전압 파형에 중첩하는 상단 부분(top part)을 제공한다. 이 방법을 사용하면 정격전압 1200kV의 차단기에서도 UHV 단락 시험이 가능하다.

UHV 단락 시험을 수행하는 대체 솔루션은 절연 플랫폼에 차단기를 배치하고 차단기의 양쪽에 적절한 전압을 적용하는 것이다. 그러나 이 방법은 모든 제어 및 전력 신호가 잠재적으로 높은 기계적 불안전성을 가지게 되고 긴 조립시간이 필요하다는 단점이 있다.

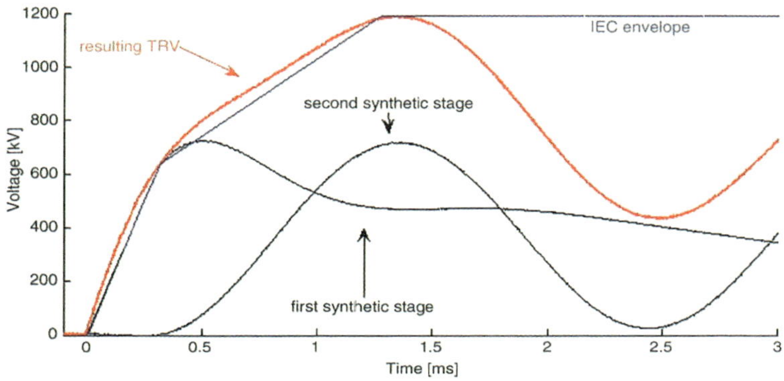

Fig. 11.21 TRV waveforms of two-stage synthetic four-parameter TRV for 800 kV circuit breakers and IEC TRV envelope. (Courtesy of DNV GL KEMA Laboratories)

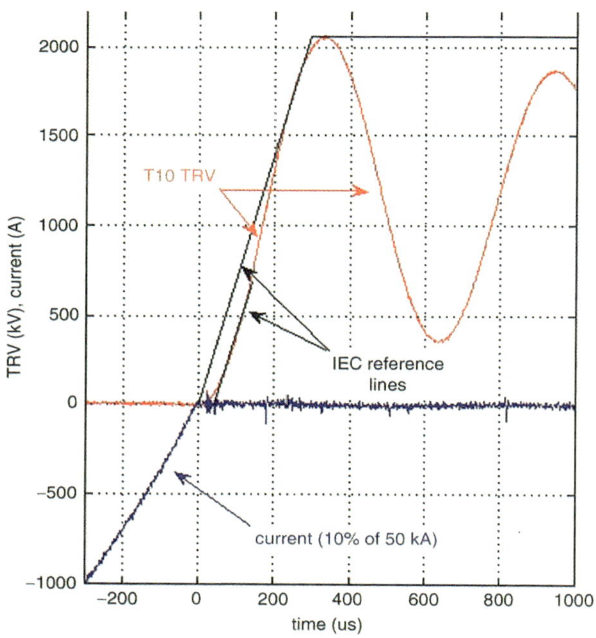

Fig. 11.22 Realized TRV of T10 test duty ($k_{pp} = 1.5$) for 1100 kV circuit breaker and IEC TRV envelopes based on 2 × 550 kV. (Courtesy of DNV GL KEMA Laboratories)

Fig. 11.23 Setup at KEMA Laboratories for full-pole short-circuit tests of a 1100/1200 kV circuit breaker. (Courtesy of DNV GL KEMA Laboratories)

그림 11.22에는 첫상 차단계수 $k_{pp}=1.5$인 전압 피크가 2060kV인 IEC T10 차단책무의 오실로그램이 나와 있다. 시험당시에 규격값이 없어서 IEC 62271−100의 정격전압 550kV 값을 선형 외삽2하여 TRV의 parameter값을 정했다. 피시품 차단기는 4점절 데드탱크 차단기였다. 그림 11.23에 시험 세팅 사진이 나와 있다.

800kV보다 높은 정격전압에 대한 TRV parameter 값은 CIGRE(2008)에서 제안했으며 IEC에서 차단기 표준(IEC 62271−100 2012)으로 채택되었다.

직렬 8개 갭과 같이 비정상적으로 많은 수의 아크가 직렬로 배치되면 적어도 총 (14−18)kV의 아크 전압이 발생하며 이는 테스트 회로의 전류를 허용할 수 없을 정도로 왜곡할 수 있다. 이와 같은 왜곡을 방지하기 위해 이러한 시험은 60kV와 같은 높은 공급 전압의 발전기 전압으로 수행해야 한다(11.6.9절 참조).

11.6.7 투입시험용 합성시험

정격이 높은 차단기의 경우에, 시험 설비의 한계로 인해 직접 차단 시험과 유사하게 직접 투입 시험을 수행하기 어려울 수 있다. 그와 같은 경우, 합성 상 투입시험 회로가 STL 가이드에서 제안된 테스트 절차와 함께 IEC 62271−101 규격의 테스트 회로와 함께 사용된다(그림 11.24 참조).

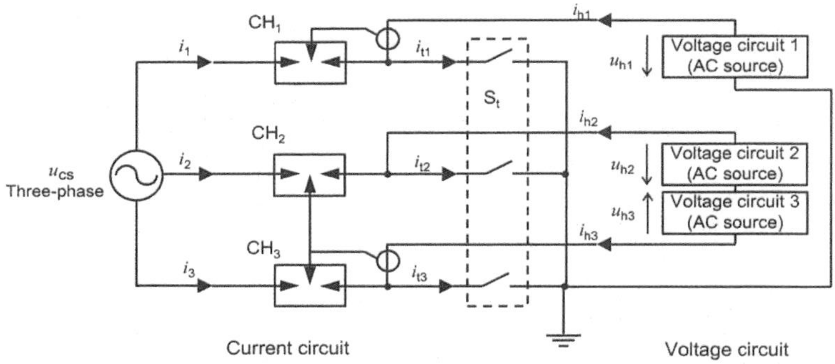

Fig. 11.24 Typical synthetic three-phase making test circuit

피시품 차단기의 투입전에 정격 전압의 전체 스트레스가 전압 회로에서 공급된다. 피시품 차단기에서 prestrike가 시작된 직후 CHI, CH2 및 CH3의 스파크 갭, 투입 장치가 트리거되고 투입 장치를 통해 단락 전류가 공급된다.

그림 11.25는 합성 시험법을 이용한 3상 투입시험의 전류 및 전압 파형의 예를 보여준다. 충분한 에너지의 pre-arcing이 발생하는 차단기의 투입성능을 검증하기 위해 prestrike 발생 직후에 단락전류를 공급해야 한다. 규격은 투입장치의 시간 지연(tm)이 가능한 한 짧게 하며 어떤 경우에도 300μs를 넘지 않도록 규정하고 있다.

11.6.8 아크 연장

가장 일반적으로 적용되는 아크 연장 회로(APC)는 전류영점전 약 10μs에서 빠르게 상승하는 전류 펄스를 제공한다. 이 펄스의 극성은 전력 주파수 전류와 동일한다. 그러나 di/dt는 훨씬 더 높다. 결과적으로 피시품 차단기는 펄스와 전력 주파수 전류의 합인 전류를 차단할 수 없으므로 전류영점 이후에도 전류가 흐르게 된다. 주입 전류는 트리거된 커패시터 방전이 보조 차단기와 피시품 차단기를 흐르게 하여 얻어진다. 직렬 저항은 회로를 과도하게 감쇠 시키고 주입 전류의 피크값과 이 재점호 회로의 시간 상수를 모두 제어한다. 때때로 재점호 루프에 인덕턴스가 내장되어 트리거된 스파크 갭을 통해 흐르는 전류의 di/dt를 제한한다. 기본적인 요구사항은 전력 주파수 전류가 0이되기 직전에 정확한 시간에 스파크 갭이 발화하는 것이다. 진공 차단기의 합성 시험의 경우에는 진공 차단기가 3kA/μs 미만의 di/dt값을 차단할 수 있기 때문에 $di/dt > 3$kA/μs가 필요하다(Smeets et al. 2010).

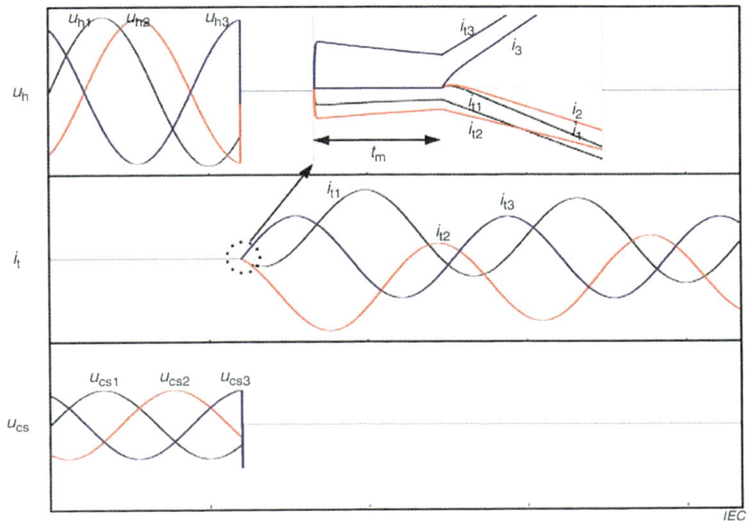

Fig. 11.25 Currents and voltages of three-phase making test by synthetic test (IEC 62271-101 Ed. 2.1). u_{cs1}, u_{cs2}, u_{cs3}: voltage of current circuit; u_{h1}, u_{h2}, u_{h3}: applied voltage; i_1, i_2, i_3: current supplied by the current circuit; CH_1, CH_2, CH_3: making device; i_{t1}, i_{t2}, i_{t3}: current through the test object; St: test circuit breaker; i_{h1}, i_{h2}, i_{h3}: initial transient making current (ITMC); t_m: time delay of making device

이러한 회로는 여러번의 전류 루프를 통하도록 아킹 시간을 연장하는 데 사용될 수 있다. 원칙적으로 동일한 재점화 회로를 적용하여 피시품 차단기와 보조 차단기를 모두 재점화할 수 있다.

11.6.9 전류원 회로의 전압

합성 시험의 중요한 측면은 단락 전류가 공급되는 전압 수준이다. SF_6 차단기의 시험에는 적어도 두개의 차단기 , 즉 피시품 차단기와 보조차단기가 직렬로 연결되며 각 차단기는 여러 개의 아크가 직렬로 연결되며 각각의 소호부에 한 개의 아크가 있다.

이것은 직렬로 연결된 모든 아크의 총 아크 전압이 테스트 전류를 구동하는 전압을 감소시킨다는 것을 의미한다(van der Sluis and Sheng 1995). 따라서 특히 각각의 차단기에 최대 4개의 아크가 직렬로 연결되는, 즉 전체로는 8개인 EHV/UHV 수준의 시험에서는 차단기의 접점 분리 후 시험 전류가 감소한다. 아크 전압에 의한 시험 전류 감소를 허용 가능한 한도 내로 유지하려면 EHV/UHV 시험의 경우에는 (40−60)kV 정도의 높은 전류 공급 소스의 전압이 가능해야 한다.

진공 차단기와 같이 매우 낮은 아크 전압을 가진 차단기를 테스트하는 경우에는 이와 같은 사항은 유효하지 않으며, 오히려 1kV와 같은 저전압원으로도 가능하다.

11.7 요약

이 장에서는 AC 차단기의 차단 및 개폐 성능을 평가하기 위한 대전력 시험에 대해 설명한다. 차단기는 국제 규격에 따라 규정된 조건에서 정격 단락 차단 전류를 투입하고 차단해야 한다. 직접 시험과 합성 시험을 포함한 여러가지 단락 전류 시험법을 사용하여 서비스 조건에 있는 것과 동일한 전압 및 전류 스트레스를 재현한다.

감사의 말 이장은 R.P.P. Smeets, L. van der Sluis, M. Kapetanovic, D. F. Peelo, and A. Janssen이 글을 쓰고 Wiley 출판사가 출판한 "Switching in Electrical Transmission and Distribution Systems"을 기반으로 하였다. Wiley 출판사는 친절하게도 CIGRE에 CIGRE Green book에 위 책의 14장 내용을 부분적으로 사용할 권리를 승인했다. CIGRE는 Green book 프로젝트에 대한 Wiley의 친절한 협조에 감사드린다.

참고문헌

CIGRE Working Group A3.18: Electrical Stresses on Circuit Breaker Grading Capacitors During Shunt Reactor Switching. CIGRE A3 Colloquium, paper PS3-09 (2007)

CIGRE Working Group A3.22: Technical Requirements for Substation Equipment Exceeding 800 kV. CIGRE Technical Brochure 362 (2008)

de Lange, A.J.P.: High Voltage Circuit Breaker Testing with a Focus on Three Phases in One Enclosure Gas Insulated Type Breakers. Ph.D. Thesis, Delft University of Technology (2000). ISBN 90-9014004-2

Dufournet, D.: Three-phase short circuit testing of high-voltage circuit breakers using synthetic circuits. IEEE Trans. Power Deliv 15(1) (2000)

Frohlich, K.: Medium- and high voltage circuit breakers — state of the art. In:

Proceedings of 21st International Conference on Electrical Contacts, pp. 492–503 (2002)

IEC 62271–100: High–voltage switchgear and controlgear–part 100: alternating–current circuit–breakers, Ed. 2.1 (2012)

IEC 62271–101: High–voltage switchgear and controlgear–part 101: synthetic testing, Ed. 2.0 (2012)

IEC 62271–203: High–voltage switchgear and controlgear — part 203: gas–insulated metal–enclosed switchgear for rated voltages above 52 kV, Ed. 2.0 (2011)

IEC 62271–306: High–voltage switchgear and controlgear–part 306: guide to IEC 62271–100, IEC 62271–1, and IEC standards related to alternating current circuit–breakers (2012)

Kapctanovic, M.: High Voltage Circuit–Breakers. ETF — Faculty of Electrical Engineering, Sarajevo (2011). ISBN 978–9958–629–39–6

Sheng, B.L., van der Sluis, L.: Comparison of synthetic test circuits for ultra–high–voltage circuit breakers. IEEE Trans. Power Deliv. 11(5) (1996)

Skeats, W.F.: Special tests on impulse circuit breakers. Elcctr. Eng. 55, 710–717 (1936)

Slamecka, E.: The Weil circuit. AEG Mitt. 43, 211–216 (1953)

Slamecka, E.: Prufung von Hochspannungs–Lcistungschaltcm. Springer, Berlin (1966)

Smeets, R.P.P., te Paske, L.H., Kuivcnhoven, S., Jager, J., Anger, N.: The Testing of Vacuum Generator Circuit–Breakers. CIRED Conference, paper no. 393 (2009)

Smeets, R.P.P., Kuivcnhoven, S., tc Paske, L.H.: Testing of Vacuum Circuit Breakers for Transmission Voltage and Generator Current Ratings. CIGRE Conference, Paris, paper A3–309 (2010)

Smeets, R.P.P. (cd.), Janssen, A.L.J., van dcr Sluis, L., Kapctanovic, M., Peelo, D.F.: Switching in Electrical Transmission and Distribution Systems, pp. 1–424. Wiley (2014a). ISBN 978–1–118– 38135–9

Smeets, R.P.P., tc Paske, L.H., Kuivcnhoven, S., Thomas, R., Royot, V., Robin–Jouan, P., Willieme, J.M., Jacquier, F.: Interruption Phenomena and Testing of Very Large SF_6 Generator Circuit– Breakers. CIGRE session report A3–307 (2014b)

Smeets, R.P.P., Hofstee, A.H., Dekker, M.: New Test-Methods for Circuit Breakers of 800 kV and Above. CIGRE Conference, paper A3-108 (2016)

STL: Guide to the Interpretation of I EC 62271-100: Second Edition: 2003 High-Voltage Switchgear and Controlgear-Part 100: High-Voltage Alternating Current Circuit-Breakers, issue 3, 11.11 (2005)

STL: Guide to the interpretation of IEC 62271-100: edition 2008, issue 9 (2011a)

STL: General Guide, issue 6 (201 lb)

Thoren, B.: Synthetic Short-Circuit Testing of Circuit-Breakers. CIGRE Report (1950)

van dcr Linden, W.A., van dcr Sluis, L.: A new artificial line for testing high-voltage circuit breakers. IEEE Trans. Power Apparatus Syst. PAS-102(4) (1983)

van dcr Sluis, L., Sheng, B.L.: The influence of the arc voltage in synthetic test circuits. IEEE Trans. Power Dcliv. 10(1), 274-279 (1995)

van dcr Sluis, L., van der Linden, W.A.: A three phase synthetic test circuit for metal-enclosed circuit-breakers. IEEE Trans. Power Deliv. 2(3), 765-771 (1987)

Worldwide Directory of HV/HP Laboratories, http://www.inmrlaboratoryguide.com/

12

설계 검증 도구로서의 모의해석 및 개폐기기의 성능 평가

Martin Kriegel and Nenad Uzelac

Keywords

- 차단기
- 보간
- 검증
- 모의해석
- 외삽

M. Kriegel (K)
Interrupter and Technology Development Department, ABB Switzerland Ltd., Baden, Switzerland
e-mail: martin.kriegcl@ch.abb.com

N. Uzelac
Switchgear R&D, G&W Electric Company, Bolingbrook, IL, USA
e-mail: nuzclac@gwclcc.com

12.1 서론

역사적으로 아크 거동의 모델링은 대용량 차단기의 개발을 진전시켰다. A. M. Cassie(Cassie 1939; Cassie and Mason 1956)가 아크 거동(아크 모델)에 대한 그의 잘 알려진 방정식이 실린 논문을 발표한 1939년과 이어서 O. Mayr(1943)가 전류영점 부근에 관심을 갖고 연구결과를 추가한 1943년에 아크와 회로의 상호 작용에 대한 이해는 큰 진전을 이루었다. 이후 많은 연구들이 수행되어 아크 모델의 수식을 개선하고 실제 측정을 통해 물리적 타당성을 확인하였다(C1GRE Working Group 13.01 1988, 1993).

나중에 우리가 차단과정이 수 마이크로 초에 일어나며, 대전류영역에서 플라즈마 온도는 10,000K 이상이고, 그 온도는 전류영점부근에서 마이크로 초당 2,000K씩 감쇠하며, 가스 이동은 초음속이라는 것을 알게 되었을 때, 가스 유동 시뮬레이션을 통해 가스차단기에서 전기아크에 의한 전류차단은 복잡한 물리적 과정이라는 것이 명확해졌다. 가스 유동 시뮬레이션은 컴팩트한 개폐장치를 설계하는 데 여전히 중요한 도구 중 하나이다.

차단기뿐만 아니라 단로기 및 접지개폐기, 계기용 변압기 및 피뢰기와 같은 다양한 변전소 장치들은 전기적, 기계적, 열적, 환경적 동작특성 및 내구성에 대한 표준 요구사항에 대해 준수하는지 철저하게 시험하여 왔다. 오랜 시간에 걸쳐 이러한 장치에 관여된 표준이 발전했으며 점점 더 다르고 복잡한 사례를 다루기 위한 새로운 시험 요구사항도 개발되었다. 한편 위에서 언급한 장치들의 설계에 사용되는 재료, 구성 요소 및 기술도 크게 발전했다. 오늘날 전력시스템에 적용되는 고압 개폐장치에 촛점을 맞추어 보면 스위칭 장치는 주로 오일 또는 에어 블라스트 유형보다 SF_6 및 진공을 우선적으로 사용하는 스위칭 장치가 일반적으로 사용되며, 에폭시와 실리콘과 같은 새로운 고체절연 재료와 결합되어 그러한 절연 및 아크소호 매질은 더 작고 더 컴팩트한 디자인을 갖게 하였다. 전반적으로 개폐장치 설계는 점점 더 복잡해졌다.

이러한 발전 추세에 따라, 가능한 모든 사례와 증가하는 다수의 응용을 위해 예측하고 장치를 시험할 수 있기 위해서는 더 어려워지고 많은 비용이 들 것이다.

또 다른 중요한 측면은 표준에 대한 장치 인증과 같은 전형적인 시험의 경제성이다. 그러한 시험절차는 제조업체가 수행하며 비용을 지불한다. 관련된 장치 수에 따라 좌우되는 이 비용은 R&D를 위한 더 높은 비용과 결과적으로 최종 제품의 높은 비용을 발생 시킨다. 반면에 시험을 통해 장치의 신뢰성을 높일 수 있다.

CIGRE A3 위원회는 최신 시뮬레이션 및 계산 기술의 도움을 받아 테스트를 보완하고 나아가 횟수를 줄일 수도 있기 위해 무엇을 할 수 있을 지를 검토하고 있다. 전기적, 열적, 기계적이거나 다른 종류의 스트레스를 시뮬레이션하기 위해 많은 소프트웨어 도구가 있다. 이러한 도구는 오늘날 제조업체의 내부 R&D에서 광범위하게 사용된다. 자연스러운 다음 단계는 이러한 도구들의 사용을 R&D 이외의 영역에 확대하는 것이다. 예를 들면 전력 변압기 표준에 선례가 존재한다.

검증 도구로서 시뮬레이션 및 계산의 다양한 예측 능력은 다음과 같다.

1. 보간 : 실제 시험으로부터의 데이터는 시험에 의해 검증되지 않은 새로운 조건이면서 이전에 시험한 경우의 경계조건들 사이에서 보간될 수 있다.
2. 외삽 : 실제 시험으로부터의 데이터는 시험에 의해 검증되지 않은 새로운 조건이면서 이전에 시험한 경우의 경계조건들 바깥에서 외삽될 수 있다.
3. 검증 : 실험실 시험 또한 실제 조건의 근사치일 뿐이므로, 컴퓨터 시뮬레이션을 통해 시험 조건의 유효성을 독립적으로 확인할 수 있다.
4. 시험 대체 : 타당성, 가용성 및 시험 비용을 기반으로 정한다.

12.2 용어 정의

아크 고장

단상 아크 고장은 하나의 도체와 접지 사이에서 발생하는 아크이다. 3상 아크 고장은 3개의 도체 사이 또는 3개의 도체와 접지 사이에서 발생하는 아크이다.

가스 차단기

가스 차단기는 SF_6 가스를 절연 및 차단 매질로 사용하는 전기 개폐기이다. SF_6 가스 차단기는 가스로 채워진 외함 내에서 가동 및 고정접점으로 구성되며, 개방 동작 중에 파퍼실린더 내부의 가스는 압축되며 노즐을 통해 고압가스를 접점 사이에 발생한 아크에 분사하여, 냉각을 통해 아크를 소호한다.

유체 역학(CFD)

수치 해석은 유동을 포함하는 문제를 풀기위한 것이다. 액체 및 기체와 경계조건에 의해 정의된 표면과의 상호작용을 시뮬레이션하는 데 필요한 계산을 수행하는 데 컴퓨터가 사용된다. 최신 연구는 다양한 응용분야(예: 항공기, 자동차, 기차)의 천음속 또는 난류와 같은 복잡한 문제에 대해 정확성과 속도를 향상시키는 시뮬레이션 소프트웨어를 제공할 수 있다.

유한요소해석(FEA)

유한요소해석(FEA)은 컴퓨터를 이용해 제품이 실제 힘, 진동, 열, 유동, 질량 수송 및 전자기 포텐셜에 어떻게 반응하는 지를 예측하기 위해 전산화된 방법이다. 유한요소해석은 제품이 파손되는지? 마모되는지? 또는 설계된 대로 작동하는지? 여부를 보여준다. 그러한 문제의 해석적 해결방법은 일반적으로 편미분 방정식의 경계값 문제에 대한 해를 요구한다.

Kp Factor

Kp 계수. Kp 계수는 전체 아크 파워(또는 에너지)에 대한 아크부분 내부의 가스 가열에 기여하는 아크파워(또는 에너지)에 해당되는 부분의 비율이다. 총 아크 파워는 아크의 전극사이에서 측정되는 순간 전류와 순간 아크전압의 곱으로 주어진다. 다른 모든 변수들이 동일하다고 할 때, Kp 계수가 높을수록 압력상승이 크다.

12.3 약어(Abbreviations)

CB	Circuit breake
SF_6	Sulfiir hexafluoride
AC	Alternating current
DC	Direct current
HV	High voltage
MV	Medium voltage
CFD	Computational fluid dynamics

CAD	Computer-aided design
FEA	Finite element analysis
FEM	Finite element method
FVM	Finite volume method

12.4 수치해석과 모델링(Simulations and Modeling)

최근 전력산업에서 상용 모델링 소프트웨어의 역할이 증가하고 있음을 인지하여, Study Committee A3는 기존 시뮬레이션 기술들을 평가하여 장치의 성능에 대한 이해 및 검증을 강화하고, 시험결과를 추정하며, 시험 대안을 제시하거나 시험을 일부 대체하기 위한 검증 도구로서 어느 정도 사용할 수 있을 지 결정하였다.

평가의 목적은 시험 중에 재현된 특정 물리적 제약 하에서 장치 거동의 모델링 정확도를 분석하는 것이다. 이 프로세스는 두 단계로 수행된다.

1. 스트레스 계산 : 모델의 온도, 전기장과 자기장, 압력 등과 같은 특정 물리적 변수를 계산하는 능력
2. 성능 예측 : 스트레스를 견딜 수 있는 능력 예측. 절연파괴, 터짐, 재발호, 용융, 파열 또는 폭발과 같은 물리적 고장 프로세스의 모델들은 이들을 구현하는 소프트웨어는 커녕 일반적으로 아직 이용할 수도 없기 때문에 스츠레스를 견디는 늘역 예측은 훨씬 더 어려운 작업임이 확인되었다. 대신 시험에서 얻은 실제적인 경험과 관찰을 기반으로 한 “설계 룰”이 적용된다.

모델링 및 계산을 위한 많은 응용들이 있다. 이 장에서 몇 가지 평가 사례를 제시하고 있다.

개폐장치의 거동을 더 잘 예측하기 위한 개폐장치 변수들의 모델링

한 가지 예는 개폐장치 절연성능의 시뮬레이션이다.

절연강도 시뮬레이션 도구에 대한 벤치마크를 수행하였다. 이 목적을 위해, 실험용 SF_6 차단기를 만들어 고전압 시험을 규격에따라 실시했다. 디지털 CAD 파일을 기반으로 6개의 주요 제조업체에서 전계를 계산했다. 분석에 따르면 서로 다른 소프트웨어 도구들은 거의 동일한 절연 스트레스를 예측했다. 그러나

예측된 내전압과 측정된 내전압(성능예측)을 비교한 결과 한 가지 예외를 제외하고는 제조업체의 예측값이 측정된 값보다 최대 40% 낮았다.

또 다른 예는 온도상승 시험에서 단일 부품 혹은 전체 어셈블리의 거동을 시뮬레이션하는 열적 모델링이다.

온도(및 온도상승)는 표준에 직접적으로 규정되어 있으며, 소프트웨어로 시뮬레이션 하기가 비교적 간단한다. 이론적 측면에서, 전자기 및 열 모델들은 고체 및 유체 부품 모두에 대해 매우 신뢰할 수 있다. 결과적으로 시뮬레이션 도구는 장치의 열 거동을 예측하는 데 도움이 될 수 있다. 4000A GIS에서 온도 상승의 정확한 계산을 보여주는 예가 제시되었다.

GIS 외함의 내아크시험과 같이 실용적이지 못하거나 구현하기 어려운 규격시험의 대체

테스트 후 오염된 SF_6를 취급하는 것이 어렵고 대기에 대한 SF_6 가스누기 위험이 있기 때문에, 장치에 대한 시험은 거의 수행되지 않으며 제조업체는 일반적으로 계산에 의존하고 있다.

표준으로 충족되지 않는 새로운 장치의 설계 변수를 결정하기 위해 시뮬레이션을 사용한 경험

장치의 정격이 테스트 설비용량을 초과하면, 성능검증은 시뮬레이션 결과에 의존 한다. 새로운 1100kV 개폐장치 설계의 경우가 그런 경우이다. 특정 사례는 1100kV 차단기의 내진해석, TRV 피크, RRRV 값 및 DC 시정수를 계산하기 위한 EMTP 시뮬레이션을 사용 등이다.

12.5 시뮬레이션 도구 및 시험의 개요(Overview of Simulation Tools and Tests)

사용자들이 직접 개발한－전형적으로 R&D그룹에 의해서 자체 개발한 시뮬레이션용 소프트웨어 외에도 전력산업에서 사용되는 상용 소프트웨어 패키지가 많다. 표 12.1에 제시된 목록은 일부에 불과하다. 최근 몇 년 동안 열 및 전기 스트레스와 같은 여러 물리적 현상을 동시에 해결할 수 있는 다중 물리해석 도구가 개발되었다.

표 12.2는 전기장치 표준에서 요구하는 시험들을 요약한 것이다. 시험과 관련된 스트레스와 예상 결과 및 해당 수치해석 방법이 나열하였다. 각 애플리케이션에 대한 예측능력은 WG멤버들에게 알려져 있는 것과 같은 업계 경험을 반영한 다양한 기준을 통해 추정하였다. 대부분의 애플리케이션에서 기존 형식시험으로부터 내삽 보간이 얻어질 수 있었다. 현상이 잘 알려진 경우, 예를 들어 기계적 및 절연적 스트레스에 대해서는 때때로 외삽 보간(기존의 시험범위 밖)을 수행할 수 있었다. 많은 물리적 현상이 현재 사용 가능한 소프트웨어로 아직 충분히 정확하게 모델링 될 수 없기 때문에 소수의 경우에만 타입 테스트를 대체할 수 있었다. 그럼에도 불구하고 오늘날 표준에서는 압력 및 내진 계산 결과의 경우 검증된 것으로 인정한다. 마모, 제조 공차, 가스 및 아크 물리학, 접촉 저항, 자기 포화 및 재료 불균일성과 같은 요인은 여전히 모델링하기가 매우 어렵다. 파손, 버스트, 재점화, 용융, 파열 및 폭발과 같은 물리적 고장 프로세스의 모델은 이러한 현상을 정확하게 표현하기가 훨씬 더 어렵기 때문에 아직 산업용으로 사용할 수 없다.

Table 12.1 Commercially available software packages

Application	Name of software	Numerical method
Electric field analysis	MAXWELL	FEM
	ANSYS	FEM
	FLUX	FEM
	COULUMB	BEM
Magnetic field analysis	MAXWELL	FEM
	ANSYS	FEM
	FLUX	FEM
	ELEKTRA	BEM
Thermal analysis	ANSYS	FEM
	STAR-CD	FVM
	FLUENT	FVM
Fluid analysis	CFX	FVM
	MC3	FVM
	FLUENT	FVM
	PHOENICS	FVM
Structural analysis	Pro/MECHANICA	FEM
	ANSYS	FEM
	ABAQUS	FEM
Kinematic analysis	ADAMS	Multibody analysis
Electrical transient analysis	EMTP/ATP	FDM
	Saber	FDM
Interrupting performance	Home-made	–

12.6 개폐장치 모델링의 사례

12.6.1 전계해석

고압 차단기의 주요 기능 중 하나는 안정적인 전원 공급을 보장하는 것이지만, 공급 전압 또는 과도 전압을 견딜 수 있는 성능이 더욱 요구되어질 수 있다. 차단기는 투입 위치에서 대지간 전압, 개방 위치에서 스위칭 접점 양단의 전압 및 동작 중 모든 과도 전압을 견뎌야 한다. 설계 엔지니어에게 가장 중요한 업무 중 하나는 모든 종류의 전압 스트레스를 견딜 수 있도록 차단기를 최적화하는 것이다. 출발점은 전계의 시뮬레이션이다.

Table 12.2 Assessment of switchgear tests with respect to modeling

Application		Stresses	Expected results from simulation	Method			No test possible	Prediction power				Comments
				Numerical methods	Analytic	Home made		Understanding	Interpolating	Extrapolating	Replace type test	
Short time current		Thermal mechanical		X	X	X		X		X		
Continuous current		Thermal	Temperature field, time constant for temperature rise	X	X			X	X	X		
AC, BIL, SIL, ChW	Air insulation	Electrical	Electrical field distribution	X		X		X	X			Prediction power is reduced to corona free situations under dry condition
	SF6/gas mixtures			X				X	X	X		Extrapolation possible within certain limits
	Vacuum					X		X				Transfer of theory into simulations is still ongoing
	Liquid insulation (oil)			X		X		X	X			Flashover behavior is strongly influenced by impurities and vapor phase in oil which make simulation difficult
	Solid insulation			X		X		X	X			Simulation is possible for pure and clean malarial
PD, RIV												No possibility to predict exact PD or RIV values

(continued)

Table 12.2 (continued)

Application	Stresses	Expected results from simulation	Method			No test possible	Prediction power				Comments
			Numerical methods	Analytic	Home made		Understanding	Interpolating	Extrapolating	Replace type test	
Mechanics	Mechanical	Dynamic behavior	X				X	X			Possible to calculate breaker travel curves accurately for no load situations as long as no current interruption is involved Not possible to replace endurance test
		Stresses and deformations caused by pressure	X	X			X	X	X	(X)	Simulations can be used to know the maximum allowed working pressure. Note 1) CENELEC standard EN 50052/64/68 mentions calculations replace type tests: tests are done in case or doubt. Note 2) CENELEC standard EN 50069/90 specify that test is required for composite welded wrought.

			Stresses and deformations caused by static loads like: cantilever load, terminal load, wind load, bushing weight load and quasi-static seismic load	X				X	X	X	(X)	Simulation can replace tests only for simple static loads like wind load and quasi-static situations
			Stresses and deformations caused by seismic stresses	X				X	X	X	(X)	
Switching	Terminal fault opening, out of phase opening	Electrical, mechanical, thermal, chemical	Gas behavior (pressure built up, gas temperature and density, electromagnetic fields, etc.) network response	X		X		X	X			The prediction power for TF is higher than for SL. The prediction power is limited to interpolations linked to specific test results and limited parameters Two output categories: keeping the breaker unchanged and modify network conditions or inverse

(*continued*)

Table 12.2 (continued)

Application		Stresses	Expected results from simulation	Method			No test possible	Prediction power				Comments
				Numerical methods	Analytic	Home made		Understanding	Interpolating	Extrapolating	Replace type test	
	Terminal fault closing, out of phase dosing	Electromagnetic, mechanical	Dynamic behavior	X		X		X	X	X		Limitation for simulation is the typical mechanical contact behavior
	Short line fault	Electrical, mechanical, thermal, chemical	Gas behavior (pressure built up, gas temperature and density, electromagnetic fields, etc.) network response	X		X		X	X			The prediction power is limned to interpolations linked to specific test results and limited parameters. Prediction or electrical results in case of network changes is valuable and higher than for breaker charges Two output categories: keeping the breaker unchanged and modify network conditions or inverse

	Capacitive currents	Dielectric	Electrical field, gas density, pressure built up	X		X		X	X		(X)	Test replacing possible based on cold characteristic tests
	Switching or inductive currents	Dielectric	Network overvoltage	X	X	X	(X)	X	X			Three phases can be calculated: current chopping, network response, dielectric stress
	Electrical endurance	Electrical, mechanical, thermal, chemical	Interrupting capability based on assessment or end of life stresses	X				X				Very difficult to simulate the end of life Simulation can just estimate nozzle erosion, gas contamination, and contact wear
	Closing/ opening resistor	Electrical, thermal	Dielectric behavior, network overvoltage	X	X			X	X			Thermal stress or resistor is predictable as well as the network response Insertion time depends on useful input of mechanical boundaries
	Internal arc	Mechanical, thermal	Gas behavior (pressure built up, gas temperature and density, electromagnetic fields, etc.)	X	X	X	(X)	X	X			Impossible to calculate the arc behavior (location, movement, etc.) the pressure built up and consequently burn through tanks (cf IEC62271-203 6.105)

가스절연 장치가 인가 전압을 견딜 수 있는 능력은 주로 전계와 가스 밀도에 따라 달라집니다(Sedlacek et al. 2003; Dhotre et al. 2011). 전계를 계산하기 위해 시뮬레이션이 사용된다. 선형 라플라스 방정식을 푸는 것을 기반으로 하며, 유한 요소 또는 유한체적 방법으로 풀 수 있다(ABB review 2013; Dhotre et al. 2014). 대부분의 장치에서 밀도가 균일하게 분포되어 있지만, 동작 중인 차단기에 대해서는 가스 밀도 분포를 고려해야 한다.

동작중인 차단기를 시뮬레이션하기 위해서는 접점간 모든 거리에 대해 전계를 계산해야 하므로 특히 시간이 많이 걸리는 시뮬레이션이 수행된다. 용량성 소전류 차단의 경우 최대 전압 스트레스는 전류 차단 후 반주기에서 발생한다. 계산은 차단기가 재점화(restrike) 및 재발화(reignition) 없이 동작할 수 있고, 이 지점까지의 접점간 모든 거리를 포함해야 한다. 절연회복 특성은 이 시점까지 계산으로 평가할 수 있다. 이를 바탕으로 절연파괴 전압이 추정된다. 시뮬레이션을 통해 전계를 줄이거나 가스 밀도를 높이면 성능이 향상될 수 있다(Dhotre et al. 2014). 전기적 투입(기계적 투입)의 경우, 완전 개방 위치와 프리아크 발생위치 사이의 모든 접점간 거리에 대해 전계를 시뮬레이션한다.

그림 12.1은 SF_6 차단기의 단순화된 형상을 보여준다. 차단기의 주요 요소는 노즐, 주접점 및 아크 접점이다. 이 설계는 절연 벤치 마크 사례로 CIGRE WG A3.20(Kriegel et al. 2008)에 의해 수행되었다. 그러나, 이는 차단기의 절연 레이아웃을 설계하는 데 필요한 주요 작업을 설명하는데 사용될 수 있다.

그림 12.1과 같이 전기적 스트레스의 유한요소 계산은 전형적으로 개폐 동작을 검토하기 위해 수행된다. 개방 동작 중에 주접점과 아크 접점의 전계는 접점간 거리에 따라 달라진다. 최대 전기 스트레스는 주 접점뿐만 아니라 아크 접점에서 평가된다. 소전류 차단의 경우 설계 엔지니어는 예측된 절연파괴 전압이 항상 전력망에서 제공하는 과도 회복전압보다 낮은 지 확인한다. 단락전류가 차단되고 최소 아크시간보다 짧은 아크시간이 발생하는 경우나 투입의 경우에는 재점호(reignition) 또는 프리 아크(pre-arc)가 항상 아크접점 사이에서 발생해야 한다. 따라서 설계 엔지니어는 주 접점과 아크 접점의 절연강도를 검토하여 아크 접점의 낮은 절연파괴 전압을 확인한다.

12.6.2 열 해석

대부분의 시뮬레이션은 성능예측의 기반이 되는 물리적 스트레스를 계산하기 위해 실행된다. 예를 들어, 절연파괴 전압을 예측하기 위해서는 전계를 계산하고, 이를 통해 인가전압에 대한 차단기의 절연성능을 예측한다. 반면 온도해석은 이러한 시뮬레이션과 달리 스트레스 계산에만 초점을 맞추는데, 이 스트레스는 HV 및 MV 장치에서 컴포넌트의 온도상승에 해당한다.

개폐장치에서의 온도 상승은 저항 및 유도 효과로 인한 전력 손실과 대류, 전도 및 복사에 의한 에너지 손실 사이의 균형에 의해 결정된다. 다중 물리 시뮬레이션이 전형적으로 모든 물리적 효과를 연결하는 데 사용된다. 전자기 해석프로그램은 Maxwell 방정식을 풀어 전류 분포와 그에 따른 전력 손실을 결정한다. 열전달 프로세스는 전산 유체 역학(CFD)을 사용하여 분석할 수 있다(Bedkowski et al. 2016).

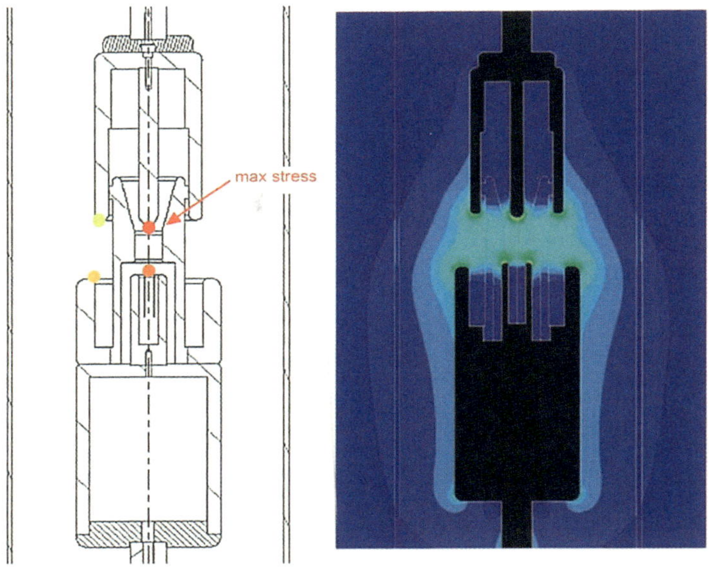

Fig. 12.1 A simplified breaker design and a finite element analysis calculating the electrical field stress

그림 12.2는 정격 전류를 전달하는 데 관련된 주요 구성 요소가 있는 HV 차단기의 단순화된 설계구조를 보여준다. 이 설계는 WG A3.36에서 온도 상승 시험을 예측하기 위한 다중 물리 시뮬레이션의 벤치 마크를 연구하기 위해 고안되었다. 온도 상승 시뮬레이션을 위해 다중 물리학을 사용하는 설계 엔지니어의 작업을 강조하는 데 사용할 수 있다.

첫 번째 단계는 유한요소 방법(FEM)과 유한체적 방법(FVM) 시뮬레이션을 위한 CAD(Computer-Aided Design) 모델을 준비하는 것이다(Zienkiewicz 1971). 전형적으로 볼트 및 너트와 같은 중요하지 않은 부품을 제거한다. 모델의 일관성(Consistency)을 확인한다. 두 번째 단계는 구성요소의 재료특성을 정의하고 시뮬레이션을 위한 격자를 만드는 것이다(Bamji et al. 1993).

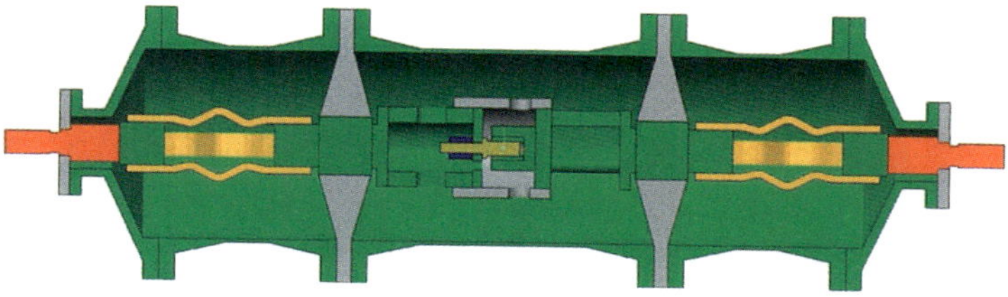

Fig. 12.2 Simplified geometry of the benchmark device

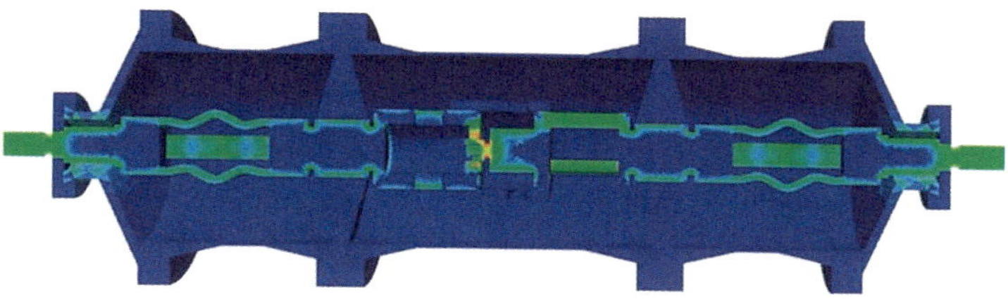

Fig. 12.3 Loss calculation

재료 특성은 전형적으로 잘 알려져 있지만 연결 부품 간의 접촉부는 계산하기 어렵다. 일반적으로 접촉저항은 측정에 의해 결정된다. DC의 Joule 손실은 재료 및 접촉부의 저항을 기반으로 계산할 수 있다. 그러나 AC의 경우 근접 및 표피효과의 결과로 인한 도체 내 전류 분포를 고려해야 한다. 그림 12.3은 벤치 마크 장치에 대한 전력손실 계산 사례를 보여준다.

전자기 솔버는 열 솔버와 결합되어 전력 손실을 계산한다. 시뮬레이션 결과로서 온도 분포의 예는 그림 12.4에 나와 있다.

설계의 마지막 단계는 구성요소의 온도 상승을 표준에서 제공하는 최대 허용값과 비교하는 것이다. 온도상승이 특정 수준을 초과하면, 일부 부품 및 전체 개폐장치 는 기대수명 손실로 저하될 수 있다.

12.6.3 내부 아크(Internal Arc)

개폐장치에서 해석을 사용하는 또 다른 사례는 내아크 고장의 영향을 계산하는 것이다(CIGRE WG A3.24 2014; Smeets et al. 2008). 내아크 고장은 개폐장치 내부의 의도하지 않은 전기 에너지의 방전이다. 내아크의 경우 아크 에너지는 주변 가스를 빠르게 가열하여 외함에 압력상승과 기계적 스트레스를 유발한다. 또한 내부 고장으로 인해 개폐장치 탱크에 아크가 발생하면 외함에 번스루(용융)가 일어날 수 있다. 내아크 시험을 수행하는 것은 시간과 비용이 많이 든다. 따라서 시험을 시작하기 전에 시뮬레이션을 수행하는 것이 좋다.

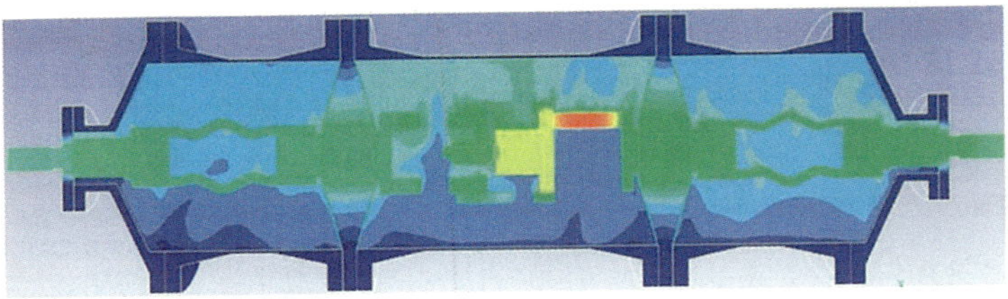

Fig. 12.4 Temperature distribution

(a) 압력상승(Pressure rise)

내아크는 개폐장치에 압력상승과 기계적 스트레스를 유발한다. 배전반 외함이 충분히 강하지 않으면 파열될 수 있다. 시험에 들어가기 전에 설계 완전함을 확인하기 위해, 개폐장치 격실 내부의 압력 상승을 계산하는 것이 중요하다. 압력 상승은 복잡성이 다른 여러가지 방법으로 계산할 수 있다. CIGRE의 "Tools for the simulation of the effects of the internal arc in T&D Switchgear" 브로셔에서 세 가지 다른 방법, 즉 기본 방법, 보강된 방법 및 전산 유체 역학(CFD)이 확인된다. 처음 두 가지 방법은 해석적(analytic)이지만 CFD 방법은 수치적 계산이며 3D 유체 역학 방정식을 풀려면 강력한 컴퓨터가 필요하다(표 12.3).

내아크 고장시 아크에너지를 알 수 있다면 격실 내부의 압력상승은 계산을 통해 합리적으로 예측할 수 있다. 이는 유사하게 설계된 개폐장치의 내아크 시험 이력에서 아크에너지 및 Kp 계수(입력 전기 에너지와 가스를 가열하는데 사용되는 에너지 간의 비율)를 얻어야 함을 의미한다. 아크의 확률적 특성으로 인해 복잡한 개폐장치 설계에서 아크전압을 정확하게 계산하는 것은 현실적이지 않다.

CFD 모델에서는 시간에 따른 유동장 내 각 지점의 압력, 온도 및 유속 등을 확인할 수 있다. Solver는 표면 또는 체적의 평균 가스압력을 자동으로 계산한다. 후처리 도구는 유동의 애니메이션(비디오)을 보여주어 현상을 이해하는 데 좋은 시각적 자료를 제공한다.

그림 12.5는 내아크가 시작된 후 55ms 후 공기 절연 개폐장치 격실 내부의 압력을 보여준다.

(b) 개폐장치 외함에 대한 기계적 스트레스

내아크가 발생하는 동안 개폐장치 외함의 성능을 이해하는 것은 안전 측면에서 중요하다. 구조가 충분히 튼튼하지 않으면, 고속 파편과 뜨거운 가스를 대기에 제대로 방출하지 못할 수 있으며 이는 주요 안전 문제이다.

Table 12.3 Simulation tools for internal arc simulation

	Model	When to use?	Limitations
1	**Basic** (low complexity)	To quickly calculate uniform pressure rise inside arc compartment and exhaust volume in MV switchgear and HV GIS applications	Does not consider spatial nonuniformity of gas parameters (pressure, temperature, density) in each volume part Not applicable if the relief opening area is too large in relation to the compartment volume Calculations are not reliable, when gas temperature exceeds approx. 2000 K for SF6 and 6000 K for air Doesn't consider gas mixtures in the exhaust compartment
2	**Enhanced** (medium complexity)	To calculate uniform pressure rise with the basic model by adding further approaches to match test results and calculations	Doesn't consider spatial nonuniformity of gas parameters (pressure, temperature, density) in each volume part Limitations and applications depend on the implemented approximations
3	**CFD** (high complexity)	For calculating spatial pressure, gas flow and temperature distributions (in angled and large rooms)	High effort for modeling and meshing of the fluid domain Requires large computing power and time and detailed knowledge

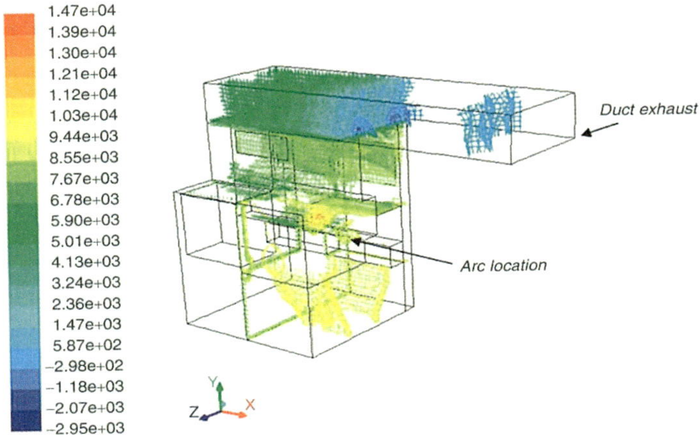

Fig. 12.5 Simulation of internal pressure inside switchgear cabinets during the internal arc fault, using computational fluid dynamics software

개폐장치 내부의 압력상승을 한번 알게되면, 개폐장치 외함에 대한 기계적 스트레스(Von Mises 응력)는 상용 유한요소 분석(FEA) 소프트웨어를 사용하여 상당히 정확하게 계산할 수 있는 이점이 있다. 내아크 과압력은 매우 짧은 이벤트(수 사이클에서 수백 밀리 초까지 지속)이므로 변형 및 응력을 계산할 때 관성 효과를 고려해야 한다. 힘이 천천히 가해질 때와 순식간에 가해질 때 구조물은 다르게 반응한다.

그림 12.6은 내아크 후 MV SF_6 가스절연 스위치의 변형 사례를 보여준다. 스위치는 250ms 동안 25kA 내부 고장에 노출되었다. 그 결과 시험 탱크는 측면 중앙부에서 81mm 변형되었다. FEA 소프트웨어를 사용하고 Von Misses 응력을 계산하면 변형을 잘 예측할 수 있으며, 예측결과 1mm의 오차만을 보였다.

(c) 용융(번스루)

금속 외함 표면에서 아크 루트는 용융(번스루)을 유발한다. 용융(번스루) 시간은 전류 밀도, 외함 벽 두께, 재료 유형 및 사고 지속 기간에 따라 다르다. 브로셔에 시험, 시험결과, 알려진 경험적 공식을 사용한 계산값 등을 요약하였다. 단상 밀폐형 고압 개폐장치(그림 12.7)에 발생한 번스루에 초점을 두고 있다.

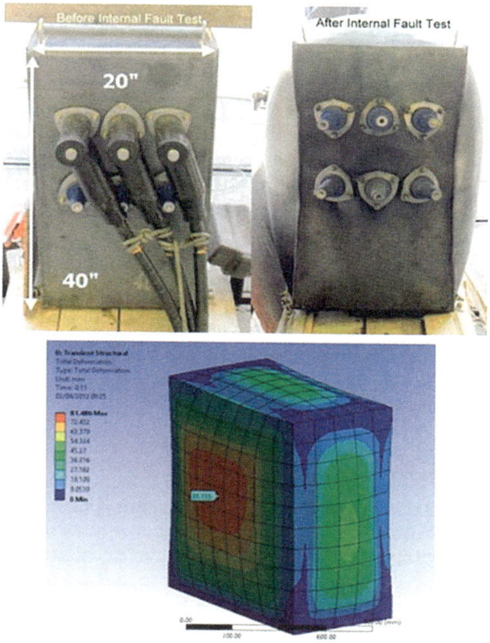

Fig. 12.6 Deformation of the MV SF_6 switchgear after 25 kA, 250 ms internal fault. The FEA results (on the right) accurately calculated the deformation for the given pressure rise

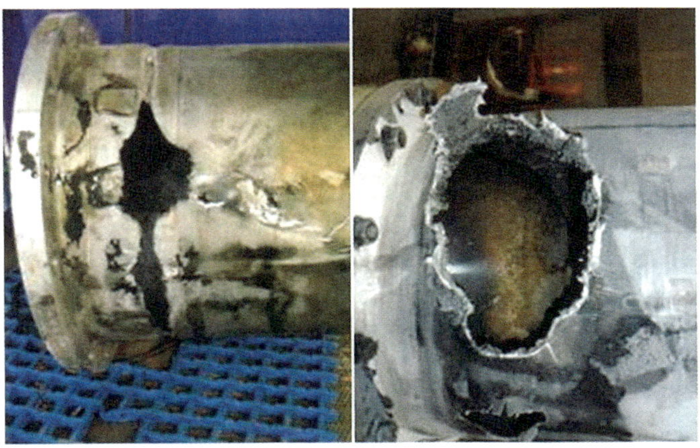

Fig. 12.7 Examples of burn through of a HV GIS enclosure

SF_6 가스와 공기의 용융(번스루)시간 비교에 대한 레퍼런스는 발견되지 않았다. 그럼에도 불구하고, SF_6가스에서의 용융(번스루)시간이 공기에서 보다 다소 짧은 것 같다는 결과에 따라 SF_6 가스와 공기중 아크의 근본적인 특성에 차이가 있을 것이라고 추정할 수 있다.

12.7 요약

시뮬레이션은 개폐장치를 포함한 전력시스템 장치의 개발 프로세스에서 우수하고 유용하며 유익한 도구이며, 유사한 설계가 테스트를 통해 성능이 확인된 경우 성능을 잘 예측(보간)할 수 있는 경우가 많다고 결론내릴 수 있다. 동시에 테스트 결과의 외삽과 "새로운" 장치 설계의 성능 예측은 제한된 경우에만 가능한 것으로 보이다.

내아크 고장 시험 동안 격실 내부의 압력 상승은 입력 아크 에너지를 알고 있는 한 합리적으로 예측할 수 있다. 이는 유사한 설계 형태의 개폐장치에 대한 이전 내아크 시험에서(계산되는 것이 아님) 아크 전압 및 특히 Kp를 얻어야 함을 의미한다. 아크의 확률적 특성으로 인해 복잡한 개폐장치 설계에서 아크 전압을 정확하게 계산하는 것은 현실적이지 않다. 따라서 보다 정확한 압력 상승 예측을 위해 측정된 값이 사용되어야 한다.

압력 상승이 확인되면 상용 FEA 소프트웨어를 사용하여 개폐장치 외함의 기계적 응력을 상당히 정확하게 계산할 수 있다.

용융(번스루) 시간은 다양한 경험적 공식들을 사용하여 계산할 수 있으며, 사용된 공식들은 이용 가능한 시험 결과들과 함께 테크니컬 브로셔에서 비교해 놓았다.

참고문헌

ABB review, corporate technical journal, simulation, 3/2013

Bamji, S.S., Bulinski, A.T., Prasad, K.M.: Electric field calculations with the boundary element method. IEEE Trans. Electr. Insul. 28(3), 420–424 (1993)

Bedkowski, M., ct al.: Experimentally validated model of coupled thermal processes in a laboratory switchgear. IET Gener. Transm. Distrib. 10(11), 2699–2709 (2016)

Cassie, A.M.: CIGRE Session Report 102 (1939)

Cassie, A.M., Mason, F.O.: Post–Arc Conductivity in Gas Blast Circuit Breakers. CIGRE Session Report 103 (1956)

CIGRE WG A3.24: Tools for the simulation of the effects of the internal arc in HV & MV switchgear. CIGRE Technical Brochure 602 (2014)

CIGRE Working Group 13.01: Practical application of arc physics in circuit−breakers. Electra No. 118−1, pp. 65−79 (1988)

CIGRE Working Group 13.01: Applications of black box modelling to circuit−breakers. Electra No. 149−3, pp. 41−71 (1993)

Dhotre, M.T., Yc, X., Kotilainen, S., Schwinne, M., Bini, R.: CFD siimilation of self−blast high voltage circuit breaker: mixing and heat transfer. In: Electrical Insulation Conference, Annapolis, 5−8 June 2011

Dhotre, M.T., Yc, X., Mantilla, J.D., Horras, M.: CFD−based dielectric design of high voltage circuit breakers using air, $CO_2 > N_2$ and SF_6, IEEE Electrical Insulation Conference (EIC 2014), Philadelphia, Pennsylvania, US, 2014

Kriegel, M., Zhu, X., Digard, H., Feitoza, S., Glinkowski, M., Grund, A., Kim, H.K., Lopcz− Roldan, J., Robin−Jouan, P., Van der Sluis, L., Smeets, R.P.P., Uchii, T., Yoshida, D.: Simulations and Calculations as Verification Tools for Design and Performance of High−Voltage Equipment. 2008 CIGRE Session Report A3−210 (2008), on behalf of CIGRE WG A3.20 "Simulations and calculations as verification tools for design and performance assessment of high−voltage equipment"

Mayr, O.: Bcitracgc zur Thcoric des statischen und des dynamischcn Lichtbogcns. Arch. Electrotech. 37(12), 566−608 (1943)

Sedlaeek, J., Vbstracky, Z., Knobloch, H., Schramm, H.−H., Wiesingcr, C.: Optimization of high− voltage self−blast interrupters by gas flow and electric field computations. IEEE Trans. Power Dcliv. 18(4) (2003)

Smcets, R., Hooijmans, J., Bannink, H., Barts, H., Lcufkcns, P., Uzclac, N. Milovac, P., Kennedy, D., Pietsch, G.J., Anantavanich, K.: Internal Arcing: Issues Related to Testing and Standardization. CIGRE Conference 2008, paper A3−207 (2008)

Zicnkiewicz, O.C.: The Finite Element Method in Engineering Science. McGraw−Hill, New York (1971)

13

고장 전류 제한(FCL) 기기 그리고 기술

Jay Prigmore와 Nenad Uzelac

Keywords

- 고장 전류 제한기
- 단락 전류
- 과전류
- 전원 시스템 보호
- 아크 플래시 완화

J. Prigmore (O)
Electrical Engineering and Computer Science, Exponent Inc., Aurora/Warrcnvillc, IL, USA
e−mail: jprigmore@exponcnt.com

N. Uzelac
Switchgear R&D, G&W Electric Company, Bolingbrook, IL, USA
e−mail: nuzclac@gwclcc.com

13.1 서론(Introduction)

한류기(FCL)는 차단기(CB)와 같은 기존 보호 장치의 높은 단락 전류를 훨씬 더 관리하기 쉬운 수준으로 완화하고 낮추는 데 사용되는 특수 전력기기이다. FCL은 일반적으로 CB가 개방(Open) 동작하기 이전에 CB가 안전하게 차단할 수 있는 수준으로 고장 전류를 낮추는 것을 목표로 설치된다. FCL은 특정 시스템 구성 및 시스템 조건에 따라 미리 설정된 수준으로 고장 전류를 제한한다. 과거에 엔지니어들은 증가된 단락용량으로부터 시스템을 보호하기 위해 기존 장치를 업그레이드해야 하거나(교체를 통해 새로운 단락 수준을 안전하게 차단할 수 있는 경우) 버스 분할, 변압기의 임피던스 증가 등과 같이 단락 수준을 낮추는 방법을 찾아야 했다. 엔지니어가FCL을 선택해 사용하면 차단기와 같은 보호 장치의 전체 시스템 업그레이드를 피할 수 있다.

CIGRE는 전력 시스템의 FCL 기술에 대한 여러 조사를 실시했다. 예를 들어, CIGRE WG A3.10, "Fault current limiters in electrical medium and high voltage systems(고압 및 고전압 시스템의 한류기)"는 기능 사양 및 테스트 요구 사항을 조사했다(CIGRE WG A3.10 2003). WG A3.16 "Guideline on the Impact of FCL devices on protection system(보호 시스템에 대한 FCL 장치의 영향에 대한 지침)"은 전력 시스템에서 FCL 기술과 다른 보호 시스템 간의 상호 작용을 연구했다(CIGRE WG A3.16 2008). CIGRE WG A3.23, "Applications and Feasibility of Fault Current Limiters in Power Systems(전력 시스템에서 한류기의 응용 및 실행 가능성)"은 FCL의 현장 경험을 요약하고 단락 수준을 높이고 전력 시스템을 강화함으로써 고장 전류의 진폭을 줄일 수 있는 가능성을 보여주었다(CIGRE WG A3. 23 2012).

MV 및 HV 설치에서 단락 정격이 차단기의 최대 차단 기능(kA rms, sym)을 초과하는 것은 드문 일이 아니다. 더 높은 수준의 단락 전류(63kA 이상)에서는 높은 고장 전류를 줄이는 옵션이 거의 없다. 이러한 맥락에서 (a) 단락 전류 수준을 제한하거나 완화하는 데 효과적이며 (b) 신뢰할 수 있으며 (c) 넓은 의미에서 저렴한 솔루션을 찾는 것이 매우 중요하다. 높은 고장 전류를 완화하는 데 사용되는 방법이 이 장에 나열되어 있으며 63kA rms, sym을 초과하는 고장 전류에만 국한되지 않는다. 이러한 방법은 단락 전류가 해당 시스템의 차단기 정격을 초과하지 않더라도 모든 수준의 고장 전류로부터 시스템을 보호하는 데 일반적으로 사용된다. 일부 완화 기술은 고장 발생시 에너지 통과량을 낮추고 작업자와 장치를 보호할 수 있다. 고장 에너지의 감소는 기존 장치의 수명을 연장할 수도 있다.

새로운 발전원을 네트워크에 연결하면 이전의 장기 계획 예측에서 고려되지 않은 단락 수준이 증가 할 수 있으며 전력 흐름을 변경하거나 전압 안정성 문제를 일으킬 수 있다. 이러한 맥락에서 기존 네트워크의 HV 및 MV/LV 레벨 모두에서 단락 제한 기술에 대한 지식이 점점 더 많이 필요하다. 증가 된 고장 전류 레벨로부터 전력 시스템을 성공적으로 보호하는 가장 일반적인 솔루션은 스위치 기어 및 기타 장치 장비의 정격 증가, 전력망 분할 및 더 높은 전압 연결(AC 또는 DC) 도입, 더 높은 임피던스 변압기 및 직렬 리액터 도입, 순차 네트워크 트립(tripping)과 같은 복잡한 전략 사용이다. 그럼에도 불구하고 이러한 대안은 전력 시스템 보안 및 신뢰성 감소, 비용 증가, 전력 손실 증가와 같은 다른 문제를 야기 할 수 있다. 또한 부과 된 규정과 사용 가능한 물리적 공간으로 인해 실용적이지 않을 수 있다. DC 애플리케이션의 경우 DC 리액터는 단락 이벤트 동안 전류 상승 속도를 줄이고 차단기 요구 사항을 효과적으로 완화 할 수 있다.

전력 시스템의 여러 위치에서 값 비싼 시스템 업그레이드를 피하기 위해 일종의 고장 전류 제한 조치를 채택해야 한다. 전력 시스템이 고장 전류 수준을 줄일 수 있는 경우 추가적인 이점을 가지게 된다. 현재 실행중인 기존의 방법들은 어느 정도 효과적이긴 하지만 한계가 있으며 성능 향상이 여전히 필요하다.

반도체 및 초전도 물질과 같은 새로운 기술을 기반으로 하는 한류기(FCL)는 이론상 매우 효과적이고 효율적일 수 있다. 그러나 이러한 FCL은 대부분의 기술이 (빠르게 발전하고 있지만) 충분히 성숙되지 않았고, 전력망 또한 준비되지 않았기 때문에 여전히 다양한 개발 단계에 있다. 사용할 준비가 되면 차세대 FCL은 전 세계의 송배전 시스템에서 광범위한 응용 분야를 찾을 것으로 예상된다. 실제로 이미 많은 파일럿이 설치되어 있으며 시험 단계와 개념 증명 단계를 거치고 있다. 전류 제한 및 전류 차단이 있는 FCL 동작은 그림 13.1에 나와 있다.

FCL 애플리케이션의 기본적인 물리적 효과는 라인과 직렬로 연결된 임피던스의 증가이다. 따라서 FCL을 적용 할 때 전력망의 영향 및 상호 작용을 고려해야한다. 일반적으로 FCL 영향은 그림 13.2와 같이 두 그룹으로 나눌 수 있다.

새롭거나 확장된 송변전 및 배전 시스템에 대한 특정 전압 레벨의 선택은 주로 부하를 공급하는 데 필요한 원하는 전력 등급에 따라 결정된다는 것은 전력 엔지니어들 사이에서는 상식이다. 목표는 상용 장치, 특히 차단기의 표준 정격 내에서 정격 전류 수준과 단락 수준을 유지하는 것이다. 이러한 정격은 일반적으로 주어진 전압 레벨에서 단락 전력과 관련하여 충분한 마진을 제공한다. 그럼에도 불구하고 애플리케이션의 제약(예: 전력망 밀도, 근접 발전원)에 따라 단락 전류가 사용 가능한 장치의 정격을 초과할 수 있다. 이를 위해서는 장치의 단락 기능에 따라 더 높은 전압 레벨을 선택하거나 아래 나열된 단락전류 제한 방법을 선택해야 할 수 있다. 새로운 계통 설계 시에는 이러한 모든 요소를 고려해 설계해야 한다.

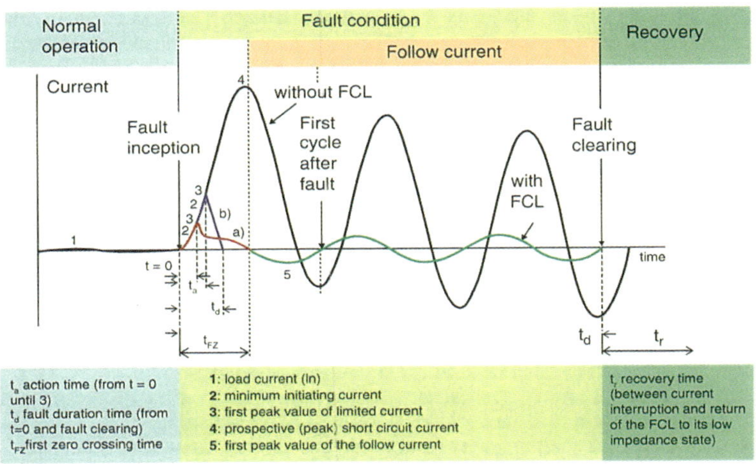

Fig. 13.1 Generalized fault current limitation and fault current interruption trace (ABB Calor Emag 2016)

Fig. 13.2 Impacts of FCLs on the system

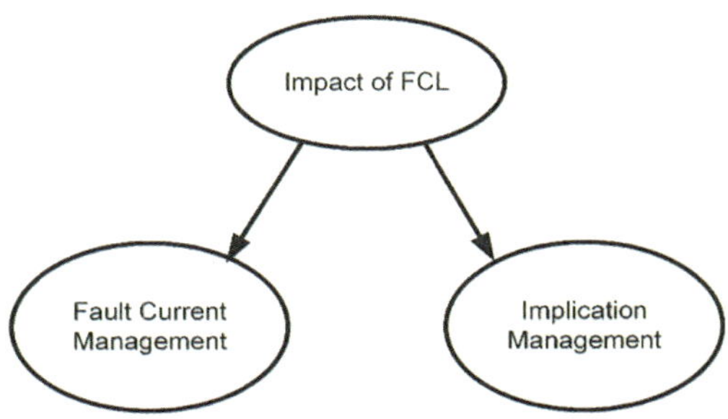

현대적이고 컴팩트한 장치를 사용하여 동일하거나 유사한 공간 제약 내에서 시스템 승압이 비교적 쉬운 MV급이라면, 기존 시스템의 전압 레벨을 높이는 것이 실행 가능한 옵션일 가능성이 높다. 그러나 FCL은 여전히 MV 시스템에서 과도한 단락 정격을 해결하기 위한 실행 가능한 솔루션이다. HV 시스템에서 전압 레벨을 높이는 것은 종종 주요 큰 투자가 필요하므로 많은 경우 선호되는 옵션이 아니다.

따라서 이 경우에는 FCL은 매우 높은 단락 전류 문제를 해결하고 용량 확장을 허용하면서 기존 장치의 손상을 보호하고 제한하는 데 사용하는 도구가 될 수 있다.

13.2 용어 정의(Definitions of Terminology)

이 용어들은 완벽하게 정의하기 보다는 독자들로 하여금 한류기에 관련된 용어들을 인식하고 이해하는 것을 돕기 위한 것이다.

유효전력(Active Power)

한주기 동안 전달된 실제 전력을 말하며 무효전력과 구분하기 위해 쓰인다.

교류(Alternating Current)

주기적으로 방향이 바뀌는 전류, 전압도 같은 주기로 변동한다. AC

커패시터(Capacitor)

보통 절연체로 분리된 판이나 포일 형태의 도체를 사용해 전하를 저장하는 장치. 단위는 (F). CCL-commutating current limiter(분기형 한류기)의 약자

차단기(Circuit Breaker)

자동 및 수동 동작에 의해 회로를 개폐하는 장치. 일반적 스위치와 달리 차단기는 고장전류를 차단하도록 설계되었음. 전류가 특정 값을 넘을 때 개방 명령을 내리는 트리거나 보호 계전기와 결합되어 과전류 보호기능을 제공한다.

정류형 한류기(Commutating Current Limiter)

See triggered current limiter

도체(Conductor)

보통 작은 저항을 가지는 금속으로 이루어져 전류를 흐르게 하는 물질. 최고의 도체는 금이며, 다음은 은이고 가장 일반적인 도체는 구리이다. 최근에 발견된 초전도체는 극저온(일반적으로 77K 이하)에서 저항이 0이다.

연속부하(Continuous Load)

3시간 이상 지속되는 부하

극저온학(Cryogenics)

매우 낮은 온도에 대한 과학적 연구

한류 리액터(Current Limiting Reactor)

단락전류시 투입을 위해 직렬로 연결되는 리액터

CT(Current Transformer)

시변하는 전류를 전자기 유도현상을 통해 계측하는 장치

고장(Fault)

상간 또는 상-중성점간 혹은 상대지간 임피던스가 의도치 않게 감소하여, 일반적으로 큰 전류가 발생하는 현상

한류기(Fault Current Limiter)

한류기는 피크전류 그리고/또는 고장전류를 설정치 이하로 낮추기 위해 상시 모드와 한류모드의 상태에 따라 저항 혹은 임피던스를 증가시키는 장치이다. 저항 그리고/또는 임피던스의 변화는 전기적 전도도 혹은 투자율의 변화 혹은 두가지 모두로 인해 발생한다.

피더(Feeder)

전력공급 설비와 말단 분기의 보호장치 사이의 도체

주파수(Frequency)

교류에서 1초의 길이에 해당하는 주기의 횟수로, Hz로 표시. 유럽과 아시아의 표준 주파수는 50Hz이며 미국과 다른 많은 나라에서는 60Hz

전력망(Grid)

전기적 분야에서, 이 용어는 송 배전망 설비를 가리킨다.

고조파(Harmonic)

기본 주파수의 정수배에 해당하는 정현적 진동. 예를 들면 60Hz의 3고조파는 180kH이다. 어떤 장치는 같은 시스템에 연결된 다른 장치의 정상적인 동작을 방해하는 고조파를 발생시키기도 한다.

임피던스(Impedance)

전기 회로에서 전류 흐름에 반하는 총효과. AC 시스템에서 임피던스는 저항(유효전력으로 소비)과 리액턴스(인덕턴스와 커패시턴스로 인해 발생)으로 구성된다. 단위는 ohm(Ω)이다.

인덕턴스(Inductance)

전기회로에서 자속의 변화와 유기전압의 비율. 일반적으로 자속은 회로 자체의 전류의 변화(self-inductance) 및 주변의 회로(utual inductance)에 의해 유기된다. 단위는 henry(H)

부하(Load)

전원에 연결되어 전력을 소비하는 장치

중성점(Neutral)

전기 시스템에서 접지에 대해 최소 전압차 동작하는 도체. 3상의 경우 불평형 전류가 흐르게 된다. 이 때문에 중성점 접지를 사용

과전류(Overcurrent)

도체나 장치의 정격 연속전류를 넘는 전류. 과부하의 경우 정격을 약간 초과하는 정도일 수 있으나 단락일 경우는 정격을 크게 초과할 수 있다.

과부하(Overload)

전기적 장치의 최대 정격 부하를 넘거나 최대 정격을 전류를 넘는 동작. 과부하 상태는 과열과 피해로 이어진다.

전력(Power)

단위시간당 수행되는 일 혹은 전달되는 에너지 양. 전력의 단위는 watt(W). 746W는 1마력에 해당

폭약형 한류기(Pyrotechnic Current Limiter)

See triggered current limiter. 트리거형 한류기 참조

정격전류(Rated Current)

한류기가 영구적으로 통전시킬 수 있는 전류

저항(Resistance)

전기회로에서 전류의 흐름에 반대하는 특성으로 유효전력을 소비한다. 단위는 ohm(Ω)이다.

rms or RMS

root-mean-square의 약자로, 시변하는 전기신호의 실효값을 계산하는 방법. AC의 rms 값은 같은 크기의 DC와 동일한 유효전력을 전달한다. 예를 들면 한 주기의 1Arms 는 1Adc와 같은 양의 열을 만들어낸다.

단락(Short-Circuit)

전기 회로상의 독립된 두 지점이 낮은 저항으로 연결되는 것으로 보통의 수준보다 훨씬 높은 전류가 흐르게 된다.

단상(Single Phase)

한쌍의 도체를 통해 AC를 전달하는 시스템. 3상보다 간단하지만 대규모 전력 송전시 근원적인 단점을 갖는다.

3상(Three Phase)

120도 위상차를 갖는 3개의 도체로 이루어진 AC 시스템 혹은 부하. 발전기의 전력을 같은 용량의 도체로 전달할 수 있으며 단상과 달리 일정한 전력을 전달하는 장점을 갖는다. 대용량 설비들은 3상 시스템이다.

싸이리스터(Thyristor)

N과 P로 도핑된 4개의 층으로 이루어진 반도체 소자. 단방향 스위치로 동작하며 게이트에 전류 펄스가 인가되면 포워드 바이어스가 걸려있는 한 통전상태가 된다.

트리거형 한류기(Triggered Current Limiter)

제어 시스템에서 설정된 문턱값에 따라 과전류에 제어 시스템에서 설정된 문턱값을 넘는 과전류에 대해 폭약이 동작하여 병렬 연결된 퓨즈로 과전류를 확산하는 방식의 한류기

전압강하(Voltage Drop)

전원과 부하사이의 임피던스 감소로 인해 전압이 낮아지는 현상. 이러한 임피던스는 라인과 변압기의 임피던스이며 보통 최소치로 낮아진다.

13.3 약어(Abbreviations)

AC	Alternating current
CB	Circuit breaker
CCL	Commutating current limiter
CLR	Current limiting reactor
CT	Current transformer
DC	Direct current
ETO	Emitter turn−off thyristor
FCL	Fault current limiter
FMEA	Failure mode and effect analysis
GTO	Gate turn-off thyristor
HTS	High temperature superconductor
HV	High voltage
Hz	Hertz
IEC	Insulated Electrotechnical commission
IEEE	Institute of Electrical and Electronics Engineers
IGBT	Insulated gate bipolar transistor
IGCT	Integrated gate−commutated thyristor
KA	Kilo−Ampere
KV	Kilo−Volt

MOV	Metal oxide varistor
MV	Medium voltage
P	Real power
PWM	Pulse width modulation
Q	Reactive power
R	Resistance
RMS	Root-mean-square
SiC	Silicon-carbide
SIL	Safety integrity level
SFCL	Superconducting FCL
SCFCL	Saturable-core FCL
SSCB	Solid-state circuit breaker
SSFCL	Solid-state FCL
Sym	Symmetrical
TCL	Triggered current limiter
TRV	Transient recovery voltage
UPS	Uninterruptible power supply
X	Reactance
YBCO	Yttrium barium cobalt

13.4 전력계통의 단락 등급을 감소시키는 방법(Methods for Reducing the Short-Circuit Levels in Power Systems)

고장은 전력계통을 통해 전류 써지를 전파하여 전력망 장치에 심각한 손상을 줄 수 있다. 차단기와 같은 스위치 기어는 장치를 보호하기 위해 변전소 내에 배치된다. 특히 HV 시스템에서 고장 수준이 증가하면 스위치 기어 및 차단기 및 단로기와 같은 장치의 정격 한계가 증가해야 하고 사고 에너지 수준이 증가하여 전기로 인한 위험과 심각도가 증가 할 수 있다.

전 세계의 유틸리티에서 MV 및 HV 시스템에서 고장 전류 제한에 대한 요구가 계속 증가하고 있다. 고장 전류 제한 조치의 개요는 아래 그림에 나와 있다.

"수동"적 방식은 모든 조건에서 더 높은 임피던스를 보이는 반면 "능동"적 방식은 특정 조건에서만 더 높은 임피던스를 갖도록 한다. "토폴로지"에 의한 방식과 "기기"에 의한 방식으로 분류 할 수도 있으며, 사용된 기술에 따라 일부 조치는 "신규"로도 분류될 수 있다(그림 13.3).

13.4.1 모선 분할(Bus Splitting)

모선 분할은 상시 통전상태인 버스 타이를 개방함으로서 잠재적으로 고장 전류를 높일 수 있는 발전원을 분리하는 방법을 수반한다. 발전원을 줄이게 되면 잠재적인 고장 전류를 줄일 수 있지만, 상시/비상시의 동작조건에서 공급원도 줄어들게 된다. 이것은 계통상 신뢰성과 안전성에 영향을 미치게 되어, 추가적인 운영 방식이나 제어 방법(보호협조나 보호기기의 정정치 등)의 변경이 필요하게 될 수도 있다.

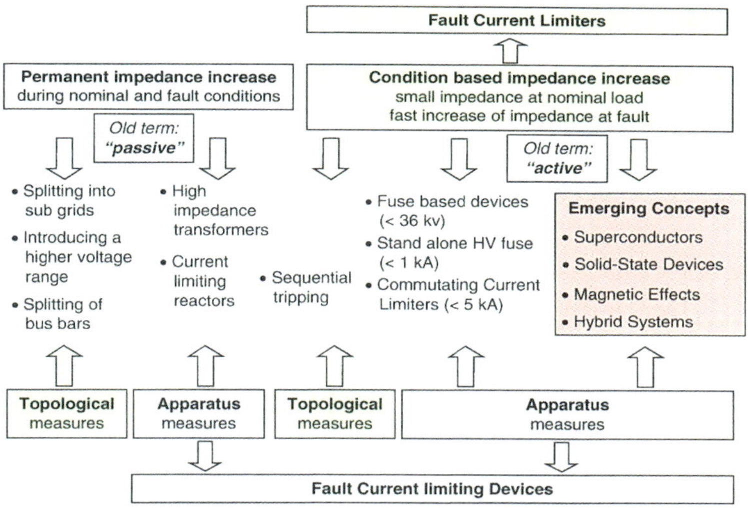

Fig. 13.3 FCL systematic definitions (AMSC 2016)

13.4.2 하위 계통으로 분할(Splitting into Sub-grids)

이 용어는 전력망(하나의 공통 전압 레벨 사용)에 적용되는 방식으로 원래 계통을 더 작은 부분으로 분할한 후 각각 상위 레벨의 전압을 직접 공급받는 방식이다. 분할은 각 하위 전력망의 고장 전류 수준을 허용 수준으로 줄이다. 계통을 하위 전력망으로 분할하면 전력 계통의 안정성과 보안에 영향을 미치며 운영 방식 및 제어 방법에 추가 변경이 필요할 수 있다. 시스템을 하위 전력망으로 분할하는 것은 버스 분할 기술과 유사한다.

13.4.3 순차 차단기 트립(Sequential Breaker Tripping)

차단기의 순차 트립은 일부 또는 모든 차단기를 교체하지 않고 높은 고장 전류를 관리하기 위해 변전소에서 가끔 사용되는 특별한 조치이다. 순차 트립 방식은 차단기가 과도한 고장 전류를 차단하는 것을 방지한다. 고장이 감지되면 고장 전류 소스에 대한 상위 차단기가 먼저 트립된다. 이것은 고장 위치의 보호 영역 내에서 차단기가 경험하는 고장 전류를 감소시킨다. 이러한 방식으로 보호 시스템을 작동하는 것은 고장에 가장 가까운 차단기가 먼저 작동하는 대부분의 설계와 반대이다. 이 방식은 과다 전류를 경험하는 차단기가 안전하게 열릴 수 있도록 한다. 순차 트립 방식의 단점은 최종 고장 제거 전에 차단기 작동이 추가적으로 지연 된다는 것이다. 과다 전류를 경험하는 차단기가 상위 차단기가 열릴 때까지 기다리는 동안 I2t를 견딜 수 없는 경우 과다한 차단기가 치명적인 고장을 일으키거나 분리 접점이 용융되어 고착될 수 있다. 또한 차단기를 고장에 대한 상위 차단기를 열면 원래 고장의 영향을 받지 않은 보호 영역에 영향을 준다. 순차 차단기 트립의 예는 그림 13.4에 나와 있다.

13.4.4 Current Limiting Reactors(CLRs) and High Impedance Transformers

전류제한리액터(CLR)는 기본적으로 무효부하에 가까운 임피던스를 추가하여 단락 전류를 줄이기 위해 전력 계통에 설치된 인덕터 이다. 따라서 고장 발생시 단자에서 전압 강하를 증가시킨다. 그러나 전류 제한 리액터는 정상 작동 조건에서도 전압 강하를 가지며 코일의 구리 권선으로 인해 일정한 손실을 발생시킨다. CLR에는 자기 코어가 있을 수도 있고 없을 수도 있다. 1차 송전 네트워크에서 단락전류 제한을 위한 CLR 적용을 평가할 때에는 정상상태 및 과도상태에서 송전 계통 성능과 같은 측면이 포함되어야 한다. 또한 장치의 물리적 치수, 전기적 특성의 사양 및 CLR에 의해 생성된 자속이 인간의 생명에 직접적으로 또는 주변의 금속 구조물과의 접촉을 통해 발생할 수 있는 손상에 대한 특별한 주의 사항, 과도하게 스트레스를 받는 장치 및 시설의 대체비용 대비 CLR 설치 시 경제적 이익 등이 포함되어야 한다. CLR은 네트워크에 설치된 후 보호의 재정의 시 쉽고 고정된 값을 설정할 수 있도록 하는 수동 FCL 장치이다.

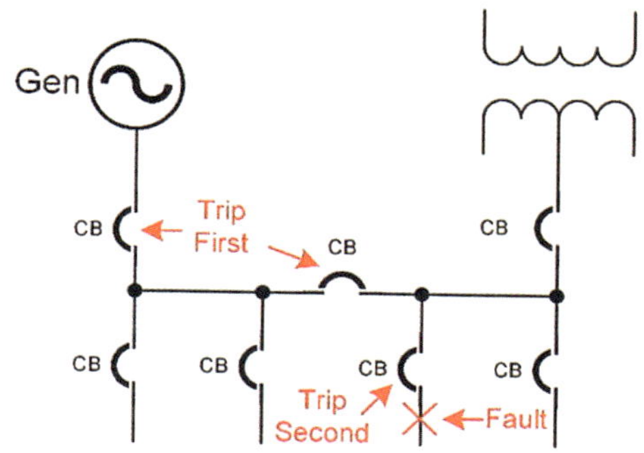

Fig. 13.4 Sequential tripping example

13.4.4.1 Position at the Substation Busbar

HV 전력 시스템에서 CLR의 일반적인 적용은 인입/인출 피더 회로 또는 버스 타이/커플링과 직렬로 연결되어야 한다. 반면에 이러한 단점에도 불구하고 장치의 대체나 또는 교체를 피할 수 있다면 경제적으로 매력적일 수 있다. 기술적 요구를 충족하고 편익/비용을 최대화하기 위해 변전소 버스 바에서 CLR의 위치는 각 특정 사례에 대해 분석되어야 한다. 변전소 버스 바에서 CLR의 가능한 위치는 그림 13.5에 나와 있다.

변전소 버스 바의 공심 리액터는 FCL 리액터의 다른 가능한 위치(인입 인출 피더)에 비해 더 우수한 전압 조절과 최소 손실을 제공한다. 변전소 버스 바를 분할하는 CLR 설치에 채택 된 솔루션을 고려할 때, 정상동작 조건에서 더 나은 부하 공유를 위해 변전소 버스 바의 두 섹션 사이에 라인 및 변압기 회로를 적절하게 재분배해야 한다. 버스 타이 구성에서 CLR의 양쪽에 부하를 고르게 분배함으로써 CLR을 통한 전류 흐름을 최소화하여 CLR의 공칭 손실을 최소화하고 CLR을보다 경제적으로 매력적인 솔루션으로 만들 수 있다.

계통상에서 집중 인덕턴스의 존재는 차단기 양단의 과도 회복 전압(TRV)의 심각도를 증가시킬 수 있다. TRV의 증가는 CB의 차단 기능에 영향을 미쳐 차단 실패 가능성을 증가시키고 기기에 잠재적으로 심각한 위험을 초래할 수 있다. 예를 들어 단락 전류 대칭 RMS 값을 제한하기 위해 공심형 건식 직렬 리액터(CLR)를 계통에 삽입하면 큰 써지 임피던스로 인해(최소 수천 ohm), 과도 회복 전압의 상승률이 급격하게 증가하는 경향이 있다. 다행히도 리액터에 적절한 커패시터를 설치하면 이 문제를 쉽게 해결할 수 있다. 경우에 따라 CLR의 각 측면에 커패시터를 접지에 설치해야 할 수도 있다. 일반적으로 CLR을 추가할 때 차단기 특성이 초과되지 않는지 확인하기 위해 심층 컴퓨터 엔지니어링 분석이 수행된다.

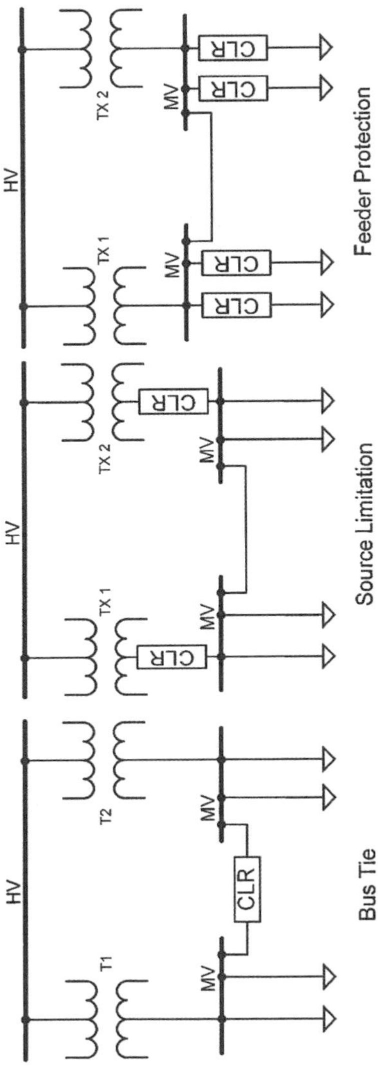

Fig. 13.5 Possible install locations of the CLR

변전소 버스 바의 리액터는, 다른 위치에 설치된 FCL 리액터에 비해 버스 사이의 최소 전류 흐름으로 인해 전압 조절이 향상되고 손실이 최소화 된다. 변전소 버스 바를 분할하기 위한 CLR 솔루션을 설치할 때 변전소 버스 바의 두 섹션에 변압기 회로, 발전기 회로 및 부하 회로를 적절하게 재분배하여 비정상적인 작동 조건에서 부하 공유를 개선해야 한다. CLR 설치의 예는 13.6 및 13.7 그림과 같다.

Fig. 13.6 Example of a CLR installation

CLR은 다른 시스템 구성 요소와 상호 작용하고 불안정성을 유발할 수 있을 뿐만 아니라 과도 회복 전압(TRV)을 증가시킬 수 있다. CLR의 전기 회로에 집중 인덕턴스가 존재하면 과도 전류의 심각도가 증가할 수 있기 때문이다. 이미 언급했듯이 차단기 접점 양단의 복구 전압(TRV)은 회로 전류 차단과 관련이 있다. 이로 인해 TRV 문제에 대한 CB의 요구 사항이 증가할 수 있다. 조건이 적절할 때 공심 CLR은 높은 고장 전류에 대한 경제적인 솔루션이 될 수 있다.

예를 들어, 브라질 Itaipu 발전소 송전 시스템의 345kV 레벨 변전소에서 버스바를 분할하는 CLR 설치의 실제 사례가 있다. 미래에 예상되는 네트워크 확장으로 인해 단락 전류는 Tijuco Preto의 345kV 장치 정격 인 50kA에 근접하거나 초과할 것이다. 이 사례에서 선택한 솔루션은 단락 수준을 54kA에서 45kA로 줄이기 위해 Tijuco Preto 변전소의 345kV 버스 바에 버스 타이 공심 345kV/15옴 리액터 2세트를 설치하는 것이다. 이렇게 함으로써 이 솔루션은 37개의 차단기(345kV 작동 전압 수준에서) 및 관련 장치를 단락 정격이 더 높은 새 장치로 교체하는 것을 방지한다. 제안 된 CLR 솔루션의 비용은 이 345kV 전압 레벨에서 차단기 한대의 비용과 동일하다는 점을 언급할 가치가 있다.

이러한 장치의 사용 경험은 변전소 버스 바에서 공심 리액터에 대해 선택된 위치가 FCL 리액터의 다른 가능한 위치(변전소의 인입 인출 피더)와 관련하여 더 나은 전압 조절 및 최소 손실을 산출한다는 것을 입증했다. 라인과 변압기 회로는 비정상적인 작동 조건에서 더 나은 부하 공유를 위해 345kV 변전소 버스 바의 두 섹션 간에 적절하게 재분배되어야 한다.

그림 13.8의 왼쪽 그림과 같이 제안 된 두 세트의 FCL 리액터가 설치 되었기 때문에, 이로 인해 Tijuco Preto 변전소의 차단기에 부과되는 새로운 TRV 요구 사항을 결정하기 위해 몇 가지 평가 연구를 수행해야 한다. 두 개의 FCL 리액터 중 하나만 항상 작동한다는 것을 여기서 언급 할 가치가 있다. 다른 하나는 필요할 때(예: 유지 보수 목적으로) 작동중인 장치를 대체하기 위한 예비 장치이다.

Fig. 13.7 Example of an air-core reactor (CLR) installation

그림 13.8의 오른쪽 그림에서 볼 수 있듯이 버스 타이 FCL 리액터가 작동 중일 때 차단기의 피크 값 측면에서 새로운 TRV 요구 사항이 증가한다. 이러한 새로운 TRV 요구 사항은 이전 상황(Tijuco Preto 변전소의 고장 제한 장치 없음)과 비교하여 단락을 적용하는 동안 FCL 리액터로 인해 발생하는 진행파의 다양한 전파 및 반사를 통해 발생한다. 이러한 전자기 과도현상 연구의 결과는 IEC 표준에서 제공하는 차단기 TRV의 요구 사항과 관련된 기존 등급이 이 새로운 구성에 여전히 적합함을 보여준다.

따라서 제안 된 단락 전류 제한 솔루션은 Tijuco Preto 변전소의 차단기가 새로운 특별한 요구 사항 없이 설치되도록 할 수 있다. 분석 결과, 이 솔루션은 경제적 및 기술적 관점에서 고장전류 제한 문제에 대한 매우 흥미로운 솔루션으로 나타났으며, 해당 변전소에서 과도하게 스트레스를 받을 것으로 예상되는 여러 대의 개폐 장치를 교체하는 것을 피할 수 있었다.

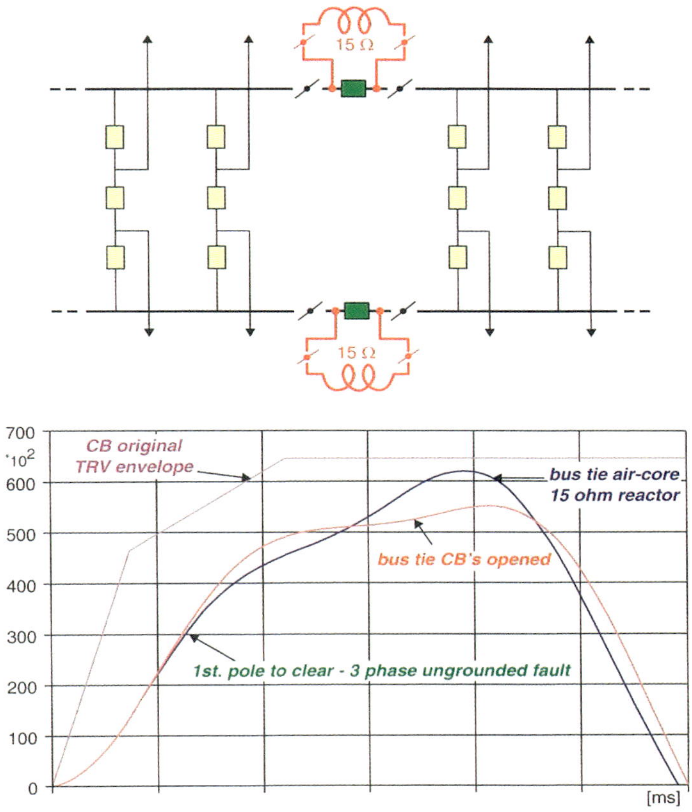

Fig. 13.8 CLR example installation with associated TRV

13.4.5 Impedance Grounding

지락전류가 클 경우, 견고하게 접지된 시스템은 저저항 또는 고저항 접지 및 인덕턴스 접지와 같은 임피던스 접지시스템으로 변환 될 수 있다. 임피던스 접지 시스템의 도입은 지락 전류를 줄이다.

13.4.6 Pyrotechnic FCL

13.4.6.1 Technology Overview

TCL(트리거 한류기) 또는 CCL(정류 한류기)이라고도 하는 화약형 한류기는 주 전도 버스바 경로와 병렬 장착되는 한류 퓨즈로 구성되어 있다. 이러한 장치는 전자적으로 제어되고 감지되며, 측정 된 전류 값이 트리거 기준에 도달하거나 초과하면 화약 폭발이 시작되어 병렬 장착 된 한류 퓨즈에서 주 전도 경로와 션트를 차단한다. 그런 다음 퓨즈가 녹아 전류를 제한하는 방식으로 전류를 차단한다(첫 번째 피크가 발생하기 전). 단락 비대칭 수준을 기준으로 주기의 1/4에서 1/2 주기 사이의 시간 동안 장치를 통해 흐르는 고장 전류를 제거하고 전류 크기가 0이 되도록 차단한다. 전기적으로 이러한 장치는 병렬 장착 한류 퓨즈로 한 번만 개방할 수 있는 고속 스위치로 구성된다. 비정상적인 작동 조건에서 전류는 메인 버스 바 경로를 통해 흐르지만 단락 시 한류 퓨즈가 삽입되어 단락 전류를 차단하고 전력 시스템 또는 장치 장비를 보호한다. 도면에 사용되는 몇 가지 일반적인 전기 회로도 기호는 그림 13.9에 나와 있다.

화약형 한류기의 트리거링 로직은 순간 전류 크기 또는 전류 상승률(di/dt)과 순간 전류 크기의 조합을 감지한다. 하나 또는 두 조건 모두 특정 설치의 보호 요구 사항을 기반으로하는 사전 설정 값을 초과하면 로직 시스템은 트립 신호를 전송하여 주 전도 경로에 위치한 화약 폭발을 시작하고 회로 중단을 위해 한류 퓨즈를 삽입하는 프로세스를 시작한다. 한번 사용하면 주 통전 경로와 한류 퓨즈를 수리하거나 교체해야한다. 최종 사용자는 일반적으로 시스템의 교체 및 재활성화를 신속하게 용이하게하기 위해 근처에 예비 부품 세트를 가지고 있다. 동작후 로직 시스템과 모든 지지 구조는 교체 할 필요가 없다. 이러한 장치는 예상 단락 전류를 특정 백분율로 "제한"한 다음 차단기에 의존하여 회로를 차단하는 대신 통과하는 단락 전류를 실제로 차단한다. 다른 FCL 기술은 단락 전류를 50% 만 줄여 애플리케이션을 부적절하게 만들 수 있지만, 화약형 FCL은 동작후 단락 전류를 0(100% 감소)으로 줄임으로써 여전히 가능한 솔루션 일 수 있다. 시스템은 화약형 FCL이 작동 한 후에도 잔류 단락 전류를 안전하게 차단할 수 있어야 한다. 상업용 화약형 FCL의 예는 그림 13.10에 나와 있다.

이러한 유형의 FCL에 대한 정격은 저전압(750Vac)에서 중간 전압(40.5kVac)까지이며 최대 5000A의 연속 전류와 최대 210kA rms, sym의 차단 정격이다. 공식 등급은 없지만 이 FCL은 이전에 15.7kV에서 대칭전류 300kArms 이상을 차단했다. 이러한 장치는 인클로저없이 실내 또는 실외에서 직접 사용하도록 등급이 지정되었으며 교체 없이 최대 20년 동안 사용 가능하다. 증가 된 연속 전류 정격을 위한 주 전도 경로의 다중 병렬화, 증가된 차단 정격 및 트립 설정을 위한 한류 퓨즈의 다중 병렬화가 가능하다.

Fig. 13.9 Electrical schematic symbol for pyrotechnic FCL

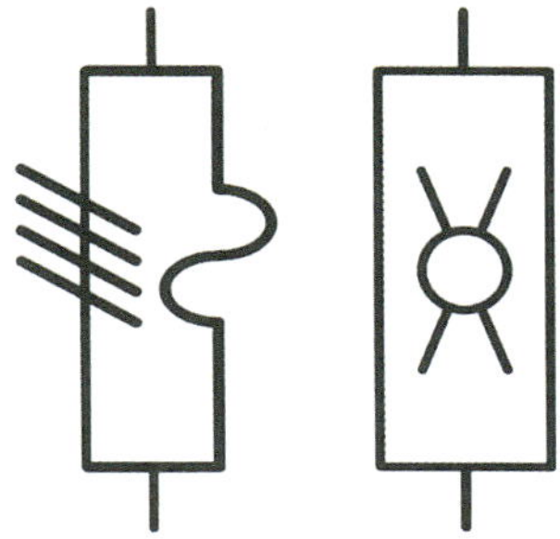

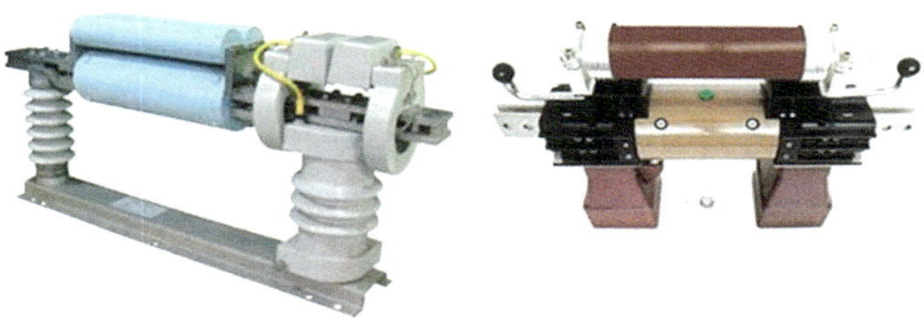

Fig. 13.10 Examples of pyrotechnic FCLs (ABB Calor Emag 2016; G&W Electric Company 2016)

병렬 한류 퓨즈는 메인 버스 바 경로에 비해 연속 전류 정격이 낮기 때문에 트립 설정에 관계없이 전류 제한 범위 내에서 작동 할 수 있다. 이 섹션을 작성할 당시에는 아직 공식 DC 정격이 없지만 이러한 FCL은 차단 중에 충분한 아크 전압을 생성할 수 있는 경우 잠재적으로 DC 전류를 차단할 수 있다.

또한 불필요한 작동을 방지하기 위해 계통이 한계치 이하에서 작동 할 때 화약형 한류기의 트리거링 로직을 비활성화(꺼짐)하거나, 혹은 손상을 최소화하기 위해 항상 활성화(켜짐) 할 수 있다. 일반적으로 시스템이 기존 차단기 정격의 90-95% 이상에 도달하면 화약형 한류기가 활성화된다. 그러나 이것은 지침이며 실제 설정은 응용 프로그램 요구 사항에 따라 다르다. 이러한 FCL은 단상 또는 상 단락의 경우 상을 모두 트립하거나 하지 않을 수 있지만 상 단락의 경우 상을 모두 트립한다. 또한 몇 개의 정현파 주기 내에서 원격 작동 신호를 제공 할 수 있다.

이 신호는 직렬 차단기에 상 차단을 시작하도록 원격신호를 제공하여 단 하나 또는 두 단계 만 트립되는 경우 단상 및 철공진 상태를 방지한다. 화약형 FCL의 일반적인 응용 분야에는 버스 타이, 손상 제한, 소스 제한, 리액터 우회, 분산 전원 및 아크 플래시 완화가 포함된다.

13.4.6.2 Bus Tie Applications

버스 타이 애플리케이션의 경우, 예비 부품을 교체 할 때 동작 후 물리적 절연을 위해 화약형 FCL이 버스 타이에 설치되며 한쪽에는 타이 차단기가 직렬로, 다른 쪽에는 단로기 또는 두 번째 타이 차단기가 직렬로 설치된다. FCL은 양쪽에서 다양한 부하로 시스템을 작동하고 보호 할 수 있어야 하며 트립 설정은 각 버스의 고르지 않은 부하 비율을 고려해야 한다. 업계에서 흔히 볼 수 있는 불균등 부하는 한 버스에서 25% 분할되고 다른 버스에서 부하의 75%가 발생할 수 있다. 그러나 이 비율은 버스 간에 완전히 균형 잡힌(각 버스에서 50%) 버스인 경우부터, 한쪽 버스가 모든 로드를 감당하는 상태에 이르기까지 다를 수 있다. 두 버스의 균형 잡힌 부하는 일반적으로 가능한 가장 높은 트립 설정을 허용한다. 버스 타이 애플리케이션은 아래 그림에 나와 있다. 화약형 FCL은 한 버스에서 다른 버스로 흐르는 전류를 제한한다. 이러한 장치는 양방향이지만 전류 흐름의 다른 방향으로 작동하지 않도록 방지하면서 전류 흐름의 한 방향(즉, 다운 스트림 대 업스트림)으로 만 작동하도록 구성 할 수 있다. 대부분의 경우 하나의 화약형 FCL은 과도 전류를 경험하는 장치를 업그레이드 할 필요 없이 여러 차단기 또는 전체 변전소를 보호 할 수 있다. 버스 타이 애플리케이션의 예는 그림 13.11에 나와 있다.

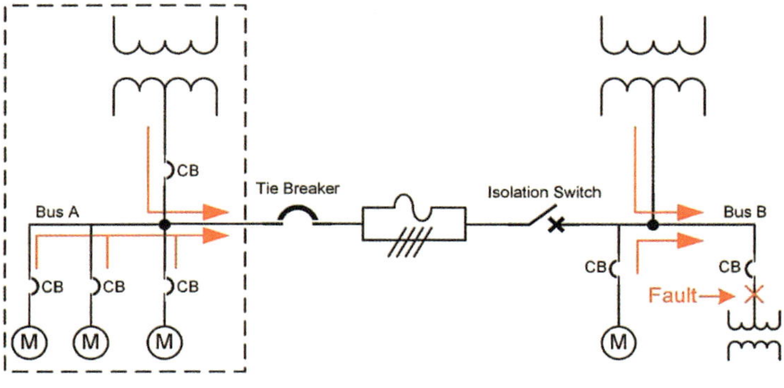

Fig. 13.11 Example of a bus tie application with the pyrotechnic FCL interrupting the short-circuit current flowing from bus A to bus B

13.4.6.3 Damage Limitation Applications

피해 제한 적용은 고가의 장치를 갖춘 유틸리티 및 산업 시설에서 일반적이다. 시스템에서 원하는 피더를 보호하기 위해 화약형 FCL을 사용하면 등급이 낮은 장치를 사용할 수 있을 뿐만 아니라 장치에 가해지는 에너지(손상)를 줄여 잠재적으로 수명을 연장 할 수 있다. 유틸리티 응용 분야에서 화약형 FCL은 네트워크 변압기 고장을 완화하는 데 도움이 될 수 있으며 맨홀 덮개가 하늘로 날아가는 것을 방지 할 수 있다. 산업용 시스템의 경우 고가의 장치를 교체 할 필요 없이 당일 수리 및 작동 할 수 있을 만큼 손상을 줄일 수 있다. 일반적인 손상 제한 적용 및 장치에 대한 손상 감소의 예가 13.12 및 13.13 그림과 같다.

Fig. 13.12 Example of a damage limitation installation

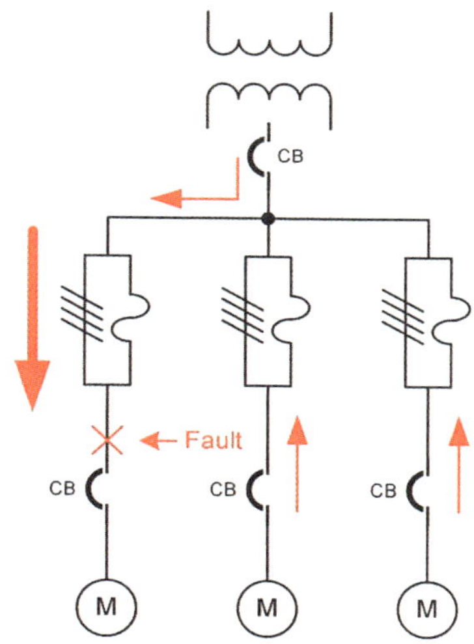

Fig. 13.13 Damage limited from a 25 kA rms, sym fault with a pyrotechnic FCL installed (Deal 2009)

발전원 제한 및 분산 전원 응용 프로그램은 화약형 FCL이 특정 변압기 또는

발전기의 영향을 감소시키므로 서로 매우 유사한다. 모든 기존 장치를 과도한 고장 전류를 경험하는 기존 시스템에 새로운 발전원을 추가 할 때 변압기/발전기와 직렬로 화약형 FCL을 설치하면 장치를 교체 할 필요 없이 기존 시스템 정격 이하로 단락 전류를 유지할 수 있다.

본질적으로 영향을 차단하고 기존 정격 내에서 잔류 단락 전류를 유지한다. 설치 예가 그림 13.14에 나와 있다.

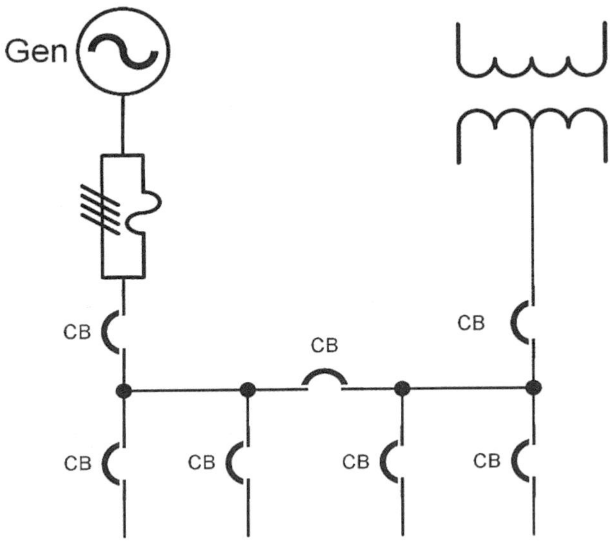

Fig. 13.14 Example of the source limitation application

13.4.6.4 Reactor Bypass Application

리액터 바이 패스 애플리케이션은 리액터의 전압 강하와 I2R 손실을 "우회"하기 위해 전류 제한 리액터와 병렬로 설치된다. 이는 리액터 임피던스와 시스템의 연속 전류 정격에 따라 중요할 수 있다. 화약형 FCL은 일반적으로 중단 할 수 없는 중요한 공정 혹은 중단 될 경우 낭비되는 재료뿐만 아니라 가동 중단 시간에도 상당한 비용이 초래되는 경우를 방지하기 위해 리액터와 병렬로 설치된다. 리액터 우회 애플리케이션에서, 화약형 FCL은 고장을 차단하지 않고 계통이 "고장을 극복" 할 수 있도록, 한류를 수행하는 리액터로 전류를 우회시킨다. 일부 시스템은 출력을 최대 25%까지 높이고 리액터 우회 응용 프로그램을 설치 한 후 상당한 비용을 절약했다. 화약형 FCL은 직렬로 연결된 두 개의 스위치가 필요하지만 작동

후 예비 부품 변경을 위한 물리적 격리를 제공하기 위해 리액터와 병렬로 연결된다. 스위치 중 하나는 부하 전류를 차단할 수 있는 모터 작동 식 스위치 이상이어야 한다. 모터 작동 스위치로 차단기를 설치하는 것이 좋다. 그림 13.15에 설치 예가 나와 있다.

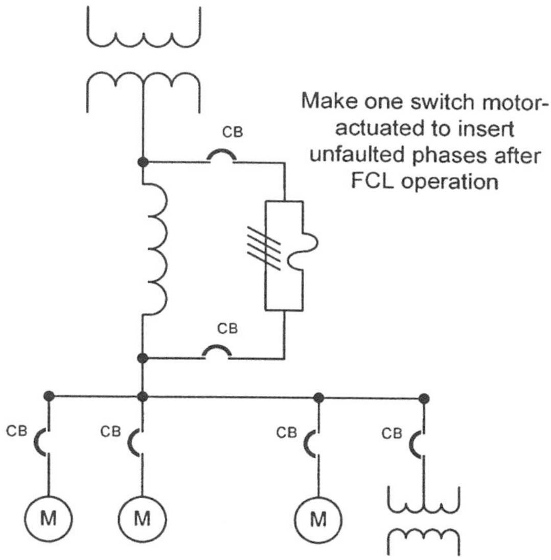

Fig. 13.15 Example of a reactor bypass application

13.4.6.5 Arc Flash and Arc Blast Application

화약형 FCL의 증가하는 응용 분야는 아크 플래시 및 아크 폭발 완화의 적용이다. 화약형 FCL(사이클의 1/4～1/2)의 고속 동작으로 인해 아크 플래시 위험 수준을 낮추고 인력보호가 요구되는 수 있는 특정 응용 분야에서 유입 에너지를 낮추는데 매우 효과적이다. 일반적으로 LV 설치의 경우 많은 애플리케이션이 4cal/cm^2 미만으로 감소되며 이는 카테고리 1 또는 0에 해당한다. 고압 설치의 경우 2개 카테고리의 위험 카테고리 감소를 달성하는 것이 일반적이다(보장되지는 않음). (즉, 카테고리 4가 레벨 2감소된다.) 시스템에 TCL을 설치한 단선도의 예가 그림 13.16에 나와 있다.

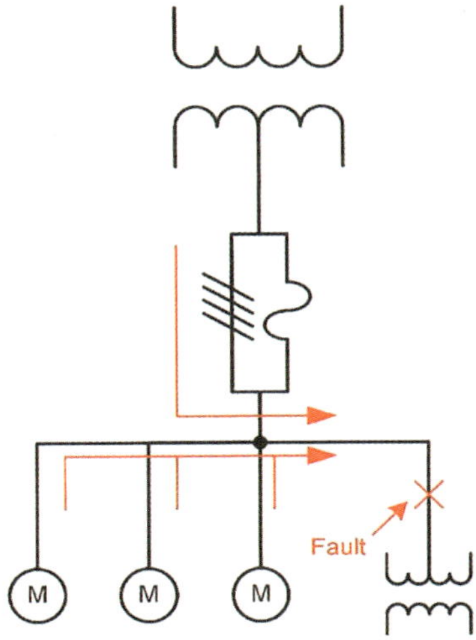

Fig. 13.16 Example of an arc flash mitigation installation

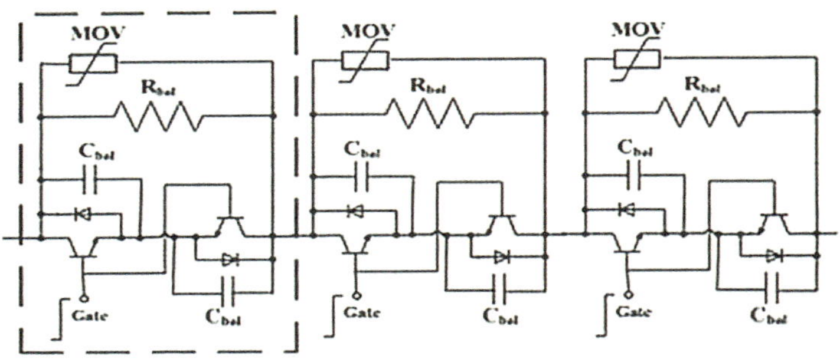

Fig. 13.17 Typical semiconductor switch design used in FCL applications (Vodyakho et al. 2011)

13.4.7 Solid-State FCLs

유틸리티 및 산업체는 고장 전류 완화 방법을 고려하고 있으며 이러한 기술이 고장 전류 관리의 가장 비용 효율적인 수단 인 것으로 입증 된 경우 새로운 기술(반도체, 초전도 등)을 기존 방법에 대한 필수 대안으로 고려하고 있으며 비용을 정당화하기 위해 향상된 운영 유연성을 허용한다. 최근에는 배전 및 송전에서 고장 전류 제한 애플리케이션을 위한 다양한 MV 및 HV 장치를 설계하고 기술적으로 실행 가능하고 경제적으로 실행 가능한 기술을 개발하기 위한 R & D 활동이 크게 증가했다(Prigmore 2013).

반도체 FCL(SSFCL)은 반복적인 스위칭 패턴의 이점을 제공 할 수 있으며 특정 비율로 "제한"하는 대신 고장 전류를 "제어"하는 운영 철학을 도입한다(Prigmore

2013). SSFCL은 절연 IGBT, ETO, GTO, IGCT 및 기타 다양한 장치와 같은 반도체 스위치를 사용한다. SSFCL은 상시 동작시 반도체 스위치를 통해 전류를 흘리고 단락시 반도체는 "OFF"로 전환되고 고장 전류를 병렬 임피던스로 강제 분기한다. 병렬 임피던스는 시스템이 처리 할 수 있는 수준으로 고장을 제한하고 잠시 후 차단기가 고장을 제거한다. FCL의 일반적인 설계 요구 사항은 차단기가 작동하기 전에 고장 전류를 60초 동안 제한 할 수 있어야 한다. SSFCL의 예는 그림 13.17에 나와 있다.

SSFCL을 통해 사용자는 기존 보호 설정을 최소화하기 위해 원하는 고장 전류 수준이나 윈도우를 설정할 수 있다. 예를 들어, SSFCL은 펄스 폭 변조(PWM) 개념을 사용하여 시스템이 사용자가 설정한 고장 전류 레벨을 경험하도록 반도체 스위치의 듀티 비를 변경할 수 있다. 최대 고장 전류 레벨과 최소 고장 전류 레벨이 설정될 수 있다. SSFCL의 예는 그림 13.18에 나와 있다. SSFCL의 응용 프로그램은 이 장에 제시된 다른 장치와 유사한다. 반도체 장치의 등급이 충분히 높으면 SSFCL이 반도체 차단기(SSCB)로 작동할 수 있어, 회로를 제한하는 대신 전류를 차단할 수 있다(Prigmore 2013).

SFCL의 설계 문제에는 과전압, 반도체 스위치의 전압 및 전류(dv/dv 및 di/dt) 모두에서 정격 상승률 초과, 전도 손실, high-side게이트 드라이버, turn-off 동작시 시스템의 에너지(시스템 인덕턴스로 인해 발생) 흡수, 온도 상승 및 전원이 꺼진 후 시스템 전압 상승에 대한 내력 등이 포함된다. 일반적으로 과전압으로부터 스위치를 보호하기 위해 써지 어레스터라고도 하는 금속 산화물 바리스터(MOV)가 사용된다(Vodyakho et al. 2011). 각 애플리케이션에 대해 많은 설계 고려 사항이 있지만 SSFCL의 이점은 그 사용을 정당화 할 수 있으며 SSFCL은 미래의 전력망을 위한 가장 유망한 기술 중 하나이다. 반도체 스위치 용 재료로 SiC(실리콘 카바이드)가 도입되고 정격이 높아지면서 SSFCL은 기술이 성숙되어지고 매력이 높아져 가고 있다.

13.4.8 Superconducting FCLs

13.4.8.1 Technology Overview

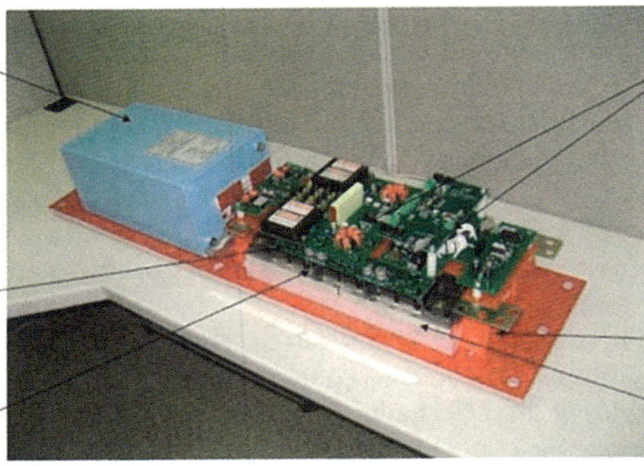

Fig. 13.18 Solid-state fault current limiter modular design (Sundaram and Gandhi 2008)

초전도 한류 기(SFCL)는 초전도 물질의 고유 특성을 활용한다. 초전도 특성은 초전도 물질이 퀴리온도 아래의 온도로 냉각될 경우 정상 상태에서 낮은 손실(<1%)을 제공한다. 퀴리온도는 초전도 물질이 초전도 특성을 갖게 되는 임계 온도이다. 초전도 물질의 온도가 해당 물질의 퀴리 온도보다 높으면 더 이상 초전도 물질로 작동하지 않는다. SFCL은 순환 액체 질소를 통해 퀴리 온도 바로 아래에서 초전도 물질(YBCO가 가장 일반적 임)을 냉각함으로써 이 특성을 활용한다. 상시 동작시 SFCL의 온도는 퀴리 온도보다 낮다. 단락이 발생하면 초전도 물질은 장치를 통해 흐르는 추가 전류로 인해 온도가 상승한다. 증가 된 온도는 재료의 퀴리 온도를 초과하여 초전도 상태에서 비 초전도 상태로 2차 상 전이를 일으킨다. 비 초전도 상태에 있는 동안 SFCL은 저항성 또는 유도 성 임피던스 일 수 있는 큰 임피던스를 갖는다. 저항성 SFCL이 가장 일반적이다. 단락이 끝난 후 SFCL은 다시 퀴리 온도 아래로 냉각되고 시스템에 "보이지 않는" 초전도 상태가 된다. 한 가지 관심 사안은 동작 후 초전도 상태로 다시 들어가는 데 걸리는 시간이다. 이 시간은 몇 초에서 최대 10분 또는 15분까지 다를 수 있다. 초전도 상태가 아닌 동안 시스템의 손실이 증가한다.

최근에 개발된 고온 초전도체(HTS)는 냉매로 액체 질소를 사용하며, 초전도 FCL에 대한 새로운 관심을 불러 일으켰다. 이전에 사용 된 액체 헬륨 시스템에 비해 액체 질소 시스템이 포함 된 극저온 장치는 구축하고 운영하는 것이 훨씬 저렴하고 간단한다. 초전도 FCL은 크게 퀜치형과 및 비 퀜치형으로 분류 할 수 있다. 퀜치형 FCL은 상시 조건에서 초전도 상태로 인해 효과적으로 제로 임피던스를 제공한다. 고장 조건에서는 초전도체를 퀜칭하도록 트리거하고 임피던스 증가는 원하는 한류 기능을 제공한다. 포화 철심형 FCL과 같은 비 퀜치 유형 FCL에서 초전도체는 항상 초전도 상태에 있으며 AC 고장 전류로 인한 자기 포화의 변화로 인해 고장 전류 제한이 발생한다.

13.4.8.2 Applications

이 유형의 FCL을 적용하면, 기존 스위치 기어가 교체없이 전력망을 보호 할 수 있도록 고장 전류를 더 낮고 안전한 수준으로 줄일 수 있다. 고온 초전도체(HTS)를 사용하는 FCL은 고장 상태에서 필요한 전류 제한 임피던스를 제공하지만 정상적인 전력망 작동 중에는 본질적으로 제로 임피던스를 갖는다. 따라서 HTS FCL은 일정한 전압 강하 및 에너지 손실을 생성하는 CLR과 같은 기존의 다른 전류 제한 장치와 달리 일반적으로 전체 시스템 성능에 거의 영향을 미치지 않는다.

필요한 단락 전류 제한(시간 함수로서의 동적 전류 제한) 정도는 고려중인 FCL의 관련 동작을 고려한 전력망 분석에서 도출된다. 이러한 계산의 결과를 기반으로 제조업체는 FCL에 필요한 설계 기준(예: FCL의 최대 제한 전류 및 FCL의 트리거/트립이 시작되는 최소 시작 전류(imin))을 도출한다. SFCL의 예는 그림 13.19에 나와 있다.

13.4.8.3 Power Transfer Application

초전도체의 또 다른 응용은 전력 전송이다. 초전도체는 도체의 동일한 단면적에 대해 초전도체가 아닌 상대보다 더 많은 양의 전류를 전달할 수 있다. 따라서 초전도체는 물리적 크기에 비해 많은 양의 전력을 전달할 수 있다. 이것은 고장 전류 제한 애플리케이션은 아니지만 이 기술은 실행 가능하고 유망한 애플리케이션이다. 전력 전송 애플리케이션은 초전도 케이블과 비 초전도 케이블을 사용할 때 최대 10 배 이상의 전력 전송을 생성할 수 있다(AMSC 2016).

이 응용 프로그램은 아직 개념 증명 단계에 있어 현재 널리 퍼지지 않았기 때문에 전 세계적으로 몇 번의 설치가 있었다. 설치 예가 그림 13.20에 나와 있다.

Fig. 13.19 A 12 kV, 800 A SFCL

Fig. 13.20 HTS superconducting cable installation in Germany for power transfer

13.4.9 Saturable-Core FCL

포화 코어 FCL(SCFCL)은 정상 작동 중에 자기 코어를 포화상태로 유지하기 위해 공통(중간 다리) 주위의 DC 바이어스용 권선과 자기적으로 반대 방향으로 감긴 권선등 두개의 권선으로 구성된다(아래 그림 참조).

코어는 포화 상태이지만 손실이 적다(<1−2%)(Vodyakho et al. 2011). 두 개의 자기 코어 중 하나는 AC 사인파의 양의 절반에 대해 포화 상태에 있고 두 번째 코어는 AC 사인파의 음의 부분에 대해 포화 상태에 있다. 단락 전류가 발생하면 각 절반주기에 대해 전류가 AC 정현파 파형의 양 또는 음의 절반주기에 있는지에 따라 코어가 포화 상태로 들어가고 빠져 나간다. SCFCL의 내부 구성에 대한 간략한 개요는 그림 13.21에 나와 있다.

히스테리시스와 포화는 자기 코어에서 흔히 발생하는 현상이며 SCFCL을 설계할 때 고려해야 한다(Moriconi et al. 2010). SCFCL에 영향을 받는 고장 전류는 코어가 고장을 제한하도록 설계된 반주기 동안 자기 코어를 포화 상태로 전환 할 수 없다. 그렇지 않으면 임피던스가 거의 제공되지 않으며 SCFCL은 제한없이 시스템에서 보이지 않는 것처럼 작동한다. 자성 재료마다 히스테리시스 곡선과 포화점이 다르다. 히스테리시스 곡선의 예는 그림 13.22에 나와 있다.

많은 SCFCL이 전 세계의 MV 및 HV라인에 시험 설치되어 있으며, 특히 MV에 비해 경제적으로 실행 가능한 HV 설치에서 사용이 증가하기 시작했다. 이 장에 나열된 일부 대체 기술은 SCFCL보다 경제적으로 더 유리하다.

Fig. 13.21 A saturable-core FCL magnetic design (Noe et al. 2008)

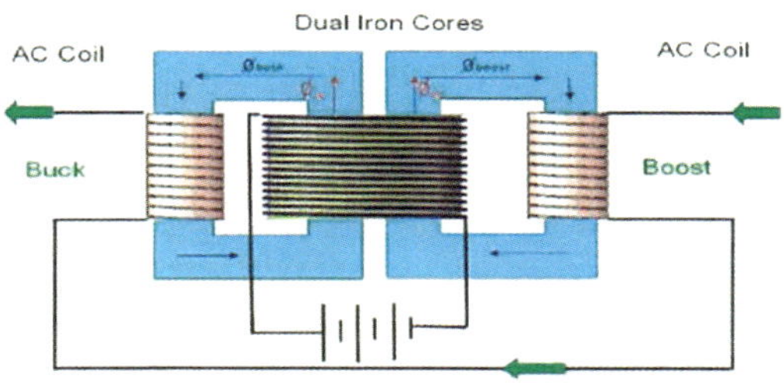

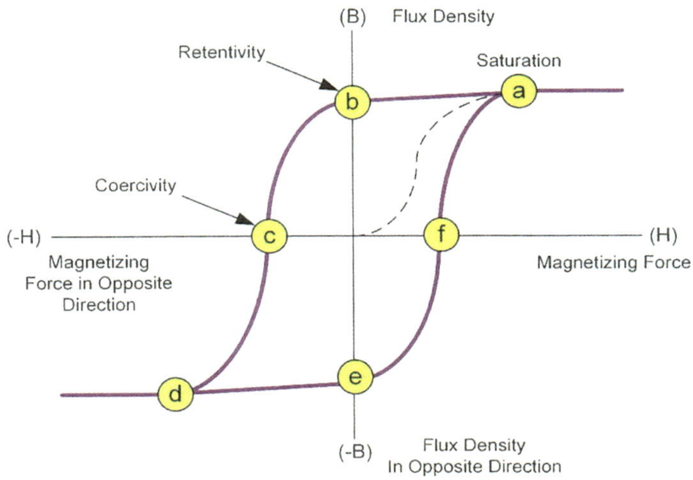

Fig. 13.22 Hysteresis curve with critical points for a magnetic core

13.5 Fault Current Management

고장 전류 관리는 주로 FCL에 의한 영향을 나타낸다. 영향 관리는 FCL 애플리케이션의 물리적 영향 또는 사이트 효과로 구성된다. 이러한 "부산물"은 부분적으로 의도되거나, 아예 의도되지 않은 것이다. 반면에 전력망의 운영 측면에서는 부분적으로 유리하고 부분적으로 불리한다. 따라서 이러한 "부산물"에 대해 자세히 조사하는 것이 좋다. 영향 및 상호 작용의 주요 주제는 다음과 같이 구성 될 수 있다.

- Transient stability(rotor angle stability)/과도 안정성(로터 각도 안정성)
- Protection system impacts /보호 시스템 영향
- Transient response(TRV) for both the system and the FCL/시스템과 FCL모두에 대한 과도 응답(TRV)
- Power quality(voltage drop, fault recovery, harmonics, Ferro−resonances)/전력품질
- Thermal losses/열손실
- Number of operations/동작횟수
- Maintenance/유지보수

13.6 FCL and Protection Systems

시스템 보호는 전원 시스템의 중요한 부분이다. FCL과 보호 시스템 간의 가능한 상호 작용을 조사하고 이해해야 한다. 다양한 유형의 FCL, 보호 기능 및 네트워크 구성은 상호 작용의 여러 가능성으로 인해 다소 복잡한 조사로 이어진다. FCL 장치 제조업체는 설치된 FCL의 경우, 시스템에 미칠 수 있는 영향을 확인하는 데 도움을 줄 수 있다. FCL을 설치하는 것이 일반적으로 전력 시스템에 대한 잠재적인 부정적인 영향보다 중요하다는 점을 언급해야 할 것이다.

13.7 FCL and Power Quality

The following three aspects of power quality are of importance in conjunction with the use of fault current limiters

- Voltage drop(voltage regulation)
- Harmonics
- Ferroresonance

또한 한류기가 정상 작동(즉, 한류 동작 없음)할 때와 과 전류 제한 동작 동안의 전력 품질을 구분해야 한다. 각 유형의 FCL은 전력 품질에 다른 특성과 영향을 미칠 수 있다. 특정 FCL을 설치할 때 해로운 영향이 발생하는지 확인하기 위해 조사가 필요할 수 있다. 일부 유형의 FCL은 다른 유형보다 더 많은 영향을 미칠 수 있다.

13.8 FCL Reliability and Availability

안정성 및 가용성 관점에서 FCL은 작동하는 데 제어 신호가 필요한 것과 그렇지 않은 것, 두 그룹으로 분류 할 수 있다. 예를 들어, SSFCL은 일반적으로 위상 전류가 임계 값을 초과(고장이 됨)하는 시기를 결정하기 위해 전류 센서와 처리 회로를 필요로 하여 전력 반도체 스위치를 off시켜 고장 전류를 제한해야 한다. 대조적으로 초전도 FCL은 트리거링으로 제어 신호가 필요하지 않으며 전류 제한기술 자체가 트리거링 물성을 가지고 있다.

"능동" 대 "수동"은 FCL을 분류하는 또 다른 방법이다. 기능을 수행하기 위해 제어 신호가 필요한 능동 FCL은 철저히 조사하여 제어 신호 경로 내에서 단일 지점 고장이 중복성을 요구하기에 충분한지 확인해야한다. 예를 들어 전류 센서 및 관련 제어 회로가 FCL 내에 통합되어 있고 설치 전에 공장에서 기능이 검증 된 경우 중복성이 필요하지 않을 수 있다. 그럼에도 불구하고 다른 요인이 적절한 제어 작동을 방해하지 않는지 확인하기 위해 시스템 수준 테스트를 수행해야한다. 예를 들어 고장으로 인한 전압 강하로 인해 컨트롤에 공급되는 전원 공급 장치가 붕괴되어 컨트롤이 고장에 응답하지 않는 경우 제어 전원의 중복(백업) 소스가 필요하다. FCL 제어 시스템 용 외부 전원 공급 장치를 사용하여 제어 시스템에 전원을 공급하는 경우 UPS 또는 DC 스테이션 배터리와 같은 신뢰할 수있는 소스에서 공급되어야 한다. 시스템 차단기를 트립하는 데 사용되는 전원은 일반적으로 FCL의 제어 시스템에 전원을 공급하는 가장 좋은 소스이다.

원래의 예로 돌아가서, 만일 능동 FCL이 제어 회로 센서 역할을 하기 위해 변전소의 다른 곳에 위치한 CT를 필요로 한다면, 더 많은 케이블, 연결 지점 및 테스트 스위치 등이 제어 라인상에 존재하게 됨에 따라 단일 지점의 고장 가능성이 크게 증가할 것이다. 이 경우 공간적으로 분리된 FCL제어라인 상의 케이블에 두 번째 CT를 설치하는 것이 고장 가능성을 수용할 만한 수준으로 낮추기 위해 필요할 것이다. 능동 FCL의 경우 소스를 구별하고 제어 경로에서 단일 지점 고장 가능성을 평가하는 데 FMEA(고장 모드 및 영향 분석)가 권장되는 방법이다. 안전 무결성 수준(SIL)은 FCL 제어 시스템의 전반적인 신뢰성을 결정하는데도 사용될 수 있다.

13.9 Maintenance

앞서 언급했듯이 고장이 자동으로 감지되고 수정 조치를 취할 수 있도록 전달되는 경우 이중화을 통해 높은 FCL 시스템 가용성을 달성 할 수 있다. FMEA와 같은 도구를 설계 단계에서 사용하여 이중화가 필요한 장치를 결정하고 데이터 수집 및 원격 모니터링을 사용하여 예방 유지 보수 일정을 예측할 수 있다. 일상적인 유지관리는 일반적으로 제조업체가 지정하며 제조업체 또는 계약자가 수행할 수도 있다.

13.10 Environmental Benefits

한류기의 환경적 영향은 전력 시스템의 한류기에 대한 다양한 위치와 애플리케이션이 있기 때문에 사례별로 조사해야 한다. 일반적으로 한류기를 사용하면 다음과 같은 이점을 얻을 수 있다.

- Reduction of losses

- Small footprint
- Preserves resources
- Use of liquid nitrogen
- Needs, Requirements, Specification, and Selection Criteria

13.11 Needs, Requirements, Specification, and Selection Criteria

다음에는 FCL 애플리케이션에 대한 필요한 정보를 제공하기 위해 시스템 계획자/운영자가 확실하게 답변해야하는 일련의 자세한 질문이 나열되어 있다. 이 정보는 잠재적인 제조업체가 한류기의 적절한 설계를 가능하게 하는 기초가 될 것이다. 사용자가 자신의 시스템 특성 및 향후 계획 전략을 노출하고 싶지 않은 경우 경쟁력에 영향을 미칠 수 있으므로 사용자와 제조업체 간의 기밀 유지 계약을 통해 이 정보의 제공이 제한될 수 있다.

13.11.1 Basic Characteristics of the System

- Rated frequency: frated
- Nominal voltage of the system(rms): Vnominal
- Rated continuous current(A): Inominal
- Rated circuit breaker making/breaking capacity:
- Peak/momentary rating of the circuit breakers:
- Short−circuit current flowing through in both directions:

13.11.2 Basic Data for the Insulation Coordination of the System

- Please specify the basics for insulation coordination according to IEC 60071 or IEEE 1313.1:
- Highest voltage of the system(rms): Vs
- Highest voltage for equipment(rms): Vm
- BIL(basic insulation level): lightning impulse withstand voltage

- Power frequency withstand voltage
- Maximum switching overvoltages(transient overvoltages)

13.11.3 Neutral Grounding in the System

접지 시스템에 대한 지식은 시스템에서 발생할 수 있는 고장의 종류를 표시하고 라인 대 접지 절연에 적합한 수준을 선택하기 위해 필요하다.

FCL이 설치 될 전력망의 관련 중성 접지는 다음과 같다.

- Isolated neutral(ungrounded)
- Solid grounding
- Impedance grounding(specify grounding impedance, R and X)
- Resonant grounding

13.11.4 Structure of the System

전류를 제한할 필요성와 효과의 분석(예를 들면 부하 흐름 및 단락 전류 계산)을 실행하려면 시스템의 세부 모델이 필요하다. 이를 위해 시스템의 단선도를 제공받아, 고장 전류를 줄여야 하는 시스템과 고장 전류 제한에 의해 영향을 받을 수 있는 부분을 기본적으로 확인해야 한다. 모든 위치에서 고장에 대한 전류 방향을 보여주는 단선도가 제공되어야 한다. 단선도에는 초기과도, 과도 및 정상 상태 단락 전류 값이 포함되어야 한다. 전류 값은 일반적으로 rms, sym 및 peak 값으로 표시되며 rms, asym 값을 포함 할 수 있다. 제조업체는 단선도에서 어떤 전류값이 제공되는지 알아야 한다.

시스템 토폴로지가 작동조건에 따라 변경될 경우 별도의 다이어그램이 필요하다.

단선도는 다음 정보를 제공해야 한다.

변압기(제로 시퀀스 임피던스 포함), 케이블, 가공선, 한류 리액터 등 단선도에 표시된 모든 수동 시스템 요소의 상용주파 임피던스

- 중성 접지점(동작조건에 따른 변동여부 포함)
- 공급 시스템(상용주파 임피던스)의 등가 네트워크 임피던스(상용주파 임피던스)
- 노드에서의 부하(P 및 Q)
- 현재 값 및 향후 변화 예상 전망
- 모터 기동, 아크로, 용접기 등 과도 또는 맥동 부하 거동을 보이는 부하 존재 여

부. 해당 부하의 위치와 과부하 계수 및 기간에 대한 정보
- 단락 전류의 증가로 이어지는 시스템에서 예상되는 변화
- 새 라인 연결, 추가 생성 장치 연결, 버스 타이 커플링
- Which components require fault current limiting?
- 부스 바, 차단기, 절연 스위치, 변압기, 선로, 접지 시스템 등의 허용 가능한 단락 전류(Ip, Ibreak)
- 한류기 설치 사유
- 과도상태 기계적, 열적 강도 및 차단 용량
- 관련된 하부 시스템, 변전소 혹은 장치
- 한류기 설치 위치. 해당 위치를 선택하려는 이유
- 한류기 없을 경우 분기의 단락 전류(Ip, Ibreak)
- 한류기 설치시 단락 전류
- 시스템의 다양한 작동조건에 대한 최소 및 최대 값
- 기존 보호협조(백업 보호 포함)를 유지하기 위해 여러 위치에서 필요한 최소 고장 전류와 지속시간
- 실제 보호 스킴(scheme)
- 자동 재폐로 기능 필요 여부. 재폐로 시도 횟수 및 관련 데드 타임과 같은 세부 정보

13.12 요약

단락 전류가 전력 시스템에서 계속 상승할 때, FCL은 전력 엔지니어가 고장 전류를 기존 시스템 정격 이하로 줄여 기존 보호 시스템(예: 차단기)이 의도한대로 작동 할 수 있도록 하는 실행 가능한 옵션이 될 수 있다. 다양한 기술이 성숙하고 시장에 진입함에 따라 FCL 제품을 사용하기 위해 선택할 수 있는 여러 옵션과 공급 업체가 있다. 각 FCL 설치는 제조업체에서 제공하는 기술 지원을 통해 신중하게 설계되어야 한다. 이 장에서는 기술적 측면뿐 아니라 시장 성숙도 측면의 다양한 FCL 기술을 요약했다.

참고문헌

ABB Calor Emag: Is −limiter: The world fastest limiting and switching device. Retrieved from http://ncw.abb.com/mcdium−voltage/apparatus/currcnt−limitcr(2016)

AMSC, AC superconducting cables. Retrieved 1 Jan 2016, from http://www.amsc.com/gridtec/supcrconductor_cablc_systcms.html(2016)

CIGRE WG A3.10: Fault current limiters in electrical medium and high voltage systems. C1GRE Technical Brochure 239 (2003)

CIGRE WG A3.16: Guideline on the impact of FCL devices on protection system. CIGRE Technical Brochure 339 (2008)

CIGRE WG A3.23: Applications and feasibility of fault current limiters in power systems. CIGRE Technical Brochure 497 (2012)

Deal, B.: Improving urban safety by installation of current limiting fuses on network feeders. In: Southeast Electrical Exchange Conference Paper and Industry Excellence Award (2009)

G&W Electric Company: Current Limiting Protector (CLiP). Retrieved from http://www.gwelcc. com/documents/pdfs/clip.pdf (2016)

Moriconi F., De La Rosa F., Singh A., Chen B., Levitskaya M., Nelson, A.: An innovative compact saturable−corc HTS Fault Current Limiter — development, testing and application to transmission class networks. In: Power and Energy Society General Meeting, 2010 IEEE, pp. 1−8 (2010)

Noc M., Stcurer, M., Eckroad, S., Adapa R.: Progress on the R&D of fault current limiters for utility applications. In: Power and Energy Society General Meeting — Conversion and Delivery of Electrical Energy in the 21st Century, 2008 IEEE, pp. 1−4 (2008)

Prigmore, J. R.: A neodymium based hybrid fault current limiter. Arizona State University. Retrieved from https://rcpository.asu.cdu/attachmcnts/1 10242/content/Prigmorc_asu_0010E_ 12565. pdf(2013)

Sundaram, A., Gandhi, M.: Solid−state fault current limiters (SSFCL). (2008)

Vodyakho, O., Widener, C., Steurer, M., Neumayr, D., Edrington, C., Bhattacharya, S., Mirzaee, H.: Development of solid−state fault isolation devices for future power elcctronics–bascd distribution systems. In: Applied Power Electronics Conference and Exposition (APEC) 2011 Twenty– Sixth Annual IEEE, pp. 113–118 (2011)

14

제어 개폐 (Controlled Switching)

Hiroki Ito, Andre Mercier, and Mark Waldron

Keywords

- 차단기
- 보정
- 커패시터 개폐
- 선로 개폐
- 제어개폐
- 유휴시간
- 리액터 개폐
- 변압기 개폐

H. Ito (S)

Energy and Industrial Systems Group, Mitsubishi Electric Corporation, Tokyo, Japan

e−mail: Ito.Hiroki@aj.MitsubishiElcctric.co.jp

A. Mercier

Systemes Numcriqucs, IREQ (Institut de Recherche cn Elcctricite du Quebec), Hydro Quebec,

Varennes, Canada

e−mail: mercier.andre@ireq.ca

M. Waldron

Engineering and Asset Management, National Grid Electricity Transmission, Warwick, UK

e−mail: mark.waldron2@nationalgrid.com

14.1 서론

제어개폐 시스템(CSS)은 경제적인 솔루션이 되었으며 일반적으로 다양한 개폐응용에서 개폐써지를 줄이는 데 사용된다(C1GRE TF 13.01 1995, 1996). 최근에 개발된 잔류자속을 고려한 변압기 개폐는 보호계전기의 오작동 및 전력품질 저하로 이어질 수 있는 심각한 돌입전류 및 일시적인 과전압을 효과적으로 완화할 수 있다. 금속산화물 피뢰기와 결합된 CSS는 긴 송전선의 가압으로 인한 바람직하지 않은 과전압을 줄이고 절연협조의 최적화에 기여할 수 있다.

2005년까지 선로개폐에서 응용 숫자가 제한된 것은 충분하지 않은 기술적 고려에 기인한 초기 어려움때문이다. 그러나 최근에는 처리능력이 뛰어난 컨트롤러가 나오면서 적용이 증가하고 있다. CIGRE WG A3.07(CIGRE WG13.07 1999, 2001)에서 권장하는 평가시험을 기반으로 CSS에 필요한 시험절차를 표준화하기 위해 IEC62271-302 "의도적으로 비동시 상 동작을 사용하는 고압 교류차단기"라는 제목의 기술 보고서가 발간되었다. CIGRE 가이드는 CSS가 차단기의 수명시간 동안 정확한 동작 일관성을 요구하기 때문에 동작시간의 변화에 대한 보상의 중요성을 강조한다. 주위온도, 제어전압 및 드라이브의 기계적 에너지와 같은 외부 변수로 인한 동작시간의 변화는 시험 요구사항에 따라 평가된 종속성을 사용하여 제어기에 의해 보상될 수 있다.

1990 년대 후반 이후 만족스러운 서비스 성능으로 인해 설치 건수가 급격히 증가했다. 투입저항을 제거하고 노즐과 접점의 유지보수 간격을 연장하는 것과 같은 몇 가지 경제적 이점을 제공할 수 있기 때문에 종종 션트 커패시터 및 션트 리액터 뱅크에는 적용이 규격화된다. 그림 14.1에 표시된 CIGRE 조사에 따르면 약 2,800개의 제어개폐 시스템(CSS)이 2001년에 전 세계에 공급, 설치되었으며 16,000 대 이상이 2015년에 사용되고 있는 것으로 추정된다. 1995년 이전에는 기술 미성숙으로 인해 설치 수가 제한되었지만, 진보된 센서와 신뢰할 수 있는 디지털 릴레이 기술을 사용하여 효과적인 보상 알고리즘을 사용할 수 있게 된 1990년대 후반 이후 설치 수가 빠르게 증가했다. 오늘날 전세계 설치된 것의 55-70%가 커패시터 뱅크에 적용되고 있다. 그러나 일부 국가에서는 원래 상용주파수의 5차 고조파를 줄이기 위해 의도적으로 사용된 고정식 인덕터에 의해 돌입전류의 진폭이 억제되기 때문에 션트 커패시터에 CSS를 전혀 사용하지 않는다.

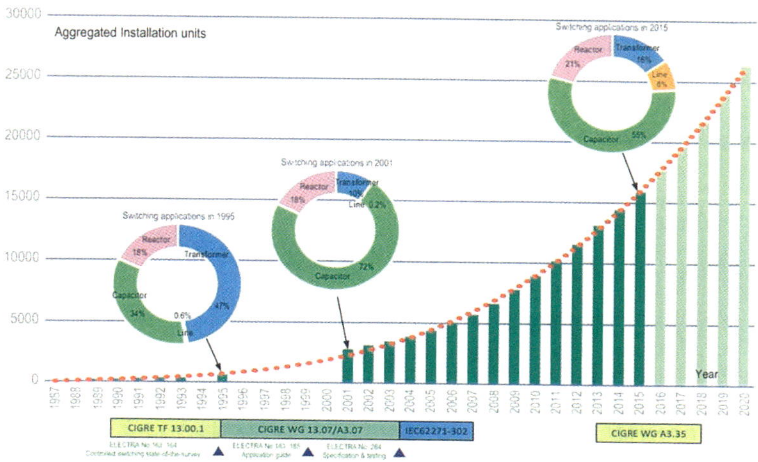

Fig. 14.1 CIGRE survey on worldwide installations of CSS in service

Table 14.1 Testing requirements for the components and integrated system of CSS

Components and system	Test items	Characteristics/remarks
Type test for circuit breakers	Electrical performance	Rate of rise of dielectric strength (RRDS) Rate of decrease of dielectric strength (RDDS) Maximum making voltage for voltage zero target Minimum arcing time for restrike-free or reignition-free
	Mechanical performance	Scatter of operating times Variations of operating times on operating conditions Change of operating time after an idle time
Type tests for controllers and sensors	Functional test	Timing scatters of open/close commands All compensation functions Self-check function, etc.
	Electromagnetic, mechanical environmental	Dielectric withstand, EMI Vibration, shock, seismic Cold, dry heat, temperature/humidity, etc.
Commissioning tests for integrated system	Controlled switching test	Distribution of switching instants Distribution of making voltage Verification of restrike-free or reignition-free interruptions

Table 14.2 Optimum instants of controlled switching (CIGRE TF 13.01 1995, 1996)

Switching applications	Optimum instants of controlled switching	Benefits
No load transformer energization	Voltage peak with no residual flux or prospective core flux identical to the residual flux	Reduction of inrush current and associated overvoltage
No load line energization	Voltage zero across the circuit breaker	Reduction of overvoltage, elimination of closing resistor
Shunt capacitor energization	Voltage zero across the circuit breaker	Ditto
Shunt capacitor de-energization	Maximum arcing time	Minimization of restrike probability
Shunt reactor de-energization	Maximum arcing time (to avoid reignition)	Reduction of overvoltage, elimination of reignition probability

14.2 용어 정의

제어 개폐(Controlled Switching)

개폐써지를 줄이기 위해 전기적인 기준신호와 관련하여 미리 결정된 시점에서 접점의 동작을 용이하게 하기 위해 전자제어 장치가 적용된 차단기.

- 주의: 포인트-온-웨이브 개폐 및 포인트-온-사이클 개폐라는 용어도 제어개폐를 설명하는 데 널리 사용된다. 그러나 동기 스위치와 같은 다른 기술과의 혼동을 피하기 위해 “동기 개폐”라는 용어는 사용하지 않는 것이 좋다.

휴지 시간(Idle Time)

차단기의 연속동작(투입 또는 개방 동작) 사이의 시간으로 이 시간동안 차단기는 정적(static)인 상태를 유지한다.

보상(Compensation)

주위 환경, 드라이브(조작기) 및 공급 조건을 고려하여 동작시간 변화에 대한 예측 수정

적응 보상(Adaptive Compensation)

예를 들어 차단기의 접점마모 또는 구동부의 윤활제 열화로 인한 변화와 같이 과

거 동작패턴을 기반으로 한 동작시간 변화에 대한 수정

제어 개폐 시스템[Controlled Switching System(CSS)]

제어 개폐에 필요한 차단기, 제어기 및 필요한 센서와 보조 장치

고의적인 비동시 상 동작(Intentional Non-Simultaneous Pole Operation)

각 상의 동작 사이에 미리 정해진 특정 시간 지연이 있는 차단기의 동작

기계적 시차 동작 차단기(Mechanically Staggered Circuit Breaker)

고정되고 기계적으로 구현된 비동시 상 동작이 가능한 차단기

각상 구동 Independent(Pole Operation)

서로 다른 순간에 각 상을 동작시킬 수 있는 독립적인 조작기가 있는 차단기

개방시간(Opening Time)

아래에 설명된 트리핑 방법에 따라 정의되고, 최소값으로 조정된 차단기의 적분기 부분을 형성하는 시간지연 장치가 있는 차단기의 개방시간 : 보조전원에 의해 트립되는 차단기 경우, 개방시간은 개방해제 장치가 여자되는 순간(이때 차단기는 투입위치임)과 모든 상의 아크접점이 분리되는 순간 사이의 시간 간격이다.

셀프 트립 차단기의 경우 개방시간은 차단기가 투입 위치에 있고 주회로의 전류가 과전류 해제 동작값에 도달하는 순간과 모든 상의 아크접점이 분리되는 순간 사이의 시간 간격이다.

- 주 1 : 개방시간은 차단 전류에 따라 달라질 수 있다.
- 주 2 : 상당 두 개 이상의 차단접점이 있는 차단기의 경우, 모든 상에서 아크접점이 분리되는 순간은 마지막 상의 첫 번째 접점에서 접점이 분리되는 순간으로 결정된다.
- 주 3 : 개방시간에는 차단기를 개방하는 데 필요하며 차단기의 필수 구성요소인 모든 보조장치의 동작시간이 포함된다. 제어개폐 장치로 인한 지연은 개방시간에서 제외된다.
- 주 4 : 기계적으로 시차동작하는 상이 있는 차단기의 경우 각 상에 대해 별도의 개방시간을 인용할 수 있다.

투입시간(Closing Time)

투입회로 여자시간(차단기는 개방위치에 있음)과 모든 상에서 접점이 접촉하는 순간 사이의 시간 간격

- 주 1 : 투입 시간에는 차단기를 투입하는 데 필요하며 차단기의 필수구성 요소인 모든 보조장치의 동작시간이 포함된다. 제어개폐 장치로 인한 지연은 투입시간에서 제외된다.
- 주 2 : 기계적으로 시차동작하는 상이 있는 차단기의 경우 각 상에 대해 별도의 투입시간을 인용할 수 있다.

전기적 투입시간(Make Time)

차단기 개방위치에서, 투입회로가 여자되는 순간과(pre-arcing에 의해) 첫 번째 상에서 전류가 흐르기 시작하는 순간 사이의 시간 간격이다.

- 주 1 : 전기적 투입시간에는 차단기를 투입하는 데 필요하며 차단기의 필수 구성 요소인 모든 보조장치의 동작시간이 포함된다. 제어개폐 장치로 인한 지연은 전기적 투입시간에서 제외된다.
- 주 2 : 전기적 투입시간은 pre-arcing 시간의 변화에 따라 변할 수 있다.

기계적 분산(Mechanical Scatter)

외부변수의 영향과 장기적인 마모 및/또는 이동의 영향을 제외한 차단기의 기계적 동작시간의 무작위한 통계적 변동

- 주: 이 정의의 목적에 따라, "외부변수"라는 용어에는 동작시간에 시스템적인 영향을 미칠 수 있는 모든 변수 예를 들면 주위온도, 동작압력 및 제어전압이 포함된다.

절연내력 감소률(RDDS)[Rate of Decrease of Dielectric Strength(RDDS)]

차단기의 투입동작 중 시간 또는 접점 갭의 함수로서 나타낸 전압내력 감소

절연 내력 상승률(RDDS)[Rate of Rise of Dielectric Strength(RRDS)]

차단기의 개방동작 중 시간 또는 접점 갭의 함수로 나타낸 전압내력의 증가

기계적 투입 목표 지점(Target Point for Closing)

제어 투입동작 중 접점 접촉의 예상 순간

전기적 투입 목표 지점(Target Point for Making)

제어 투입동작 중 통전 시작의 예상 순간

개방 목표 지점(Target Point for Opening)

제어 개방 동작 중 접점 분리 예상 순간

전기적 투입 윈도우(Making Window)

전기적 투입 목표지점 부근에서의 전체 공차

- 주의 : 정확하게 선택된 전기적 투입 윈도우 안에서 전기적 투입이 되면 미리 결정된 전기적 투입 전압이 만들어질 것이다. RDDS의 실제 값에 대해, 전기적 투입 윈도우의 중심은 전기적 투입 목표지점과 일치하지 않을 수 있다.

기계적 투입 윈도우(Closing Window)

기계적 투입 목표지점 부근에서의 시간 간격

전기적 투입 전압(Making Voltage)

투입되는 차단기에서 전류가 흐르기 시작하는 전압

14.3 약어(Abbreviations)

CB	Circuit Breaker 차단기
CSS	Controlled switching system 제어개폐시스템
MOSA	Metal oxide surge arrester 금속산화뮬 피뢰기
RDDS	Rate of decrease of dielectric strength 절연내력 감소율
RRDS	Rate of rise of dielectric strength 절연내력 상승율
TOV	Temporary over voltage 일시적 과전압
TRV	Transient recovery voltage 과도회복전압

14.4 제어 개폐의 원리

제어개폐는 개폐써지를 줄이기 위해 전기적 기준신호와 관련하여 미리 결정된 시점에서 개폐장치의 접점 동작을 용이하게 하는 전자 제어장치(컨트롤러)의 적용을 설명하는 데 일반적으로 사용되는 용어이다.

CIGRE TF 13.01은 현장경험에 대한 국제조사를 기반으로 제어개폐 시스템(CSS)(CIGRE TF 13.01 1995, 1996)의 사례들을 수집했다. CSS는 정확한 구동 일관성을 필요로 하기 때문에 가이드는 동작시간의 변화에 대한 보상의 중요성을 강조한다. 그 후 WG 13.07은 1999년 현장경험에 대한 국제조사(CIGRE WG13.07 1999, 2001)를 기반으로 한 애플리케이션 가이드를 발표했으며, 표 14.1 에 요약된 CSS의 구성요소 및 통합시스템에 대한 시험 요구사항 및 절차를 제안했다(CIGRE WG A3.07 2004a, b, c, d, e, f).

CSS에 사용되는 구성품들은 일반적으로 루틴시험 및 형식시험의 일부로 공장에서 시험한다. 차단기에 대한 공장시험 항목에는 절연특성, 절연내력 감소율, 절연내력 상승률, 재점호가 없는 윈도우에 대한 최소 아크시간과 같은 전기적 성능시험은 물론 동작조건으로 인한 동작시간의 변화, 휴지 시간 이후 동작시간의 지연 등과 같은 기계적 성능시험을 포함하고 있다. 제어기 및 관련 센서는 기능과 전자기, 지진 및 환경적 호환성을 확인하기 위한 시험을 한다. 마지막으로 통합시스템과 함께 제어개폐 성능이 검증된다(CIGRE WG A3.07 2004f).

제어개방(전원 차단)이라는 용어는 전력시스템 구성요소에 대한 스트레스를 최소화하기 위해 전류의 위상각에 대해 차단기의 각 상의 접점 분리를 제어하고 아크시간을 제어하는 기술을 말한다. 그림 14.2는 제어개방 또는 전원 차단에 대한 전형적인 시간 순서도(timing sequence)를 보여준다.

제어 개방을 위해 차단기를 흐르는 전류 또는 참고전압이 감시된다. 예를 들어 제어기는 종종 기준 신호에 대해 주기적인 전류 영점을 감지한다. 각 상의 아크시간은 접점분리 순간을 전류파형에 대해 설정하여 제어된다.

표 14.1 Testing requirements for the components and integrated system of CSS

구성요소 및 시스템	시험 항목	특징
차단기 형식시험	전기적 성능	절연내력 상승률(RRDS) 절연내력 감소율(RDDS) 전압영점목표용 최대 전기적 투입전압 재점호/재발호 없는 최소 아크시간
	기계적 성능	구동시간의 분산 구동조건에 따른 구동시간의 변화 유휴 시간후 구동시간의 변화
제어기와 센서의 형식시험	기능 시험	개방/투입 명령의 시간 분산 모든 구성요소의 자가 기능검사 기능
	전자기적, 기계적 환경	절연강도, EMI 진동, 충격, 내진 저온, 가열, 온도/습도 등
통합 시스템 시운전 시	제어개폐 시험	개폐 순간의 분포 전기적 투입 전압의 분포 재발호 차단 또는 재점호 차단 검증

초기 개방 명령은 기준 신호에 대해 무작위로 내려진다. 이 명령은 차단기가 최적의 아크시간을 확보할 수 있을 때 각상의 접점을 독립적으로 분리하기 위해 (각상 독립 동작의 경우) 지연된다. 이는 연속적인 커패시터 전원 차단 중 재발호 확률을 크게 감소시킬 수 있고, 리액터 전원 차단 시 재점호를 피할 수 있다. 마찬가지로, 제어투입(전원 가압)이라는 용어는 시스템 전압파형(위상각)에 대하여 전기적 투입순간(전류 시작)을 제어하는 기술을 나타낸다. 전압 0을 목표로 하는 제어투입(전원 가압)을 위한 전형적인 시간 순서도는 그림 14.3에 나와 있다.

제어 투입의 경우, 전원전압(source voltage)은 제어기에 의해 감시된다. 다시 투입명령은 기준신호에 대해 무작위로 내려진다. 이 명령은 각 전압이 투입될 때 최적의 위상각을 만들기 위해 지연된다. 이 예는 용량성 부하와 관련이 있다. 여기서 최적의 전기적 투입 순간은 전압 0이며, 기계적 산포 없이 무한한 절연내력 감소율(RDDS)을 갖는 이상적인 차단기로 얻을 수 있다. 접점 접촉 전 pre-arcing은 고려되지 않는다. 전압 0을 목표로 하는 실제 사례는 다음 장에서 설명한다.

유도성 부하의 경우, 최적의 전기적 투입 순간은 그림 14.4와 같이 전압 피크이며, prestrike 순간과 접점접촉 순간 사이의 pre-arcing 시간은 1/4 사이클로 가정한다. 동작조건 및 prestrike 특성에 대한 투입시간 의존성은 각 차단기 유형에 따라 특이하다.

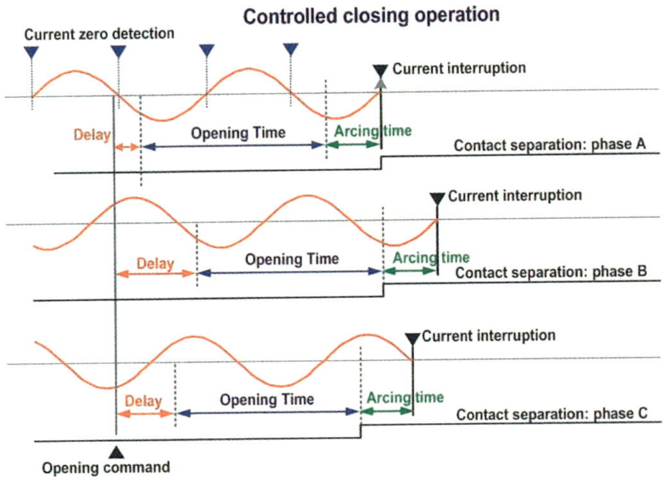

Fig. 14.2 Controlled opening

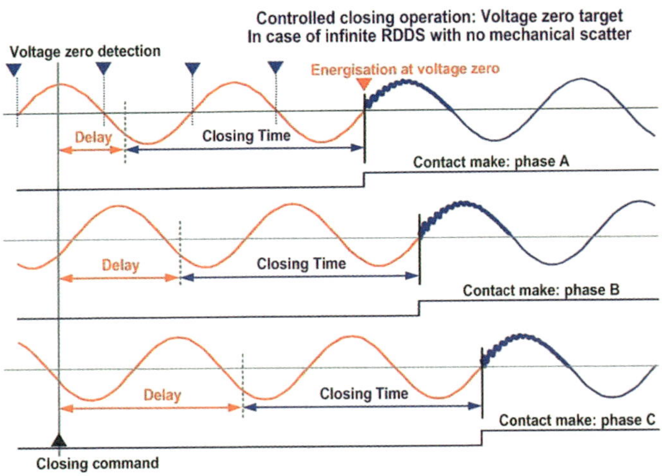

Fig. 14.3 Controlled closing at voltage zero

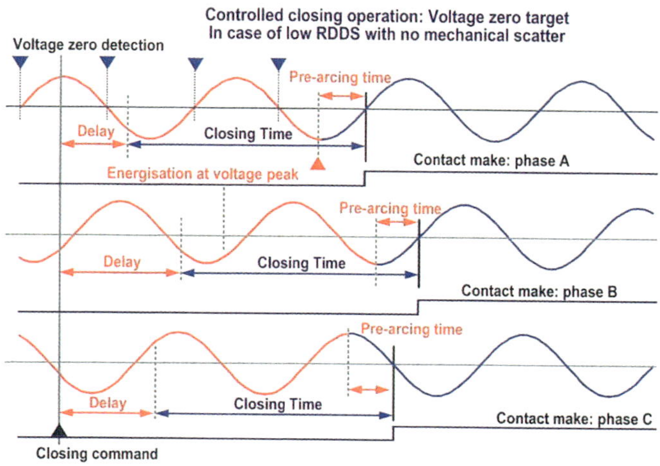

Fig. 14.4 Controlled closing at voltage peak

다양한 적용분야에 대한 최적의 목표는 표 14.2에 요약되어 있다.

실제 변압기를 위한 최적의 투입 순간은 전원 활성화시 예상되는 정상 코어 자속이 잔류 자속과 동일할 때이다(CIGRE WG A3.07 2004a; Mercier et al. n.d.−a; Ito et aL n.d.). 전압 피크에 전원을 가압하는 전략은 전원이 차단된 후 잔류 자속이 크게 감소하는 병렬 커패시턴스가 큰 변압기에 적합할 수 있다.

현대의 SF_6 차단기는 일반적으로 용량성 전류 차단시 재점호(restrike)가 발생한 확률이 매우 낮아서 재점호에 의한 문제가 거의 없다. 그럼에도 불구하고 재점호의 가능성은 긴 아크 시간을 보장하고 따라서 전류 차단 시 접점간 간격을 더 크게 할 수 있는 제어 스위칭을 통해 더욱 감소될 수 있다.

제어 스위칭이 리액터 전원 차단에 적용될 때, 제어 스위칭을 사용하면 pre−arcing 시간이 증가함에 따라 재단(chopping) 과전압이 증가할 수 있지만, 최적의 개방 순간은 종종 재점호 발생을 제거하기에 충분한 긴 아크 시간을 목표로 한다. 이 접근 방식은 재 점화 과전압이 일반적으로 재단 과전압보다 더 심하기 때문에 채택된다(특히 최근 SF_6 가스차단기의 경우).

표 14.2 제어개폐의 최적 순간(CIGRE TF 13.01 1995, 1996)

개폐 적용	제어개폐의 최적 순간	이점
무부하 변압기 전원 가압	잔류 플럭스가 없는 전압피크 또는 잔류 플럭스와 동일한 전형적인 코어플럭스	돌입전류와 관련 과전압의 감소
무부하 선로 전원 가압	차단기 접점간 전압제로	과전압 감소, 투입저항 제거
분로 커패시터 전원 가압	차단기 접점간 전압제로	상동
분로 커패시터 전원 차단	최대 아크시간	재점호 확률 최소화
병렬 리액터 전원 차단	최대 아크시간 (재점호를 피하기 위해)	과전압 감소, 재발호 확률 제거

리액터 개폐의 경우, 차단기는 최소 아크시간보다 짧은 아크시간에는 재발호 가능성이 높아 차단기의 노즐과 접점이 손상될 수 있다. 반대로, 재단 과전압은 (차단 성능을 달성하기 위해) 직렬 연결된 차단 장치의 수와 특히 공기 분사 차단기의 경우에는 차단기의 정전 용량에 의존하면서 현저해질 수 있다. 그러나 사용자는 재발호와 전류 재단의 상대적 중요성을 결정해야 한다.

14.5 차단기 특성

14.5.1 차단기의 기계적 동작 특성

모든 실제 차단기는 동작시간에 약간의 변동이 있으며, 개방시간은 보통 투입시간의 절반 미만이기 때문에 투입시간 변동의 절대값은 일반적으로 개방시간의 변동보다 크다. 이러한 변동은 동작조건과 관련이 있을 수 있기 때문에 서로 다른 유형의 차단기에 대해 변동량도 크게 다르기 때문에 보정을 위한 다양한 접근 방식이 사용된다.

먼저 컨트롤러가 충분한 정확도로 예측할 수 있는 동작시간의 변화는 제어개폐의 효율성을 감소시키지 않기 때문에 동작시간의 예측가능한 변화와 순전히 통계적인 변화를 구별하는 것이 중요하다. 차단기의 동작시간($T_{operating}$)은 다음과 같이 표현할 수 있다.

$$T_{operating} = T_{nominal} + \Delta T_{predict} + \Delta T_{statistic}$$
$$\Delta T_{predict} = T_{comp} + \Delta T_{drift}$$

$T_{operating}$: 쉽게 측정되어 제어기에 프로그래밍된 정상 동작조건하에서의 평균 동작시간
$\Delta T_{predict}$: 제어기에 의해 보정될 수 있는 동작시간의 예측가능한 변동
$\Delta T_{statistic}$: 제어기로 수정할 수 없는 동작시간의 순전히 통계적 변동
ΔT_{comp} : 동작조건에 따라 미리 결정된 특징에 따른 동작시간의 변동
ΔT_{drift} : 장기간 미소이동 및 마모와 같은 적응형 특징이 있는 동작시간의 변동

동작시간의 예측 가능한 변동($\Delta T_{predict}$)은 미리 결정된 보상이 적용될 수 있는 변동(ΔT_{comp})과 적응형 특성(ΔT_{drift})으로 처리될 수 있는 변동으로 더 나눌 수 있다.

미리 결정된 보상(ΔT_{comp})과 관련된 변동은 적절한 센서와 현장의 변환기로 쉽게 측정되며 동작시간의 정의된 변화 결과는 보상될 수 있다. 제어전압($V_{control}$), 드라이브의 저장된 에너지(예: 유압, Edrive) 및 주위온도(T_{temp})와 같은 전형적인 변수는 종종 제어기에 의해 보상된다.

특정 상황에서 제어기가 사용하는 동작시간은 센서입력에 기반하여, 각 유형의 차단기 시험중에 잘 정의된 동작 조건하에서 결정된 동작특성 세트에 따라 조정된다.

$$\Delta T_{comp} = \int (V_{control}, E_{drive}, T_{temp})$$

그림 14.5는 주위온도 및 제어전압에 대한 동작시간 의존성을 보여주는 메쉬맵 형태로 그려진 스프링 조작기의 표준 동작시간과의 차이를 보여준다. 메쉬맵은 설계 공차로 인해 평균 동작시간이 약간 다른 동일 유형의 차단기에 대한 공통 특성으로 제어기에 설치할 수 있다.

적응제어는 이전에 측정된 동작시간을 사용하여 동작특성의 변화를 감지하고 다음 동작을 위한 동작시간을 예측하는 것을 말한다. 적응제어는 장기간의 노후화 및 마모와 관련된 수많은 연속 동작에 걸쳐 지속되는 동작시간의 미소이동을 효과적으로 보상할 수 있다.

다양한 알고리즘이 사용될 수 있으며 순수 적응제어의 간단한 예는 다음과 같다.

$$\mathrm{T}_{\mathrm{next}(n+1)\,\mathrm{operation}} = \mathrm{T}_{\mathrm{last}(n)\,\mathrm{operation}} + \sum \mathrm{W}_n \times \left(\mathrm{T}_{\mathrm{nominal\ of\ } n \mathrm{\ operation}} - \mathrm{T}_{\mathrm{nominal\ of\ } n-1 \mathrm{\ operation}}\right)$$

가중계수 W_n는 측정된 동작시간 변동이 고려되는 정도를 결정한다. 통계적 및 주기적 변화가 증폭되지 않도록 하기 위해 W_n는 1 미만으로 제한된다.

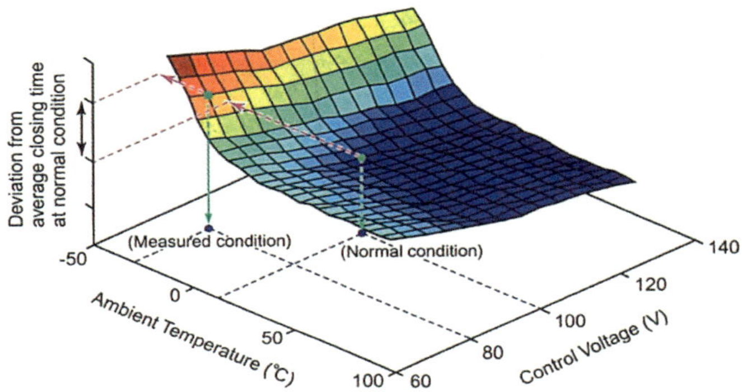

Fig. 14.5 Deviation from the mean operating time polled as functions of the ambient temperature and the control voltage

가스차단기는 일반적으로 투입 및 개방 작업 중에 접점과 금속 표면 사이에서 마찰하는 슬라이딩 씰(seal)과 같은 여러 슬라이딩 부품을 사용하여 설계된다. 결과적으로 동작특성은 장기적인 노화 및 마모로 인해 이러한 부품 표면의 마찰 또는 접착력의 변화에 영향을 받다. 변화가 상당히 느리게 진행되기 때문에 적응제어는 연속 동작으로 인한 동작 시간의 편차를 효과적으로 보상할 수 있다. 적응제어의 효과는 이전에 측정된 구동시간의 수와 가중치에 따라 변한다. 이러한 변수는 일련의 기계적 내구성 테스트에 대한 자세한 조사를 통해 결정된다.

그림 14.6은 스프링 조작기가 있는 145kV 차단기의 1,500회 동작동안 적응제어를 사용하거나 사용하지 않고 측정된 기계적 투입시간의 전형적인 드리프트를 보여준다. 기계적 투입시간의 변동은 예상 투입시간과 측정결과의 차이로 주어진다. 투입 횟수가 증가함에 따라 기계적 투입이 있는 경우 이 적응제어를 통해 절연내력 감소율(RDDS) 특성을 실제 값으로 보상할 수도 있다. 편차 폭은 적응 제어를 사용하여 +4.1/−1.2ms에서 +1.2/−1.2ms로 감소했다.

동작시간의 내재된 통계적 분산은 동일한 동작 변수 및 주위 조건이 동일한 경우에서도 발생한다. 분산 정도는 동작/주위조건(예: 주위 온도 및 휴지 시간)에 따라 달라질 수 있다. 동작시간의 통계적 분산은 제어개폐의 효율성에 중요한 영향을 미치며 애플리케이션에 내재된 한계를 나타낼 수 있다.

분산은 표준편차(σ_{mech})로 가장 잘 설명되며 현장과 동일한 동작 조건에서 동작을 수행하여 평가할 수 있다. 최대 분산은 $\Delta T_{statistic} = 3\sigma_{mech}$로 근사할 수 있다.

Fig. 14.6 Typical drift of the closing time measured with and without adaptive control

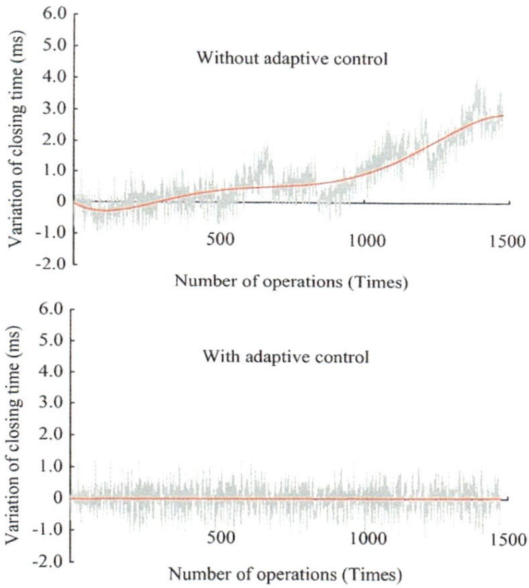

투입 및 개방 시간에 대한 내재된 통계적 분산은 145kV 각상 스프링 조작방식 가스 차단기를 사용하여 다양한 제어전압과 주위온도에 대해 조사되었다. 40회 동작에 대한 투입 및 개방 시간의 전압 및 온도 의존성을 평가하고 평균 투입 및 개방 시간의 분산을 그림 14.7에 표시한다. 이것은 차단기에 대한 적절한 보상이 투입 목표에서 ±1.0[ms] 이내로 최대 분산을 감소시킬 수 있음을 보여준다.

구동부의 휴지시간 의존성은 구동부가 이 특성에 대해 지연을 보일 때 휴지시간 보상 기능이 없는 제어기의 경우 제어개폐의 주요 한계 중 하나이다.

그림 14.8은 145kV−362kV 스프링 조작기와 300kV 기존 유압 조작기의 휴지시간 의존성을 보여준다. 이러한 특성은 각각 2, 4, 8, 16, 64, 128, 256 및 720h의 유휴시간 후 C−O−C−O의 동작에 대해 반복적으로 평가되었다. 스프링 메커니즘은 주요 슬라이딩 부품에 윤활 코팅이 되어 있으며 최대 1000 시간까지 작은 유휴시간 의존성을 보여준다. 그러나 기존 유압 구동부의 테스트 결과는 몇 시간

의 유휴시간 후에도 투입 시간의 증가가 관찰되고 유휴시간이 72 시간을 초과하면 약 2.0[ms]의 최대 지연이 생기며 안정화되는 것으로 나타났다. 유휴시간 보상의 요구사항은 최대 100 시간의 측정으로 판단할 수 있다.

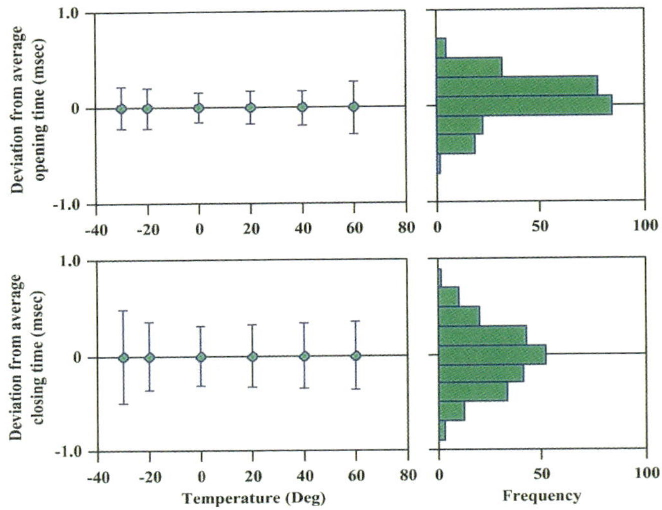

Fig. 14.7 Variation from average opening and closing time for different ambient temperatures

차단기의 가동부의 마찰력은 장기간의 노화 및 증발로 인한 윤활유 특성의 변화에 따라 달라진다. 이것은 유휴시간 후 작동 시간이 변경되는 이유 중 하나이다. 유압 드라이브가 지연되는 또 다른 이유는 작동 중 압력이 해제될 때 기포로 나타날 수 있는 유압 유체의 용존 공기 때문이다. 유압유의 기포는 다음 작동 시 유압 피스톤 움직임의 반응을 지연시킬 수 있다. 그림 14.9는 204kV 유압 구동 가스 차단기의 투입 시간 지연의 예를 보여준다. 구동 시간이 시간에 따라 달라지는 메커니즘은 몇 시간 후에 투입시간이 증가하는 것을 보여주며 그 값은 100시간 후에 약 1.4[ms]에서 포화된다.

14.5.2 차단기의 전기적 특성

주어진 접점 갭에 대해 접점 갭의 절연이 파괴되고 전류가 흐르기 시작되는 특정 전압 레벨이 있다. 아크를 고려하지 않으면, 절연내력의 첫 번째 근사값은 접촉분리 후 갭간격에 대해 선형 증가일 수 있다. 차단기 접점의 이동 특성을 알면, 절연내력 상승률(RRDS)은 시간에 따른 특성일 수 있다.

용량성 전류를 차단할 때 전류영점에서의 접점 갭과 RRDS에 따라 특정 차단기에서는 재발호의 확실한 확률이 있다. 제어 커패시터 전원차단을 응용하면 상대적으로 큰 접촉 갭에서 전류차단이 가능하다. 왜냐하면 절연내력은 접촉갭에 따라 증가한다고 생각할 수 있기 때문이다. 용량성 소전류 차단에 CSS를 적용하면 짧은 아크시간을 피할 수 있고, 따라서 절연 스트레스와 재발호 확률은 현저하게 줄어들 수 있다.

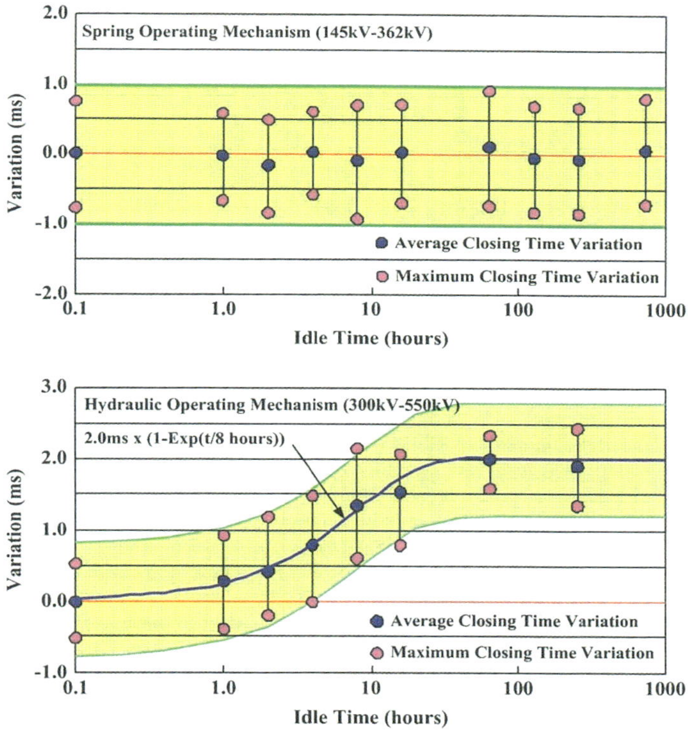

Fig. 14.8 Idle time dependence of the circuit breakers with the spring operating mechanisms and a conventional hydraulic operating mechanism

작은 유도 전류를 차단할 때 전류영점에서의 접점 갭이 전류 재단 수준과 부하 특성에 의해 결정되는 회복 전압을 견디기에 충분하지 않을 수 있기 때문에 재발호 가능성이 있다. 따라서 아크시간과 전류영점에서의 접점갭은 재발호가 발생하지 않을 정도로 충분히 커야 한다. CSS를 응용하는 것은 재발호없는 차단을 달성하는 적절한 방법이다.

다른 한편으로, 내전압 감소의 평균값은 투입행정 동안 접점이 접촉에 가까워지는 시간의 선형함수로 근사될 수 있다. 기울기(절연내력 감소율(RDDS))는 가스 차단기의 투입속도와 가스압력의 평균값에 비례한다. 전기적 투입(prestrike) 순간은 차단기 양단의 전압이 접점 갭의 절연내력을 초과할 때이다.

Fig. 14.9 Closing time dependence on idle time with 204 kV hydraulic-operated gas circuit breaker

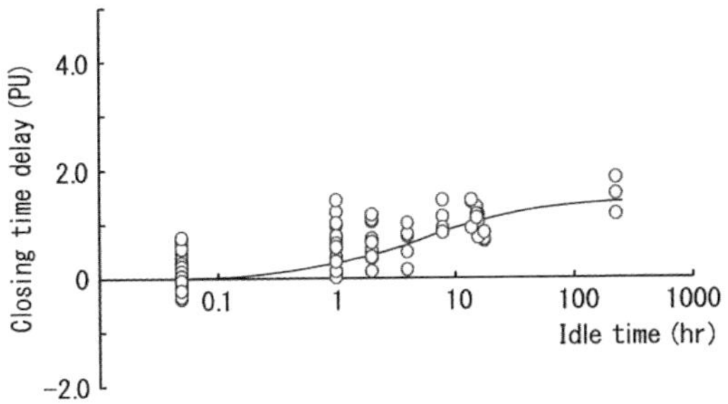

이상적인 차단기의 경우, RDDS는 무한하지만 전형적인 실제 RDDS값은 차단점절당 35kV/ms에서 최대 100kV/ms이다. 1 보다 작은 정규화된 RDDS 값(전압 영점에서 시스템 전압의 상승률에 의해 정규화 됨)이 반드시 CSS에 대해 특정 차단기의 사용을 제한하는 것은 아니라는 점에 유의하는 것이 중요하다.

절연파괴의 통계적 특성은 RDDS에 큰 영향을 미친다. 접점갭의 실제 절연내력은 통계적 특성이며 내전압 분포의 표준 편차($\sigma_{electrical}$)에 의해 약간의 분산을 나타낸다.

예를 들어, 그림 14.10은 상용주파수의 한 사이클에서 점찍은 prestrike 특성의 전형적인 측정값을 보여준다. 선행아크시간(Pre−arcing time, prestrike 순간부터 접점 접촉까지)으로 나눈 prestrike 전압의 역 탄젠트값으로 계산한 각 기울기는 차단기의 RDDS 값을 제공한다. 또한 그림 14.10은 영점에서의 시스템 전압의 기울기로 정규화된 RDDS의 결과를 보여준다. 정규화된 RDDS는 양극성(positive polarity)에 대해 1.37, 음극성에 대해 1.34의 평균값을 보여준다. RDDS는 전압의 극성에 거의 의존하지 않는다.

Fig. 14.10 RDDS measurement obtained by prestrike test

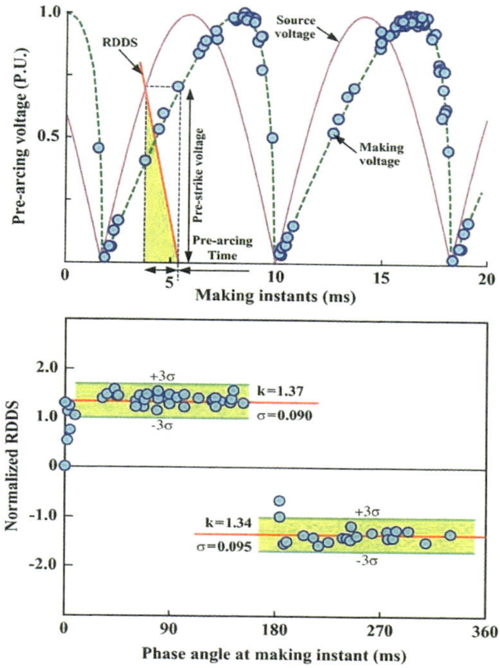

그림 14.11은 투입 시간의 기계적 변동과 prestrike의 전기적 변동으로 인한 전압 영점 목표에 대한 전기적 투입순간(making instant)을 보여준다. 점선은 RDDS 변동(Δk)에 의한 것이고 실선은 기계적 변동(ΔT_{making})에 의한 것이다. 외부 선에 의해 경계가 설정된 범위 내에 있는 어떤 투입 전압(making voltage)도 실제 전기적 투입전압에서 발생할 수 있다. 그에 해당하는 전기적 투입시간 윈도우(making time window)는 전압영점을 중심으로 $\pm\Delta T_{making}$으로 정의된다.

이를 고려하여 하강 슬로프와 상승 슬로프 모두에서 전기적 투입전압이 대칭이 되도록 목표지점을 설정해야 한다. 이 그래프에서 목표 접점 터치를 왼쪽으로 약간 이동하면 최대 투입 전압이 두 배가되고 오른쪽으로 약간 이동하면 최대 투입 전압이 약간만 변경된다는 것을 분명히 알 수 있다.

그림 14.12는 ±20%의 전기적 변동이 있고 기계적 변동은 없는 공칭 RDDS = 1.0의 경우, 50Hz의 완전 반주기를 포함하는 목표 지점에 대한 투입 전압을 보여준다. $\Delta T_{making} = \pm 1ms$의 기계적 분포를 고려하면, 목표 지점이 1.2ms로 설정될 때 투입 전압은 최대 약 0.8pu가 된다. 그러나 1.3ms를 선택하면 투입 전압은 단지 0.3pu로 제한된다.

전압피크 목표일때의 전기적 투입(making) 순간은 전압 피크부근에서 하강부와 상승부에서 대칭 투입전압이 만들어질 때가 최적이다. 그림 14.13은 그림 14.11에 나와 있는 것과 비슷한 기계적 변화와 전기적 변화를 고려한 전압피크 목표일때의 투입 순간을 보여주고 있다. 그에 해당하는 투입시간 윈도우(making time window)는 전압피크 주위에서의 $\pm\Delta T_{making}$으로 정의된다. 기계적 분포가 매우 크더라도 비현실적으로 작은 값의 RDDS가 전압피크에서의 투입을 보장한다는 것에 주목해야 한다.

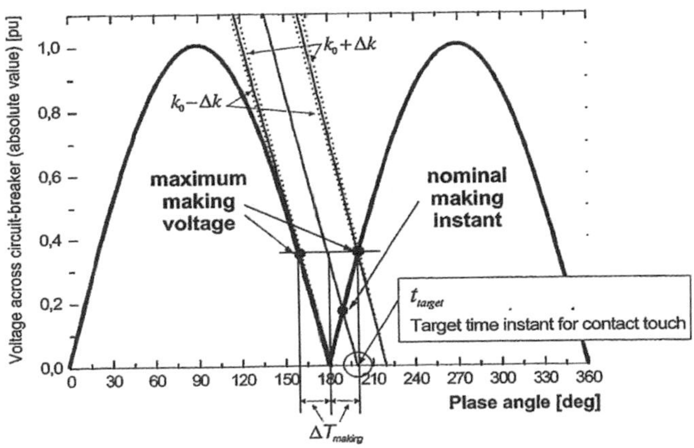

Fig. 14.11 Prestrike characteristic and influence of mechanical and electrical variation for voltage zero target

Fig. 14.12 Making voltages for the target points covering a complete half cycle (RDDS = 1.0 ± 20%) with no mechanical scatter at 50 Hz (for 60 Hz, times are to be multiplied by 5/6)

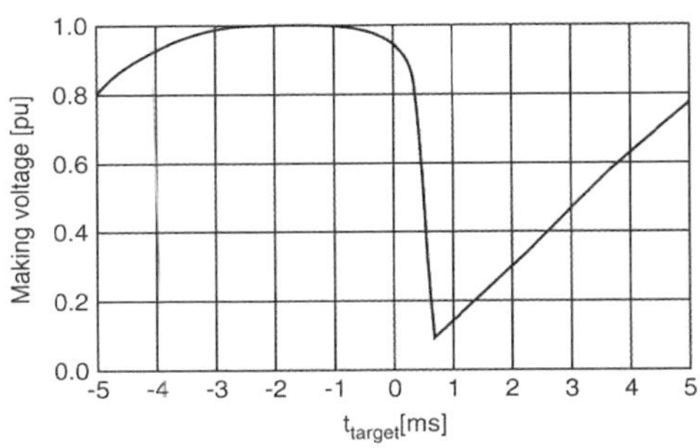

그림 14.14는 GIS 용 204kV 가스 차단기를 사용한 전기적 투입순간의 필드 성능을 보여주며, 표준 편차가 0.5ms 미만인 79도 전기각(전압 피크 목표)의 목표 투입순간 주변의 정규 분포를 보여준다. 최소 전기적 투입전압은 0.8pu이다.

전기적 및 기계적 변동이 있는 특정 RDDS에 대한 전기적 투입전압의 2% 값을 산출하기 위해 투입전압의 전체 확률분포를 평가해야 한다. 이와 같은 접근 방식의 사례가 그림 14.15에 나와 있고, RDDS= 1.2이고 $\Delta T_{mech} = \pm 2ms$인 경우이다. 최소값은 전압영점에서 투입되기 위한 최적의 공칭목표 지점이다. 추가적인 안전 마진을 고려하여, 실제로는 전압영점에서 투입되는 것을 고려할 때 목표지점을 오른쪽으로 더 이동하는 것을 추천한다.

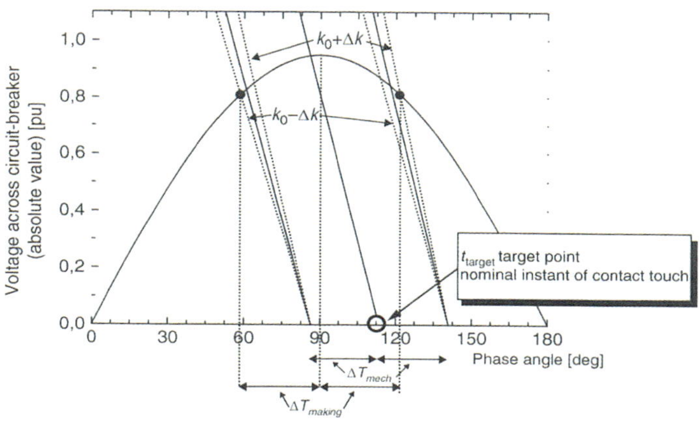

Fig. 14.13 Prestrike characteristic and influence of mechanical and electrical variation for voltage peak target

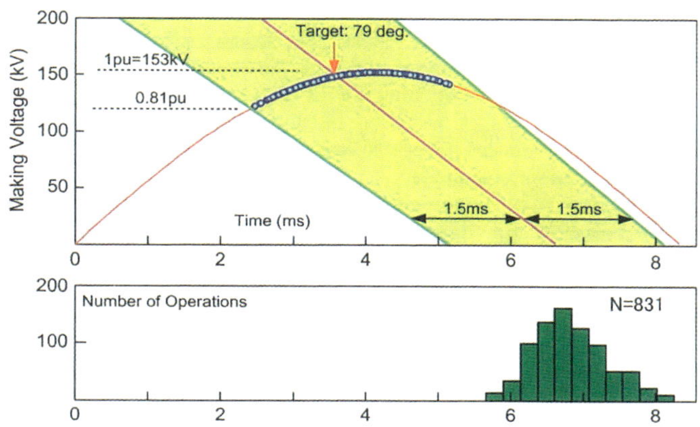

Fig. 14.14 Distribution of making voltages and closing instant during controlled reactor switching

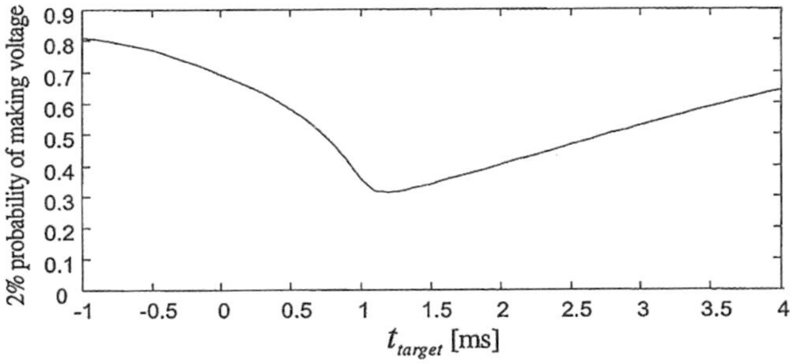

Fig. 14.15 2% probability value of making voltage as function of target point (system voltage zero at 0 ms)

그림 14.16은 RDDS 및 기계적 변동 대역에 대한 최소 전기적 투입전압의 의존성을 요약해주고 있다. 이 상관관계는 모든 정격의 차단기에 적용될 수 있다. RDDS = 1의 경우, 기계적 변동 대역이 ±1.0ms 인 차단기를 사용하여 최소 전기적 투입전압은 약 0.4pu가 된다. 최소 전압에 대한 최적의 목표는 RDDS 및 기계적 변동 대역의 함수로도 표시된다.

14.6 제어 개폐 기본전략

14.6.1 용량성응용

션트 커패시터 뱅크의 제어개폐는 전력시스템 및 구성요소에 대한 스트레스를 최소화하는 데 사용된다. 제어투입은 돌입전류의 크기와 그에 따른 과전압을 줄이다. 제어투입은 고정 인덕터 사용에 대한 대안을 제공한다. 제어개방은 차단기의 재점호 확률을 감소시킨다. 단일 커패시터 뱅크를 개폐하면 로컬 및 원격 과전압이 높아지고, 백투백(back-to-back) 개폐 조건은 큰 돌입전류를 생성한다.

션트 커패시터 뱅크의 전원 가압은 변전소에서 국부적인 영향을 미치고, 변전소에 연결된 송전선의 수전단에서 원격 영향을 일으킨다. 국부적인 영향에는 돌입전류 및 과전압, 커패시터 뱅크 및 변전소의 기타 장치에 가해지는 기계적 및 절연 스트레스, 차단기 접점의 부식, 변전소 접지 메시의 과도 전위 상승, 제어 및 보호 배선과 결합된 과도적인 써지 등이 포함된다. 원격 영향에는 방사형으로 연결된 송전선의 맨 끝에서의 과전압과 이러한 송전선 끝에 있는 변압기의 2차 측에 연결된 MV 및 LV 전력망에서 생성된 과전압이 포함된다.

Y 연결, 중성점 접지, 션트 커패시터 뱅크에 대한 최적 전기적 투입 순간은 각 상의 차단기에서 전압이 0이되는 순간에 전원가압이 이루어져야 한다.

그림 14.17은 145kV 커패시터 뱅크에 전원을 가압할 때 돌입 전류 평가의 한 예를 보여준다. 최대 돌입 전류는 공칭 전류의 4.9pu에 도달하며, CSS로 2.4pu 미만으로 억제할 수 있다.

교정 후, RDDS의 특성과 안전계수를 고려한 기계적 산포에 의해 결정된 전기각 8도의 투입동작용 목표값을 사용하여 시스템 전압 121kV에서 제어개폐 시험을 수행했다. 개방 동작의 목표는 전류영점 이전의 최대 아크 시간으로 설정된다.

그림 14.18은 시운전 테스트 중에 수행된 10개의 제어 전원가압 시험의 두 번째, 세 번째 및 여섯 번째 결과의 전압 및 전류 파형을 보여준다. 첫 번째 투입 시험의 경우, 1,290A의 돌입전류가 허용 오차 내에 있더라도 세 번째 단계의 투입 순간이 약간 지연된다. 이 지연은 아마도 차단부 치수의 설계 공차 또는 투입 속도 분포로 인해 실제 RDDS의 차이로 인해 발생할 수 있다. 이 차단기에 적용된 제어기는 적응제어를 통해 이러한 차이를 보상할 수 있다.

Fig. 14.16 Minimum making voltage and optimal target for voltage zero or voltage minimum as functions of the RDDS and mechanical variations bands of gas circuit breaker

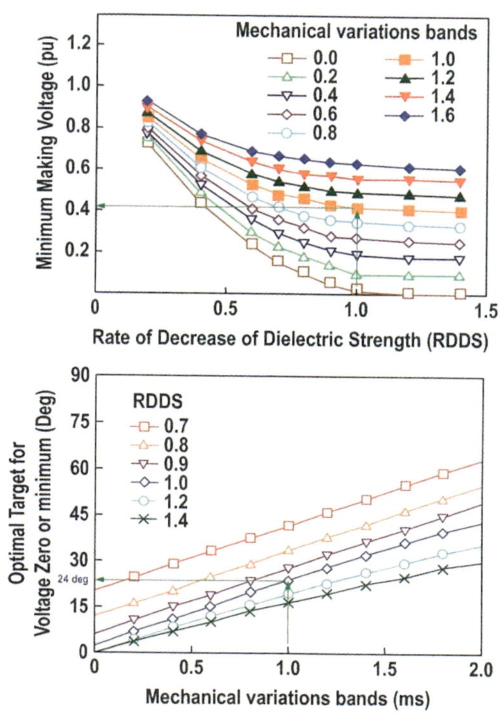

1보다 작은 정규화된 RDDS의 차단기는 저기적 투입전압이 최대 prestrike 전압의 절반 미만이면 돌입전류를 충분히 억제할 수 있기 때문에 커패시터 개폐에 응용될 수 있다. 휴지시간 보상은 동작시간이 휴지시간에 의존하는 드라이브에 권장된다. 또한 많은 연속동작 동안 지속되는 동작시간의 미소이동을 보상하기 위해 적응 제어가 필요하다.

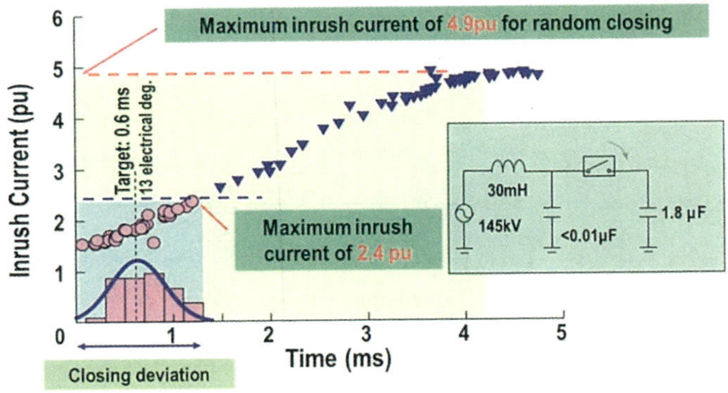

Fig. 14.17 Example of analytical inrush currents when energizing 145 kV capacitor banks

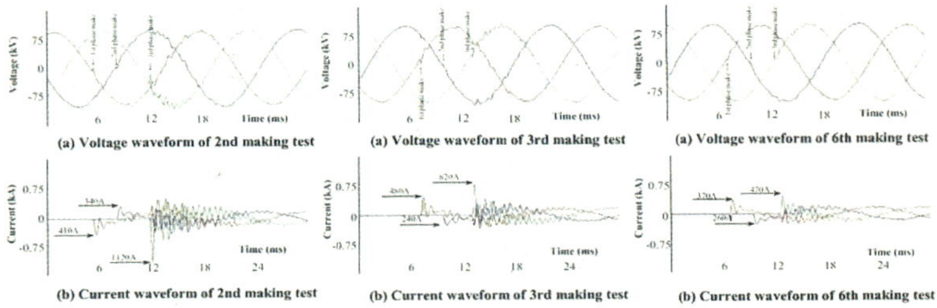

Fig. 14.18 Waveforms of 2nd, 3rd, and 6th controlled energization test using 121 kV CSS in the field

제어개폐 시험은 측정된 RDDS 및 기계적 산포에 의해 결정된 전기각 12도의 목표 투입순간을 사용하여 145kV의 시스템 전압에서 수행되었다. 차단기는 시운전 테스트 후 현장에서 매일 계속 작동했다. 그림 14.19는 데이터로부터 계산된 투입전압 분포와 함께 제어기에 의해 측정된 투입순간의 분포를 보여준다. 투입순간의 결과는 전기각 16도의 투입 목표 주변에 0.3ms 미만의 작은 표준 편차인 정규 분포를 보여주며, 이는 최대 투입 전압 0.35pu에 해당한다.

14.6.2 리액터 개폐 적용

션트 리액터 개폐는 전류 및 과도 전압의 원인으로 인식되었다. 전류 재단 및 재발화(reignition)로 인한 과전압은 모든 장치에 위험할 수 있다. 바람직하지 않은 순간에 션트 리액터 전원 공급으로 인해 높은 비대칭 돌입 전류가 생성될 수 있다. 이러한 돌입전류는 전기 기계적 스트레스를 유발하거나 높은 크기의 제로 시퀀스 전류의 지속 시간을 연장할 수 있다. 예상 과도현상을 줄이기 위해 두 경우 모두에 제어개폐를 적용할 수 있다.

션트 리액터의 전원이 차단되는 동안 과전압은 전류재단과 재발화(reignition)라는 두 가지 원인으로 인해 발생할 수 있다.

재단 과전압은 자연적인 전류영점 이전에 유도성 전류를 강제 차단한 결과이다. 재단 과전압은 주로 직렬 연결된 차단부의 수, 차단기의 재단 갯수, 리랙터의 용량(MVAJ), 차단기와 병렬로 연결된 커패시턴스, 그리고 어떤 경우에는 아크시간에 따라 달라진다. 근래의 SF_6 가스차단기의 경우, 재단 과전압(일반적으로 최대 1.5pu 레벨)은 크게 높지는 않지만 아크시간에 따라 증가한다.

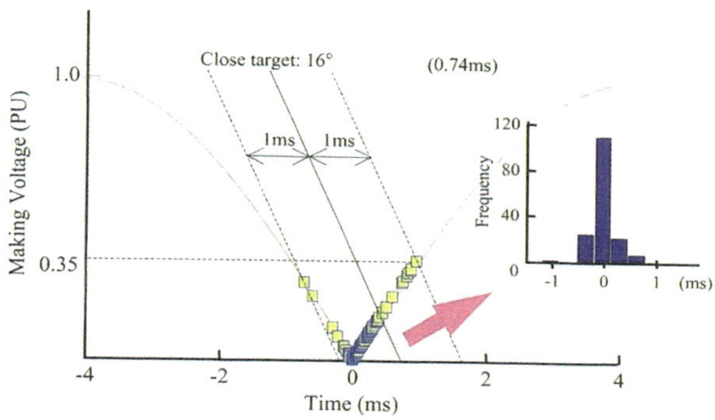

Fig. 14.19 Distributions of making voltages and closing instants

재발화(reignition) 과전압은 초기 차단 뒤 이은 재발화에 의해 생성된다. 접점 사이의 전압이 접점 갭의 절연내력을 초과하면 재발화가 유발된다. 재발화 중 전압 상승률은 차단기와 리액터 사이의 버스 바(bus bar) 길이에 따라 결정되며 뇌충격 전압과 고속 파두 과도전압 사이의 범위인 반면에, 재단 과전압은 저속 파두 과도전압(스위칭 써지)와 유사한다. 재발화는 노즐 및 접점과 같은 차단기 구성요소와 및 리액터 절연에 영향을 미칠 수 있다. 예를 들어, 절연노즐의 천공, 아크접점 외부의 아크 징후, 소호실 내의 금속 입자들이 보고되었다.

2004−2007년 CIGRE 국제 신뢰성 조사에 따르면 션트 리액터용 차단기의 주요 고장빈도가 송전선 및 변압기용 차단기보다 약 10배 더 높다. 모든 유형의 차단기가 동일한 방식으로 손상되지는 않지만 재발화를 제거하는 것이 바람직하다.

모든 차단기는 최소 아크시간(T_{amin})보다 작은 아크시간 동안 높은 재발호 확률을 나타낸다. 그림 14.20은 차단기의 내전압 특성과 리액터 전원이 차단된 경우 차단기 양단의 전압 내력 특성 도표를 보여준다. 재발화 창(reignition window)을 피하는 것이 재발화를 제거하는 주요 기준이므로 접촉 분리를 위한 최적의 순간은 예상 아크 시간이 T_{amin}을 초과할 때이다. 이러한 방식으로 아크시간을 증가시키고자 할 때, 재단 과전압이 아크시간에 따라 증가할 수 있다는 점을 고려해야할 필요가 있다.

재발화 과전압은 일반적으로 재단 과전압보다 더 가혹하기 때문에, 아크시간을 늘리기 위해 제어개폐를 사용하는 것이 일반적이다. 그러나 사용자는 차단기 설계에 따라 재발화와 전류재단의 상대적 중요성을 결정해야 한다.

앞의 내용은 제어개방을 응용하여 얻을 수 있는 이점을 보여준다. 그러나 제어개방이 이점을 거의 또는 전혀 제공하지 않는 특이한 경우가 있다. 예를 들어, 소유량 유입차단기에 적용된 제어 리액터 개방 시험은 모든 가능한 아크시간 동안 재발화 발생으로 성공적이지 못했다. 이 경우 제어개폐는 재발화를 피할 수 없다.

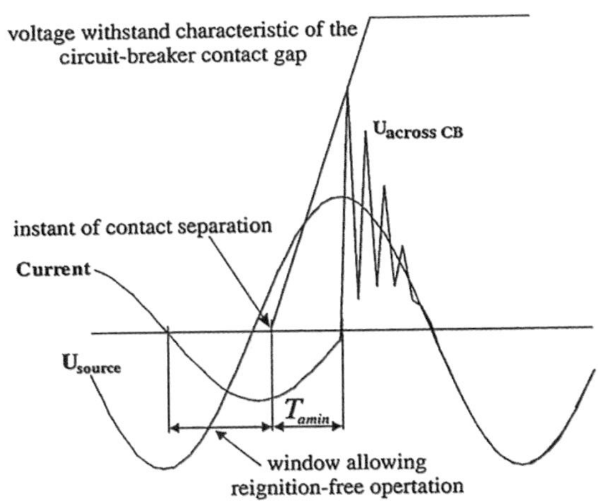

Fig. 14.20 Definition of minimum arcing time for reactor de-energization

그림 14.21은 개방 순간의 분포를 보여준다. 개방 순간의 편차는 0.21ms 이며 모

든 전원 차단은 재발화가 없는 창 내에서 수행된다.

그림 14.22는 현장에서 245kV 제어 병렬 리액터 전원 차단 및 전원 공급에 대한 전압 및 전류 오실로그램의 성공적인 결과를 보여준다. 무작위 투입시 관찰되는 1,270A의 최대 돌입 전류는 50A 미만으로 억제될 수 있다.

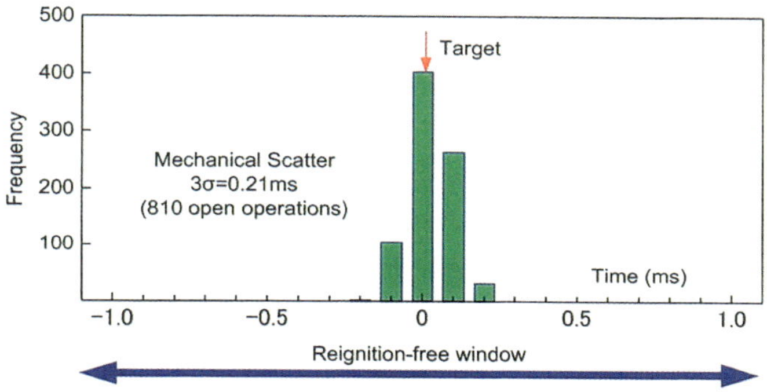

Fig. 14.21 Distribution of opening instant during controlled reactor opening

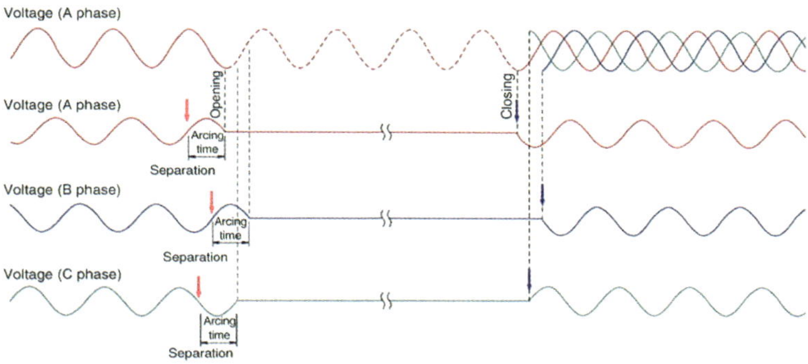

Fig. 14.22 Voltage and current behavior of controlled shunt reactor switching

14.6.3 무부하 변압기 전원 공급(가압)

무부하 변압기의 전원공급은 큰 진폭의 돌입전류를 생성할 수 있고, 이 돌입전류는 권선에 스트레스를 주고 보호계전기의 오동작이나 일시 과전압의 연장을 일으킬 수 있으며, 이로 인해 전기공급 품질을 저하시키게 된다. 또한 높은 돌입전류는 변압기 권선에 심각한 기계적 스트레스를 가하고 빈번한 전원가압에 노출되는 변압기(예를 들면, 수력발전소의 승압 변압기는 매일매일의 부하 변화에 따라 자주 개폐된다)의 기대수명을 단축시킬 수 있다. 이러한 위험은 투입 저항을 사용하거나(또는 3상 일괄 조작 차단기의 전기적 투입순간을 제어하여) 완화될 수 있다.

무부하 변압기 전류의 차단은 션트 리액터와 유사한 특성을 가진다. 그러나 고유 주파수는 훨씬 낮고 감쇠가 매우 높기 때문에 전원이 차단될 때 생성되는 과전압의 진폭이 매우 작다. 차단순간의 제어는 변압기 코어의 잔류 자속이 무시할 수 있는 경우에 션트 리액터에 사용되는 것과 동일하다.

변압기의 자기 회로는 비포화 영역에서 포화 영역으로 확실하게 구부러진 자화곡선을 갖는다. 경제적인 이유로 전력 변압기는 포화 값에 최대한 근접한 운전 피크 플럭스 값으로 설계된다. 정상상태 교류 전압에 의해 전원이 공급되는 변압기의 자속은 전압 파형의 1/2 사이클 동안 음의 최고값에서 동등한 양의 값까지 변한다. 최대 플럭스 값의 두 배에 달하는 플럭스 변화는 연속된 두 영점 사이의 전압 파형의 시간 적분에 비례한다. 차단기가 전압 영점에서 투입되면 첫 번째 반주기 동안에 최대 플럭스 변경이 필요하다. 플럭스가 처음에 0 일 때, 최대 발생 플럭스는 정상 운전 피크 값의 두 배가 된다. 운전 피크 플럭스는 이미 포화 값에 가깝기 때문에 이 값의 두 배로 플럭스가 증가하면 극심한 코어 포화에 해당한다. 결과적으로 인덕턴스가 떨어지고 전류가 매우 높은 값으로 빠르게 상승한다.

전기적 투입 순간에, 이전 개방으로 인한 잔류 자속이 변압기에 남아있을 수 있다. 이 잔류 플럭스가 플럭스 변화와 동일한 극성이면 돌입전류가 더 높은 값에 도달할 수 있다. 사실 플럭스의 변화는 잔류 플럭스와 결합되어 자화 회로의 더 큰 포화를 유발할 수 있다.

3상 변압기에 전원이 공급될 때 일어나는 프로세스에 대한 설명은 상이 자기적으로 그리고 流電적으로(galvanically) 연결되어 있어 간단하지 않는다. 권선 연결의 구조와 중성점 처리는 모두 돌입 전류 값에 영향을 미치는 요소이다.

잔류 자속이 없고 투입 전 모든 코어의 자속이 0이라는 가설을 채택하여, 돌입전류를 줄이기 위한 일반적인 제어투입 원리를 설명할 수 있다. 첫 번째 투입은 1차 권선의 중성점이 접지된 경우에는 단상에서만 수행되고, 1차 권선이 절연된 경우에는 2상에서 수행되어야 한다. 전기적 투입 목표시점은 최대 상-대지간 전압(중성점 접지) 또는 최대 상간 전압(비접지)이며, 이 때 플럭스는 과도현상없이 생성된다. 나머지 상(들)의 전기적 투입 순간은 초기 투입 이후 해당 코아에서 순환되는 플럭스가 정상상태 조건 하에서 순환할 플럭스와 동일하도록 선택되어야 한다. 이것은 코어에서 플럭스 과도 현상이 생성되는 것을 방지한다(CIGRE WG13.07 1999).

그림 14.23은 Y(스타) 연결과 중성점 비접지 3코어 변압기의 전원공급 계획을 보여준다. 중성점 비접지로 인해 자화 전류의 흐름 경로가 없기 때문에 단상 가압은 효과가 없다. 상간 전압 U_{13}은 시간 t_1에서 최대값으로 커진다. 그에 해당하는 정적 코어플럭스 Φ_1 및 Φ_3은 이 순간 t_1에서 0의 순시치를 갖다. 이들 코어플럭스는 시간 t_2, 즉 전기각으로 90도 늦은 시점에 최대값을 갖다. 이것은 정상 상태 코어플럭스 값과 일치한다. 이는 전압 U_2가 시간 t_2에서 과도 반응없이 커질 수 있음을 의미한다.

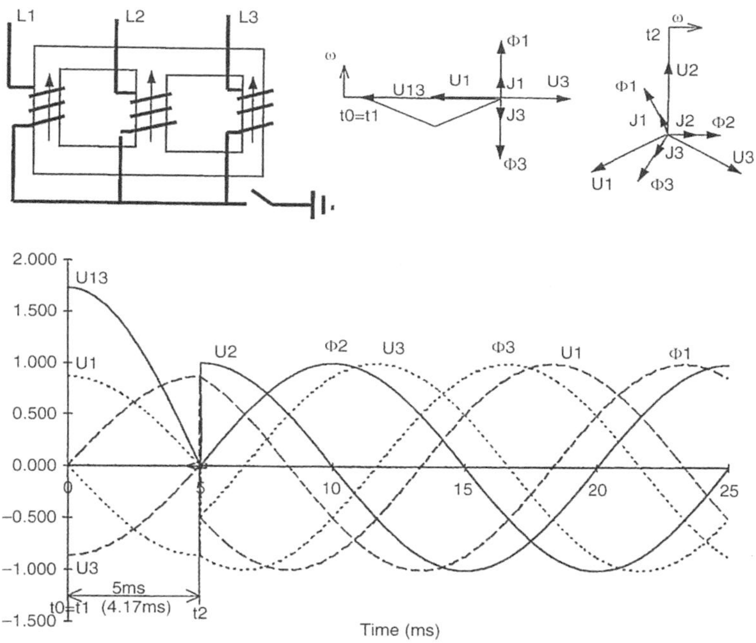

Fig. 14.23 Close strategy for isolated neutral transformer

반면에 그림 14.24는 Y(스타) 연결 중성점 직접 접지 3코어 변압기의 가압 계획을 보여준다. 상전압 U_2가 시간 t_1에서 피크에 있을 때 상 L2에 전원이 공급된다. 자화전류 J_2는 접지된 중성점을 통해 흐를 수 있다. 자화장 Φ_2는 과도현상없이 시작된다. 연관된 자화전류 J_2는 또한 다른 두 상의 여기를 제공해야 하며, 각 상은 이 단계 동안 자속의 절반을 가진다. 결과적으로 이 전류는 3상 정상상태 값의 1.5배 값을 갖는다.

시간 t_2까지 플럭스 Φ_{13} 과 Φ_3는 3상 정상상태 값에 해당하는 수준까지 도달한다. 따라서 상 L1과 L3는 시간 t_2에서 과도현상없이 가압될 수 있다.

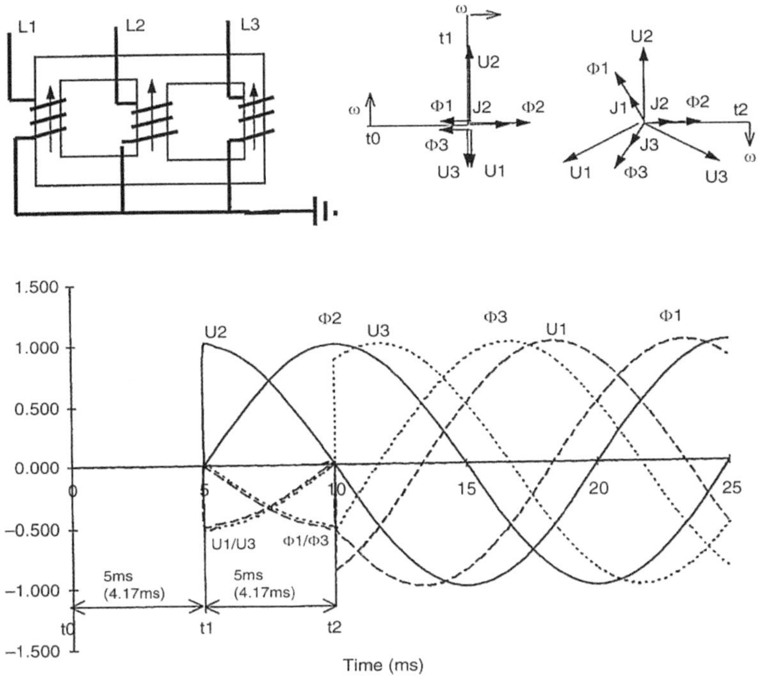

Fig. 14.24 Close strategy for solid earthed transformer

최소 돌입전류를 얻기 위한 서로 다른 상의 전기적 투입순간의 선택은 잔류자속이 없다는 가정하에 표 14.3에 요약되어 있다. L2상은 3각 또는 5각(코어) 전력 변압기의 경우에 중간 코어에 권선이 감겨 있다. 다른 상의 전압은 다음과 같다.

$$U_1 = U \times \sin(\omega t + 2\pi/3)$$

$$U_2 = U \times \sin(\omega t)$$

$$U_3 = U \times \sin((\omega t - 2\pi/3)$$

투입 순간은 U_2의 전압영점 순간과 관련하여 주어진다(그림 14.23 및 14.24 참조).

변압기 전원가압에 CSS를 실제로 응용하려면, 최적 투입 순간을 결정하기 위해 변압기 코어의 잔류자속을 고려해야만 한다. 특히 권선과 접지 사이의 정전용량이 상당히 작은 경우에 잔류자속을 고려해야 한다. 따라서 돌입 전류는 다음 사항들에 의해 좌우된다. (a) 변압기 코어의 자기 특성, (b) 차단기의 전기적 투입 순간, (c) 전력 변압기 전기적 연결구조, (d) 잔류 자속, (e) 전원(source) 시스템의 전기적 특성(CIGRE WG A3.07 2004e; Mercier et al. n.d.−a; Ito et al. n.d.; Hayward 1941; Bronzeado and Yacamini) 1995; Fernandez et al. n.d.).

Table 14.3 Ideal making instants for different power transformers without the residual fluxes in the cores

Primary winding connection	Secondary of tertiary coupling	Magnetic circuit	Making instant voltage value Phase 2	Making instant voltage value Phase 1	Making instant voltage value Phase 3
Wye (star) Connection with isolated neutral Y	Wye (star) Or delta	* 3- or 5-core transformers * transformer banks	5 ms (50 Hz) 4.17 ms (60 Hz) (90°) 1.5 U	0 ms (50 Hz) 0 ms (60 Hz) (240°) $U\sqrt{3/2}$	0 ms (50 Hz) 0 ms (60 Hz) (120°) $U\sqrt{3/2}$
Wye (star) Connection with earthed-neutral Y_n	Wye (star) Or delta	3- or 5-core transformers	5 ms (50 Hz) 4.17 ms (60 Hz) (90°) 1.5 U	10 ms (50 Hz) 8.33 ms (60 Hz) (60°) $U\sqrt{3/2}$	10 ms (50 Hz) 8.33 ms (60 Hz) (300°) $U\sqrt{3/2}$
Wye (star) Connection with earthed-neutral Y_n	Delta Δ	Transformer banks	5 ms (50 Hz) 4.17 ms (60 Hz) (90°) 1.5 U	10 ms (50 Hz) 8.33 ms (60 Hz) (60°) $U\sqrt{3/2}$	10 ms (50 Hz) 8.33 ms (60 Hz) (300°) $U\sqrt{3/2}$
Wye (star) Connection with earthed-neutral Y_n	Wye (star) Y or Y_n	Transformer banks	5 ms (50 Hz) 4.17 ms (60 Hz) (90°) 1.5 U	1.67 ms (50 Hz) 1.39 ms (60 Hz) (270°) $U\sqrt{3/2}$	10 ms (50 Hz) 8.33 ms (60 Hz) (270°) $U\sqrt{3/2}$
Delta Δ	Wye (star) Or delta	* 3- or 5-core transformers * transformer banks	5 ms (50 Hz) 4.17 ms (60 Hz) (90°) 1.5 U	0 ms (50 Hz) 0 ms (60 Hz) (240°) $U\sqrt{3/2}$	0 ms (50 Hz) 0 ms (60 Hz) (120°) $U\sqrt{3/2}$

그림 14.25는 변압기 가압 시 동적 자속(dynamic magnetic flux)과 전류 거동을 보여준다. 전압 피크에서 코어에 잔류자속이 없는 변압기 가압 시에는 과도현상이 발생하지 않는다. 그러나 잔류 자속과 투입 순간에 따라 결정되는 가압 후

자속의 변화는 자화 전류의 비교적 큰 포화를 생성한다. 따라서 잔류 자속을 고려하여 최적의 타겟을 조정해야 한다. 돌입전류는 예상되는 정상 코어자속이 잔류자속에 일치할 때에만 최소화할 수 있다.

혁신적인 잔류자속 측정이 개발되었으며, 시스템에 연결된 고장제거의 경우 모든 CB조작 뿐만 아니라 변압기의 전원차단 후 전압파형을 통합함으로서 그 정확도가 현장에서 입증되었다. 2001년 캐나다는 고압 승압용 변압기 가압에 이상적인 순간을 제어하기 위해 두 개의 프로토 타입 시스템을 설치했다. 각 시스템은 새로운 잔류자속 측정 시스템(Mercier et al. n.d.−a)이 있는 CSS로 구성된다. 이 시스템은 "N"턴수의 코일의 자속 "Φ"와 인가전압 "E"사이의 관계, 즉 이 방정식으로 표현된 $\Phi = \int E/N + \Phi r$ 관계를 이용한다. 여기서 Φr은 잔류 자속이다.

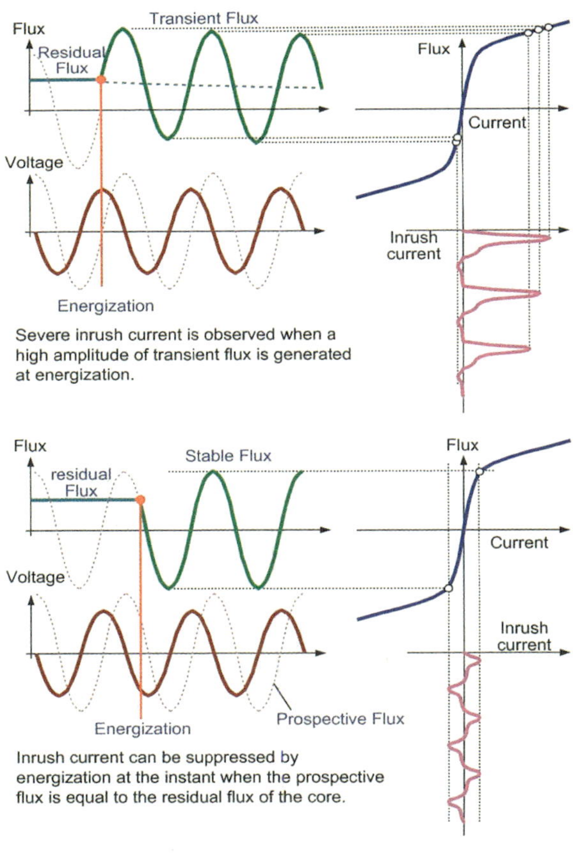

Fig. 14.25 Magnetizing flux in a core of a transformer and corresponding magnetizing current. (Ito et al. n.d.)

잔류자속 평가 알고리즘은 일반적으로 그림 14.26에 표시된 4단계로 구성된다.

- 1단계: 동적 플럭스의 제로 레벨에 대한 정확한 보정이 필요하다. 전압 신호 적분의 제로 레벨은 전류차단 전에 여러 사이클의 전압파형을 모니터링하여 결정된다.
- 2단계: 전압 적분 시간은 전압 진폭이 지정된 값보다 작아지기 전의 시간으로 정의되며, 이 시점에서 플럭스는 마이크로 히스테리시스 루프(micro−hysteresis loop)를 보여준다.
- 3단계: 전압 적분은 위의 두 번째 단계에서 정의된 시간 동안 수행된다.
- 4단계: 3단계에서 얻은 값과 1 단계에서 평가된 0 레벨 간의 차이가 잔류 플럭스가 된다.

그림 14.27(Mercier et al. n.d.−a)에 보이는 변압기의 각 상전압을 측정하기 위해 새로운 변압기 내장 전압센서가 개발되었다.

그림 14.28은 변압기 전원 차단시 3상에 대해 측정된 잔류자속의 전형적인 기록을 보여주며, 이는 각 상에 대한 최적의 전원 가압 순간을 결정하는 데 사용된다.

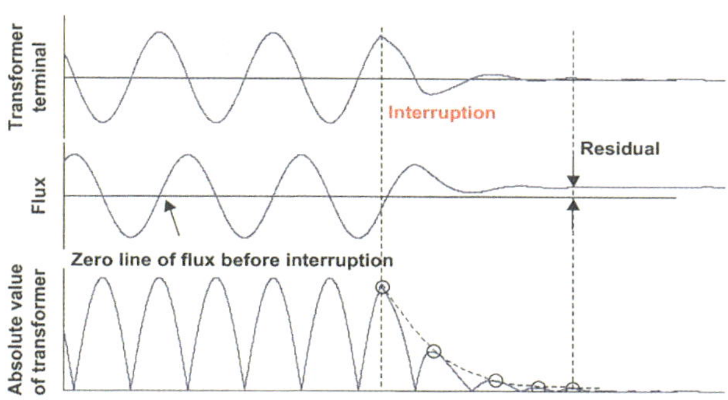

Fig. 14.26 Residual flux evaluation with integration of voltage measurement

Fig. 14.27 Transformer bushing voltage sensor for CSS application. (Courtesy of Hydro-Quebec)

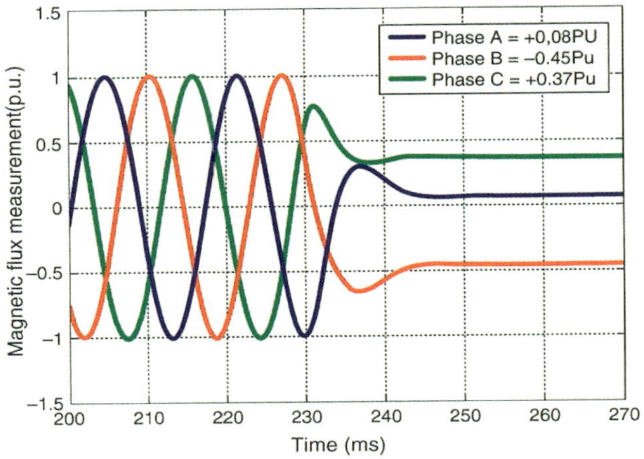

Fig. 14.28 Typical record of measured residual flux of three-phase transformer

Fig. 14.29 Example of residual flux pattern dependence on de-energization phase angle

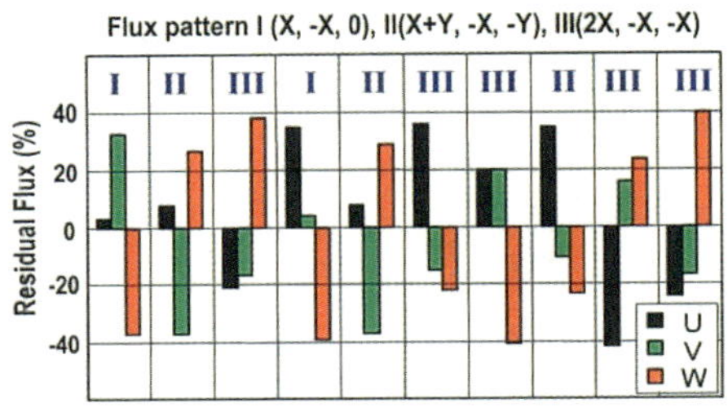

그림 14.29는 현장의 무작위 전원 차단에서 잔류자속 패턴의 개방 위상 각에 대한 의존성 예를 보여준다. 현장 측정에서 세 가지 패턴이 관찰되었다. 3상의 잔류 플럭스의 합은 0이 된다.

- Pattern I(X, −X, 0): 두 상은 진폭이 같고 극성이 다른 더 큰 자속을 가집니다. 나머지 상은 최소 자속을 갖는다.
- Pattern II(X+Y, −X, −Y): 한 상이 더 큰 자속을 가지며, 나머지 상이 다른 극성으로 자속값을 나누어 갖는다.
- Pattern III(2X, −X, −X): 한 상은 더 큰 자속을 가지며, 나머지 상이 다른 극성으로 절반의 자속값을 나누어 갖는다.

Pattern III는, 두 번째 및 세 번째 상의 잔류 플럭스가 첫 번째 상이 가압된 후 플럭스에 가깝기 때문에 제어 계획의 이점을 분명히 제공한다. 이 패턴은 제한된 투입지연으로 두 번째 및 세 번째 상의 코어 자속조건을 이상적인 조건에 가깝게 만들어준다.

이것은 제어된 전원차단을 응용하여 제어된 변압기 개폐의 더 개선된 부분을 제안한다. 변압기의 경우, 차단기가 규정된 위상 각에서 전류를 차단할 때 잔류자속은 최대로 규정된 위상을 갖는 패턴으로 제어할 수 있다.

그림 14.30a는 3상 동시 무작위 가압의 경우에 계산된 코어의 전압, 전류 및 자속의 전형적인 사례를 보여준다. 1차 모선 터미널에서 전압 강하를 최대 11.2%까지 유발하는 코어의 자기 포화로 인해 1,245~2,678A 범위의 높은 돌입 전류가 발생한다. 반면에 그림 14.30b는 잔류자속을 고려한 지연 제어계획에 따라 각상 조작 차단기를 사용하여 제어 변압기 전원가압을 제어한 전형적인 예를 보여준다. 제어기는 투입할 첫 번째 상으로 최대 잔류자속이 있는 상(상 V)을 선택한다. 첫 번째 상은 예상되는 정상 코어 플럭스가 잔류 플럭스와 동일할 때 투입된다. 두 번째 및 세 번째 상은(U 및 W 상)는 첫 번째 상의 전압 피크에서 1.5 사이클 후에 투입된다. 돌입 전류는 100A 미만으로 감소되고, 전압 외란(voltage disturbance)은 최대 잔류자속 값을 가진 상이 첫 번째로 가압되도록 선택하여 효과적으로 억제된다. 이를 통해 변압기에서 기계적 및 전기적 스트레스를 크게 줄일 수 있다(Ito et al. n.d.).

14.6.4 비보상과 보상 송전선 개폐

긴 송전선의 전원 가압 및 자동 재폐로는 전력망에서 바람직하지 않은 과전압을 유발할 수 있으므로 절연협조를 충족하기 위해 특별한 과전압 완화조치가 사용된다. 가장 일반적인 방법은 신뢰성을 향상시키기 위해 투입 저항과 결합되는 금속산화물 피뢰기(MOSA)였지만, 이 방법은 상대적으로 비용이 많이 든다. 또한 송전선 개폐, 특히 고속 자동 재폐로로 인한 상-대지간 과도적인 과전압을 완화하기 위해 션트 리액터에 대한 요구가 증가하고 있다. 가장 높은 상-대지간 과도 과전압은 송전선 중간에 나타날 수 있는데, 그 이유는 리액터, MOSA 및 CSS의 적용으로 인해 라인 끝단에서 과전압이 제한되기 때문이다. 이러한 과전압은 송전선 중간에서 MOSA를 사용하여 줄일 수 있다.

CSS는 잠재적으로 재폐로 과도 현상을 줄이고 재점호 제로 성능의 신뢰성을 향상시킬 수 있다. 또한 투입저항의 제거 및 피뢰기와 송전탑의 절연레벨 감소와 같은 경제적 이점을 제공할 수 있다. 송전선 응용의 경우, 운전 시나리오와 타겟팅 계획을 철저히 연구해야 하지만, 일반적으로 RDDS가 더 높은 차단기가 선호된다.

휴지시간 보상은 동작시간이 이러한 의존성을 갖는 드라이브에서 필수적이다 (Frohlich 1997; Avent et al. n.d.).

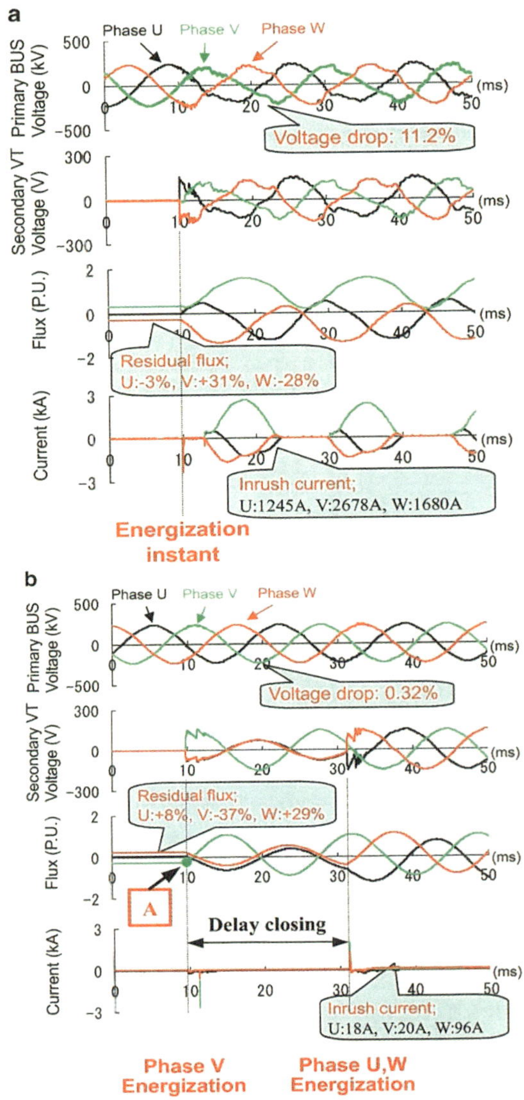

Fig. 14.30 (**a**) 3-phase simultaneous random energization, (**b**) controlled energization taking account of residual flux

송전선 개폐 과전압을 지배하는 물리적 현상은 송전선을 따라 전파되는 전자기파이며, 일반적으로 진행파 현상이라고 불린다. 파동 전파는 차단기의 전기적 투입

(making) 동작에 의해 시작되며, 초기 전압 진폭은 차단기 선행아크 전압, 즉 선로 충전전류가 투입되는 순간의 차단기 양단의 전압의 순시치 이다. 진행파 전파 현상의 결과로, 무부하 송전선의 제어개폐를 위한 최적의 전기적 투입순간은 차단기 양단의 전압이 최소일 때이다. 다양한 라인 구성에 대한 계획은 다음과 같다.

(a) 유도성 계기용 변압기가 있는 비보상 송전선의 경우, 제어기는 트랩된 DC 전하가 빠르게 방전되기 때문에 소스 측의 전압 0에서 제어 투입을 통해 효과적으로(1 pu 미만) 서지를 억제할 수 있다. 일반적으로 DC 전하 방전시간은 100ms 미만이며 그림 14.31을 참조하시오.

(b) 용량성 계기용 변압기가 있는 비보상 송전선로의 경우, 트랩된 전하에 대한 누설경로가 없다. 최적의 타겟은 트랩된 전하와 동일한 극성의 소스 측 전압 피크이다. 그림 14.32를 참조하시오.

(C) 보상 송전라인의 경우, 보상 정도는 라인 측 전압에 큰 영향을 미친다. 차단기 양단의 전압은, 선로 진동주파수가 전형적으로 30−50Hz 범위에 속하기 때문에 높은 수준의 보상의 경우 두드러진 비트(beat)를 보여준다. 최적의 순간은 CB 양단의 최소 전압이며, 바람직하게는 그림 14.33에 표시된 전압 비트가 최소가 되는(Avent et al. n.d.) 기간 동안이다.

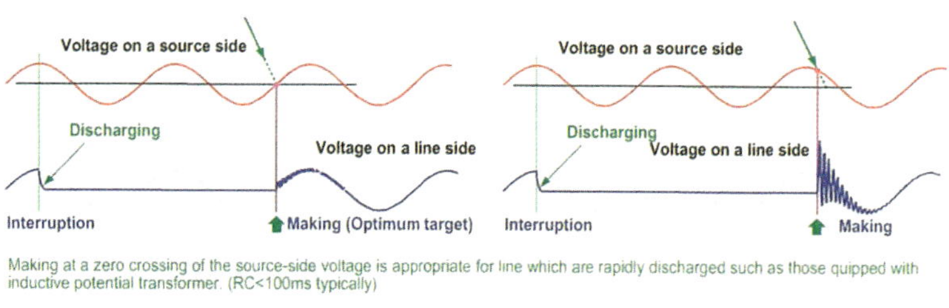

Fig. 14.31 Optimum target for uncompensated line equipped with inductive potential transformer

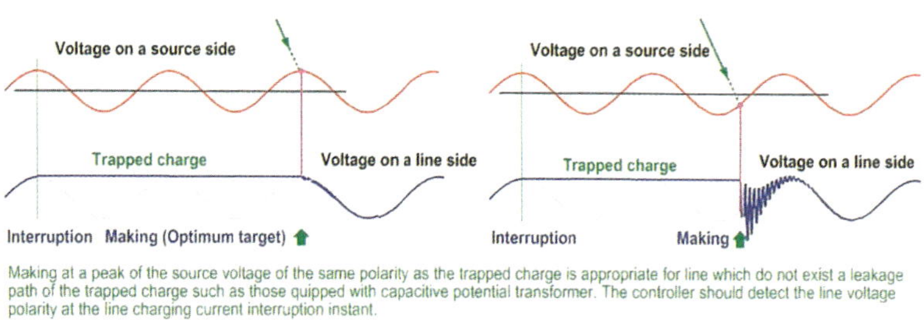

Fig. 14.32 Optimum target for uncompensated line equipped with capacitive potential transformer

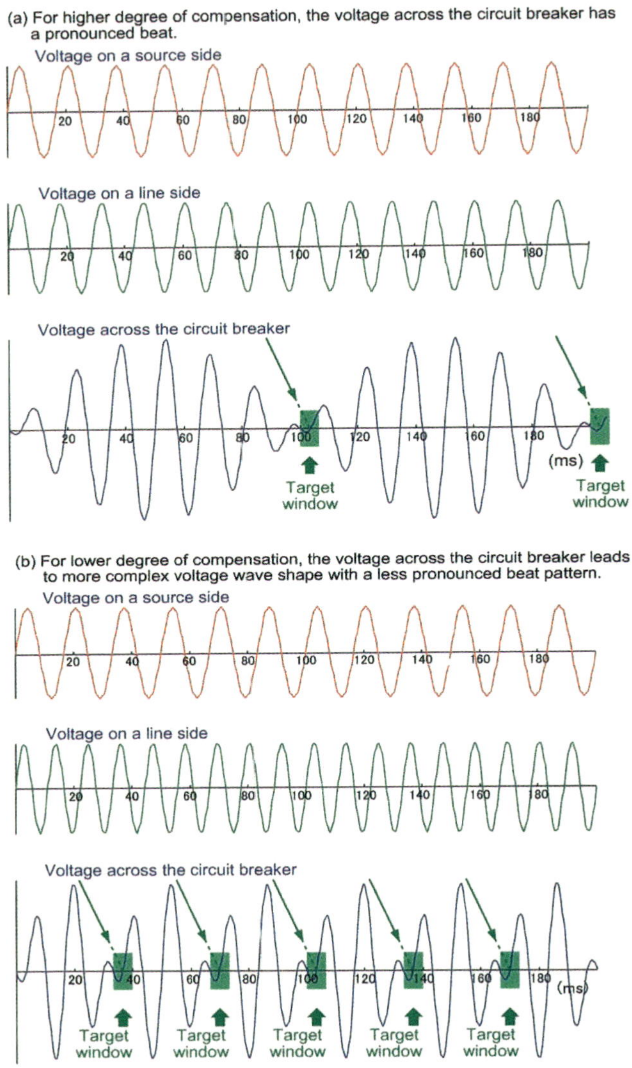

Fig. 14.33 Optimum making targets for compensated line switching

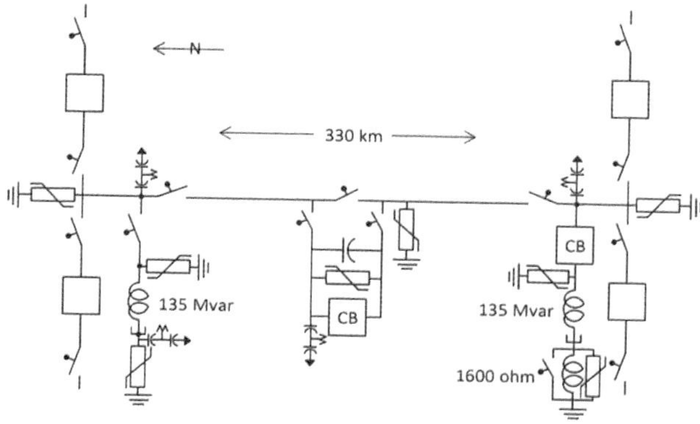

Fig. 14.34 Series capacitor-compensated 550 kV transmission line arrangement

그림 14.34는 캐나다에 설치된 길이가 300km인 직렬 커패시터 보상 550kV 송전선의 예를 보여준다. 이 시스템에는 50% 보상을 제공하는 선로중간 직렬 커패시터가 장착되어 있다. 경제성으로 인해 이 뱅크에 대한 우회 보호장치는 자체 트리거가 없거나 트리거 갭이 없는 정격 2.2pu, 89MJ의 MOSA이다. 이 송전선에는 수전단의 리액터가 스위치로 전환될 수 있는 송전선의 각 끝에 135MVA/525kV, 상 션트 리액터가 장착되어 있다.

이 송전선은 단상 재폐로로 운전될 것이며, 결과적으로 남단 분로 리액터에는 2차 아크 감쇠를 위해 정격 1600옴의 중성점 리액터가 장착된다. 북쪽 끝단의 리액터는 2차 아크 제어를 최적화하기 위해 높은 접지 임피던스를 달성하기 위해 피뢰기를 통해 접지된다(Avent et al. n.d.).

그림 14.35는 기존의 투입저항이 있는 라인의 전압 프로파일과 2개 및 3개의 MOSA를 엇갈리게 투입하는 방식을 비교하였다. 투입저항으로 인한 과전압 제어의 효과는 라인 길이가 150km 이상이 되면 감소한다. 세 개의 MOSA를 사용하면 엇갈린 투입에 내재된 최적이 아닌 시간에도 불구하고 라인의 작은 부분 만이 설계 목표보다 높은 전압을 경험한다는 것이 분명한다.

그림 14.36은 송전선에 연결된 MOSA를 사용하여 얻을 수 있는 개선 사항을 나타낸다. 두 가지 대안, 즉 라인의 각 터미널에 있는 MOSA가 설치된 경우와 세 개의 MOSA가 각 터미널과 중간에 설치된 경우가 고려되어 졌다. 과전압을 1.7pu 미만으로 줄이는 목표는 3개의 MOSA와 제어 투입을 사용하는 경우에만 달성할 수 있다.

결과로부터, CSS는 일반적으로 라인의 수전단과 중간에서 제어 상-대지간 개폐 과전압과 상간 개폐 과전압 어느 경우에도 투입 저항과 유사한 성능을 제공한다. CSS가 있는 또는 없는 경우를 비교하여 선로 중간에서 상당한 수준 이하로 스위칭 과전압을 완화할 수 있다. 물론 상간 TOV 완화의 잠재력이 존재한다는 것을 알 수 있다.

보다 콤팩트한 UHV 송전선 설계를 사용하면 기계 구조 치수와 무게가 줄어들어 송전선 자체의 비용을 절감할 수 있다. MOSA와 CSS는 최근 증가하는 경제적 및 환경적 제약사항을 고려하여 잠재적으로 많은 양의 전력을 전송할 수 있다.

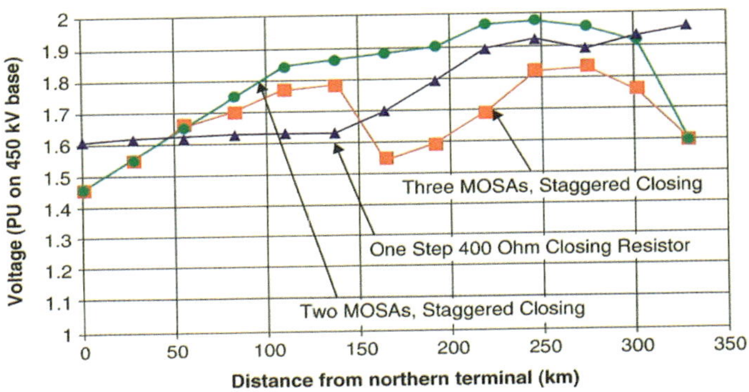

Fig. 14.35 Voltage profiles with a closing resistor or two and three MOSAs

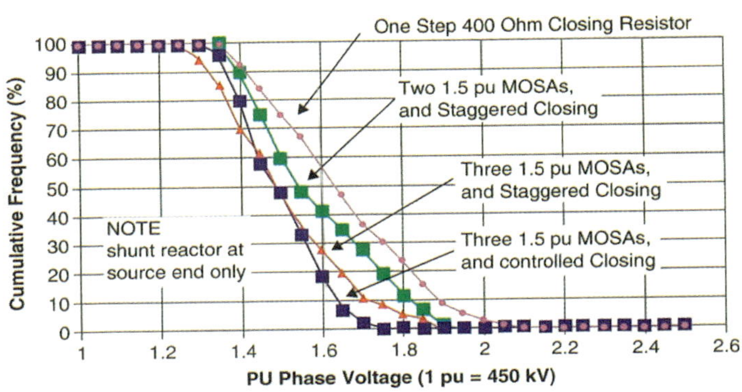

Fig. 14.36 Three-phase reclosing overvoltage comparison for various mitigation methods

14.7 제어 개폐의 현장 경험

14.7.1 커패시터 제어 개폐의 현장 경험

제어된 커패시터 개폐시험은 현장에서 121kV 커패시터 뱅크에 적용된 전체 CSS의 성능을 확인하기 위해 수행되었다. 그림 14.37은 121kV 커패시터 뱅크에 적용된 CSS를 보여준다. 각 상에는 독립적으로 동작하는 스프링 조작기가 있다. 시운전 시험 동안 제어기를 통해 CSS에 대해 총 10 회의 제어 전원 가압 및 10개의 제어 전원 차단(가스 차단기가 커패시터 개폐시험 중 매우 낮은 재발호 확률로 검증 되었음에도 불구하고)가 수행되었다. 필드 성능은 만족스럽게 제어된 커패시터 전원 가압과 전원차단 성능을 보여준다.

공장에서의 형식시험 및 루틴시험 외에도 공장과 현장에서의 동작조건의 차이에 의해서 평균 동작시간, 이동특성, 제어전압의 차이가 발생하고 이것을 보정하기 위해 시운전 시험을 수행했다.

보정 후, RDDS의 특성과 안전계수를 고려한 기계적 산란에 의해 결정된 8도의 전기각도에서 투입 동작이 일어나는 것을 목표로 하여 121kV의 시스템 전압에서 제어 개폐시험을 수행했다. 개방 작업의 목표는 전류영점 전 최대 아크시간으로 설정된다.

차단기 동작 횟수가 증가함에 따라, CSS는 적응형 제어가 이전 9 번의 실제 동작으로부터 학습을 하기 때문에 구동 시간의 예측 오차를 줄여줄 수 있어서 전압 영점 타겟의 제어 투입을 더 성공적으로 수행함을 보여준다. 여섯 번째 투입 시험의 전류 파형은 상 모두에서 매우 낮은 돌입전류 레벨을 보여준다. 시운전 후에, CSS는 현장에서 ±1.5ms의 편차 내에서 매일 point−on− wave를 계속 작동했다. 현장에서 1000개 이상의 동작이 성공적으로 수행되었으며 재점호는 관찰되지 않았다.

CSS는 시운전 테스트 후에도 계속해서 현장에서 매일 작동했다. 제어기는 동작 조건과 각 동작의 결과를 측정하고 저장한다. 이러한 데이터는 차단기의 상세한 동작 특성을 제공하므로 차단기 유지 관리에도 유용한다.

그림 14.38은 CSS가 몇 달 동안 아침 일찍 투입되고 늦은 밤에 개방되었을 때 주변 온도, 투입 시간 및 목표로부터의 분산 결과를 보여준다. 커패시터 전원가압 시 주변 온도는 섭씨 7~20도 범위였다. 동작시간은 상에 따라 다릅니다. A상과 B상 사이의 평균 투입시간의 차이는 약 1[ms]였다. 컨트롤러는 설계 공차로 인한 이와 같은 차이를 성공적으로 보상했다.

그림 14.39는 0.3[ms] 미만의 표준 편차로 전기각 8도의 목표점 주위에서 정규

분포를 보여주는 투입 순간의 현장 성능을 요약하여 보여준다. 최대 투입 전압은 0.25pu였다.

Fig. 14.37 CSS applied to 121 kV capacitor bank

그림 14.40은 현장에서 121kV 스프링 조작 가스 차단기의 휴지 시간 특성을 보여준다. 투입시간의 휴지 시간은 일반적으로 24시간 간격 또는 최대 3일이다. 결과는 최대 휴지 시간이 72시간인 경우에도 투입시간 편차가 ±1.0[ms] 이내로 관찰되기 때문에 스프링 조작기는 휴지 시간 보상을 필요로 하지 않음을 보여준다.

14.7.2 리액터 제어 개폐의 현장 경험

그림 14.41은 리액터 제어개폐에 적용된 CSS 시스템을 보여준다. 라액터 제어개폐는 돌입전류 또는 과도현상의 스트레스를 줄일 수 있다. 리액터 돌입 전류를 최소화하는 목표 순간은 전압피크이다. 이 경우의 스위칭 과전압은 일반적으로 낮지만 고속 파두 전압은 리액터 절연에 스트레스를 줄 수 있다. 동일한 목표점으로 리액터 전원가압 시에 돌입전류와 과도현상 스트레스를 모두 줄이는 것은 불가능하므로 절충안이 필요하다.

그림 14.42는 현장에서 204kV 션트 리액터 제어시 전원차단과 전원가압시의 전압 및 전류 오실로그램을 보여준다. 무작위 투입시에 발생하는 최대 1270A의 돌입 전류는 50A 미만으로 억제될 수 있다.

그림 14.43은, 차단기가 1년 이상의 기간동안 이른 아침에 개방되고 늦은 밤에 투입되는 상황에서 CSS를 적용했을 때의 주변 온도, 유압 메커니즘의 기계적 압력, 투입 및 개방 시간과 이 값들의 분포를 보여주고 있다. 리액터 전원 차단과 리액터 전원 가압 시 주변 온도는 섭씨 5~30도 범위였다. 분산은 각각 투입 작업의 경우 ±1.2ms 이내이고 개방 작업의 경우 ±0.2ms 이내이다. 겨울철에 투입 시간은 평균 투입 시간 대비 5% 증가한 반면 여름철 투입 시간은 5% 감소했다. CSS는 모든 사계절에 대해 정확한 일관된 운영 특성을 보여주었다.

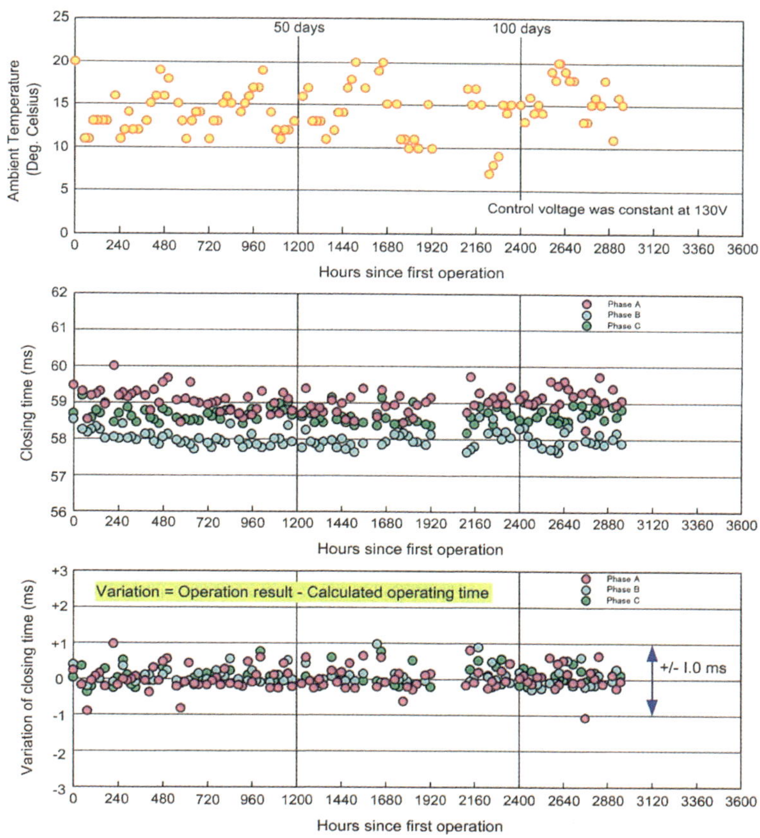

Fig. 14.38 Closing times and their deviations of each controlled capacitor energization in the field

그림 14.44는 표준 편차가 0.5[ms] 미만이고 전기각 79도의 목표 투입 순간 주변의 정규 분포를 보여주는 투입 순간의 현장 성능을 요약한다. 최소 투입전압은 0.8[pu]이다. 반면에, 그림 14.45는 개방 순간의 분포를 보여준다. 개방 순간의 편차는 0.21[ms]이며 모든 전원 차단은 재발호가가 없는 창(window) 내에서 수행된다.

그림 14.46은 204kV CSS의 휴지 시간 특성을 보여준다. 투입 시간의 휴지 시간은 보통 이른 아침 개방부터 당일 심야 투입까지의 16시간 또는 최대 4 일까지이다. 안정적인 유압 조작기는 몇 시간의 휴지 시간에서 투입 시간의 증가가 관찰되고 휴지 시간이 16시간을 초과하는 경우 최대 1.2ms의 지연으로 포화됨을 보여준다. 휴지 시간 특성은 동일한 조작기에서 동일하므로 단시간에 포화 값을 나타내는 휴지 시간 특성을 가지고 있는 가스 차단기의 동작시간을 보상하는 것이 편리한다. 혁신적이고 안정적인 고압력 유압 조작기(Ito et al. n.d.)는 동작 지연을 최소화할 수 있으며 이 문제를 해결하기 위해 그 효과가 검증되었다.

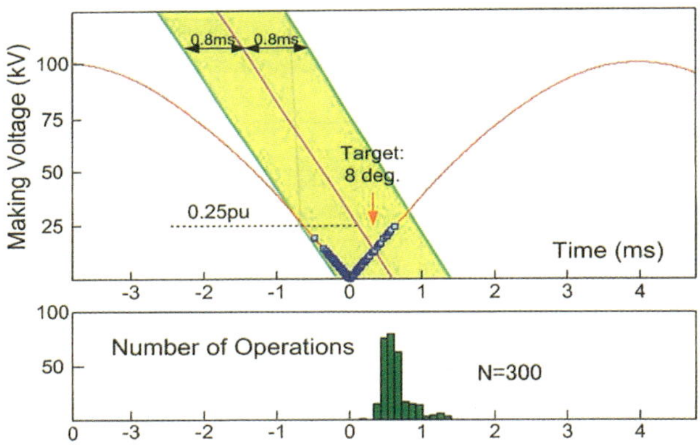

Fig. 14.39 Distribution of making voltages instants during capacitor switching and closing

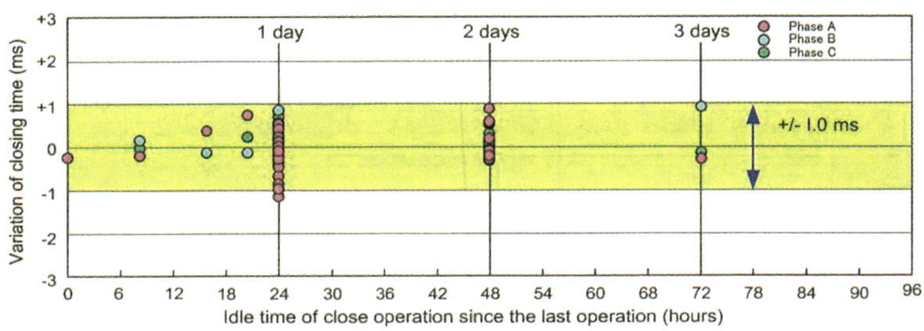

Fig. 14.40 Idle time dependence of the closing time delay with 145/121 kV gas circuit breaker

Fig. 14.41 CSS applied to 204 kV reactor bank

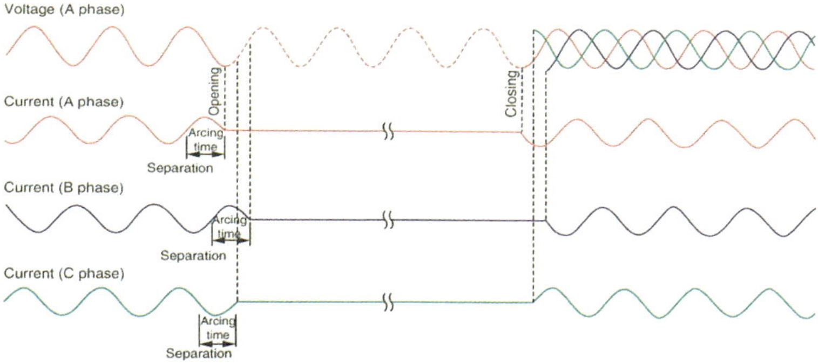

Fig. 14.42 Voltage and current behavior of controlled shunt reactor switching

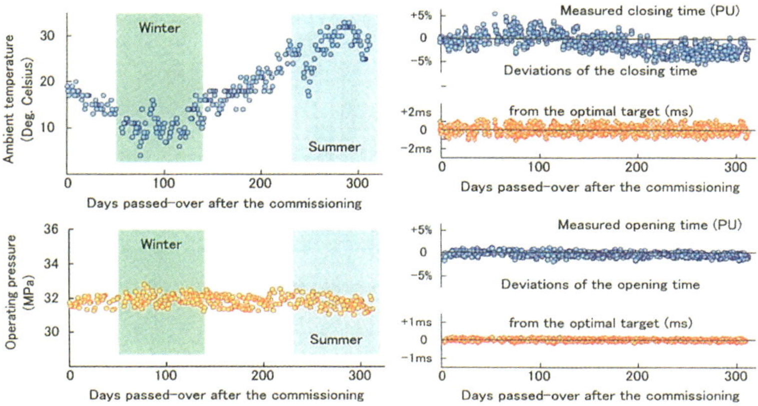

Fig. 14.43 Operational conditions and closing and opening time and their scatters from the targets for operations during controlled reactor switching with 204 kV CSS

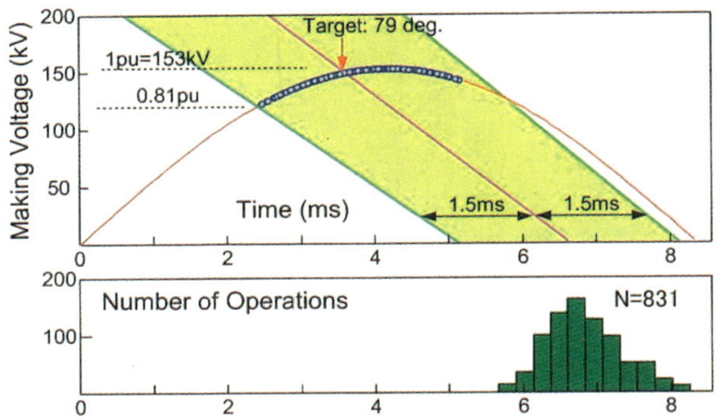

Fig. 14.44 Distribution of making voltages and closing instant during controlled reactor switching

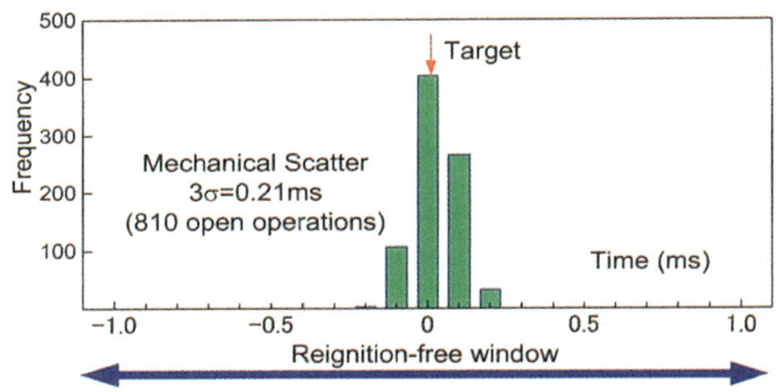

Fig. 14.45 Distribution of opening instant during controlled reactor switching

14.7.3 변압기 제어개폐의 현장 경험

변압기 제어개폐는 예상 정상 코어 자속이 변압기 코어의 잔류 자속과 동일할 때 전원 가압을 함으로써 돌입 전류를 최소화할 수 있다. 따라서 제어개폐 적용은 전원이 차단될 때마다 잔류 자속을 측정하기 위한 추가 기능이 필요하다. 잔류 자속은 외부 전압 외란이 없는 한 시간이 지남에 따라 변하지 않는다는 것이 널리 알려져 있다.

315kV GIS 차단기와 465MVA 변압기를 사용하고 있는 캐나다의 315kV 변전소에서 일련의 변압기 제어개폐 시험을 수행했다. 먼저 그림 14.47에 표시된 것처럼 무작위 상 변압기 전원 가압에서 최대 1600A의 돌입 전류를 측정했다. 돌입 전류를 감쇄시키고 정상 상태에 도달하는 데 몇 초 이상이 걸렸다. 그림 14.47은 또한 제어 변압기 전원가압이 적용될 때의 돌입 전류를 보여준다. 결과는 어느 상에서도 큰 돌입 전류가 거의 없음을 보여준다.

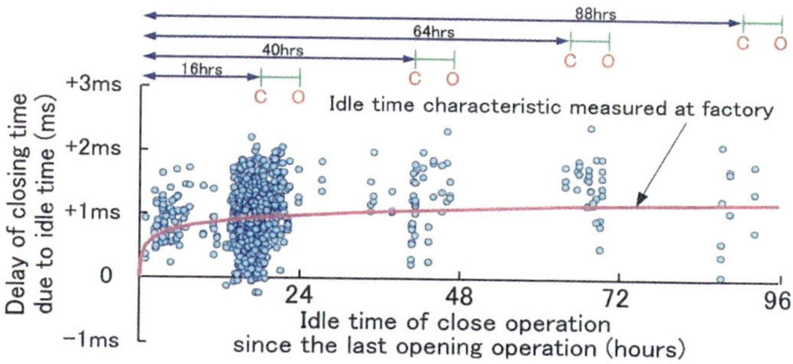

Fig. 14.46 Idle time performance of 204 kV GIS with the advance hydraulic drives in the field

시운전 테스트 후 반년 동안 장기 신뢰성을 확인하기 위해 각상 구동 방식의 300kV 차단기를 사용하여 제어 변압기 스위칭의 현장 경험을 수행했다. 차단기 동작 조건 및 잔류 자속과 함께 각 스위칭 작동 중 전압 및 전류 동작이 개폐 제어기에 기록되었다.

그림 14.48은 반년 동안 측정된 휴지 시간의 함수로서 나타낸 돌입전류로 인한 전압 외란을 보여준다. 또한 제어기는 동작조건 뿐만 아니라 휴지 시간에 대한 동작 시간의 의존성을 보상할 수 있다. 차단기는 최대 278 시간의 휴지 시간을 갖고 동작되며, 돌입전류는 전압 강하에 대해 목표값 2% 이내로 제어되었다. 랜덤 개폐에서는 최대 11% 전압 강하 및 2680A 돌입 전류가 예상된다.

전압이 170kV 이하인 변전소에서는, 3상 일괄조작 차단기가 일반적으로 사용된다. 커패시터 개폐 또는 리액터 개폐의 경우, 조작기 또는 챔버의 특수한 설계 변경을 하지 않고는 3상 일괄조작 차단기로 개폐써지를 최소화하기가 어렵다. 그러나 변압기에 전원 가압하는 경우에는 3상 일괄조작 차단기를 사용해도 돌입 전류를 만족스러운 수준으로 줄일 수 있다(Mercier et al. n.d.−b).

그림 14.49는 3상 일괄조작 차단기를 사용하여 제어된 변압기 전원 가압 계획을 설명한다. 이 계획은 각 변압기 단자의 전압, 변압기 코어의 동적 자속 및 동적 자속과와 잔류자속의 차를 보여준다. 그림 14.49는 3상의 동적 자속과 잔류 자속의 차이가 최소가 되는 위상각의 범위가 있음을 나타낸다.
따라서 3상의 돌입전류를 최소화하기 위한 최적의 목표는 3상의 차이의 합이 최소값이 되는 순간이다. 최적의 투입 순간은 잔류 자속 패턴 I, II 및 III에 대한 전력 주파수의 한 사이클 동안 존재한다(Kohyama et al. n.d.).

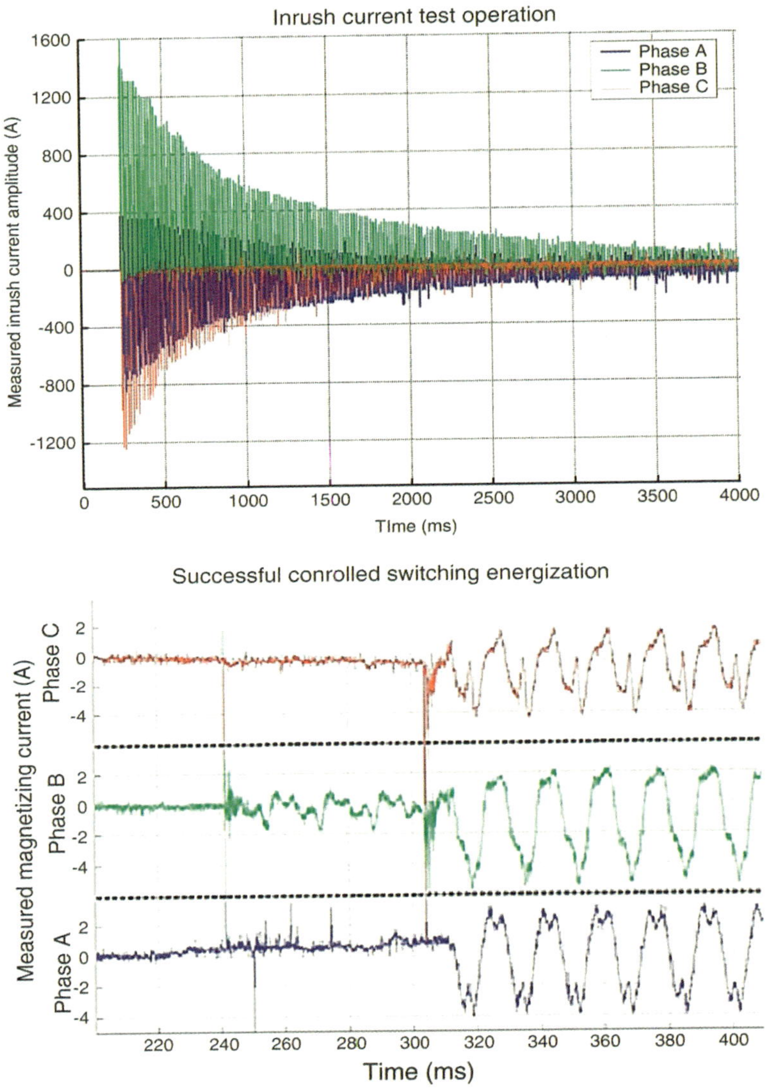

Fig. 14.47 Inrush currents measured at random energization and controlled energization

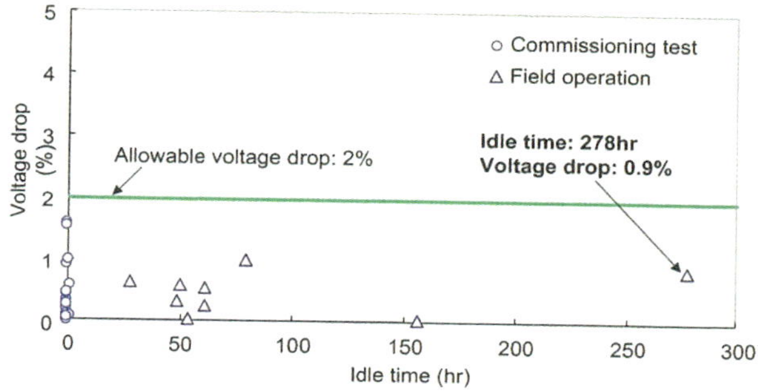

Fig. 14.48 Associated voltage disturbance due to inrush current measured after commissioning tests in case of controlled transformer energization with 300 kV gas circuit breaker

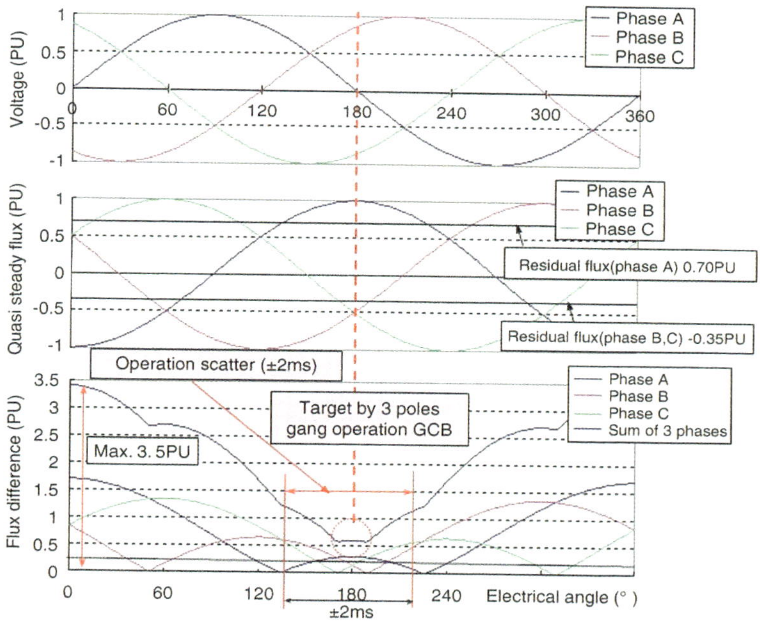

Fig. 14.49 Transformer switching strategy using gang-operated circuit breaker

3상 자속이 제로(세 가지 잔류자속 패턴과 다른 경우)로 되어야 하는 설치 후 첫 번째 통전의 경우에도 그림 14.50과 같이 돌입 전류를 줄이는 최적의 순간이 있다. 그러나 돌입 전류는 허용 가능한 수준으로 감소되지 않을 수 있다. 이러한 경우 다른 완화 기술이 필요하다. 예를 들어, 변압기에 대한 전원 간의 임피던스를 높이기 위해 특수 전원 가압 전력망을 사용할 수 있다.

실제 적용에서 각 극에 대한 투입 시간 및 RDDS의 기계적 분산은 제어개폐의 효율성에 영향을 미친다. 동시 전원가압에서도 각 상의 실제 자속 차이는 그림 14.51에 나와 있는 것과 같은 특성의 각 상 변화에 따라 달라질 수 있기 때문이다.

14.8 요약

CSS 적용의 급속한 증가는 효과적인 보상 알고리즘을 사용한 시스템의 성공적인 현장 경험, 형식시험 권장 사항에 대한 CIGRE 제안, 전기 산업의 글로벌 변화로 인한 송전시스템의 다양한 동작 및 제어와 같은 여러 요인에 기인한다. CSS는 전력 품질 및 동작 유연성 향상을 포함하여 상당한 기술적 및 경제적 이점을 제공할 수 있으므로 가까운 장래에 차단기 제어 시스템에 표준 사양으로 통합될 수 있을 것이다.

CSS는 전력시스템의 션트 리액터 뱅크 및 변압기 전원 가압에 적용될 때 많은 경제적 이점을 제공한다. 최소 전압으로 투입하는 경우, 550kV 1점절 차단기와 1100kV 2점절 가스차단기의 경우에 60Hz에서 186kV/ms(50Hz에서 155kV/ms)의 최소 RDDS가 필요하다.

수력 발전소의 승압 변압기는 일일 부하 변동에 대처하기 위해 자주 개폐되고 있다. 잔류 자속을 고려한 변압기 제어개폐는 변압기 전원가압으로 인해 발생하는 과전압을 효과적으로 줄이는 방법 중 하나가 될 수 있다. 3상 일괄조작 차단기는 CSS를 통해 돌입 전류를 만족스러운 수준으로 줄일 수도 있다.

과전압을 줄이기 위한 투입 저항의 효과는 일반적으로 200km보다 긴 매우 긴 송전선의 경우 감소될 수 있기 때문에 MOSA와 결합된 CSS는 UHV/EHV 긴 송전선의 솔루션 중 하나가 될 수 있다.

가공선 차단기에 CSS를 적용하고, TOV 완화를 위해 션트 리액터와 MOSA를 함께 사용하여 송전 철탑과 송전라인을 좀더 컴팩트하게 할 수 있는 가능성이 전력시스템의 계획이나 엔지니어링 단계에서 깊게 조사되어야 한다.

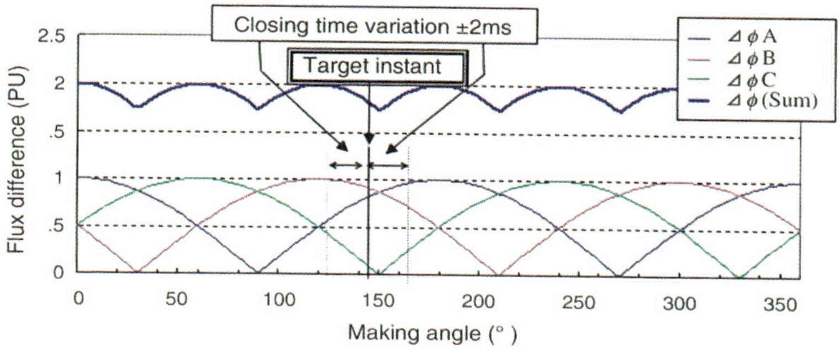

Fig. 14.50 Summation of flux difference in case of no residual flux

Fig. 14.51 Example of flux difference behaviors at simultaneous operations

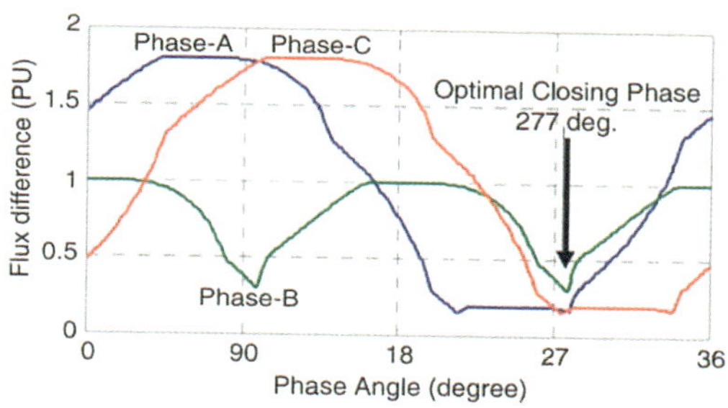

현장에서 션트 커패시터 제어개폐는 적응형 제어가 이전 작동 결과에서 학습한 후 설계 공차로 인한 예측 고장을 감소시키기 때문에 전압 제로 타겟에 대한 제어 투입의 더 성공적인 결과를 보여주었다. CSS는 또한 재발호없이 성공적인 리액터 개방을 보여준다. 따라서 CIGRE WG13.07 권장 사항은 모든 시험 요구사항 및 절차를 성공적으로 포함한다.

참고문헌

Event, B.L., et al., CIGRE 2002 Session 13−107: Application of 500kV Circuit Breakers on Transmission Line with MOV Protected Series Capacitor Bank

Bronzeado, H.S., Yacamini, R.: Phenomenon of sympathetic interaction between transformers caused by inrush current. IEE Proc. Sci. Meas. Technol. 142(4), (1995)

CIGRE TF 13.01: A state–of–the–art survey, Part 1, ELECTRA NR. 163, pp. 65–96 (1995)

CIGRE TF 13.01: A state–of–the–art survey, Part 2, ELECTRA NR. 164, pp. 39–61 (1996)

CIGRE WG A3.07: Controlled Switching of Unloaded Power Transformers, ELECTRA 212 (2004a)

CIGRE WG A3.07: Controlled Switching, Non–conventional Applications, ELECTRA 214 (2004b)

CIGRE WG A3.07: Benefits and Economic Aspects, ELECTRA 217 (2004c)

CIGRE WG A3.07: Benefits & Economic Aspects, TB262 (2004d)

CIGRE WG A3.07: Guidance for Further Applications Including Unloaded Transformer Switching, Load and Fault Interruption and Circuit–Breaker Uprating, TB263 (2004c)

CIGRE WG A3.07: Planning, Specifications & Testing of Controlled Switching Systems, TB264 (2004f)

CIGRE WG13.07: Controlled Switching of HVAC Circuit Breakers: Guide for Application, Part 1: ELECTRA No. 183, pp. 43–73, Part 2: ELECTRA No. 185, pp. 37—57 (1999)

CIGRE WG13.07: Controlled Switching of HVAC Circuit Breakers: Planning, Specification and Testing of controlled switching systems, ELECTRA, No. 197, pp. 23–733 (2001)

Fci–nandcz, P., ct al., CIGRE 2005 Tokyo Colloquium A3&B3–208: Use of Controlled Switching System in Power System to Mitigate Transients. Brazilian Experience

Frohlich, et aL: Controlled closing on shunt reactor compensated transmission lines. IEEE Trans. Power Delivery. 12, 734–740 (1997)

Hayward, C.D.: Prolonged inrush currents with parallel transformers affect differential relaying. AIEE Trans. 60, 1096–1101 (1941)

Ito, H., ct al., CIGRE SC A3 & B3 2005 Colloquium–209: Application of Controlled Switching System for Transformer Energization taking into Account a Residual Flux in Transformer Core Kohyama, H., ct al., CIGRE 2015 Nagoya Colloquium A3&B3–231.: Field Experience of Controlled Switching for energizing of Transformer

Mercier, A., ct al., CIGRE 2002 Session 13–201: Transformer Controlled

Switching Taking into Account the Residual Flux

Mercier, A., Kohyama, H., et al., CIGRE 2015 Nagoya Colloquium A3&B3−107: Special Considerations with Controlled Switching Projects

15

피뢰기

Robert Le Roux와 Kevin Kleinhans

Keywords

• 금속 산화물 서지 피뢰기
• 낙뢰 충격 방지
• 개폐충격보호

R. Lc Roux (S)
Primary Plant, ESB International, Dublin, Ireland
e-mail: robcrt.lcroux@esbi.ie

K. Klcinhans
Technology Division, Eskom, Johannesburg, South Africa
e-mail: klcinhk@cskom.co.za

15.1 서론(Introduction)

서지 피뢰기는 낙뢰 및 개폐 유도 과전압을 지정된 보호 수준으로 제한할 목적으로 변전소와 송전선에 설치되며, 이는 원칙적으로 과도한 과전압으로부터 장치를 보호하기 위해 장치의 내전압보다 낮다. 이상적인 서지 피뢰기는 규정된 전압에서 동작하기 시작하는 비선형 전압 및 전류 특성을 갖는다.

정격 전압보다 높은 여유를 유지하는 수준(스위치 켜짐)은 예상 수명 내 과전압 기간 동안 변화없이 지정된 전압 레벨을 유지하고, 서지 피뢰기 양단의 전압이 규정된 전압 레벨(스위치 끄기) 아래로 돌아오자마자 동작을 중단한다. 따라서 과전압과 관련된 에너지를 흡수하려면 기본적으로 서지 피뢰기가 필요하다.

그림 15.1은 420kV 전력 시스템에 적용되는 일반적인 금속 산화물 서지 피뢰기(MOSA)의 전압 및 전류(V−I) 특성의 예를 보여준다. 이 특성은 세 가지 고유한 영역을 보여준다. (I) MOSA는 정격 전압에 이를 때까지 연속운전전압 수준에서 작은 용량성 전류를 누출할 수 있다. (II) MOSA가 동작되기 시작하고 항복 영역에서 일정한 전압−전류 특성으로 보여지는 약간의 전압 상승과 함께 전류가 급격히 증가한다. (III) 그런 다음 MOSA는 큰 전류에 대해 전압을 증가시킨다.

전력 시스템의 과전압은 낙뢰에 의해 생성되는 외부 과전압과 개폐 동작 및 지락 발생과 같은 전력 시스템의 운전 조건 변화에 의해 생성되는 내부 과전압의 두 가지 범주로 분류될 수 있다.

서지 피뢰기의 설계 및 동작은 밸브 또는 방전 갭 유형의 탄화 규소(SiC) 서지 피뢰기에서 갭이 없는 금속 산화물(MO) 또는 아연 산화물(ZnO) 서지 피뢰기로 발전했다. 금속 산화물 서지 피뢰기는 피뢰기의 상단 단자에서 접지 단자까지 전류 경로를 생성하기 위해 마이크로 초 단위로 켜지고 꺼지는 금속 산화물 입자의 많은 미세 접합으로 구성된다. 운전 전압에서 열리고 개폐 및 낙뢰 과전압에서 닫히는 매우 빠른 동작의 전자스위치로 간주할 수 있다. 서지 피뢰기의 중요한 매개변수는 규정된 조건에서 개폐 충격을 받는 서지 피뢰기의 단자에서 허용되는 최대 피크 전압으로 정의되는 개폐 충격 보호 레벨(SIPL)이다.

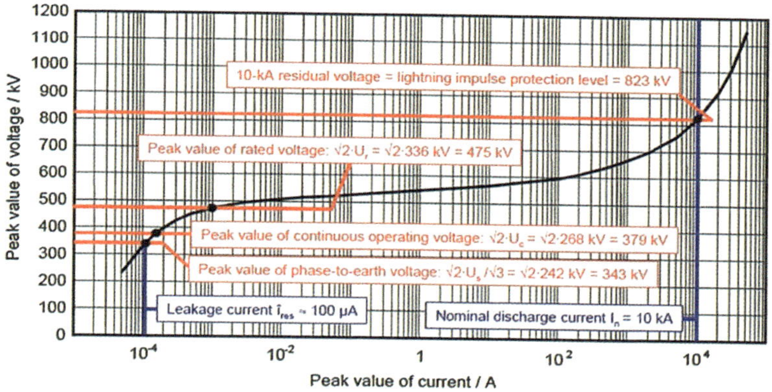

Fig. 15.1 V-I characteristic of a typical metal oxide (MO) surge arrester in a solidly earthed neutral 420 kV system. (Courtesy of Siemens)

시스템 전압에서 공칭 운전 중에 금속 산화물 피뢰기에 의해 소비되는 전력을 줄이기 위해, 피뢰기의 연속 운전 전압은 저항성 전류 성분의 피크 값을 1mA 미만으로 하고 용량성 전류 성분이 우세하도록 선택해야 한다. 이는 운전 전압에서의 전압분포가 용량성이므로 표유정전용량에 의한 영향을 받는다는 것을 의미한다. 금속산화물 재료의 전압−전류 특성은 시스템 운전 전압에서 과전압 및 저 전류, 즉 시스템 운전 전압에서 낮은 에너지 손실과 적절한 보호 레벨이라는 상호 상반되는 요구사항을 충족하는 데 필요한 비선형성을 제공한다. 금속 산화물 서지 피뢰기는 모든 운전 전압에서 개폐 과전압으로부터 보호하는 데 적합하다.

전통적으로, 애자 하우징 금속 산화물 서지 피뢰기가 사용되었다. 만족스러운 성능을 위해서는 피뢰기 디스크의 수명 동안 장치를 완전히 밀봉하는 것이 중요하다. 피뢰기의 각 끝에 있는 밀봉 장치는 고무 개스킷이 있는 스테인리스 강판으로 구성된다. 이 플레이트는 절연체 표면에 대해 개스킷에 지속적인 압력을 가한다. 또한 스프링에 의해 금속 산화물 디스크의 배열을 제자리에 고정하는 역할도 한다. 밀봉판은 초과 압력에 대한 경감 장치로써 동작하도록 설계되었다. 피뢰기가 설계 용량을 초과하여 스트레스를 받으면 내부 아크가 발생한다. 이온화된 가스는 내부 압력의 급격한 증가를 일으켜 밀봉판이 열리고 가스가 배기구를 통해 유출된다. 배기구들이 서로를 향하기 때문에 외부 아크가 발생하여 내부 압력을 완화하고 절연체의 격렬한 파손을 방지한다.

그러나 애자 하우징 분배 피뢰기는 밀봉 문제로 인해 고장 나는 경향이 있다. 폴리머의 사용에 따른 기밀 설계의 이점이 일반적으로 받아들여져 폴리머로 전환되었다. 폴리머 하우징 피뢰기는 활선 상태의 부품에 실리콘 고무의 안정적인 접착성을 가진다. 따라서 개스킷이나 밀봉링이 필요하지 않다. 피뢰기가 설계 용량을 초과하여 전기적으로 스트레스를 받으면 내부 아크가 발생하여 폭발 대신 외함이 파열된다. 아크는 부드러운 실리콘 소재를 통해 쉽게 부풀어 오르므로 생성된 가스가 빠르고 직접적으로 빠져나갈 수 있다. 따라서 이 설계에는 하우징의 폭발을 방지하기 위한 특수 압력 완화 배기구가 필요하지 않다. 더욱이 폴리머 하우징 분배 피뢰기는 애자로 둘러싸인 것보다 저렴하다.

15.2 Definitions of Terminology

Surge Arrester

전압의 지속 시간과 빈번한 진폭을 제한하도록 설계된 서지 보호 장치

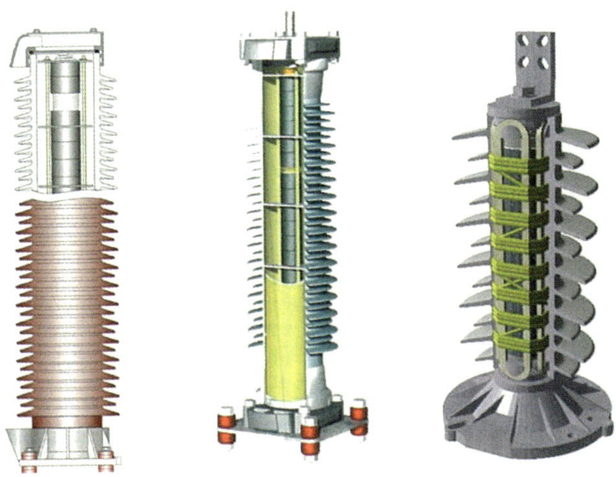

Fig. 15.2 Different designs of MOSAs for high voltage systems (CIGRE TB544, 2013)

Lightning Impulse Withstand Voltage

규정된 조건하에서 MOSA 절연 내력의 표준 충격 전압 피크값

Switching Impulse Withstand Voltage

충격 내전압의 파형에 따라 개폐 충격 내전압으로 규정될 수 있다.

Lightning Impulse Protection Level

MOSA의 운전 전압 레벨은 보호되는 장치의 전압보다 낮아야 하며, 이 레벨이 MOSA가 제공하는 보호 레벨이다.

Switching Impulse Protection Level

보호할 장치에서 발생하는 개폐 충격 전압의 레벨은 MOSA의 개폐 충격 전압 레벨보다 높아야 한다.

15.3 약어(Abbreviations)

CB	Circuit breaker /차단기
EGLA	xternally gapped line arrester/외부 갭이 있는 선로 피뢰기
LIPL	Lightning impulse protective level/뇌 충격 보호 레벨
LIWV	Lightning impulse withstand voltage/뇌 충격 내전압
LSA	Line surge arrester/선로 서지 피뢰기
MO	Metal oxide/금속 산화물
MOSA	Metal oxide surge arrester/금속 산화물 서지 피뢰기
SIPL	Switching impulse protection level/개폐 충격 보호 레벨
SIWV	Switching impulse withstand voltage/개폐 충격 내전압

15.4 피뢰기의 역사(History of Surge Arresters)

낙뢰에 대한 보호는 1750년대에 피뢰침이 발명되면서 시작되었다. 최초의 전신 시스템은 1837년에 시작되었고 최초의 낙뢰 보호 장치가 전신선에 설치되었다. 갭이 있는 장치를 "피뢰기"라고 명명하였다. 전력 시스템에 적용된 서지 피뢰기는 1880년대에 처음 개발되었다(그림 15.3). 1970년대에 최초의 갭이 없는 금속 산화물 서지 피뢰기(MO 서지 피뢰기)가 시장에 출시되었으며 1980년대에는 최초의 완전히 성형된 폴리머 하우징 피뢰기가 고압 전력 시스템에 적용되었다.

서지 피뢰기의 적용은 전력 시스템의 신뢰성을 향상시키고 급속한 성장을 촉진했다. 알루미늄 전지형 서지 피뢰기와 산화막형 서지 피뢰기는 탄화규소(SiC)를 사용하는 밸브형 피뢰기로 대체되었다. 더 낮은 보호 레벨과 더 나은 전류 차단 성능을 개선하는 데 노력이 집중되었다. 마지막으로 Matsushita Electric Industrial Co., Ltd.는 1968년 텔레비전 용 ZnO 소자를 개발했다.

세계 최초의 금속산화물 서지 피뢰기(MOSA)는 Meidensha에서 개발하여 그림 15.4에서와 같이 1975년 일본에서 66kV 시스템에 설치되었다. MOSA는 보호 레벨, 전기적 내구성, 오염 방지 성능, 단순한 구조 및 소형화와 관련하여 몇 가지 장점을 제공했다. GIS에 적용된 최초의 500kV MOSA는 1978년에 설치되었으며, 최초의 애자형 500kV MOSA는 1979년 일본에 설치되었다. MOSA는 1985년에 6.6kV 주상 변압기에도 적용되었다.

1980년대에는 수명 기간 동안의 보호 성능과 에너지 흡수 능력과 같은 MO 저항의 성능이 크게 향상되었다. 이는 개폐 장치 및 전력 변압기에 대한 뇌충격내전압(LIWV) 요구사항을 크게 줄였을 뿐 아니라 소형화와 경제적인 설계에 기여했다(그림 15.5).

ZnO 기반의 MO 저항 및 일본 최초의 갭이 없는 MO 서지 피뢰기의 발명에 이어 Matsushita 특허를 기반으로 한 개발도 유럽에서 시작되었다. 1972년 BBC(현재 ABB)는 자체 방안을 기반으로 MO 저항 개발을 시작했다. 1976 년에는 최초의 HV MO 저항이 출시되었으며 1980 년에는 최초의 갭이 없는 MO 서지 피뢰기가 출시되었다. 같은 해에 ASEA(현재 ABB)는 완전한 HV 서지 피뢰기 포트폴리오로 시장에 진출했다. 미국에서 GE는 LV 레벨에서 시작하여 1972년 Matsushita 라이센스를 기반으로 한 최초의 LV MO 저항 소자를 발표했으며, 이후 HV 응용 장치를 위한 MO 소자로 전환하였다.

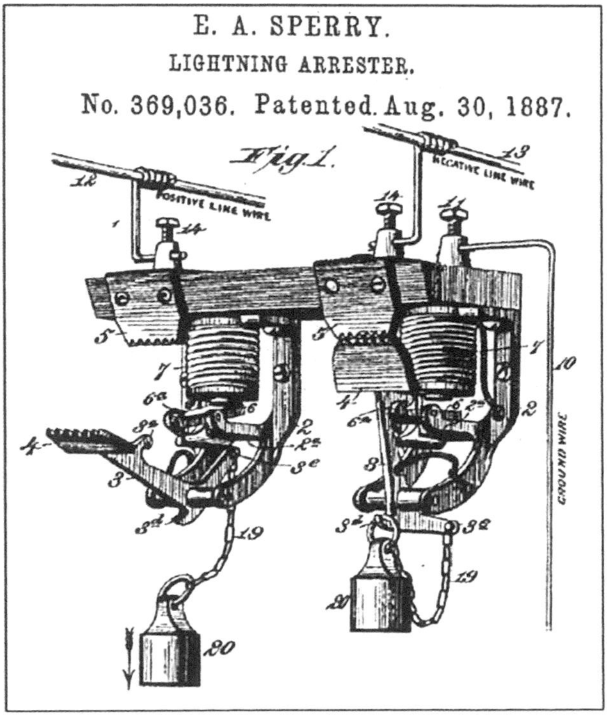

Fig. 15.3 Arrester patent in 1887

1982년에 Siemens는 최초의 MO 서지 피뢰기인 SF_6 가스 절연(GIS) 피뢰기를 공급했다. 금속 외함 SF_6 절연 피뢰기와 같이 설계를 단순화하는 다른 유형의 MO 피뢰기는 없었다. N_2 공간, 밀봉관 및 추가적인 그레이딩 커패시터가 제거되어 피뢰기 직경과 길이가 모두 감소되어 최종적으로 피뢰기 비용이 감소했다. 같은 해 ASEA는 400kV 시스템용 갭이 없는 GIS MO 서지 피뢰기를 개발했다. 1994년에 ABB는 이탈리아 ENEL에 1050kV GIS 파일럿 플랜트 용으로 세계 최초로 1050kV GIS 피뢰기를 인도했다.

오늘날 애자 하우징, 폴리머 하우징 또는 다양한 디자인의 금속 하우징에서 갭이 없는 MO 서지 피뢰기는 모든 시스템 전압, 철도 시스템, 풍력 발전 단지 및 기타 다양한 특정 응용 장치에 사용된다. 그림 15.6은 압력 완화 시스템이 있는 폴리머 하우징 MOSA의 예를 보여주며, MOSA에 의해 에너지가 소산되는 동안 생성되는 과도한 고온 가스를 완화할 수 있다.

Fig. 15.4 World's first MOSA application in 66 kV power system in 1975. (Courtesy of Kyushu Electric Power, MOSA was produced by Meidensha)

15.5 MOSA구조(Construction of MOSA)

그림15.7은 MOSA의 애자 하우징 장치 설계의 단면을 보여준다. MO 저항 배열과 그 지지 구조는 피뢰기의 활선 부품을 구성한다. 배열은 개별적으로 적층된 MO 저항으로 구성되며, 그림 15.8과 같이 거의 항상 원통형이다. 저항 직경은 에너지 흡수 및 전류 전달 능력을 결정한다. 직경은 분배를 위해 약 30mm에서 최대 100mm까지 다양하며 더 높은 전압에서는 그 이상이다.

MOSA의 길이가 1.5m에서 2m 이상인 경우 그레이딩 링이 필요하다. 이것은 위에서 아래로 전압 분배를 제어하는 데 필수적이다. 이것은 피뢰기에 영향을 주는 접지 커패시턴스에 의해 불리한 영향을 받다. 그레이딩 링이 제자리에 있지 않으면 상단 또는 고압측이 피뢰기의 접지측보다 훨씬 더 많은 스트레스를 받게 된다(그림 15.9 참조).

HV 및 UHV 응용 장치는 물론 직렬 보상 커패시터 보호와 같은 특수한 응용 장치에서 다열 장치가 사용된다. 최대 수십 MJ의 많은 양의 에너지를 소멸하는 데 필요한 미래의 다중 터미널 HVDC 전력망에 적용되는 DC 차단기에도 병렬로 연결된 다열 MOSA가 장착되어 있다. 그림 15.10을 참조한다.

15.6 MOSA 절연협조(Insulation Coordination by MOSA Arrangement)

전력 시스템에서 변전소 장치의 전기 절연 레벨이 LIWV 및 SIWV 사양보다 낮도록 하기 위해 전력 시스템의 절연 협조가 도입되었다. 서지 피뢰기는 외부 요인(예: 낙뢰) 및 시스템 장애(예: 개폐)로 인한 과전압에 대해 1차 보호 역할을 한다. 변전소에서 MOSA의 선택과 배치는 낙뢰, 접지 고장, 개폐 동작 시 변전소 장치에 필요한 절연 레벨로 결정한다.

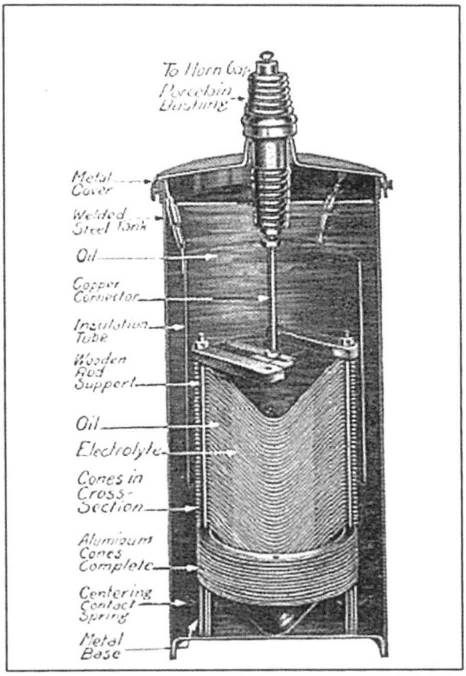

Fig. 15.5 Electrolyte arrester in 1907, well known as aluminum cell arrester

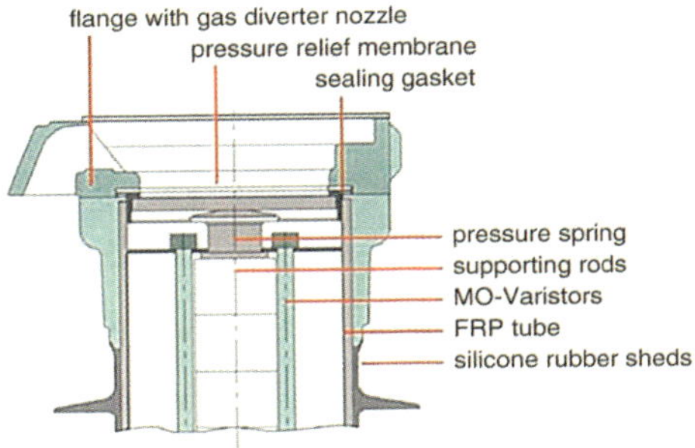

Fig. 15.6 Pressure relief system of a polymer-housed MOSA. (Courtesy of Siemens)

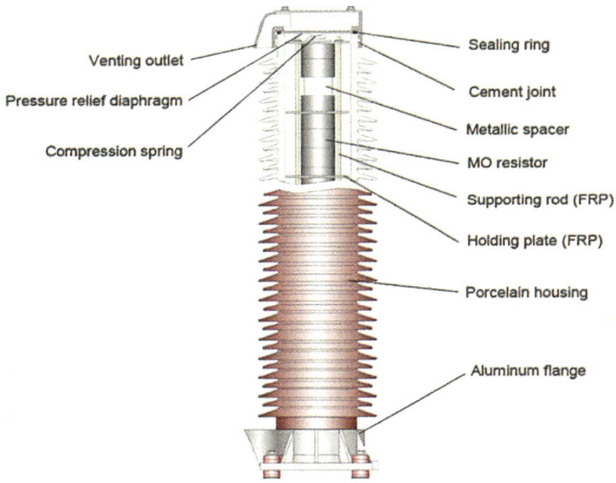

Fig. 15.7 Example of cross-sectional drawing of MOSA

Fig. 15.8 Various metal oxide resistor disks. (Courtesy Siemens)

계통 해석은 전력 시스템의 임의 지점(일반적으로 변전소에 인접한 첫 번째 송전탑)에서의 뇌 충격 파형과 정상 및 비정상 조건에서 임의의 개폐 장치 동작에 의해 발생하는 개폐 과전압 레벨을 제공함으로써 뇌 충격 과전압 레벨을 평가할 수 있다(예: 차단기의 고장 제거나 무부하 송전 라인, 커패시터 및 리액터 뱅크와 같은 회로 개폐). MOSA는 종종 장치에 부과되는 과전압 레벨을 완화하기 위해 전력 변압기의 터미널, 모선 터미널의 양쪽 끝 및 송전 선로의 양쪽 끝에 배치된다.

특히 MOSA가 이상적인 절연 협조를 실현하기 위한 핵심 기술인 UHV 시스템에서 절연 레벨의 기술 및 경제적 결과가 점점 더 중요해지고 있다. 표 15.1은 UHV 변전소 장치의 뇌 충격 내전압(LIWV)과 여러 가지 MOSA 배치 예를 비용과 함께 보여준다. 선로 입구에서 회로 당 2개의 서지 피뢰기, 분기 모선 당 2개, 변압기 뱅크 당 1개로 구성된 배치는 일본에서 UHV 송전에 가장 유용한 응용 중 하나로 제공된다.

Fig. 15.9 Example of MOSA with a grading ring in 550 kV substation. (Courtesy of Kansai Electric Power)

Fig. 15.10 Example of multicolumn MOSA units for prototype HVDC circuit breaker. (Energy dissipating capacity: 4 MJ)

EHV 및 UHV 시스템과 장치는 선로 입구, 모선 및 변압기와 같은 적절한 위치에 고성능 MOSA를 배치하여 뇌 과전압을 효과적으로 억제하는 것이 중요하다. 급준 과도전압(VFTO)과 관련하여 500Ω 저항이 있는 저항 장착 단로기를 적용하면 이러한 레벨이 1.3p.u 이하로 감소한다.

서지 피뢰기에 대한 요구사항은 두 가지 기본 요구사항에서 나왔다. 충분한 안전 여유로 적절한 보호를 제공해야한다. 즉, 보호할 장치의 과전압이 항상 내 전압 미만으로 유지되어야 한다. 또한 서지 피뢰기는 안정적인 연속 동작을 위한 치수가 지정되어야 한다. 즉, 피뢰기는 모든 조건에서 전기적 및 열적으로 안정된 상태를 유지하면서 전력망 운전으로 인한 모든 장기적, 일시적 및 과도적인 스트레스를 처리해야한다. 이 두 가지 요구사항은 독립적으로 충족될 수 없다.

15.7 Introduction of CIGRE Investigations on MOSA

CIGRE는 다양한 전력 시스템에서 MOSA 현장 경험을 바탕으로 기술 요구사항을 조사하고 IEC TC37에 MOSA 표준에 대한 배경 정보를 제공했다.

CIGRE WG A33.06 "AC 시스템의 금속 산화물 서지 피뢰기"는 1991년 CIGRE 기술서적 060(CIGRE WG A33.06 1991)을 발표했다.

Table 15.1 Relationship between LIWV and MOSA layouts (CIGRE WG A3.22 2011; Zaima et al. 2007)

						(:kV)
Layout of surge arrester	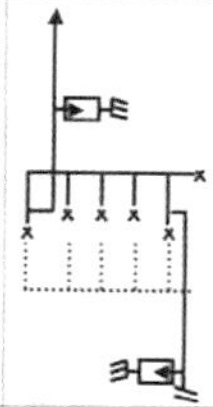	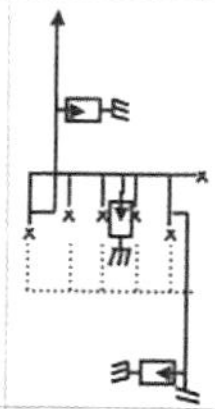	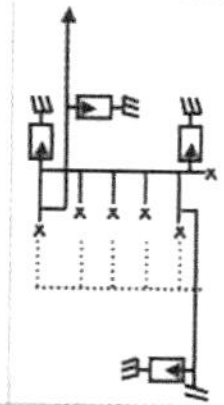	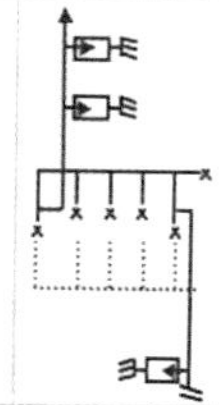	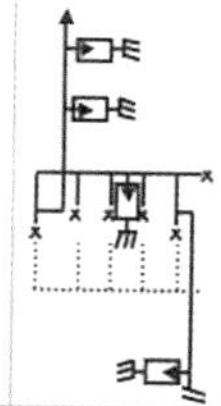	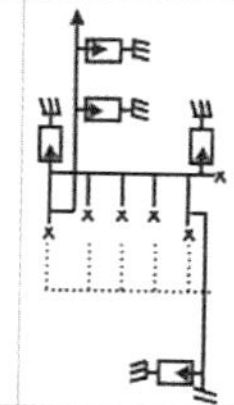
Transformer overvoltage	1950	1943	1895	1943	1938	1896
LIWV	1950	1950	1950	1950	1950	1950
GIS overvoltage	2898	2854	2730	2628	2506	2208
LIWV	2900	2900	2900	2700	2550	2250
Cost	102%	105%	109%	103%	103%	100%

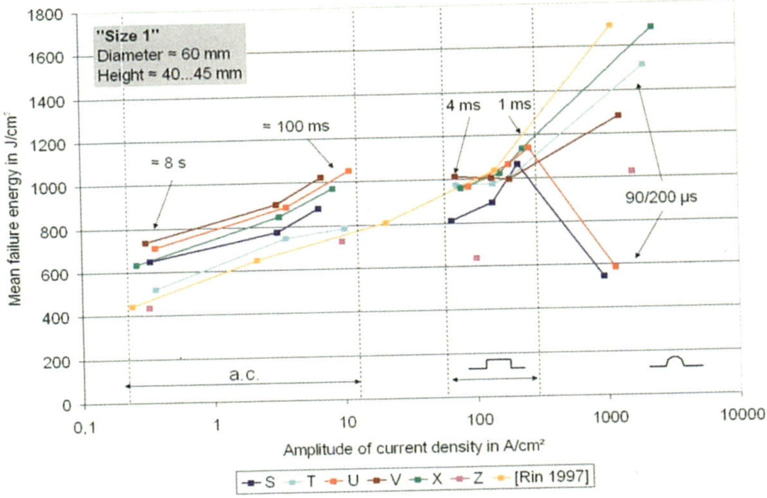

Fig. 15.13 Mean failure energy versus amplitude of current density for MOSA for high-voltage applications. Letters S to Z indicate the different makes compared to results investigated by Ringler et al. (1997)

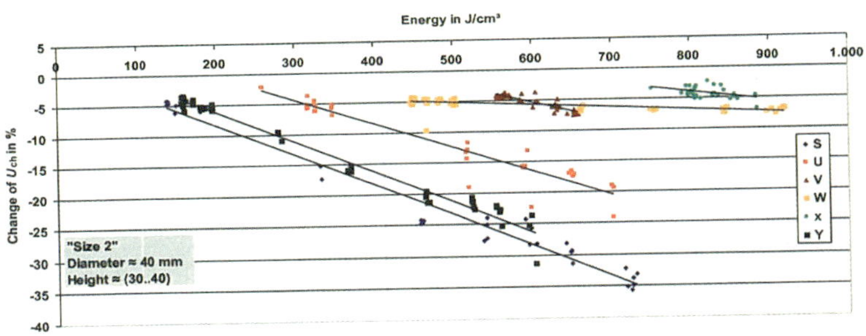

Fig. 15.14 Change of the characteristic voltage versus energy injection by 4/10 µs impulse currents for blocks of size 2. The letters S to Y indicate the different makes

WG는 탄화 규소로 만들어진 기존의 서지 피뢰기가 있는 시스템과 비교하여 HV 전력 시스템의 다양한 과전압을 효과적으로 보호하기 위해 금속 산화물 서지 피뢰기의 우수한 성능을 보고했다.

금속 산화물 재료의 미세 구조는 ZnO 입자와 첨가제 입상층의 혼합물로 구성되며, 이 조합은 낮은 저항을 가지는 디스크 모양으로 압축되어 전도성을 높이다. 미세 구조 저항 성분의 전압-전류 특성은 완전히 디스크 간의 전기장 분포에 따라 달라진다. 구조에서 ZnO 입자들의 저항 성분 간 전압 강하는 낮은 전기장 시나리오보다 높은 전기장 시나리오에서 훨씬 더 높다. 그림 5.11은 MOSA 디스크 요소 미세 구조의 예를 보여준다.

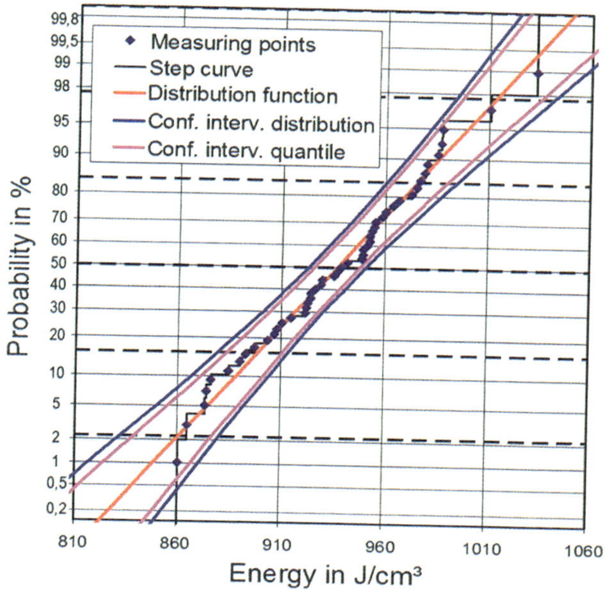

Fig. 15.15 Example of the statistical evaluation (normal distribution) for an alternating current test with 95% confidence interval

피뢰기 제조업체의 재료 선택은 MOSA의 에너지 소멸에 직접적인 영향을 미치기 때문에 매우 중요하다. 전류의 직류 저항 성분의 피크값은 일반적으로 높은 저항으로 인해 낮으며 작은 용량성 성분이 우세한다. 그림 15.12는 MOSA 디스크의 등가 회로를 보여준다.

MOSA의 전압-전류 특성은 어느 정도의 비선형성을 제공하여 낮은 보호 레벨(높은 전류 값에서 저항성 전압-전류 특성의 분산으로 인한)과 시스템 운전 전압에서 낮은 전력 손실을 초래한다.

MOSA는 운전 전압에서 소자를 분리하는 직렬 스파크 갭 없이 시스템에 연결할 수 있다. 이는 전압-전류 특성이 시간이 지남에 따라 안정적으로 유지되고 사용 중 전압 스트레스와 관련하여 적절하게 선택된 경우에만 가능하다. 서지 피뢰기의 설계는 열적으로도 안정적이어야 한다. 운전 전압에서 금속 산화물 소자 블록을 통과하는 전류는 전압-전류 특성 내에서 잘 유지되어야 한다.

금속 산화물 소자를 통과하는 전류가 용량성을 유지할 때 소자의 전압은 정전용량에 의해 결정되므로 표유정전용량의 영향을 받는다. 접지에 대한 표유정전용량은 피뢰기 상부 요소에 더 높은 전압 스트레스와 함께 선형 축 전압 분포에서 편차를 유발한다. 이 편차는 피뢰기 장치의 높이, 개수 및 길이와 그레이딩 링과 같은 피뢰기 물리적 매개 변수의 영향을 받는다.
소자 온도가 증가함에 따라 소자의 저항성 전류 성분은 피뢰기에서 더 선형적인 전압 분포에 기여한다. 전압 분포를 개선하기 위한 수동적 조치로 그레이딩 링을 삽입하는 것이 가장 효과적이다.

시스템 조건에 따라 일시적인 과전압에 대한 MOSA 요구사항도 연구되었다. 일시적인 과전압(TOV)은 대지간 또는 상간 조건에서 상대적으로 오래 지속되고 덜 감쇠하며 진동한다. TOV는 MOSA에 가장 중요한 스트레스 중 하나이며 레이아웃에 해를 끼친다. 대부분의 경우 TOV는 기존 피뢰기에 스파크를 일으키지 않는 반면, MOSA는 ZnO 저항 소자에 상당한 열을 유발할 수 있는 충분한 전류를 흘릴 수 있다.

AC 전원 시스템에서의 서로 다른 전기적 스트레스 하에서 MOSA의 성능에 대해 설명한다. 여기에는 개폐(느린 과도현상) 과전압과 낙뢰(빠른 과도현상) 과전압 경우에 대한 보호 성능이 포함된다.

Fig. 15.11 Microstructure of a MOSA element (dark, doped ZnO grains; white, Bi_2O_3 phase at triple points; gray, spinel secondary phase)

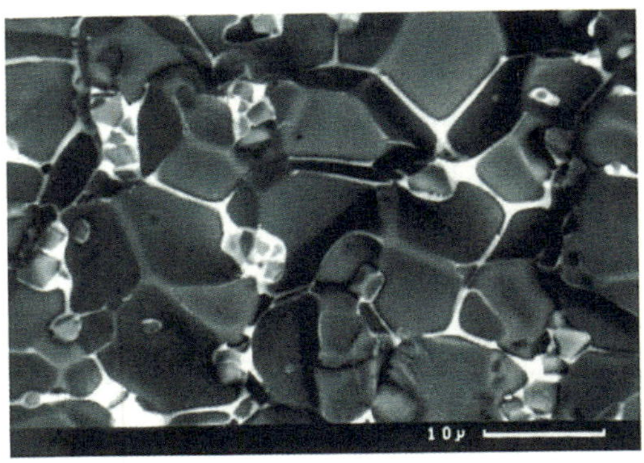

Fig. 15.12 Equivalent circuit of a MOSA disk element

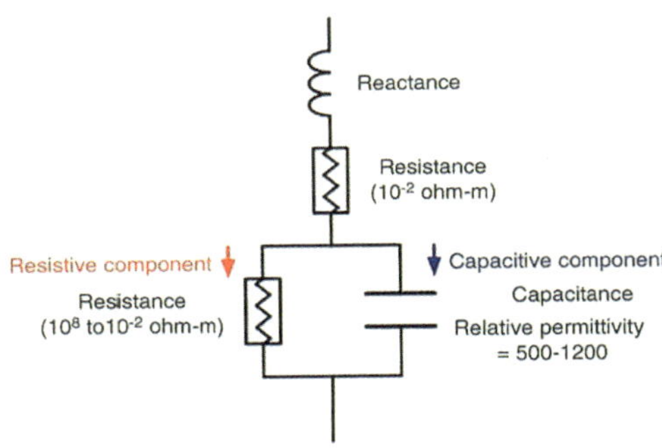

MOSA의 성능은 전압-전류 특성으로 설명할 수 있다. 제한 전압의 적절한 증가 또는 추가적인 턴 온 저항은 단파두 과전압에 대한 소자의 전류 전도 메커니즘에서 시간 지연을 개선할 수 있다. MOSA는 또한 장파두 과전압을 크게 줄일 수 있다.

특정 응용 장치를 위한 서지 피뢰기는 예상 레벨, TOV 용량 및 에너지 용량과 같은 중요한 매개 변수의 일부 사양을 개발함으로써 선택될 수 있다. 에너지 용량이 더 높은 피뢰기는 고장 위험을 줄이지만 일반적으로 비용 증가를 의미한다. 실제 피뢰기 스트레스를 평가하고 아는 것이 중요하다. 또한 최적의 선택을 위해서는 TOV 및 에너지와 관련한 피뢰기 용량에 대한 상세한 지식과 표준 및 제조업체의 데이터가 서비스 스트레스와 어떻게 해석되고 연관되어야 하는지에 대한 자세한 지식이 필요하다. 피뢰기의 연속 운전 전압, 정격 전압 및 에너지 용량에 초점을 맞춘 올바른 피뢰기 정격을 선택하는 절차가 권장되었다.

2002년 CIGRE 조직 개편 이후 CIGRE SC A3는 WG A3.17 "금속 산화물(MO) 서지 피뢰기, 스트레스 및 테스트 절차"를 수립했다. 특히 WG는 MOSA 에너지 처리 용량과 제안된 테스트 절차를 조사하고 2013년에 CIGRE 기술서적 544(CIGRE WG A3.17 2013)를 발표했다.

기술의 발전으로 MOSA는 전력 시스템의 심각한 과전압으로부터 전력 시스템과 장치를 보호하기 위해 더 높은 스트레스 레벨의 전력 시스템에 일반적으로 적용되었다. MOSA에 부과되는 스트레스에는 아래에 설명된 겨울 낙뢰, 지진 스트레스 및 심각한 오염(특히 폴리머 하우징)이 포함된다.

Temporary Overvoltages

일시적인 과전압(TOV)은 대지간 또는 상간 조건에서 상대적으로 오래 지속되고 덜 감쇠하며 진동한다. TOV는 다음과 같은 상황에서 나타난다.

- 지락으로 인한 TOV. TOV 진폭은 접지 효과에 따라 다르다.
- 부하 단선으로 인해 소스측 전압이 상승한다. TOV 진폭은 급전 변전소의 부하 변화 및 단락 용량에 따라 다르다.
- 페란티 효과로 인해 긴 무부하 송전 라인을 따라 전압이 상승한다.
- DC시스템 또는 포화된 변압기에서 발생하는 고조파 과전압
- 공진, 특히 철 공진
- 동일한 타워에 설치된 전압이 다른 두 시스템 간의 섬락으로 인한 과전압

Slow-Front Overvoltages

장파두 과전압은 개폐 동작에 따른 고장 전류 제거 혹은 부하 개폐와 관련이 있다. 라인 전원 차단, 용량성 부하와 유도성 부하 개폐와 같은 다양한 개폐 사례가 고려되어야 한다.

Fast-Front Overvoltages

단파두 과전압은 일반적으로 송전탑의 낙뢰로 인해 발생한다. 가장 심한 뇌우는 일반적으로 적도 지역에서 경험할 수 있을 것이다. 다른 원인으로는 차단기의 전류 재단 현상 또는 역섬락이 있다.

배전선은 일반적으로 송전선에 비해 높이가 낮고 낙뢰에 직접적으로 덜 노출되며, 직접적인 낙뢰, 역섬락, 유도 과전압은 통계적으로 설치된 MOSA에 더 높은 스트레스를 발생시킨다. EHV 및 UHV 송전선에는 가공 지선이 있는 철탑이 있다. 대부분의 낙뢰는 철탑 또는 가공 지선에 떨어지고 차폐 실패나 역섬락만이 심각한 서지를 유발한다.

겨울 뇌우로 야기된 일부 양전하 낙뢰는 여름철 뇌우에 일반적인 음전하 낙뢰보다 더 높은 전하를 전달한다. 모든 경우의 90%에서 낙뢰는 구름에서 대지로의 음전하 낙뢰이다.

HVDC Networks

1970년대 후반부터 HVDC 변환소의 과전압은 뛰어난 보호 특성과 안정적인 성능으로 MOSA에 의해 독점적으로 보호되었다. HVDC MOSA의 연속 운전 전압 스트레스는 기본 주파수 전압 뿐 아니라 직류 전압, 기본 주파수 및 고조파 전압, 고주파 과도 전압의 요소로 구성된다는 점에서 일반적인 HVAC MOSA의 스트레스와 다르다.

이러한 파형에는 연속 운전 전압을 위한 다른 치수 규칙과 MOSA의 일부 특정 테스트(예를 들어, 차후 IEC 60099-9에 설명된 가속 수명 절차)가 필요하다.

Stresses from Ambient Conditions

환경 스트레스는 세계의 다른 지역에서 매우 다를 수 있다. 폭설과 한파의 매우 추운 기후와 고온 및 높은 습도의 기후도 고려해야한다. 지진 하중과 같은 기계적 스트레스는 MO 피뢰기 설계에 사용되는 구조 및 재료에 큰 영향을 미친다. 진동, 정적 및 다른 동적 하중을 고려해야하며, 이에 따라 적절한 테스트 절차를 개발했다.

Energy Handling Capability of MOSA

MOSA의 에너지 처리 용량은 “열” 에너지 처리 용량 및 “임펄스” 에너지 처리 용량과 같은 다양한 요구사항에 주의를 기울여야 한다.

임펄스 에너지 처리 용량에 대한 요구사항은 단일 임펄스 스트레스, 다중 임펄스 스트레스(임펄스 사이에 충분한 냉각 없음) 및 반복 임펄스 스트레스(스트레스 사이에 충분한 냉각 포함)에 대한 내성을 포함해야 한다.

반면에 열 에너지 처리 용량에 대한 요구사항은 전기 MOSA 블록 특성 외에도 전체 MOSA 설계의 방열 용량에 주로 영향을 받기 때문에 완전한 MOSA 장치로 확인할 수 있다.

WG A3.17은 구형 충격파 전류, 사인 반파, AC 전류 및 지수 대전류 충격과 같은 다양한 임펄스 스트레스에서 에너지 처리 용량을 평가했다. 미국, 유럽 및 일본 제조업체에서 제공하는 3,000개 이상의 상용 MOSA가 평가되었다. 기본적으로 서로 다른 두 가지 크기의 MOSA를 테스트했다. 하나는 고전압 시스템(크기1: 높이 40−45mm, 직경 60mm)에 사용된 시편이고 다른 하나는 중전압 시스템(크기 2: 높이 30−40mm, 직경 40mm)에 사용되었다.

임펄스 스트레스 테스트의 경우 단순한 가시적 손상을 넘어 확장된 고장 기준을 사용하여 다양한 고장 모드를 구별하고 전기적 특성의 변화를 정량화 했다. AC 스트레스 테스트는 기계적 고장까지 수행되었다.

그림 15.13은 크기 1의 테스트된 MOSA에서 확인된 전류 밀도의 진폭에 대한 평균 고장 에너지의 결과를 보여준다. 결과는 Ringler 등이 발표한 결과와 비교된다(1997).

그림 15.14는 저 전류 영역에서 지정된 AC 전압 Ucll(피뢰기의 기준 전압에 대부분 해당)으로 테스트 한 크기 2의 MOSA 특성 변화를 4/10ps 임펄스 전류에 의한 에너지 주입과 비교하여 보여준다.

실패의 통계적 평가를 위해, AC 테스트(임펄스 스트레스 테스트와 비교하여)가 제한된 테스트로 평가하기 쉽지 않은 매우 낮은 실패 확률에 대해 더 신뢰할 수 있는 정보를 제공하는 것으로 밝혀졌다. 그림 15.15는 AC 스트레스 테스트에 대한 통계적 평가의 예를 보여준다.

다양한 임펄스 스트레스에서 에너지 처리 용량을 통해 얻은 결론은 다음과 같다.

- 전류 밀도에 따라 에너지 처리 용량이 증가한다.
- AC 스트레스 테스트는 임펄스 스트레스 테스트 보다 더 신뢰할 수 있는 예측이

가능하다.

• 에너지 처리 용량은 MOSA 코팅에 영향을 받을 수 있다.

CIGRE WG A3.25 "MO 서지 피뢰기, 새로운 시스템 조건을 위한 금속 산화물 저항기 및 서지 피뢰기"는 2017년에 CIGRE 기술서적 696(WG A3.25 2017)을 발표했다. MOSA 에너지 처리 용량을 연구하고 다중 및 반복 임펄스 전류의 영향을 보고했다. MOSA의 장기적인 성능을 조사했다. UHV 변전소와 UHV 송전선로에서의 MOSA 응용 장치도 다루었다.

에너지 처리 용량에 중점을 두면 다양한 유형의 전압 스트레스에서 MOSA의 장기적인 성능을 광범위하게 조사할 수 있다. 서로 다른 제조업체에서 다르게 제조된 현재의 MOSA 수명 곡선(전기적 노화로 인한)의 분석 결과는 세 가지 유형의 노화 성능이 존재하는 것으로 나타났다. 그러나 전 세계적으로 설립된 제조업체의 MOSA 대부분은 매우 우수한 장기적인 안정성(전기적 노화)을 보여준다. 4/10ps 파형의 대전류 충격과 고전류 밀도로 에너지를 주입하면 특성 전압이 급격히 변화한다. 이러한 변화는 MOSA의 에너지 처리 용량에 측정 가능한 영향을 미치지 않는다. 그러나 서지 피뢰기의 열 안정성을 결정할 때는 이를 고려해야한다.

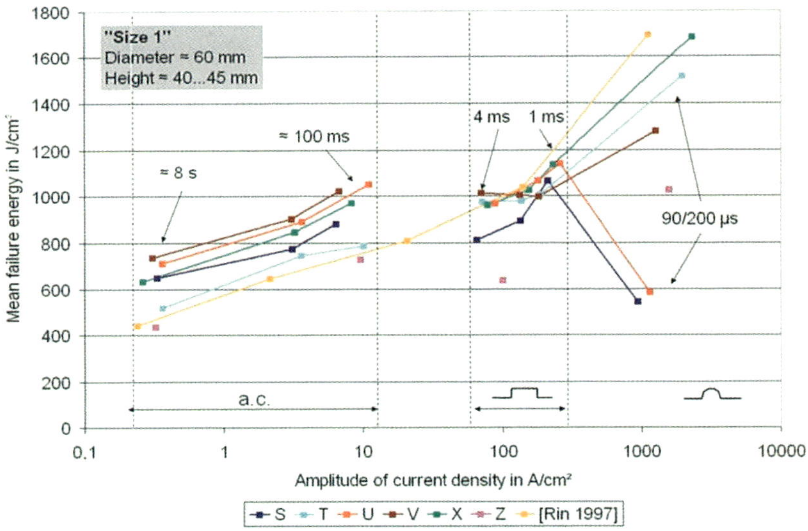

Fig. 15.13 Mean failure energy versus amplitude of current density for MOSA for high-voltage applications. Letters S to Z indicate the different makes compared to results investigated by Ringler et al. (1997)

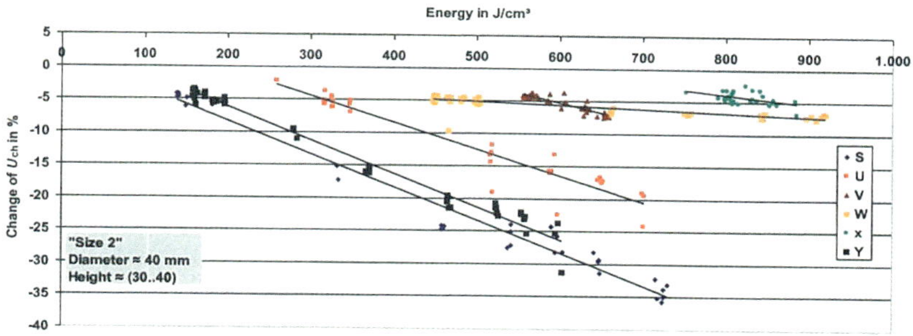

Fig. 15.14 Change of the characteristic voltage versus energy injection by 4/10 μs impulse currents for blocks of size 2. The letters S to Y indicate the different makes

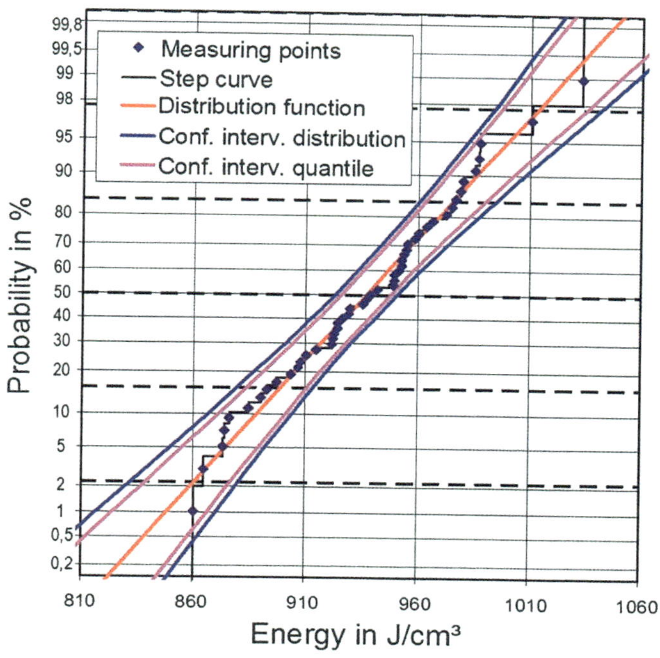

Fig. 15.15 Example of the statistical evaluation (normal distribution) for an alternating current test with 95% confidence interval

전계 강도 증가의 장단점은 서지 피뢰기 유형과 제조업체의 설계 철학에 따라 다르다. 기술 솔루션에는 저항 직경 증가, 방열판 사용 또는 UHV 시스템용 GIS MOSA에 SF_6과 같은 절연 가스로 저항의 냉각을 향상시키는 것을 포함한다. 기존의 공기 절연형 MOSA보다 2~3배 높은 전계 강도를 가진 “high field” MOSA의 개발 및 적용으로 소형화 설계를 실현할 수 있다.

UHV 피뢰기의 동작 원리는 표준 고전압 피뢰기와 전혀 다르지 않다.

15.8 요약

서지 피뢰기는 과도한 과전압으로부터 송전 시스템 및 장치를 보호하기 위해 낙뢰 및 개폐 유도 과전압을 지정된 보호 레벨로 제한한다. 이상적인 서지 피뢰기는 규정된 전압 레벨(스위치 켜기)에서 동작하기 시작하는 비선형 전압 및 전류 특성을 가지며, 정격 전압보다 높은 여유를 유지하고, 예상 수명 내 과전압 기간 동안 변화없이 지정된 전압 레벨을 유지한다. 그런 다음 서지 피뢰기 양단의 전압이 규정된 전압 레벨(스위치 끄기) 아래로 돌아오자마자 동작을 중단한다. MOSA는 안정적인 전력 전송에 크게 기여한다.

참고문헌

CIGRE WG A3.17: Metal Oxide (MO) Surge Arresters, Stresses and Test Procedures, CIGRE Technical Brochure 544 (2013)

CIGRE WG A3.22: Background of Technical Specifications for UHV Substation Eq나ipment, CIGRE Technical Brochure 462 (2011)

CIGRE WG A33.06: Metal Oxide Surge Arresters in AC Systems, CIGRE Technical Brochure 060 (1991)

Cigre WG C4.39 Technical Brochure: Effectiveness of Line Surge Arresters for Lightning Protection of Overhead Transmission Lines

IEC 60071-2: Inflation Co-ordination Application Guide

I EC 60099-4/Ed3: Mctal-Oxide Surge Arresters without Gaps for AC Systems

IEC 60099-5: Selection and Application Recommendations of Surge Arresters

IEEE Standard C62.22-2009: IEEE Guide for the Application of Mctal-Oxidc Surge Arresters for Alternating-Current System

Ringler, K.G., Kirkby, P., Erven, C.C., Lat, M.V., Mackiewicz, T.A.: The energy absorption capability and timc–to–failure of varistors sed in station–class metal–oxidc surge arresters, IEEE Power Engineering Review Vol 17, Pages 46 — 47, 1997

WG A3.25: MO Surge Arresters, Metal Oxide Resistors and S나rgc Arresters for Emerging System Conditions, CIGRE Technical Brochure 696 (2이 7)

Zaima, E., ct al.: System Aspects of 1100 kVAC Transmission Technologies in Japan: Solutions for Network Problems Specific to UHV AC Transmission System and Insulation Coordination, IEC–C1GRE UHV Symposium, Report 2–1–2 (2007)

16

HVDC 개폐 장치

Hiroki Ito

H. Ito (IS)
Energy and Industrial Systems Group, Mitsubishi Electric Corporation, Tokyo, Japan
e−mail: lto.Hiroki@aj.MitsubishiElcctric.co.jp

16.1 서론(Introduction)

해상 또는 원거리 풍력발전 단지와 대형 수력 발전기의 전력망 구축에 대한 요구가 증가하고 있고 최근 전력전자 기술들의 급속한 발전으로 인해 HVDC 송전 기술이 확대되고 있다. HVDC 송전은 AC송전에 비해 DC시스템에서 안정성 문제가 적고 장거리 송전 시 적은 에너지 손실과 같은 몇 가지 기술적 이점이 있다. 가까운 미래에 해상 풍력 단지와 연계하는 Multi-terminal HVDC 송전 시스템이 구축될 것이다. 그림 16.1은 유럽에서 계획된 미래의 Multi-terminal HVDC 전력망(Hafner et al. 2011)과 HVAC와 HVDC 결합된 미래의 ASEAN 국제 전력망을 보여주고 있다.

HVDC 송전을 위한 두 가지의 컨버터 기술은 LCC(Line-Commutated Converter)와 VSC(Voltage Source Converter)이다.

LCC형 HVDC의 경우, 사이리스터 기반 컨버터를 이용한 ± 800kV HVDC 송전은 중국과 인도에서 최대 8GW까지 공급되었으며, ± 1100kV UHV DC 송전은 중국에서 현재 개발 중이다. 이와 달리 VSC형 HVDC의 경우 절연 게이트 바이폴라 트랜지스터를(IGBT) 기반으로 하는 컨버터를 사용하며 ±320kV HVDC송전은 2015년에 최대 1000MW까지 구축되었다.

Multi-terminal HVDC 전력망은 HVDC 전력망의 하위 종단에서 고장이 발생하는 경우 정상적인 송전 시스템을 지속적으로 유지하는 데 필요하다. AC 시스템에 비해 HVDC 시스템은 임피던스가 낮기 때문에 전압 붕괴가 전력망을 통해 확산될 경우 신속한 고장 제거를 할 수 있는 DC 차단기는 필수적이다. Fault clearing Time은(고장 제거까지 필요한 시간)은 시스템 조건에 따라 다르다.

시스템 조건: (1) DC 송전 system 환경, (2) 전압형 컨버터 (VSC) 설계, (3) 공급 용량, (4) line /cable과 직렬로 연결된 DCL(DC 리액터), (5) line/cable의 임피던스.

아직까지 Multi-terminal HVDC전력망에서 DC 차단기의 실제 적용된 적이 없기 때문에 이 장에서는 DC 차단기의 요구사항과 포함하여 미래의 HVDC 시스템에 사용 가능한 최신 DC 차단기에 대한 정보를 간략하게 설명하고자 한다.

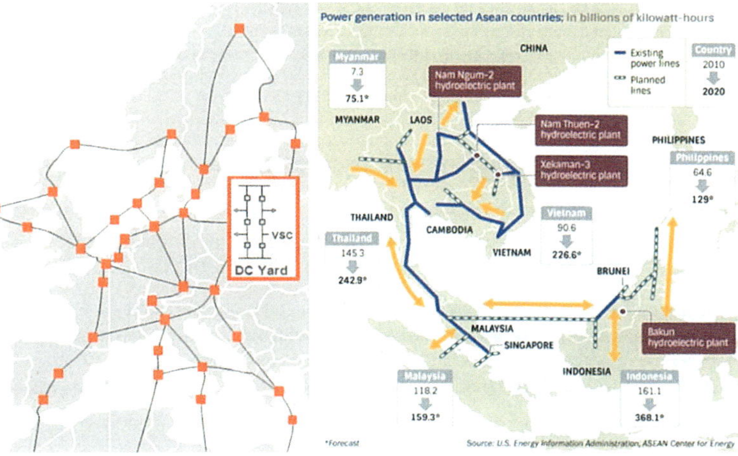

Fig. 16.1 European HVDC and ASEAN international connection. (Right hand figure: Courtesy of EGAT)

16.2 용어 정의(Definitions of Terminology)

DC Circuit Breaker

정상적인 DC회로 조건에서 차단기는 전류의 투입, 공급, 차단을 적절히 수행할 수 있어야 하며, DC 고장으로 인한 단락 사고와 같은 비정상 회로 조건에서도 일정시간 내에 전류를 투입, 공급, 차단할 수 있는 능력이 있어야 한다. 고장이 발생하면 기계적 DC 차단기는 사고 전류를 차단하기 위해 인위적으로 전류 영점을 만들어야 한다(by a certain current zero creation scheme). DC 차단기는 정상 및 비정상 상태에서 시스템 전압을 견딜 뿐만 아니라 과도한 온도상승 없이 부하 전류를 공급해야 한다.

아크 전압 전류 제한 방식(Arc Voltage Current Limiting Scheme)

DC 전류는 차단기 극간 사이 접점에서 발생되는 아크 전압이 커지면 강제적으로 전류 영점에 도달한다. 차단기는 전류 영점을 만들기 위해서 시스템 전압보다 더 높은 아크 전압을 발생할 수 있도록 유도해야 한다. 이 방식은 주로 저전압 급의 DC NFB(No-Fuse Breakers)에 적용되고 있다. 예를 들어, 산업 및 철도 전력 시스템에 사용되는 2kV급 공기 분사식 고속 스위치가 그렇다. 이 방식은 HVDC LCC 및 VSC 네트워크에 사용되는 대부분의 DC 단로기 스위치 및 DC 접지 스위치에도 적용되고 있다.

아크의 negative impedance 이용(Passive Resonant Current Zero Creation Scheme)

접점 분리로 인해 DC전류에서 발생하는 작은 공진은 진동하는 진폭을 지속적으로 증가시켜 결국 아크 및 회로 조건에 따라 전류 영점에 도달한다. DC 차단기 극간의 아크와 병렬로 연결된 커패시터 및 리액터 간의 상호 작용은 1-3kHz의 주파수 범위를 갖는 증폭된 전류로 발진할 수 있다. 접점 극간(예: 공기)에서 더 큰 아크 전압을 생성할 수 있는 차단기는 빠르고 큰 진동을 생성하는 이점이 있다. 커패시턴스가 클수록 빠르게 확장하는 진폭에 기여하는 반면, 리액턴스는 진동이 빠르게 확장할 수 있는 최적의 값을 갖는다.

능동 공진 전류 제로 생성 방식[Active Resonant Current Zero Creation Scheme(Active Current Injection Scheme)]

이 방식은 DC전류와 반대 극성의 고주파 전류를 주입함으로써 즉시 전류 영점으로 만들어주는 외부 전압 소스를 가지고 있다. 외부 전압 소스원는 리액터가 있는 사전 충전된 커패시터와 반대 극성의 고주파(수 kHz) 전류를 주입하는 고속 스위치(예: 사이리스터 스위치, 트리거 갭 또는 기계적 스위치)로 구성되어 있다.

하이브리드 기계 및 전력 전자 스위치(Hybrid Mechanical and Power Electronic Switch)

이 차단기는 기계식 스위치와 전력 전자(반도체) 장치로 구성된다. DC 차단기는 고속 기계적 스위치와 전환용 전력 전자 스위치로 구성된 주 회로로부터 직-병렬 연결된 전력전자(IGBT: 절연 게이트 바이폴라 트랜지스터) 장치로 DC 사고 전류를 전환(commutate)한다. IGBT는 수 ms이내에 전류를 block할 수 있다.

16.3 약어(Abbreviations)

BPS	Bypass disconnecting switch
CB	Circuit breaker
SCR	Series–connected reactor
EMTP	Electromagnetic Transient Program
GTO	Gate turnoff thyristor
HSES	High speed earthing switch
HVAC	High–voltage alternating current
HVDC	High–voltage direct current
IGBT	Insulated gate bipolar transistor
LCC	Line–commutated converter
LIWV	Lightning impulse withstand voltage
MMC	Modular multilevel converter
MOSA	Metal oxide surge arrester
MRTB	Metallic return transfer breaker
MT	Multiterminal
O–C–O	Open–close–open
SIWV	Switching impulse withstand voltage
TRV	Transient recovery voltage
VCB	Vacuum circuit breaker
VSC	Voltage source converter

16.4 DC Circuit Breakers with Different Current Zero Creation Schemes

AC 전류와 다르게는 DC 전류는 전류 영점을 교번하지 않기 때문에 DC 사고 전류를 차단하기 위해서 DC 차단기는 전류영점을 만들어주는 방법이 요구된다. 그림 16.2는 전류 영점을 만드는 색다른 방식들을 보여 주고 있다.

16.4.1 Arc Voltage Current Limiting Scheme

DC 전류는 차단기 극간 사이 접점에서 발생되는 아크 전압이 커지면 강제적으로 전류 영점에 도달한다. 차단기는 전류 영점을 만들기 위해서 시스템 전압보다 더 높은 아크 전압을 발생할 수 있도록 유도해야 한다. 이 방식은 주로 저전압 급의 DC NFB(No−Fuse Breakers)에 적용되고 있다. 예를 들어, 산업 및 철도 전력 시스템에 사용되는 2kV급 공기 분사식 고속 스위치가 그렇다. 이 방식의 DC 차단기는 최대 100kA의 대전류를 차단할 수 있지만 차단기의 접점에서 공기 또는 SF_6에 의해 유도되는 아크 전압이 최대 수 kV로 제한되기 때문에 HVDC 차단기를 설계하기 어려울 수 있다. 이 방식은 HVDC LCC 및 VSC 전력망에 사용되는 대부분의 DC 단로기와 DC 접지 스위치에 적용된다.

16.4.2 Passive Resonant Current Zero Creation Scheme

접점 분리로 인해 DC전류에서 발생하는 작은 공진은 진동하는 진폭을 지속적으로 증가시켜 결국 아크 및 회로 조건에 따라 전류 영점에 도달한다. DC 차단기 극간의 아크와 병렬로 연결된 커패시터 및 리액터 간의 상호 작용은 1−3kHz의 주파수 범위를 갖는 증폭된 전류로 발진할 수 있다. 접점 극간(예: 공기)에서 더 큰 아크 전압을 생성할 수 있는 차단기는 빠르고 큰 진동을 생성하는 이점이 있다. 커패시턴스가 클수록 빠르게 확장하는 진폭에 기여하는 반면, 리액턴스는 진동이 빠르게 확장할 수 있는 최적의 값을 갖는다. 이 방식은 낙뢰로 인해 neutral return line에서 발생되는 사고를 처리하고, 사고를 제거한 후 HVDC 송전 라인의 neutral line으로 최대 수천 암페어의 전류를 전환(commutates)하는 MRTB(metallic return transfer breakers)에서 주로 적용되고 있다. 일반적으로 수천 암페어의 사고 전류를 차단하기 위해 전류 영점을 만드는데 20~40ms가 요구된다.

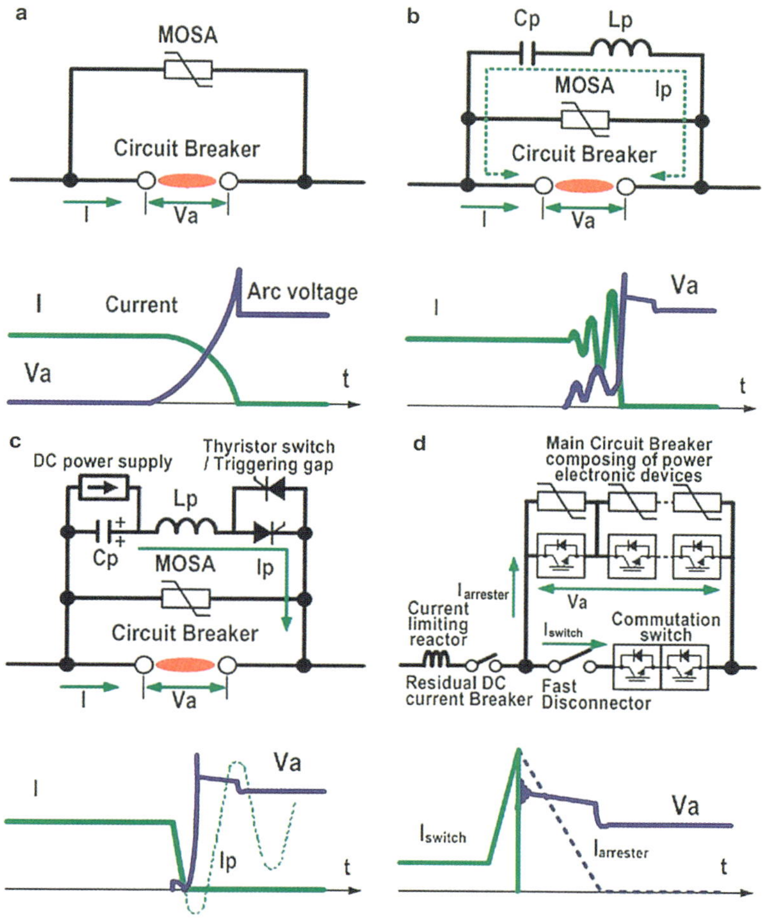

Fig. 16.2 DC circuit breakers with different current zero creation schemes. (**a**) Arc voltage current limiting scheme, (**b**) passive resonant current zero creation scheme, (**c**) active resonant current zero creation scheme with current injection, (**d**) hybrid mechanical and power electronic switch

16.4.3 Active Resonant Current Zero Creation Scheme(Active Current Injection Scheme)

이 방식은 DC전류와 반대 극성의 고주파 전류를 주입함으로써 즉시 전류 영점으로 만들어주는 외부 전압 소스를 가지고 있다. 외부 전압 소스원는 리액터가 있는 사전 충전된 커패시터와 반대 극성의 고주파(수 kHz) 전류를 주입하는 고속 스위치(예: 사이리스터 스위치, 트리거 갭 또는 기계적 스위치)로 구성되어 있다. DC

계통 전압에 따라 다르지만 비교적 큰 커패시터가 필요할지라도 이 방식이 Multi-terminal 전력망에서 HVDC 고장전류를 차단하기 위하여 사용될 가능성이 있다. 이 방식으로 HVAC 진공 차단기를 사용하는 프로토 타입의 HVDC 차단기는 8–10ms 이내에서 최대 16kA의 DC 고장 전류를 차단하는 것이 입증되었다.

16.4.4 Hybrid Mechanical and Power Electronic Switch

이 차단기는 기계식 스위치와 전력 전자(반도체) 장치로 구성된다. DC 차단기는 고속 기계적 스위치와 전환용 전력 전자 스위치로 구성된 주 회로로부터 직-병렬 연결된 전력전자(IGBT: 절연 게이트 바이폴라 트랜지스터) 장치로 DC 사고 전류를 전환(commutate)한다. IGBT는 수 ms이내에 전류를 block할 수 있다. 230kV DC 프로토 타입 차단기가 중국의 Multi-terminal HVDC 전력망에 사용되고 있으며, 500kV DC 차단기는 3ms 이내(고장 발생순간부터 MOSA의 에너지 소멸 없이 breaker branch의 전류영점까지)에 DC 25kA를 차단하는 것이 입증되었다. 저손실의 고전압, 대용량 전력 전자 기기로 급속한 발전으로 인해 향후 AC 차단기에 적용이 가능할 것으로 보인다.

16.5 Voltage and Current Behavior with DC Circuit Breakers During DC Current Interruption

그림 16.3은 Active current injection이 가능한 기계식 DC차단기가 DC 고장 전류 차단하는 동안 전압, 전류 특성을 개략적으로 보여준다.

DC 계통에서 사고가 발생하면 차단기에 흐르는 고장 전류가 증가하고 계통 전압은 떨어지기 시작한다. 고장 감지 후 DC 차단기에 트립 명령이 내려지면 차단기기(진공 차단기)는 개방을 하기 시작한다. 진공 차단기의 극간 갭이 충분한 거리에 도달하게 되면 active resonant current injection circuit은 고장 전류와 반대되는 역 고주파 전류를 주입하고 즉시 전류 영점을 만들어 낸다. 이후 진공 차단기가 고주파 전류를 차단할 수 있게 되면 DC 차단기의 극간 전압이 갑자기 증가하여 계통 전압을 초과한다. 그러면 MOSA 제한 전압(일반적으로 계통 전압보다 1.5 배 높음)에 의해 극간 전압은 잘리게 된다. 과도 전압이 계통 전압으로 회복되기 시작하고 MOSA는 시스템의 인덕턴스에 의해 저장된 에너지를 소멸하게 된다.

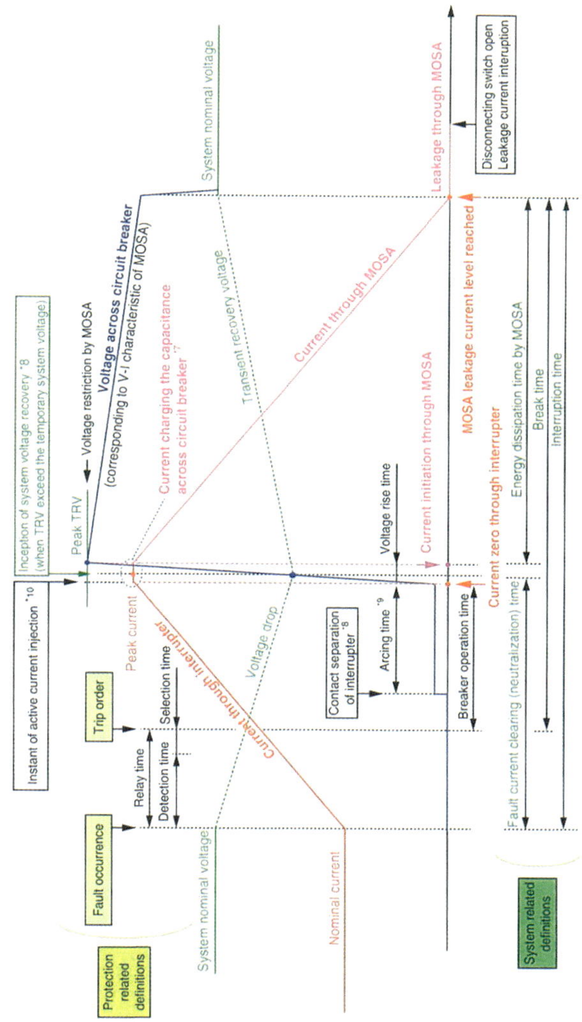

Fig. 16.3 Active current injection방식을 이용하는 기계식 DC차단기의 DC 고장 전류 차단 시 전압, 전류 특성. Note*8: 트립 명령 후 전극 개방(또는 접점 분리)되는데 수 ms가 소요되도록 설계된 기계식 DC 차단기 Note*9: 진공 차단기 극간의 아크 전압은 극간거리와 무관하게 접점 분리 후 거의 일정함. Note*10: 진공 차단기 흐르는 고장 전류는 active current injection순간 즉시 전류영점으로 만들도록 강제되며 진공 차단기는 이 고주파 전류를 즉시 차단할 수 있다. Note*6: 차단기 양단 전압(TRV)이 계통 전압을 초과하면 회복전압(RV)으로 회복되기 시작. MOSA에 의한 제한 전압에 의해 TRV가 잘리면 전류가 MOSA를 통하기 시작. Note*7: DC 차단기 극간 커패시턴스를 충전하는 시간. 기계식 DC 차단기의 active current injection에 필요한 커패시턴스는 마이크로 패럿이 요구된다.

그림 16.4는 Hybrid mechanical 및 IGBT device가 있는 전력 전자 DC 차단기가 고장 전류를 차단하는 동안의 전압, 전류 특성을 개략적으로 보여준다.

앞에서 설명한대로, DC계통에서 DC 사고가 발생하면 인터럽터 장치에 흐르는 고장 전류는 증가하고 계통 전압이 떨어지기 시작한다. 고장이 발생하면 고장 감지 후, 제일 먼저 직-병렬로 연결된 많은 IGBT 장치로 구성된 Power electronic branch(전력 전자 장치로 이뤄진 Main circuit Breaker)로 전류를 전환(commutate)하기 위해 load commutating IGBT를 turn off 하기 시작한다. 그리고 주회로에 연결된 초고속 단로기(Ultrafast Disconnecting Switch)는 commutation branch를 개방한다. 전류가 전력 전자 branch로 전환(commutate)되기 시작하면 Hybrid DC차단기의 극간전압은 전력 전자 장치의 저항성분으로 인해 전류와 함께 증가한다. 완전한 전류 전환 후 트립 명령이 발생하면 전력 전자 분기회로는 모든 IGBT 장치를 turn off하고 전류를 block한다. 전류 Block 된 후 DC 차단기의 극간 전압은 갑자기 증가하여 계통 전압을 초과하게 되고 그런 다음 DC 차단기의 극간전압은 mechanical DC 차단기의 경우와 유사하게 MOSA 제한 전압에 의해 제한된다. 과도 시스템 전압이 정상 전압으로 회복하기 시작하고 MOSA는 시스템의 인덕턴스에 의해 저장된 에너지를 소멸시킨다.

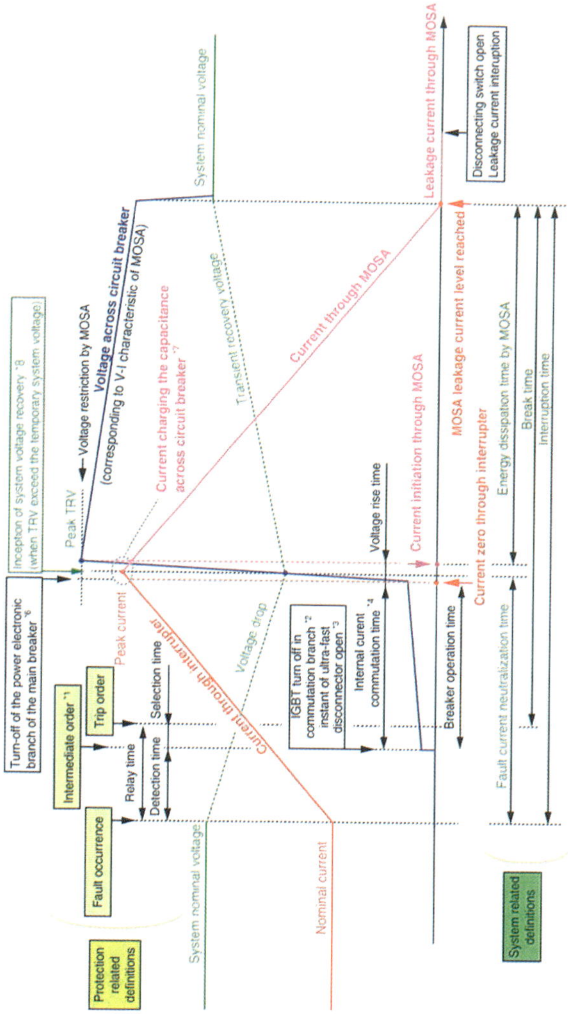

Fig. 6.4 하이브리드 기계식 및 전력 전자식 DC 차단기를 사용한 DC 전류 차단 동안의 전압 및 전류 동작. Note*1: Note*2와 3에 나타낸 동작과 같이 차단동작을 수행하기 위한 트립 명령 이전의 모든 명령. Note*2: 고장 감지 직후 load commutating IGBT devices를 turn off하는 순간. Hybrid DC 차단기의 전압은 전류와 함께 증가. Note*3: Commutation branch(주 회로)에서 초고속 단로기를 여는 순간. Note*4: load commutationg IGBT device가 있는 commutation branch에서 main breaker의 power electronic branch로 사고전류를 전환하는데 필요한 시간. Note*5: 주 차단기의 power electronic branch를 turn off 하는 순간 초고속 단로기의 내전압을 보장하는 시간 지연 후 즉시 Block 및 전류 차단. Note*6: 차단기 양단 전압(TRV)이 일시적인 시스템 전압을 초과하면 전압 회복이 시작되고 MOSA에 흐르는 전류는 TRV가 MOSA의 제한 전압에 의해 제한될 때 시작. Note*7: 전압 상승 시간 동안 DC 차단기의 표유 커패시턴스는 정상전압으로 회복되는 계통전압에 의해 충전되고 MOSA는 시스템의 인덕턴스에 의해 저장된 에너지를 소멸시킨다.

그림 16.5는 DC차단기 양단 전압이 MOSA에 의해 제한 될 때까지 전류 영점 근방에서 interrupter branch에 흐르는 전압, 전류 특성을 확대하여 보여준다. DC 차단기 양단의 커패시턴스(하이브리드 DC 차단기의 경우 스트레이 커패시턴스)는 역전류 주입 또는 blocking에 의해 강제적으로 전류 영점이 될 때 충전되기 시작한다.

커패시터 충전 중에 커패시턴스를 충전하는 전류는 거의 일정하고 전압은 회복되기 시작한다. 회복 전압이 MOSA의 제한 전압에 도달하기 시작하면 커패시턴스의 전류 충전은 중지되고 전류가 MOSA에 흐르기 시작되며 MOSA의 V-I 특성에 따라 점차적으로 감소한다.

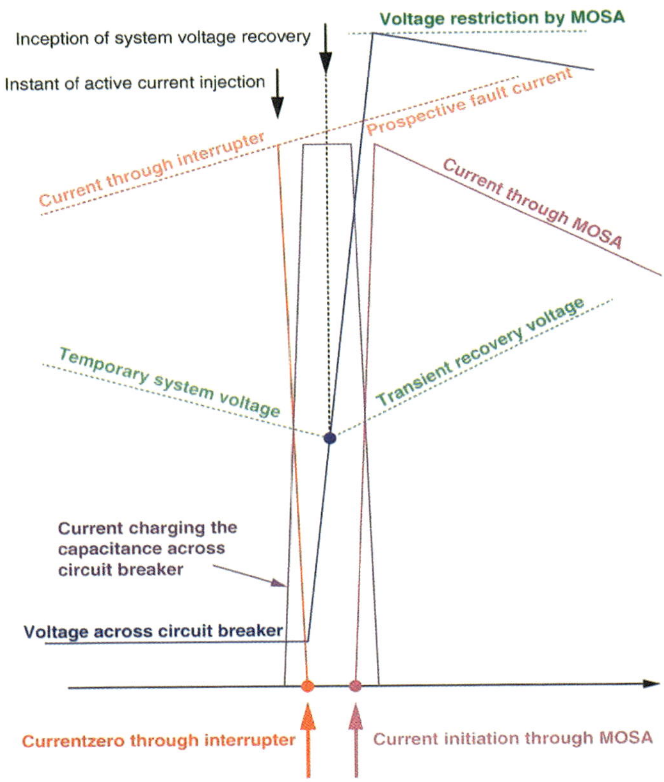

Fig. 16.5 Voltage and current behavior around current zero through interrupter to MOSA activation

16.6 DC Circuit Breakers Applied for Different Applications

그림 16.6은 산업 응용 분야에 사용되는 arc coltage current limiting 방식의 480V−10kA DC 차단기(MCCB: 몰드형 차단기)를 보여준다. MCCB 전극 사이의 아크 전압이 시스템 전압보다 높으면 전류를 제한하고 약 5ms 내에 빠르게 전류 영점으로 만들어 준다. 그림 16.7은 DC 전류를 차단하는 동안 전류 특성의 예를 보여준다(t_1: MCCB 트립전류 레벨까지의 시간 t_2, 접점 분리시간 t_3, 접점 분리 순간부터 전류 피크 순간까지의 시간 t_4, 아킹타임 t_T, 총 차단시간 q, 전류 상승률).

Fig. 16.6 LV DC circuit breakers with arc voltage current limiting scheme

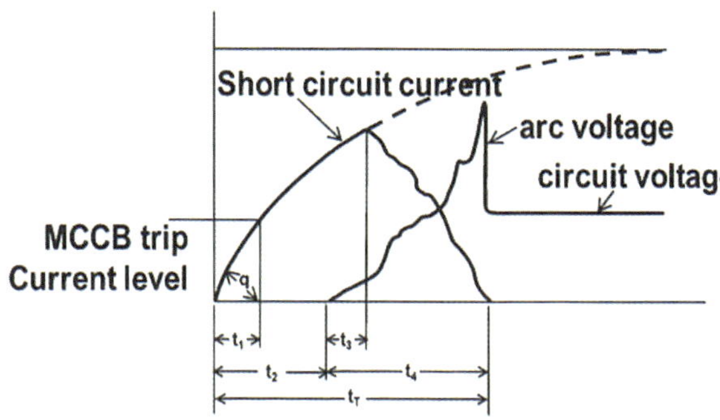

Fig. 16.7 Current behaviors during current interruption. (Courtesy of Mitsubishi Electric)

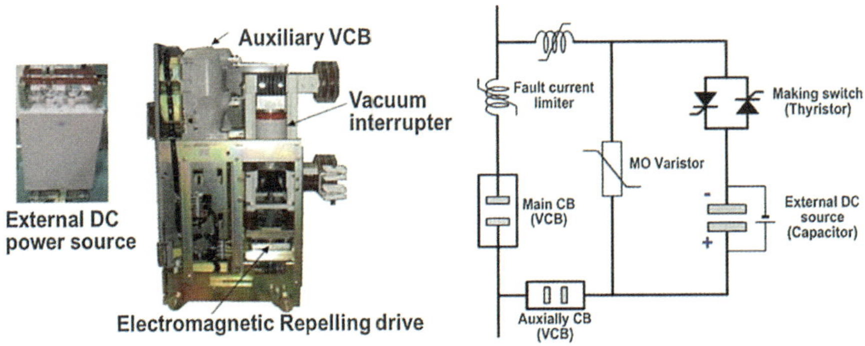

Fig. 16.8 MV DC circuit breakers with active resonant current zero creation scheme

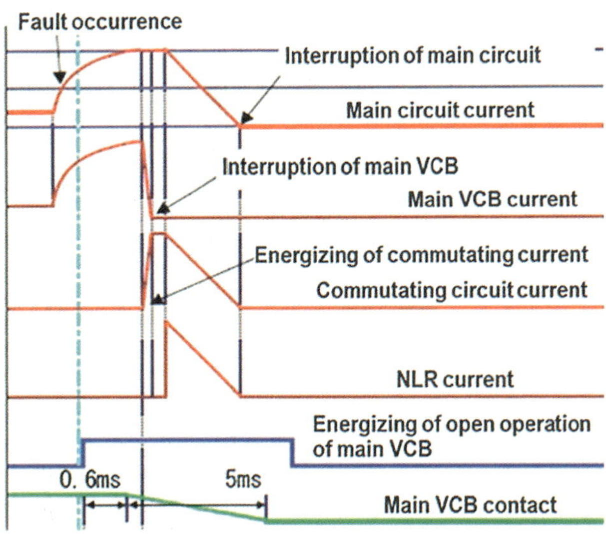

Fig. 16.9 Current behaviors during current interruption. (Courtesy of Mitsubishi Electric)

그림 16.8은 전력선로에서 최대 100kA의 차단능력을 갖는 active resonant current zero creation scheme 방식을 사용하는 1500kV DC 차단기를 보여준다. 외부 DC 소스원에 의해 충전된 역전류를 DC 고장전류에 주입하여 전류 영점을 즉시 생성하는 사이리스터 스위치가 장착되어 있다. 그림 16.9는 DC 차단기가 수 ms이내에서 고장 전류를 차단할 때 일반적인 오실로그램을 보여준다. 진공 차단기가 전류 영점에서 고주파 전류를 차단 한 후 전압은 시스템 전압으로 회복되고 MOSA는 에너지를 소멸시킨다.

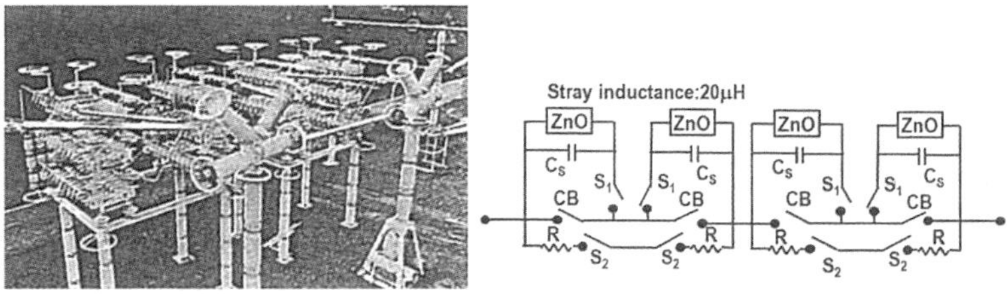

Fig. 16.10 HV DC circuit breakers with passive resonant current zero creation scheme

Fig. 16.11 Current behaviors during current interruption

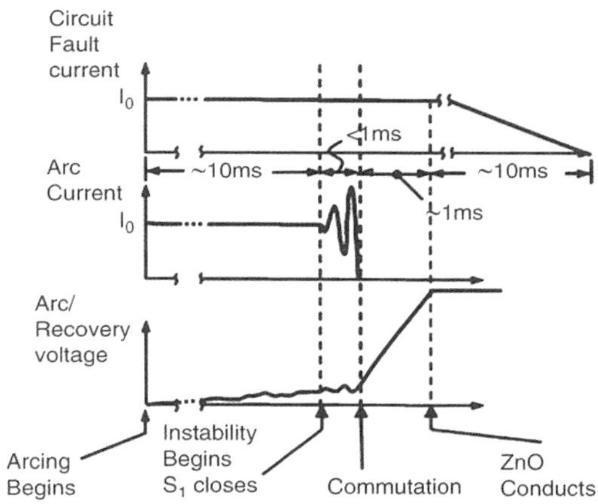

그림 16.10은 미국 태평양 지역(Lee et al. n.d.)의 현장에서 테스트 된 passive resonant current scheme(종종 MRTB라 부른다: metallic return transfer breaker)를 사용하는 550kV−2200A DC 차단기를 보여준다. 폐쇄 동작을 통해 중성선에서 발생한 DC 고장을 제거하고 고장 제거 후 전류를 중성선으로 다시 전환(commutate)할 수 있다. 그림 16.11은 전류 영점을 만들기 위해 진동하는 전류의 진폭이 확장되는 동안 전류 및 전압 특성의 일반적인 오실로그램을 보여준다.

16.7 Fundamental Behavior of Passive Current Creation Scheme

DC 전류에 대한 passive resonant current zero current interruption 방식은 아크 접점의 분리에 의해 시작된다. 차단 동작 중 아크의 상태 변화는(예 : 가스 flow로 인한 아크의 연장 또는 단락) 아크 전압 및 아크 전류의 작은 진동으로 나타나며 회로상태가 불안정할 때 진폭이 점점 커지게 되어 결국 전류영점에 이른다.

Fig. 16.12 Circuit configuration of DC circuit breaker with passive resonant current zero Scheme. (Ito et al. 1997)

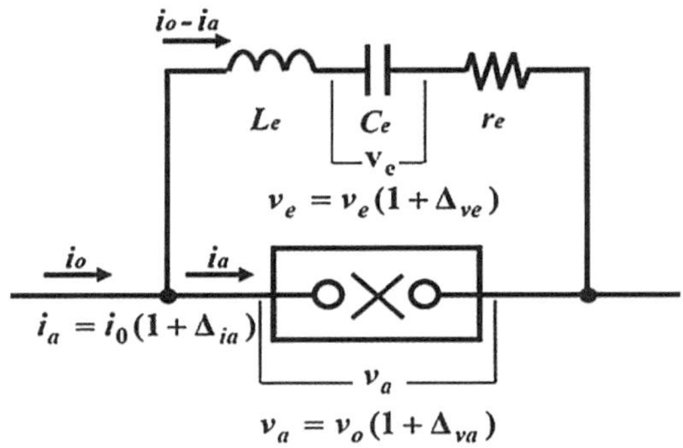

아크전압과 아크 전류에 의한 작은 진동이 전류 진폭현상으로 이어지는 영향은 수학적 아크 모델과 차단회로의 조합적 해석으로 평가할 수 있다. 수학적 아크 모델을 이용한 조합적 해석의 예로 전류 진폭 현상이 연구되고 있고 회로 차단기와 병렬로 연결된 인덕턴스와 커패시턴스의 최적화를 아래와 같이 설명할 수 있다.

Mayr 아크 모델에는 아크와 주변 가스 사이의 열 에너지 교환을 나타내는 두 개의 파라미터(θ: arc time constant, n: arc power loss) 가 있으며 식 16.1로 표현될 수 있다. 또한 passive resonant current zero scheme를 갖는 DC 회로 차단기의 회로 구성은 그림 16.12와 같이 나타낼 수 있으며, 회로 차단기의 아크전압(v_a)와 아크 전류(i_a) 는 식 16.1, 16.2, 16.3 그리고 16.4로 나타낼 수 있다.

$$\frac{dr_a}{dt} = \frac{r_a}{\theta}\left[1 - \frac{v_a \times i_a}{n}\right] \tag{16.1}$$

$$\frac{dv_e}{dt} = \frac{i_0 - i_a}{C_e} \tag{16.2}$$

$$L_e \cdot \frac{d(i_0 - i_a)}{dt} = v_a - v_e - r_e \cdot (i_0 - i_a) \tag{16.3}$$

$$v_a = r_a \times i_a \tag{16.4}$$

이 방정식에서 i_a, r_a, L_e, C_e, 그리고 r_e는 각각 차단 전류, 아크 저항, 병렬 리액턴스, 병렬 커패시턴스 및 스트레이 저항을 나타낸다. 또한 v_e는 커패시터 양단의 전압이다. 아크 전류 $i_a = i_0$이고 아크 전압 $v_a = n/i_0$일 때, Eq. 16.1은 평형 상태이고 아크 전압과 아크 전류는 일정하게 유지된다.

아크전류 Δi_a의 작은 진동에 대한 응답은 위 식과 같이 perturbation method에 의해 식 16.1, 16.2, 16.3 그리고 16.4에서 얻을 수 있으며, 결국 선형미분방정식 16.5를 얻을 수 있다.

$$L_e \cdot \frac{d^3 \Delta i_a}{dt^3} + \left(\frac{L_e}{\theta} + r_e + \frac{n}{i_e^2}\right)\frac{d^2 \Delta i_a}{dt^2} + \left(\frac{r_e}{\theta} + \frac{1}{C_e} - \frac{n}{\theta \cdot i_e^2}\right)\frac{d \Delta i_a}{dt} + \frac{1}{\theta \cdot C_e}\Delta i_a = 0 \tag{16.5}$$

이 미분방정식은 3개의 real solutions 또는 1개 real solution과 2개의 complex solution을 가진다. 미분 방정식에 두 개의 complex solution이 있는 경우 Δi_a는 진동 모드에 있다. Complex solution의 실수부가 양수이면 Δi_a는 불안정하고 진동과 함께 진폭이 커진다. 미분 방정식이 real solution만 있는 경우 Δia는 비 진동 모드에 있다(최소 하나 이상의 real solution이 양수이면 진동하지 않고 증가하며, 모든 real solution이 음수이면 진동없이 감소한다.).

passive resonant 방식의 DCCB에는 진동 모드가 반드시 필요하다. 미분방정식 16.5는 식 16.6으로 인수분해 될 수 있다는 가정하에 진동 모드의 경우 식 16.6의 일반해는 식 16.7로부터 주어진다.

$$(p - \alpha_0) \cdot (p - \alpha_i - j\omega) \cdot (p - \alpha_i + j\omega) = 0 \tag{16.6}$$

$$\Delta i_a = \Delta_o \cdot \exp^{\alpha_0 t} + \Delta_1 \cdot \exp^{\alpha_1 t}(\sin w \cdot t + \phi) \tag{16.7}$$

증폭 계수(amplification coefficient) α_1와 각 주파수(angula frequency) ω는 6개의 매개변수(C_e, L_e, r_e, n, θ, and i_0)의 함수로 표현될 수 있다. 아크 파라미터(n 및 θ), 차단 전류 i_0, 그리고 표유저항이 일정하면 2개의 파라미터(C_e and L_e)에 대하여 증폭계수 α_1과 각 주파수 ω의존성을 얻을 수 있다.

그림 16.13은 주어진 회로 조건(차단전류 $i_0 = 3500\text{A}$, 표유저항 $r_e = 0.2\Omega$, arc time constant $\theta = 40\mu\text{s}$, 아크 전력 손실 $n = 10\text{MW}$)에서 다양한 병렬 리액

턴스 및 병렬 커패시터로 인한 전류 진동의 증폭 계수 및 각 주파수에 대한 영향의 계산 결과를 보여준다. 이 그림에서 커패시터 값이 주어질 때 어떤 최적의 리액턴스값에서 증폭계수는 최대 값을 가짐을 알 수 있다. 또한 회로 파라미터(C_e and L_e)가 증가함에 따라 각 주파수 ω가 감소함을 확인할 수 있다.

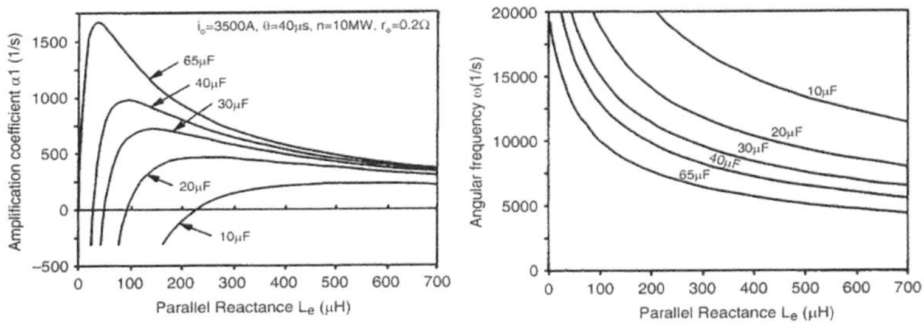

Fig. 16.13 Calculation result of influence on the amplification coefficient and the angular frequency of current oscillation by parallel reactance and parallel capacitor

그림 16.13 병렬 리액턴스와 병렬 커패시터에 따라 전류 진동의 증폭 계수와 각 주파수가 영향을 나타내고 있는 계산 결과 전류 진동이 커져서 결국 전류 영점으로 이어지려면 증폭계수가 양수가 되도록 C_e와 L_e를 선택해야 한다. 예를 들어, 커패시터가 30μF인 경우 50μH 이상의 병렬 리액터가 필요하다. 그러나 더 큰 병렬 리액터는 전류가 0이 될 때까지 더 오래 걸린다.

차단기는 차단방식과 관계 없이 차단할 수 있는 arc time range(약 30ms 미만)의 제한이 있다. 따라서, 진동하는 전류가 차단이 가능한 아크시간 이내에서 전류 영점에 도달하도록 하기 위해서 리엑터와 커패시터 값이 적절하게 조합되어야 한다.

그림 16.14는 상 정류기 회로와 평활 리액터로 구성된 DC전류 회로에서 수행된 차단 시험의 아크전압 및 아크 전류 파형을 보여준다. 이 경우 차단 전류는 3500A이고 병렬 임피던스 L_e와 C_c는 각각 350μH와 30μF이다. 표유 저항은 0.2Ω이다. 차단기는 퍼퍼 type의 SF_6 가스 차단기이다.

아크전압과 차단전류에서 얻은 아크 전력 손실은 10 MW이고, 증폭 계수와 각 주파수에서 얻어진 아크 시상수 θ은 40μs이다. 그림 16.14의 왼쪽 파형은 관측된 파형을 보여주고 오른쪽 파형은 계산된 전압 및 전류 파형을 보여준다. 계산된 결과는 테스트 파형의 증폭 계수와 각 주파수를 모두 잘 재현하고 있음을 알 수 있다.

그림 16.15는 다양한 병렬 회로 파라미터에서 테스트 결과를 보여준다. 계산에

서 얻은 차단 성공을 만드는 L_e와 C_e의 조합 영역(450 S−1보다 큰 증폭 계수)은 이 그림에서 음영 처리로 나타내었다. 이 그림에서 테스트 결과는 계산에서 얻은 차단 성공 영역과 잘 일치 함을 알 수 있다. 또한, 이 그림에서 C_e가 69μF 보다 높을 때 L_e가 필요하지 않으며 L_e의 500μH 보다 높은 값은 차단 성능이 향상되지 않는 것을 알 수 있다.

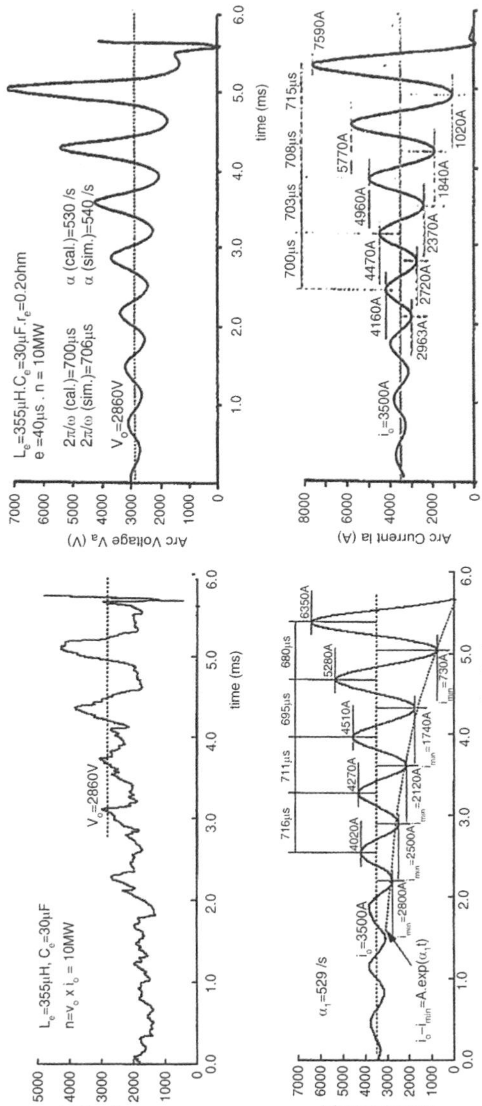

Fig. 16.14 Current and voltage behavior of MRTB with passive resonant current zero creation scheme

Fig. 16.15 Comparison between interruption test results and interruption success region by simulation

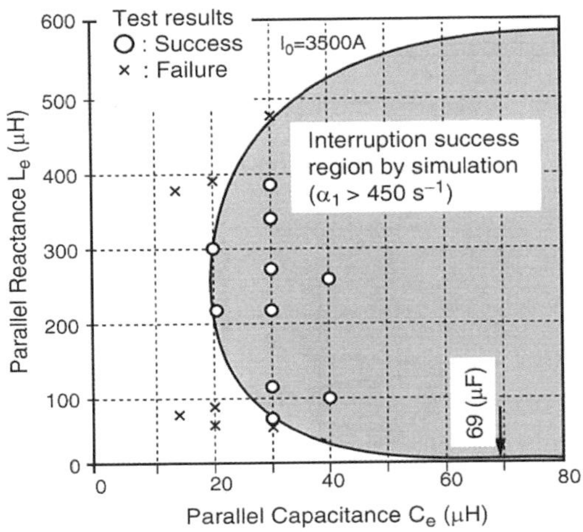

상술한 바와 같이 수학적 아크 모델과 회로 방정식의 종합적인 분석을 통해 전류 진동 현상에 대한 설명과 병렬 리액터와 커패시터의 최적화를 수행할 수 있다.

16.8 Development of HVDC Circuit Breaker with Active Current Creation Scheme

고속 동작 메커니즘을 갖춘 HV 진공 차단기로 구성된 기계식 DC 회로 차단기가 최대 16kA의 전류로 테스트 되었다. 차단기와 병렬로 연결된 pre-charged capacitor를 방전하여 DC 고장전류에 고주파 역전류를 중첩하여 전류영점을 만드는 active current zero creation 방식이 적용되었다.

그림 16.16은 실험실 테스트 조건을 보여주고, 그림 16.17은 DC 차단기의 시험 회로도를 보여준다.

active resonant circuit는 커패시터(C_p), 리액터(L_p), spark gap, 그리고 C_p에 병렬로 연결된 금속 산화물 서지 피뢰기(MOSA)로 구성된다. DC 차단기의 차단 시험에서, 일정한 전압으로 사전 충전된 C_p의 방전 시간은 진공차단기의 접점 분리 후 단지 수 ms의 delay time을 가졌다. active resonant discharge은 직렬 연결된 C_p 및 L_p에 의해 주입되는 고주파 역전류를 중첩하여 전류영점을 만들었다.

차단 전류는 AC 전류 소스에 의해 공급되었는데, DC 차단기가 상용 주파수 단락 피크 전류를 차단할 때 등가 DC 전류를 제공할 수 있다.

Fig. 16.16 HVDC circuit breaker test conducted at the KEMA laboratory (Belda et al. 2018). (Courtesy of DNV GL, KEMA Laboratories)

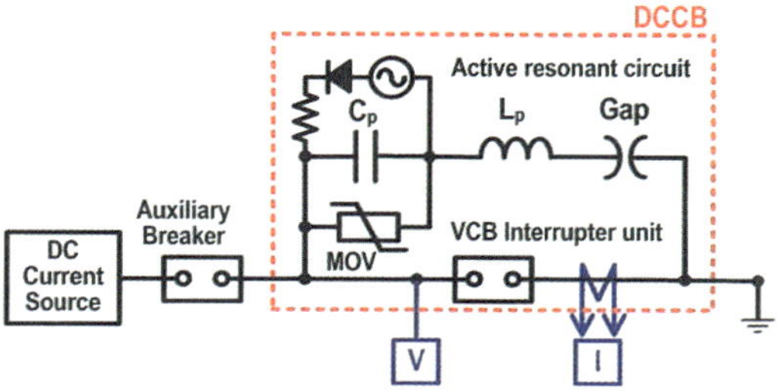

Fig. 16.17 Testing circuit of a DC circuit breaker

테스트 조건은 고전압 AC 차단기에 대한 절연 조건과 DC 차단 전류 범위에(정상 전류 0.5kA 부터 최대 16kA) 따라 결정되었다.

그림 16.18은 각각 16kA 및 5kA의 차단 전류를 차단하는 DC 차단기 차단시험 중에 기록된 전체 테스트 시퀀스 파형 및 확대된 파형을 보여준다. 테스트 결과 16kA 및 5kA의 전류를 차단할 때 DC 차단기가 주입된 전류에 의해 생성된 첫 번째 전류영점에서 성공적으로 차단할 수 있음을 보여준다.

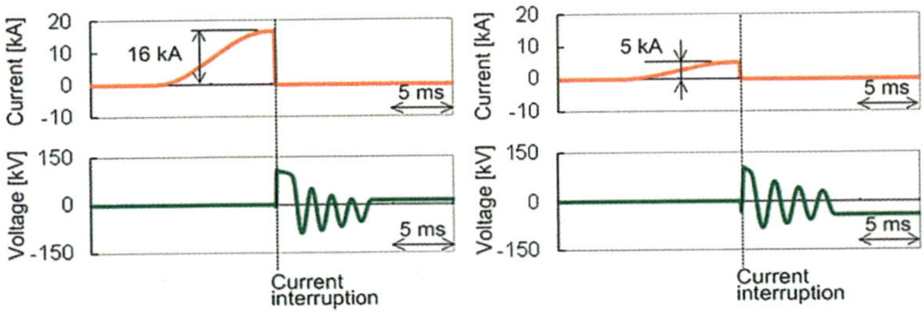

Fig. 16.18 Voltage and current behaviors at current of DC 16 kA and 5 kA

회복 전압의 상승률은 더 작은 차단전류에서 더 심해진다. 차단 후 발생하는 과전압은 다음 식16.8에 의해 결정된다.

$$V_p = k\sqrt{\frac{L_s}{C_p}} \cdot I \tag{16.8}$$

여기서 L_s는 소스 회로의 인덕턴스, C_p는 차단기와 병렬로 연결된 커패시터, I는 차단 전류, k(<1)는 회로의 저항 성분으로 인한 damping factor이다. 따라서 차단 전류 I가 클수록 과전압(V_p)이 높아지지만 C_p에 병렬로 연결된 MOSA의 제한 전압에 의해 제한된다.

16.9 Operation Principle of Hybrid Mechanical and Power Electronic Switch

하이브리드 기계 및 전력 전자 스위치의 구성은 그림 16.19에 나와 있다. 이 유형의 DC 차단기는 부하 전류 스위치(load commutation switch, 이하 LCS), 초고속 단로기 및 Main Circuit Breaker branch로 구성된다. 부하 전류 스위치(LCS)에는 몇 개의 전력 전자 장치가 있다. 이 스위치는 트립 명령을 받은 후 짧은 시간에 DC 전류를 Main braker branch 전환할 수 있다. 초고속 단로기는 빠르게 개방하는 기계식 스위치로, 차단전류를 차단하는 주회로 차단기(Main Circuit Breaker branch)로부터 부하 전류 스위치(LCS)를 분리시킨다. Main braker는 직렬 및 병렬로 연결된 다수의 전력 전자 장치(IGBT)로 구성된다. MOSA는 전류 차단 후 발생되는 과전압을 제한하기 위해 Main Circuit Breaker branch에 병렬로 연결된다.

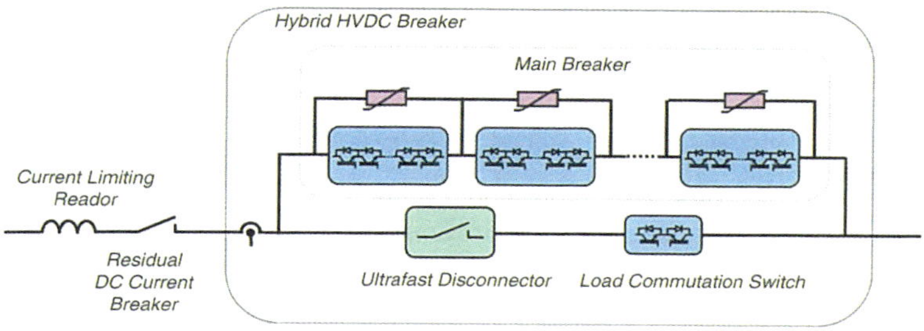

Fig. 16.19 Configuration of hybrid mechanical and power electronic switch. (Derakhshafar et al. 2014)

Fig. 16.20 Operation of hybrid mechanical and power electronic DC circuit breaker. (**a**) Current through the commutation branch. (**b**) Current through the main breaker branch. (**c**) Current through MOSA

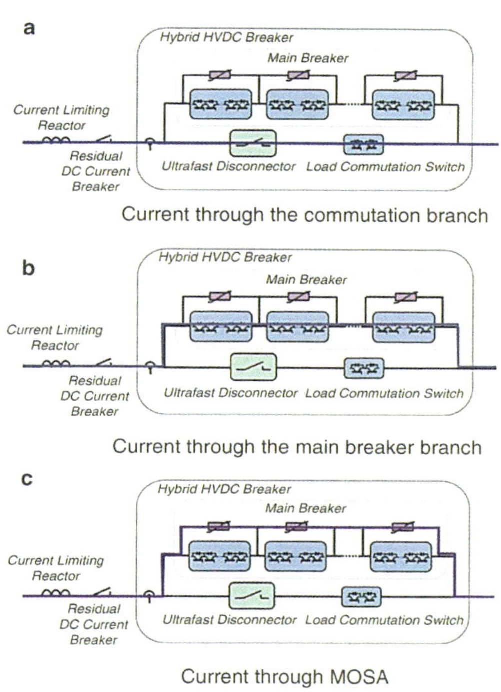

그림 16.20은 이러한 유형의 DC 차단기의 동작 순서를 보여준다. 정상 동작에는 부하 전류가 부하 전류 스위치(LCS)와 초고속 단로기(ultrafast disconnector)를 통해 흐른다(그림 16.20a). 부하 전류 스위치(LCS)에는 전력 전자 장치의 수량이 적고 초고속 차단기는 기계식 스위치이므로 이 전류 경로의 turn-on 상태에서 전력

손실은 상대적으로 낮다.

DC 차단기에 트립 명령이 내려지면 부하 전류 스위치(LCS)가 turn-off 되고 전류가 주 차단기 분기(main breaker branch)로 전환된다(그림 16.20b). 전류 전환 이후 초고속 단로기가 개방된다. 주 차단기(main breaker branch)에 있는 전력 전자 장치의 turn off는 초고속 단로기가 필요한 절연거리를 확보하는 데 걸리는 시간에 따라 결정된 시간 지연 후에 수행된다. 주 차단기를 turn off 하면 전류가 MOSA로 전환되고 MOSA는 에너지를 소산시킨다(그림 16.20c). 전류가 영점에 도달하면 외부의 잔류 DC전류 차단용 차단기(residual DC current breaker)가 개방되고 차단이 완료된다.

그림 16.21은 80kV 하이브리드 기계식 및 전력 전자 스위치의 테스트 결과를 보여준다. 이 테스트에서 DC 차단기는 약 9kA의 고장 전류를 차단했다.

그림 16.22는 500kV 25kA 하이브리드 기계 및 전력 전자 DC 차단기 프로토타입의 사진을 보여준다(Yang et al. 2017). 그림 16.23은 하이브리드 500kV DC 차단기의 구성을 보여준다. 하이브리드 HVDC 차단기는 주 부하 분기(main load branch) 와 주 차단기(main breaker branch) 분기로 구성된다. 주 부하 분기에는 고속 기계식 스위치와 IGBT commutation 모듈이 포함된다. 주 차단기 분기(main breaker branch)는 여러 개의 다이오드가 포함된 IGBT 모듈과 직렬로, 에너지 소산용 MOSA와 병렬 연결되어 구성된다. 그림 16.24는 500kV DC 차단기의 DC 전류 차단 프로세스를 보여준다.

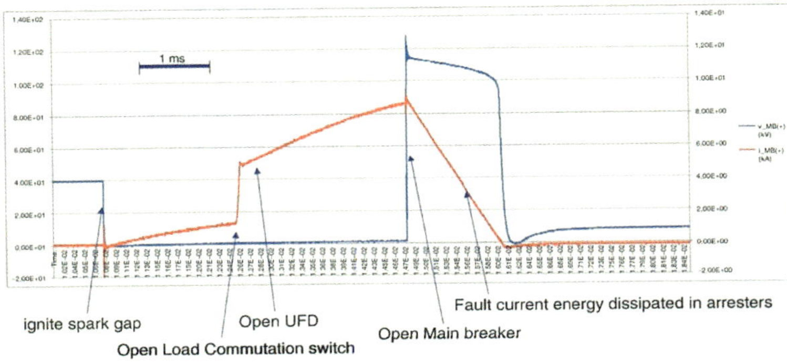

Fig. 16.21 Testing result of hybrid mechanical and power electronic DC circuit breaker (Derakhshafar et al. 2014)

Fig. 16.22 500 kV DC circuit breaker (hybrid mechanical and power electronic switch). (Courtesy of NR Electric, State Grid of Corporation of China)

16.10 DCCB Requirements for Multiterminal Radial HVDC Network

DC 고장 전류 레벨 및 DC fault clearing time과 같은 DCCB에 대한 요구 사항은 그림 16.25(Tahata et al. n.d.)와 같이 simple multiterminal radial HVDC network model을 사용하여 분석되었다. 이 모델은 그림 16.25와 같이 HVDC 케이블을 통해 연결된 4개의 VSC(voltage-commutated converter) 스테이션이 있는 4-terminal HVDC 네트워크로 구성되었다. 케이블 길이는 각각 120km, 240km, 360km로 설정하였고, 이 시스템의 정격 DC 전압은 +/− 320kV이다. 각 VSC 컨버터 스테이션(C/S)의 용량은 900MW에서 1200MW까지이며 시스템의 송전 용량은 2.1GW이다. 이 분석에서 DC 단락사고 지점은 B-C/S 근방이 고려되었다.

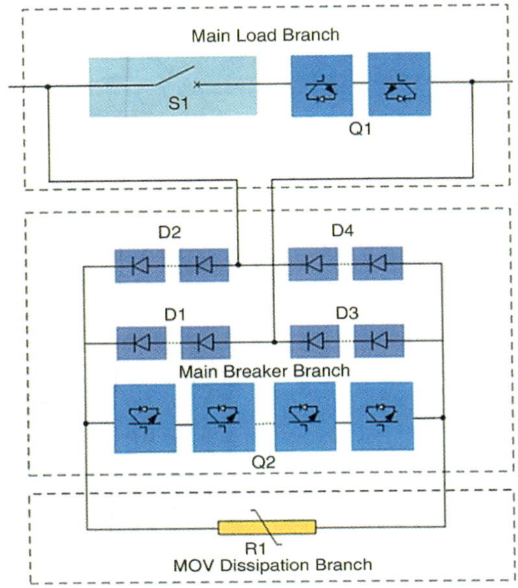

Fig. 16.23 Configuration of hybrid 500 kV DC circuit breaker

컨버터 설계 파라미터(예: modulation index)에 따라 VSC 컨버터는 DC 시스템 전압이 임계 값(예: 정상 전압의 0.8PU) 아래로 떨어지면 계속해서 운전할 수 없다. 따라서 비 고장 라인(non-faulted line)에서 제어 능력을 잃지 않고 연속 운전을 보장하기 위해 DCCB는 사고전류를 신속하게 차단해야 한다. 이 시뮬레이션에서는 정상 전압의 0.8PU를 임계전압으로 설정되고 시스템 전압이 이 임계 값까지 떨어지는 시간이 DC fault clearing time으로 정의되고 요구조건으로 만족되어야 한다. 시뮬레이션 네트워크에서 직렬 연결 리액터(DCL)는 DC 라인에 연결된다. DCL은 전압 강하 속도를 지연시키고 DC falut clearing time의 요구사항을 완화할 것으로 예상된다.

그림 16.26은 B−C/S 근방에서 상간 고장이 발생할 때 다양한 DCL 값에 대해 C/S에서 DC 전압(그림 16.25에 나타낸 것처럼 상간 사고 전압)의 해석 결과를 보여준다. 양쪽 라인 단자에서 DC 고장은 t=300ms로 설정하였다. 사고 발생 근방의 B−C/S 전압은 라인 임피던스와 DCL에 의해 결정된 전압 감쇠 속도로 즉시 떨어진다. 사고 발생 지점에서 240km~600km 떨어진 곳에 위치한 C−C/S, D−C/S 및 A−C/S의 전압은 고장의 결과로 점차적으로 떨어지지 만 고장 위치로부터의 진행파 전파 현상이 고려될 뿐만 아니라 추가 연결된 DCL과 긴 전송 길이로 인한 상당한 임피던스가 Line에 고려되기 때문에 감쇠율은 그다지 급격하지 않다.

시뮬레이션은 라인의 리액턴스를 증가시키고 고장 위치로부터 더 먼 거리를 확보하면 멀리 떨어진 컨버터의 전압 강하가 완화 될 수 있으므로 DC 차단기가 더 긴 DC fault clearing time을 갖는 것을 가능하게 할 수 있음을 보여준다.

표 16.1은 각각의 C/S에서 다양한 DC 리액터의 값을 갖는 경우 고장 발생 후 컨버터 DC 전압이 시스템 전압의 0.8PU 아래로 떨어지지 않도록 결정된 DCCB의 fault clearing time을 보여주는 시뮬레이션 결과를 간략화 하였다.

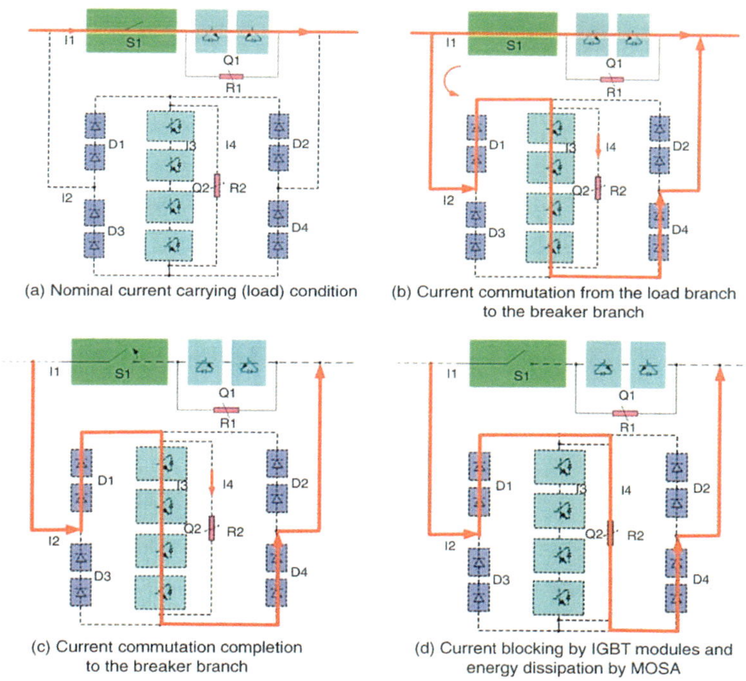

Fig. 16.24 회로 차단기의 DC 전류 차단 프로세스(Yang ct al. 2017). (중국 공사의 State Grid, NR Electric 제공) (a) 정격 전류 통전(부하) 상태, (b) 부하 분기에서 차단기 분기로의 전류 정류, (c) 차단기 분기로의 전류 정류 완료, (d) IGBT 모듈에 의한 전류 차단 및 MOSA에 의한 에너지 소산

과도현상 및 각 C/S마다 다른 시스템 파라미터(예: 컨버터 용량)로 인해 시뮬레이션 결과는 전압 강하 속도와 고장으로부터의 거리가 완벽한 상관 관계를 나타내지는 않지만 DC 전압은 사고 지점으로부터 멀어질수록 느리게 떨어지는 경향성을 보인다. 두개의 line terminal에 150mH, 혹은 그 이상의 큰 DC 리액터가 주 회로에((Tahata et al. 2015) 직렬 연결되어 있을 때 DC falut clearing time은 10ms보

다 길 수 있음을 나타낸다.

DCCB에 대한 또 다른 중요한 요구 사항은 DC 고장 전류 값이다. DC 고장전류는 관련 컨버터의 총 용량에 따라 고장 발생 후 약간의 시간 지연 이후 증가한다. 그림 16.26에서 A, C, 그리고 D-C/ S의 3 개 컨버터로부터 사고 지점으로 사고 전류가 흐르기 때문에 B-C/S에 연결된 케이블을 통해 흐르는 사고 전류는 가장 가혹한 것으로 간주된다. 그림 16.27은 4-terminal HVDC 네트워크에서 서로 다른 DCL 리액터 값에 대한 If의 DC 고장 전류 특성을 보여준다.

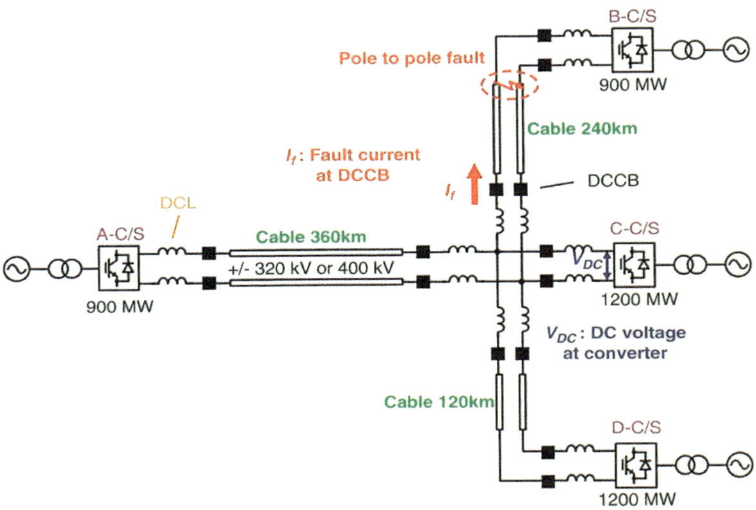

Fig. 16.25 Simple multiterminal radial HVDC network model

Table 16.1 DC fault clearing times for DCCB for various DCL reactance values at each C/S

	Time for DC voltage at converter to drop to 0.8 PU, *t* (ms)			
DC Reactor (mH)	B-C/S (near)	C-C/S (240 km away)	D-C/S (360 km away)	A-C/S (600 km away)
25	0.002	6.52	7.49	12.91
50	0.002	7.71	9.86	14.19
150	3.29	13.88	16.56	18.00

사고가 발생하면, 사고지점에서 즉시 방전이 이루어지기 때문에 고장 전류는 6-14kA 정도의 크기를 갖는다. 방전이 시작되면 고장전류는 케이블 임피던스와 DCL 값에 의해 결정된 공진 주파수로 진동한다. A, C 및 D-C/S 지점의 컨버터로

부터 흐르는 고장 전류 때문에 고장 전류는 30kA 이상으로 계속 증가한다. 시뮬레이션은 DC 고장 전류가 고장 발생 후 10ms 후에 주 회로와 직렬로 연결된 DCL 리액터가 150mH이면 11kA이고 50mH DC 리액터에서 17kA임을 보여준다.

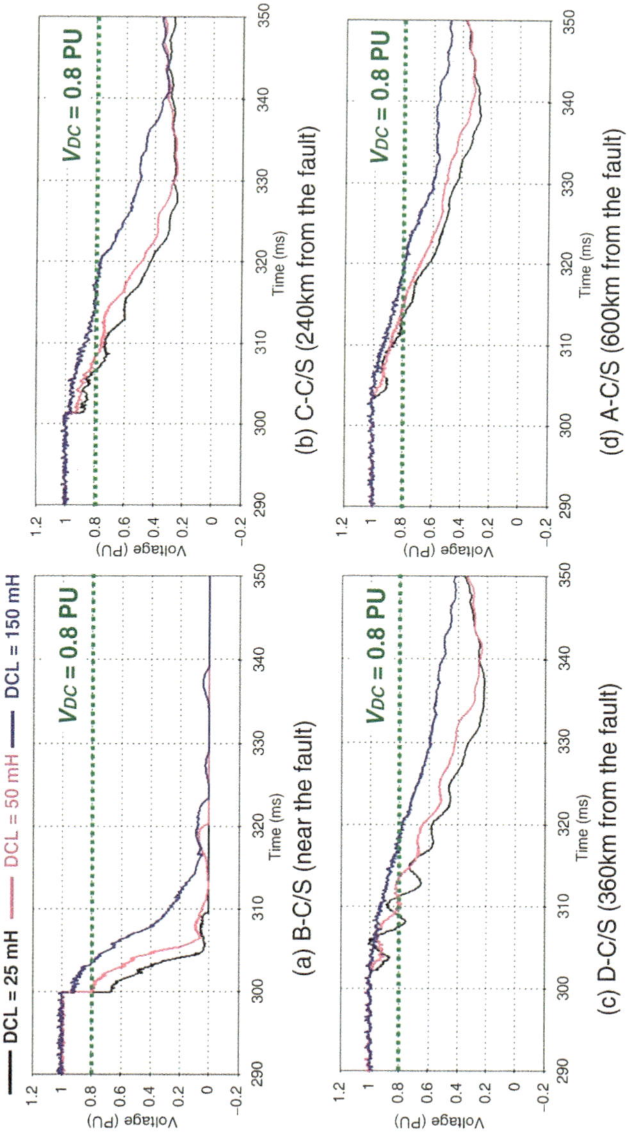

Fig. 16.26 DC voltage behavior at each C/S after a fault occurrence. **(a)** B-C/S (near the fault). **(b)** C-C/S (240 km from the fault). **(c)** D-C/S (360 km from the fault). **(d)** A-C/S (600 km from the fault)

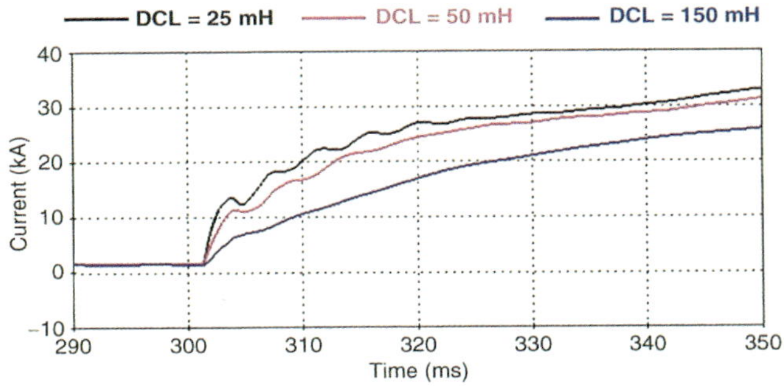

Fig. 16.27 DC fault current behavior of I_f for various DCL reactance values

이러한 분석적 시도는 DCL이 전압 강하의 관점에서 fault clearing time의 요구사항과 4개의 전류 값을 효과적으로 완화할 수 있음을 나타낸다. 예를 들어, 150mH의 DCL을 가지고 있는 4−terminal +/− 320kV radial HVDC 전력망에 사용되는 DC 차단기가 10초 이내(사고 위치로부터 240km 떨어진 컨버터 지점에서 지족적으로 전력 공급을 유지하기 위하여) 사고 처리를 위한 요구사항은 일반적으로 16kA 미만이다. 따라서 적절한 DCL 사용은 DC 차단기의 선택의 범위(예를 들어, 손실은 적고 비용 효율성은 높은 10ms의 동작시간을 갖는 차단기)를 확장시킬 수 있다고 말할 수 있다.

16.11 Field Experience of MRTB

쌍극(Bipolar) HVDC 시스템의 한 극에서 DC 고장이 발생하면 운전 모드는 쌍극 운전 방식(bipolar operation method)에서 단극 운전 방식(monopolar operation method) 으로 전환되어야 한다. 일부 응용 분야에서 단극 운전 모드는 고장 송전 라인을 사용하여 대지 귀로에서 금속 복귀로 전환하는데도 필요하다.

neutral metallic return line에 연결된 MRTB는 폐쇄동작으로 DC 지락 사고를 처리하는데 사용된다. 귀로전류는 대지귀로(ground return)과 대지 와이어(ground wire)의 두 경로로 나뉜다. MRTB는 접지 메시망에 직접 접지되므로 MRTB와의 연결은 중성선의 고장점과 접지 사이의 전압을 저감시킨다. 따라서 낙뢰로 인해 발생하는 아크는 전압은 그 전압을 유지할 수 없으며 전류는 급격히 전류 0으로 감소한다.

DC 고장 제거 후 MRTB가 개방되어 바이폴라 작동 모드의 정상 작동으로 돌아 가기 위해 전류를 neutral metallic return line 전환한다. 그림 16.28은 두 개의 neutral metallic return line이 있는 바이폴라 HVDC 시스템의 시스템 구성을 보여준다. 각 극은 독립적으로 운전하여 한 극의 유지 보수 작업 또는 metallic transmission lines중 하나에서 고장 발생 중에 전력 송전을 지속할 수 있도록 한다.

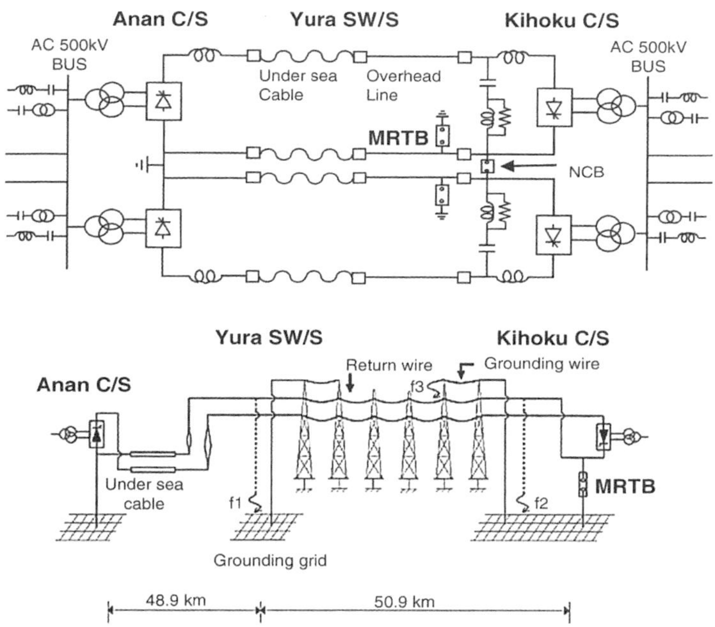

Fig. 16.28 Bipolar HVDC system with neutral metallic return lines. (Hara et al. n.d.)

MRTB는 2000년에 설치된 이후 300 회 이상 운영되었으며 중성선에서 발생한 고장을 성공적으로 해결했다. 그림 16.29는 C/S에서 약 18km 떨어진 송전탑에서 실제 낙뢰 고장이 발생했을 때 시운전 시 오실로그램을 보여준다. 리턴 라인 전류가 감소하고 MRTB로 흐르는 것을 볼 수 있다. close 동작으로 전류가 흐리기 시작한 시점부터 300ms 후에 MRTB가 전류를 차단하면 리턴 라인 전압이 회복되고 그 후 시스템이 정상 상태로 돌아간다. 그림 16.30은 passive oscillating current zero creation scheme을 사용하는 DC switchgear의 프로토 타입을 보여준다.

16.12 HVDC Disconnecting Switches

HVDC 단로기(DS)는 HVDC 송전 네트워크에서 다양한 회로를 분리하는 데 사용된다. 예를 들어, HVDC DS는 컨버터 뱅크(사이리스터 밸브), 필터 및 접지 Line에 사용되는 설비를 분리하는데 사용될 뿐만 아니라 Line/Cable 충전 전류 스위칭, Line/Cable의 무부하 스위칭과 같은 스위칭 책무를 수행할 수 있다. 또한 HVDC 단로기는 사고 처리 후 interrupter에 남아있는 잔류 전류 또는 누설 전류와 같은 작은 전류를 차단하기 위해 사용된다(대전류의 고장전류는 circuit breaker가 담당).

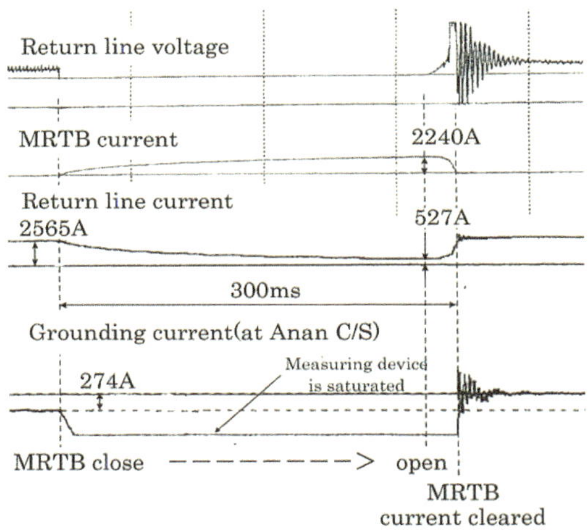

Fig. 16.29 MRTB operation of an actual lightning fault occurred at a transmission tower. (Hara et al. n.d.)

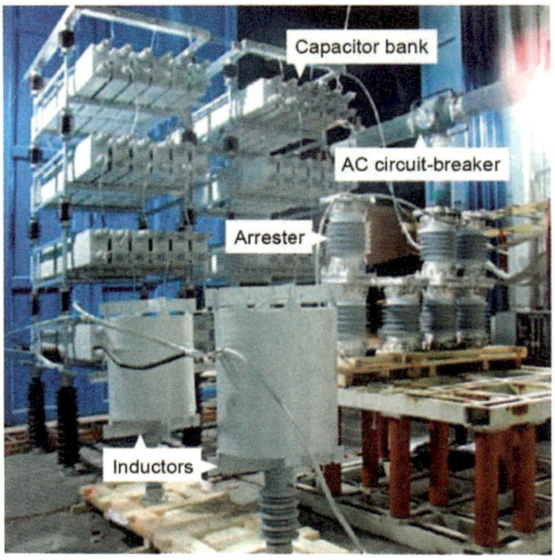

Fig. 16.30 Prototype MRTB. Courtesy of IPH, CESI group produced by Siemens

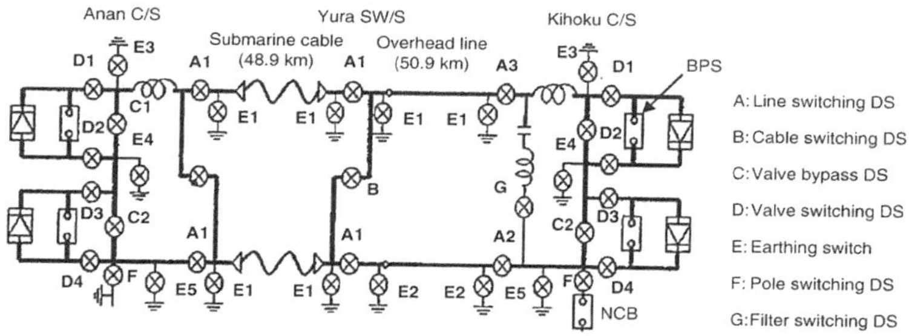

Fig. 16.31 Example of a single pole diagram of HVDC disconnecting switch in bipolar HVDC system

Table 16.2 Main switching duties of disconnecting switch (DS) applied to bipolar HVDC system

Switching duty	DS group in Fig. 22	Switching duty	Specifications
Line discharging current switching	A1, A2, A3	Interrupt the line discharging current flowing through a snubber circuit in a converter due to remaining charges of the lines after a converter is stopped	HVDC 0.1 A
No-load line transfer current switching	B	Switch a circuit connected between no-load positive line and negative line, when a phase to ground fault occurred on the lines the system is stopped prior to DS operation	HVDC 0.1 A
Loop current switching	C1, C2	Transfer the loop current through a disconnecting switch (DS) to a bypass switch (BPS) connected in parallel with a converter unit by opening DS, when a converter unit stops its operation Closing duty is also required when a converter unit starts its operation	LVDC 2800 A
Converter charging current switching	D1, D2	Interrupt charging current through a converter unit, when a converter unit stops its operation. The current includes a ripple current during a converter operation. When a converter unit starts its operation, closing surge is generated by DS operation	HV DC 1 A

그림 16.31은 일본의 bipolar HVDC 송전 시스템에서 스위칭 설비(MRTB 제외)와 관련이 있는 single pole diagram 보여준다. 일반적으로 HVDC 시스템에 사용되는 HVDC의 DS 및 ES에 대한 요구사항은 AC 시스템에 사용되는 HVAC의 DS 및 ES와 유사하지만 적용 조건에 따라 추가적인 요구사항이 필요하다. 표 16.2는 이러한 HVDC용 DS(CIGRE JWG A3/B4.34 2017)에 부과되는 주요 스위칭 책무를 보여준다.

- 그룹 A : DS는 상대적으로 큰 커패시턴스(약 20pF)를 가진 해저 케이블의 잔류 전하로 인해 라인 방전 전류(line discharging current)를 차단할 수 있어야 한다.

컨버터 정지 후 라인에 유도된 잔류 전압은 두 C/S(Anan C/S 및 Kihoku C/S)에서 컨버터 뱅크의 스너버 회로를 통해 접지로 방전된다. 방전 시간 상수는 약 40초로 방전 시간 3분에 해당한다. 방전 전류는 125kV의 잔류 전압과 사이리스터 밸브의 스너버 회로의 저항에서 계산된 값을 기준으로 0.1A의 사양을 가져야 한다.

- 그룹 B : DS는 일반적으로 시스템이 완전히 중지된 후 일시적으로 또는 오랜시간 동안 중성선을 송전선로로 사용하기 위해 고장라인을 건전한 중선라인으로 절체하기 위하여 사용된다. 이를 위해서는 그룹 A DS와 동일한 사양이 필요하다.
- 그룹 C : DS는 뱅크 장치(converter bank)를 다시 시작하기 위해 DS에 흐르는 정상부하전류를 컨버터 뱅크와 병렬로 연결된 바이 패스 스위치(BPS)로 절체하는 데 필요하다. 이 프로젝트의 절체 current의 사양은 2800A이다.

그림 16.32는 DS에서 BPS로의 정상전류 절체 프로세스를 보여준다. 처음에는 상단 컨버터 뱅크 유닛이 정지되고 하단 컨버터 뱅크 유닛이 동작된다. 정지된 상태에서 상위 뱅크 장치를 작동하기 위해 DS Cl이 개방되고 정상 전류를 BPS로 절체한다. 그림 16.32c에 표시된 전류 절체 프로세스의 등가 회로 분석을 기반으로, 그룹 C DS에 대한 요구사항은 2800A의 정격 전류에서 DC 1V의 전압으로 주어지며, 여기서 전압은 DC-GIS를 포함하여 current transfer length에 해당하는 단위길이 당 저항 및 인덕턴스로 계산되었다.

- 그룹 D : DS는 컨버터 뱅크 장치가 정지되면 컨버터 뱅크에 충전되는 charging current를 차단하는데 필요하다. 사이리스터 밸브가 정지되더라도 리플 전류는 컨버터 뱅크의 표유 커패시턴스를 통해 흐른다. 분석 결과, 리플 전류가 1A 미만에서 절단될 가능성이 매우 높으며 그림 16.33과 같이 회복전압은 70kV 미만이다(컨버터 부의 잔류하는 DC 전압과 라인부의 리플특성을 갖는 DC 전압의 전압차).

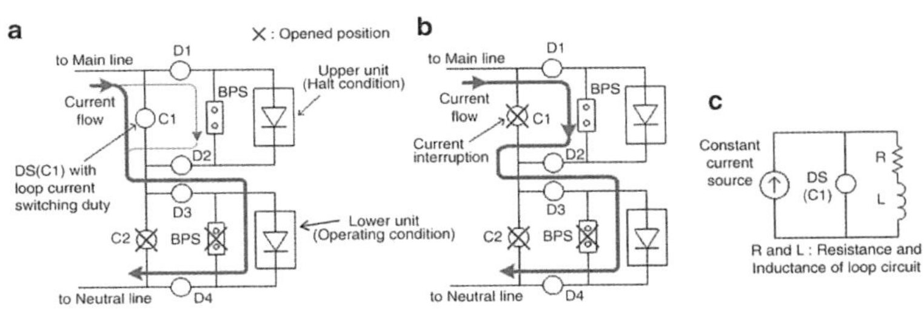

Fig. 16.32 Current transfer DS operation of group C. (**a**) DS close position, (**b**) DS open position, (**c**) equivalent circuit of DS

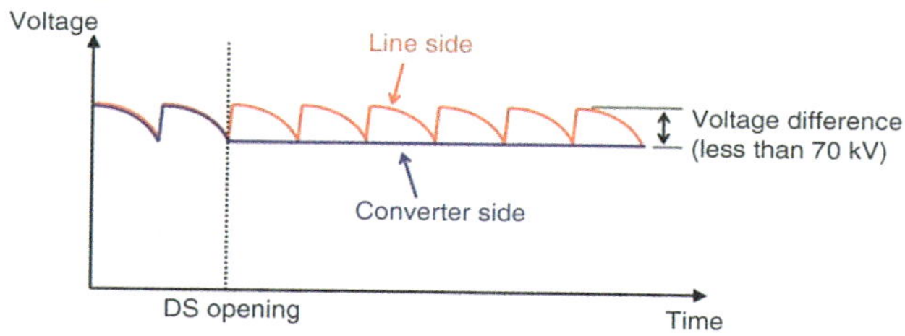

Fig. 16.33 Voltage difference between DS contacts

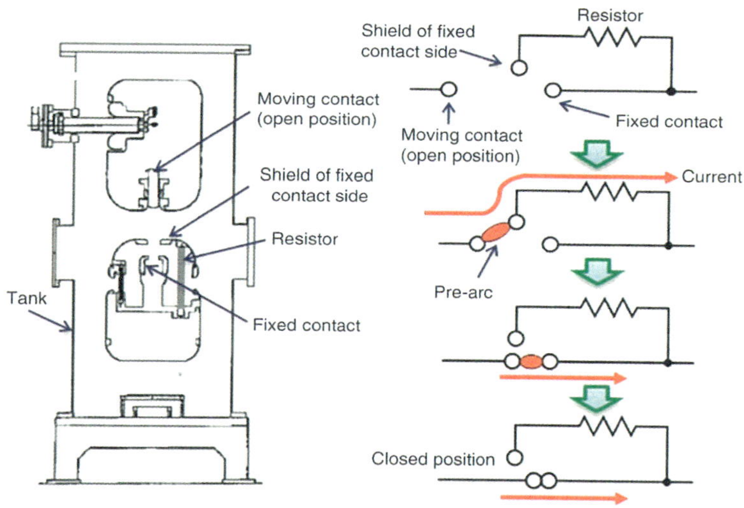

Fig. 16.34 DC 500 kV DS with closing resistor and its operating sequence

또한 DS는 DS 동작으로 인한 발생되는 스위칭 서지를 억제하기 위해 1kΩ의 Closing Resistoer(투입 저항)을 갖추고 있다. 그림 16.34는 폐쇄 저항 및 폐쇄 동작 시퀀스가 있는 DS의 개략도를 보여준다. 이 저항을 적용하는 목적은 폐쇄 서지를 억제하는 것이다. 그러나 DS의 구조상 개방 시퀀스의 경우에도 저항이 삽입되어 있다.

그룹 A~D의 모든 HVDC DS의 스위칭 성능은 AC DS를 기반으로 설계되었으며, 성능은 표 16.2에 표시된 테스트 조건으로 공장 테스트를 통해 확인되었다. HVDC용으로 사용하기 위해 20% 이상 더 긴 절연 연면거리를 제외하고는 중요한 디자인 차이는 없다.

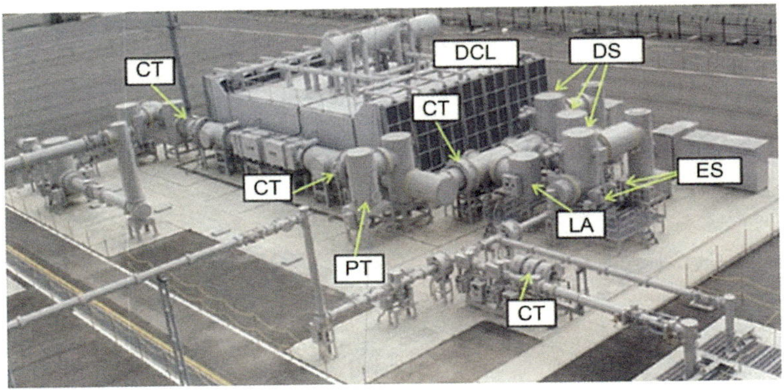

Fig. 16.35 DC-DS&ES, DC-CT&VT, DC-MOSA (LA) used for 500 kV-DC GIS

16.13 요약

다양한 방식으로 전류 영점을 만드는 DC 차단기가 여러 산업 응용 분야에 적용되고 있다. MRTB는 일반적으로 bipolar HVDC 시스템에 적용된다. 그러나 아직까지 multiterminal HVDC 전력망에서 HVDC 차단기에 대한 현장 적용사례는 없다. CIGRE는 미래의 multiterminal HVDC 전력망에 적용할 수 있는 HV 차단기 개발을 지속적으로 업데이트 할 것이다.

HVDC 차단기의 요구사항을 조사하기 위한 집중적인 연구가 다양한 HVDC 전력망 구성에서 수행되었다. 예를 들어, 4terminal +/−320kV 방사형 HVDC 전력망 모델에 사용하고 있는 연구에서는 라인에 직렬로 연결된 DC 리액터를 삽입하여 고장 전류 상승률을 완화할 수 있는데, 150mH의 DC 리액터가 연결된 경우라면 고장 위치로부터 240km 떨어진 원격 컨버터 스테이션에서 전력 전송을 유지하기 위해 DC 사고전류 처리시간(DC falult clearing time)이 10ms 이상이어야 한다고 제안했다. 차단기가 가져야할 요구사항이 미래의 HVDC 그리드 라인 보호를 위해 기계식과 전력 전자 스위치의 하이브리드 방식과 함께 능동 공진 전류 제로 생성 방식의 기계식 DCCB를 적용을 가능하게 만든다.

Fig. 16.36 800 kV DC DS corresponding to group C (Mikli et al. 2012). (Courtesy of Siemens)

공기절연 및 가스절연 HVDC 단로기(DS)가 많은 Bipolar HVDC 시스템에 적용되었다. HVDC 시스템에서 대략 20% 더 긴 연면거리를 제외하고 HVAC DS와 HVDC DS 사이에는 중요한 설계 차이는 없다.

참고문헌

Belda, N.A., Piet, C.A., Smeets, R.P.P., Nijman, R., Tokoyoda, S., Tahata, K., Page, F., Ito, H., Spallarossa, C.: Full Power Short-Circuit Tests of HVDC Circuit Breakers Using AC Generator Operated with Reduced Power Frequency, CIGRE Session Report, A3-115 (2018)

CIGRE JWG A3/B4.34: Technical Requirements and Specifications of State-of-the-Art HVDC Switching Equipment, CIGRE Technical Brochure 683 (2017)

CIGRE WG A3.06: Final Report of the 2004-2007 International Enquiry on Reliability of High Voltage Equipment, Part 1-Summary and General

Matters, CIGRE Technical Brochure No. 509 (2012a)

CIGRE WG A3.06: Final Report of the 2004−2007 International Enquiry on Reliability of High Voltage Equipment, Part 3−Disconnecting switches and Earthing Switches, CIGRE Technical Brochure No. 511 (2012b)

Dcrakhshafar, R., Jansson, T., Steiger, U., Habert, M.: Hybrid HVDC Breaker, a Solution for Future HVDC system, 2014 CIGRE Session Report B4−304 (2014)

Hafner, J., ct.al.: Proactive Hybrid HVDC Breakers, A Key Innovation for Reliable HVDC Grids, CIGRE Bologna colloquium Report 264 (2011)

Hara, S., ct al.: Fault Protection of Metallic Return Circuit of Kii Channel HVDC System, IEE GD−95, pp. 132−137, 1995

Ito, H., ct al.: Instability of DC Arc in SF_6 circuit breaker. IEEE Trans. Power Delivery. 12(4), 1508−1513 (1997)

Lee, A., ct al.: Arc−Circuit Instability: HVDC Circuit Breaker Concept Based on SF_6 Puffer Technology, IEE GD−82, pp. 116−119, 1982

Mikli, N., Stahl, P., Rath, B., Humicki, M., Hummerston, T.: A New Generation of Composite Support Insulators for UHV DC and AC systems, 2012 CIGRE Session Report, A3−111 (2012)

Rundc, M.: Failure frequencies for high voltage circuit breakers, disconnecting switches, earthing switches, instrument transformers and gas insulated switchgear. IEEE Trans. Power Delivery. 28, 529−530 (2013)

Tahata, K., El Oukaili, S., Kamei, K., Yoshida, D., Kono, Y., Yamamoto, R., Ito, H.: HVDC Circuit Breaker for HVDC Grid Applications. 11th IET International Conference on AC and DC Power Transmission (2015)

Tahata, K. ct al.: HVDC Circuit Breakers for HVDC Grid Applications, CIGRE AORC Technical Meeting, No. 1120, 2014

Yang, B., Dao, D., Shi, W., LV, W., Wang, W., Liu, B.: A Novel Commutation−Based Hybrid HVDC Circuit Breaker, 2017 CIGRE Winnipeg SC A3/B5/DI Colloquium, A3/B4−15 (2017)

17

전력기기 수명관리

Anton Janssen, Magne Runde, Dirk Makareinis, Carsten Protze, Ankur Maheshwari, Antonio C. Carvalho, and Harley Wilson

Keywords

- 수명관리 Life management
- 자산관리 Asset management
- 수명종료 결정 End-of-life decision
- 신뢰성/신뢰도 Reliability

A. Janssen ()
Asset Management, Liandcr, Duiven, The Netherlands
e-mail: anton.jansscn@alliander.com

M. Rundc
SINTEF Energy Research, Trondheim, Norway
e-mail: magne.rundc@sintcf.no

D. Makareinis
EM HP AIS S 01, Siemens AG, Berlin, Gennany
e-mail: dirk.makarcinis@siemens.com

C. Protze
Design and Construction of Substations and High Voltage Overhead Lincs, ENSO NETZ GmbH, Dresden, Germany
e-mail: carstcn.protze@enso.de

A. Maheshwari
Strategic Asset Performance, Western Power, Perth, WA, Australia
e-mail: ankur.mahcshwari@westcmpower.com.au

A. C. Carvalho
Utilities and Regulatory Affairs, ONS, Rio de Janeiro, RJ, Brazil
e-mail: antonio.carlos@ons.org.br

H. Wilson
High Voltage Switchgear Division, Mitsubishi Electric Power Products, Inc., Warrendalc, PA, USA e-mail: harley.wilson@mcppi.com

H. Ito (cd.), Switching Equipment, CIGRE Green Books,
https://doi.org/10.1007/978-3-319-72538-3 1

17.1 서론(Introduction)

차단기와 같은 전력기기의 수명 관리(Life Management)는 전력기기의 제품사양, 개발, 제조, 시험, 승인, 설치, 현장 시운전, 검수, 유지 관리, 감시와 진단, 보수, 해체 및 폐기 등을 비롯한 필요한 모든 관리상의 조치사항들과 같이 전력기기 전체의 수명 관련된 모든 기간이 포함된다. 그러나 보다 구체적으로 말하면 "수명 관리(Life Management)"라는 용어는 차단기(CB)와 같은 전력기기의 잔여 수명(residual life)에 관한 의사 결정 과정에 관련되어 있다. "잔여 수명"이라는 용어는 남아있는 전력기기의 기술적 수명을 의미한다. 차단기와 같은 전력기기에 대한 관련 수명 주기들은 그림 17.1의 정의로 보여주고 있다.

이 장에서는 성능에 영향을 주는 노후화, 주요 고장의 원인에 대한 가능성, 고장 방지와 수명 연장을 위한 완화 조치 등이 포함된 전력기기 수명 동안의 전력기기 동작상태를 설명한다.

17.2 용어 정의

차단기(CB)

차단기는 일반적으로 과부하 또는 단락 상태로 인하여 발생되는 과도한 고장전류에 의한 전력 계통과 변전소의 전력기기들을 보호하기 위해 전력 계통 회로를 차단/투입 기능을 가진 개폐장치이다. 고장이 발생되면 계통의 안정성 확보를 위하여 차단기가 신속하게 고장을 제거한다.

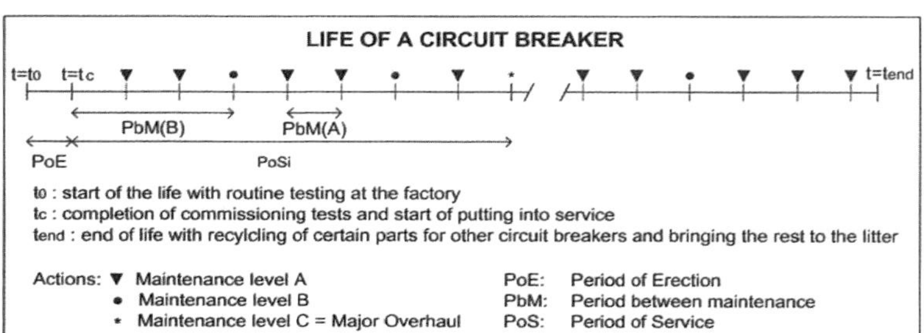

Fig. 17.1 Definition of a typical circuit breaker life(WG A3.08 2000)

차단기는 정상 및 비정상 상태의 계통전압을 이겨내고 과열되지 않고 부하전류를 통전시켜야 한다. 퓨즈와 다르게 차단기는 정상 운전상태로 재개하기 위하여 수동적으로 또는 자동적으로 재투입 할 수 있어야 한다.

전기적 스트레스

전력기기에 가해지는 전기적 스트레스(Electrical Stress)는 일상적인 계통 상태, 개폐 동작, 다른 전력기기의 영향, 및 고장발생 등으로 인하여 발생되는 과전압 및 과전류가 포함된다.

기계적 스트레스

전력기기에 가해지는 기계적 스트레스(Mechanical Stress)는 차단기 자체의 개폐 동작 및 회전기기와 차단기 등의 운전 진동 및 지진의 영향 등과 같이 주변 다른 전력기기들의 운전시에 발생되는 기계적인 응력이 포함된다.

환경적 스트레스

전력기기에 가해지는 환경 스트레스(Environment Stress)는 온도, 습도, 비, 오염, 지구운동과 자연현상으로 인한 모든 영향 등으로 인한 부품들의 열화가 포함된다.

중대 고장

중대고장(major failure)은 전력기기의 하나 또는 하나이상의 기능에 대한 성능이 마비되는 것이다. 중대 고장은 전력계통의 운전상태에 즉각적인 변화를 초래한다. 예를 들어 백업(후비) 보호장치가 고장을 제거하거나 계획되지 않은 유지관리를 위해 단기간(일반적으로 30분) 내에 강제적으로 운전중단 결과를 가져온다(참조 IEC 60694).

경미한 고장

기본적인 기능을 수행하는 전력기기에서 허용되는 경미한 고장모드는 전력기기가 기본적 기능은 수행되지만 일부기능이 제한된다. 전력기기의 중대 고장의 원인이 되지 않는 구조적 부품이나 부분적인 부품으로 인한 고장을 경미한 고장(Minor Failure)이라 한다.

완화 기법(Mitigation Technique)

전력기기의 고장수리, 보수, 교체 등과 같이 전력기기의 이상 현상을 해결하거나

전력기기로 인한 위험을 감소시키는 모든 조치

17.3 약어(Abbreviations)

CB	차단기 Circuit breaker
DS	단로기 Disconnecting switch(disconnector)
ES	접지 개폐기 Earthing switch
DE	단로접지 개폐기 Disconnecting switch and earthing switch
OH	가공 Over Head
GIS	가스절연 개폐장치 Gas-insulated Switchgear
AIS	공기절연 개폐장치 Air-insulated switchgear
IPO	독립 극조작 Independent pole operation
RV	회복 전압 Recovery Voltage

17.4 전력기기 수명관리

2000년 CIGRE WG 13.08은 전력기기 수명관리에 관련된 자료를 CIGRE 기술 보고서(WG A3.08 2000)에 보고하였다. 관련 위원회(WG : working group)는 전력설비의 유지관리 정책과 만찬가지로 운전 중의 전기적 스트레스와 환경 스트레스 조건에서의 차단기에 관하여 두번의 국제적인 조사를 실시하였다. 고전압 차단기의 신뢰성에 관한 두번의 글로벌 조사(Mazza et al. 1981; WG 13.06 1994)의 추가 정보는 WG 13.09(2000)에 함께 사용되었다. 수명 관리의 여러 측면에 대한 전반적인 사항은 다음과 같다 : 유지보수, 유지 관리, 잔여 수명 평가, 수명 연장, 수명 종료 결정, 재정 및 환경 문제, 운전 경험, 운전 스트레스, 및 진단 기술에 대한 측정대상 변수.

운전중의 전기 스트레스에 대한 국제적인 조사에 따르면 대부분의 단락 전류는 가공 송전선로(OH)에 연결된 차단기에 의해 차단되는 것으로 보인다. 선로 100km 당 고장 수는 전압 등급에 다소 반비례하는 반면 평균 라인 길이는 전압

등급에 다소 반비례하지만 반면에 고장 수는 평균 거리에 비례한다. 따라서 가공 선로에 대한 고장 수는 거의 일정하고 연간 1.7개의 평균 고장 수와 평균 고장 수(50% 백분위수)로 표현할 수 있다. 반면에 가공선로의 90%는 OH－라인의 90%는 연간 3.3개 이하의 고장 수를 보인다.

조사에 포함된 차단기에서 정격 단락 전류 크기 비율로 차단되는 전류의 최대 예상 값은 평균 약 50%이며 90%의 차단기는 약 75% 미만의 값을 갖는다.
그러나 실제 단락 전류는 정격 단락 전류의 평균 20% 이하이며 35%인 경우가 90% 정도이다. 실제 고장 전류와 차단기 정격 차단전류 사이의 전류 크기 여유치의 큰 차이는 정격의 표준화, 극한 조건에 대한 변전소 설계, 미래 개발 가능한 차단기 사양 등으로 인해 발생된다.

그림 17.2는 발생되는 정격 단락 전류의 50%에 대비한 고장 전류 차단을 위한 가스 차단기의 전기 스트레스 크기의 예를 보여주며, 이는 차단 등가회수(N, Equivalent number of Interruptions)로 표현된다(Pons et al. 1993). 물론, 열－보조형(thermal－assisted type)과 같은 차단기 설계는 특히 색다른 전기적 마모 의존성을 보일 수 있다. 그림은 정격 단락 전류의 50%에 비교할 때 정격 단락 전류의 20%의 경우가 10배 더 긴 전기적 내구성을 보여주고 있다.

선로 고장의 80%는 첫 번째 "부동시간(dead－time)"동안 선로가 꺼지고 나머지 5%는 두 번째 "부동시간(dead－time)" 동안 꺼지기 때문에 두 번의 자동 재폐로(auto－reclosing) 조작이 이루어지도록 설계된 대부분 차단기 동작절차(operating sequences)는 부분적으로만 사용된다. 전체 동작절차를 수행해야 하는 경우는 15%에 불과하다. 이것은 선로고장 제거에 대한 전기적 내구력은 O－t_i－CO－t_2－CO의 차단기 동작절차로 수행되는 형식 시험 동안에 가해지는 스트레스의 45%에 불과하다는 결론이 된다. 가공선로에서 높은 송전 전압의 선로 고장의 90% 또는 비교적 낮은 송전 전압의 선로 고장 70%가 단상 선로 고장이기 때문인 반면에 상간 고장(two－phase faults)이 각각 20%와 10%이기 때문에 고장전류를 포함하는 선로 극(상)의 수(number of poles(phases))가 제한적이다. 통계적으로는 가공선로의 전체 고장 64%는 스트레스를 가장 많이 받는 선로의 상(stressed pole)에서 발생되는 것을 알 수 있다.

워킹그룹 WG A3.08의 연구 결과가 송전 전압에 대한 표준인 IEC 62271－100의 전기 내구성에 대한 요구사항으로 이어졌다(IEC 표준 62271－100 2008).

워킹그룹 WG 13.06에 의해 보고되고 있는 기계적 스트레스는 연간 80회인 개폐 주기(CO cycles)의 90%가 되고 있다. 이러한 사항은 25년 동안 총 2000 주기에 이르게 된다. 이러한 수치는 차단기 수명기간 동안의 동작 횟수에 대한 표준인 IEC 62271-100(2008)에서 사용된 수치이다. 대부분의 개폐 주기들은 유지보수를 하는 동안에 차단기를 시험할 때 발생한다. 최신의 차단기들은 유지 보수가 덜 필요하기 때문에 이러한 개폐회수는 더 작을 것으로 예상된다. 분기 커패시터 뱅크 또는 분기 리액터나 피크 부하용 발전소에서의 다빈도 개폐가 요구되는 차단기에 대해서는 10,000회의 개폐 주기 시험을 실시하는 특수 형식 시험(special type test)이 제정되어 있다.

10,000회 개폐 주기 회수가 적절한 차단기의 운영기간 동안에 충분한지는 차단기의 (일일) 동작회수에 따라 다르다. 전력기기 사용자는 이러한 점을 고려해야한다. 이러한 경우에 또 다른 측면으로 고려해야할 점은 전기적 내구성이다.
이는 결함이 없는 차단기의 경우에서는 문제가 되지 않지만 차단기의 접점 노즐 펑크로 인한 아크 재발호가 발생되는 순간 마모와 노화가 시작되어 결과적으로 결함으로 인한 절연 파괴 고장으로 이어질 수 있다.

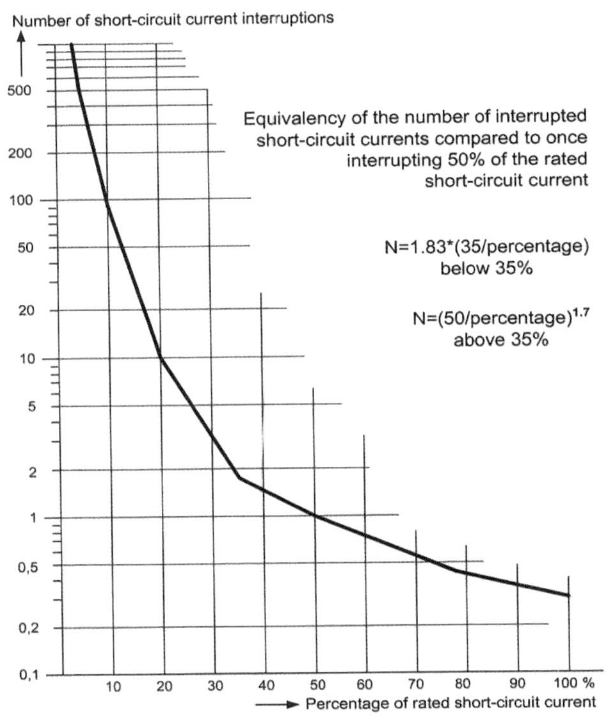

Fig 17.2 Stress level of a fault current clearing in comparison to 50% of rated short-circuit current, expressed as equivalent number of interruptions(N) (Pons et al. 1993)

CIGRE 워킹그룹 WG 13.08에 따르면 전력기기의 상용운전 중에 발생하는 대부분의 환경 스트레스 관련 사항은 IEC 62271−1(2017)에서 제안되어 있다. 그러나 두 가지 예외가 다음과 같다. 국제적인 연구조사에서의 차단기 26%는 IEC 표준에 정의된 등급 II(class II)보다 더 심각한 오염 수준이며 차단기의 14%는 평균 90% 이상의 습도환경에서 운전되고 있다.

신뢰할 수 있는 통계적 정보는 고장률 곡선(hazard rate curves, 그림 17.3 참조) 분석과 위험도 관리 및 RCM(신뢰성 중심 유지 관리)을 기반으로 한 수명 종료 평가(end−of−the−life assessment)와 같은 현대적인 의사 결정 절차를 전제 조건하는 것이다. 차단기 하위 집단의 잔여 수명을 평가하려면 기기 감시/진단장치와 진단 시험기술에 따른 결과들과 아울러 검사, 유지 보수 및 운전경험에 대한 결과 데이터들이 전력설비 사용자가 손쉽게 통계적인 분석 결과를 그려낼 수 있도록 정보분석 시스템에 수집되어야 한다.

최근의 차단기에 대한 진단기술들은 주로 SF_6 가스밀도(모니터)와 가스품질(검사, 시험), 차단기의 주접점과 아크접점(시험), 조작 메커니즘 및 연동 기구(모니터, 시험), 제어 및 보조 접점(감시, 시험), 그리고 부식, 오염, 과열, 누출, 윤활 및 구조물 검사 등이다.

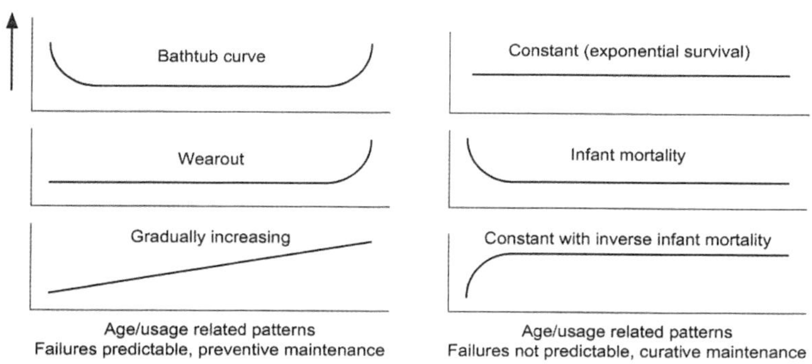

Figure 17.3 Hazard(failure) rate curves as a function of age(WG A3.08 2000)

최신 기술의 차단기와 비교하여 예전 기술의 차단기에 대한 유지보수 및 분해점검(overhaul) 주기는 다소 짧은데 예를 들어, 유입형 차단기의 경우 단 7년 간격으로 되어있다. 반면에 단일 압력 SF_6 가스 차단기의 검사 추세는 전체 분해점검을 위한 주기가 15~20년이었지만 최근 경향은 일반적으로 SF_6가스 차단기를 해체하여 관리 점검은 전혀 수행하지 않는다. 최근의 차단기 진단기술에서 가장 중요한 기능

중 하나는 불필요한 분해를 방지하는 것이다. 만약에 적절하게 해체하지 않으면 결함이 발생할 가능성이 있게 된다. 그동안에는 운전조건에 따라 기대수명이 30년 이상이 될 수 있다.

최근 기술에 대한 낮은 자본 비용과 운전 비용으로 인하여 40년 이상의 예전 기술의 차단기에 대한 수명 연장은 예외적이다. 쇠퇴한 기술, 예비 부품과 도구 및 노하우 부족, 그리고 상대적으로 낮은 가용성으로 인해 수리보다는 교체를 선택하게 된다. 오래된 차단기의 재시험하는 것은 복잡하며 제작업체의 경험이 반드시 필요한 경우에는 응용 프로그램 및 전력회사의 정책에 크게 의존하게 된다. 그럼에도 불구하고 일부 유형의 예전 기술의 차단기는 매우 견고하여 최신 버전 IEC 표준의 요구사항도 만족시킬 수 있는 것으로 보인다(Janssen et al. 2014a).

수명 종료에 대한 기준 가운데에 전력계통 상태(부적절한 비율)의 변화들은 가장 중요한 매개 변수 중 하나이다. 다른 기준은 안전, 상태, 노후화, 연령, 가용성, 유지 보수 가능성, 단종 기기(orphans), 경제, 환경, 법적 및 위험 등이다. 단종기기(orphans)는 사용자에게 일반적이지 않고 수량이 작은 장치이므로 유지 및 관리가 힘들다. 가용성은 대규모 유지 관리를 위해 전력기기 휴전할 수 있는 가능성이다. 즉 숙련된 직원, 도구 또는 워크숍의 부족과 관련된 기간 동안 전력계통 여유분의 부족은 가용성 부족에 기여하는 요인이 된다. 중요하지만 안전이 전력기기 교체를 위한 결정적인 이유는 아니다.

자주 사용되는 덜 중요한 기준으로 사용연령(age)이 있다. 연령은 다소 단순한 기준으로 낡은 것은 나쁘고 새 것은 좋다는 단순한 규칙을 따른다. 그러나 고려해야 할 또 다른 메커니즘이 있는데, 바로 적자 생존이다. 결과적으로 오래된 전력기기 개체군(populations)은 젊은 개체보다 더 좋은 신뢰성을 보여줄 수 있다. 이상적인 사용종료 결정은 기기의 연령 그 자체보다 노화 분석을 기반으로 결정되어야 한다. 그러나 초고압 전력기기에 대한 정밀한 노화 진단은 간단하지 않으며 전력기기 수명기간 동안의 사소한 일이 아니며 장치 장비 수명 동안 수집된 많은 데이터가 요구된다. CIGRE 워킹 그룹 WG A3.29는 변전소 전력기기의 노후화 분석에 대한 유용한 기술들이 수집되어 전력회사 및 제작사에 권장 사항으로 제공한다(WG A3.29 2018).

전력기기 수명 관리의 또 다른 중요한 측면은 과도한 스트레스이다. 과도한 스트레스는 초고압 전력기기에 가해지는 스트레스 형태가 가혹해지는 것으로 이해되는 반면에 전력기기의 절연내력은 그림 17.4에 보여지는 것과 같이 양호한 유지관리 정책으로 인해 변경되지 않은 상태로 유지되지 않는다.

1990년대에 시작된 전력 시스템의 규제 변화의 결과로 전력회사는 전력기기 및 전력설비에 가해지는 스트레스에 대한 예측 불가능성이 증가하는 문제에 직면해 있다. 이 상황은 전력기기에 가해지는 과도한 스트레스로 이어질 수 있으므로 과도한 스트레스가 발생하기 전에 조치를 취해야한다. 이는 단락 고장의 정도, 부하 전류, 및 정격을 초과하는 시스템 시간 상수(X/R)에 노출될 수 있는 차단기의 경우 특히 그렇게 된다(Carvalho et al. 2008). 또한 발전하는 전력계통에서 발생되는 개폐 과도현상의 형태는 표준화된 값을 초과하는 과도 회복 전압 스트레스로 발생될 수 있다. 따라서 전력 회사는 차단기뿐만 아니라 단로기와 전류 변성기(CT) 및 선로 절체기(line traps)와 같이 선로에 직결되어 있는 전력기기에도 영향을 미칠 수 있는 전기적인 과도 스트레스의 가능성을 확인하는 데 점점 더 많은 관심을 기울이고 있다. 자주 적용되는 절차는 시스템 관련된 과도 스트레스 변수와 변전소 전력기기와의 연관성에 대한 최소화를 정의하여 과도 스트레스에 대한 일상 점검을 확립하는 것이다. 일반적으로 분석되는 과도 스트레스 변수는 표 17.1에 정리되어 있다.

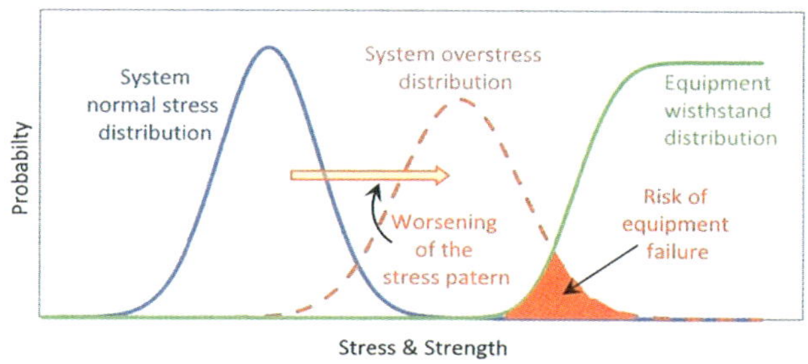

Fig. 17.4 Overstresses and equipment's withstand strength

Table 17.1 Overstress parameters for equipment

	Overstress parameter	Circuit breaker	Disconnector	CT	Line trap
1	Short-circuit current	X	X	X	X
2	Rated current	X	X	X	X
3	Time constant(X/R)	X		X	
4	TRV	X			

차단기 과도 스트레스에 연관되는 또다른 종류의 스트레스는 운전 전압이다. 오늘날 많은 전력회사들은 무효 전력 출력 및 대형 발전기의 전압조절을 제어하지 않는다. 더욱이 전력계통은 특히 장거리 선로와, 또는 지중케이블 선로로 인하여

매우 복잡해진다. 전세계적으로 전력회사들은 자사의 전력계통을 더 많이 활용하기 위한 수단을 찾고 있기 때문에 높은 전력부하 조건에서 계통 운전 전압을 높이는 것이 전력기기의 정격 전압에 대한 허용되는 여유분이 적더라도 가장 저렴한 가능성 중 하나이다(CIGRE 기술보고서 336호, 2007). 또한 저 부하 조건에서도 운전 전압이 정격 전압보다 높아질 위험이 있다. 응급 상황 또는 의도하지 않은 짧은 기간의 운전에 대해서도 위험이 허용될 수 있다. 그러나 정격 전압을 초과하는 연속적인 운전 전압은 전력계통에서 일시적이거나 개폐 동작시에 발생되는 더 높은 과전압과 차단기의 설계변수보다 더 높은 과도회복전압(TRV-스트레스) 등을 유발한다. 변압기, 발전기, 분로 리액터, 직렬 커패시터, 유도 전압 변압기 및 서지 피뢰기의 포화 효과에 특별한 주의를 기울여야한다. 섬락 위험이 높아지고 결과적으로 안전 문제에 대하여 감소된 여유분이 절연거리에 적용된다(CIGRE 기술서적 336 2007).

과전압 스트레스의 예로서 유럽연합 전력계통 규정(EU grid code)인 "발전기의 요구사항"(발전기에 대한 Entso-e 제안 요구사항 2016)은 범주 D 발전소(75MW보다 크고 110kV 전압등급 이상의 전력계통에 연결됨)에 대해 제시되고 있다. 다음의 요구사항들은 더 높은 운전전압으로 운영되는 것에 관련이다. 먼저 공칭 전압이 380kV 또는 400kV인 전력계통의 기준 전압(1pu)은 400kV로 정의된다. 표 17.2는 더 높은 운전전압과 발전소가 연결되어 정상적으로 운영되는 기간을 보여준다. 이 표에서는 20-60분 동안 1.05 pu에서 1.10 pu 사이의 운전 전압을 보여준다. TSO(Transmission System Operators, 계통운영자)는 더 높은 전압과 지속 시간을 요구할 수 있다. 여기서 전력기기의 정격 전압은 420kV(즉, 1.05pu)이다.[4)]

4) Note: that especially under system conditions with a voltage above the rated voltage of equipment, TSOs tend to switch off shunt capacitor banks, unloaded cables, and OH-lines and that such switching duties are rather severe for high-voltage circuit breakers.

Table 17.2 Upper and lower operating voltage and the time period that power plants have to stay connected and operating normally(Table 6.2 of EU grid code 2016/631)

Synchronous area	Voltage range	Time period for operation
Continental Europe	0,85pu– 0,90pu	60 min
	0,90pu– 1,05pu	Unlimited
	1,05pu–1,10pu	To be specified by each TSO, but not less than 20 min and not more than 60 min
Nordic	0,90pu– 1,05pu	Unlimited
	1,05pu–1,10pu	To be specified by each TSO, but not more than 60 min
Great Britain	0,90pu– 1,05pu	Unlimited
	1,05pu– 1,10pu	15 min
Ireland and Northern Ireland	0,90pu– 1,05pu	Unlimited
Baltic	0,88pu– 0,90pu	20 min
	0,90pu– 1,097pu	Unlimited
	1,097pu– 1,15pu	20 min

전기 및 절연물 이외의 다른 종류의 과도 스트레스, 특히 기온, 지진, 홍수, 쓰나미 등과 같은 자연환경적 스트레스가 차단기에 영향을 미칠 수 있다. 초고압 변전소 전력기기에 대한 이러한 과도 스트레스에 관련된 여러가지 관점에 대하여 CIGRE 워킹그룹 WG A3.30에서 논의하고 향후 기술 보고서(Technical Brochure)로 제공될 예정이다.

17.5 전력기기의 경련 노화 현상(Ageing Phenomena of Equipment)

17.5.1 서론

노후화된 고전압 전력 자산들을 관리하는 것은 공공 전력회사 및 개인 전력회사 포함한 모든 전력 자산 소유자의 핵심 업무이다. 전력기기 자산의 예상 수명과 이러한 수명을 결정하는 요소들에 대해서는 서로 다른 의견이 있다. 그러나 일반적으로 자산은 그 어느 때 보다 훨씬 오랫동안 상용운전 상태를 유지할 것으로 예상된다.

전력기기에 대한 CIGRE 국제 신뢰도 조사(international reliability surveys) 결과에서는 전력기기 마모 및 노화가 전력기기 고장의 주요 원인 중 하나임을 보여준다. 따라서 자산관리에 관련하여 전력회사들은 고전압 장치의 노후화와 가능한 완화 기술에 대하여 총체적이고 포괄적인 관점을 필요로 한다. 이를 위해 CIGRE는 노후화된 고전압 전력기기의 경련 열화 및 적용 가능한 완화 기술을 평가하기 위해 워킹 그룹(WG) A3.29를 구성했다(CIGRE 기술 보고서는 곧 발행될 예정이다 (WG A3.29 2018)).

"노화"는 전력기기가 스트레스에 노출됨에 따라 전력기기 특성에 변화를 일으키는 열화과정으로 정의될 수 있다. 전력기기 특성 변화는 필요한 기능에 관련된 기기 성능(특성)에 영향을 미칠 수 있다.

노화는 전력기기에 가해지는 스트레스의 결과이다. 이러한 스트레스는 전기적이거나 기계적 또는 환경적인 요인이며 정상 또는 비정상적일 수 있다. 정상적인 스트레스 항목들은 운전 상태에서 정의되거나 전력기기 정격에 관련된 변수들이다. 여기에 단시간 과부하가 포함되며 단시간 과부하는 제작회사의 전력기기에 대해 정의된 정격관련 변수이다. 비정상적인 스트레스에는 정의된 운전조건이나 전력기기의 정격관련 변수를 넘어서는 조건이 포함된다. 여기서 핵심은 정상적인 스트레스로 인한 노화 즉, 정격관련 변수에 대한 스트레스와 전력기기 운전상태에서 정의된 스트레스들이다.

고전압 전력기기의 부가가치를 극대화하고 전력기기 보유 비용을 절감하는 것은 대부분의 전력기기 소유자들에게 중요한 관심사이다. 고전압 전력기기는 전기 신뢰성과 안전성 및 환경적인 요소에 큰 영향을 미치며 자본 집약적이다. 따라서 체계화된 절차와 유효한 정보에 입각한 결정의사들이 그러한 전력기기의 수명 관리를 인도하는 것이 필수적이다. 노화에 대한 이해는 전력기기 소유자가 전력기기 관리와 관련하여 신중한 결정의사들 내리고 전력기기의 기능을 수행하지 못하는 위험을 감소시킬 수 있다. 전력기기 노화 및 스트레스 감지에 대한 정보를 통하여 전력기기 소유자는 전력기기 고장에 대한 위험도을 보다 효과적으로 관리할 수 있다.

ISO 55000 계열의 자산 관리 및 IEC 60300 계열의 신뢰성 관리(예: RCM(신뢰성 기반 관리), 수명주기에 대한 비용, 고장 모드에 대한 효과적인 분석에 관련된 IEC표준)에 대한 세부 표준이 있다. (WG A3.29 2018)에서는 노화관리표와 같은 체계적인 양식으로 노화에 대한 관련정보를 통합하는 단순하면서도 포괄적인 접근 방식을 권장한다. 노화관련 데이터표는 전력기기 기능 및 능력에 관한 정의,

전력기기 구성 요소 및 기술 변화의 이해, 노후화로 이어질 수 있는 스트레스에 관한 이해, 전력기기의 열화과정에 대한 이해, 중대 및 경비한 고장 모드, 노화 및 스트레스에 대한 검출 및 식별 기술과 스트레스 완화기술 등이 포함하는 체계화된 접근 방식의 결과이다. 이러한 과정은 차단기, 단로기와 접지 개폐기, 계기용 변성기, 커패시터, 피뢰기와 절연 지지물을 포함한 대상 초고압 전력기기에 적용된다. (WG A3.29 2018)에서는 위의 모든 전력기기에 대한 노화관련 데이터표가 제안하고 있다.

전력기기 수명 예측을 위한 예후(豫後) 방법이 활용 사례와 함께 제공된다. 진단을 하지 않아 전력기기 상태에 대한 지식이 없는 경우, 통계적인 방법인 경험 기반 기술이 유효한 잔여수명을 판단하는 유일한 방법이다. 이방법은 과거 시운전 및 고장발생 날짜만으로 예측을 수행하는 가장 쉬운 방법이다. 그런 다음 고장 확률과 평균 수명 및 주어진 운전연수후에도 기능을 유지할 확률과 같은 변수를 계산하는 데 사용된다.

모든 전력기기에 적용 가능한 작업의 주요 관찰 사항은 다음과 같다.

• 전력기기 표준은 스트레스들을 견딜 수 있는 전력기기의 성능을 검증할 수 있는 형식시험과 특수시험 및 일상시험에 대한 처방을 제공한다. 이러한 시험들에 대한 제한요소와 노화를 유발하는 모든 스트레스에 대한 성능 시험에 대한 활용성을 이해하는 것이 중요하다. 또한 이러한 시험들은 운영중인 노후 전력기기 성능을 검증할 수 있도록 수정되어야 할 수도 있다.
• 스트레스 감지 및 완화 기법은 노화된 전력기기에 대한 과도한 스트레스를 줄임으로써 경련 노화 현상을 이해하고 노화 위험도를 완화하는 효과적인 방법이 될 수 있다.
• 환경적인 스트레스는 거의 모든 초고압 전력기기 노화에 영향을 미치는 핵심 요인으로 간주된다. 환경의 영향은 노화에 중요한 영향으로 보인다. 수명에 전반적으로 걸쳐지는 환경적인 영향은 전력기기 표준에서 단지 부분적이거나 부적절하게 취급되는 것으로 보인다. 따라서 수명기간, 때로는 40∼50년을 초과하는 기간에 걸쳐서 환경 스트레스에 대한 대응으로 전력기기의 성능과 노화에 따른 열화현상을 이해하는 것은 어렵다.
• 따라서 사용자들은 전력기기의 수명기간동안 환경적인 스트레스에 대응하는 전력기기의 성능을 적절하게 정의하여 평가할 책임이 있다. 사용자가 수명기간동안 환경 스트레스를 견딜 수 있는 전력기기 성능을 평가하는 방법을 이해하고 지침을 가지기 위한 추가 작업을 수행할 수 있다.

- 강한 스트레스를 대비한 여러가지 문제를 고려하여 전력기기를 설계하여, 전력기기 특성이 저하됨에 따라 수명 기간동안 전력기기가 안전하게 운전될 수 있도록 잔류 절연강도가 계속 유지할 수 있다. 이것은 특히 환경적인 스트레스와 관련된 성능에 대한 고려사항이다.
- 사용자, 제작업체 및 기타 전문가 간의 지속적인 운전 경험에 대한 교류가 추천되고 있다. 제작업체는 전력기기가 노화될 확률이 가장 높고 전체적으로 신뢰성을 저하시키는 구성 요소에 특히 중점을 두고 스트레스를 견딜 수 있는 전력기기 성능에 대하여 보다 투명하게 하는 것이 좋다.
- 구입시와 반대로 장치의 수명 기간 동안 스트레스를 견딜 수 있는 능력에 대한 핵심은 전력회사가 수명주기 비용을 염두에 두고 전력기기를 더 잘 선택할 수 있도록 한다.
- 노화관련 데이터표 분석 결과, 경우에 따라 단일 노화 과정에 영향을 미치는 다양한 스트레스가 있다는 결론이 된다. 어떤 스트레스가 더 지배적인지 정확히 파악하기 어렵다. 또한 제조 결함, 부적절한 정격사양 및 부적절한 유지관리와 같은 기기를 부적절하게 사용함으로 노화의 원인이 될 수 있다. 이러한 불확실성에도 불구하고 고장 모드는 쉽게 유도할 수 있으며 이론적으로 모든 노화 과정에 대해 노화현상 또는 노화의 결과를 감지할 수 있는 가능성이 있다. 다양한 완화 기술도 사용될 수 있다.
- 좀더 정확한 상태 감시 장치 채택은 장치 노화에 대한 정보를 향상시키고 사용자가 수명 관리와 관련하여 잘 검토된 관리 결정을 내릴 수 있도록 한다. 전력기기별 노화 현상을 요약하면 다음과 같다.

17.5.2 차단기(Circuit Breakers)

차단기는 전력 시스템에서 몇 가지 중요한 기능을 수행한다. 차단기는 전력기기를 포함한 전력계통 선로를 연결하거나 분리하고, 부하, 송전 선로, 지중 송전선로 및 기타 계통의 구성 요소 등에 대하여 전력 공급 및 차단하며 전력 시스템에서의 고장을 차단 및 격리한다.

신뢰도 조사 결과 초고압 차단기 중요 고장의 40% 이상이 "마모 또는 노화"로 인한 것으로 나타났다. 차단기의 노화를 야기시키는 전력기기의 스트레스에는 단락 고장 전류 스트레스, 정상적인 연속 전류 스트레스, 절연물 스트레스, 동작 횟수 및 기계적 부하뿐만 아니라 주변 온도, 습도, 오염, UV 및 지진/진동 스트레스와 같은 환경 스트레스가 포함된다. 조사 결과는 기계적 스트레스로써 동작주기에 대한 횟수가 가장 큰 영향을 미치는 요인으로 간주된다는 것을 보여준다.

노화 현상은 세 종류의 열화 과정으로 분류된다. 접촉 저항 증가 및 절연 강도 손실과 같은 "전기적 열화", 마모 및 피로와 같은 "기계적 열화", 부식 및 오염과 같은 "재료 열화"이다. 조사 결과에 따르면 차단기의 노화 현상은 마모, 피로, 부식, 누유(또는 누기) 및 윤활 문제가 자주 관찰된다. 그림 17.5는 경련 GIS의 외함 플랜지 표면에서 관찰되는 기계적 열화의 사례를 보여준다. 그림 17.6은 개폐 아크에 노출로 인한 차단기의 고정 주접점에서 관찰되는 전기적 열화의 예를 보여준다.

각 노화 현상에 해당하는 감지 기술과 완화 기술을 조사한 결과 "시각적 검사"가 여전히 차단기에 대한 가장 일반적인 진단 방법이라는 것을 보여준다. "새롭거나 개선된 부품으로 교체" 및 "분해검사 및 서비스"는 노화를 완화시키는 주요 기술로 생각된다. 카운터 외에도 SF_6 가스 밀도와 기타 기존 경보 및 예방감시 시스템은 여전히 일반적이지 않다.

조사 결과에 따르면 차단기의 노화 현상이 관찰되는 사용년수가 30~40년 이상으로 증가하는 것으로 제안되고 있다. 노화 현상은 이 기간보다 일찍 보고되고 있다.

17.5.3 단로기와 접지 개폐기(Disconnecting Switch and Earthing Switch)

단로기(disconnector)는 전력계통의 선로 일부에 전력을 공급하거나 차단하는 기계식 개폐 장치이다. 접지 개폐기는 선로 일부를 접지하는 기계식 개폐 장치이다.

Fig. 17.5 Corrosion of a flange surface observed for 34-year-old GIS

Fig. 17.6 Electrical wear of fixed main contacts(Courtesy of Red Electrica de España).

Table 17.4 Major failure and minor failure frequencies from international circuit breaker reliability surveys carried out by CIGRÉ

Ratings	Major Failure, /100 unit-year			Minor Failure, /100 units-year		
	1st Survey	2nd Survey	3rd Survey	1st Survey	2nd Survey	3rd Survey
	1974–1977	1988–1991	2004–2007	1974–1977	1988–1991	2004–2007
60–99 kV	0.41	0.28	0.13	1.65	2.23	-
100–199 kV	1.63	0.68	0.28	4.18	4.75	-
200–299 kV	2.59	0.81	0.35	6.39	6.97	-
30–399 kV	4.55	1.21	0.78	16.35	7.76	-
500 kV and above	10.46	1.97	0.48	4.93	8.18	-
World data	1.58	0.67	0.30	3.55	4.66	2.37

접지 개폐기는 주로 전력기기를 포함한 선로의 일부를 접지 전위로 안전하게 접속하는 것에 사용된다. 접지 개폐기는 단로기와 조합하거나 단로기와 독립적 분리될 수도 있다.

CIGRE 기술서적 511호(2012년)의 3차 초고압 전력기기 국제 신뢰도 조사 결과들은 많은 고장들이 마모와 노화가 원인인 것으로 보여 진다. 단로기와 접지 개폐기 노화에 대한 주요 스트레스는 동작 횟수, 비, 수분 및 기타 환경 요인으로 인해 발생한다. 부식, 윤활제 손실 및 저항 변화에 대한 노화 현상이 종종 경험된다. 그림 17.7은 단로기 아크에 노출됨으로 인하여 관찰되는 팬토그래프형 단로기의 주접점에서의 전기 열화의 사례를 보여준다.

열화현상 평가와 단로기 및 접지 개폐기 상태평가를 위한 주요 감지 기술은 육안 검사이다. 사용되는 주요 완화 기술은 단로기와 접지 개폐기 일체를 교체하는 것이다. 일부 전력회사는 윤활, 청소 및 접점 위치의 재조정과 같은 일부 유지관리 작업을 안전하게 수행하기 위하여 N−1 신뢰도 정책과 같은 기기의 여유분 설치를 활용한다.

17.5.4 변성기(Instrument Transformers)

변성기는 큰전류 또는 고전압을 작은 전류 및 낮은 전압의 측정 신호로 변환하여 1차 전류/전압을 대표하는 신호를 제공한다. 낮은 전압의 측정 신호는 지시와 계측 및 보호 시스템에 사용될 수 있다.

2012년 CIGRE 기술 보고서 512호(CIGRE Technical Brochure 512 2012)의 변성기에 대한 2004−2007년 세 번째 국제 신뢰도 조사 결과와 2009년의 CIGRE 기술 보고서 394호(CIGRE Technical Brochure 394 2009)는 노화로 인하여 상당한 수의 고장이 발생하고 기기의 폭발이 덜 발생된 것을 보여준다.

변성기 노화의 주요 스트레스는 비와 수분 같은 환경적 스트레스이다. 변성기에 인가되는 과전압과 과전류와 같은 열적 스트레스와 전기 스트레스도 또한 보고된다.

변성기의 주요 노화 현상은 부식, 내부 절연체의 누출 및 절연물 균열이다. 변성기의 노화 현상과 상태를 평가하는 데 사용되는 주요 감지 기술은 육안 검사이다. 열 화상 측정, 용량성 변성기에 대한 커패시턴스 시험, 압력 감시 및 절연 매질 누출도 보고되고 있다. 사용되는 주요 완화 기술은 변성기의 교체이다. 변성기 노화에 대한 주된 기간은 30−40년이다.

Fig. 17.7 Deteriorated primary contact of pantograph disconnecting switch after qualification tests(above: old design, below, new design)(Courtesy of Amprion, Germany).

17.5.5 피뢰기(Surge Arresters)

피뢰기는 전력 시스템에서 다른 전력기기를 보호하도록 설계된 기기이다. 낙뢰 및 개폐 과전압을 전력기기의 절연 설계등급에 해당하는 값으로 제한한다. 이러한 목적으로 피뢰기는 낙뢰 및 개폐 동작으로 인하여 전력 시스템에서 발생하는 과도한 스트레스를 견뎌야 한다.

낙뢰 및 개폐동작에서 발생되는 전압과 전류는 전력기기의 노화를 유발하여 금속 산화물(MO) 피뢰기의 MO의 저항 특성이 변경될 수 있다. 또한 환경적 영향과 수분이 매우 중요한 영향 요인이 된다. 이들은 피뢰기의 내부와 마찬가지로 외부까지 거의 모든 부품의 노화 현상에 영향을 준다.

수명기간동안 MO 피뢰기는 "누설전류 증가"와 "전력용량 손실 증가" 그리고 "유전 강도 손실" 등이 발생될 수 있다. 이러한 현상으로 인하여 전기적 물성과 특성이 변하여 열적 안정성이 저하되고 결국 피뢰기의 내부 절연파괴가 발생된다. 피뢰기의 노화 현상은 주로 경련 25~30년에 발견되는 것으로 보고되며 일부 노화 현상은 훨씬 더 일찍 관찰되기도 한다.

노화를 검출하기 위하여 외부 육안감시와 열화상 감시가 중요한 역할을 한다. 능동 부품의 노화를 검출하기 위하여 누설 전류가 측정된다. 노화를 방지하기 위해서는 완전한 피뢰기를 교체하는 것이 매우 일반적인 완화 기술이다.

17.5.6 결론(Conclusion)

전력기기가 운전상태에서 전기적, 기계적, 환경적인 스트레스에 노출되어 있을 때 노화는 전력기기의 성능이나 특성이 변화되는 과정으로 정의될 수 있다. 노화는 전력기기 고장의 주요 원인 중 하나이다. 전력기기의 잔존 수명을 평가하고 노후화된 전력기기의 현장 사용경험과 신뢰성 분석을 기반으로 적절한 유지 관리 방법 및 완화 기술 확립을 위해서는 지속적인 개발이 필요하다.

17.6 전력기기 신뢰도 조사(Reliability Survey on Equipment)

17.6.1 서론(Introduction)

전력 시스템에서 개폐장치의 신뢰도은 특히 송배전 시스템 운영자에게 주요 관심사이다. 차단기는 전력 시스템에서 고장이 발생된 선로를 분리하는 중요한 기능을 수행하기 때문에 어느 순간에서도 고장이 제거될 수 있도록 안정적으로 동작해야 한다. 개폐장치의 고장은 관련 전력계통 복원 노력과 가능한 안전 문제로 인하여 심각한 전력계통의 정전사태를 발생할 수 있다. 신뢰도가 낮은 경우에는 재정적 영향이 있게 된다. 계통 정전과 복구에 대한 비용 외에도 낮은 신뢰도는 계통 운영자와 궁극적으로 고객에 대해서도 계통 운영 비용과 유지 관리 비용이 높아진다.

이러한 이유로 CIGRE는 국제 표준의 유효성에 대한 좋은 피드백을 제공하는 전력 시스템의 전력기기에 대한 국제 신뢰성 조사(설문조사)를 정기적으로 실행하고 있다.

1차 신뢰도 설문조사는 1974－1977년에 실시되었으며 거의 연간 운영중의 78,000대(CB－year)의 차단기를 대상으로 수행하였다. 유입, 공기, SF_6 이중압력 및 단일압력 분사방식과 같은 모든 차단기 기술이 포함된다. 조사 결과는 1981년에 CIGRE 기술보고서로 발간되었으며(Mazza et al. 1981) 기계 및 환경 시험 항목과 절차를 포함한 IEC 표준화 작업에 상당한 영향을 주었다.

2차 신뢰도 설문조사는 1988년－1991년 동안에 데이터를 수집되었고 1차와 거의 동일한 수량의 연간 차단기(CB－year) 수를 다루었지만 조사자료 분석에는 단일 압력의 SF_6 차단기 기술로 제한하였다. CIGRE 기술 보고서 083호(WG 13.06, 1994)는 차단기 커뮤니티를 위한 매우 귀중한 자료이다. 추후에 CIGRE 기술 보고서 165호(WG

A3.08, 2000)는 추가로 차단기의 수명 관리에 대한 내용 제공한다.

3차 신뢰도 설문조사에는 차단기뿐만 아니라 단로기, 접지 개폐기, 변성기 및 GIS(가스 절연 개폐장치)도 포함되었다. 조사기간은 2004년–2007년이었고, 조사 분석 대상은 정격 60kV 이상의 전력기기이다(CIGRE 기술보고서 509호, 2012). 차단기 단일품의 분석결과는 CIGRE 기술 보고서(CIGRE 기술보고서 510호, 2012)와 여러 번의 컨퍼런스(M. Runde, 2013)(Anton Janssen, et al, 2014)에 발표되었다. 3차 조사에는 단일 압력 SF_6 차단기만을 대상으로 하여 실제로 1970년경 이전에 설치된 기기는 제외되었다. 공기 절연 변전소와 가스 절연 변전소에 설치된 차단기가 모두 포함되었다. 3차 설문 조사의 범위는 주로 2차 조사에 포함된 양식과 질문사항을 기반으로 한다. 따라서 많은 경우에 대한 추세와 비교가 가능하다.

고전압 전력기기에 대한 4차 신뢰도 설문조사가 검토 중이며 중요고장에 집중된 차단기, 단로기, 접지 개폐기, 변성기 및 GIS 외에도 발전기용 차단기, 진공 차단기 및 피뢰기를 포함시켜 범위를 확장할 의도이다. 실패에.

다음 절에서는 3차 차단기 설문조사 결과에 대한 요약을 기술한다. 중요 고장의 빈도와 유형, 2차와 3차 설문조사 간의 비교에 중점을 둔다. 처음에는 3차 조사에서 관련 자료를 수집하는 데 사용된 방법과 절차를 간략하게 검토한다.

17.6.2 CIGRE Reliability Survey on Equipment

전력기기군과 고장 수가 기록되어야 한다. 개체군의 조사 카드는 조사 기간 동안 매년 작성되는 반면, 이 기간 내에 고장이 발생할 때마다 고장 카드에 고장 세부 정보가 기록된다.

개체군의 조사 카드는 설치 연도(기기 연령)와 정격전압, 사용목적, 적용기술, 설계 기술 및 유지 관리 전략별로 그룹화된 전력기기 수에 대한 자료를 요구된다. 그러나 1차와 2차 신뢰도 설문조사에서는 개체군(母集團, populations)과 고장 카드 모두에 대한 수집자료는 더 작다.

고장자료 조회 카드는 고장의 요인과 원인, 조립된 기기에서 무엇이 고장인지, 경미한 고장인지 또는 중대 고장인지, 환경 스트레스가 원인인지 여부 등 고장 자체를 설명하는 정보와 함께 고장 기기에 대한 특이점에 대한 정보가 문의된다. 그러나 전력회사마다 경미한 고장의 정의가 다르기 때문에 3차 신뢰도 조사 이후 경미한 고장 빈도에 대한 정보를 제공이 불가능하여 경미한 고장에 대한 자세한 분석이 어렵다.

기기 개체군 및 고장 조회 카드는 전 세계 전력회사에 배포되고 전력회사는 카드 양식을 작성하여 CIGRE 워킹 그룹으로 작성 카드를 보내고 작성자들이 후에 워킹 그룹 회의에 참석하여 회의에서 분석한다. 정보는 전력회사의 관련 부처에서만 직접 수집되지만 제작업체나 기타기관에서는 직접 수집하지 않는다. 이렇게 수집된 모든 정보는 기밀로 취급된다.

17.6.3 고장의 정의(Definitions of Failures)

CIGRE 국제 신뢰도 설문조사의 주요 목적은 한차례 조사에서의 분석 결과를 이전 조사의 결과와 비교하여 추세 파악하는 것이다. 결과적으로 대부분의 정의와 질문사항은 과거 설문 조사에 적용된 것과 거의 동일하다. 특히, 고장의 정의는 현재의 맥락에서 매우 중요하며, IEC 차단기 표준(IEC 표준 62271-1, 2017)에 정의되어 있는 바와 같이 중대 고장(MaF) 및 경미한 고장(MiF)가 채택되었다.

개폐장치 중대 고장은 "기본적인 기능들 가운데 하나이상의 기능이 정지되는 개폐장치와 제어반의 고장"으로 정의한다. 중대 고장은 전력 시스템 동작상태에 즉각적인 변화를 초래한다. 즉, 백업용 보호기기가 고장을 제거해야 하거나 예정되지 않은 유지 관리를 위해 30분 이내에 운전 중인 선로에서 강제로 제거된다.

이에 따라 개폐장치의 경미한 고장은 "중대 고장 이외의 기기 고장 또는 전력기기의 중대한 고장을 일으키지 않는 구조적 요소 또는 하위 조립부품의 완전한 고장"이다. 다음 결과 요약에서는 중대 고장만 다룬다.

17.6.4 신뢰도 조사: 차단기(CIGRE Reliability Survey: CB Population)

표 17.3은 지난 3차례의 차단기 신뢰도 조사에서 다룬 참여기관 및 기간에 대한 개요를 나타낸다.

알 수 있듯이 3차 차단기 신뢰도 설문조사에는 281,090 CB-year(차단기-연도)의 운전이력이 포함되었다. 이것은 이전 조사 각각의 약 4배이다. 차단기수 및 고장에 대한 문의내용은 22~30개국에서 받았지만 각 국가들의 기여도 정도는 많이 다르다. 3차 설문 조사에서는 운전 경험의 39%가 하나의 주도적 국가에서 기인된다. 3차 조사에서 경험의 46%는 활선탱크형 차단기(Live tank CB)와 관련이 있으며, 30%는 GIS, 나머지 24%는 접지탱크형 차단기(Dead tank CB)와 관련이 있다.

그림 17.8은 정격전압 및 활용 종류별로 분류된 조사된 서비스 경험을 보여준다. 정격 700kV 이상의 기기는 조사 대상 차단기 모집단의 0.14%에 불과하여 그래프에 표시되지 않는다.

Table 17.3 international circuit breaker reliability surveys carried out by C1GRE

Reliability surveys	1 st survey	2nd survey	3rd survey
Period	1974−1977	1988−1991	2004−2007
Objective	All types of CB (In service after 1964)	Single pressure SF_6 CB (In service after 1978)	Single pressure SF_6 CB(No limitation)
Voltage class	63 kV and above	63 kV and above	60 kV and above
Participation (world)	120 utilities from 22 countries	132 utilities from 22 countries	83 utilities from 26 countries
Number of CB−year	77,892 CB−year	70,708 CB−year	281,090 CB−ycar

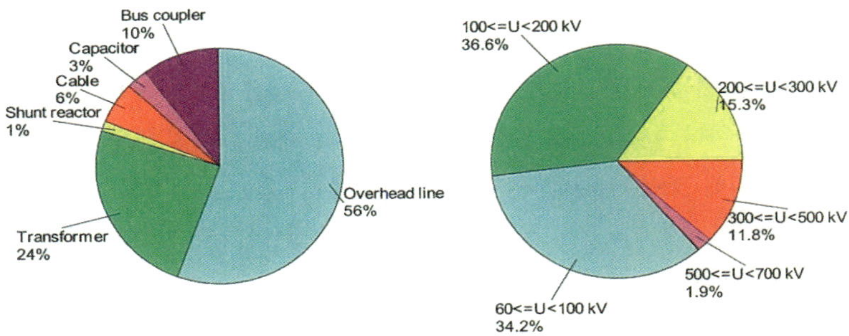

Fig. 17.8 Surveyed service experience according to kind of service(left) and voltage(right)

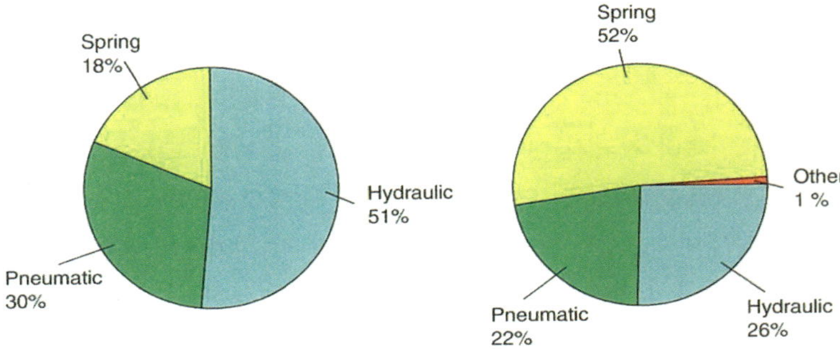

Fig. 17.9 Comparison between the second(left) and third(right) circuit breaker surveys with rregard to type of operation mechanism used

3차 및 2차 조사에서 차단기의 운영 메커니즘 기술에 상당한 변화가 있었다(그림 17.9 참조). There was a significant shift in operating mechanism technology in the populations in the third and the second survey(see Fig. 17.9). 유압 조작기

가 장착된 제품은 52%에서 26%로 감소했으며 스프링 조작기가 장착된 부분은 18%에서 51%로 증가했다. 2004년–2007년 기간 동안 공압 조작기는 조사된 차단기의 운영경험 비율 중 22%를 차지했다.

17.6.5 차단기 고장빈도와 특성(CB Failure Frequencies and Characteristics)

표 17.4는 전압 등급에 따라 3차례 차단기 조사 모두에 대한 중대 고장 및 경미한 고장 빈도를 나타낸다. 3차 설문조사에서는 경미한 고장빈도는 제시되지 않았다. 전체 중대 고장빈도가 1차 조사(100 CB–year당 평균 1.58 MaF)에서 2차 조사(100 CB–year당 평균 0.67 MaF)에서 2배 이상 감소했고 또한 2차 조사에서 3차 조사까지는 거의 같은 비율(100 CB–year 평균 0.30 MaF)이다. 이는 전반적인 CB 신뢰도가, 특히 초고압용에서 크게 향상되었음을 나타낸다.

정격전압에 따른 중요 고장 빈도는 그림 17.10에 나타낸다. 1차 조사에서 더 높은 전압등급에서 고장빈도가 훨씬 더 높은 것은 당시 초기의 선구적인 설계 및 설계 미성숙 때문일 수 있다. 이러한 전압 등급에서의 신뢰도은 2차 및 3차 조사에서 크게 향상되었지만 3차 조사에서도 전압 등급이 증가함에 따라 고장 빈도가 증가한다.

3차 CB 신뢰도 조사는 고장 빈도를 CB의 활용, 즉 가공선로, 지중케이블, 변압기, 리액터 등을 절체하는 지 여부를 연관시킨다. 그 결과는 그림 17.11에 나와 있다.

큰 차이가 보인다. 분로 리액터를 절체하는 차단기의 중대 고장 빈도는 선로라인 및 변압기 차단기보다 약 10배 더 높다. 이것은 전체적이진 않지만 부분적으로 이전 차단기가 일반적으로 더 빈번하게 운영된다는 사실에 기인할 수 있다고 가정한다.

그림 17.12는 2004년–2007년 설문조사에서 도출된 설치 연도의 함수로서 다른 유형 차단기들에 대한 중대 고장 빈도를 보여준다. 따라서 일반적인 노화의 영향뿐 아니라 설계와 품질의 변화도 이 관계에 영향을 미칠 것으로 예상된다.

AIS 및 GIS의 경우 신형 전력기기는 구형 기기보다 중대 고장이 적고 그 차이는 상당하다. 조사된 접지탱크 차단기 개체군의 경우 그러한 관계가 보이지 않는다.

중대 고장 모드의 분포는 그림 17.13의 왼쪽 부분에 나와 있다. “명령시 투입되지 않음”과 “명령시 개방되지 않음” 및 “개방 또는 투입 위치 잠금”이 가장 일반적인 주요 고장 모드이다.

중대 고장의 원인이 되는 기기의 보조장치들의 비율은 그림 17.13의 오른쪽과 같은 분포가 된다. 중대 고장의 대략 절반이 조작기에서 발생하며 대부분은 전기 제어 및 보조 회로의 오동작으로 인하여 발생한다. 이러한 결과는 이전 설문 조사 결과와 거의 동일하다.

3차 설문 조사에서는 중대 고장의 주된 원인을 파악하기 위하여 전력회사에 요청하였다. 표 17.5와 그림 17.14는 응답자료의 분포를 보여준다.

고장의 거의 절반이 마모와 노화 때문이다. 이 외에 다른 원인은 눈에 띄지 않는다. 그러나 거의 25%의 고장 카드가 “알 수 없음” 또는 “기타”로 확인된다는 것은 고장의 주된 원인 파악이 항상 쉬운 것은 아닌 것이다.

Table 17.4 Major failure and minor failure frequencies from international circuit breaker reliability surveys carried out by CIGRE

Roadmap	Major Failure, /100 unit−year			Minor Failure, /100 units−ycar		
	1st Survey	2nd Survey	3rd Survey	1st Survey	2nd Survey	3rd Survey
	1974−1977	1988−1991	2004−2007	1974~1977	1988−1991	2004−2007
60−99 kV	0.41	0.28	0.13	1.65	2.23	−
100−199 kV	1.63	0.68	0.28	4.18	4.75	−
200−299 kV	2.59	0.81	0.35	6.39	6.97	−
30−399 kV	4.55	1.21	0.78	16.35	7.76	−
500 kV and above	10.46	1.97	0.48	4.93	8.18	−
World data	1.58	0.67	0.30	3.55	4.66	2.37

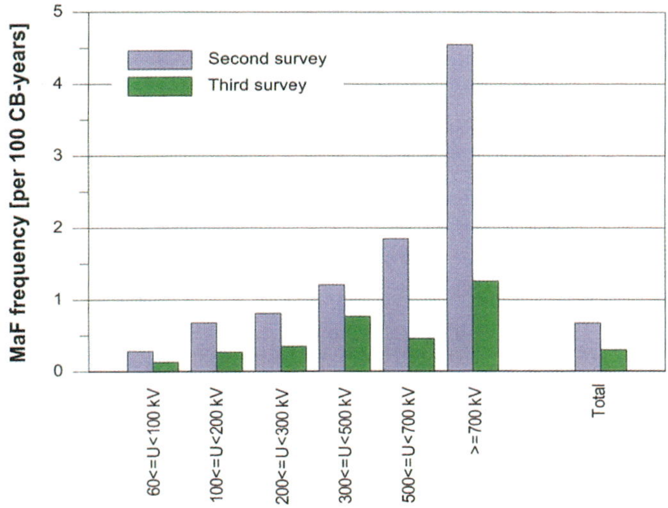

Figure 17.10 Major failure frequency as a function of voltage lever for the 1988−1991 and the 2014−2007 surveys

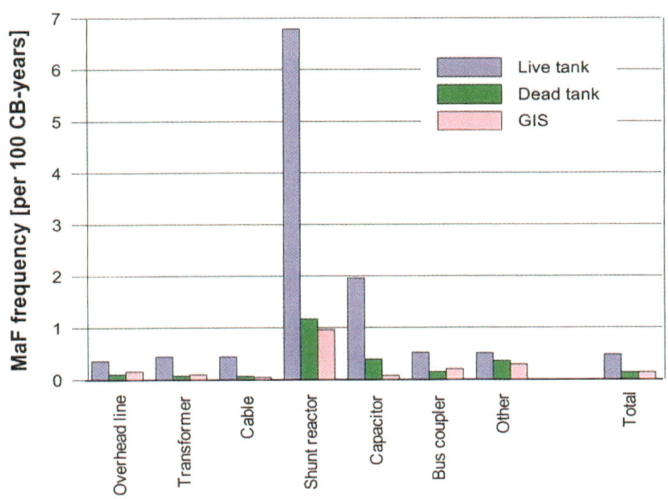

Figure 17.11 Circuit breaker major failure frequencies for different kinds of service

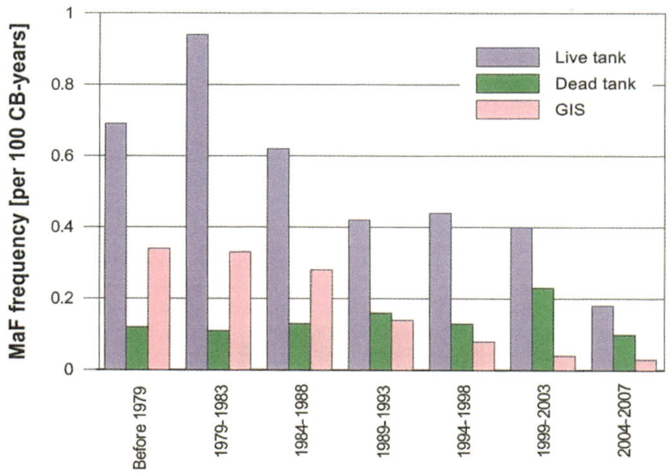

Fig. 17.12 Major failure frequencies as a function of year of installation for the different SF_6 circuit breaker technologies

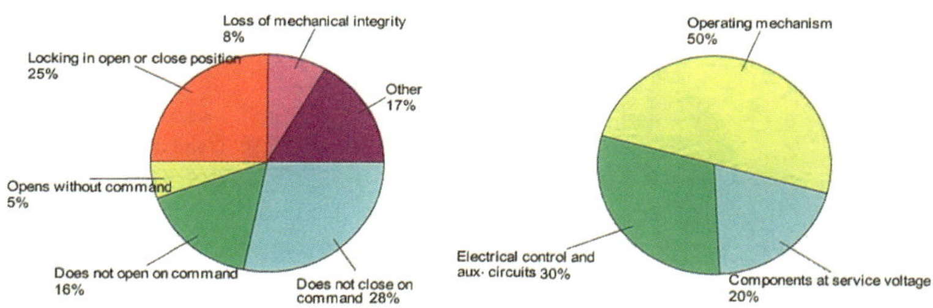

Fig. 17.13 Distribution of circuit breaker major failure modes (left) and sub-components responsible for the major failure (right) as found in the third survey

17.6.6 CIGRE 단로기와 접지 개폐기신뢰도(Disconnector and Earthing Switch Reliability)

단로기(DS)와 접지 개폐기(ES)(이하 그림에서 DE로 지칭함)의 운영경험에 대한 단지 하나의 중요한 국제 설문조사사 실시되었다. 이 조사 위원회는 CIGRE SC A3가 구성하였고 차단기, 단로기 및 접지 개폐기, 변성기 그리고 가스절연 개폐장치에 대한 2004년에서 2007년까지 자료를 수집한 전세계적인 신뢰도 조사결과의 일부분이다.

설문조사에서 단지 SF_6 기술이 포함된 차단기 분야와 달리 단로기와 접지 개폐기에 관한 사용연령이나 기술에는 제한이 없었다. 공기 절연 변전소(AIS) 및 가스 절연 변전소(GIS)에 설치된 두가지 기기를 모두 다룬다. CIGRE 기술 보고서 511호는 설문 조사의 단로기 및 접지 개폐기 부분의 모든 결과를 보여준다(WG A3.06, 2007년 최종보고서). 가장 중요한 사항은 여기서 검토되지만 중대 고장만 대상으로 한다.

Table 17.5 Distribution of primary cause fbr failure

Primary cause for major failures	[%]
Design fault	5.8
Manufacturing fault	7.6
Incorrect transport or erection	3.6
Lightning overvoltage	1.8
Mechanical stress	1.3
Wear/agcing(incl. corrosion)	46.7
Incorrect operation	1.1
Incorrect monitoring	1.7
Mechanical failure of adjacent equipment	1.3
Incorrect maintenance	3.3
External damage	1.0
Others	8.3
Unknown causes	16.5

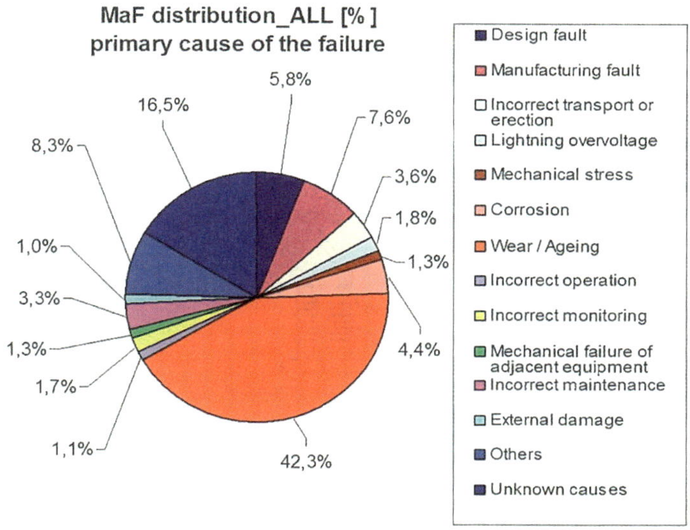

Fig. 17.14 Distribution of primary cause fbr failure

17.6.7 CIGRE 신뢰도 조사: 단로기-접지개폐기(DE)(CIGRE Reliability Survey: DE Population)

설문조사는 25개국으로부터 수집된 단로기와 접지 스위치의 운전경험에 대한 900,000기기-년을 대상으로 한다. 하나의 나라가 전체 운영 경험의 52%를 기여했다는 점에서 설문 응답자들이 고르게 분포되지 않았다. 설문 조사된 운영경험이 단로기가 77%이며 접지 개폐기는 23%이다. AIS용 전력기기가 설문조사의 거의 67%이고 나머지가 GIS용 기기이다. AIS용 단로기는 다양한 디자인으로 나타난다(그림 17.15 참조).

그림 17.16과 그림 17.17은 AIS용 기기가 전압 등급, 효율 및 디자인에 따라 분류된 운영경험의 조사결과를 보여준다.

보는 바와 같이 등급이 다른 전압에서 사용되는 AIS용 단로기의 디자인은 많이 다르다. 이점절환(double-beak) 기술은 주로 100 kV 이하에 적용되고 반면에 중앙차단(center-break) 방식은 더 높은 전압등급에서 인기있는 디자인이다.

GIS용 단로기와 접지개폐기 비율은 2:1이고, 반면에 AIS용은 대략적으로 4개의 단로기에 1개의 접지 개폐기가 설치된다. 이것은 AIS에 휴대용 접지 장치 사용이 가능하기 때문이다.

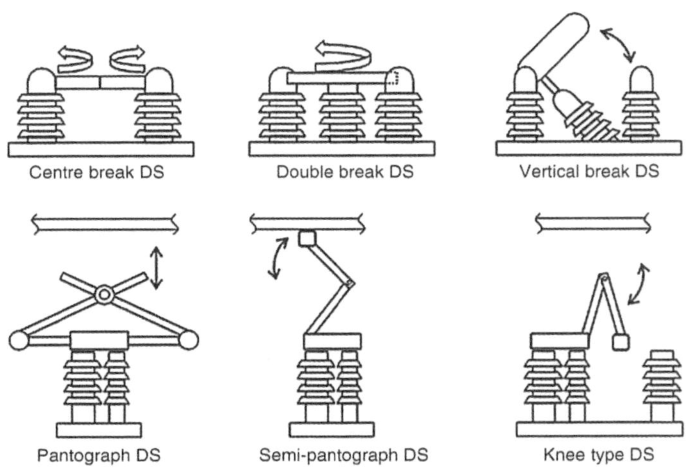

Fig. 17.15 AIS disconnector designs

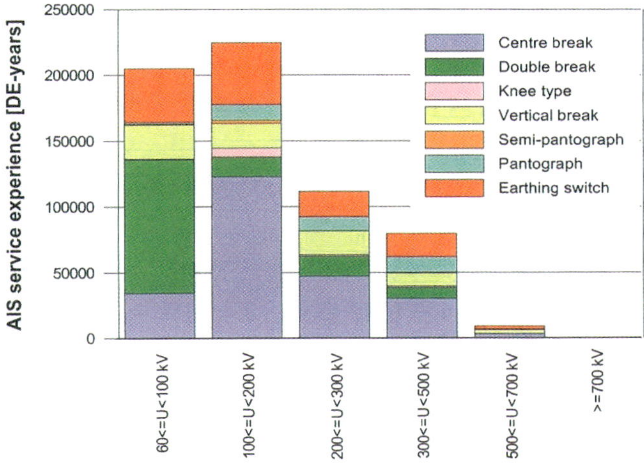

Figure 17.16 AIS disconnecting switch and earthing switch designs ant different voltage ranges

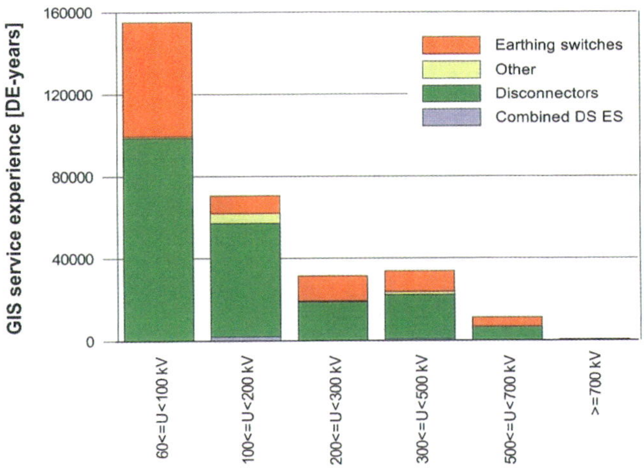

Figure 17.17 GIS disconnecting switch(DS) and earthing switch(ES) duties at different voltage ranges

17.6.8 DE 고장 빈도와 특성(DE Failure Frequencies and Characteristics)

조사된 단로기와 접지 개폐기 전체를 고려할 때 전체 MaF(중대 고장) 빈도는 운영되는 100DE-year 당 0.21인 것으로 결정된다. 동일한 조사에서 차단기에 해당하는 숫자는 0.30으로, 단로기와 접지 개폐기를 분리하면 차단기보다 중대 고장이 다소 적다는 것을 알 수 있다. 이것은 차단기의 신뢰도와 단로기 및 접지 개폐기의 신뢰도가 수년 동안 관련 단체에서 논쟁의 대상이 되었기 때문에 중요한 관점이 된다. 그러나 차단기 마다 여러 DE가 설치된다.

전반적인 중대 고장 빈도는 AIS 및 GIS용 전력기기에 대한 기기운영의 100DE−year 당 각각 0.29 및 0.05MaF인 것으로 밝혀졌다. 따라서 GIS용 단로기와 접지 개폐기는 그림 17.18에 표시된 것처럼 대상이 되는 기기군에서 실제로 더 신뢰할 수 있다.

차단기의 경우와 달리 전압 등급의 영향은 분명하지 않다(그림 17.18 참조). 정격 700kV 이상의 전력기기는 조사 대상의 개체수가 매우 작기 때문에 이 그림에는 포함되지 않았다.

AIS용 '무릎모양' 형식의 단로기에 대한 다소 적은 개체수라는 것에도 불구하고 AIS용 단로기에 사용된 여러가지 디자인들의 고장 빈도는 2이하의 값을 보여준다(그림 17.19 참조). 따라서 이 설문 조사는 특정 디자인이 다른 디자인보다 훨씬 더 신뢰할 수 있다는 주장이 뒷받침되지는 않는다.

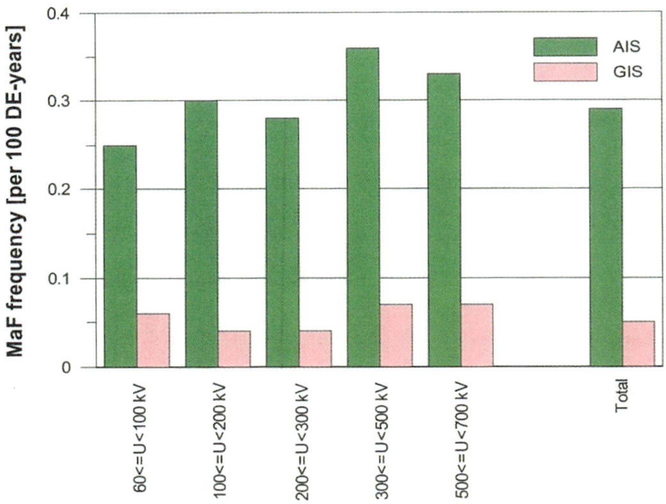

Figure 17.18 Major failure frequency for disconnectors and earthing switches as a function of voltage

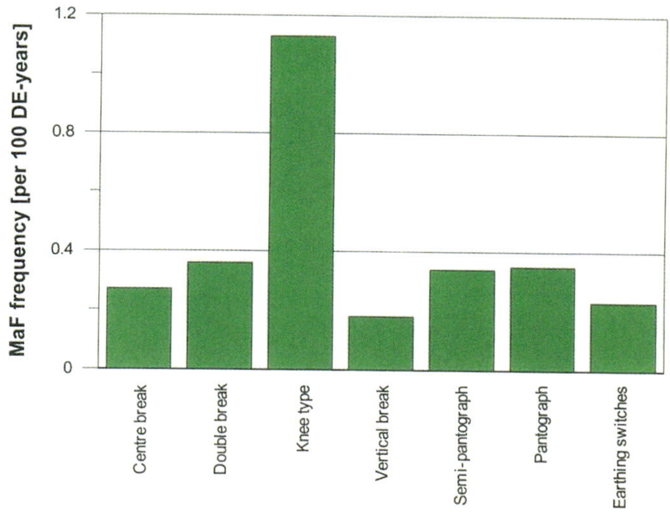

Figure 17.19 Major failure frequency for the different AIS disconnector and earthing switch designs

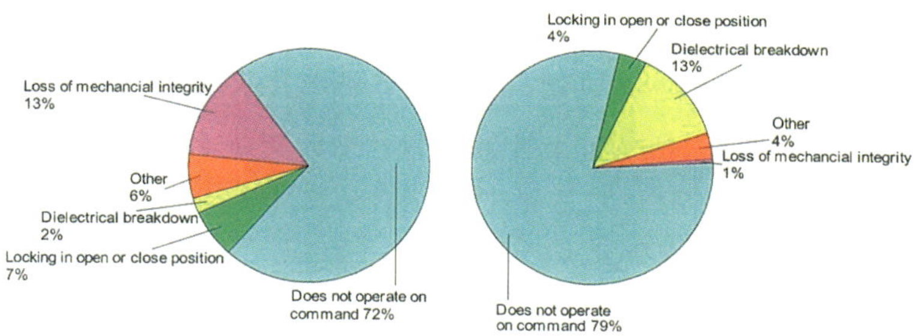

Fig. 17.20 Distribution of major failure modes for AIS(left) and GIS(right) disconnecting switches and earthing switches

차단기의 경우 단로기 및 접지 개폐기에 대한 가장 일반적인 중대 고장 모드는 4번의 중대 고장 가운데 대략적으로 3번이 "명령으로 동작하지 않음"이다(그림 17.20 참조). 또한 예상할 수 있듯이 "절연 파괴"는 AIS보다 GIS의 중대 고장 중 더 큰 부분을 차지하며 "기계적 무결점 손실"의 경우는 반대로 보인다.

17.6.9 Summary of DE Reliability Survey

단로기 및 접지 개폐기와 관련된 주요한 국제 신뢰도 조사는 단 한차례만 실시되었다. 2004년부터 4년간 정격 60kV 이상 등급의 200,000대 이상의 기기를 조사하였다. 중대 고장 빈도는 각각 AIS 및 GIS 기기에 대한 운영에 대하여 100부품-년

(component-year)당 0.29 및 0.05 MaF로 결정된다. 중대 고장 빈도는 모든 전압 등급에서 거의 동일하며 기기 연령에 따라 약간 증가한다. "명령으로 작동하지 않음"은 4번의 중대 고장 중 약 3번을 차지한다.

17.6.10 제어장치 신뢰도 평가(Control System Reliability Evaluation)

3차 차단기 신뢰도 조사에서는 운영 중인 차단기의 중대 고장 가운데 대략 30%가 제어 장치 또는 보조 시스템 고장으로 인한 것으로 나타난다. 이것은 조작 기구 다음으로 두 번째로 높은 고장 원인이며 본질적으로 2차 조사 결과와 동일하다. 이 관찰은 운영하는 전력회사 및 제작업체의 관심사이므로 CIGRE는 제어 회로 고장의 특성을 추가로 조사하고 차단기 제어 시스템의 신뢰도와 성능개선 방법에 대한 권장 사항을 제시했다. 이 평가는 3차 설문조사가 시작될 무렵으로 2차(1988-1991) 신뢰도 조사 후에 수행되었다. 평가의 초기 목적은 제어 시스템 고장의 특성을 확인하고 성능 및 신뢰도 향상을 위한 가능한 시정 조치를 식별하는 것이다.

위의 목적을 달성하기 위해 차단기 제어 시스템 고장의 빈도와 특성에 대한 제한된 조사가 2002년-2003년에 Circa에서 수행되었다(CIGRE 기술보고서 319호, 2007). 이 설문 조사는 위에서 설명한 3차 신뢰도 설문 조사와는 별개이며 상세하지는 않다. 이것은 다양한 기술과 일반적인 관행에 대한 운영경험에 대한 전 세계적인 개요를 제공했으며 제어 시스템 고장의 원인이 무엇인지, 그리고 신뢰도를 향상시키기 위해 구현할 수 있는 시정 조치를 결정하기위한 것이다.

이 연구는 처음에는 세종류의 차단기(SF_6, 유입 및 공기)를 모두 다루었지만 나중에는 2차 및 3차 차단기 신뢰도 조사와 동일한 세부 평가 및 개선 권장 사항을 위하여 단일 압력 SF_6 CB에만 집중하였다. 연구의 핵심 결론과 고장의 특성은 아래와 같다.

- 3차 신뢰도 조사와 같이 가장 빈번한 고장 모드는 조작 고장이다.
- 6가지 구성부품이 전체 고장의 91%를 차지한다. 6가지 구성부품은 다음과 같다(그림 17.21 참조).
  - 코일(관련 저항과 커패시터 포함)
  - 계전기
  - 가스밀도 감시장치(관련 가스관 포함)
  - 에너지 제한 감시

- 보조 개폐기
- 연결전선과 접합부

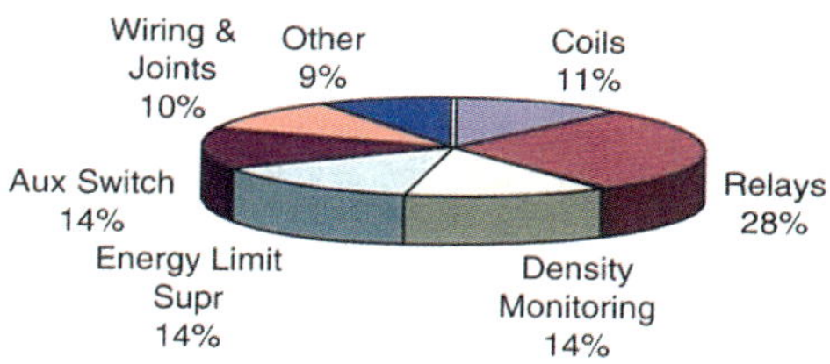

Fig. 17.21 Failures by components

- 계전기는 가장 빈번하게 보이는 고장원인 부품이다(28%). 다른 부품들은 원인이 거의 균등하게 분포되어 있다(각 9−14%).
- 고장비율은 첫 운전 후 2년 동안 가장 높다.
- 고장비율은 유지관리이후 1−2년은 감소되는 것으로 보인다.

그런 다음 위의 각 구성 부품에 대하여 가능한 고장 원인과 각 구성 부품에 대하여 제안된 시정 조치들을 요약했다. 대부분의 경우 보고된 자료에는 고장 원인을 확정하기에 충분한 정보가 포함되어 않았다. 특히 계전기와 보조 개폐기는 고장의 특성을 파악할 수 있는 정보가 불충분한 경우가 많았다(각각~40% 및~30%). 나머지 경우에는 고장의 특성을 구별할 수 있는 충분한 정보가 있었다. 이 정보는 워킹그룹 구성원의 경험으로 보완되었으며 설문 조사에서 확인된 고장 원인을 줄일 수 있는 잠재적인 개선 및 시정 조치를 확인하는 데 사용되었다. 개선을 위한 자세한 권장 사항은 3 장 및 참조 부록 B(WG A3 2007)에 설명되어 있다. 일반적인 결론 중 일부는 다음과 같다.

관찰된 고장의 대부분은 설계, 프로젝트 조정 그리고/또는 관리, 현장 전압 조건 및 유지 관리 오류로 인한 제어반의 열악한 환경적 통제(예; 수분)와 같은 외부 요인으로 인해 발생된다.

- 위에서 언급했듯이 여러 구성 부품들의 고장 원인으로 열악한 환경조절이 관찰되었다. 이러한 문제는 프로젝트 조정과 관리뿐만 아니라 설계 문제로 인한 것이기 때문에 사양 및 설계(판넬의 적절한 환경 등급, 구성 요소 선택 등) 단계뿐만 아니라 유지 관리에 대한 주의는 제어 시스템 신뢰도로 이어질 수 있다.
- 접점을 가지고 있는 모든 구성 부품들(보조 개폐기, 계전기, 에너지 감시 및 가스

밀도 감시)에서 전기 접촉 관련 문제가 어느 정도 관찰되었다. 이들 중 일부는 열악한 환경 조절도 포함했다. 일부 상황에 대한 개선방법으로 자체청소 접점 사용이 제안되었다. 산업용 등급 부품을 사용하면 이러한 결함을 감소시키는 경향이 있다.

- 마지막 유지 관리 작업이 수행된 이후 몇년 동안 고장이 감소하는 경향이 관찰되었다. 이것은 차단기에서 작업을 수행할 때마다 사람의 실수가 발생할 가능성을 보여주는 것으로 생각되었다. 이 관찰은 특히 고령화된 인력에 비하여 유지 관리 활동을 위하여 숙련되고 적절하게 훈련된 인력을 유지해야 할 필요성을 강조한다. 아웃소싱 노동력도 잠재적인 요인으로 여겨진다.

17.6.11 신뢰도 조사의 요약(Summary of Reliability Survey)

서로 다른 CIGRE 워킹그룹이 위에서 설명한 초고압 차단기에 대한 3차례 신뢰도 조사를 서로 다른 기간에 실시했다. SF_6 기술이 강조되었다. 지난 조사에서 차단기의 절반 이상이 가공선로를 절체하는 것에 사용되었다. 1990 년(2차 조사)에서 2005년(3차 조사)까지 선호하는 조작 기구에 대한 기술이 바뀌었다. 가장 일반적인 유형으로 유압 조작기가 스프링 조작기로 대체되었다.

차단기의 전체 중대 고장 빈도는 지난 설문 조사에서는 운영중인 차단기 100 CB−year당 0.30 회의 중대 고장으로 이전보다 훨씬 낮았다. 애자형 차단기는 가스 절연 스위치 기어 또는 접지탱크형 차단기보다 고장 빈도가 3 배가 높다. 분로 리액터 개폐는 다른 개폐 작업보다 훨씬 더 높은 고장 빈도와 관련 있다. 조작기구는 차단기의 가장 신뢰할 수 없는 부분 또는 하위 구성 부품으로 남아 있다. 가장 많이 보고된 고장 원인은 마모와 노화이다.

차단기 운영 경험에 관한 포괄적이고 자세한 정보는 여러권의 CIGRE 기술보고서에서 확인할 수 있다.

17.7 요약

여기서는 수명기간 동안 요구되는 성능을 유지할 것으로 예상되는 전력기기의 수명관리에 대한 경험을 설명한다. 수명 관리는 전력기기의 잔여 수명과 관련된 의사결정 절차와 관련 있다. 전력기기의 노화 현상은 기기의 성능 저하 및 성능 변화의 주요 요인이므로 다양한 기기의 노화현상 및 완화 기술, 효과적인 감시와 수명 종료 결정은 안정적이고 효율적인 전력 시스템을 유지하는 데 매우 중요한 주제이다.

참고문헌

Carvalho, A., et al.: Managing HV Equipment Replacement Due to Overrating. CIGRE SC A3 Session 2008, Report A3−106 (2008)

Carvalho, A., et al.: Challenges for Managing Overstresses and End of Life of HV Equipment. CIGRE SC A3 Session 2016, Report A3−201 (2016)

CIGRE SC A3: State of the Art of Instrument Transformers. CIGRE Technical Brochure, 394 (2009)

CIGRE Technical Brochure 336: Changing Network Conditions and System Requirements, Part II, the Impact of Long Distance Transmission on HV Equipment (2007)

Entso−c Proposal Requirements for Generators: (RfG) has been accepted as Commission Regulation (EU) 2016/631 establishing a network code on requirements for grid connection of generators, and entered into force within 20 days after publication on April 27th, 2016 (Available on the EU and ENTSO−e websites)

IEC Standard 62271−1: High−voltage Switchgear and Controlgear, Part 1: Common Specifications (2017)

IEC Standard 62271−100: High−voltage Switchgear and Controlgear, Part 100: Alternating−current Circuit−breakers (2008)

Janssen, A., et al.: Life Extension of Well−Performing Air−blast HV and MV Circuit Breakers. CIGRE SC A3 Session 2014, Report A3−205 (2014a)

Janssen, A., Makarcinis, D., Solver, C.−E.: International surveys on circuit−breaker reliability data for substation and system studies. IEEE Trans. Power Delivery. 29(2), 808−814 (2014b)

Mazza, G., Michaca, R., on behalf of CIGRE WG 13.06: The first international enquiry on circuit−breaker failures and defects in service. Electra. 79, 21−91 (1981)

Pons, A., Sabot, A., Babusci, G.: Electrical endurance and reliability of circuit breakers, common experience and practice of two utilities. IEEE Trans. Power Delivery. 8, 168–174 (1993)

Runde, M.: Failure frequencies for high voltage circuit breakers, disconnectors, earthing switches, instalment transformers and gas insulated switchgear. IEEE Trans. Power Delivery. 28, 529–530 (2013)

WG 13.06: Final Report of the Second International Enquiry on High Voltage Circuit–breaker Failures and Defects in Service. CIGRE Technical Brochure 083 (1994)

WG 13.09: User Guide for the Application of Monitoring and Diagnostic Techniques for Switching Equipment for Rated Voltages of 72.5 kV and Above. CIGRE Technical Brochure 167 (2000)

WG A3.06: Final Report of the 2004–2007 International Enquiry on Reliability of High Voltage Equipment, Part 1: Summary and General Matters. CIGRE Technical Brochure 509; Part 2: Circuit breakers. CIGRE Technical Brochure 510; Part 3: Disconnectors and Earthing Switches. CIGRE Technical Brochure 511; Part 4: Instrument Transformer. CIGRE Technical Brochure 512 (2012)

WG A3.08: Life Management of Circuit Breakers. CIGRE Technical Brochure 165 (2000)

WG A3.12: Circuit Breaker Controls, Failure Survey on Circuit–Breaker Controls Systems. CIGRE Technical Brochure 319 (2007)

WG A3.29: Deterioration & Ageing Phenomena of HV Substation Equipment. CIGRE Technical Brochure will be published in (2018)

18

미래 동향 및 개발

Lou van der Sluis and Hiroki Ito

Keywords

- 변전소 장치
- 미래 차단 기술
- FACTS

L. van der Sluis (S)
Electrical Power Systems, Electrical Sustainable Energy Department, Delft University of Technology, Delft, The Netherlands
e-mail: L.vandcrSluis@tudclft.nl

H. Ito
Energy and Industrial Systems Group, Mitsubishi Electric Corporation, Tokyo, Japan
e-mail: Ito.Hiroki@aj.MitsubishiElcctric.co.jp

18.1 서론(Introduction)

전력시스템은 100여 년 전에 처음 등장한 이후 본질적으로 변하지 않았다. 전력 변압기, 모터, 발전기, 케이블 및 송전선의 디자인과 구성은 혁명적인 변화보다는 점진적인 진화라고 얘기하는 편이 좋다. 하지만 오늘날의 전력 시스템에는 많은 첨단 기술과 기술이 적용된다.

전력 변압기의 기본 설계는 수십년 동안 크게 변경되지 않았지만 더 대형화된 현대 전력 변압기의 효율성은 이제 99%보다 우수한다. 전력 변압기, 특히 인구 밀집 지역에 설치된 변압기의 소음 수준을 줄이기 위해 능동 소음 감소 또는 소음 제거가 적용되기도 한다. 전압 레벨을 조정하기위한 기계식 탭 변환기는 점차적으로 전력 전자 전압 컨트롤러로 대체될 것이다.

발전 기술 분야의 선도적인 다국적 기업 중 하나가 "Powerformer"를 시장에 도입함에 따라 발전기 분야의 발전도 언급 할 수 있다(Powerformer, record performer 1999). 이 발전기 유닛은 사실 발전기와 변압기의 조합이다. 발전기는 20kV에서 400kV 사이의 더 높은 전압 레벨에서 전력을 생산하므로 승압 변압기가 필요하지 않다.

도시 지역의 송전 및 배전을 위해 지중 케이블의 적용이 널리 사용된다. 특히 뉴욕, 도쿄 등 대도시에서는 전기 수요가 꾸준히 증가하고 있으며, 높은 저항 손실을 방지하기 위해 송배전 전압을 더 높은 전압 수준으로 높여야 한다. 정격 전압이 500kV 수준 인 지중 케이블이 적용되고 있고, 또한 초전도 케이블을 사용한 현장 실증이 수행 중에 있다.

전력 수요는 중국과 인도와 같은 일부 국가에서 빠르게 증가하고 다른 국가에서도 매년 몇 퍼센트씩 증가하고 있다. 표 18.1은 일부 국가의 인구 및 전력 공급 동향을 보여준다. 세계 인구는 2008년 40억에서 2020년 80억으로 증가할 것으로 예상된다. 세계 인구의 20%는 아직 전기를 사용할 수 없다. 전 세계 에너지 공급은 2020년까지 30% 증가한다. 전력 공급 증가의 80%는 비 OECD 국가에서 발생한다. 중국은 2013년 이후 미국을 제치고 세계 최대의 전력 공급 국가이다.

유럽 전력 송전사업자 네크워크)는 3,278TWh에 도달하여 전년에 비해 1.4% 증가했다(UCTE 2006). 매년 전력 시스템은 한계에 가깝게 운영되고 있으며, FACTS 장치는 안정성을 유지하기 위해 앞으로 더 많은 역할을 할 것이다(Edris 2000). 그러나 FACTS 장치의 적용은 전력 시스템의 복잡성을 더욱 증가시킨다.

Table 18.1 Populations and electricity supply trend

IEA/OECD data	Population (100 million)			Electricity supply (1000TWh)		
	2008	2016	2020	2008	2016	2020
China	13.4	13.7	13.9	3.5	6.0	6.6
India	11.9	12.6	13.9	0.8	1.4	1.6
Germany	0.8	0.8	0.8	0.6	0.7	0.7
Japan	1.3	1.3	1.2	1.1	1.0	1.0
USA	3.1	3.2	3.4	4.3	4.3	4.3
Russia	1.4	1.4	1.4	1.0	1.0	1.0
World	40	72.8	76.5	20.1	24.7	25.7

환경 보호에 대한 관심이 증가하고 있기에, 가스 절연 전력설비에서 가스 누기를 줄이기 위해 많은 노력을 기울였음에도 불구하고 지구온난화지수(GWP)가 높은 SF_6 가스의 사용을 줄이기 위한 고장전류 차단 기술은 발전을 경험하고 있다. 절연 성능이 있으며 지구 온난화 지수(GWP)가 낮은 non−SF_6 가스 차단 매체가 있는 차단기가 현장에서 실증되고 있다. SF_6 가스가 없는 또 다른 솔루션은 전력 전자 장치로 구성된 차단기이다. 반도체 스위칭 장치는 여전히 비싸지만 전류 파형의 모든 위상 각에서 빠른 전류 차단을 할 수 있는 이점이 있다.

기술 개발 외에도 경제적 변화도 발생한다. 대부분의 선진국에서 발전 회사와 전력 회사는 이제 규제 철폐 및 시장 자유화의 법적 구속력에 따라 재조정된다. 시장은 경쟁의 장이며 전력 회사는 이러한 공개 시장에서 살아 남기 위해 국제적인 규모로 운영되고 전략적 제휴를 맺어야 한다. 이전에 자유화된 통신 시장과 병행하여 고려할 수 있지만 이동 전화 인프라는 전력 시스템에 대응할 수 없다는 큰 차이가 있다. 현재의 실상은 기업과 개인 고객이 전력 공급 업체를 선택할 수 있다는 것이다.

전력 시스템은 지속적으로 진화한다. 이것은 기술 발전뿐만 아니라 정치에 의해서도 주도된다. 정부는 지역 내의 경향과 추세 사이의 조정 역할을 한다. 물론 전력 회사의 자유화는 정부에 의해 시작되었다. 그러나 대체 에너지 원, 배출 및 오염 제한 분야에서도 정부는 기술이 개발되어야 하는 방향을 설정한다.

또한 원자력과 같은 특정 기술에 대한 여론의 거부 또는 수용은 시스템 및 운영에도 영향을 미친다. 환경 운동가, 마을 주민 또는 기타 관련 당사자가 한 실행 위원회는 전력망 확장 및 발전소 설치에 대해 막대한 지연을 유발하고 전력망 운영 및 계획에 상당한 영향을 미친다.

18.2 용어 정의(Definitions of Terminology)

차단기(Circuit Breaker)

차단기는 일반적으로 과부하 또는 단락 상태로 인해 발생하는 과도한 전류로 인한 손상으로부터 전력 시스템의 다른 변전소 장치를 보호하기 위해 회로를 개폐하는 기능이 있는 전기 스위치이다. 고장이 발생하면 차단기가 신속하게 고장을 제거하여 시스템 안정성을 확보한다. 차단기는 과도한 발열없이 부하 전류를 전달하고 정상 및 비정상 상태에서 시스템 전압을 견뎌야 한다. 퓨즈와 달리 차단기는 수동 또는 자동으로 재폐로하여 정상 작동을 재개할 수 있다.

잡음 제거 또는 능동 잡음 저감(Noise Cancellation or Active Noise Reduction ; ANR)

원치 않는 1차 사운드를 취소하도록 특별히 설계된 역 진폭으로 2차 사운드를 생성하여 원하지 않는 소음을 줄이는 기법

Powerformer™

Powerformer는 20kV에서 400kV 사이의 고전압에서 전기를 발전할 수 있다. 기존 발전기의 고정자 권선을 형성하는 사각 단면 절연 구리 도체의 복잡한 구조를 대체하는 검증된 가교 폴리에틸렌(XLPE) 절연 기술을 사용하여 고정자 슬롯에 둥근 고전압 케이블이 있는 발전기 유형이다. Powerformer는 높은 출력 전압을 생성할 수 있으므로 더 이상 승압 변압기가 필요하지 않다.

초전도체(Superconductor)

초전도체는 전기 저항이 없고 자기장을 상쇄한다. 금속 전도체의 전기 저항은 온도가 낮아지면 점차적으로 감소한다. 구리 또는 은과 같은 일반 도체에서 이러한 감소는 불순물 및 기타 결함에 의해 제한되지만, 반대로 초전도체는 재료가 임계 온도 이하로 냉각될 때 저항이 0이다. 초전도 와이어 루프를 통한 전류는 전압원 없이 영원히 순환할 수 있다.

유연송전계통(Flexible Alternating Current Transmission System ; FACTS)

전력 송전 기능을 제어하고 전력 송전량을 증가시키기 위해 하나 이상의 AC 송전 시스템 매개 변수를 제어할 수 있는 전력 전자 기반 고전압 장치이다. FACTS는

그리드에 유도 또는 무효 전력을 공급하여 송전 품질과 전력 송전 효율을 개선한다.

지구 온난화 지수(Global Warming Potential ; GWP)

지구 온난화 지수(GWP)는 대기에 열을 가두는 다양한 온실가스의 영향을 비교하는 상대적인 값이다. GWP는 이산화탄소(CO_2)에 대한 각 가스의 열 흡수 능력과 각 가스의 분해율을 기반으로 한다. 온실 가스의 GWP는 시간이 지남에 따라 다른 지구 온난화 값을 갖는다. 대부분의 온실 가스에서 GWP는 자연 분해로 인해 시간이 증가함에 따라 감소한다. 예를 들어 메탄(CH_4)의 잠재력은 100년 동안 34개이지만 20년 동안 86개이다. 그러나 안정된 특성을 가진 육불화황(SF_6)은 100년 동안 23,500, 20년 동안 16,300의 GWP를 갖는 것으로 보고되었다.

근거리 선로 고장(Short-Line Fault ; SLF)

근거리 고장은 차단기 단자에서 라인 방향으로 수백 미터에서 몇 킬로미터 떨어진 선로에서 발생하는 고장을 의미한다. 차단기가 SLF를 차단하면 차단기 단자 및 고장 지점에서 반사되는 선로의 진행파에 의해 생성되는 고주파 발진으로 인해 가파른 상승률의 TRV가 발생한다.

18.3 약어(Abbreviations)

C4−PFN	Iso−C4 perfluoronitrile,$(CF_3)_2-CF-CN$
C5−PFK	C5 Perfluoroketone, $CF_3C(O)CF(CF_3)_2$
CB	차단기(Circuit breaker)
DG	분산전원(Decentralized generation)
ENTSO−E	유럽 전력 송전사업자 네크워크(European Network of Transmission System Operators for Electricity)
FACTS	유연송전시스템(Flexible alternating current transmission system)
GWP	지구온난화지수(Global warming potential)
ODP	오존층 파괴 지수(Ozone depletion potential)
SLF	근거리 선로 고장(Short-line fault)

18.4 재생에너지의 역할(Role of Renewable Energy)

1997 년 교토 의정서에서 공식화된 지구 기후 변화에 대한 우려는 재생 에너지의 연구, 홍보, 개발 및 재생 에너지 사용량 증가를 촉진하였다. 전력 시스템에서 재생 가능 자원을 기반으로 한 발전은 새로운 것이 아니지만 이러한 재생 가능 에너지 원의 향후 대규모 실현은 다음과 같은 이유로 기존 배전 및 송전 전력망의 구조적 변화를 유발할 것이다.

- 대부분의 재생 에너지 발전기는 주택 지붕의 태양전지판, 소형 풍력발전 및 개별 풍력발전기와 같은 배전 전력망과 연결된다. 이것은 대부분의 발전기가 송전 시스템에 연결되어 있는 현재의 전력망 레이아웃과 대비된다.
- 대부분의 재생 에너지 발전기는 전력 전자 인터페이스를 통해 전력망에 연결된다. 이것은 동기식 발전기와 비교할 때 상당히 다른 양상이다.
- 대부분의 재생 에너지 발전기는 바람과 태양과 같은 자연적이고 제어할 수 없는 소스에 의존하며 전력 출력을 제어할 수 없다. 바람이 없으면 풍차는 에너지를 전달하지 않는다. 그러나 대부분의 재생 에너지 발전기는 전력 전자 인터페이스를 통해 그리드에 연결되어 특정 전력 입력이 주어진 경우 어떤 방식으로든 전력 출력을 제어할 수 있는 가능성과 유연성을 제공한다. 예를 들어, 태양 광 시스템의 경우, 태양 광 패널의 전력 변환기는 에너지 생산량을 최대화하도록 프로그래밍 된다(최대 전력 추적기를 통해).
- 풍력 터빈 및 태양 광 시스템과 같은 많은 재생 에너지 발전기는 간헐적인 특성을 가지고 있다. 이러한 유형의 발전기를 대규모로 구현하면 그리드에서 강력한 전력 변동이 발생할 수 있다.

18.5 분산 전원(Decentralized or Distributed Generation)

대부분의 발전소는 전략적인 위치, 수냉각을 위한 강 또는 호수 근처, 에너지 자원 또는 공급 경로에 가까운 대규모 산업 현장에 위치한다. 이러한 대형 발전소는 승압 변압기에 의해 송전 전력망에 연결되며 전력 시스템의 전압 및 주파수 안정성을 관리하기 위해 제어된다. 이것이 우리가 "집중 발전"라고 부르는 것이다. 지금까지 전력

시스템은 이 중앙집중식 발전에 의해 공급되는 대부분을 위한 것이기 때문에 그림 18.1에 설명된 것처럼 시스템이 "수직"으로 작동한다고 말한다. 시스템 레이아웃에서 시스템에 "수직"전력 흐름이 있음을 알 수 있다. 상단에는(상대적으로 적은) 수의 대규모 발전소에서 전력이 생성되고 송배전 시스템을 통해 전력이 가장 낮은 전압 레벨에서 연결된 소비자에게 전달된다.

오늘날의 트렌드는 더 많은 분산된 발전(DG, 분산 전원이라고도 함)을 낮은 전압 레벨에서 소규모 발전기를 연결함으로써 시스템에 통합하는 것이다. DG 장치의 예로는 풍력, 태양열 패널 또는 열병합 발전 장치(산업공정용 증기 생성 및 부산물로 전기 생성)가 있다. 이러한 추세가 계속되면 이러한 DG 장치의 대규모 구현은 그림 18.2에서 볼 수 있듯이 전류의 "수직 작동 전력 시스템"(그림 18.1)에서 미래에 "수평 작동 전력 시스템"으로의 전환으로 이어질 것이다. DG의 양이 증가함에 따라 가장 비 경제적이거나 노후된 발전소는 가동이 중단된다. 이로 인해 전력 시스템은 대부분의 소비와 발전이 배전망에 연결되어 시스템을 통한 이른바 "수평 전력 흐름"이 발생한다.

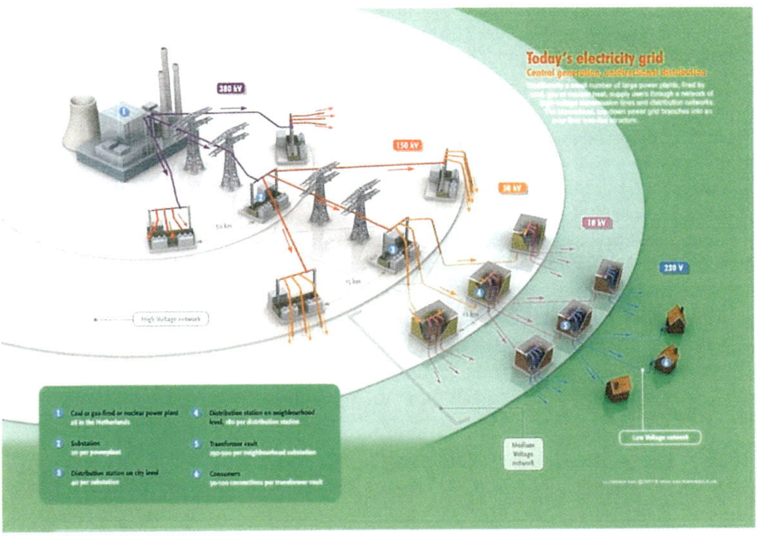

Fig. 18.1 Today's electricity grid: central generation, unidirectional distribution. (Illustration by Eric Verdult, www.kennisinbeeld.nl)

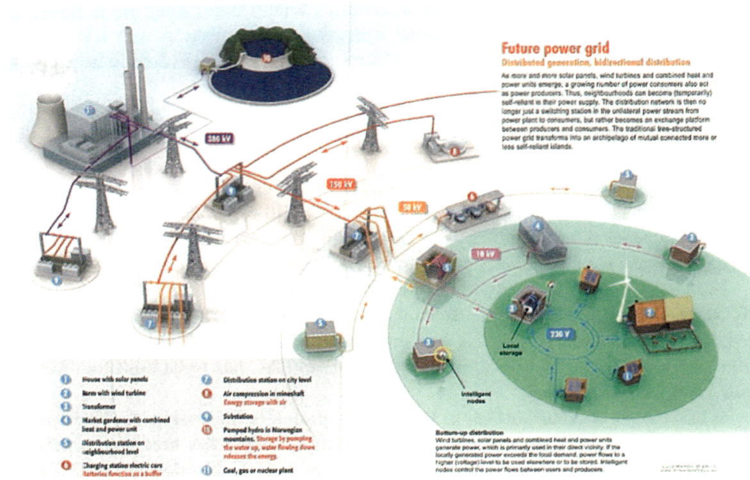

Fig. 18.2 Future power grid: distributed generation, bidirectional distribution. (Illustration by Eric Verdult, www.kennisinbeeld.nl)

현재의 "수직으로 운영되는 전력 시스템"에서 미래의 전력 시스템에 대한 '수평으로 운영되는 전력 시스템'으로의 전환의 가능한 개발 및/또는 결과는 다음과 같다 (Reza et al. 2003).

18.6 전류 차단에서의 앞으로의 발전 방향(Future Developments in Current Interruption)

컴포넌트 개발은 처음에는 시스템 개발을 따르지만 다른 요인도 있다. 예를 들어 시장과 환경이다.

"예측, 특히 미래에 대한 예측은 어렵다."는 덴마크 말이 있다. 또한 우리가 컴포넌트 개발의 향후 단계를 계획하기 위한 지침을 찾고 있을 때, 이상한 나라의 앨리스에서 앨리스가 체셔 고양이에게 "어디로 가야합니까?"라고 물었을 때를 기억하게 된다. 대답은 "당신이 원하는 위치에 따라 다릅니다."였다.

시스템 및 구성 요소 개발은 오히려 진화의 문제이다. 그러나 전력 전자 기술의 성숙으로 인해 혁명이 일어났다. 사이리스터, IGBT 및 GTO가 저렴한 가격에 제공되게 되어, 이전에 꾸준히 조용하게 진화하였던 전력망의 판도를 바꿀 수 있게 되었다.

진공차단기는 배전 시스템을 지배 할 것이며 앞으로 몇 년 동안 더 콤팩트 해지고 각 단계마다 별도의 전자력 조작기를 갖게 될 것이다. 벨로우즈, 움직이는 외부 부품, 외부 작동 메커니즘이 없는 자가 작동식 진공 차단기 개발이 유망한다. 145kV 진공 차단기는 이미 상용화 되었으며, 다음 단계는 245kV 2점절 차단기 및 4개의 진공 차단기가 오일에 잠긴 550kV 진공차단기이다.

단락 전류가 증가하고 고장 전류 한류기가 장착된 변전소는 널리 인정받는 개발이 될 것이다. 그러나 110kV 저항성 FCL을 사용하는 파일럿은 중지되었다.

전력 계통에 초전도의 적용이 가능해지면서 전 세계적으로 다양한 프로젝트가 시작되었다. 그러나 초전도는 게임 체인저가 될까요, 아니면 오래되고 입증된 기술을 적용 할 수 없는 특정한 경우에만 역할을 할까요?

벌크 전력의 장거리 전송의 경우 AC 또는 DC 중 하나를 선택해야하며 물론 가공선로, 지중 케이블 또는 가스 절연 전송선으로 수행할지 여부를 결정해야한다. DC 전송의 경우 DC 차단기를 개발해야 하고 1100kV 및 1200kV 연결을 위해 AC도 구축되어야 한다.

그리드의 단락 전력이 점진적으로 증가하는 동안 단일 점절 차단 당 차단 용량은 이제 550kV 정격 전압 63kA 차단 용량에 달하며, 이것으로 1100kV 2점절 차단기를 설계하고 구성 할 수 있다. 반면에 일반적인 추세는 인터럽터의 사이즈와 복잡성을 줄이는 것이다.

SF_6는 우수한 절연 특성을 가지고 있으며 훌륭한 아크 소호 매체이다. 그러나 전력 공학의 영역 밖에서는 환경에 부정적인 영향을 미치기 때문에 부정적으로 평가된다. 이것은 지속적인 논쟁이 될 것이므로 유일한 방법은 대안을 찾는 것이다. 대체 가스는 이미 GIL과 변류기에 적용되고 있다.

18.6.1 SF_6 대체가스 차단기(Circuit Breaker Application with SF_6 Alternative Gases)

SC A3는 C5 퍼플루오로 케톤(C5−PFK, F−ketone, $CF_3C(O)CF(CF_3)_2$)(3M™ Novec™ 5110 Dielectric Fluid 2015) 및 Iso−C4 퍼플루오로니트릴(C4−PFN, F−nitriles,$(CF_3)_2-CF-CN$)(3M™ Novec™ 4710 Dielectric Fluid 2015)를 포함한 SF_6 대체 가스 차단성능에 대한 레퍼런스 논문을 발행했다(Seegar et al. 2017). 레퍼런스 논문은 최신 SF_6 차단기와 동일한 신뢰성과 소형으로 오늘날의 전력 시스

템에 필요한 전체 고전압 및 차단 전류 범위를 포함할 때, SF_6와 비교할 수 있는 대체 차단 매체가 없다고 주장 한다.

SF_6 대체가스는 주로 동작 메커니즘의 더 큰 구동 에너지를 사용해야하는 더 높은 가스 압력을 가진 더 큰 차단기(주로 다점절 차단)를 필요로 한다. 따라서 SF_6의 높은 GWP 값인 23,500은 SF_6 기술을 기반으로 한 전력 장치의 환경 영향을 측정하기에 적합하지 않다. 특정 애플리케이션의 환경 영향을 평가하기 위해서는 ISO 14040에 의해 규제되는 생산에서 폐기까지의 수명주기 평가 접근 방식을 사용하여 비교해야 한다.

CO_2(7bar) was cleared for 145kV, which is unknown compared with SF_6. //CO_2에 소량의 F− ketone 또는 F− nitrile이 차단 기능을 크게 향상시킬 수 있는 이유를 보여주는 과학적 데이터는 아직 누적되지 않았다. 그러나 F− ketone과 CO_2/O_2(7−8bar)의 혼합물을 사용한 근거리 선로 고장(SLF) 차단 성능(열적 차단 성능)은 SF_6에 비해 80%이며, 이로 인해 245kV GIS가 170Kv 클래스로 낮아졌다. F−nitrile과 CO_2(7bar)의 혼합물을 사용한 차단 성능은 145kV에서 확보되었으며, 이러한 차단성능은 SF_6에 비해 알려지지 않았다.

결론적으로, 더 높은 가스 압력(SF_6 대체가스의 경우 7−10bar)에서 더 큰 기계적 에너지를 가진 작동 메커니즘을 사용하는 245kV(SF_6의 경우 50kA) GIS 설계를 사용하면 170kV GIS(SF_6 대체가스의 경우 31.5~40kA)를 구현할 수 있다.

18.6.2 SF_6 대체가스 및 혼합가스의 특성(Properties of SF_6 Alternative Gases and Mixtures)

SF_6와 대비한 선별된 대체 가스의 특성은 표 18.2에 나와 있다. 다양한 가스에 대한 GWP는 각각 다르다. C4−PFN은 둘 다 약 1인 CO_2 또는 C5−PFK보다 훨씬 높은 GWP를 갖는다. 관심있는 모든 가스는 가연성이 없고 오존층 파괴 가능성(ODP)이 없으며 가스 제조업체(3M™ Novec™ 5110 Dielectric Fluid 2015, 3M™ Novec™ 4710 Dielectric Fluid 2015, Mantilla et al. 2016)에서 제공하는 안전 데이터 시트에 따르면 무독성이다. 순수 C4−PFN 및 C5−PFK의 절연 내력은 SF_6의 거의 두 배이다. CO_2는 공기에 비교할 만한 절연 내력을 가지나 SF_6보다는 훨씬 낮다(Niemeyer 1998; Juhre et al. 2005).

개폐기에 사용되는 가스 및 혼합물의 특성은 표 18.3에 나와 있다. C4−PFN 및 C5−PFK와 완충 가스의 혼합물 농도는 두 번째 열에 제공되며 일반적으로 13%(몰) 미만이다. CO_2에서 C5−PFK를 사용하는 경우 추가로 산소가 사용된다.